“十三五”国家重点出版物出版规划项目

面向可持续发展的土建类工程教育丛书

21世纪高等教育给排水科学与工程系列教材

水力学

第2版

主　编　裴国霞　唐朝春

副主编　马立山　张　炜

参　编　杨国丽　杨　红　李　超　洪　静

主　审　李玉柱

机械工业出版社

本书是依据全国高等学校给排水科学与工程专业本科四年制“水力学”课程的教学基本要求编写的，建议讲授学时在80~90学时。全书共分11章：绪论，水静力学，液体运动学，水动力学基础，流动阻力和水头损失，量纲分析与相似原理，孔口、管嘴出流和有压管流，明渠恒定均匀流，明渠恒定非均匀流，堰流及闸孔出流，渗流。

本书注重强化基础，理论联系实际，注意将现代计算手段与传统的典型计算方法相结合，适当兼顾环境工程、土木工程、水文与水资源工程等专业的要求。各章均有一定数量的例题、思考题和习题，书后附有部分习题参考答案。

本书可作为高等学校给排水科学与工程、环境工程、土木工程、水文与水资源工程等专业本科生的教材，也可作为其他相近专业以及工程技术人员的参考书。

本书配套有《水力学学习指导与习题详解》第2版，读者可根据需要选购。

本书配有ppt电子课件，免费提供给选用本书作为教材的授课教师，需要者请登录机械工业出版社教育服务网（www. cmpedu. com）注册后下载。

图书在版编目（CIP）数据

水力学/裴国霞，唐朝春主编. —2版. —北京：机械工业出版社，2019.5（2024.8重印）

（面向可持续发展的土建类工程教育丛书）

“十三五”国家重点出版物出版规划项目 21世纪高等教育给排水科学与工程系列教材

ISBN 978-7-111-62348-9

Ⅰ.①水… Ⅱ.①裴…②唐… Ⅲ.①水力学—高等学校—教材 Ⅳ.①TV13

中国版本图书馆CIP数据核字（2019）第055734号

机械工业出版社（北京市百万庄大街22号 邮政编码100037）
策划编辑：刘 涛 责任编辑：刘 涛 李 乐 任正一
责任校对：王明欣 封面设计：陈 沛
责任印制：郜 敏
中煤（北京）印务有限公司印刷
2024年8月第2版第5次印刷
184mm×260mm · 22印张 · 546千字
标准书号：ISBN 978-7-111-62348-9
定价：52.00元

电话服务	网络服务
客服电话：010-88361066	机 工 官 网：www. cmpbook. com
010-88379833	机 工 官 博：weibo. com/cmp1952
010-68326294	金 书 网：www. golden-book. com
封底无防伪标均为盗版	机工教育服务网：www. cmpedu. com

第2版前言

本书第 1 版自 2007 年 3 月出版以来，主要作为高等学校给排水科学与工程、环境工程、土木工程及水文与水资源工程等专业的“水力学”课程的教材，也可作为从事相近专业工作的广大教师、科研人员、研究生和工程技术人员的参考书。出版以来深受广大读者的欢迎，至 2018 年 7 月已经 7 次印刷。经过多年的教学实践，在征询了有关院校教师意见的基础上，依据《高等学校理工科非力学专业力学基础课程教学基本要求》（高等教育出版社，2012 年 4 月），对全书进行了修订及完善，以使其能够更好地适应高等教育的发展，服务于教学、科研及工程技术领域。

本次修订秉承第 1 版的指导思想，确定了保持特色、完善提高的原则，修订工作主要体现在以下几个方面：

1. 增加了思考题、习题的数量及类型，各章习题在覆盖本章主要知识点及水力计算方法的基础上，适当设置综合题和有一定难度的习题，便于学有余力的学生进一步巩固提高。

2. 第 5 章中流动阻力及水头损失，从内容的组织到水头损失的公式及阻力系数的表述均有较大完善。

3. 第 6 章量纲分析与相似原理中，简要地增加了相似原理应用的限制条件。

4. 对全书进行了全面校核和修正。

本次修订工作是在裴国霞教授总体安排下完成的。参加修订工作的有：内蒙古农业大学的裴国霞、杨红、李超，河北建筑工程学院的马立山、洪静、杨国丽，河北工程大学的张炜，华东交通大学的唐朝春。杨红还做了全书修图、勘误等大量的工作。在修订过程中吸纳了许多兄弟院校同行的宝贵意见及建议，在此深表感谢！

由于编者水平有限，书中缺点和错误在所难免，恳请读者批评指正。

编　者

第1版前言

本书是为高等学校给排水科学与工程专业编写的水力学教材，适当兼顾环境工程、土木工程等专业的要求，也可作为从事相近专业工作的教师、科研人员、研究生和工程技术人员的参考书。

本书以21世纪本科生培养目标和适用于水力学教学目的为总的指导思想，在保证基础知识内容的前提下，精选、吸收现有国内外水力学教材的优点，适当反映学科新发展，力求更具有思想性、科学性、启发性、先进性和教学的适用性。

本书在内容上注重加强基础，理论联系实际，加强实践性与应用性知识的内容。以既符合科学系统性又符合教学和认知规律的体系来阐述水力学的基本概念、基本原理和基本方法，引导学生获取知识，培养学生的创新能力。

为了能适应不同专业对内容需求而进行取舍的教学灵活性，本书适当增加了选讲或学生自学内容。为了巩固基本概念，提高分析问题和解决问题的能力，各章均有一定数量的例题、习题和思考题。例题和习题注意将现代计算手段与传统的典型计算方法相结合。

本书由裴国霞、唐朝春主编，许吉现、马立山副主编。全书共11章，各章编写分工如下：第1章由岳少青（河北建筑工程学院）编写；第2章由王全金（华东交通大学）编写；第3章由裴国霞（内蒙古农业大学）编写；第4章由裴国霞、李仙岳（内蒙古农业大学）编写；第5章由许吉现（河北工程大学）编写；第6章由郝拉柱（内蒙古农业大学）编写；第7章由洪静（河北建筑工程学院）编写；第8、9章由唐朝春（华东交通大学）编写；第10章由马立山（河北建筑工程学院）编写；第11章由唐朝春（华东交通大学）、李代云（江西广播电视大学）编写。

书中有“*”标记的章节为选修内容，授课教师可根据具体情况舍取。

本书由清华大学李玉柱教授主审，李教授对本书的整体结构和内容提出了许多宝贵意见，在此表示衷心的感谢。在编写过程中，也得到同行和专家的热情鼓励和支持，并吸收了他们许多宝贵的建议，同时在绘图和校阅中也得到不少同志的帮助，在此一并致以衷心的感谢。

由于编者水平有限，书中难免存在缺陷，恳请读者批评、指正。

编　者

目录

第1章 绪论

1.1 水力学的任务及其发展概况

水力学是高等工科院校很多专业的一门重要技术基础课，它是力学的一个分支。水力学的主要任务是研究液体（主要是水）的平衡和机械运动规律及其实际应用。

自然界的物质一般有三种存在形式，即固体、液体和气体。液体和气体统称为流体。流体在运动过程中，表现出与固体不同的特点。流体最基本的特征是它具有流动性，也就是说流体在一个微小的切力作用下，就能够连续不断地发生变形，即发生流动，只有在外力停止作用后，变形才能停止。这正是流体不同于固体最基本的特征。固体则不同，固体不仅能维持它固有的形状，还可以承受一定的拉力、压力和切力。流体由于具有流动性，因此没有一定的形状，它随容器的形状而变。流体不能承受拉力，静止时不能承受切力。至于气体与液体的差别在于它们的可压缩程度不同，气体易于压缩，而液体难于压缩。由于液体所具有的物理力学特性与固体和气体不同，在历史的发展中，逐渐形成了水力学这样一门独立的学科。在一定的条件下，水力学的基本原理也适用于气体。本书主要是探讨液体（主要是水）的运动。

人们最早对流体的认识是从治水、供水、灌溉、航行等方面开始的，在远古时代就在诸多方面取得了很大的成就。公元前2000—公元前1000年，埃及、巴比伦、罗马、希腊和印度等地的水利工程、造船和航海等事业的发展就是很好的例证，说明人们在大量的与自然斗争和生产实践中，对水流运动的规律已经有了一定的认识。而我们的祖先于远古时代就在水利工程方面做出过许多杰出的贡献。公元前2286—公元前2278年的大禹治水已成为中华民族的千古佳话。公元前300多年，人们为了消除岷江水患和发展生产，在四川灌县修建了著名的都江堰水利工程，将岷江分为内外两江。在枯水期，由内江满足下游的灌溉用水；而在洪水期，由外江泄洪保证下游灌区的安全，由此总结出“深淘滩，低作堰”，说明当时我国人民对明渠水流和堰流已经有了一定的认识和掌握。由公元前485年开始修建，直到隋朝才完成的大运河，从杭州到北京长达1782km，运河使用的多处船闸，以及各段设置的合理性，充分表明了我国劳动人民在建设水利工程方面的聪明才智。这些工程至今仍在农业生产和交通等方面起着重要的作用。

水力学的萌芽，人们认为是从距今约2200年以前古希腊学者阿基米德（Archimedes，前287—前212）写的《论浮体》一书开始的。书中首次提出了相对密度的概念，发现了物体在流体中所受浮力的基本原理——阿基米德原理，奠定了水静力学的基础。

15世纪末以来，随着文化、科学以及生产力的发展，水力学和流体力学也与其他学科一起有了显著的进展。著名的物理学家、艺术家列奥纳德·达·芬奇（Leonardo Da Vinci，1452—1519）比较系统地研究了沉浮、孔口出流、物体运动阻力、流体在管路和水渠中流动等问题。斯蒂芬（Stevin，1548—1620）出版了《水静力学原理》。伽利略（Galileo，1564—1642）首先提出，运动物体的阻力随着流体介质密度的增大和速度的提高而增大。托里拆利（Torricelli，1608—1647）论证了孔口出流的基本规律。帕斯卡（Pascal，1623—1662）建立了液体中压强传递的“帕斯卡原理”。1686年牛顿（Newton，1642—1727）提出了流体黏性的概念，通过实验建立了流体内摩擦力的确定方法——牛顿内摩擦定律，为黏性流体力学初步奠定了理论基础。1738年伯努利（Bernoulli，1700—1782）对孔口出流和管道流动进行了大量的观察和测量研究，建立了流体位势能、压强势能和动能之间的能量转换关系——伯努利方程。1775年欧拉（Euler，1707—1783）提出了描述无黏性流体的运动方程——欧拉运动微分方程，他是理论流体力学的奠基人。

从17世纪中叶起是流体力学的形成与发展时期，其间逐步建立和发展了流体力学的理论与实验方法，流体力学的研究逐渐沿着理论流体力学（古典流体力学）和应用流体力学（水力学）两个方向发展，前者是在某些假设下以严密的数学推论为主，从理论上处理问题，后者则以实践和实验研究为主，侧重于解决工程实际问题。

从19世纪起，由于工农业生产的蓬勃发展，大大促进了流体力学的进展。随着生产规模逐渐扩大，技术更为复杂，以纯理论分析为基础的流体力学和以实验研究为主的水力学已不能适应技术发展的需要，因此出现了理论分析和试验研究相结合的趋势，在这种结合的研究中，量纲分析和相似原理起着重要的作用。1883年雷诺（Reynolds，1842—1912）通过实验证实了黏性流体的两种流动状态——层流和湍流的客观存在，并得到了判别流态的雷诺数，从而为流动受到的阻力和能量损失的研究奠定了基础。1894年雷诺又提出了湍流流动的基本方程——雷诺方程。瑞利（Rayleigh，1842—1919）在相似原理的基础上，提出了实验研究的量纲分析法中的一种方法——瑞利法。而弗劳德（Froude，1810—1879）和雷诺等学者提出的一系列数学模型，为相似理论在流体力学中的应用开辟了更为广阔的途径。

1904年普朗特（Prandtl，1875—1953）通过观测流体对固体边壁的绕流，提出了边界层的概念，并通过对层流边界层的研究，形成了层流边界层理论，解决了绕流物体的阻力计算问题，他还在研究湍流流动时提出了著名的混合长度理论；1933年尼古拉兹（J. Nikuradse）发表的论文中，公布了他对砂粒粗糙管内水流阻力系数的实测结果——著名的尼古拉兹曲线图，对各种人工光滑管和粗糙管的水头损失因素进行了系统的实验研究和量测，为管道的沿程水头损失计算提供了依据。我国科学家的杰出代表钱学森早在1938年发表的论文中，便提出了平板可压缩层流边界层的解法，在空气动力学、航空工程技术等科学领域做出许多开创性的贡献。

20世纪中叶以后，科学技术的高速发展，以及1946年第一台计算机问世以后，数值计算技术得到了飞速发展，并且在求解水力学问题中得到了广泛的应用，水力学中的数值计算已成为继理论分析和实验研究之后的第三种重要的研究方法，是目前对于各种复杂的流体流动问题求解压力场、速度场的重要工具。

水力学在很多工程中有广泛的应用。例如，城市的生活和工业用水，一般都是从水厂集中供应，水厂利用水泵把河、湖或井中的水抽上来，经过净化和消毒后，再通过管路系统把水输送到各用户。有时，为了均衡水泵负荷，还需要修建水塔。这样，就需要解决一系列水

力学问题，如取水口的布置、管路布置、水管直径和水塔高度等的计算，水泵容量和井的产水量计算。在修建铁路、公路，开凿航道，设计港口等工程时，也必须解决一系列水力学问题。例如：桥涵孔径的设计，站场路基排水设计，隧道通风、排水的设计等。随着生产的发展，还会不断地提出新课题。学习水力学的目的，是根据有关专业的需要，获得分析和解决有关水力学问题的能力，并为进一步学习和研究打下基础。

1.2 液体的连续介质模型

液体是由大量不断运动着的分子所组成，而且每个分子都在不断地做无规则的热运动。从微观的角度看，由于分子之间存有空隙，因此描述液体运动的物理量（如流速、压强等）的空间分布也是不连续的。同时，由于分子的随机热运动，又导致物理量在时间上的不连续性。

现代物理研究指出，在标准情况下，每立方厘米液体中，约有 3.3×10^{22}个液体分子，相邻分子间的距离约为 3×10^{-8}cm。可见，分子间的距离相当微小，而在很小的体积中，包含了难以计数的分子。在一般工程中，所研究液体的空间比分子尺寸大得多，而且要解决的工程问题是液体大量分子运动的统计平均特性，即宏观特性。正因为这样，在研究液体的机械运动中，所取的最小液体微元是液体微团，它的体积无穷小却又包含无穷多个液体质点。从宏观看，与流动所涉及的特征长度相比，该微团的尺度充分小，小到在数学上可以作为一个点来处理；而从微观看，与分子的平均自由行程相比，该微团的尺度又充分大，包含有足够多的分子，使得这些分子的共同物理属性的统计平均值有意义。这样，便不必去研究液体的微观分子运动，而只研究描述液体运动的宏观物理属性；便可以不考虑分子间存在的间隙，而把液体视为由无数连续分布的液体质点组成的连续介质。这就是1755年瑞士数学家欧拉提出的“连续介质模型”，认为液体是由无数质点组成的，质点之间没有空隙，连续充满其所占据空间的连续介质。水力学所研究的液体运动是连续介质的连续流动。实践证明，采用液体的连续介质模型，所得出的有关液体运动规律的基本理论与客观实际是相符合的。

采用了连续介质模型之后，才可以定义某点处的物理量，并了解“某点处”的含义。如图1-1a所示，在液体中取包含 $A(x, y, z)$ 点的微元体积 ΔV，在此体积中液体的质量为 Δm，则其平均密度为 $\Delta m/\Delta V$。当 ΔV 很大时，由于物质在空间分布的不均匀性，引起 $\Delta m/\Delta V$ 的变化曲线如图1-1b所示；当 ΔV 逐步缩小时，$\Delta m/\Delta V$ 随 ΔV 的缩小趋于确定的极限值，这是因为 ΔV 越小，包含于 ΔV 内的分子越来越均匀。但是，当 ΔV 进一步缩小，比 $\Delta V'$ 更小时，其中所含的分子数较少，由于分子随机进出的分子数不能随时平衡，使所含质量 Δm 时大时小，致使平均密度时大时小，表现出分子的随机运动特性，$\Delta m/\Delta V$ 不再具有明确的数值。由此可见，$\Delta V'$ 是一种特征体积，它的体积很小，但又包含了足够多的分子。在此特征体积中，使平均密度具有确定的数值，表征了其中足够多分子的统计平均值，即液体的宏观密度。

把 $\Delta V'$ 中所有液体分子的集合称为液体微团。因此，连续介质中的一“点”是指液体质点；而连续介质本身则是由无限多的液体质点所组成。由此，定义 A 点处的密度为

$$\rho = \lim_{\Delta V \to \Delta V'} \frac{\Delta m}{\Delta V} \tag{1-1}$$

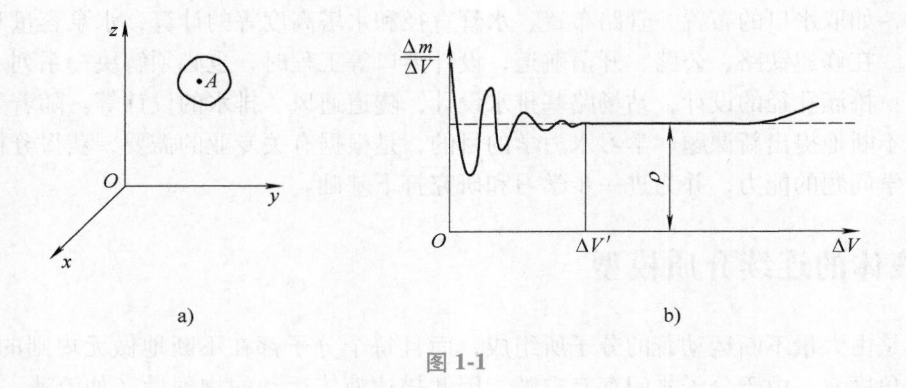

图 1-1

当 $\Delta V'$ 趋于无穷小时，则

$$\rho = \lim_{\Delta V \to 0} \frac{\Delta m}{\Delta V} \tag{1-2}$$

在任意时刻，空间任意点的液体质点的密度都有确定值，因此密度是坐标点（x，y，z）和时间 t 的函数，即

$$\rho = \rho(x, y, z, t)$$

至于连续介质一点处的速度，就是指某瞬时恰与该点重合的液体微团质心的速度。其他如某点处的压强及其他参数的概念由此可以推出。

有了连续介质假设，在研究流体的宏观运动时，就可以把一个本来是大量的离散分子或原子的运动问题近似为连续充满整个空间的流体质点的运动问题。液体的密度、压强、速度、温度等物理量一般在空间和时间上都是连续分布的，都应该是空间坐标和时间的单值连续可微函数，这样便可以用解析函数的诸多数学工具去研究液体的平衡和运动规律，为水力学的研究提供了很大的方便。正因为这样，连续介质假设是水力学中一个根本性的假设。

连续介质模型在一般气体运动中也可适用。

1.3　作用在液体上的力

任何物体的平衡和运动都是受力作用的结果，为了研究流体平衡和运动的规律，必须分析作用在液体上的力。作用在液体上的力，按其物理性质，有重力、摩擦力、惯性力、弹性力、表面张力等。但在水力学中分析液体运动时，如果按其作用特点或类型，可将作用力分为表面力和质量力两大类。

1.3.1　表面力

表面力是作用于液体的表面上的力，是相邻液体或其他物体作用的结果，通过相互接触面传递。表面力的大小与作用面积成正比，单位面积上的表面力称为应力，它是表面力在作用面积上的强度。为研究方便，常将应力分解为与作用面平行的切向应力及与作用面正交的法向应力（或压强）。

如图 1-2 所示，在液体中取包含 A 点的微小面积 ΔA，作用在 ΔA 上的法向力为 ΔP，切向力为 ΔT，则 A 点的压强 p 及切应力 τ 分别为

$$p = \lim_{\Delta A \to 0} \frac{\Delta P}{\Delta A} \tag{1-3}$$

$$\tau = \lim_{\Delta A \to 0} \frac{\Delta T}{\Delta A} \tag{1-4}$$

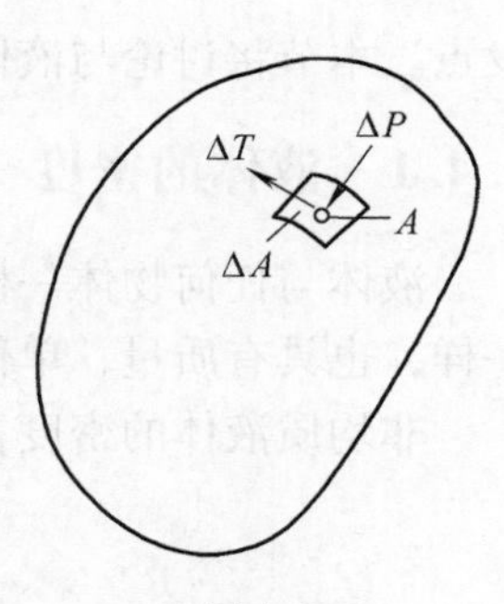

图 1-2

顺便指出，在静止液体中，由于液体不能承受拉力，所以作用在 ΔA 上的法向力只有压力 ΔP。

1.3.2　质量力

质量力是作用在液体每一个质点上的力，其大小与液体的质量成正比。最常见的是重力，对于非惯性坐标系，质量力还包括惯性力。质量力常用单位质量力作为分析基础。单位质量力是指单位质量的液体所受的质量力。若液体是均质的，其质量为 m，总质量力为 F，则单位质量力 f 为

$$f = \frac{F}{m} \tag{1-5}$$

若总质量力在坐标上的投影分别为 F_x，F_y，F_z，则单位质量力 f 在相应坐标上的投影为 f_x，f_y，f_z，则

$$f_x = \frac{F_x}{m}$$

$$f_y = \frac{F_y}{m}$$

$$f_z = \frac{F_z}{m}$$

即

$$f = f_x i + f_y j + f_z k$$

单位质量力的单位为 $\mathrm{m/s^2}$，与加速度的单位相同。

水力学中碰到的普遍情况是液体所受的质量力只有重力。由于重力 G 的大小与液体的质量 m 成正比，且 $G=mg$，所以液体所受的单位质量力的大小等于重力加速度，即 $G/m=g$。当采用直角坐标系时，取 z 轴垂直向上为正，重力在各向的分力为 G_x，G_y，G_z，单位质量力在相应坐标上的投影为

$$f_x = \frac{G_x}{m} = 0$$

$$f_y = \frac{G_y}{m} = 0$$

$$f_z = \frac{G_z}{m} = -g$$

1.4　液体的主要物理性质

力对液体的作用，都是通过液体自身的物理性质来表现的。在进行水力分析和计算时，必须首先了解液体的物理属性。因此从宏观角度来探讨液体的物理性质是研究液体运动的出

发点。本节将讨论与液体运动相关的主要物理性质。

1.4.1 液体的密度

液体与任何物体一样，具有惯性。惯性就是物体保持原有运动状态的特性。液体和固体一样，也具有质量，单位体积液体所含有的质量称为液体的密度，用ρ表示。

非均质液体的密度ρ由式（1-2）表示，均质液体的密度为

$$\rho = \frac{m}{V} \tag{1-6}$$

式中，ρ为液体的密度（kg/m^3）；m为液体的质量（kg）；V为液体的体积（m^3）。

在工程计算中，常取4℃时水的密度$\rho = 1000kg/m^3$作为计算值。

表1-1列举了水在一个标准大气压（1atm = 101.325kPa）条件下，密度随温度的变化。几种常见流体的密度见表1-2。

表1-1 水的密度

密度/(kg/m^3)	999.87	1000.0	999.73	998.23	995.67	992.24	988.07	983.24	971.83	958.38
测定温度/℃	0	4	10	20	30	40	50	60	80	100

表1-2 几种常见流体的密度

流体名称	空气	水银	汽油	酒精	四氯化碳	海水
密度/(kg/m^3)	1.205	13590.3	679.5~749.5	793.1	1590.7	1019.3~1028.2
测定温度/℃	20	0	15	15	20	15

1.4.2 黏性和理想液体

黏性是液体所具有的重要属性。实际液体都具有黏性。在水力学问题的研究中，由于黏性影响所带来的复杂性使无数研究者付出了艰辛的劳动。因而，对液体的这一属性必须给予足够的重视。

1. 黏性的概念和内摩擦力产生的原因

我们来做一个简单的实验。如图1-3所示的装置，在固定螺柱下端悬挂一个圆筒体，其外面放置一个能绕垂直轴旋转的圆筒形容器。在内、外圆筒体的小缝隙间充以某种液体（水或油均可）。当外筒开始旋转时，可以发现内圆筒随之产生同方向的扭转。当外筒转速达到定值ω时，内圆筒将平衡在一定的扭转角度上，一旦外筒停止转动，内圆筒也将随之恢复到原来的位置。这个实验清楚地说明了处于内筒和外筒之间的液体存在着一种彼此阻碍对方运动的趋势。更多的实验和现象告诉我们，当液体在外力作用下，液体质点间出现相对运动时，随之产生阻碍液体质点间相对运动的内摩擦力，液体产生内摩擦力的这种性质称为黏性。

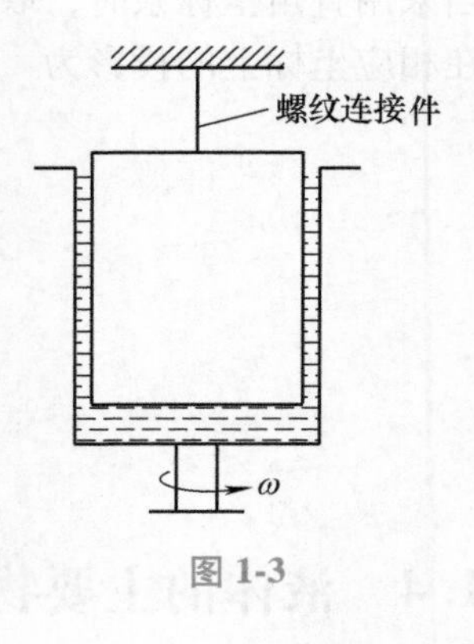

图1-3

必须注意，只有在液体流动时才会表现出黏性，静止液体不呈现黏性。黏性的作用表现为阻碍液体内部的相对运动，进而阻碍液体的流动。这种阻碍作用只能延缓相对运动的过

程，而不能消除这种现象。这是黏性的重要特征。

黏性是由分子间的相互吸引力和分子不规则运动的动量交换产生的。液体温度增高时黏性减小，这是因为液体分子间的相互吸引力随温度增高而减小，而分子动量交换对液体黏性的作用影响不大。气体黏性的决定性因素是分子不规则运动的动量交换产生的阻力，温度增高动量交换加剧，因此气体黏性随温度增高而增大。压强变化对分子动量交换影响甚微，通常予以忽略。

2. 牛顿内摩擦定律和黏性的表示方法

液体的黏性，即流动液体内部所产生的内摩擦力如何用定量的数学关系予以表达？这种力的大小取决于哪些条件？这是一个必须首先解决的问题。

1686年，牛顿通过大量的实验，总结出“牛顿内摩擦定律”，现以图1-4说明实验的内容及其结果。设两个平行平板相距为h，其间充满了液体，平板面积为A，其面积足够大，以至于可忽略边缘对液流的影响。设下板固定不动，上板以匀速U向右运动。由于液体质点黏附于固体壁上，故下板上的液体质点的速度为零，而上板上的液体质点的速度为U。上、下板间的液体做平行于平板的流动，可以看成是许许多多无限薄层的液体做平行运动。当h或U不是太大时，实际测得液体的速度为线性分布，如图1-4所示。而液体的内摩擦力就产生在设想的这种有相对运动的薄层之间。

在液体做层流（层流和湍流概念将在第5章讲述）剪切流动时，内摩擦力（或切向力）T的大小，经实验证明：①与两液层间的速度差（即相对速度）$\mathrm{d}u$成正比，和流层间距离$\mathrm{d}y$成反比；②与液层的接触面面积A的大小成正比；③与液体的种类有关；④与液体的压力大小无关。

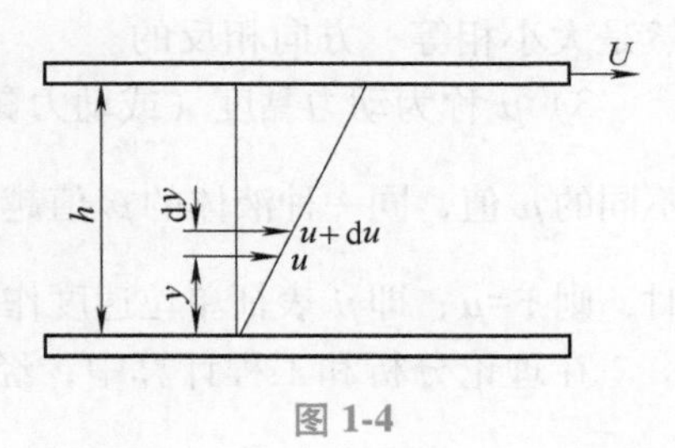

图1-4

内摩擦力的数学表达形式可写作

$$T = \mu A \frac{\mathrm{d}u}{\mathrm{d}y} \tag{1-7}$$

这就是牛顿内摩擦定律。若以$\tau = \dfrac{T}{A}$表示单位面积上的内摩擦力，称切应力，则

$$\tau = \mu \frac{\mathrm{d}u}{\mathrm{d}y} \tag{1-8}$$

现对上式各项阐述如下：

1）$\dfrac{\mathrm{d}u}{\mathrm{d}y}$称为速度梯度，速度梯度表示速度沿垂直于速度方向$y$的变化率。为了理解速度梯度的意义，在图1-4中垂直于速度方向的y轴上，任取液体矩形$abcd$，如图1-5所示。由于下表面的速度u小于上表面的速度（u+du），经过dt时间后，下表面所移动的距离$u\mathrm{d}t$小于上表面所移动的距离$(u+\mathrm{d}u)\mathrm{d}t$。因而矩形$abcd$变形为平行四边形$a'b'c'd'$。也就是说，两液层间的垂直连接线$ac$及$bd$，在d$t$时间中变化了角度d$\theta$。由于d$t$很小，因此d$\theta$也很小。所以

$$\mathrm{d}\theta \approx \tan\mathrm{d}\theta = \frac{\mathrm{d}u\mathrm{d}t}{\mathrm{d}y}$$

故 $$\frac{du}{dy}=\frac{d\theta}{dt}$$

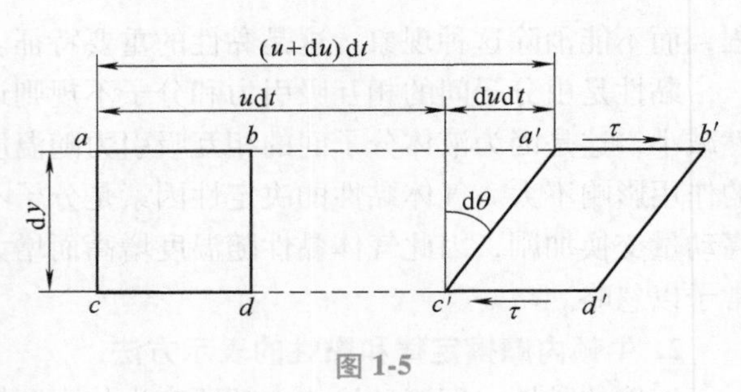

图 1-5

可见，速度梯度就是直角变形速度。这个直角变形速度是在切应力的作用下发生的，所以，也称剪切变形速度。因为液体的基本特征具有流动性，在切应力的作用下，只要有充分的时间让它变形，它就有无限变形的可能性。所以，牛顿内摩擦定律也可以理解为切应力与剪切变形速度成正比，即

$$\tau=\mu\frac{d\theta}{dt} \tag{1-9}$$

2）τ 称为切应力，常用的单位为 N/m^2，简称 Pa。切应力 τ 不仅有大小，还有方向。现以图 1-5 中的平行四边形 $a'b'c'd'$ 来说明方向的确定：上表面 $a'b'$ 上面的液层运动较快，有带动较慢的 $a'b'$ 液层前进的趋势，故作用于 $a'b'$ 面上的切应力 τ 的方向与运动方向相同。下表面 $c'd'$ 下面的液层运动较慢，有阻碍较快的 $c'd'$ 液层前进的趋势，故作用于 $c'd'$ 面上的切应力 τ 的方向与运动方向相反。对于相接触的两个液层来讲，作用在不同液层上的切应力，必然是大小相等、方向相反的。

3）μ 称为动力黏度（或动力黏滞系数），单位为 $N\cdot s/m^2$，或用 $Pa\cdot s$ 表示。不同液体有不同的 μ 值，同一种液体的 μ 值越大，黏性越强。μ 的物理意义可以这样来理解：当取 $\frac{du}{dy}=1$ 时，则 $\tau=\mu$，即 μ 表征单位速度作用下的切应力，所以它反映了黏性的动力性质。

在理论分析和工程计算中，经常出现 μ/ρ 的比值，用 ν 表示。即

$$\nu=\frac{\mu}{\rho} \tag{1-10}$$

式中，ν 称为运动黏度（或运动黏滞系数），单位为 m^2/s 或 cm^2/s。水的运动黏度 ν 可用下列经验公式计算：

$$\nu=\frac{0.01775}{1+0.0337t+0.000221t^2} \tag{1-11}$$

式中，t 为水温，以℃计；ν 以 cm^2/s 计。为了使用方便，表 1-3 中列出了不同温度时水的 ν 值。

表 1-3 不同温度时水的 ν 值

温度/℃	0	2	4	6	8	10	12
$\nu/(cm^2/s)$	0.01775	0.01674	0.01568	0.01473	0.01387	0.01310	0.01239
温度/℃	14	16	18	20	22	24	26
$\nu/(cm^2/s)$	0.01176	0.01118	0.01062	0.01010	0.00989	0.00919	0.00877
温度/℃	28	30	35	40	45	50	60
$\nu/(cm^2/s)$	0.00839	0.00803	0.00725	0.00659	0.00603	0.00556	0.00478

牛顿内摩擦定律只适用于一般流体，对于某些特殊流体是不适用的。一般把符合牛顿内

摩擦定律的流体称为牛顿流体，如水、空气、汽油、煤油、甲苯、乙醇等。否则叫作非牛顿流体，如接近凝固的石油、聚合物溶液、含有微粒杂质或纤维的液体（如泥浆）等。它们的差别可用图1-6表示。本书不讨论非牛顿流体。

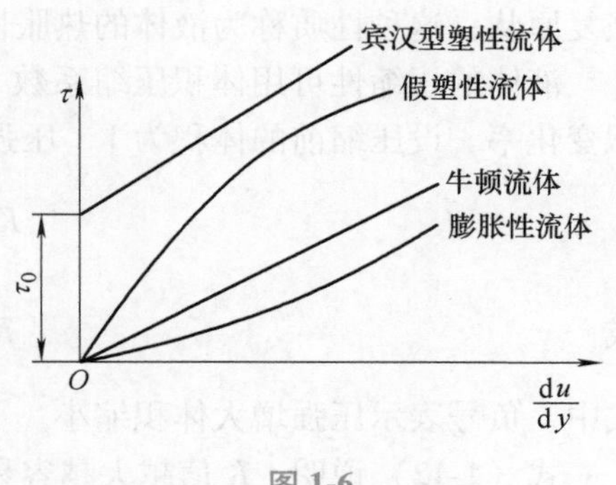

图1-6

通过以后有关章节的讨论可以充分了解，考虑液体的黏性后，将使液体运动的分析变得很复杂。在水力学中，为了简化分析，引入了“理想液体”的概念。一切液体都具有黏性，理想液体的引入是对液体物理学性质的一个简化。因为在某些问题中，黏性不起作用或不起主要作用，忽略黏性的影响，可以得出液体运动的一些基本规律。这种不考虑黏性作用的液体，通常称为理想液体。如果在某些问题中，黏性作用比较大而不能忽略时，通常先把液体当作理想液体进行分析，然后再对结论进行黏性影响的修正。

【例1-1】 在图1-7a中，气缸内壁的直径 $D=12\text{cm}$，活塞的直径 $d=11.96\text{cm}$，活塞的长度 $l=14\text{cm}$，活塞往复运动的速度为1m/s，润滑油液的 $\mu=0.1\text{Pa}\cdot\text{s}$，试求作用在活塞上的黏性力 T。

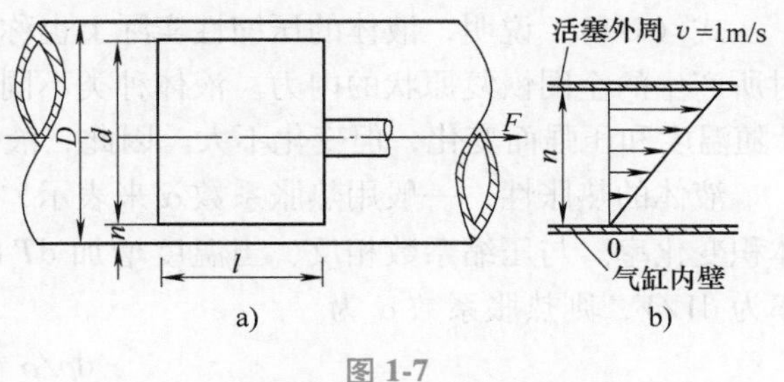

图1-7

【解】 因黏性作用，黏附在气缸内壁的润滑油层的速度为零，黏附在活塞外沿的润滑油与活塞的速度相同，即 $v=1\text{m/s}$。因此，润滑油层的速度由零增至1m/s，油层间因相对运动产生切应力，故用 $\tau=\mu\dfrac{du}{dy}$ 计算。该切应力乘以活塞面积，就是作用于活塞上的黏性力 T。

将间隙 n 放大，绘出该间隙中的速度分布图（见图1-7b）。由于活塞与气缸的间隙 n 很小，速度分布图近似认为是直线分布。故

$$\frac{du}{dy}=\frac{v}{n}=\frac{100}{\frac{1}{2}\times(12-11.96)}\text{s}^{-1}=5\times10^3\text{s}^{-1}$$

将以上数值代入式（1-8），得

$$\tau=\mu\frac{du}{dy}=(0.1\times5\times10^3)\text{N/m}^2=5\times10^2\text{N/m}^2$$

接触面面积
$$A=\pi dl=(\pi\times0.1196\times0.14)\text{m}^2=0.053\text{m}^2$$

则
$$T=A\tau=(0.053\times5\times10^2)\text{N}=26.5\text{N}$$

1.4.3 压缩性和热胀性

压强增高时，分子间的距离减小，液体宏观体积减小，密度增加，除去外力后能恢复原状，这种性质称为液体的压缩性。温度升高，液体宏观体积增大，密度减小，温度下降后能

恢复原状，这种性质称为液体的热胀性。

液体的压缩性可用体积压缩系数 K 来量度，它是在一定温度下单位压强增量引起的体积变化率。设压缩前的体积为 V，压强增加 Δp 后，体积减小 ΔV，密度增加 $\Delta\rho$，则

$$K = -\frac{\Delta V/V}{\Delta p} = \frac{\Delta\rho/\rho}{\Delta p}$$

或

$$K = -\frac{\mathrm{d}V/V}{\mathrm{d}p} = \frac{\mathrm{d}\rho/\rho}{\mathrm{d}p} \tag{1-12}$$

式中，负号表示压强增大体积缩小。

式（1-12）说明，K 值越大越容易压缩。K 的单位为 $\mathrm{m^2/N}$。

工程上还常用液体的弹性模量（体积弹性系数）E 来衡量液体的压缩性，它是体积压缩系数 K 的倒数，即

$$E = \frac{1}{K} = -\frac{\mathrm{d}p}{\mathrm{d}V/V} \tag{1-13}$$

式中，E 的单位为 $\mathrm{N/m^2}$。

式（1-13）说明，液体的压缩性实际上也称为弹性。弹性力就是液体受外力而压缩变形时所产生的企图恢复原状的内力。液体种类不同，其 K 或 E 值也不相同。同一种液体，K 或 E 随温度和压强而变化，但变化不大。因此，液体并不完全符合弹性体的胡克定律。

液体的热胀性，一般用热胀系数 α 来表示，是指在一定压强作用下，单位温升所引起的体积变化率。与压缩系数相反，当温度增加 $\mathrm{d}T$ 时，液体的密度减小率为 $-\mathrm{d}\rho/\rho$，体积增加率为 $\mathrm{d}V/V$，则热胀系数 α 为

$$\alpha = -\frac{\mathrm{d}\rho/\rho}{\mathrm{d}T} = \frac{\mathrm{d}V/V}{\mathrm{d}T} \tag{1-14}$$

在一般工程设计中，水的弹性模量 E 可近似地取为 $2\times10^9\mathrm{N/m^2}$。此值说明，若 Δp 为一个大气压，$\Delta V/V$ 约为两万分之一。在温度较低时（10~20℃），温度每增加1℃，水的密度减小约为万分之一点五；在温度较高时（90~100℃），水的密度减小也只有万分之七。因此这说明水的热胀性和压缩性是很小的，一般情况下可以忽略不计，相应地水的密度可视为常数。只有在某些特殊情况下，例如水击、热水采暖等问题时，才需要考虑水的压缩性及热胀性。

至于气体，它的压缩性和热胀性要比液体的大。但是在一定的条件下，如在距离不太长的输气系统中，当各点气体流速都远小于声速时，气体压缩性对气流流动的影响也可以忽略，也就是说，这时的气体也可视为是不可压缩的。

总之，在可以忽略液体（或气体）的压缩性时，引出“不可压缩液（流）体”的概念，这是不计压缩性对液体物理性质的简化。对一般的水利工程来说，认为水不可压缩是足够精确的。

1.4.4 表面张力特性

在日常生活中，我们常常看到水滴悬挂在墙壁上或水龙头出口处，水银在平滑表面上呈球形滚动等现象，表明液体自由表面有明显的欲呈球形的收缩趋势，引起这种收缩趋势的力是表面张力。

表面张力是由分子的内聚力引起的，其作用结果使液体表面看起来好像是一张均匀受力

的弹性膜。不难想象，处于自由表面上的液体分子所受到周围液体和气体分子的作用力是不平衡的，气体分子对它的作用力小于另一侧液体分子的作用力。因此，自由液面上的液体所受到的合力是将它们拉向液体内部，使自由面上的液体受到极其微小的拉力，这种拉力称为表面张力。

若假想在液体自由表面上任取一条线，则表面张力的作用将使两边彼此相拉，作用方向将与该线垂直并与该处液面相切。可见，表面张力实际是一种拉力。我们将单位长度上所受到的这种拉力定义为表面张力系数，以 σ 标记，它的单位是 N/m。σ 的值随液体种类和温度而变化，在 20℃时，水的表面张力系数 $\sigma=0.0728\text{N/m}$，水银为 $\sigma=0.465\text{N/m}$。

表面张力很小，在水力学中一般不考虑它的影响。但在某些情况下，它的影响也是不可忽略的，如微小液滴（如雨滴）的运动、水深很小的堰流等。

在水力学实验中，经常使用盛有水或水银的细玻璃管作为测压管，由于表面张力作用，液体就会在细管中上升或下降 h 高度，这种现象称为毛细现象。上升或下降取决于液体和固体的性质。如图 1-8 所示，设液面与管壁的接触角为 θ，玻璃管半径为 r，液体密度为 ρ，因液柱重力与表面张力垂直分量相平衡，即

$$2\pi r\sigma\cos\theta = \pi r^2 h\rho g$$

可得

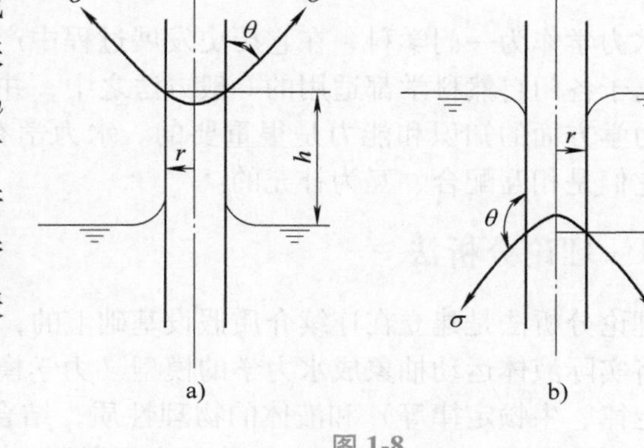

图 1-8

$$h = \frac{2\sigma}{\rho g r}\cos\theta \tag{1-15}$$

利用式（1-15）计算可得，对 20℃的水，玻璃管中的水面高出容器水面的高度 h 约为

$$h = \frac{15}{r}$$

式中，h 及 r 均以 mm 计。可见，当管径很小时，h 就可以很大。所以用来测定压强的玻璃管直径不能太小，否则就会产生很大的误差。因此，通常测压管的直径不小于1cm。

1.4.5 汽化压强

液体分子逸出液面向空间扩散的过程称为汽化，液体汽化为蒸汽。汽化的逆过程称为凝结，蒸汽凝结为液体。在液体中，汽化和凝结同时存在，当这两个过程达到动态平衡时，宏观的汽化现象停止，此时液体的压强称为饱和蒸汽压强，或汽化压强。汽化压强的产生是由于蒸汽分子运动的结果。液体的汽化压强与温度有关，水的汽化压强见表 1-4。

表 1-4 水的汽化压强

温度/℃	0	5	10	15	20	25	30
汽化压强/(kN/m^2)	0.61	0.87	1.23	1.70	2.34	3.17	4.24
温度/℃	40	50	60	70	80	90	100
汽化压强/(kN/m^2)	7.38	12.33	19.92	31.16	47.34	70.10	101.33

当液体中某处的绝对压强低于当地的汽化压强时，溶解在水中的空气将分离出来，此时水将产生“沸腾”现象。这种分离出来的气体和由于汽化而产生的蒸汽一起向高处集中，将对流体运动产生两种不良影响。一是气体常集中在管路的高处形成“气塞”而使水流动困难甚至完全遮断；二是水因汽化而生成大量气泡，气泡随着水流进入高压区时受压缩而突然溃灭，周围的水体便以极大的速度向气泡溃灭点冲击，在该点处造成很高的压强（有时可达几十甚至几百个大气压）。这种集中在极小面积上的强大冲击力如作用在金属部件的表面上（例如水泵叶片上），就会使部件损坏。因此在管道设计时，这种现象是应该引起足够重视并采取一定的工程措施加以避免的。

1.5 水力学的研究方法

水力学作为一门学科，在它历史发展过程中产生了一些特殊的研究和解决问题的方法，它们寓于各门自然科学都适用的一般方法之中，并相互渗透和转化。掌握这些方法，对于获得水力学方面的知识和能力是很重要的。水力学有理论分析、实验研究和数值计算三种方法，它们是相互配合、互为补充的。

1.5.1 理论分析法

理论分析法是建立在连续介质假设基础上的，对流动现象进行研究和分析。其基本步骤是：将实际液体运动抽象成水力学的模型（力学模型）；根据机械运动的普遍规律（如质量守恒定律、牛顿定律等）和液体的物理性质，结合液体运动的特点，通过数理分析建立液体运动的基本方程（数学模型）；利用各种数学工具结合初始条件与边界条件求解方程；检验和解释求解结果。正确的理论分析结果可揭示液体运动的本质特性和规律，因此具有普遍的适用性。在建立模型时，常用以下两种方法：

1. 无限微量法

设在运动液体占据的空间中，取一固定的微元控制体。它在直角坐标系中，边长分别为 dx，dy，dz，其极限可表示点 x，y，z 处的情况。无限微量法是将机械运动的普遍定律应用于微元控制体内的液体上，建立液体的运动微分方程。这样的微分方程，如果有其解答，即可给出在液体所占据的任一空间点上，在任何时间的液体质点的运动情况。这一方法广泛应用于以后所研究的一些问题中。由于目前还没有关于液体运动微分方程组的普遍解法，所以常采用某些假定，使方程得以简化后才能求解。

2. 有限控制体法（平均值法）

在水力学中，常无须知道液体所占据的每一空间点上的液体质点的运动情况，而只需知道一些运动要素在某一体积或面积上的平均值。有限控制体法是在液体占据的空间中取一固定的有限控制体，建立以平均值表示的液体运动方程。这种方法常用来分析液体运动沿主流方向的一维流动的情况。

理论分析法的缺点是由于某些方程的非线性和定解条件的复杂性，对于某些复杂的运动形态，采用理论分析至今仍有困难。

1.5.2 实验研究法

到目前为止，能完全用理论分析方法解决的实际流动问题仍然有限，大量的复杂流动问

题或工程实际问题要靠实验研究或实验研究与理论分析相结合的方法来解决。进行实验研究基本有以下两种类型：

1）在理论分析之前，通过对液体运动形态的观察，抽象出液体运动的主要物理量，提出液体运动的简化计算模型；得到初步理论分析结果后，通过实验检验成果的正确性。这通常又称为系统实验。在实验室内造成某种液流运动，进行系统的实验观测，从中找出规律。

2）当理论分析还不能完全解决问题时，在实验结果的基础上提出一些经验性的规律，以满足实际应用上的需要。这又可分为原型观测和模型实验两类。原型观测是在野外或水工建筑物现场对液体运动进行观测，如水在河段或海岸中的运动，水经过建筑物时的相互作用等，获得有关数据和资料为检验理论分析成果或总结某些基本规律提供依据。

由于现有理论分析成果的局限性，使得有些实际工程的水力学问题不能得到可靠的解答。这样，可在实验室内，以水力相似理论为指导，把实际工程缩小为模型，在模型上预演相应的水流运动，得出模型水流的某些经验性的规律，然后按照水流运动的相似关系换算到原型中去，以解决工程设计的需要。这就是模型实验。

综上所述，水力学实验研究的过程一般是：在相似理论的指导下，在实验室内建立模型实验装置；用流体测量技术测量模型实验中的流动参数；处理和分析实验数据并将它归纳为经验公式。在水力学发展进程中，用理论分析与实验研究相结合的方法已成功地解决了许多实际工程问题，通过大量实验研究也总结出许多行之有效的经验公式。但实验研究方法的缺点是从实验中得到的经验公式的通用性较差。

1.5.3 数值计算法

随着计算机技术突飞猛进的发展，过去无法解析的水力学偏微分方程，现在可以用计算机数值方法得到数值解。数值研究的一般过程是：对基本方程做简化和数值离散化，编制程序做数值计算，将计算结果与实验或理论解析结果比较。常用的方法有：有限差分法、有限元法、有限体积法、边界元法等。计算的内容包括渗流场的求解、非恒定流的计算等。大型工程计算软件已成为研究和计算工程流动问题的有力武器。数值方法的优点是能计算解析方法无法求解的流动问题，能模拟多种流动问题，比实验方法省时省钱。但数值方法毕竟是一种近似求解方法，适用范围受数学模型的正确性、计算精度和计算机性能的限制。可以预见，随着计算机的计算速度和存储容量的提高，以及计算方法的不断进步，数值计算在复杂的水力学问题的求解中将发挥越来越重要的作用。

理论分析、实验、数值计算这三种方法，各有利弊。实验用来检验理论分析和数值计算结果的正确性与可靠性，并为简化理论模型和建立运动规律提供依据。这种作用不管理论分析和数值计算发展得多么完善，都是不可替代的。理论分析则能指导实验和数值计算，使它们进行得富有成效，并可把部分实验结果推广到一整类没有做过实验的现象中去。数值计算可对一系列复杂流动进行既快又省的研究工作。只有将它们结合起来才能适应现代水力学研究和工程应用的需要。

学习水力学应注意理论与实践结合，在掌握坚实的水力学基本理论的基础上，要善于观察和思考，勤于动手，掌握基本的水力学实验技能，并逐步培养应用和编制水力学工程软件的能力。

思 考 题

1-1 按连续介质的概念，液体质点是指（　　）。

（a）液体的分子　（b）液体内的固体颗粒　（c）几何的点

（d）几何尺寸同流动空间相比是极小量，又含有大量分子的微元体

1-2 作用于液体的质量力包括（　　）。

（a）压力　（b）摩擦阻力　（c）重力　（d）表面张力

1-3 单位质量力的国际单位是（　　）。

（a）N　（b）m/s　（c）N/kg　（d）m/s^2

1-4 水的动力黏度随温度的升高（　　）。

（a）增大　（b）减小　（c）不变　（d）不定

1-5 液体运动黏度的国际单位是（　　）。

（a）m^2/s　（b）N/m^2　（c）kg/m　（d）$N\cdot s/m^2$

1-6 理想液体的主要特征是（　　）。

（a）黏度是常数　（b）不可压缩　（c）无黏性　（d）无表面张力

1-7 液体与固体的切应力分别与哪些因素有关？

1-8 什么是液体的黏性？它对液体的运动规律有什么影响？动力黏度μ和运动黏度ν有何区别及联系？

1-9 为什么液体的动力黏度随温度而降低，气体的动力黏度随温度升高而增加。

1-10 为什么可以把液体看作连续介质？连续介质模型在水力学研究中有何意义？

习 题

1-1 体积为$2.5m^3$的汽油重力为17.5kN，求其密度。

1-2 使水的体积减小0.1%及1%时，分别求其应增大的压强。

1-3 一平板在油面上做水平运动，如图1-9所示。已知平板运动速度$v=1m/s$，板与固定边界的距离$\delta=10mm$，油的动力黏度$\mu=0.098Pa\cdot s$。试求作用在平板单位面积上的切应力。

1-4 一底面为40cm×50cm，高为1cm的平板，质量为5kg，沿着涂有润滑油的斜面向下做匀速运动，如图1-10所示。已知平板运动速度$v=1m/s$，油层厚度$\delta=1mm$，由平板所带动的油层的运动速度呈直线分布。试求润滑油的动力黏度μ值。

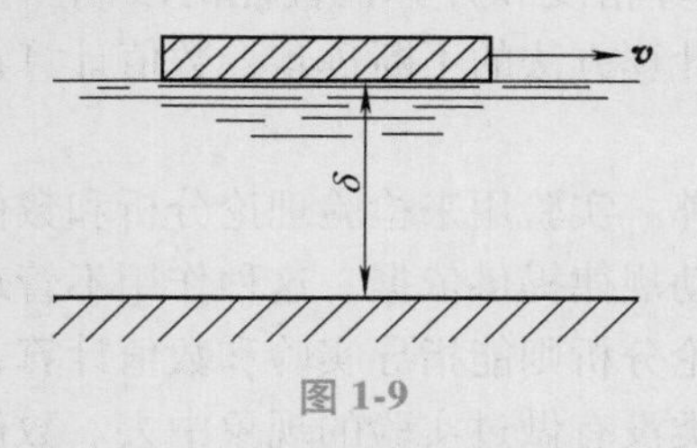

图 1-9

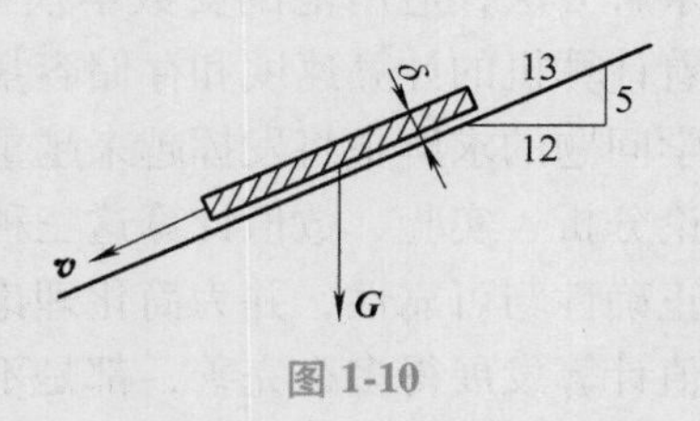

图 1-10

1-5 有一极薄的平板在厚度均为3cm的两种油层中以速度$u=0.6m/s$水平移动（见图1-11），已知上层油的动力黏度μ_1为下层油的动力黏度μ_2的两倍，两油层在平板所产生的总切应力$\tau=25N/m^2$，求μ_1及μ_2。

1-6 设黏滞性测定仪如图1-3所示。已知内圆筒半径$r_1=1.93cm$，外圆筒内半径$r_2=2cm$，内圆筒沉入外圆筒所盛液体（油）的深度$h=7cm$，内圆筒转速$n=10r/min$，测得转动力矩$M=0.0045N\cdot m$。内圆筒底部比圆筒侧壁所受的阻力小得多，可以略去不计。试求液体（油）的动力黏度μ值。

1-7 一圆锥体绕其垂直中心轴做等速旋转，如图1-12所示。已知锥体与固定壁间的距离$\delta=1mm$，全

部为润滑油（$\mu=0.1\text{Pa}\cdot\text{s}$）所充满，锥体底部半径 $R=0.3\text{m}$，高 $H=0.5\text{m}$，当旋转角速度 $\omega=16\text{s}^{-1}$时，试求所需的转动力矩。

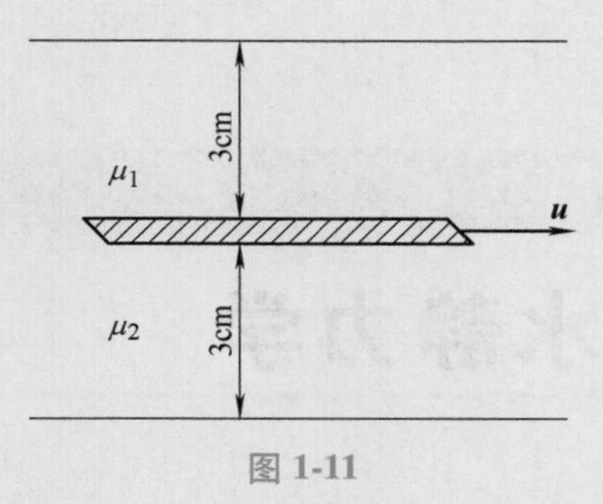

图 1-11

1-8　一采暖系统如图 1-13 所示。考虑到水温升高会引起水的体积膨胀，为防止管道及散热器胀裂，特在系统顶部设置一个膨胀水箱，使水的体积有自由膨胀的余地。若系统内水的总体积 $V=8\text{m}^3$，加热前后温差 $t=50℃$，水的热胀系数 $\alpha=0.0005℃^{-1}$，试求膨胀水箱的最小容积。

1-9　图 1-14 所示为一黏度仪，固定的内圆筒半径 $r=20\text{cm}$，高度为 $h=40\text{cm}$，外圆筒以角速度 $\omega=10\text{rad/s}$ 旋转，两筒壁间距 $\delta=0.3\text{cm}$，内放待测液体，此时测出内筒力矩 $M=4.905\text{N}\cdot\text{m}$，求待测液体的动力黏度 μ（不计筒底所受黏性阻力）。

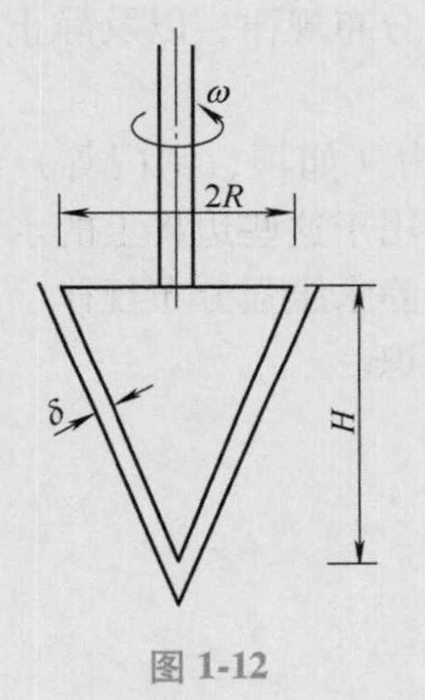

图 1-12

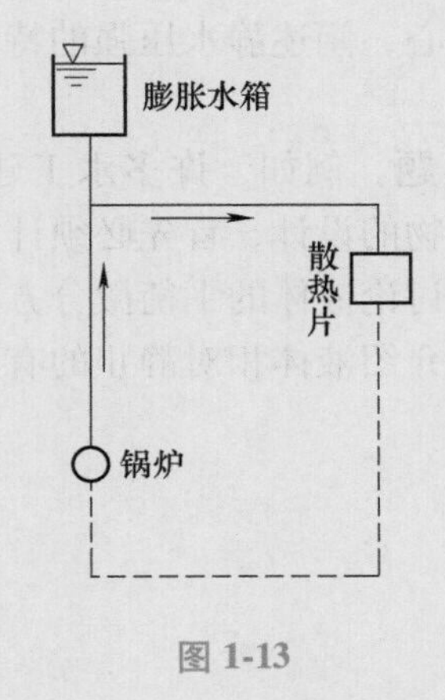

图 1-13

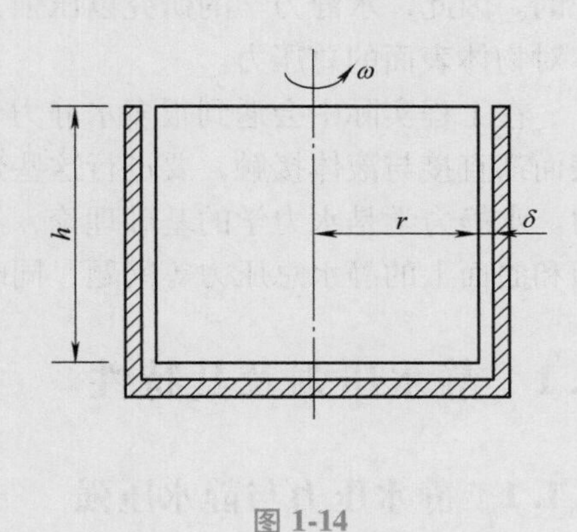

图 1-14

第 2 章

水静力学

水静力学的任务是研究液体平衡的规律及其实际应用。

静止液体质点之间的相互作用，以及它们与固体壁面之间的作用是通过压强的形式来表现的。因此，水静力学的研究以压强为中心，阐述静水压强的特性、分布规律，以及静止液体对物体表面的总压力。

在工程实际中会遇到很多水静力学问题。例如，许多水工建筑物（如坝、闸门等）的表面都直接与液体接触，要进行这些建筑物的设计，首先必须计算作用于这些边界上的水压力。水静力学是水力学的基础理论，本章讨论液体的平衡微分方程、静水压强分布规律、平面和曲面上的静水总压力等问题，同时还介绍液体相对静止的有关知识。

2.1 静水压强及其特性

2.1.1 静水压力与静水压强

1. 静水压力

在日常生活和生产活动中，人们会得知液体对于与之接触的表面会产生一种压力作用。如图 2-1 所示，在水库岸边的泄水洞前设置有平板闸门，当拖动闸门时需要很大的拉力，其主要原因是水库中的水体给闸门作用了很大的压力，使闸门紧贴壁面所造成的。液体不仅对与之相接触的固体边界作用有压力，就是在液体内部，一部分液体对相邻的另一部分液体也有压力作用。

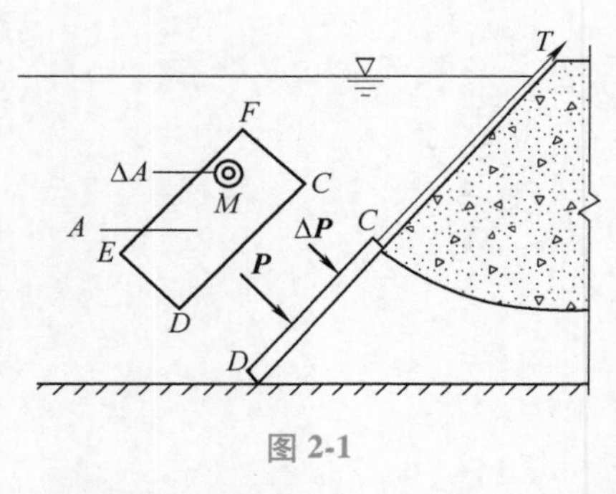

图 2-1

在水力学中，把静止液体作用在与之接触的表面上的压力称为静水压力，常以字母 P 表示。在我国法定计量单位中，静水压力的单位为 N 或 kN。

2. 静水压强

在图 2-1 所示的平板闸门上，取微元面积 ΔA，令作用于 ΔA 上的静水压力为 ΔP，则 ΔA 面上单位面积所受的平均静水压力称为 ΔA 面上的平均静水压强。当 ΔA 无限缩小至趋于点 M 时，比值 $\frac{\Delta P}{\Delta A}$ 的极限值定义为 M 点的静水压强，常以字母 p 表示，即

$$p = \lim_{\Delta A \to 0} \frac{\Delta P}{\Delta A} \tag{2-1}$$

在我国法定计量单位中，静水压强的单位为Pa或kPa。

2.1.2　静水压强的特性

静水压强有两个重要的特性：

1）静水压强的方向与受压面垂直并指向受压面。

证明如下：

在某静止液体中，以N-N'面将其切割为Ⅰ、Ⅱ两部分，如图2-2a所示，现以Ⅱ部分为隔离体，在属于Ⅱ部分的N-N'面上任取一点（如A点），假如其所受的静水压强p是任意方向，则p可分为法向应力p_n与切向应力τ。由于静止液体黏滞性不起作用，不能承受剪切变形，从而使得液体具有易流动性，故静止液体在切向应力τ作用下将会引起流动，这与静止液体的前提不符，故$\tau=0$，也即$\alpha=90°$，可见，$p_n=p$，p必须垂直于其作用面，如图2-2a中的B点所示。

又由于液体不能承受拉应力，静水压强p的作用方向只能是指向其受压面，故p为压应力。

由此可见，只有内法线方向才是静水压强p的唯一方向。

2）任一点静水压强的大小和受压面方位无关，或者说作用于同一点上各方向的静水压强都相等。

证明如下：

在静止液体中取出一个包括O点在内的微元四面体$OABC$，如图2-2b所示。为方便起见，设其中三个正交面与坐标平面方向一致，边长分别为$\mathrm{d}x$、$\mathrm{d}y$、$\mathrm{d}z$。四面体的倾斜面面积为$\mathrm{d}A$，以p_x，p_y，p_z和p_n分别表示三个正交面和斜面ABC上的平均压强。如果当四面体$OABC$无限地缩小到O点时，等式$p_x=p_y=p_z=p_n$成立，则特性2）便得到了证明。为此，用P_x，P_y，P_z和P_n分别表示垂直于x，y，z的平面及斜面上的总压力，则有

$$\left.\begin{aligned}P_x&=\frac{1}{2}p_x\mathrm{d}y\mathrm{d}z\\P_y&=\frac{1}{2}p_y\mathrm{d}z\mathrm{d}x\\P_z&=\frac{1}{2}p_z\mathrm{d}x\mathrm{d}y\\P_n&=p_n\mathrm{d}A\end{aligned}\right\}\tag{2-1a}$$

四面体$OABC$除了受到上述表面力的作用外，还有质量力的作用，静止液体的质量力为重力。四面体的体积为$\frac{1}{6}\mathrm{d}x\mathrm{d}y\mathrm{d}z$，液体密度为$\rho$，令$f_x$，$f_y$，$f_z$分别为液体单位质量力在相应坐标轴方向的分量，则质量力在各坐标轴方向的分量为

$$\left.\begin{aligned}F_x&=\frac{1}{6}\rho\mathrm{d}x\mathrm{d}y\mathrm{d}z\,f_x\\F_y&=\frac{1}{6}\rho\mathrm{d}x\mathrm{d}y\mathrm{d}z\,f_y\\F_z&=\frac{1}{6}\rho\mathrm{d}x\mathrm{d}y\mathrm{d}z\,f_z\end{aligned}\right\}\tag{2-1b}$$

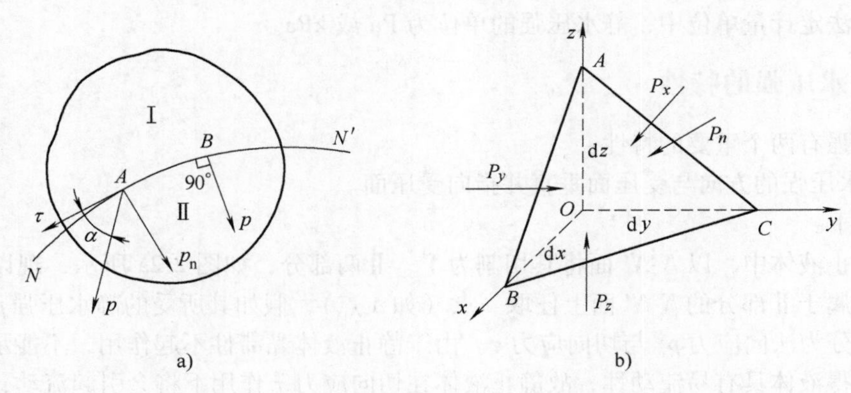

图 2-2

根据力系平衡条件，可分别写出作用在四面体上各力在各坐标轴投影的平衡方程，以方向 x 为例，有

$$P_x - P_n\cos < n, x > + F_x = 0 \tag{2-1c}$$

式中，$<n, x>$表示倾斜面法向 n 与 x 轴的夹角；

$$P_n\cos < n, x > = p_n \mathrm{d}A\cos < n, x > = p_n \frac{1}{2}\mathrm{d}y\mathrm{d}z$$

将上式及式（2-1a）和式（2-1b）中的对应项代入式（2-1c）中，得

$$\frac{1}{2}p_x\mathrm{d}y\mathrm{d}z - \frac{1}{2}p_n\mathrm{d}y\mathrm{d}z + \frac{1}{6}\rho\mathrm{d}x\mathrm{d}y\mathrm{d}zf_x = 0$$

以$\frac{1}{2}\mathrm{d}y\mathrm{d}z$除上式后，得

$$p_x - p_n + \frac{1}{3}\rho\mathrm{d}xf_x = 0$$

当四面体无限缩小到 O 点时，上式中的 $\frac{1}{3}\rho\mathrm{d}xf_x$ 为高阶微量，可忽略不计，于是得

$$p_x = p_n$$

同理可得

$$p_y = p_n,\ p_z = p_n$$

因斜面的方向是任意选取的，所以当四面体无限缩小至一点时，各个方向的静水压强都相等，即

$$p_x = p_y = p_z = p_n$$

因此，可以把各个方向的压强均写成 p。这个特性表明，作为连续介质的平衡液体内，任一点的静水压强仅是空间坐标的连续函数而与受压面的方向无关，所以

$$p = p(x, y, z)$$

2.2 液体的平衡微分方程及其积分

液体的平衡微分方程表征了液体处于平衡状态时作用于液体上各种力之间的关系。

2.2.1 液体的平衡微分方程

在静止液体中取一个微小六面体作为微元体，各边分别与坐标轴平行，边长为 dx，dy，dz，如图 2-3 所示。作用在微元体上的力有质量力以及六个表面上的压力，这些压力是周围的静止液体通过微元体的六个表面传递过来的。

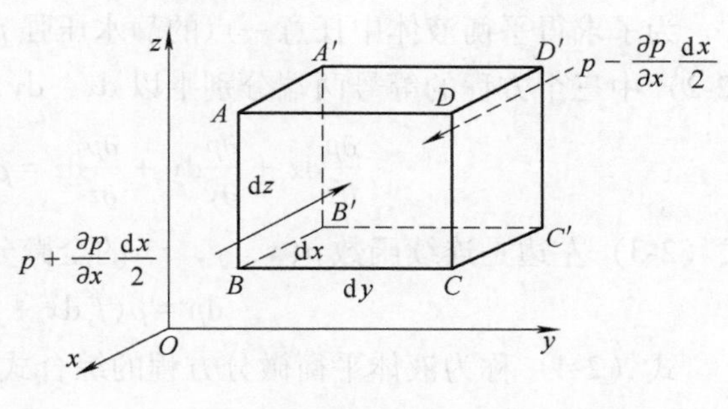

图 2-3

先分析表面力和质量力在 x 轴方向的平衡关系式。

设此微元体的中心 $M(x,\ y,\ z)$ 点上的压强为 p，液体的密度为 ρ，微元体的单位质量力为 f_x，微元体受到的质量力在 x 轴方向的分量为 $\rho f_x \mathrm{d}x\mathrm{d}y\mathrm{d}z$。微元体的六个表面均受压力，但只有表面 $ABCD$ 和 $A'B'C'D'$ 的压力在 x 轴方向有投影值。表面 $ABCD$ 中心点的坐标为 $\left(x+\frac{\mathrm{d}x}{2},\ y,\ z\right)$，该处的静水压强可按泰勒级数表示，略去高价微量项后为 $p+\frac{\partial p}{\partial x}\frac{\mathrm{d}x}{2}$，偏导数$\frac{\partial p}{\partial x}$可理解为沿 x 轴每单位长度上的压强增量。由于表面 $ABCD$ 的面积微小，可以认为该面受到的压力就等于面积中心点的压强与表面积的乘积，因此表面 $ABCD$ 的压力为 $\left(p+\frac{\partial p}{\partial x}\frac{\mathrm{d}x}{2}\right)\mathrm{d}y\mathrm{d}z$，这个压力的方向是 x 轴的负向。同样，表面 $A'B'C'D'$ 所受到的压力为 $\left(p-\frac{\partial p}{\partial x}\frac{\mathrm{d}x}{2}\right)\mathrm{d}y\mathrm{d}z$，该压力沿 x 轴的正向。

由于液体静止，因此作用于微元体的外力在 x 轴方向上的投影为零，即

$$\left(p-\frac{\partial p}{\partial x}\frac{\mathrm{d}x}{2}\right)\mathrm{d}y\mathrm{d}z-\left(p+\frac{\partial p}{\partial x}\frac{\mathrm{d}x}{2}\right)\mathrm{d}y\mathrm{d}z+f_x\rho\mathrm{d}x\mathrm{d}y\mathrm{d}z=0$$

化简后得

$$f_x-\frac{1}{\rho}\frac{\partial p}{\partial x}=0$$

同理，对 y、z 轴方向可推出类似的结果，从而得到微分方程组

$$\left.\begin{aligned}f_x-\frac{1}{\rho}\frac{\partial p}{\partial x}=0\\ f_y-\frac{1}{\rho}\frac{\partial p}{\partial y}=0\\ f_z-\frac{1}{\rho}\frac{\partial p}{\partial z}=0\end{aligned}\right\}\tag{2-2}$$

式（2-2）就是液体平衡的微分方程，是瑞士学者欧拉（Euler）在 1775 年提出的，故又称为欧拉平衡方程。该式的物理意义是：在平衡液体中，单位质量的液体所受到的表面力（压力）与质量力彼此相等。

2.2.2 液体平衡微分方程的积分

为了求得平衡液体中任意一点的静水压强 p，需将欧拉平衡方程进行积分。为此，将式（2-2）中三个方程的等号两端分别乘以 $\mathrm{d}x$，$\mathrm{d}y$，$\mathrm{d}z$，然后将其相加整理得

$$\frac{\partial p}{\partial x}\mathrm{d}x+\frac{\partial p}{\partial y}\mathrm{d}y+\frac{\partial p}{\partial z}\mathrm{d}z=\rho(f_x\mathrm{d}x+f_y\mathrm{d}y+f_z\mathrm{d}z) \tag{2-3}$$

式（2-3）左边是连续函数 $p(x, y, z)$ 的全微分 $\mathrm{d}p$，于是有

$$\mathrm{d}p=\rho(f_x\mathrm{d}x+f_y\mathrm{d}y+f_z\mathrm{d}z) \tag{2-4}$$

式（2-4）称为液体平衡微分方程的综合式，当液体所受的质量力已知时可求出液体内的压强分布函数 $p(x, y, z)$。

对于不可压缩液体，密度 ρ 为常量，式（2-4）右边括号内的三项总和也应该是某一函数 $W(x, y, z)$ 的全微分，即

$$\mathrm{d}W=f_x\mathrm{d}x+f_y\mathrm{d}y+f_z\mathrm{d}z \tag{2-5}$$

而

$$\mathrm{d}W=\frac{\partial W}{\partial x}\mathrm{d}x+\frac{\partial W}{\partial y}\mathrm{d}y+\frac{\partial W}{\partial z}\mathrm{d}z$$

从而有

$$\left.\begin{aligned}f_x&=\frac{\partial W}{\partial x}\\f_y&=\frac{\partial W}{\partial y}\\f_z&=\frac{\partial W}{\partial z}\end{aligned}\right\} \tag{2-6}$$

从理论力学可知，满足式（2-6）的函数 $W(x, y, z)$ 称为力势函数，具有力势函数的质量力称为有势力。有势力所做的功与路径无关，而只与起点及终点的坐标有关。例如，重力、惯性力都是有势力。可见，不可压缩液体要维持平衡，只有在有势的质量力作用下才有可能。

将式（2-5）代入式（2-4），得

$$\mathrm{d}p=\rho\mathrm{d}W \tag{2-7}$$

积分得

$$p=\rho W+C \tag{2-8}$$

式中，C 为积分常数，由已知的边界条件确定。

当液体中某一点的 p_0 和势函数 W_0 已知时，由式（2-8）得积分常数

$$C=p_0-\rho W_0$$

代入式（2-8）得

$$p=p_0+\rho(W-W_0) \tag{2-9}$$

这就是在具有力势函数 $W(x, y, z)$ 的某一质量力系作用下，静止或相对平衡的不可压

缩液体内任一点压强 p 的表达式。

需要指出的是，在实际问题中力势函数 $W(x, y, z)$ 的表达式一般不易得出，因而在实际计算静止液体压强分布规律时，采用式（2-4）计算较式（2-9）更为方便。

2.2.3 等压面

液体中压强相等（p=常数）的点系所组成的面（平面或曲面）称为等压面。例如，液体与气体的交界面（即自由表面），以及处于平衡状态下的两种不相混合的液体的交界面都是等压面。

等压面具有如下两个性质：

1）在平衡液体中等压面即是等势面。在等压面上 p=常数，由式（2-7）知，$\mathrm{d}p=\rho \mathrm{d}W=0$；而 ρ 也视为常量，故 $\mathrm{d}W=0$，即 W=常数。可见，等压面即是等势面。

2）等压面恒与质量力正交。在等压面上有

$$\mathrm{d}p=\rho(f_x \mathrm{d}x+f_y \mathrm{d}y+f_z \mathrm{d}z)=0$$

即

$$f_x \mathrm{d}x+f_y \mathrm{d}y+f_z \mathrm{d}z=0 \tag{2-10}$$

式中，$\mathrm{d}x$，$\mathrm{d}y$，$\mathrm{d}z$ 可看作是液体质点在等压面上的任意微小位移 $\mathrm{d}s$ 在相应坐标轴上的投影；而 f_x，f_y，f_z 为单位质量力在相应坐标方向上的分量。

因此，式（2-10）表示了当液体质点沿等压面移动 $\mathrm{d}s$ 距离时，质量力做的微功为零。而质量力和 $\mathrm{d}s$ 都不为零，所以必然是等压面与质量力正交。如重力作用下的液体，其等压面处处都是与重力方向相垂直，它近似是一个与地球同心的球面。但在实践中，这个球面的有限部分可以看成是水平面。

2.3 重力作用下的液体平衡

自然界最常见的质量力是重力，因此在液体平衡一般规律的基础上，研究重力作用下静水压强的分布规律，更有实际意义。

2.3.1 静水压强的基本方程

在质量力只有重力作用下的静止液体内，设直角坐标系如图2-4所示，令坐标平面 xOy 与液面重合，z 轴铅垂向上。设液面上的压强为 p_0，液体密度为 ρ。单位质量液体的质量力在坐标轴方向的分量 $f_x=0$，$f_y=0$，$f_z=-g$。液体中任意一点的压强，由式（2-4）可得

$$\mathrm{d}p=-\rho g \mathrm{d}z$$

对于不可压缩均质液体，ρ=常数，积分上式得

$$p=-\rho g z+C'$$

或写为

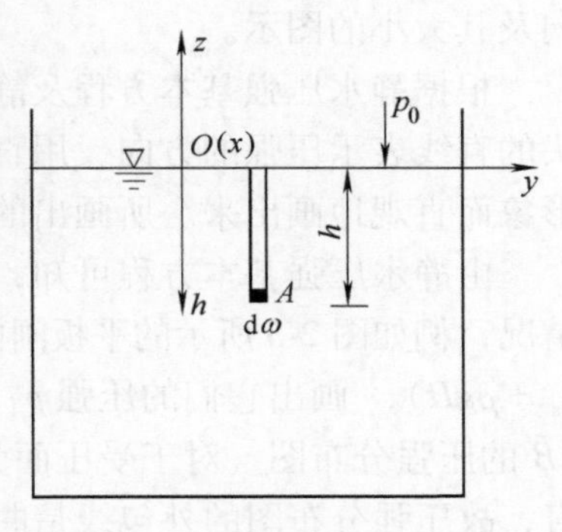

图 2-4

$$z + \frac{p}{\rho g} = C \tag{2-11}$$

式中，$C = C'/\rho g$ 为积分常数，可由边界条件确定。

式（2-11）即为质量力只有重力时液体平衡微分方程的积分式，称为静水压强基本方程。对于静止液体中任意两点来说，式（2-11）可写为

$$z_1 + \frac{p_1}{\rho g} = z_2 + \frac{p_2}{\rho g} \tag{2-12}$$

式中，z_1，z_2 为任意两点在 z 轴上的垂直坐标值；p_1，p_2 为上述两点的静水压强。

从式（2-12）可看出，质量力只有重力作用的静水压强具有如下性质：

1）静水压强的大小与液体的体积无直接的关系，在同种液体中，位于同一淹没深度的各点静水压强数值相等，即质量力只有重力作用的静止液体中等压面为水平面。

2）平衡状态下，液体内（包括边界上）任一点压强的变化，等值地传递到其他各点。这就是著名的帕斯卡原理。这一原理自 17 世纪中叶发现以来，在水压机、液压传动设备中得到了广泛应用。

3）当 $z_1 < z_2$ 时，则 $p_1 > p_2$，即位置较低点的压强恒大于位置较高点的压强，说明水深越大，静水压强越大。

4）当已知某点的静水压强值及其位置标高时，便可求得液体内部其他点的静水压强。

另外，从式（2-12）中还可得知，当静止液体液面的边界条件为自由液面，即 $z_0=0$ 时，自由液面上的表面压强为 p_0，则从式（2-11）可得

$$p = p_0 - \rho g z$$

或

$$p = p_0 + \rho g h \tag{2-13}$$

式中，ρ 为液体的密度（$\mathrm{kg/m^3}$）；h 为液体质点的水深（m），与坐标的关系为 $h=-z$。

式（2-13）为重力作用下静水压强基本方程的常用表达式，它表明：在静止液体中，任意点的压强 p 是自由液面上的压强 p_0 与该点到自由液面的单位面积上的垂直液柱重力 $\rho g h$ 之和。式（2-13）还表明，位于同一淹没深度的各点静水压强值相等，因而重力作用下静止液体中的等压面必为水平面。

2.3.2　压强分布图

压强分布图是根据静水压强基本方程 $p = p_0 + \rho g h$ 绘出的作用在受压面上各点的压强方向及其大小的图示。

根据静水压强基本方程及静水压强的两个特性（即垂直性和各向等值性），可用带有箭头的直线表示压强的方向，用直线的长度表示压强的大小，将作用面上的静水压强分布规律形象而直观地画出来。所画出的几何图形称为压强分布图。

由静水压强基本方程可知，静水压强随液体深度按线性规律增加，对于受压面为平面的情况，例如图 2-5 所示的平板闸门 AB，可取两压强已知的点：A 点（$p_A=p_a$）及 B 点（$p_B = p_a + \rho g H$），画出它们的压强 p_A 及 p_B。然后将它们的尾端连一直线 DE，即得出整个受压面 AB 的压强分布图。对于受压面为曲面的情况，要注意到各点的压强均在该点处与受压面垂直，故压强分布图的外包线是曲线，如图 2-6 所示。如果受压曲面是圆柱面，则各点压强均指向圆柱面的中心轴。

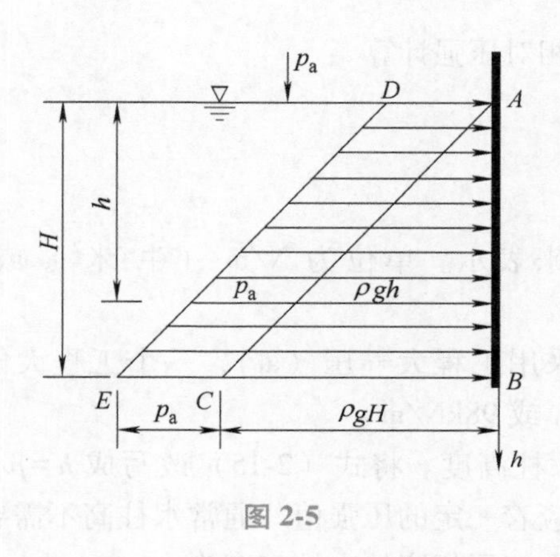

图 2-5

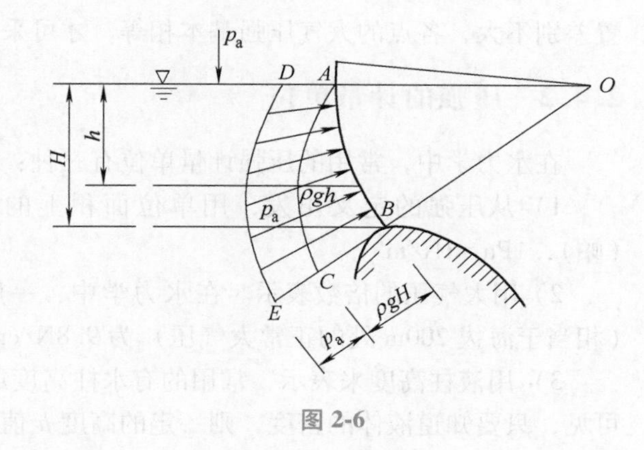

图 2-6

2.4 压强的度量及量测

2.4.1 压强的度量

1. 绝对压强和相对压强

以设想的没有气体分子存在的绝对真空为基准起算的压强，称为绝对压强，用符号 p' 表示，绝对压强总是正值。在绝对压强的度量中，一个工程大气压强 $p_a = 98000\text{N/m}^2$，也可表示为 $p_a = 1\text{at}$。

以当地大气压强为基准起算的压强，称为相对压强，用符号 p 表示，当地大气压强也有绝对压强和相对压强，通常取 p_a 为当地大气压强。在相对压强系统中取 $p_a = 0$，故相对压强可正可负。在实际工程中，建筑物表面和自由液面处多为当地大气压强，所以对建筑物起作用的压强是相对压强。

绝对压强和相对压强是按两种不同起量点计算的压强，它们之间相差一个当地大气压强值，即

$$p = p' - p_a \tag{2-14}$$

当采用相对压强度量时，液面上大气压强 $p_a = 0$，静水压强基本方程可表示为

$$p = \rho gh \tag{2-15}$$

2. 真空度

当液体中某点的绝对压强小于当地大气压强时，称该点有真空。由于此时相对压强为负值，故真空又称为负压。这种状态用真空度来度量。所谓真空度是指绝对压强小于当地大气压强的数值，用符号 p_v 表示。

$$p_v = p_a - p' = -p \tag{2-16}$$

绝对压强、相对压强及真空度三者的关系如图 2-7 所示。

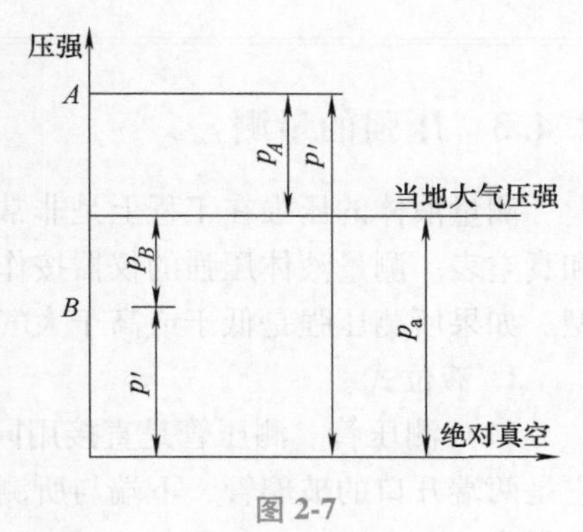

图 2-7

必须注意，不同的地理位置，当地大气压强是不相等的。所以，在一个方程中，只有所涉及问题的地理位

置差别不大，各点的大气压强基本相等，才可采用相对压强计算。

2.4.2 压强的计量单位

在水力学中，常用的压强计量单位有三种：

1）从压强的定义出发，用单位面积上的力来表示。单位为 N/m^2（牛/米²）或 Pa（帕），$1Pa=1N/m^2$。

2）用大气压的倍数表示。在水力学中，一般采用工程大气压（at），一个工程大气压（相当于海拔 200m 处的正常大气压）为 $9.8N/cm^2$，或 $98kN/m^2$。

3）用液柱高度来表示，常用的有水柱高度或汞柱高度。将式（2-15）改写成 $h=p/\rho g$，可见，只要知道液体的密度，则一定的高度 h 值对应着一定的压强值。通常水柱高不需要特别注明，但其他液柱高则须标注。例如，一个工程大气压相应的水柱高度为

$$h=\frac{p_a}{\rho g}=\frac{98000N/m^2}{1000kg/m^3\times 9.8m/s^2}=10m$$

相应的汞柱高度为

$$h=\frac{p_a}{\rho g}=\frac{98000N/m^2}{13.6\times 10^3kg/m^3\times 9.8m/s^2}=0.736m(\text{汞柱高})=736mm(\text{汞柱高})$$

【例 2-1】 求静止淡水自由表面下 4m 深处的绝对压强 p' 和相对压强 p（认为自由液面的绝对压强为 1at）。

【解】 绝对压强

$$\begin{aligned}p'&=p_a+\rho gh\\&=98\times 10^3N/m^2+10^3kg/m^3\times 9.80m/s^2\times 4m\\&=137.2\times 10^3N/m^2\\&=137.2kPa=1.4at\end{aligned}$$

相对压强为

$$\begin{aligned}p&=p'-p_a=\rho gh=10^3kg/m^3\times 9.80m/s^2\times 4m\\&=39.2\times 10^3N/m^2\\&=39.2kPa=0.4at\end{aligned}$$

2.4.3 压强的量测

测量液体的压强在工程上是非常普遍的要求，如水泵、风机和压缩机等均需安装压力表和真空表。测量液体压强的仪器按作用原理，主要分为液位式、弹簧金属式和电测式三种类型。如果所测压强是低于或高于大气压，又有真空计和压强计之分。

1. 液位式

（1）测压管 测压管是直接用同种液体的液柱高度来测量液体压强的仪器（见图 2-8）。它是两端开口的玻璃管，下端与所测液体相连，上端与大气相通。当测出 h_A 后，A 点的相对压强为 ρgh_A。

测压管通常用来测量较小的压强。当相对压强大于0.2个大气压时，对水则需要2m以上高度的测压管，使用很不方便。为此，在液体测压计中，可采用密度较大的液体。

（2）U形水银测压计 水银测压计是一个U形测压管（见图2-9a），管内装有水银，在所测压强的作用下，水银面形成高差 h。水平面1—2下部的弯管为连通管，且为同一种液体——水银，1—2面为一等压面。从这一概念出发，设水银的密度为 ρ_{Hg}，可得

$$p_1 = p_A + \rho g a$$

即

$$p_2 = \rho_{Hg} g h$$

因为

$$p_1 = p_2$$

故

$$p_A + \rho g a = \rho_{Hg} g h$$

A 点的相对压强为

$$p_A = \rho_{Hg} g h - \rho g a$$

若测点 A 处液体的压强小于大气压，如图2-9b所示，则测点 A 的相对压强为

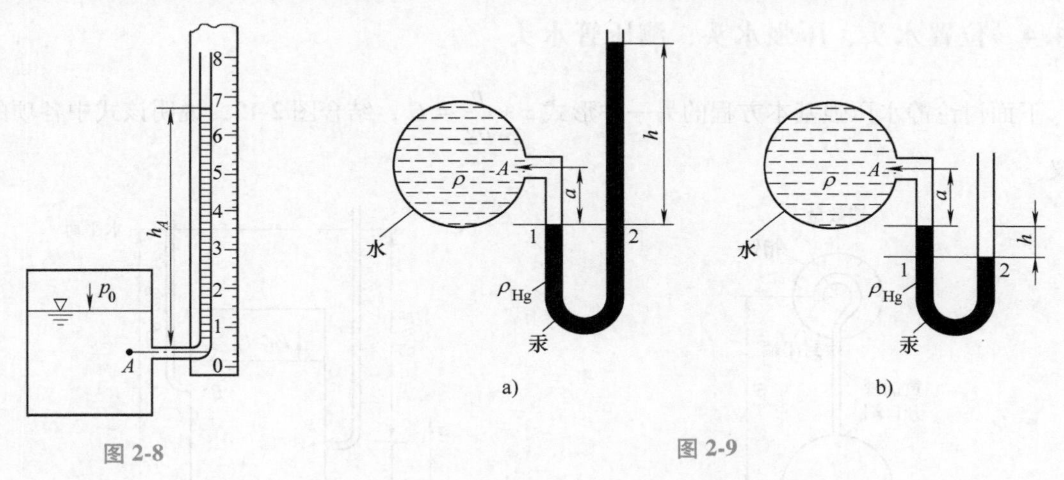

图2-8

图2-9

$$p_A = -\rho_{Hg} g h - \rho g a$$

该点的真空度为

$$p_{vA} = \rho_{Hg} g h + \rho g a$$

（3）压差计 上述的U形管其实也是压差计的概念，所不同的只是U形管测的是被测点与大气压的差值，即相对压强；而压差计测的是两个被测点之间的压差值。

压差计常用U形水银压差计，如图2-10所示，左右两支管分别与被测点 A 和 B 连接，在两点压力差的作用下压差计内的水银柱形成高差 Δh，两点之间的高程差为 Δz。在U形管中作等压面1—2，则

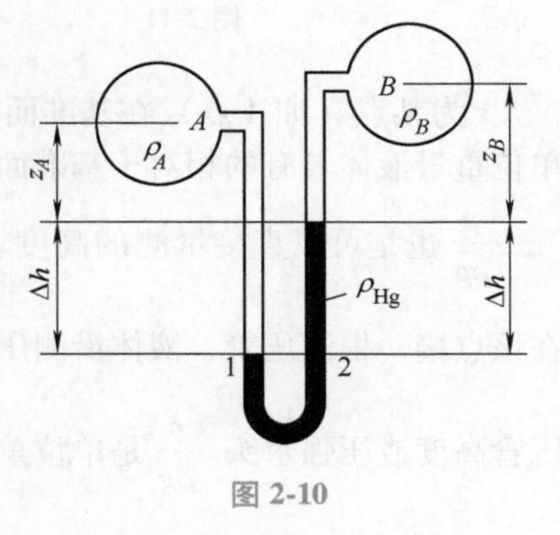

图2-10

$$p_A + \rho_A g(z_A + \Delta h) = p_B + \rho_{Hg} g \Delta h + \rho_B g z_B$$

即

$$p_A - p_B = \rho_{Hg} g \Delta h + \rho_B g z_B - \rho_A g(z_A + \Delta h) \quad (2\text{-}17)$$

当 $\rho_A = \rho_B = \rho$ 时，可得

$$\left(z_A + \frac{p_A}{\rho g}\right) - \left(z_B + \frac{p_B}{\rho g}\right) = \frac{\rho_{Hg} - \rho}{\rho} \Delta h \quad (2\text{-}18)$$

当容器内盛水时，可得

$$\left(z_A + \frac{p_A}{\rho g}\right) - \left(z_B + \frac{p_B}{\rho g}\right) = 12.6\Delta h \tag{2-19}$$

2. 弹簧金属式

测定较大的压强时，通常采用金属测压计。虽然精度不如上述几种测压计高，但装置简单，携带方便，工程上经常采用。最常用的是一种弹簧测压计（见图2-11）。其内部装有一根一端开口、另一端封闭的镰刀形黄铜管，开口端与被测定压强的液体相连通，封闭端有细链与齿轮连接。量测时，在液体相对压强的作用下，黄铜管发生伸展，齿轮便牵动指针，把液体的相对压强值在读数盘上显示出来。

3. 电测式

电测式测压装置可将压力传感器连接在被测液体中，液体压力的作用使金属片变形，从而该金属片的电阻改变，这样通过压力传感器将压力转变成电信号，达到测压的目的。

2.4.4 位置水头、压强水头、测压管水头

下面讨论静水压强基本方程的另一种形式 $z + \frac{p}{\rho g} = C$，结合图2-12，说明该式中各项的意义。

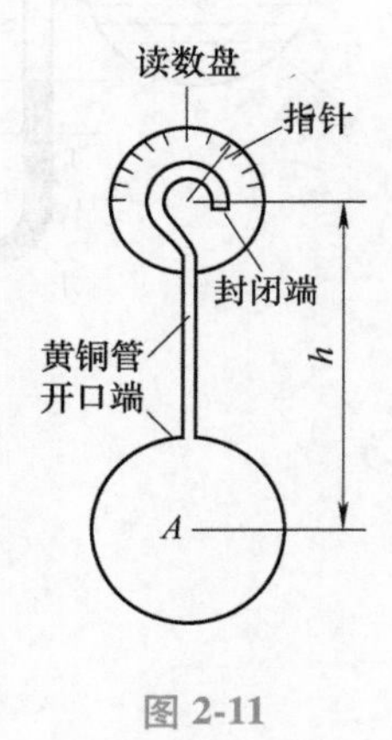

图 2-11

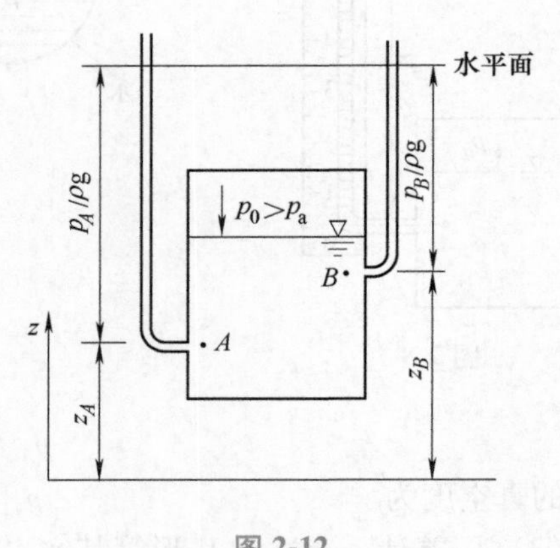

图 2-12

z 为某点（如 A 点）在基准面以上的高度，可直接量测，称为位置高度或位置水头。z 为单位重量液体具有的相对于基准面的重力势能，简称位能。

$\frac{p}{\rho g}$ 也是可以直接量测的高度。量测的方法是，当该点的绝对压强大于当地大气压时，在该点接一根测压管，液体沿测压管上升的高度为 h_p。因 $p = \rho g h_p$，则 $\frac{p}{\rho g} = h_p$。$\frac{p}{\rho g}$ 称为测压管高度或压强水头。$\frac{p}{\rho g}$ 是单位重量液体具有的压强势能，简称压能。

$z + \frac{p}{\rho g}$ 称为测压管水头（或测管水头），$z + \frac{p}{\rho g}$ 是单位重量液体所具有的势能。静水压强基本方程 $z + \frac{p}{\rho g} = C$ 表明：在重力作用下，均质不可压缩静止液体中，任意一点的测压管水头为常数；任一点的单位重量液体的势能相等。

2.5 重力和惯性力同时作用下的液体平衡

我们以液体微分方程为基础，讨论质量力除重力外，还有惯性力同时作用下的液体平衡规律。在这种情况下，液体相对地球虽然是运动的，但是液体质点之间与器壁之间都没有相对运动，这种运动状态称为相对平衡。

研究处于相对平衡的液体中的压强分布规律，最方便的办法就是采用理论力学中的达朗贝尔原理，这就是把坐标系取在运动物体上，液体相对于这一坐标系是静止的，这样便使这种运动问题可作为静止问题来处理。这样处理问题时，质量力除重力外，尚有惯性力。

下面以两个相对平衡的例子，来分析其压强的分布规律。

2.5.1 等加速直线运动器皿中液体的平衡

如图2-13所示，液体随容器做匀加速直线运动，其加速度为 $\boldsymbol{a}$，但液体与容器、液体质点之间都不发生相对运动。如果我们乘坐火车，当列车匀加速起动时，观察茶杯中的水，就会看到这种相对静止现象。油罐车、消防车起动加速时，车内的液体也表现出这种相对静止。

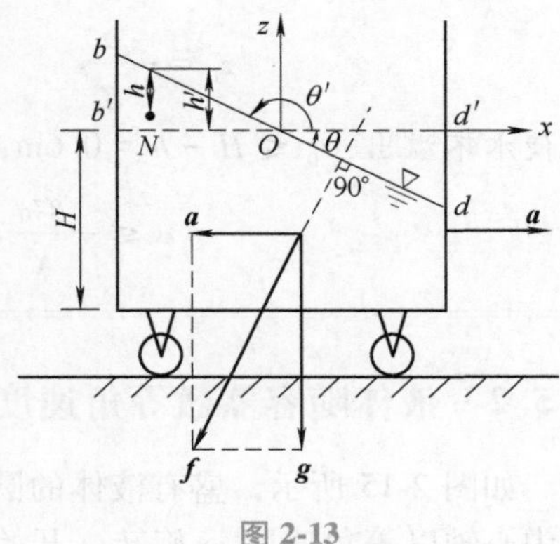

图 2-13

取图示运动坐标系，根据达朗贝尔原理，将惯性力加在液体质点上，方向与加速度方向相反。因此，单位质量力的分量为 $f_x=-a$，$f_z=-g$，由式（2-2）得到

$$-a=\frac{1}{\rho}\frac{\partial p}{\partial x},\ -g=\frac{1}{\rho}\frac{\partial p}{\partial z}$$

代入式（2-4），得

$$\mathrm{d}p=\frac{\partial p}{\partial x}\mathrm{d}x+\frac{\partial p}{\partial z}\mathrm{d}z=-\rho(a\mathrm{d}x+g\mathrm{d}z)$$

ρ，a，g 皆为常数，积分上式就得到相对静止液体中的压强分布，即

$$p=-\rho(ax+gz)+C$$

积分常数 C 由边界条件确定。如果将坐标原点取在液面上（见图2-13），则当 $x=0$，$z=0$ 时，$p=p_a$（当地大气压强）。因此，$C=p_a$，将积分常数 C 代入上式，得

$$p=p_a-\rho(ax+gz) \tag{2-20}$$

在等压面上，p 为常数，由式（2-20）得到等压面方程为

$$z=-\frac{a}{g}x+C' \tag{2-21}$$

式（2-21）表示一簇斜平面，且截距为 C'，不同的截距对应于不同的斜面。

液体的表面也是一个等压面，液面上的压强就是当地大气压。液面通过坐标原点，自由液面方程为

$$z_0=-\frac{a}{g}x \tag{2-22}$$

斜率是一个负数。液面的倾角记为 $\theta(\theta<\pi/2)$，显然 $\tan\theta=a/g$。

对于液体内部中任一点 $N(x,y,z)$，其在液面以下的铅垂深度为 h（见图2-13），则因

$$z = h' - h$$

得相对压强为
$$p = -\rho[ax + g(h' - h)]$$

由自由液面方程知 $ax + gh' = 0$，于是可得
$$p = \rho gh = \gamma h$$

可见在这种情况下，液体在铅垂线上的压强分布规律与重力作用下静止液体的完全一样。

【例 2-2】 水车沿直线等加速行驶，水箱长 $L=3\text{m}$，高 $H=1.8\text{m}$，盛水深度 $h=1.2\text{m}$（见图 2-14）。试求确保水不溢出时的加速度允许值。

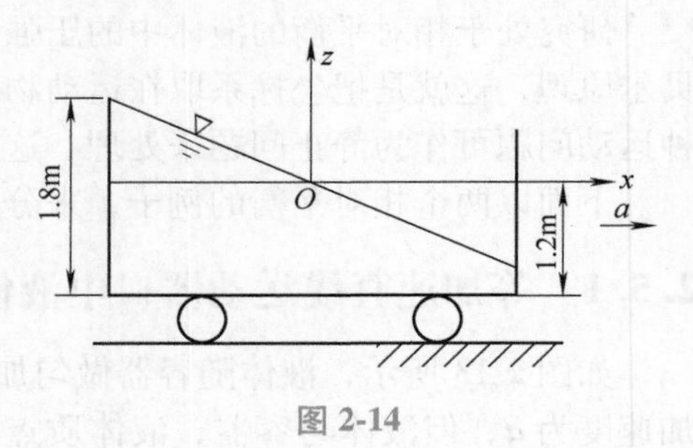

图 2-14

【解】 选直角坐标系如图 2-14 所示，坐标原点 O 置于静止液面的中心点，z 轴竖直向上，自由液面方程（2-22）为
$$z_0 = -\frac{a}{g}x$$

欲使水不溢出，$z_0 \leqslant H - h = 0.6\text{m}$，代入式（2-22），解得
$$a \leqslant -\frac{gz_0}{x} = -\frac{9.8\text{m/s}^2 \times 0.6\text{m}}{-1.5\text{m}} = 3.92\text{m/s}^2$$

2.5.2 液体随容器做等角速度旋转运动的相对平衡

如图 2-15 所示，盛有液体的圆柱形容器绕其中心轴以等角速度 ω 旋转。开始时，由于黏性作用，筒壁首先带动近壁的液体随之运动。经过一段时间之后，运动达到稳定状态，此时每个液体质点都以角速度 ω 绕容器的中心轴旋转，液面形成一个漏斗形的旋转面，液体质点之间没有相对运动，液体保持相对静止。

取图示坐标系，原点取在旋转轴与自由表面的交点上，z 轴铅直向上。

作为平衡问题来处理，根据达朗贝尔原理，作用在液体质点上的质量力除了重力以外，还要虚加上一个大小等于液体质点的质量乘以向心加速度、方向与向心加速度相反的离心惯性力。如图 2-15 所示，单位质量液体受到的离心力的大小为 $\omega^2 r$，于是作用在圆筒内距转轴为 r，坐标为（x，y，z）处单位质量液体上的质量力分量为

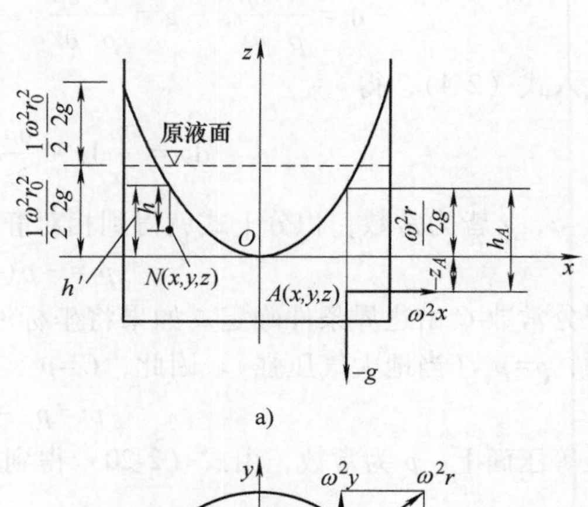

a)

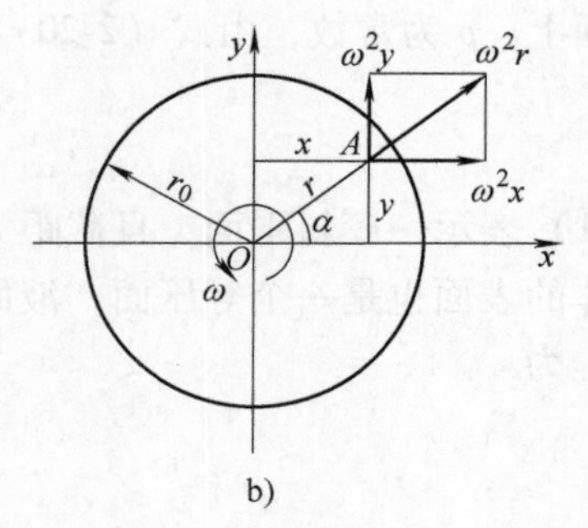

b)

图 2-15

$$f_x = \omega^2 r\cos\alpha = \omega^2 x$$

$$f_y = \omega^2 r\sin\alpha = \omega^2 y$$
$$f_z = -g$$

由式（2-2）得液体相对静止的微分方程是

$$\left.\begin{aligned} \omega^2 x &= \frac{1}{\rho}\frac{\partial p}{\partial x} \\ \omega^2 y &= \frac{1}{\rho}\frac{\partial p}{\partial y} \\ -g &= \frac{1}{\rho}\frac{\partial p}{\partial z} \end{aligned}\right\}$$

任意两个邻点的压强差为

$$dp = \rho(\omega^2 x dx + \omega^2 y dy - g dz)$$

积分上式就得压强分布，即

$$p = \rho\left[\omega^2\left(\frac{x^2 + y^2}{2}\right) - gz\right] + C \tag{2-23}$$

如果坐标原点取在液面中心点上，如图 2-15 所示。当 $x = 0$，$y = 0$，$z = 0$ 时，$p = p_a$（当地大气压强），故有 $C = p_a$，由于 $x^2 + y^2 = r^2$，因此

$$p = \rho\left(\frac{1}{2}\omega^2 r^2 - gz\right) + p_a \tag{2-24}$$

在等压面上，压强 p 为常数，由式（2-24）得到等压面的方程为

$$z = \frac{\omega^2 r^2}{2g} + C' \tag{2-25}$$

式（2-25）表示一簇旋转抛物面。C' 是旋转抛物面的截距，不同的截距对应不同的旋转抛物面。

对于自由表面，$p = 0$，故自由表面方程为

$$z_0 = \frac{\omega^2 r^2}{2g}$$

由此可见自由表面和任一等压面均是旋转抛物面。

对于液体内部中任一点 $N(x, y, z)$，其在液面以下的铅直深度为 h（见图 2-15），则因

$$z = h' - h$$

得相对压强为

$$p = \gamma\left[\frac{\omega^2 r^2}{2g} - (h' - h)\right]$$

由自由表面方程知 $\frac{\omega^2 r^2}{2g} = h'$，于是可得

$$p = \gamma h$$

可见在这种情况下，液体在铅直线上的压强分布规律与重力作用下静止液体的也完全一样。

容器旋转时液面中心下降，边壁液面上升，坐标原点不在原静止的液面上，而是下降了一个距离。这个距离可以用旋转后液体的总体积保持不变这一条件来确定。根据旋转抛物体的体积等于同底同高圆柱体积的一半，可以得出结论：相对于原液面来说，液体沿边壁升高和沿中心降低值是相同的，如果圆筒半径是 r_0，它们都是 $\frac{1}{2}\frac{\omega^2 r_0^2}{2g}$。

【例 2-3】 U 形管角速度测量仪如图 2-16 所示。两侧竖管与旋转轴相距 R_1 和 R_2，其水柱液面高差为 $h_2-h_1=\Delta h$。已知 $R_1=0.08\text{m}$，$R_2=0.20\text{m}$，$\Delta h=0.06\text{m}$，试求旋转角速度 ω 值。

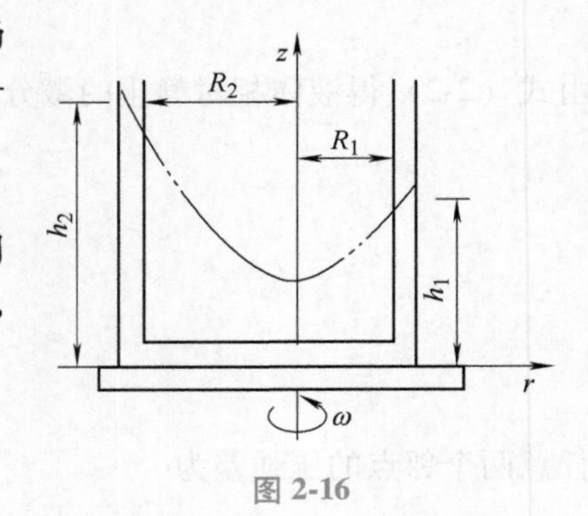

图 2-16

【解】 两侧竖管的液面压强都等于当地大气压，因而它们在同一个等压面上，建立如图所示的动坐标系，其中 z 轴与转轴重合。

由式（2-25）可得液面方程

$$z=\frac{\omega^2 r^2}{2g}+C'$$

当 $r=R_1$ 时，$z=h_1$；当 $r=R_2$ 时，$z=h_2$，则有

$$h_1=\frac{\omega^2 R_1^2}{2g}+C'$$

$$h_2=\frac{\omega^2 R_2^2}{2g}+C'$$

两式相减，得

$$h_2-h_1=\frac{\omega^2}{2g}(R_2^2-R_1^2)$$

故

$$\omega=\sqrt{\frac{2g(h_2-h_1)}{R_2^2-R_1^2}}=5.9182\text{rad/s}$$

2.6 平面上的静水总压力

液体作用在平面上的静水总压力的大小、方向和作用点的确定，是许多工程技术上必须解决的实际问题（如分析水池、水闸、溢流坝、路基等的作用力）。对于液体，计算静水总压力必须考虑压强的分布。计算液体的静水总压力，实质上是求受压面上各点静水压强的合力。对于液体作用在平面上的静水总压力，其计算方法有解析法和图解法两种。

2.6.1 解析法

1. 静水总压力的大小与方向

设任意形状的平面，其面积为 A，与水平面夹角为 α。该平面左侧承受水的作用。水面作用着大气压强。由于该面积右侧也有大气压强作用，所以在讨论水的作用力时只需计算相对压强所引起的静水总压力即可。图 2-17 中 xOy 平面与水面的交线为 Ox，将受压面所在坐标面绕 y 轴旋转 90°，即可展现受压平面 A。

在受压面上任取一微元面积 $\mathrm{d}A$，其中心点在水面以下的深度为 h。作用在 $\mathrm{d}A$ 上的压力为

$$\mathrm{d}P = p\mathrm{d}A = \rho gh\mathrm{d}A$$

其方向与 dA 正交且为内法线方向。

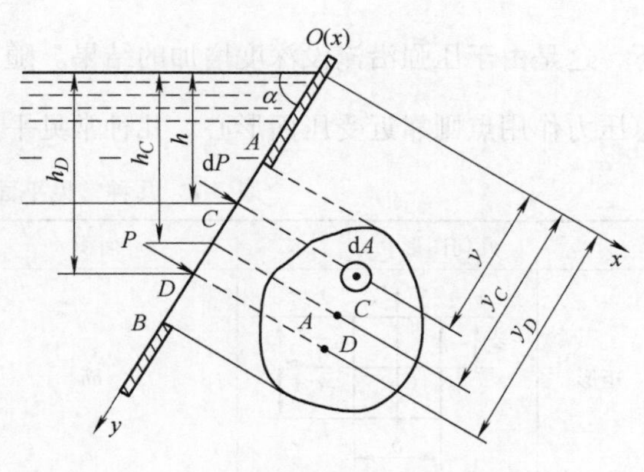

图 2-17

由于 A 为一平面，故每一微元面积上的压力方向都是互相平行的，所以可直接积分求其代数和，则作用在全部受压面 A 上的总压力 P 为

$$P = \int \mathrm{d}P = \int_A \rho gh\mathrm{d}A = \int_A \rho gy\sin\alpha\mathrm{d}A$$

$$= \rho g\sin\alpha\int_A y\mathrm{d}A \tag{2-26}$$

式中，$\int_A y\mathrm{d}A$ 是受压面 A 对 x 轴的静面矩，其值应等于受压面面积 A 与其形心点坐标 y_C 的乘积，因此

$$P = \rho g\sin\alpha y_C A = \rho gh_C A = p_C A \tag{2-27}$$

式中，p_C 为受压面形心点的相对压强；h_C 为受压面形心点的淹没深度。

式（2-27）表明，作用在任意方位、任意形状平面上的静水总压力 P 的大小等于受压面面积与其形心点所受静水压强的乘积。换句话说，任意受压面上的平均压强等于其形心点上的压强。

式（2-27）中，静水总压力 P 的单位为 N，密度 ρ、水深 h、面积 A 的单位分别为 $\mathrm{kg/m^3}$、m、$\mathrm{m^2}$。作用在平面上静水总压力的方向是指向并垂直受压面，即沿着受压面的内法线方向。

2. 总压力的作用点

总压力的作用点又称压力中心，即图 2-17 中的 D 点位置。它可以利用理论力学中合力矩定理求出，即，令静水总压力对 x 轴取矩

$$P\,y_D = \int y\mathrm{d}P = \rho g\sin\alpha\int_A y^2\mathrm{d}A = \rho g\sin\alpha I_x$$

式中，$\int_A y^2\mathrm{d}A = I_x$ 是受压面 A 对 x 轴的惯性矩，则

$$y_D = \frac{\rho g\sin\alpha I_x}{P}$$

将 $P = \rho g\sin\alpha\, y_C A$ 代入上式，化简得

$$y_D = \frac{I_x}{y_C A}$$

由惯性矩的平行移轴定理，$I_x = I_C + y_C^2 A$，代入上式得

$$y_D = y_C + \frac{I_C}{y_C A} \tag{2-28}$$

式中，y_D 为总压力作用点到 x 轴的距离；y_C 为受压面形心到 x 轴的距离；I_C 为受压面对平行 x 轴的形心轴的惯性矩。

在式（2-28）中，因 $\frac{I_C}{y_C A} > 0$，故 $y_D > y_C$，即总压力作用点 D 一般在受压面形心 C 之

下，这是由于压强沿淹没深度增加的结果。随着受压面淹没深度的增加，y_C 增大，$\frac{I_C}{y_C A}$ 减小，总压力作用点则靠近受压面形心。几种常见平面图形的几何惯性量见表 2-1。

表 2-1 几种常见平面图形的 A、y_C、I_C 值

几何图形	面积 A	形心纵坐标 y_C	对形心横轴的惯性矩 I_C
矩形	bh	$\frac{1}{2}h$	$\frac{1}{12}bh^3$
三角形	$\frac{1}{2}bh$	$\frac{2}{3}h$	$\frac{1}{36}bh^3$
梯形	$\frac{1}{2}h(a+b)$	$\frac{h}{3}\left(\frac{a+2b}{a+b}\right)$	$\frac{1}{36}h^3\left(\frac{a^2+4ab+b^2}{a+b}\right)$
圆形	πr^2	r	$\frac{1}{4}\pi r^4$
半圆形	$\frac{1}{2}\pi r^2$	$\frac{4}{3}\frac{r}{\pi}$	$\frac{9\pi^2-64}{72\pi}r^4$

【例 2-4】 如图 2-18 所示，已知某小型圆形闸门 AB 直径 $d=20\text{cm}$，水深 $H=5\text{m}$，试求闸门所受静水总压力及作用点位置。

【解】 作用在闸门 AB 上的静水总压力为

$$P=\rho g h_C A$$

式中，面积 $A=\frac{\pi}{4}d^2=0.0314\text{m}^2$，形心点在水面以下的淹没深度为

$$h_C=H-\frac{d}{2}\sin 45°=4.929\text{m}$$

故

$$P=\rho g h_C A=1.52\text{kN}$$

设静水总压力的作用点为 D，作用点由式（2-28）计算

$$y_D = y_C + \frac{I_C}{y_C A}$$

式中，$y_C = h_C/\sin45° = 6.97\text{m}$

$$I_C = \frac{\pi}{4} r^4$$

$$\frac{I_C}{y_C A} = \frac{r^2}{4\,y_C} = 0.36 \times 10^{-4}\text{m}$$

故
$$y_D = 6.97\text{m}$$

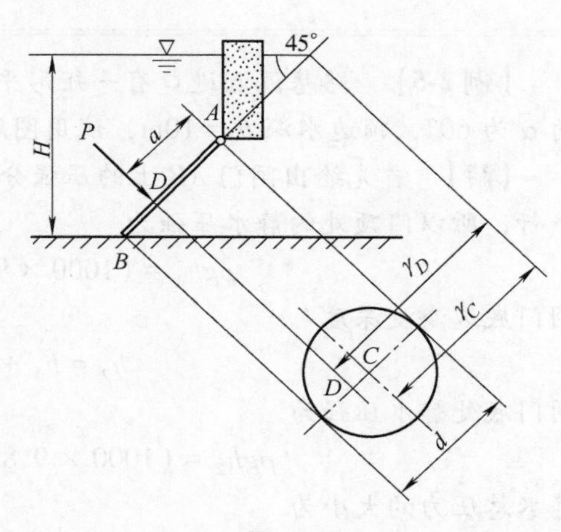

图 2-18

铰 A 在水面以下的淹没深度为

$$h_A = H - d\sin45° = (5 - 0.2 \times 0.707)\text{m} = 4.86\text{m}$$

作用点 D 到铰 A 的距离 a 为

$$a = y_D - \frac{h_A}{\sin45°} = \left(6.97 - \frac{4.86}{0.707}\right)\text{m} = 0.1\text{m}$$

2.6.2 图解法

求解矩形平面上的静水总压力，采用图解法比较简单。

使用图解法，必须先绘出压强分布图，然后根据该图计算静水总压力。图 2-19 所示为一任意倾斜放置的矩形平面 $ABEF$，平面长为 l，宽为 b。其顶边在水面以下深度为 h_1，底边在水面以下深度为 h_2。根据静水压强分布规律，按相对压强考虑，则液面压强为零，水深 h_1 的点 A 处压强为 $\rho g h_1$，水深 h_2 的点 B 处压强为 $\rho g h_2$，将 A、B 两点压强以直线连接，则可作出该受压平面的压强分布图，如图 2-19 所示。

（1）静水总压力的大小　设压强分布图的面积为 A，即为受压面单位宽度上总压力。作用在矩形平面 $ABEF$ 上的静水总压力的大小等于压强分布图的面积 A 乘以受压面的宽度 b，即

$$P = bA = \frac{\rho g}{2}(h_1 + h_2)bl \tag{2-29}$$

（2）静水总压力的方向　由静水压强的特性可知，静水压强的方向垂直并指向受压面，所以静水总压力的方向也必然垂直并指向受压面。

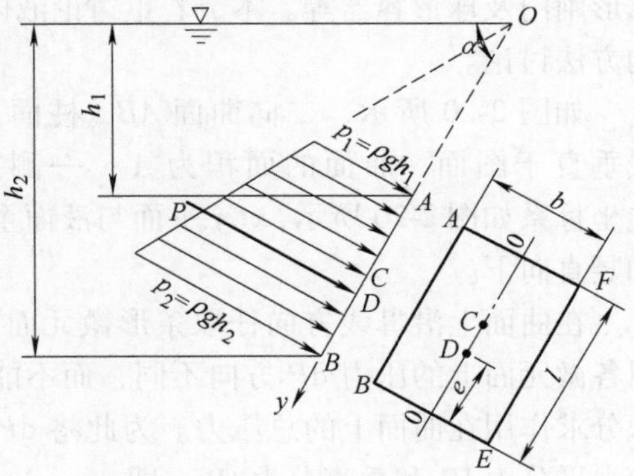

图 2-19

（3）静水总压力的作用点　静水总压力 P 的作用线一定通过压强分布图的形心。因矩形平面有纵向对称轴，P 的作用点 D（称为压力中心）必位于纵向对称轴 0—0 上，压力中心 D 离底边的距离 e 可由力矩定理求得

$$e = \frac{l}{3}\,\frac{2h_1 + h_2}{h_1 + h_2} \tag{2-30}$$

【例2-5】 路基涵洞进口有一矩形平面闸门（见图2-19），长边 $l=6\text{m}$，宽度 $b=4\text{m}$，倾角 α 为 $60°$，顶边水深 $h_1=10\text{m}$，试用图解法求闸门所受静水总压力 P 的大小和压力中心 D。

【解】 首先绘出闸门 AB 上的压强分布图（见图2-19），由于闸门的上、下边均与水面平行，所以门顶处的静水压强为

$$\rho g h_1 = (1000 \times 9.8 \times 10)\text{N/m}^2 = 98\text{kN/m}^2$$

闸门底边淹没深度

$$h_2 = h_1 + l\sin 60° = 15.196\text{m}$$

闸门底处静水压强为

$$\rho g h_2 = (1000 \times 9.8 \times 15.196)\text{N/m}^2 = 149\text{kN/m}^2$$

静水总压力的大小为

$$P = \frac{\rho g}{2}(h_1 + h_2)bl = \left[\frac{1000 \times 9.8}{2} \times (10 + 15.196) \times 4 \times 6\right]\text{N} = 2963\text{kN}$$

静水总压力 P 距门底边的距离

$$e = \frac{l}{3}\frac{2h_1 + h_2}{h_1 + h_2} = \left(\frac{6}{3} \times \frac{2 \times 10 + 15.196}{10 + 15.196}\right)\text{m} = 2.79\text{m}$$

静水总压力距水面的斜距（即压力中心 D 的位置）

$$y_D = \left(l + \frac{h_1}{\sin 60°}\right) - e = \left[\left(6 + \frac{10}{0.866}\right) - 2.79\right]\text{m} = 14.76\text{m}$$

2.7 曲面上的静水总压力

实际工程中，受压曲面多为二向曲线（柱面）或球面，如圆形储水池壁面、圆管壁面、弧形闸门及球形容器等。本节着重讨论液体作用在二向曲面上的总压力。对于球面可用类似的方法讨论。

如图2-20所示，二向曲面 AB（柱面），母线垂直于图面，曲面的面积为 A，一侧挡水。选坐标系如图2-20所示，xOy 平面与液面重合，z 轴竖直向下。

在曲面上沿母线方向任取条形微元面 EF，因各微元面上的压力 $\mathrm{d}P$ 方向不同，而不能直接积分求作用在曲面上的总压力。为此将 $\mathrm{d}P$ 分解为水平分力 $\mathrm{d}P_x$ 和垂直分力 $\mathrm{d}P_z$，即

$$\mathrm{d}P_x = \mathrm{d}P\cos\alpha = \rho g h \mathrm{d}A\cos\alpha = \rho g h \mathrm{d}A_x$$

$$\mathrm{d}P_z = \mathrm{d}P\sin\alpha = \rho g h \mathrm{d}A\sin\alpha = \rho g h \mathrm{d}A_z$$

式中，$\mathrm{d}A_x$ 为 EF 在铅垂投影面上的投影；$\mathrm{d}A_z$ 为 EF 在水平投影面上的投影。

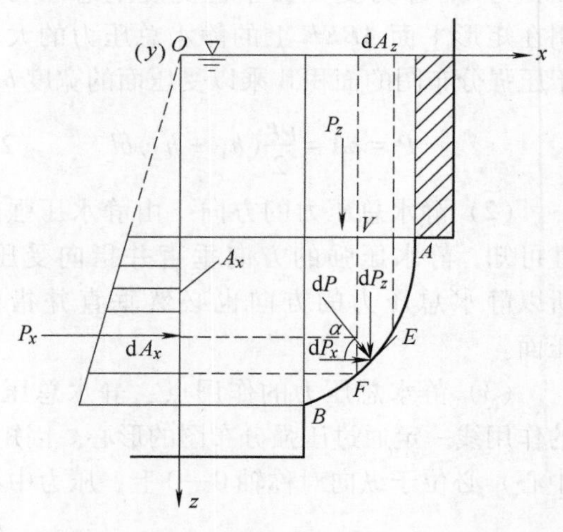

图2-20

1. 静水总压力的水平分力

$$P_x = \int \mathrm{d}P_x = \rho g \int_{A_x} h \mathrm{d}A_x$$

积分 $\int_{A_x} h dA_x$ 是曲面的垂直投影面 A_x 对 y 轴的静面矩，$\int_{A_x} h\mathrm{d}A_x = h_C A_x$，代入上式，得

$$P_x = \rho g h_C A_x = p_C A_x \tag{2-31}$$

式中，P_x 为曲面上总压力的水平分力；A_x 为曲面的垂直投影面积；h_C 为垂直投影面 A_x 形心点的淹没深度；p_C 为垂直投影面 A_x 形心点的压强。

式（2-31）表明，液体作用在曲面上总压力的水平分力，等于作用在该曲面的垂直投影面上的总压力。

2. 静水总压力的垂直分力

$$P_z = \int \mathrm{d}P_z = \rho g \int_{A_z} h \mathrm{d}A_z = \rho g V \tag{2-32}$$

式中，$\int_{A_z} h\mathrm{d}A_z = V$ 是曲面到自由液面（或自由液面的延伸面）之间的垂直柱体（称为压力体）的体积。式（2-32）表明，液体作用在曲面上总压力的垂直分力，等于压力体的液体重力。

压力体只是作为计算曲面上铅垂分力的一个数值当量，它不一定是由实际液体所构成。如图 2-20 所示的曲面，压力体为水体所充实，称为实压力体；但在另外一些情况下，压力体内不一定存在液体，如图 2-21 所示的曲面，其相应的压力体（图中阴影部分）内并无水体，称为虚压力体。

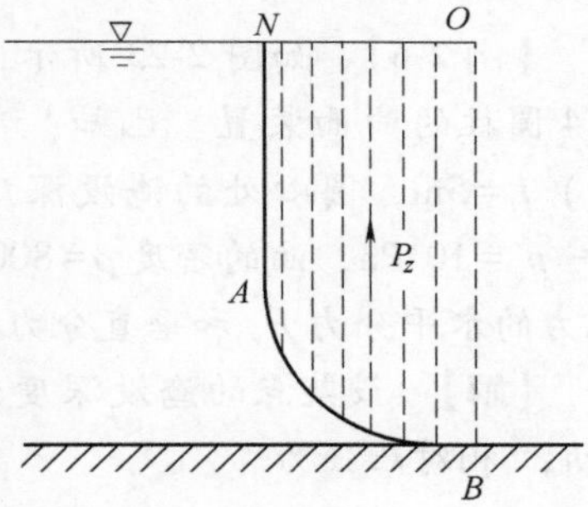

图 2-21

压力体应由下列周界面所围成：①受压曲面本身；②液面或液面的延伸面；③通过曲面的四个边缘向液面或液面的延伸面所作的垂直平面。

关于垂直分力的方向，则应根据曲面与压力体的关系而定：当液体和压力体位于曲面的同侧（见图 2-20）时，垂直分力向下；当液体及压力体各在曲面之一侧（见图 2-21）时，垂直分力向上。对于简单圆柱面，垂直分力的方向也可以由作用的静水总压力垂直指向作用面这个性质很容易地加以确定。

当曲面为凹凸相间的复杂柱面时，可在曲面与铅垂面相切处将曲面分开，分别绘出各部分的压力体，并定出各部分垂直分力的方向，然后合成起来即可得出总的垂直分力的方向。如图 2-22 所示，曲面 $ABCD$ 可分成 ABC 及 CD 两部分，其压力体及相应垂直分力的方向如图 2-22a、b 所示，合成后的压力体如图 2-22c 所示。曲面 $ABCD$ 所受静水总压力垂直分力的大小及其方向不难由图 2-22c 确定。

3. 静水总压力

液体作用在二向曲面的总压力是平面汇交力系的合力

$$P = \sqrt{P_x^2 + P_z^2} \tag{2-33}$$

静水总压力作用线与水平面的夹角

$$\tan\theta = \frac{P_z}{P_x} \tag{2-34}$$

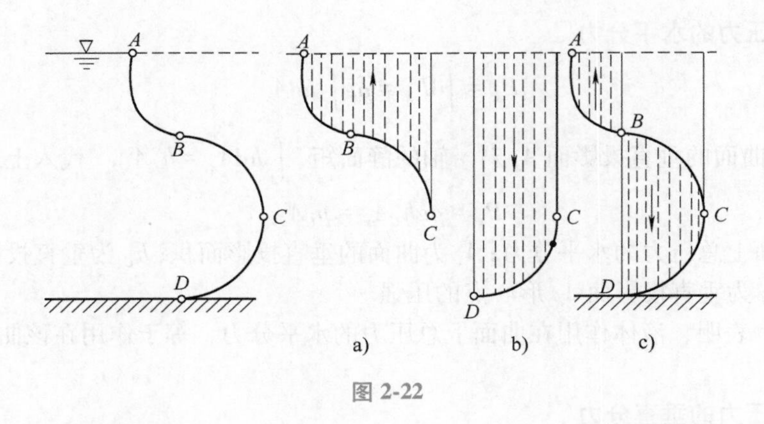

图 2-22

$$\theta = \arctan \frac{P_z}{P_x} \tag{2-35}$$

通过 P_x 作用线（通过 A_x 压强分布图形心）和 P_z 作用线（通过压力体的形心）的交点，作与水平面成 θ 角的直线就是总压力作用线，该直线与曲面的交点即为总压力作用点。

【例 2-6】　如图 2-23 所示，密封油箱下部设有一个形状为 3/4 圆柱的曲面装置。已知：半径 $R=0.4\text{m}$，长度（垂直于纸面）$L=5\text{m}$，圆心处的淹没深度 $H=2.5\text{m}$，油面上的相对压强 $p_0-p_\text{a}=10^4\text{Pa}$，油的密度 $\rho=800\text{kg/m}^3$。试求曲面受到的液体总压力的水平分力 P_x 和垂直分力 P_z。

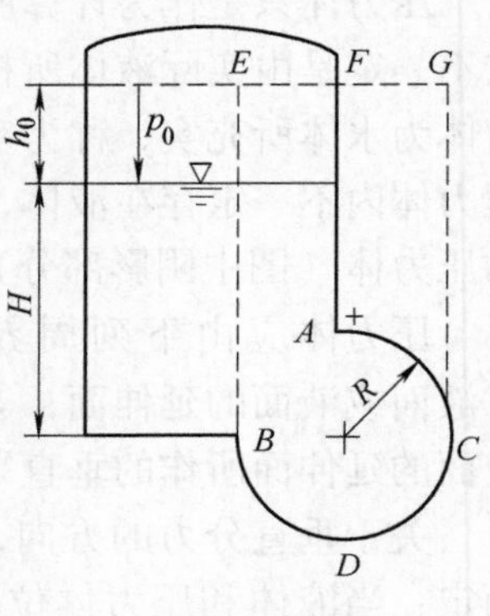

图 2-23

【解】　设某点的淹没深度为 h，则该点的压强为 $p'=p_0+\rho g h$，相对压强为

$$p = p' - p_\text{a} = p_0 - p_\text{a} + \rho g h = \rho g\left(\frac{p_0 - p_\text{a}}{\rho g} + h\right)$$

令

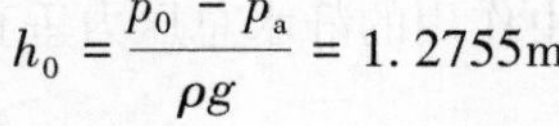

$$h_0 = \frac{p_0 - p_\text{a}}{\rho g} = 1.2755\text{m}$$

则有

$$p = \rho g(h_0 + H)$$

可见，压强沿深度呈直线分布。曲面 BD 和 DC 位于相同的水深处，所以它们的水平总压力是相互抵消的，曲面 AC 的水平分力 P_x 由式（2-31）计算，但淹没深度要多加 h_0，压力体的水平面也应比油面高 h_0，则有水平分力

$$P_x = \rho g h_C A_x = \rho g\left(h_0 + H - \frac{R}{2}\right) RL = 56064\text{N}$$

垂直分力

$$P_z = \rho g(V_{EBDCG} - V_{FACG}) = \rho g V_{EBDCAF}$$

其中，压力体体积

$$V_{EBDCAF} = (h_0 + H)RL + \frac{3}{4}\pi R^2 L$$

$$= [(1.2755 + 2.5) \times 0.4 \times 5]\,\text{m}^3 + \left(\frac{3}{4} \times 3.14 \times 0.4^2 \times 5\right)\text{m}^3$$

$$= 9.435\text{m}^3$$

所以

$$P_z = (1000 \times 9.8 \times 9.435)\text{N} = 92.463\text{kN}(\downarrow)$$

2.8 浮力及浮体与潜体的稳定性*

桥梁工程使用的沉井和沉箱、船舶工程的船舶等浮于水上物体或水中物体的设计和使用都需要进行浮体或潜体的水力学计算。

2.8.1 浮力的计算——阿基米德原理

全部浸没在液体中的物体，称为潜体。潜体表面是封闭曲面。当物体一部分浸没在液体中，其余部分露出在自由液面以上时称为浮体。

液体作用在潜体或浮体上的静水总压力可求解如下：

如图 2-24 所示，一个浸没在静止液体中的物体所受到的静水总压力可分解为水平分力和垂直分力。

1. 水平分力

选坐标系如图 2-24 所示，xOy 平面与自由液面重合，z 轴垂直向下。取平行 x 轴的水平线沿潜体表面移动一周，切点轨迹 ac 将封闭曲面分为左右两部分，由式（2-31）可得两部分的水平分力为

$$P_{x1} = \rho g h_C A_x(\rightarrow)$$

$$P_{x2} = \rho g h_C A_x(\leftarrow)$$

作用在潜体上总的水平分力为

$$P_x = P_{x1} - P_{x2} = 0$$

坐标 x 方向是任意选定的，所以液体作用在潜体上的总压力的水平分力为零。

2. 垂直分力

取平行于 z 轴的垂直线，沿潜体表面平行移动一周，切点轨迹 bd 将封闭曲面分为上下两部分。由式（2-32）可得这两部分的垂直分力分别为

$$P_{z1} = \rho g V_{bb'd'dc}(\downarrow)$$

$$P_{z2} = \rho g V_{bb'd'da}(\uparrow)$$

作用在潜体上总的垂直分力为

$$P_z = P_{z1} - P_{z2} = -\rho g V$$

负号表示 P_z 方向与 z 轴的正方向相反，这就是作用在潜体上的浮力。

浮体如图 2-25 所示，将液面以下部分看成封闭曲面，同潜体的分析方法一样，作用在浮体上总的水平分力 $P_x = 0$，垂直分力$P_z = -\rho g V$。

综上所述，静止液体作用于浮体或潜体上的静水总压力，只有垂直向上的浮力，大小等于所排开同体积的液体重量，作用线通过浮体的几何中心。这就是公元前 250 年左右人类最

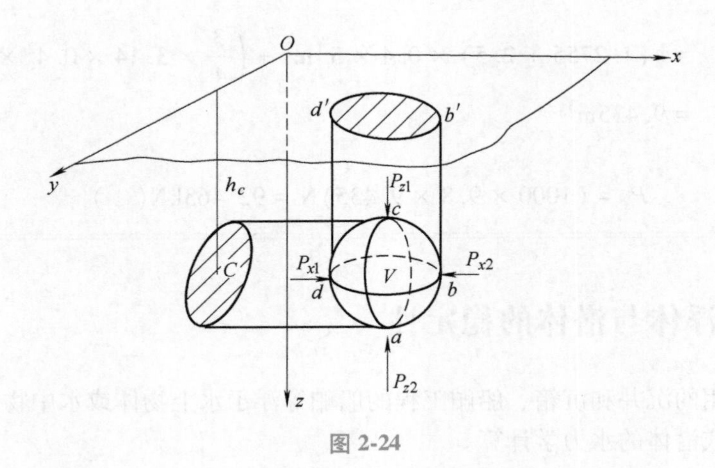

图 2-24

早发现的水力学规律——阿基米德（Archimedes）原理。

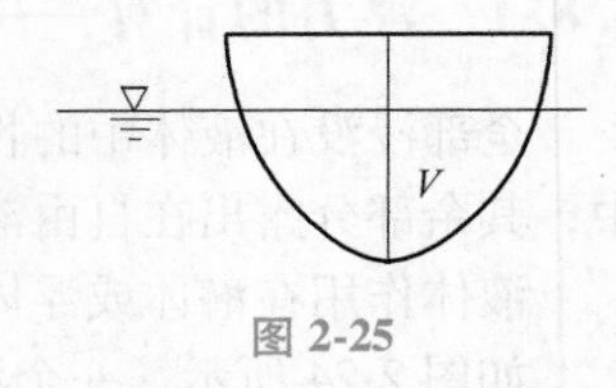

图 2-25

浮力的作用点称为浮心，记作 D，浮心就是压力体的重心。

浮体还受到重力的作用，物体的重力 G 的作用点称为物体的重心，记作 C。

2.8.2 潜体与浮体的稳定性

1. 潜体的稳定性

所谓潜体的平衡，是指潜体在水中不发生上浮或下沉，也不发生转动的平衡状态。在浮力和重力作用下的潜体若要保持平衡，必须具备以下条件：

1）潜体所受到的重力和浮力相等。

2）为保证潜体不发生转动，则重力和浮力对任何一点的力矩矢量和都必须为零，即重心 C 和浮心 D 必须位于同一铅垂线上。

所谓潜体的稳定性，是指处于平衡状态的潜体遇到外力扰动后失去平衡，外力消失之后自动恢复到它原来平衡状态的能力。一般来讲均质物体的重心与浮心重合，而非均质物体的重心和浮心并不重合。潜体平衡的稳定性，取决于重心 C 和浮心 D 在铅垂线上的相对位置。

如图 2-26a 所示，若重心 C 和浮心 D 重合，潜体在任何外界干扰下均能处于稳定平衡状态。这种情况下的平衡称为随遇平衡。

如图 2-26b 所示，若重心 C 低于浮心 D，此时在消除使潜体发生倾斜的外力后，重力和浮力所形成的力矩将自动地使潜体恢复到原来的平衡状态。这种情况下的平衡称为稳定平衡。

如图 2-26c 所示，若重心 C 高于浮心 D，此时重力和浮力所形成的力矩将使潜体倾斜，消除外力后，潜体不可能自动恢复到原来的平衡状态。这种情况下的平衡称为不稳定平衡。

2. 浮体的稳定性

浮体的稳定性比较复杂。浮体的重力 G 和浮力 P_z 是一对大小相等、方向相反的力。浮体静止平衡时，浮心和重心是在一条铅垂线上的。当浮体受到风吹、浪击及其他外力的作用时发生倾斜之后，浮体浸没在水中的那部分体积形状发生了改变，虽然浮力的大小没有发生改变，但浮心的位置改变了，而重心的位置仍没有改变。于是，重心和浮心就可能不在一条

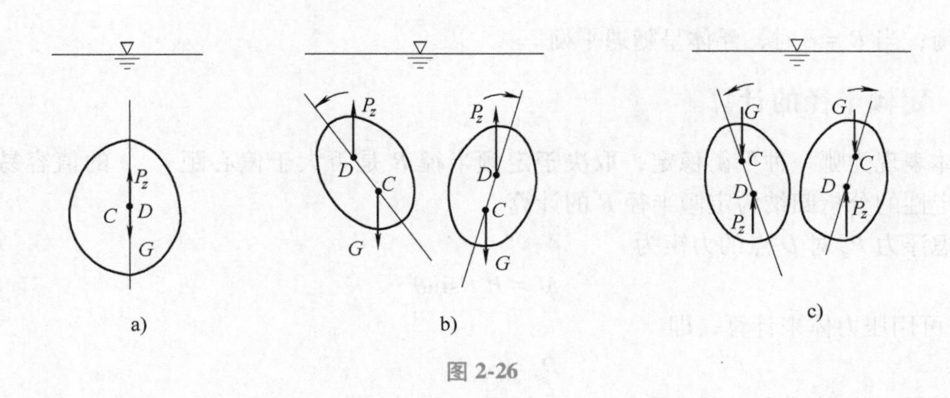

图 2-26

铅垂线上了，在这种情况下，重力 G 和浮力 P_z 就形成力矩。如果这个力矩能阻止浮体的倾斜，使浮体恢复到原来的平衡状态，则这种平衡就称为稳定平衡，这种力矩称为扶正力矩；如果 G 和 P_z 形成的力矩使浮体的倾斜进一步加剧并最终发生倾覆，则这种平衡称为不稳定平衡，这种力矩称为倾覆力矩。另外还有一种情况，当浮体倾斜后，虽然浮心位置发生了变化，但是浮心总是与重心处在一条铅垂线上，G 和 P_z 没有形成力矩，无论浮体倾斜到什么位置仍能保持平衡，则这种平衡称为随遇平衡。

2.8.3 浮体稳定性的分析方法

图 2-27a 所示为一个对称浮体的平衡。浮体重力 G 的作用点是重心 C。浮力 P_z 的作用点是浮心 D，C、D 在同一条铅垂线上。重力和浮力大小相等，$G=\rho gV$，V 是压力体 abS 的体积。C 和 D 的距离称为偏心距，记作 e。通过重心 C 和浮心 D 的直线称为浮轴。

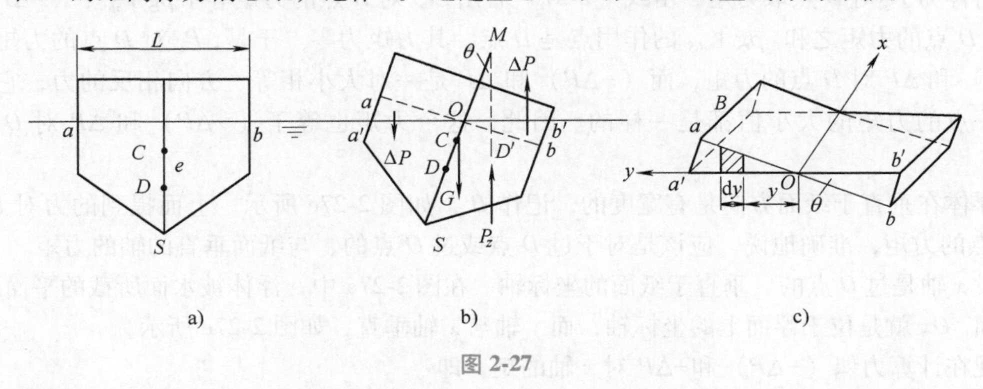

图 2-27

图 2-27b 表示浮体受到外力作用时发生倾斜的情况。浮轴与垂直线的夹角 θ 称为倾角。这时，压力体为 $a'b'S$，压力体的体积大小不变，但形状已发生了变化，浮心为 D'。通过 D' 的垂直线与浮轴的交点 M 称为定倾中心。M 点到浮心 D（原来平衡时）的距离称为定倾半径，记作 R。

如果 $R>e$，则重力 G 和浮力 P_z 就形成扶正力矩，使浮体恢复平衡。如果 $R<e$，则 G 和 P_z 就形成倾覆力矩，浮体将发生倾覆。特殊情况下，如果 $R=e$，则 G 和 P_z 总是在同一条铅垂线上，浮体在任何倾斜状况下都能保持平衡。

可见，浮体稳定的定性描述为：当 $R>e$ 时，浮体呈稳定平衡；当 $R<e$ 时，浮体呈不

稳定平衡；当 $R=e$ 时，浮体呈随遇平衡。

2.8.4 定倾半径的计算

浮体表现为哪一种平衡稳定，取决于定倾半径 R 是否大于偏心距 e。e 的值容易求得，浮体稳定性的分析归纳为定倾半径 R 的计算。

考虑浮力 P_z 对 D 点的力矩为

$$M = P_z R\sin\theta \tag{2-36}$$

浮力 P_z 可用压力体来计算，即

$$P_z = \rho g V_{a'b'S}$$

比较图 2-27a、b 的浮力，不难看出

$$P_z = \rho g V_{a'b'S} = \rho g V_{abS}$$

$$V_{abS} = V_{a'b'S}$$

由于

$$V_{a'b'S} = V_{abc} - V_{Oaa'} + V_{Obb'}$$

因此有

$$V_{Oaa'} = V_{Obb'}$$

记水体 Obb' 的重力为 ΔP，$\Delta P=\rho g V_{Obb'}$，则有

$$P_z = \rho g V_{abS} - \Delta P + \Delta P \tag{2-37}$$

式中，$(-\Delta P)$ 是虚体积 Oaa' 的浮力，负号表示方向向下；ΔP 是 Obb' 的浮力，表示方向向上；$\rho g V_{abS}$ 是浮体体积 abS 的浮力，该浮力的作用点是 D，即体积 abS 的重心。

将浮力 P_z 对 D 点取力矩，由式（2-37）看出，P_z 对 D 点的力矩等于 $\rho g V_{abS}$、$(-\Delta P)$ 和 ΔP 对 D 点的力矩之和。$\rho g V_{abS}$ 的作用点是 D 点，其力矩为零。于是，P_z 对 D 点的力矩等于 $(-\Delta P)$ 和 ΔP 对 D 点的力矩，而 $(-\Delta P)$ 和 ΔP 是一对大小相等、方向相反的力，它们对任何一点的力矩的大小值都是一样的。因此，这个力矩也等于 $(-\Delta P)$ 和 ΔP 对 O 点的力矩。

浮体在垂直于纸面方向是有宽度的，记作 B，如图 2-27c 所示。上面提到的力对 D 点、对 O 点的力矩，准确地说，应该是对于过 D 点或过 O 点的、与纸面垂直的轴的力矩。

设 x 轴是过 O 点的、垂直于纸面的坐标轴。在图 2-27a 中，浮体被水面所截的平面 ab 称为浮面。Ox 就是位于浮面上的坐标轴，而 y 轴与 x 轴垂直，如图 2-27c 所示。

现在计算力偶 $(-\Delta P)$ 和 $-\Delta P$ 对 x 轴的矩，即

$$M = \int_{-L/2}^{L/2} \rho g y^2 \tan\theta B\mathrm{d}y = \rho g\tan\theta\int y^2\mathrm{d}A = \rho g I\tan\theta \tag{2-38}$$

式中，$By\tan\theta\mathrm{d}y$ 是微元体的体积；I 是浮面面积图形对于 x 轴的惯性矩。

比较式（2-38）和式（2-36），则有

$$P_z R\sin\theta = \rho g I\tan\theta \tag{2-39}$$

记 V 为压力体的体积，即浮体所排开水的体积，则 $P_z=\rho g V$，由式（2-39）得

$$R = \frac{I}{V\cos\theta}$$

当倾角 θ 很小时，$\cos\theta\approx 1$，这种情况下，可以认为定倾半径 R 是一个常数，即

$$R = \frac{I}{V} \tag{2-40}$$

式（2-40）表明，在小角度倾斜的情况下，浮体的定倾半径 R 等于浮面图形面积对于浮面上的中心轴的惯性矩 I 与浮体浸没于水体中的体积 V 的比值。定倾半径越大，浮体的稳定性就越好。而浮体浸没于水中的体积是一个常数，因此，浮面的惯性矩越大，浮体越稳定。一个浮面有两条中心轴，因而就有两个面积惯性矩。校核浮体的稳定性时，应选取较小的面积惯性矩。

【例 2-7】　如图 2-28 所示，一个施工使用的空心钢筋混凝土沉箱，形状如船体。外形尺寸：长度（垂直于纸面）$L=10\text{m}$，宽度 $B=8\text{m}$，高度 $H=6\text{m}$，侧壁及底面厚度都是 $\delta=0.4\text{m}$。钢筋混凝土的密度 $\rho'=2400\text{kg/m}^3$，水的密度 $\rho=1000\text{kg/m}^3$。试校核沉箱浮在水面时的稳定性。

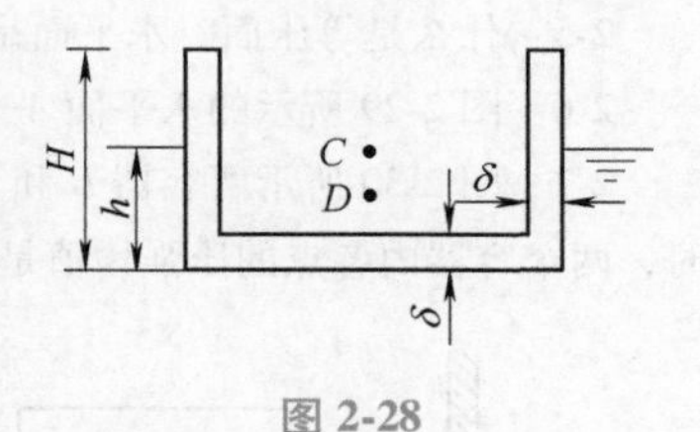

图 2-28

【解】　钢筋混凝土的体积为

$$V' = BLH - (B-2\delta)(L-2\delta)(H-\delta) = 109.06\text{m}^3$$

沉箱浸没在水中的体积记为 V，则有

$$\rho g V = \rho' g V'$$

$$V = \frac{\rho'}{\rho}V' = 261.74\text{m}^3$$

浮体淹没在水中的深度设为 h，则有

$$BLh = V$$

$$h = \frac{V}{BL} = 3.2718\text{m}$$

浮心 D 的位置为 $\frac{h}{2}=1.6359\text{m}$

重心 C 到底面的高度 y_C 可用对沉箱底面中心轴取体积矩的方法求得

$$V'y_C = \left[\frac{H}{2}BLH - (B-2\delta)(L-2\delta)(H-\delta)\left(\frac{H-\delta}{2}+\delta\right)\right]$$

代入已知数据，得

$$y_C = 2.3196\text{m}$$

重心 C 和浮心 D 的距离 e 为

$$e = y_C - \frac{1}{2}h = 0.6837\text{m}$$

浮面的惯性矩有两个，其中较小的一个是

$$I = \frac{1}{12}LB^3 = 426.67\text{m}^4$$

定倾半径 R 为

$$R = \frac{I}{V} = 1.63\text{m}$$

由于 $R > e$，因此浮体稳定。

思考题

2-1 静水压强有哪几种表示方法？

2-2 静水压强有哪些特性？静水压强的分布规律是什么？

2-3 压强与水头、绝对压强与相对压强、负压与相对压强的相互关系如何？

2-4 什么是位置水头、压强水头、测压管高度、测压管水头？它们的物理意义是什么？相互之间有何关系？

2-5 什么是等压面？水平面是等压面的充要条件是什么？

2-6 图2-29所示的水平面A—A、B—B、C—C是否是等压面？为什么？

2-7 图2-30所示两容器B和C内，其活塞的面积A相等；当分别在两个活塞上增加相等的压力ΔP时，两个容器内各点的压强增值是否相等？

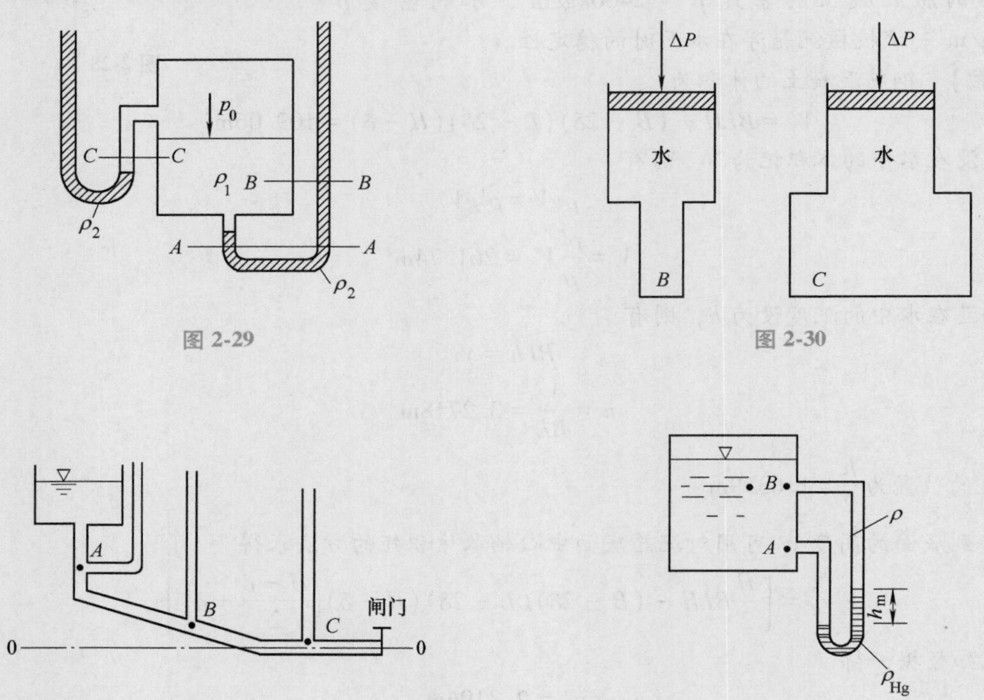

图2-29　图2-30

图2-31　图2-32

2-8 如图2-31所示，管路在A、B、C三点分别安装测压管。当闸门关闭时，试问：

（1）各测压管中的水面高度如何？

（2）各点的位置水头、压强水头和测压管水头在何处？请标注出来。

2-9 图2-32中，A、B两点均位于箱内静水中，连接两点U形汞压差计，出现液面高度差h_m，则下述三种h_m值正确的是（　　）。

(a) $h_m = \dfrac{P_A - P_B}{\rho_m g}$　　(b) $h_m = \dfrac{P_A - P_B}{\rho_m g - \rho g}$　　(c) $h_m = 0$

2-10 长为l、宽为b的平板AB，以如图2-33所示的四种不同位置放在静水中。试问：

（1）图2-33a、b中板上所受的静水总压力是否相等？为什么？

（2）图2-33c、d中，两个板上的静水总压力作用点离水面沿斜板方向的距离是否相等？为什么？

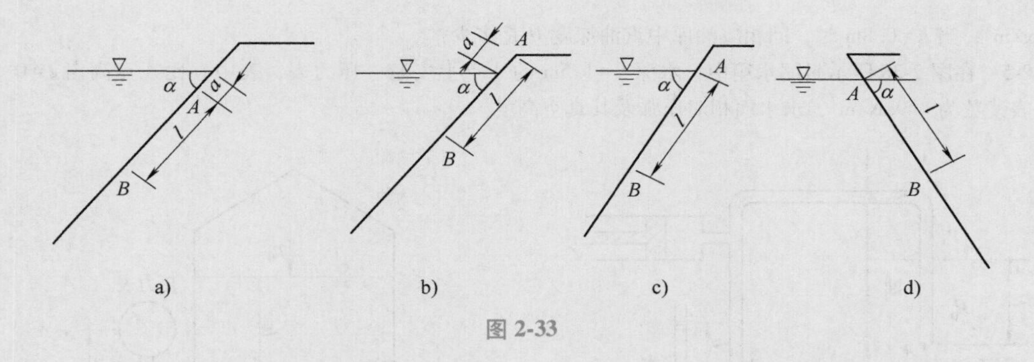

图 2-33

2-11 盛有液体的容器如图 2-34 所示，当其向下或向上做等加速 a 运动时（见图 2-34a、b），试绘出作用在容器上的压强分布图。如果容器自由下落（见图 2-34c），其压强分布图又如何？

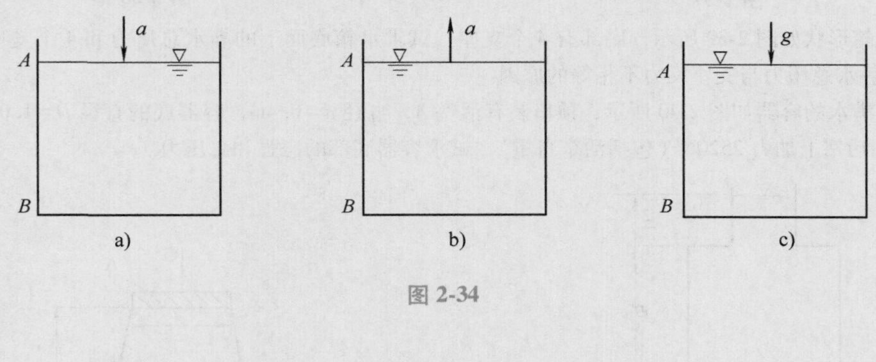

图 2-34

习 题

2-1 一封闭容器如图 2-35 所示，测压管液面高于容器液面，$h=1.5\text{m}$，若容器盛的是水或汽油，试求容器液面的相对压强p_0。（汽油密度取 $\rho'=750\text{kg/m}^3$）

2-2 如图 2-36 所示封闭水箱两测压管的液面高程为 $\nabla_1=100\text{cm}$，$\nabla_2=20\text{cm}$，箱内液面高程为 $\nabla_4=60\text{cm}$。问 ∇_3 为多少？

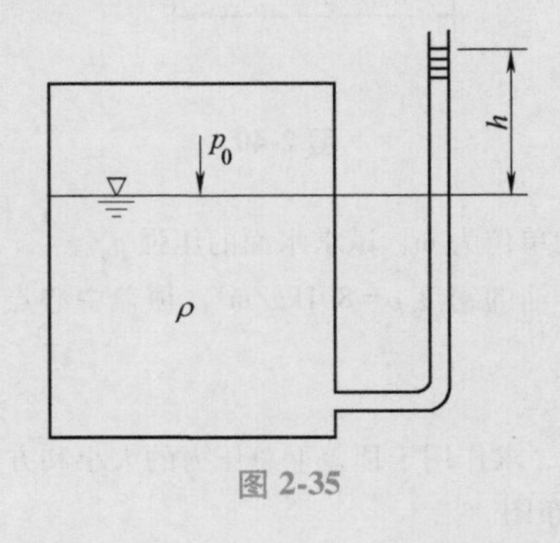

图 2-35

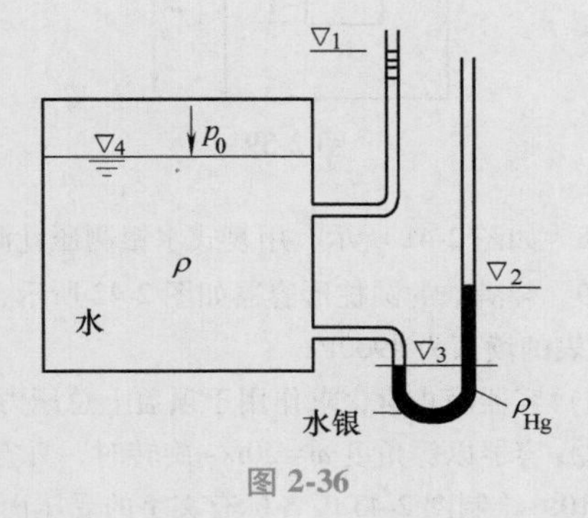

图 2-36

2-3 某地大气压强为 98kN/m^2，试求：

（1）绝对压强为 117.7kN/m^2 时的相对压强及其水柱高度；

（2）相对压强为 7m 水柱时的绝对压强；

（3）绝对压强为 68.5kN/m^2 时的真空度。

2-4 为测定汽油库内油面的高度，在图 2-37 所示装置中将压缩空气充满 AB 管段。已知油的密度 $\rho=$

701kg/m³，当 $h=0.8$m 时，问相应油库中汽油深度 H 是多少？

2-5　在图 2-38 所示封闭水箱中，水深 $h=1.5$m 的 A 点上安装一压力表，表中心比 A 点高出 $z=0.5$m，压力表读数为 4.9kN/m²，求水面相对压强及其真空高度。

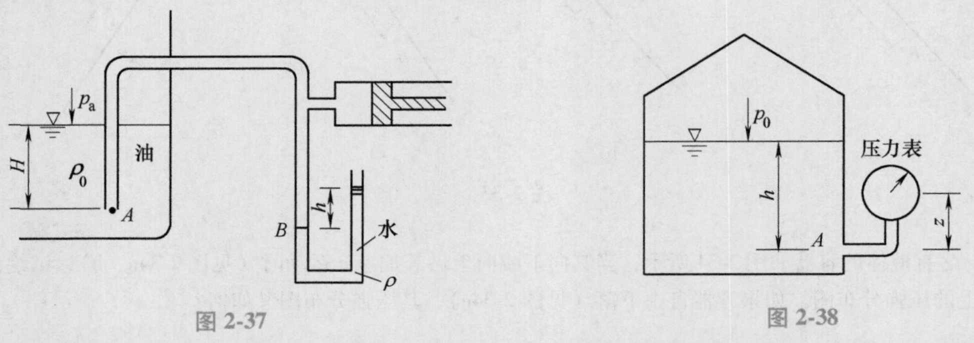

图 2-37　　　　图 2-38

2-6　水箱形状如图 2-39 所示，底部有 4 个支座，试求水箱底面上的静水总压力和 4 个支座的支座反力，并讨论静水总压力与支座反力不相等的原因。

2-7　盛满水的容器如图 2-40 所示，顶口装有活塞 A，直径 $d=0.4$m，容器底的直径 $D=1.0$m，容器高 $h=1.8$m，如活塞上加力 2520N（包括活塞自重），试求容器底部的压强和总压力。

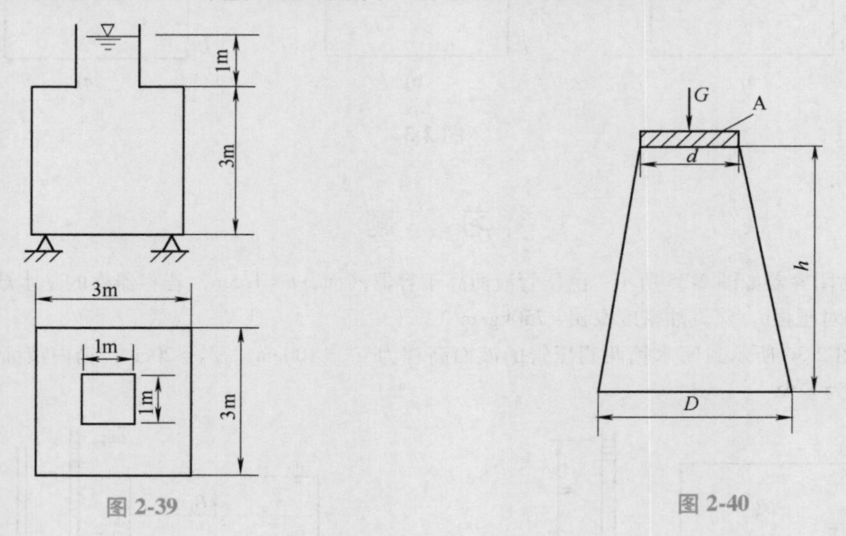

图 2-39　　　　图 2-40

2-8　如图 2-41 所示，用复式水银测压计测压，图中标高的单位为 m，试求水面的压强 p_0。

2-9　装满油的圆柱形容器如图 2-42 所示，直径 $D=80$cm，油的密度 $\rho=801$kg/m³，顶盖中心点装有真空表，表的读值为 4900Pa。

（1）容器静止时，求作用于顶盖上总压力的大小和方向；

（2）容器以等角度 $\omega=20$r/s 旋转时，真空表的读数值不变，求作用于顶盖上总压力的大小和方向。

2-10　绘制图 2-43 中各标有文字的受压面上的静水压强分布图。

2-11　图 2-44 所示矩形平板闸门 AB，一侧挡水，已知长 $l=2$m，宽 $b=1$m，形心点水深 $h_C=2$m，倾角 $\alpha=45°$，闸门上缘 A 处设有转轴，忽略闸门自重及门轴摩擦力。

（1）用图解法求平板闸门 AB 上静水总压力 P 的大小、方向及作用点位置；

（2）试求闸门开启所需拉力 T。

2-12　图 2-45 所示矩形闸门高 $h=3$m，宽 $b=2$m，上游水深 $h_1=6$m，下游水深 $h_2=4.5$m，试求：

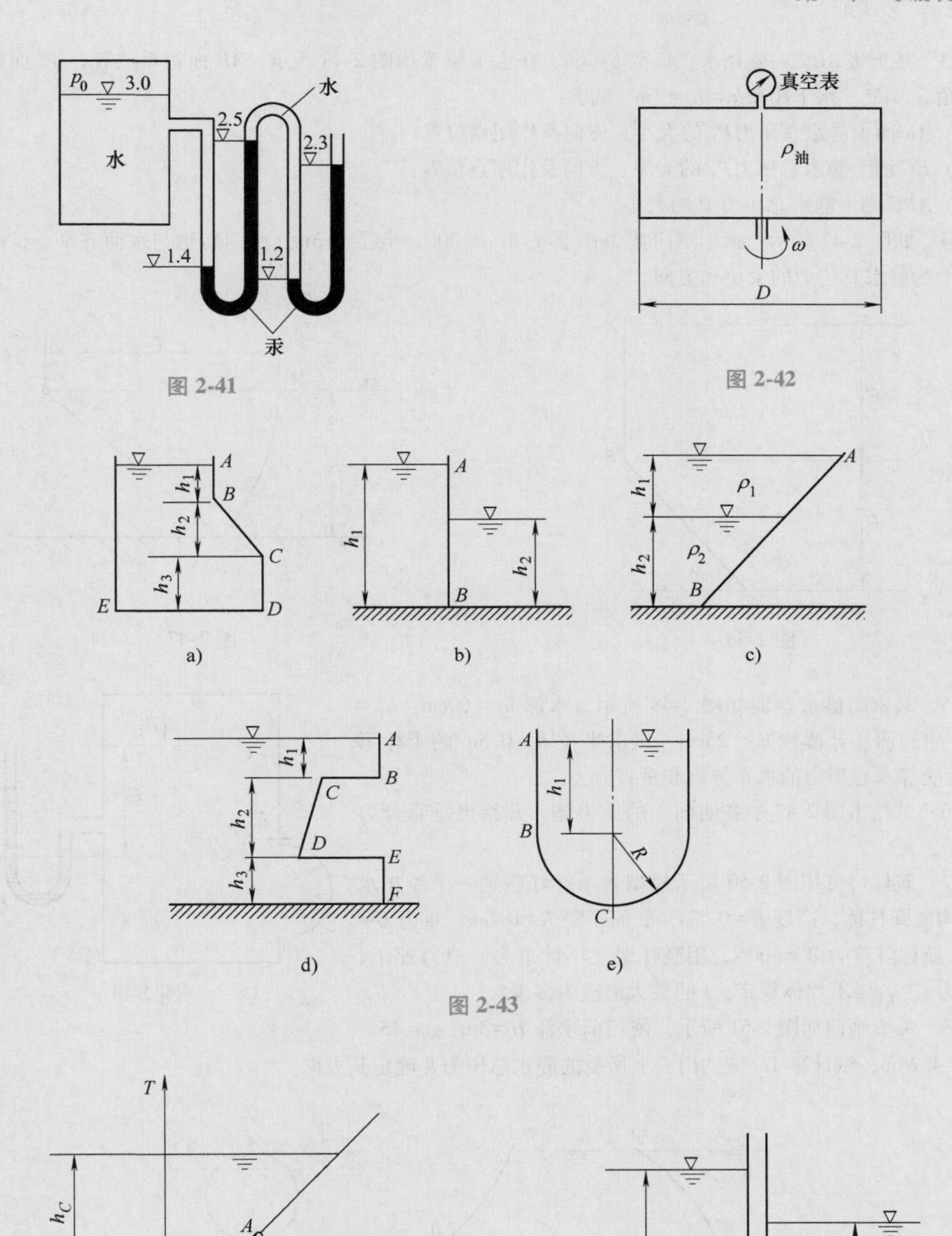

图 2-41

图 2-42

a) b) c) d) e)

图 2-43

图 2-44

图 2-45

（1）作用在闸门上的静水总压力；

（2）压力中心的位置。

2-13 某折板 ABC 一侧挡水，板宽 $b=2$m，在水下位置如图 2-46 所示，AB 面铅垂放置，BC 面倾斜放置，倾角 $\alpha=45°$，水下距离 $h_1=h_2=1$m。试求：

（1）AB 面上静水总压力 P_1 的大小、方向及作用点位置；

（2）BC 面上静水总压力 P_2 的大小、方向及作用点位置；

（3）ABC 面上静水总压力 P 的大小。

2-14 如图 2-47 所示，弧形闸门宽 2m，圆心角 $\alpha=30°$，半径 $r=3$m，闸门转轴与水面齐平，试求作用在闸门上的静水总压力的大小和方向。

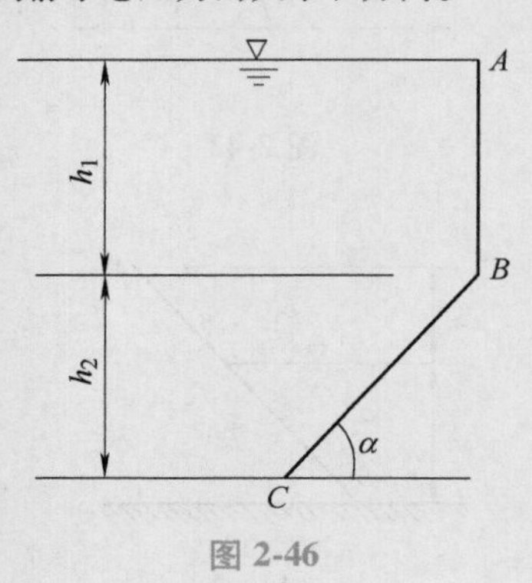

图 2-46

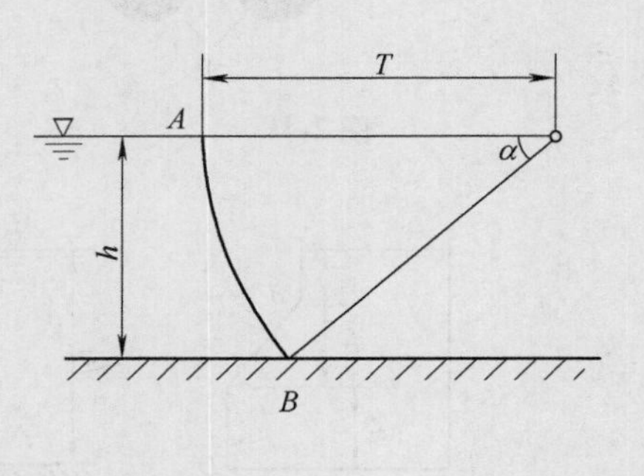

图 2-47

2-15 某密闭盛水容器如图 2-48 所示，水深 $h_1=60$cm，$h_2=100$cm，水银测压计读数 $h_p=25$cm，试求半径 $R=0.5$m 的半球形盖 AB 所受静水总压力的水平分力和垂直分力。

2-16 试绘出图 2-49 中各曲面上的压力体，并指出垂直分力的方向。

2-17 航标灯可用图 2-50 所示模型表示：灯座是一个浮在水面上的均质圆柱体，高度 $H=0.5$m，底面半径 $R=0.6$m，重力 $G=1500$N，航标灯重力 $W=500$N，用竖杆架（不计重力）立灯座上，高度设为 z。若要求浮体稳定，z 的最大值应为多少？

2-18 弧形闸门如图 2-51 所示，闸门前水深 $H=3$m，$\alpha=45°$，半径 $R=4.24$m，试计算 1m 宽的门面上所受的静水总压力并确定其方向。

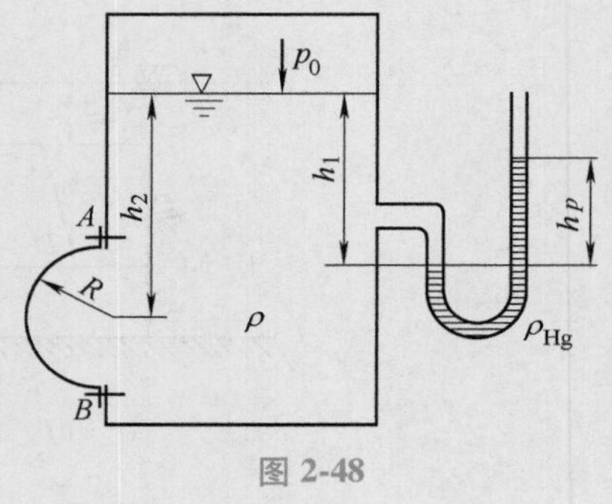

图 2-48

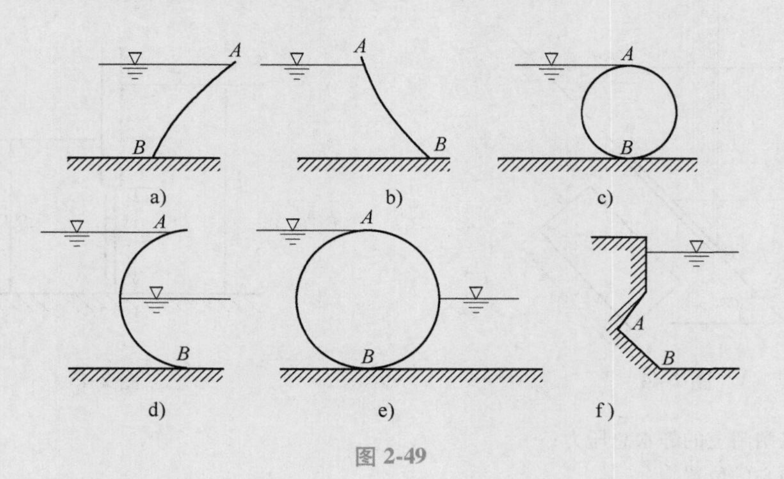

图 2-49

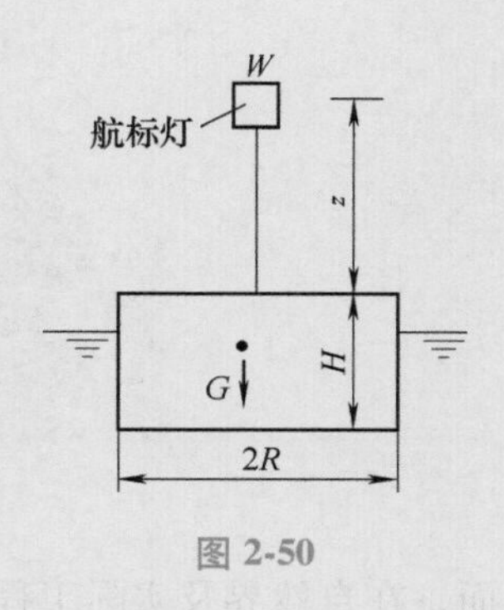

图 2-50

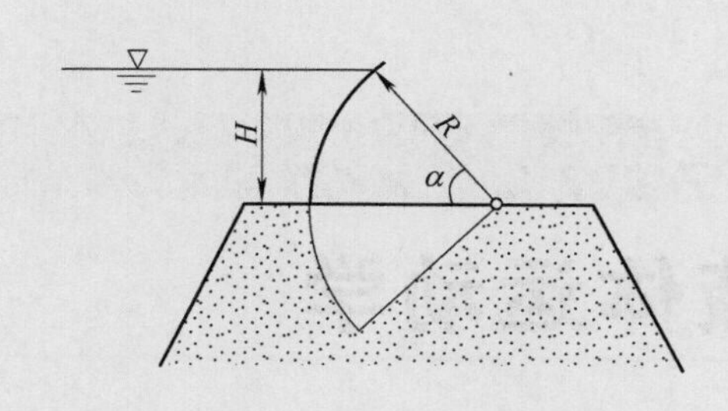

图 2-51

2-19　由三个半圆弧所连接成的曲面 $ABCD$ 如图 2-52 所示，其半径 $R_1 = 0.5\text{m}$，$R_2 = 1\text{m}$，$R_3 = 1.5\text{m}$，曲面宽 $b = 2\text{m}$，试求该曲面所受静水总压力的水平分力及铅垂分力，并指出铅垂分力的方向。

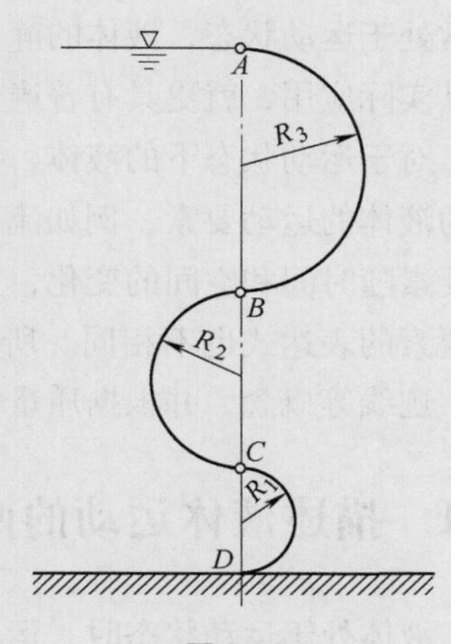

图 2-52

2-20　如图 2-53 所示，水箱圆形底孔采用锥形自动控制阀，锥形阀用钢丝悬吊于滑轮上，钢丝的另一端系有重力 W 为 12000N 的金属块，锥阀的重力 G 为 310N，当不计滑轮摩擦时，问箱中水深 H 为多大时锥形阀即可自动开启？

2-21　电站压力输水管，直径 $D = 2000\text{mm}$，管材允许抗拉强度 $[\sigma] = 137.20\text{MPa}$，若管内作用水头 $H = 140\text{m}$，试设计管壁所需要的厚度 δ。

2-22　如图 2-54 所示，闸门 AB 宽 1.2m，铰点在 A 处，压力表 G 的读数为 -14.7kPa，在右侧箱中油的密度 $\rho_0 = 850\text{kg/m}^3$，问在 B 点加多大的水平力才能使闸门 AB 平衡？

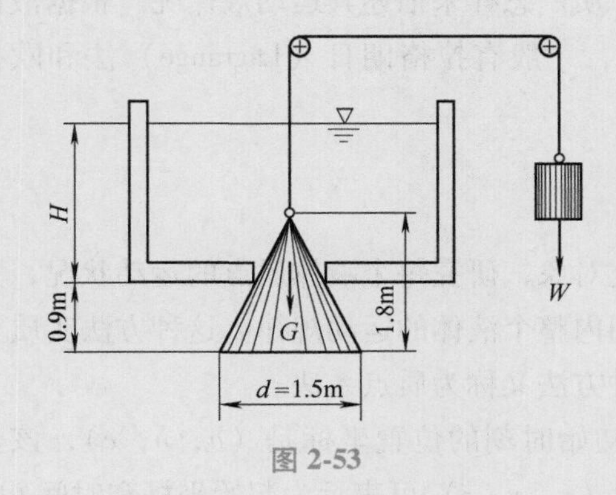

图 2-53

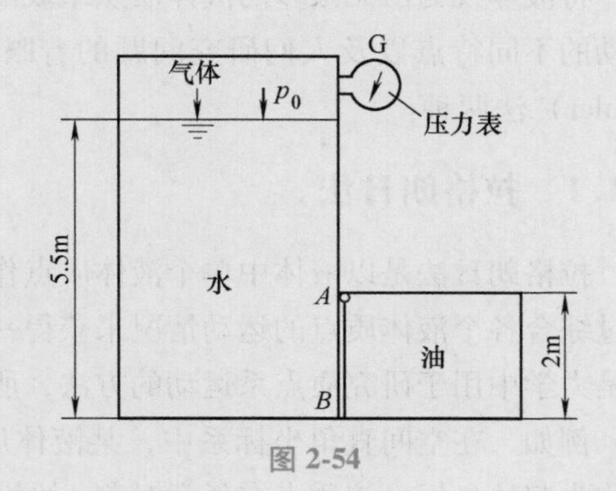

图 2-54

第3章

液体运动学

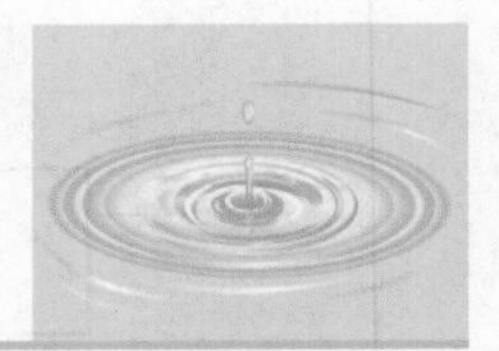

上一章阐述了水静力学的基本原理及其实际应用。然而，在自然界及实际工程中，液体经常处于运动状态，液体的静止状态只是一种特殊的存在形式，因此，研究液体的运动规律及其实际应用，就更具有普遍意义。

对于运动状态下的液体，我们可以用一些物理量来表征液体的运动特性，这些物理量通称为液体的运动要素，例如流速 u、加速度 a 及动水压强 p 等。研究液体运动就是研究其运动要素随时间和空间的变化，并建立它们之间的关系式。由于描述液体运动的方法不同，运动要素的表达式也不相同。所以，本章从描述液体运动的方法入手，介绍流动的分类、流线、迹线等概念，并根据质量守恒原理建立连续性方程。

3.1 描述液体运动的两种方法

液体处于运动状态时，运动要素随着时间和空间位置不断发生变化。在水力学的研究中，将液体视为由无限多的液体质点组成的连续介质。怎样来描述其运动规律呢？根据液体运动的不同特点以及人们研究问题的着眼点不同，一般有拉格朗日（Lagrange）法和欧拉（Euler）法两种。

3.1.1 拉格朗日法

拉格朗日法是以液体中单个液体质点作为研究对象，研究每个液体质点的运动状况，并通过综合各个液体质点的运动情况来获得一定空间内整个液体的运动规律。这种方法实质上就是力学中用于研究质点系运动的方法，所以这种方法又称为质点系法。

例如，在空间直角坐标系中，某液体质点在初始时刻的位置坐标是（a，b，c），该坐标称为起始坐标。该质点在任意时刻 t 的位置坐标（x，y，z）可表示为起始坐标和时间 t 的函数，即

$$\left.\begin{aligned} x &= x(a,\ b,\ c,\ t) \\ y &= y(a,\ b,\ c,\ t) \\ z &= z(a,\ b,\ c,\ t) \end{aligned}\right\} \tag{3-1}$$

式中，a、b、c、t 称为拉格朗日变数。

若给定 a、b、c 值，则可以得到该液体质点的轨迹方程。

若需要知道该液体质点在任意时刻的速度，可将式（3-1）对时间 t 取偏导数，即

$$\left.\begin{aligned} u_x &= u_x(a,b,c,t) = \frac{\partial x(a,b,c,t)}{\partial t} \\ u_y &= u_y(a,b,c,t) = \frac{\partial y(a,b,c,t)}{\partial t} \\ u_z &= u_z(a,b,c,t) = \frac{\partial z(a,b,c,t)}{\partial t} \end{aligned}\right\} \tag{3-2}$$

式中，u_x、u_y、u_z是速度在 x、y、z 轴的分量。

同理，该液体质点在 x、y、z 方向的加速度分量可以表示为

$$\left.\begin{aligned} a_x &= a_x(a,b,c,t) = \frac{\partial u_x(a,b,c,t)}{\partial t} = \frac{\partial^2 x(a,b,c,t)}{\partial t^2} \\ a_y &= a_y(a,b,c,t) = \frac{\partial u_y(a,b,c,t)}{\partial t} = \frac{\partial^2 y(a,b,c,t)}{\partial t^2} \\ a_z &= a_z(a,b,c,t) = \frac{\partial u_z(a,b,c,t)}{\partial t} = \frac{\partial^2 z(a,b,c,t)}{\partial t^2} \end{aligned}\right\} \tag{3-3}$$

用拉格朗日法描述液体的运动状态，其直观性强，物理概念简明易懂。然而由于液体具有黏性，每一个液体质点的运动轨迹是不同的，要跟踪每一个液体质点来得出整个液体运动的状态，在数学上是很困难的。而且在实际应用中需要研究的是运动要素的空间分布规律，一般不必了解每一个液体质点的运动情况。因此这种方法在水力学上很少采用。在水力学中研究液体运动普遍采用欧拉法。以下各章均采用欧拉法来描述液体的运动规律。

3.1.2 欧拉法

欧拉法着眼于液体运动所占据的空间，研究该空间各点上液体质点的运动情况。液体运动时在同一时刻每个质点都占据一个空间点，将每个空间点上运动要素随时间 t 的变化搞清楚，整个液体运动的规律就已知了，故此又将欧拉法称为流场法。

显然欧拉法与拉格朗日法在描述液体运动时其着眼点不同，拉格朗日法着眼于液体质点，而欧拉法则着眼于液体运动时所占据的空间点，不论该点是哪个液体质点通过。在实际工程中，一般都只需要弄清楚在某一些空间位置上水流的运动情况，而并不去研究液体质点的运动轨迹，所以在水力学中常采用欧拉法。

采用欧拉法时，可将流场中的运动要素视作空间点坐标（x，y，z）和时间 t 的函数。例如，任意时刻 t 通过流场中任意点（x，y，z）的液体质点的流速可表示为

$$\boldsymbol{u} = \boldsymbol{u}(x,\ y,\ z,\ t) \tag{3-4}$$

流速在各坐标轴上的投影为

$$\left.\begin{aligned} u_x &= u_x(x,\ y,\ z,\ t) \\ u_y &= u_y(x,\ y,\ z,\ t) \\ u_z &= u_z(x,\ y,\ z,\ t) \end{aligned}\right\} \tag{3-5}$$

式中，x、y、z、t 称为欧拉变数。

同样压强也可以表示为

$$p = p(x,\ y,\ z,\ t) \tag{3-6}$$

若令式（3-5）中的 x、y、z 为常数，t 为变数，则可得到某一固定点上的流速随时间的变化情况，如图 3-1 所示。

若令式（3-5）中的 x、y、z 为变数，t 为常数，得到在同一时刻，位于不同空间点上的液体质点的流速分布，也就是得到了 t 时刻的一个流速场，如图 3-2 所示。

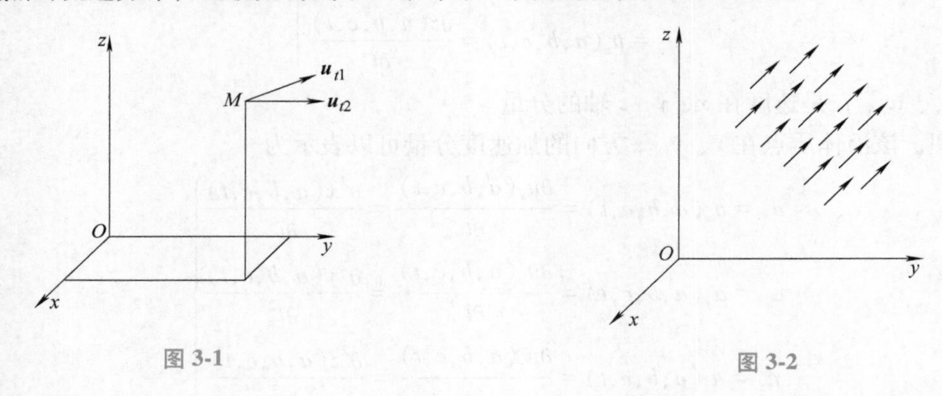

图 3-1　　　　　　　　　　　　图 3-2

现在讨论液体质点加速度的表达式，液体质点的加速度是单位时间内液体质点在其流程上的速度增量。由于研究的对象是某一液体质点在通过某一空间点时速度随时间的变化，在 $\mathrm{d}t$ 时间内，液体质点将运动到新的位置，即运动的液体质点本身的坐标（x，y，z）也是时间 t 的函数。因此，在欧拉法中液体质点的加速度就是流速对时间的全导数，即

$$\boldsymbol{a}=\frac{\mathrm{d}\boldsymbol{u}}{\mathrm{d}t} \tag{3-7}$$

根据复合函数的求导法则，得加速度的表达式为

$$\boldsymbol{a}=\frac{\partial \boldsymbol{u}}{\partial t}+\frac{\partial \boldsymbol{u}}{\partial x}\frac{\mathrm{d}x}{\mathrm{d}t}+\frac{\partial \boldsymbol{u}}{\partial y}\frac{\mathrm{d}y}{\mathrm{d}t}+\frac{\partial \boldsymbol{u}}{\partial z}\frac{\mathrm{d}z}{\mathrm{d}t} \tag{3-8}$$

式（3-8）中的坐标增量 $\mathrm{d}x$、$\mathrm{d}y$、$\mathrm{d}z$ 不是任意的量，而是在 $\mathrm{d}t$ 时间内液体质点空间位置的微元位移在各坐标轴的投影，故

$$\frac{\mathrm{d}x}{\mathrm{d}t}=u_x,\ \frac{\mathrm{d}y}{\mathrm{d}t}=u_y,\ \frac{\mathrm{d}z}{\mathrm{d}t}=u_z$$

代入式（3-8），可得

$$\boldsymbol{a}=\frac{\partial \boldsymbol{u}}{\partial t}+u_x\frac{\partial \boldsymbol{u}}{\partial x}+u_y\frac{\partial \boldsymbol{u}}{\partial y}+u_z\frac{\partial \boldsymbol{u}}{\partial z} \tag{3-9}$$

由式(3-9)可以看出,在欧拉法中液体质点的加速度由两部分组成。$\frac{\partial \boldsymbol{u}}{\partial t}$ 反映了在同一空间点上液体质点运动速度随时间的变化，称这部分加速度为时变加速度（或者当地加速度）；$\left(u_x\frac{\partial \boldsymbol{u}}{\partial x}+u_y\frac{\partial \boldsymbol{u}}{\partial y}+u_z\frac{\partial \boldsymbol{u}}{\partial z}\right)$ 反映了在同一时刻位于不同空间点上液体质点的速度变化，称这部分加速度为位变加速度（或者迁移加速度）；而将 a 又称作液体质点的全加速度。关于这两部分加速度的具体含义，现举例说明如下：

设有一段管道装置如图 3-3 所示，在管轴线上取 A、A'、B 及 B' 四个点进行观察。当水箱水位 H 一定，末端阀门 K 开度保持不变时，管中各点的流速不随时间变化，不存在时变

加速度。因为 A 点与 A' 点的流速相同，所以 A 点没有位变加速度。在收缩段内 B' 点的流速大于 B 点的流速，故 B 点存在位变加速度。当水箱水位 H 变化时，管中各点的流速随着时间变化，无论是 A 点或是 B 点都存在时变加速度。但 A 点仍无位变加速度，而 B 点既存在时变加速度又存在位变加速度。

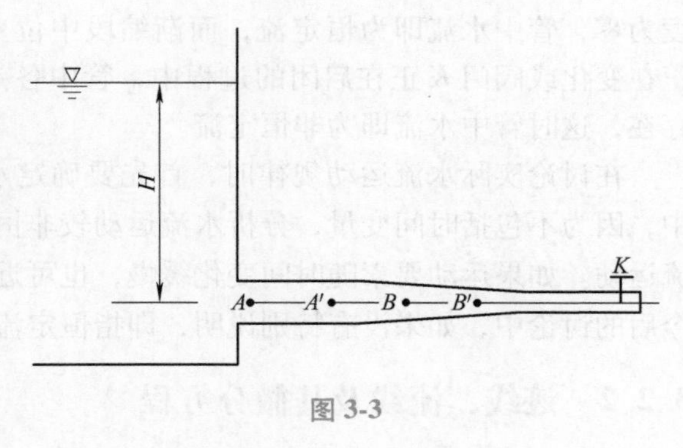

图 3-3

液体质点的加速度是一个矢量，将式(3-8)在直角坐标轴上投影，可以得到加速度分量的表达式

$$\left.\begin{aligned}a_x&=\frac{\partial u_x}{\partial t}+u_x\frac{\partial u_x}{\partial x}+u_y\frac{\partial u_x}{\partial y}+u_z\frac{\partial u_x}{\partial z}\\a_y&=\frac{\partial u_y}{\partial t}+u_x\frac{\partial u_y}{\partial x}+u_y\frac{\partial u_y}{\partial y}+u_z\frac{\partial u_y}{\partial z}\\a_z&=\frac{\partial u_z}{\partial t}+u_x\frac{\partial u_z}{\partial x}+u_y\frac{\partial u_z}{\partial y}+u_z\frac{\partial u_z}{\partial z}\end{aligned}\right\}\tag{3-10}$$

对于一维流动，如沿流程选取坐标，则流速或压强都是位置坐标 s 和时间 t 的函数，可以表示为

$$u=u(s,\ t)$$
$$p=p(s,\ t)$$

3.2　液体运动的基本概念

在分析讨论一维恒定流的基本方程之前，首先应介绍有关液体运动的一些基本概念，如恒定流与非恒定流、迹线与流线、流管、元流等，这些概念是研究液体运动规律所必需的基本知识。

3.2.1　恒定流与非恒定流

用欧拉法描述液体运动时，运动要素表示为空间点坐标和时间 t 的函数。对于具体的液体运动，根据运动要素是否随时间 t 改变，可将流动分为恒定流和非恒定流两大类。

如果流场中各空间点上的所有运动要素均不随时间变化，这种流动称为恒定流；否则，称为非恒定流。在恒定流中，所有运动要素都只是空间点位置坐标的连续函数，而与时间无关，它们对时间的偏导数为零。例如，对流速 u、压强 p 而言

$$\boldsymbol{u}=\boldsymbol{u}(x,y,z),\frac{\partial \boldsymbol{u}}{\partial t}=\boldsymbol{0}$$

$$p=p(x,y,z),\frac{\partial p}{\partial t}=0$$

对于恒定流来说，时变加速度等于零，而位变加速度则可以不为零。如图 3-3 所示，当水箱中水位 H 和阀门 K 的开度保持不变，管中各点的流速都不随时间而变化，其时变加速

度为零，管中水流即为恒定流，而渐缩段中位变加速度却不等于零。反之，当水箱水位 H 正在变化或阀门 K 正在启闭的过程中，管中各点的流速都随时间而变化，都有时变加速度存在，这时管中水流即为非恒定流。

在讨论实际水流运动规律时，首先要确定水流运动是恒定流还是非恒定流。在恒定流中，因为不包括时间变量，分析水流运动较非恒定流简单，也是实际工程中较常见的一类水流运动。如果运动要素随时间变化缓慢，也可近似按恒定流处理。本书主要研究恒定流，在今后的讨论中，如果没有特别说明，即指恒定流。

3.2.2　迹线、流线及其微分方程

描述液体运动有两种不同的方法，由此可引出两个概念——迹线与流线。

1. 流线

表示某瞬时液体运动的流速场内流动方向的曲线，这条曲线上所有液体质点的流速矢量都和该曲线相切。

用欧拉法描述液体运动是考察同一时刻各液体质点在不同空间位置上的运动情况。在欧拉法中，流线可直观形象地描述流速场，所以由欧拉法引出了流线的概念。

下面从流线的绘制上来进一步加深对流线概念的理解。

如图 3-4 所示，在某一时刻 t，位于流场 A_1 点液体质点的流速矢量 $\boldsymbol{u}_1$。在矢量 $\boldsymbol{u}_1$ 上取微小线段 Δs_1 得到 A_2 点，在同一时刻 t，绘出 A_2 点的流速矢量 $\boldsymbol{u}_2$，同样在流速矢量 $\boldsymbol{u}_2$ 上取微小线段 Δs_2 得到 A_3 点，再绘出 A_3 点在同一时刻 t 的流速矢量 $\boldsymbol{u}_3$，…，依次绘制下去，就得到一条折线 A_1—A_2—A_3—…，若各微小线段的长度 Δs_1、Δs_2、Δs_3…趋近于零，该折线将成为一条曲线，此曲线即为 t 时刻通过流场中 A_1 点的一条流线。同样，可以作出 t 时刻通过流场中另外一些空间点的流线，这样一簇流线就形象直观地描绘出该瞬时整个流场的流动趋势。图 3-5 所示为水流通过某段管道的流线图。

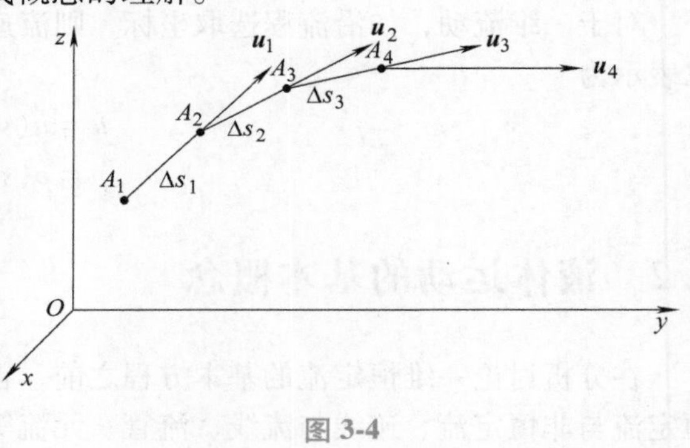

图 3-4

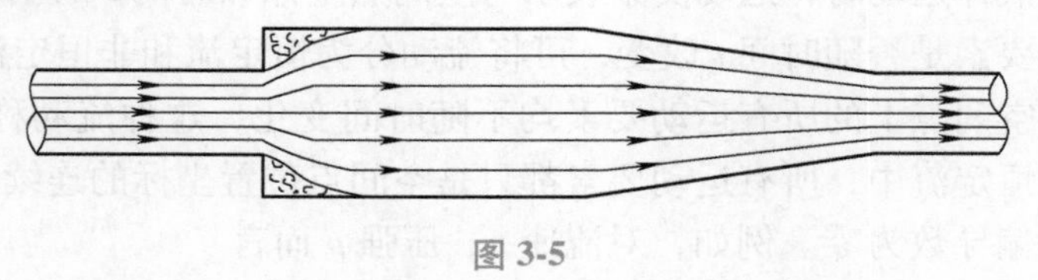
图 3-5

流线具有如下特性：

1）在同一时刻，流线不能相交或转折（流速为零的点除外），只能是一条光滑的连续曲线。否则在交叉点或转折点处，流线必然存在着两个切线方向，即同一液体质点同时具有两个运动方向，这违背了流速方向唯一性的原则。

2）恒定流中，流线的位置和形状不随时间变化。因为在恒定流中，各空间点上的流速

矢量均不随时间而改变。所以，不同时刻的流线，其位置和形状应该保持不变。在非恒定流中，如果各空间点上的流速方向随时间而变，那么流线的位置和形状也将随时间而改变，流线只有瞬时意义。

3）恒定流中，液体质点运动的迹线与流线相重合。如图 3-4 所示，假定 Δs 很小，用折线 A_1—A_2—A_3—…近似地代表一条流线。现在我们来观察位于 A_1 点处的一个液体质点，经过 Δt_1 时段该质点运动到 A_2 点。因为恒定流时流线位置和形状均不随时间改变，在 $t+\Delta t_1$ 时刻 A_2 点的流速仍与 t_1 时刻的 $\boldsymbol{u}_2$ 相同，于是该质点又沿着 $\boldsymbol{u}_2$ 方向运动，经过 Δt_2 时刻到达 A_3 点，然后沿着 $\boldsymbol{u}_3$ 继续运动。如此下去，该液体质点将始终沿着流线移动。所以从 A_1 点出发的液体质点的迹线与经过 A_1 点的流线相重合。

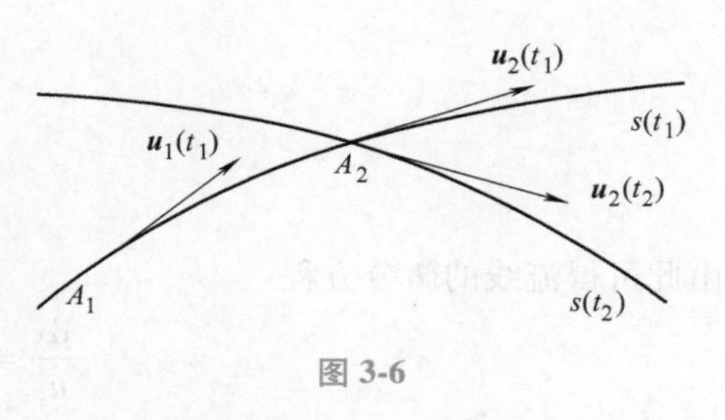

图 3-6

在非恒定流中，由于流速随时间变化，因此经过某给定点的流线也将随时间改变。如图 3-6 所示，$s(t_1)$ 表示 t_1 时刻通过 A_2 点的一条流线，$s(t_2)$ 表示 $t_1+\Delta t$ 时刻通过 A_2 点的一条流线。某液体质点从 A_1 点开始沿着流线 $s(t_1)$ 运动，经过 Δt 时段到达 A_2 点，在 $t_2=t_1+\Delta t$ 时刻，A_2 点的流速为 $\boldsymbol{u}_2$，该液体质点必将沿着 $s(t_2)$ 运动。可见，非恒定流中液体质点的迹线一般与流线不重合。

流线的形状与边界条件有关。由图 3-5 可以看出，流线图形具有两个特点。首先，流线分布的疏密程度与液流横截面面积的大小有关。截面大的地方流线稀疏，截面小的地方流线稠密。可见，流线的疏密程度直观地反映了流速的大小。其次，流线的形状与固体边界形状有关。离边界越近，边界对流线形状的影响越明显。在边界较平顺处，紧靠边界处流线形状与边界形状相同。在边界形状急剧变化的流段，由于惯性作用，流线与边界相脱离，并在主流和边界之间形成漩涡区。至于漩涡区的大小，则取决于边界变化的急剧程度和具体形式。

根据流线的定义，可建立流线的微分方程。如图 3-7 所示，若在流线 AB 上取一微元段 $\mathrm{d}s$，因其很小，可看作是直线。由流线的定义可知，速度 $\boldsymbol{u}$ 与流线微元段 $\mathrm{d}s$ 相重合。分别以 u_x、u_y、u_z 和 $\mathrm{d}x$、$\mathrm{d}y$、$\mathrm{d}z$ 表示速度 $\boldsymbol{u}$ 和流线微元段 $\mathrm{d}s$ 在直角坐标轴上的分量，其方向余弦为

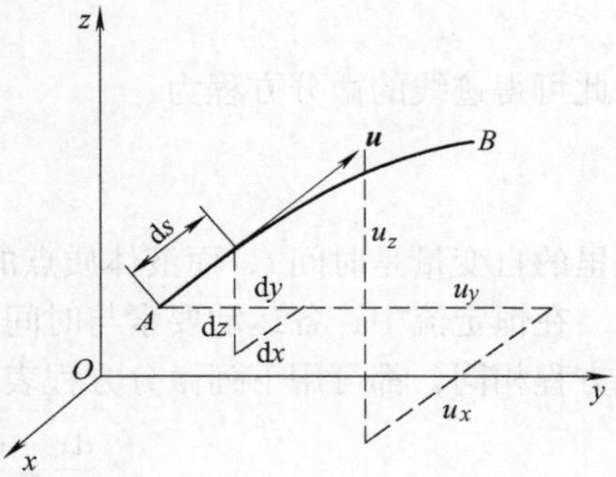

图 3-7

$$\left.\begin{aligned}\cos\alpha &= \frac{\mathrm{d}x}{\mathrm{d}s} = \frac{u_x}{u}\\ \cos\beta &= \frac{\mathrm{d}y}{\mathrm{d}s} = \frac{u_y}{u}\\ \cos\gamma &= \frac{\mathrm{d}z}{\mathrm{d}s} = \frac{u_z}{u}\end{aligned}\right\} \tag{3-11}$$

即

$$\left.\begin{aligned}\frac{\mathrm{d}s}{u}&=\frac{\mathrm{d}x}{u_x}\\\frac{\mathrm{d}s}{u}&=\frac{\mathrm{d}y}{u_y}\\\frac{\mathrm{d}s}{u}&=\frac{\mathrm{d}z}{u_z}\end{aligned}\right\}\tag{3-12}$$

由此可得流线的微分方程

$$\frac{\mathrm{d}x}{u_x}=\frac{\mathrm{d}y}{u_y}=\frac{\mathrm{d}z}{u_z}=\frac{\mathrm{d}s}{u}\tag{3-13}$$

式中，u_x、u_y、u_z都是变量 x、y、z 和 t 的函数。

因流线是某一确定时刻的曲线，所以这里的时间 t 不应视为独立变数，只能作为一个参变量出现。欲求某一指定时刻的流线，需将 t 当作常数代入式（3-13），然后进行积分即可。

2. 迹线

迹线是某一液体质点运动的轨迹线。

用拉格朗日法描述液体运动是研究每一个液体质点在不同时刻的运动情况，如果把某一质点在连续的时间内所占据的空间点连成线，就是迹线。所以从拉格朗日法引出了迹线的概念。

在图 3-7 中，若将曲线 AB 视为某一液体质点运动的迹线时，则所取微分段 $\mathrm{d}s$ 即代表液体质点在 $\mathrm{d}t$ 时间内的位移，$\mathrm{d}x$、$\mathrm{d}y$、$\mathrm{d}z$ 则代表位移 $\mathrm{d}s$ 在坐标轴上的分量，故

$$\left.\begin{aligned}\mathrm{d}x&=u_x\mathrm{d}t\\\mathrm{d}y&=u_y\mathrm{d}t\\\mathrm{d}z&=u_z\mathrm{d}t\end{aligned}\right\}\tag{3-14}$$

由此可得迹线的微分方程为

$$\frac{\mathrm{d}x}{u_x}=\frac{\mathrm{d}y}{u_y}=\frac{\mathrm{d}z}{u_z}=\mathrm{d}t\tag{3-15}$$

这里的自变量是时间 t，而液体质点的坐标 x、y、z 是时间 t 的函数。

在恒定流中，各运动要素与时间无关，速度 $\boldsymbol{u}$ 只是空间坐标的函数，所以迹线方程与流线方程相同，都可用下列微分方程表示

$$\frac{\mathrm{d}x}{u_x}=\frac{\mathrm{d}y}{u_y}=\frac{\mathrm{d}z}{u_z}\text{ 或 }\frac{u_x}{\mathrm{d}x}=\frac{u_y}{\mathrm{d}y}=\frac{u_z}{\mathrm{d}z}$$

3.2.3 流管、元流、总流

1. 流管

在流场中垂直流动方向取一微小封闭曲线 C，在同一时刻，通过曲线 C 上的每一点可以做出一条流线，由这些流线所构成的封闭管状曲面称为流管，如图 3-8a 所示。因为流线不能相交，流管内外的液体不可能穿越管壁而流动。

2. 元流

充满以流管为边界的一束液流称为元流或微小流束，如图 3-8b 所示。根据流线的性质，

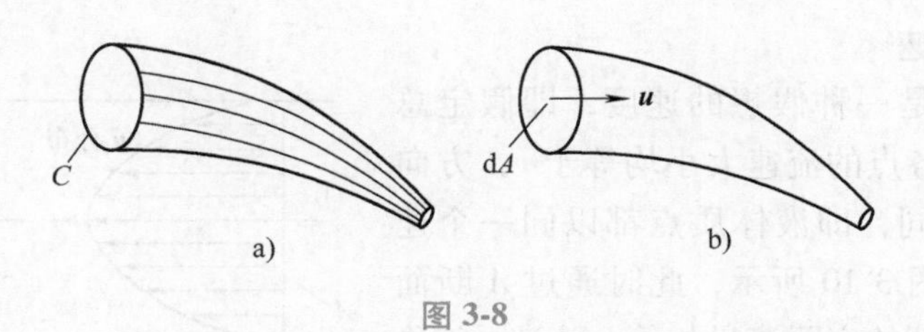

图 3-8

元流中任何液体质点在运动过程中均不能离开元流。在恒定流中，元流的位置和形状均不随时间变化。在非恒定流中，流线一般随时间而变，元流也只具有瞬时意义。

元流的横截面面积是一个无限小的面积微元，用 dA 表示。因 dA 很小，可近似认为 dA 上各点的运动要素为均匀分布。

3. 总流

由无数个元流组成的整个液体运动称为总流。所以总流可视作实际水流中所有元流的集合，总流的边界就是一个大流管，即实际液体的边界，如明渠水流、管道水流等。

3.2.4　过水断面、流量、断面平均流速

1. 过水断面

与元流或总流的流线成正交的横断面称为过水断面，以符号 dA 或 A 表示，单位为 m^2 或 cm^2。过水断面的形状可以是平面或曲面。当流线互相平行时，过水断面为平面，如图 3-9a 所示；否则过水断面为曲面，如图 3-9b 所示。

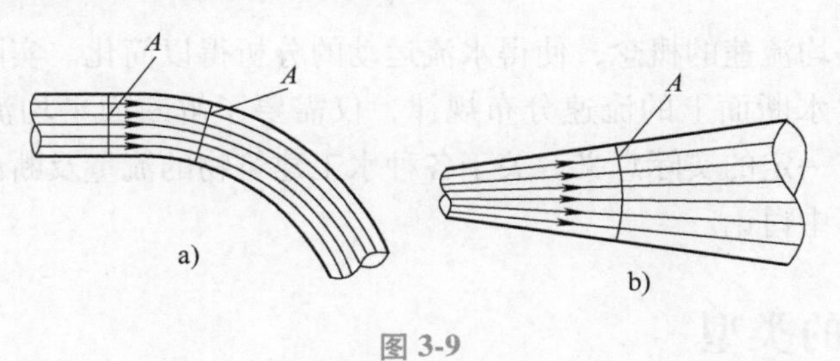

图 3-9

2. 流量

单位时间内通过某一过水断面液体的体积称为流量，以符号 Q 表示，它的单位为 m^3/s 或 L/s。流量是衡量过水断面过水能力大小的一个物理量。一般来说，总流过水断面上各点的流速 u 不相等。例如，水流在管道内流动，靠近管壁处流速小，管轴线上流速大，如图 3-10 所示。若在总流中任取一元流，其过水断面面积为 dA。由于元流 dA 上同一时刻各点的流速相等，过水断面又与流速方向垂直。若令 dA 上各点的流速为 u，则单位时间内通过元流过水断面的液体体积即为元流的流量 dQ，即

$$\mathrm{d}Q = u\mathrm{d}A$$

通过总流过水断面 A 的流量，应等于所有元流流量 dQ 的总和，即

$$Q = \int \mathrm{d}Q = \int_A u\mathrm{d}A \tag{3-16}$$

3. 断面平均流速

断面平均流速是一种假想的速度，即假定总流同一过水断面上各点的流速大小均等于 v，方向与实际流动方向相同，即液体质点都以同一个速度 v 向前运动，如图 3-10 所示，此时通过 A 断面的流量与该过水断面的实际流量相等，流速 v 就称作断面平均流速。

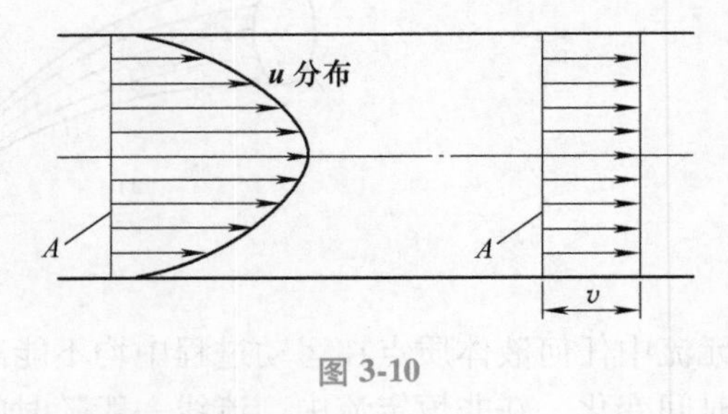

图 3-10

$\int_A u\mathrm{d}A$ 代表了流速分布图的体积，由式（3-16）计算流量 Q，就必须已知流速 u 在过水断面上的分布规律。由于实际水流的流速分布较为复杂，有时很难求得其表达式。引入断面平均流速的概念后，就可以避开通过寻找流速分布规律来计算流量。

根据断面平均流速的定义

$$Q = \int_A u\mathrm{d}A = \int_A v\mathrm{d}A = v\int_A \mathrm{d}A \tag{3-17}$$

所以

$$Q = vA \tag{3-18}$$

或

$$v = \frac{Q}{A} \tag{3-18a}$$

可见引入断面平均流速的概念，使得水流运动的分析得以简化。实际工程中，有时并不一定需要知道总流过水断面上的流速分布规律，仅需要了解断面平均流速的变化情况。所以，断面平均流速有一定的实际意义。关于各种水工建筑物的流量及断面平均流速的计算问题，将在随后的章节中讨论。

3.3　液体运动的类型

3.3.1　三维流、二维流、一维流

液体运动时，按照运动要素在空间坐标上的变化情况，可将水流运动分为三维流、二维流和一维流。

若运动要素是空间三个坐标的函数，这种流动称为三维流（或三元流）。例如，水流经过突然扩散的矩形断面明渠，在扩散后较长的一段距离内，水流中任意质点（如 M 点）的流速，不仅与过水断面的位置坐标 x 有关，还与该点在过水断面上的坐标 y 和 z 有关，如图 3-11 所示。

若运动要素是空间两个坐标的函数，这种流动称为二维流（或二元流）。例如，水流在很宽阔的矩形明渠中流动，当两侧边界对流动的影响可以忽略不计时，水流中任意点的流速只与两个坐标有关，即过水断面的位置坐标 x 和该点的垂直位置坐标 z，而与横向坐标 y 无关，如图 3-12 所示。

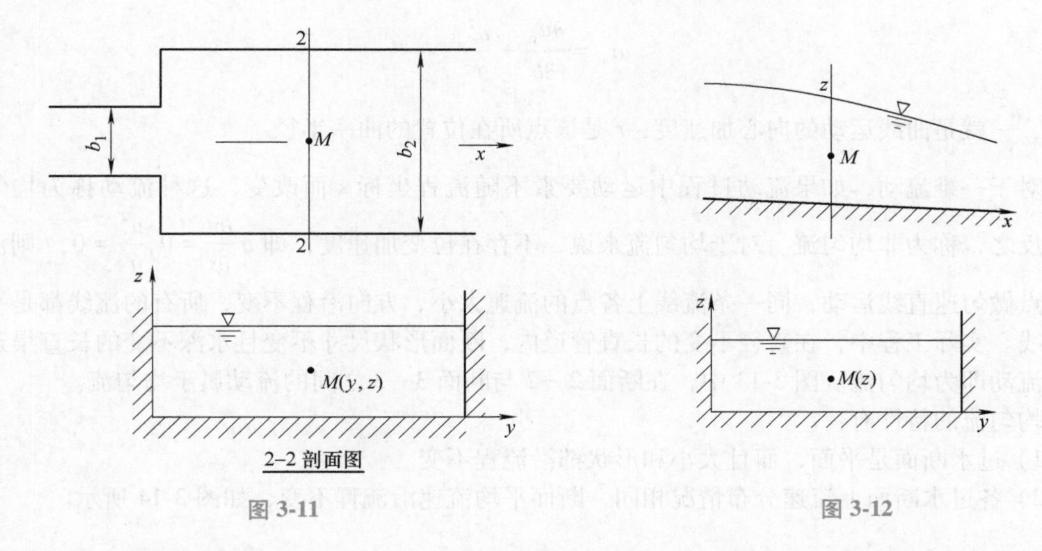

图 3-11　　　图 3-12

由于二维流动在一系列平行于水流纵剖面的平面内是完全相同的，因而沿水流方向任取一个纵剖面来分析流动情况，都能代表整体水流运动，所以又称二维流为平面流动。

若运动要素仅是空间一个坐标的函数，这种流动称为一维流。元流即是一维流（或一元流）。对于总流来说，如果引入断面平均流速的概念，沿着总流流向选取曲线坐标 s，断面平均流速 v 仅与 s 有关，这时总流也可视为一维流。

实际工程中的液体运动一般都是三维流，但由于运动要素与空间三个坐标有关，使得问题非常复杂，给分析研究水流运动增加了难度。所以，在满足实际工程要求的前提下，常设法将三维流简化为二维流或者一维流，因简化而带来的误差，用修正系数加以调整。例如，将总流视为一维流，用断面平均流速来代替过水断面上各点的实际流速，必然存在误差，需要加以修正，其修正系数要通过试验来确定。

3.3.2　均匀流和非均匀流

对于一维流动，沿流动方向选取曲线坐标 s，流速是位置 s 和时间 t 的函数。即

$$u = u(s,\ t)$$

液体质点的加速度 a 可分解为切向加速度 a_t 和法向加速度 a_n，根据复合函数求导的原则，切向加速度 a_t 可写成

$$a_t = \frac{\mathrm{d}u_t}{\mathrm{d}t} = \frac{\partial u_t}{\partial t} + \frac{\partial u_t}{\partial s}\frac{\mathrm{d}s}{\mathrm{d}t}$$

因为 s 是沿流向选取的坐标，式中 $\frac{\mathrm{d}s}{\mathrm{d}t} = u$，$\frac{\partial u_t}{\partial s} = \frac{\partial u}{\partial s}$，切向加速度 a_t 又可以写成

$$a_t = \frac{\partial u_t}{\partial t} + u\frac{\partial u}{\partial s}$$

式中，$\frac{\partial u_t}{\partial t}$ 表示时变加速度，$u\frac{\partial u}{\partial s}$ 表示位变加速度。同理，法向加速度 a_n 也可以分解成时变加速度 $\frac{\partial u_n}{\partial t}$ 和位变加速度 $\frac{u^2}{r}$，即

$$a_{n} = \frac{\partial u_{n}}{\partial t} + \frac{u^{2}}{r}$$

式中，$\frac{u^{2}}{r}$就是曲线运动的向心加速度；r是该点所在位置的曲率半径。

对于一维流动，如果流动过程中运动要素不随流程坐标s而改变，这种流动称为均匀流；反之，称为非均匀流。对于均匀流来说，不存在位变加速度，即$u\frac{\partial u}{\partial s}=0,\frac{u^{2}}{r}=0$，则液体质点做匀速直线运动，同一条流线上各点的流速大小、方向沿程不变，所有的流线都是平行直线。实际工程中，在直径不变的长直管道内，断面形状尺寸不变且水深不变的长直渠道内的流动即为均匀流。图3-13中，在断面2—2与断面3—3之间的流动属于均匀流。

均匀流的特性有：

1）过水断面是平面，而且大小和形状都沿流程不变。

2）各过水断面上流速分布情况相同，断面平均流速沿流程不变，如图3-14所示。

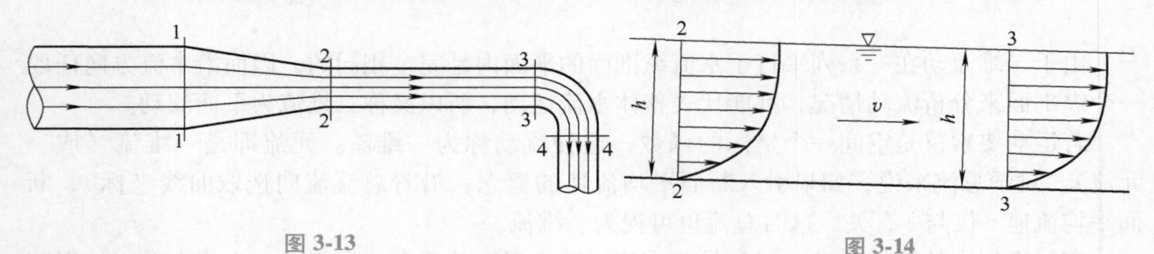

图3-13 图3-14

3）同一过水断面上各点动水压强的分布符合静水压强的分布规律，即同一过水断面上各点的$\left(z+\frac{p}{\rho g}\right)=C$。证明如下：

在均匀流过水断面$n—n$上取一个微元柱体，高为$\mathrm{d}n$，底面积为$\mathrm{d}A$，并与铅垂线成夹角α，如图3-15所示。因为渐变流的流线是近似平行的直线，微元柱体在其轴线$n—n$方向的加速度近似为零。在微元柱体的侧面上，动水压力的方向与轴线$n—n$垂直，摩擦阻力之和等于零。在微元柱体的顶面、底面上，摩擦阻力与轴线$n—n$垂直。根据牛顿第二定律，微元柱体在轴线$n—n$方向的平衡方程为

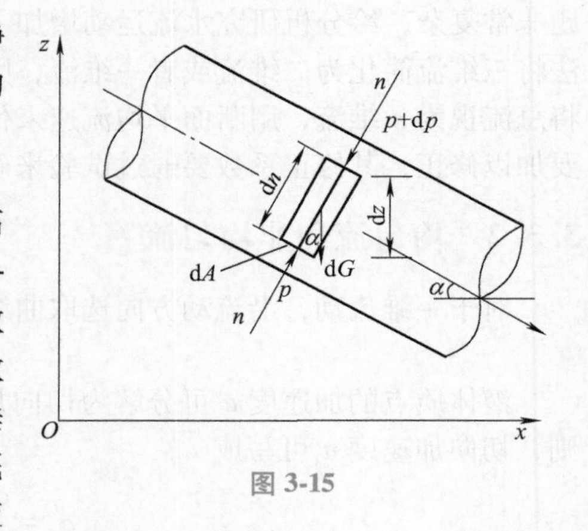

图3-15

$$p\mathrm{d}A-(p+\mathrm{d}p)\mathrm{d}A-\rho g\mathrm{d}A\mathrm{d}n\cos\alpha=0$$

将$\mathrm{d}z=\mathrm{d}n\cos\alpha$代入上式并化简得到

$$\mathrm{d}p+\rho g\mathrm{d}z=0$$

沿着过水断面$n—n$积分得

$$z+\frac{p}{\rho g}=C \tag{3-19}$$

由此可见，均匀流中同一过水断面上的动水压强分布规律与静水压强分布规律相同，即同一

过水断面上各点的测压管水头相等。但是在不同的过水断面上，常数 C 的值是不同的，如图 3-16 所示。

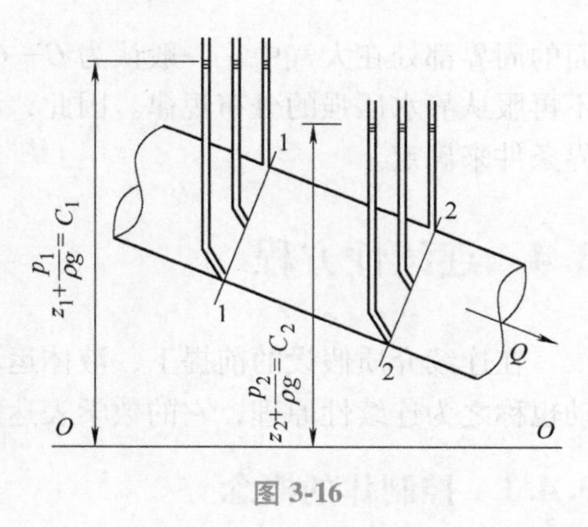

图 3-16

对于非均匀流来说，存在着位变加速度，$u\frac{\partial u}{\partial s}$ 及 $\frac{u^2}{r}$ 至少有一项不等于零。同一条流线上各点的流速大小或方向沿流程改变；流线不是平行直线。实际工程中，非均匀流多发生在边界沿流程变化的流段内。如图 3-13 所示，断面 1—1 与断面 2—2 之间、断面 3—3 与断面 4—4 之间的流动都是非均匀流。

3.3.3 渐变流和急变流

在非均匀流中，按照流线是否接近于平行直线，又可分为渐变流和急变流两种。

当流线之间的夹角较小或流线的曲率半径较大，各流线近似是平行直线时，称为渐变流。它的极限情况就是均匀流。在图 3-13 中，当断面 1—1 与断面 2—2 之间的流段较长时，该段的流动可视为渐变流。由于渐变流是一种流线几乎平行又近似是直线的流动，其过水断面可视为平面，但是过水断面的形状和尺寸以及断面平均流速沿程是逐渐改变的，而同一过水断面上动水压强分布规律近似符合静水压强的分布规律。

反之，流线之间的夹角较大或流线的曲率半径较小，这种非均匀流称为急变流。在图 3-13 中，断面 3—3 与断面 4—4 之间的流动应视为急变流。当渐变段直径沿流程变化显著时，断面 1—1 与断面 2—2 之间的流动也是急变流。

在急变流中，因流线的曲率或流线间的夹角较大，使得流速沿程变化十分明显，沿过水断面 $n—n$ 方向的加速度不能忽略，由加速度引起的惯性力将影响过水断面上的压强分布。所以，急变流过水断面上的压强分布不同于静水压强的分布规律。

应当指出，渐变流与急变流之间尚无严格的区分界限，因流线形状与水流的边界条件有密切关系。一般来讲，边界是近似平行直线的流段，水流往往是渐变流；边界变化急剧的流段，水流都是急变流。由于渐变流的情况比较简单，易于进行分析、计算，工程中能否将非均匀流视为渐变流，要根据实际情况以及忽略惯性力后的计算结果能否满足工程要求而定。

由上述讨论看出，对渐变流而言，在同一个过水断面上动水压强都与静水压强分布规律近似相同，这只适用于有固体边界约束的水流。对于由孔口或管道末端射入大气中的水流，如图 3-17 所示，虽然在出口不远处的 $C—C$ 过水断面上，水流可视为渐变流，但因该过水断

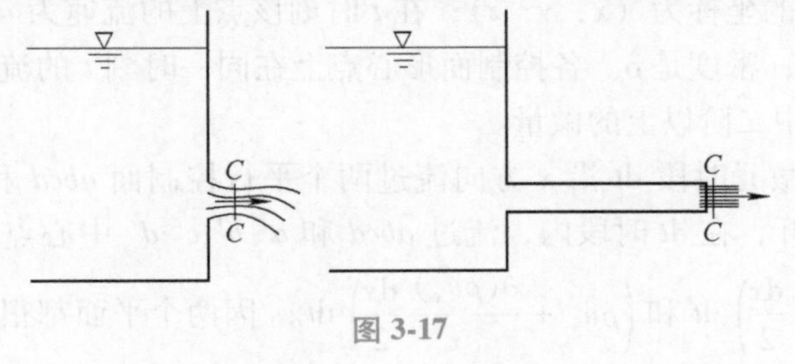

图 3-17

面的周界都处在大气中，一般认为 $C—C$ 过水断面上各点的压强都近似地等于大气压强，而不再服从静水压强的分布规律。因此，渐变流同一过水断面上的压强分布规律，还需结合边界条件来确定。

3.4 连续性方程

在连续介质假设的前提下，液体运动必须遵循质量守恒定律，该定律应用于研究液体运动也称之为连续性原理，它的数学表达式即为液体运动的连续性方程。

3.4.1 控制体的概念

质量守恒是针对质点或质点系而言的，对于液体运动来讲就是液体系统，这就意味着应采用拉格朗日法描述液体运动。如果采用欧拉法的观点，讨论质量守恒定律的应用，则需引进控制体的概念。

将流场中确定的空间区域称为控制体，它的边界面是封闭表面，称为控制面。控制体的形状和位置是根据流动情况和边界位置选定的，它对于选定的参考坐标系是固定不变的。

控制面有以下几个特点：

1） 控制面相对于坐标系是固定的。

2） 在控制面上可以有液体流进和流出，即可以有质量交换。

3） 在控制面上受到控制体以外物体施加在控制体内物体上的力。

4） 在控制面上可以有能量进入或取出，即可以有能量交换。

在恒定流一维流动中，由流管侧表面和两端过水断面所包围的体积即为控制体，占据控制体的流束即为流体系统。在以后讨论液体运动基本方程时可以看出，在恒定流的情况下，整个系统内部的液体所具有的某种物理量的变化，只与通过控制面的流动有关，用控制面上的物理量来表示，而不必知道系统内部的流动情况，这给研究液体运动带来了很大方便。

3.4.2 液体运动的连续性微分方程

根据质量守恒定律推导液体运动的连续性微分方程。

如图 3-18 所示，在流场中建立空间直角坐标系，任取一个微元正交六面体为控制体，各边分别与直角坐标系各轴平行，边长分别为 $\mathrm{d}x$、$\mathrm{d}y$、$\mathrm{d}z$。

控制体形心点 M 的坐标为（x，y，z）；在 t 时刻该点上的流速为 u，在三个坐标轴上的分量为（u_x，u_y，u_z）；密度是 ρ。各控制面形心点上在同一时刻 t 的流速和密度可用泰勒级数表达，并略去级数中二阶以上的微量。

现在来分析经过微元时段 $\mathrm{d}t$ 沿 x 方向流过两个平行控制面 $abcd$ 和 $a'b'c'd'$ 的液体质量。根据泰勒级数展开，在 $\mathrm{d}t$ 时段内，流过 $abcd$ 和 $a'b'c'd'$ 中心点单位面积的液体质量分别为 $\left(\rho u_x-\frac{\partial(\rho u_x)}{\partial x}\frac{\mathrm{d}x}{2}\right)\mathrm{d}t$ 和 $\left(\rho u_x+\frac{\partial(\rho u_x)}{\partial x}\frac{\mathrm{d}x}{2}\right)\mathrm{d}t$。因两个平面都很微小，中心点上的水

力要素可分别代表平面的平均情况。因此，在 $\mathrm{d}t$ 时段内，由 $abcd$ 面流入的液体质量为

$$\left(\rho u_x - \frac{\partial(\rho u_x)}{\partial x}\frac{\mathrm{d}x}{2}\right)\mathrm{d}y\mathrm{d}z\mathrm{d}t$$

由 $a'\,b'\,c'\,d'$ 面流出的液体质量为

$$\left(\rho u_x + \frac{\partial(\rho u_x)}{\partial x}\frac{\mathrm{d}x}{2}\right)\mathrm{d}y\mathrm{d}z\mathrm{d}t$$

流入与流出的质量之差，即为沿 x 轴方向质量的变化，即

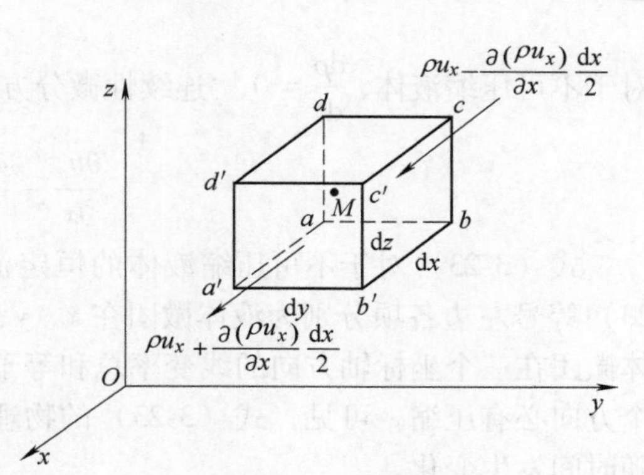

图 3-18

$$-\frac{\partial(\rho u_x)}{\partial x}\mathrm{d}x\mathrm{d}y\mathrm{d}z\mathrm{d}t$$

同理，在 $\mathrm{d}t$ 时段内，沿 y、z 轴方向流入和流出控制面的液体质量差分别为

$$-\frac{\partial(\rho u_y)}{\partial y}\mathrm{d}x\mathrm{d}y\mathrm{d}z\mathrm{d}t$$

$$-\frac{\partial(\rho u_z)}{\partial z}\mathrm{d}x\mathrm{d}y\mathrm{d}z\mathrm{d}t$$

$\mathrm{d}t$ 时刻初，控制体形心点 M 处的密度为 ρ，质量为 $\rho\mathrm{d}x\mathrm{d}y\mathrm{d}z$；在 $\mathrm{d}t$ 时刻末，形心点密度为 $\left(\rho + \frac{\partial\rho}{\partial t}\mathrm{d}t\right)$，质量为 $\left(\rho + \frac{\partial\rho}{\partial t}\mathrm{d}t\right)\mathrm{d}x\mathrm{d}y\mathrm{d}z$。所以，在 $\mathrm{d}t$ 时段内，控制体内因密度的变化而引起的质量变化为

$$\frac{\partial\rho}{\partial t}\mathrm{d}x\mathrm{d}y\mathrm{d}z\mathrm{d}t$$

根据质量守恒定律，在同一时段内，流入和流出控制体的液体质量之差应等于因密度变化而引起的质量变化，即

$$-\left[\frac{\partial(\rho u_x)}{\partial x} + \frac{\partial(\rho u_y)}{\partial y} + \frac{\partial(\rho u_z)}{\partial z}\right]\mathrm{d}x\mathrm{d}y\mathrm{d}z\mathrm{d}t = \frac{\partial\rho}{\partial t}\mathrm{d}x\mathrm{d}y\mathrm{d}z\mathrm{d}t$$

上式同除以 $\mathrm{d}x\mathrm{d}y\mathrm{d}z\mathrm{d}t$，可得

$$\frac{\partial\rho}{\partial t} + \frac{\partial(\rho u_x)}{\partial x} + \frac{\partial(\rho u_y)}{\partial y} + \frac{\partial(\rho u_z)}{\partial z} = 0 \tag{3-20}$$

式（3-20）即为可压缩液体运动的连续性微分方程，它表达了任何可能实现的流体运动所必须满足的连续性条件。将式（3-20）展开得

$$\frac{\partial\rho}{\partial t} + u_x\frac{\partial\rho}{\partial x} + u_y\frac{\partial\rho}{\partial y} + u_z\frac{\partial\rho}{\partial z} + \rho\left(\frac{\partial u_x}{\partial x} + \frac{\partial u_y}{\partial y} + \frac{\partial u_z}{\partial z}\right) = 0 \tag{3-21}$$

因为

$$\frac{\mathrm{d}\rho}{\mathrm{d}t} = \frac{\partial\rho}{\partial t} + u_x\frac{\partial\rho}{\partial x} + u_y\frac{\partial\rho}{\partial y} + u_z\frac{\partial\rho}{\partial z}$$

所以式（3-21）又可写成

$$\frac{\mathrm{d}\rho}{\mathrm{d}t} + \rho\left(\frac{\partial u_x}{\partial x} + \frac{\partial u_y}{\partial y} + \frac{\partial u_z}{\partial z}\right) = 0 \tag{3-22}$$

对于不可压缩液体，$\frac{d\rho}{dt}=0$，连续性微分方程为

$$\frac{\partial u_x}{\partial x}+\frac{\partial u_y}{\partial y}+\frac{\partial u_z}{\partial z}=0 \tag{3-23}$$

式（3-23）对于不可压缩液体的恒定流和非恒定流均适用。由3.5节将可知，式（3-23）等号左边各项分别为液体微团在 x、y、z 轴方向的线变率。因此，式（3-23）表明：液体微团在三个坐标轴方向的线变率总和等于零，即如果一个方向有拉伸，则另一个方向或两个方向必有压缩。可见，式（3-23）的物理意义是液体的体积变形率为零，即它的体积不会随时间发生变化。

对于流场中密度保持不变的不可压缩均质液体，式（3-23）是适用的。对于非均质液体，例如：排入河流中的污染物，其浓度在河流中分布不等，其各质点的密度也不同，只要液体质点的密度沿其运动轨迹保持不变，式（3-23）仍可适用。

3.4.3 一维恒定总流的连续性方程

在工程和自然界中，液体流动多数都是在某些周界面所限定的空间内沿某一方向的流动。这一方向就是液体运动的主流方向，主流的流程可以是直线或曲线，这种流动可以简化为一维流动来讨论。

不可压缩均质液体一维恒定总流的连续性方程，可由式（3-23）进行体积分，再由高斯（Gauss）定理，将体积分化为面积分而导出。

下面介绍用有限分析法，对于一维恒定总流，通过建立元流的连续性方程，推广得到一维恒定总流的连续性方程。

在一维恒定总流中任取一个元流为控制体，如图3-19所示，令过水断面1—1和断面2—2的面积分别为 dA_1 和 dA_2，相应的流速为 u_1 和 u_2。由于恒定流中流线的形状和位置不随时间变化，而元流的侧表面都是由流线所组成，在元流的侧面是没有液体质点出入的。液体只有通过断面1—1和断面2—2流进流出。在 dt 时间内，从过水断面1—1流入的液体质量为 $\rho_1 u_1 dA_1 dt$，从过水断面2—2流出的液体质量为 $\rho_2 u_2 dA_2 dt$。因为是恒定流，控制体内的液体质量不随时间而变化。根据质量守恒定律，dt 时间内从断面1—1流入的质量应等于从断面2—2流出的质量，即

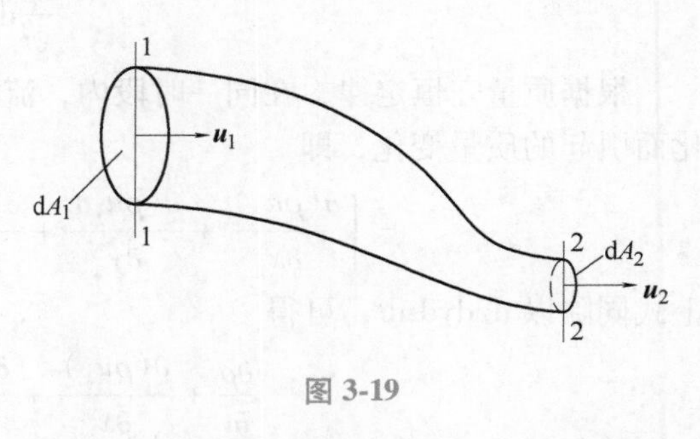

图3-19

$$\rho_1 u_1 dA_1 dt=\rho_2 u_2 dA_2 dt$$

对于均质不可压缩液体，密度 $\rho_1=\rho_2$，上式化简得

$$u_1 dA_1=u_2 dA_2$$

或

$$u_1 dA_1=u_2 dA_2=dQ \tag{3-24}$$

式（3-24）称为均质不可压缩液体一维恒定元流的连续性方程。它表明：对于均质不可压缩液体做一维恒定流时，元流的流速与过水断面面积成反比。

总流是由无数元流所组成的，将元流的连续性方程沿总流过水断面积分可得一维恒定总流的连续性方程。设总流过水断面1—1和2—2的面积分别为A_1和A_2，相应的断面平均流速分别为v_1和v_2，将式（3-24）对总流沿过水断面积分，即

$$\int_{A_1} u_1 \mathrm{d}A_1 = \int_{A_2} u_2 \mathrm{d}A_2$$

由于

$$Q = \int_A u \mathrm{d}A = vA$$

可得

$$v_1 A_1 = v_2 A_2 \tag{3-25}$$

或

$$Q_1 = Q_2 = Q \tag{3-26}$$

式（3-25）是均质不可压缩液体一维恒定总流的连续性方程。它表明：对于均质不可压缩液体做一维恒定流动，总流的断面平均流速与过水断面面积成反比，或者说，任意过水断面所通过的流量都相等。

连续性方程是水力学的三大基本方程之一，它反映了水流运动过程中，过水断面面积与断面平均流速的沿流程变化规律。

连续性方程的应用条件：

1）水流是连续的均质不可压缩液体，且为恒定流。

2）两个过水断面之间无支流。当两个过水断面之间有支流存在时，式（3-26）应当写成

$$Q_1 \pm Q_3 = Q_2 \tag{3-26a}$$

式中，Q_3为汇入或分出的流量，有支流汇入时取正号（见图3-20a）；有支流分出时取负号（见图3-20b）。

【例3-1】 有一条河道在某处分为两支：内江和外江，外江设溢流坝一座用以抬高上游河道水位，如图3-21所示。已测得上游河道流量$Q=1250\mathrm{m^3/s}$，通过溢流坝的流量$Q_1=325\mathrm{m^3/s}$。内江过水断面2—2的面积$A_2=375\mathrm{m^2}$。试求：通过内江的流量及2—2断面的平均流速。

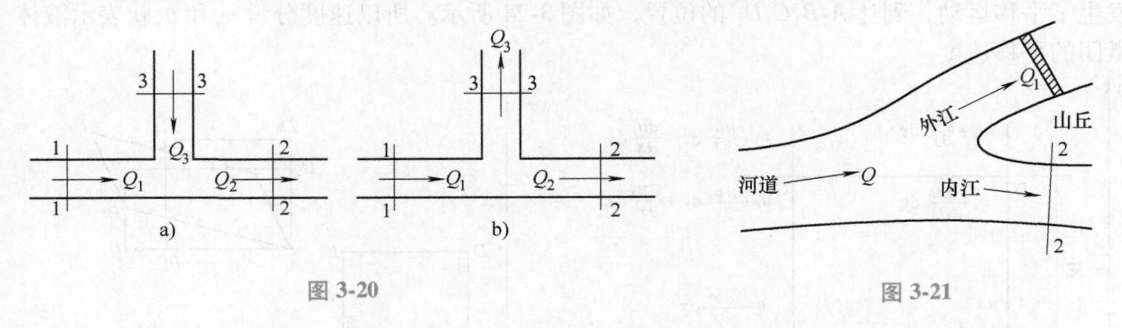

图3-20

图3-21

【解】 设内江流量为Q_2，根据有支流存在的连续性方程（3-26a）得

$$Q_2 = Q - Q_1 = 1250\mathrm{m^3/s} - 325\mathrm{m^3/s} = 925\mathrm{m^3/s}$$

根据一维恒定总流的连续性方程（3-26），对于内江$Q_2=A_2v_2=$常数，可知内江2—2断面的平均流速为

$$v_2 = \frac{Q_2}{A_2} = \frac{925\text{m}^3/\text{s}}{375\text{m}^2} = 2.47\text{m/s}$$

3.5 液体微团运动的基本形式

由于液体运动的类型、特性等与液体微团运动的形式有关，为了分析整个流场的液体运动规律，我们首先要分析流场中任一液体微团运动的基本形式。这种方法，无论是固体力学或流体力学都是基本的分析方法之一。液体与刚体的主要不同在于它有流动性，极易变形。因此，液体微团在运动过程中不但像刚体那样可以有移动和转动，而且还会发生变形运动。一般情况下，液体微团运动的基本形式可以分解为平移运动、变形运动和旋转运动。

在流场中建立空间直角坐标系，于 t 时刻在流场中任取一正交微元六面体的液体微团，如图 3-22 所示。由于此微团上各点的速度不同，经过 $\mathrm{d}t$ 时段后，该微团移动到新的位置时，其形状和大小都将发生变化。为了便于说明，下面以该微团的 $ABCD$ 面为例，先介绍二维情况下液体微团运动的基本形式。

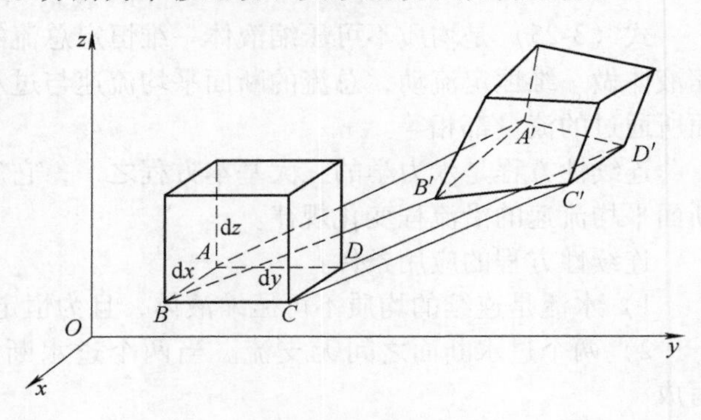

图 3-22

在 xOy 平面内，设矩形 $ABCD$ 的边长为 $\mathrm{d}x$ 和 $\mathrm{d}y$，在 t 时刻，A 点的流速分量为 u_x 和 u_y，B、C、D 各点的流速分量可由泰勒级数展开并略去二阶以上各项得到，如图 3-23 所示。现将图中各点的速度分解出来，分别加以讨论，在 xOy 平面内可以得出液体微团运动形式与速度变化之间的关系。

1. 平移运动

因液体微团四个点上的速度分量都包含 u_x 和 u_y，若只考虑 A、B、C、D 各点中的 u_x 和 u_y 两项的作用，则经过 $\mathrm{d}t$ 时段后，矩形 $ABCD$ 沿 x 轴方向移动 $u_x\mathrm{d}t$，沿 y 轴方向移动 $u_y\mathrm{d}t$，发生了平移运动，到达 $A_1B_1C_1D_1$ 的位置，如图 3-24 所示。所以速度分量 u_x 和 u_y 就表示液体微团的平移速度。

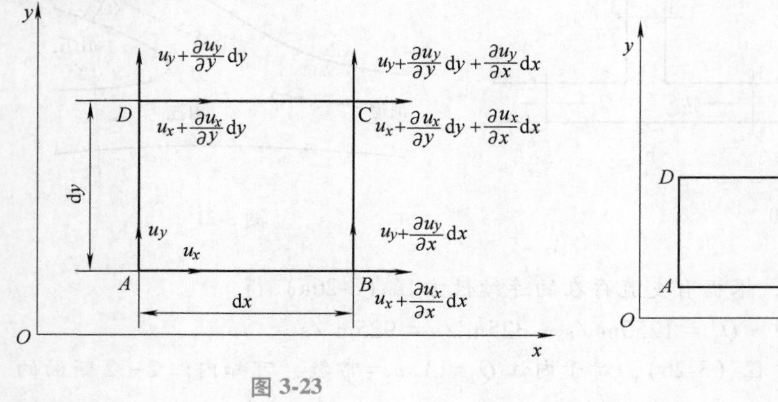

图 3-23

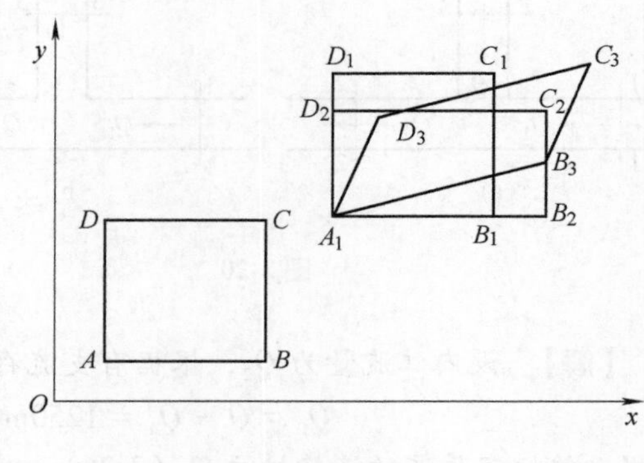

图 3-24

2. 变形运动

可视矩形 $A_1B_1C_1D_1$ 先经过线变形变成 $A_1B_2C_2D_2$，再经过角变形变成平行四边形 $A_1B_3C_3D_3$。

（1）线变形运动　因 B 点较 A 点，C 点较 D 点，在 x 轴方向都有相同的速度增量 $\frac{\partial u_x}{\partial x}\mathrm{d}x$，经过 $\mathrm{d}t$ 时段后，AB 边和 DC 边沿 x 轴方向均伸长（或缩短）$\frac{\partial u_x}{\partial x}\mathrm{d}x\mathrm{d}t$；同样，因 D 点较 A 点，C 点较 B 点，在 y 轴方向都有相同的速度增量 $\frac{\partial u_y}{\partial y}\mathrm{d}y$，考虑到连续性条件，$AD$ 边和 BC 边沿 y 轴方向均缩短（或伸长）$\frac{\partial u_y}{\partial y}\mathrm{d}y\mathrm{d}t$，发生了线变形运动。液体微团经过 $\mathrm{d}t$ 时段后，除平移运动外，还有线变形运动，组合成矩形 $A_1B_2C_2D_2$，如图 3-24 所示。定义单位时间单位长度的线变形为线变形速率，简称线变率，则液体微团在 x 轴和 y 轴方向的线变率分别为

$$\varepsilon_{xx}=\frac{\frac{\partial u_x}{\partial x}\mathrm{d}x\mathrm{d}t}{\mathrm{d}x\mathrm{d}t}=\frac{\partial u_x}{\partial x}$$

及

$$\varepsilon_{yy}=\frac{\frac{\partial u_y}{\partial y}\mathrm{d}y\mathrm{d}t}{\mathrm{d}y\mathrm{d}t}=\frac{\partial u_y}{\partial y}$$

式中，ε 的第一个下标，表示正交边所平行的坐标轴；第二个下标，表示该边发生变形时，端点将在哪一个轴向发生位移。

（2）角变形运动　因 B 点相对于 A 点，C 点相对于 D 点，在 y 轴方向都有相同的速度增量 $\frac{\partial u_y}{\partial x}\mathrm{d}x$，经过 $\mathrm{d}t$ 时段后，B 点和 C 点沿 y 轴方向均向上移动 $\frac{\partial u_y}{\partial x}\mathrm{d}x\mathrm{d}t$，$AB$ 边和 DC 边均逆时针方向偏转微元角度 $\mathrm{d}\theta_1$，如图 3-25 所示；同样，因 D 点相对于 A 点，C 点相对于 B 点在 x 轴方向都有相同的速度增量 $\frac{\partial u_x}{\partial y}\mathrm{d}y$，$D$ 点和 C 点沿 x 轴方向均向右移动了 $\frac{\partial u_x}{\partial y}\mathrm{d}y\mathrm{d}t$，$AD$ 边和 BC 边均顺时针方向偏转微元角度 $\mathrm{d}\theta_2$，致使液体微团发生了角变形运动。因夹角变化微小，故有

$$\mathrm{d}\theta_1\approx\tan(\mathrm{d}\theta_1)=\frac{\frac{\partial u_y}{\partial x}\mathrm{d}x\mathrm{d}t}{\mathrm{d}x+\frac{\partial u_x}{\partial x}\mathrm{d}x\mathrm{d}t}$$

略去分母中的高阶微量 $\frac{\partial u_x}{\partial x}\mathrm{d}x\mathrm{d}t$，可得

$$\mathrm{d}\theta_1=\frac{\partial u_y}{\partial x}\mathrm{d}t$$

同理可得

$$d\theta_2 = \frac{\partial u_x}{\partial y}dt$$

液体微团经过 dt 时段后，除平移、线变形运动外，还有角变形运动，变成平行四边形 $A_1B_3C_3D_3$，如图 3-25 所示。dt 时段内的角变形是原来相互垂直两边的夹角与变形后夹角之差，即

$$d\phi = \frac{\pi}{2} - \left(\frac{\pi}{2} - d\theta_1 - d\theta_2\right) = d\theta_1 + d\theta_2$$

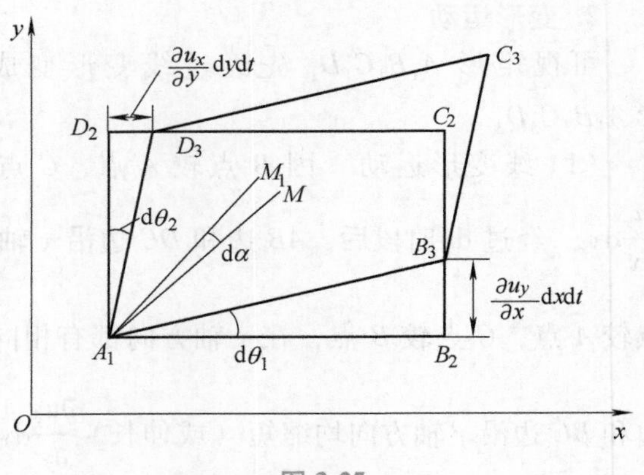

图 3-25

为了与下面的旋转角速度表达式对称，习惯上取 $d\phi = \frac{1}{2}(d\theta_1 + d\theta_2)$。定义单位时间直角边的偏转角度为液体微团的角变形速度，并以 ε 表示。对于 xOy 平面内的角变形速度，以 ε_{xy}和 ε_{yx}表示，即

$$\varepsilon_{yx} = \varepsilon_{xy} = \frac{d\phi}{dt} = \frac{1}{2}\left(\frac{d\theta_1}{dt} + \frac{d\theta_2}{dt}\right) = \frac{1}{2}\left(\frac{\partial u_y}{\partial x} + \frac{\partial u_x}{\partial y}\right)$$

式中，ε 的第一个下标，表示正交边所平行的坐标轴；第二个下标，表示该边发生角度变化时，端点将在哪一个轴向发生位移。

3. 旋转运动

矩形液体微团 $ABCD$ 在运动过程中有无旋转，可以用某夹角的平分线是否旋转来确定。如图 3-25 所示，$\angle D_2A_1B_2$ 的平分线为 A_1M，$\angle D_3A_1B_3$ 的平分线为 A_1M_1，它们之间的夹角

$$d\alpha = \left(\frac{\pi}{4} - d\theta_2\right) - \frac{1}{2}\left(\frac{\pi}{2} - d\theta_1 - d\theta_2\right) = \frac{1}{2}(d\theta_1 - d\theta_2)$$

定义单位时间角的平分线的转动角度为液体微团的旋转角速度，简称角转速，以 ω 表示，是一个矢量。对于 xOy 平面上的角转速，以 ω_z表示，是角转速在 z 轴上的分量，即

$$\omega_z = \frac{d\alpha}{dt} = \frac{1}{2}\left(\frac{d\theta_1}{dt} - \frac{d\theta_2}{dt}\right) = \frac{1}{2}\left(\frac{\partial u_y}{\partial x} - \frac{\partial u_x}{\partial y}\right)$$

推广到三维的普遍情况，可写出液体微团运动的基本形式与速度变化的关系式为：

平移速度

$$u_x,\ u_y,\ u_z \tag{3-27}$$

线变形速率

$$\varepsilon_{xx} = \frac{\partial u_x}{\partial x}, \varepsilon_{yy} = \frac{\partial u_y}{\partial y}, \varepsilon_{zz} = \frac{\partial u_z}{\partial z} \tag{3-28}$$

角变形速度

$$\left.\begin{aligned}
\varepsilon_{zy} = \varepsilon_{yz} &= \frac{1}{2}\left(\frac{\partial u_z}{\partial y} + \frac{\partial u_y}{\partial z}\right)\\
\varepsilon_{xz} = \varepsilon_{zx} &= \frac{1}{2}\left(\frac{\partial u_x}{\partial z} + \frac{\partial u_z}{\partial x}\right)\\
\varepsilon_{yx} = \varepsilon_{xy} &= \frac{1}{2}\left(\frac{\partial u_y}{\partial x} + \frac{\partial u_x}{\partial y}\right)
\end{aligned}\right\} \tag{3-29}$$

旋转角速度

$$
\left.\begin{aligned}
\omega_x &= \frac{1}{2}\left(\frac{\partial u_z}{\partial y} - \frac{\partial u_y}{\partial z}\right) \\
\omega_y &= \frac{1}{2}\left(\frac{\partial u_x}{\partial z} - \frac{\partial u_z}{\partial x}\right) \\
\omega_z &= \frac{1}{2}\left(\frac{\partial u_y}{\partial x} - \frac{\partial u_x}{\partial y}\right)
\end{aligned}\right\} \tag{3-30}
$$

在以上的分析中，我们将液体微团取为正交六面体，并且将平移、线变形、角变形和转动分开来讨论。实际上，对于任意形状的液体微团在运动过程中，平移、线变形、角变形和转动都是在 dt 时段内同时完成的，它们的数学表达式分别为式（3-27）~式（3-30）。液体运动也可能遇到只有其中的某几种形式所组成，如：直角两边线的偏转角为异向等值时，则只有角变形，没有旋转运动发生；若直角两边线的偏转角为同向等值时，则只有旋转运动而无角变形。

若将微元六面体的各边 dx、dy、dz 无限缩小，则微元六面体的极限就变成质点，这样，以上所述的运动状态即代表在某一瞬时位于 A 点的一个液体质点的运动状态。由此可见，液体质点的运动也是由平移、线变形、角变形及转动四种基本形式所组成。

3.6 无旋流与有旋流

3.6.1 无旋流与有旋流的判别

按照液体运动中质点本身有无旋转，将液体运动分为有旋流和无旋流。若液体运动时每个液体质点都不存在着绕自身轴的旋转运动，即角转速 $\omega = 0$，称为无旋流（或称为无涡流）；反之称为有旋流（或称为有涡流）。这是两种不同性质的液体运动。

必须注意，液体运动是否为有旋流，是根据液体质点是否存在着绕自身轴的转动而定的，不要将其同液体质点运动的轨迹相混淆。如图 3-26 所示，液体质点相对于 O 点做圆周运动，其运动轨迹是一圆周线，但仍是无旋流，因为液体质点本身并没有旋转运动。再如图 3-27 所示，虽然液体质点做直线运动，但运动过程中液体质点本身又绕自身轴转动，仍为有旋流。所以，液体运动是否有旋，不能从液体质点运动的轨迹来判别，而要看液体质点本身是否有旋转运动而定。

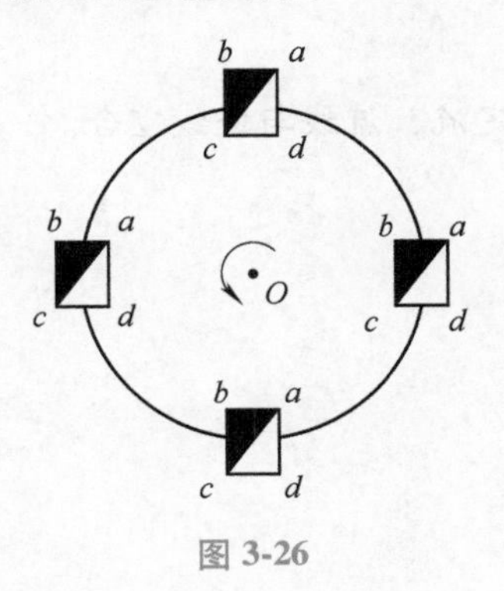

图 3-26

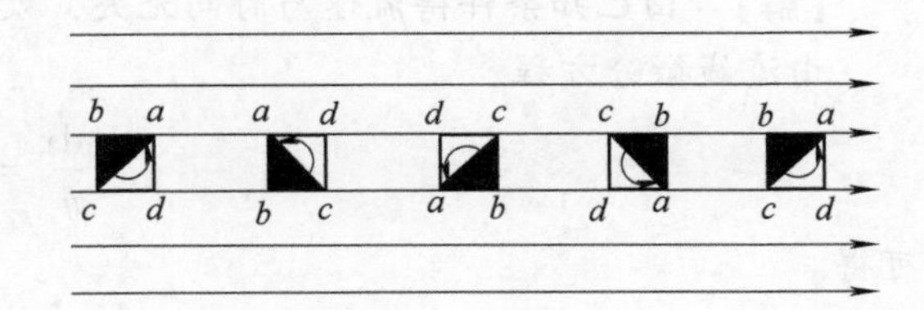

图 3-27

3.6.2 无旋流

根据定义，在无旋流场中有 $\omega_x=\omega_y=\omega_z=0$，由式（3-30）可知无旋流满足下列条件

$$\left.\begin{aligned}\frac{\partial u_z}{\partial y}=\frac{\partial u_y}{\partial z}\\ \frac{\partial u_x}{\partial z}=\frac{\partial u_z}{\partial x}\\ \frac{\partial u_y}{\partial x}=\frac{\partial u_x}{\partial y}\end{aligned}\right\}\tag{3-31}$$

由高等数学可知，式（3-31）是使表达式（$u_x\mathrm{d}x+u_y\mathrm{d}y+u_z\mathrm{d}z$）为函数 $\varphi(x,\ y,\ z,\ t)$ 的全微分的充分必要条件。因此，在无旋流场中，有下列关系式存在，即

$$\mathrm{d}\varphi=u_x\mathrm{d}x+u_y\mathrm{d}y+u_z\mathrm{d}z\tag{3-32}$$

若时间 t 给定，则

$$\mathrm{d}\varphi=\frac{\partial\varphi}{\partial x}\mathrm{d}x+\frac{\partial\varphi}{\partial y}\mathrm{d}y+\frac{\partial\varphi}{\partial z}\mathrm{d}z\tag{3-33}$$

比较式（3-32）和式（3-33），可得

$$\left.\begin{aligned}u_x=\frac{\partial\varphi}{\partial x}\\ u_y=\frac{\partial\varphi}{\partial y}\\ u_z=\frac{\partial\varphi}{\partial z}\end{aligned}\right\}\tag{3-34}$$

这个函数 φ 称为流速势函数。由于无旋流满足式（3-31），则无旋流必有流速势函数存在，所以无旋流又称为有势流。

对于无旋流，只要求得流速势函数 φ，即可按式（3-34）求出流速场，这给分析液体运动带来很大方便。若流速为已知，对式（3-32）积分也可求出无旋流的流速势函数 φ。

【例 3-2】 已知平面运动的流速分布是

$$u_x=a\cos\alpha,\ u_y=a\sin\alpha$$

其中 a、α 为不等于零的常数，试分析液体运动的特征。

【解】 由已知条件得流速与时间无关，故液体为恒定流，流线与迹线重合。

由流线微分方程

$$\frac{\mathrm{d}x}{u_x}=\frac{\mathrm{d}y}{u_y}$$

可得

$$\frac{\mathrm{d}x}{a\cos\alpha}=\frac{\mathrm{d}y}{a\sin\alpha}$$

将上式积分可得

$$(a\cos\alpha)y-(a\sin\alpha)x=C'$$

或

$$y = (\tan\alpha)x + C$$

所以流线是一组与 x 轴成 α 角的平行线，液流为平面恒定均匀流。因为

$$\frac{\partial u_x}{\partial x} = 0, \frac{\partial u_y}{\partial y} = 0$$

液体质点无线变形，又因

$$\varepsilon_{yx} = \varepsilon_{xy} = \frac{1}{2}\left(\frac{\partial u_x}{\partial y} + \frac{\partial u_y}{\partial x}\right) = 0$$

$$\omega_z = \frac{1}{2}\left(\frac{\partial u_y}{\partial x} - \frac{\partial u_x}{\partial y}\right) = 0$$

液体质点也无角变形及旋转运动。

由此可知，该流动为平面恒定均匀流的无旋流，在运动过程中液体质点无变形运动。

无旋流必有流速势函数 φ 存在，在给定时刻

$$\mathrm{d}\varphi = u_x\mathrm{d}x + u_y\mathrm{d}y = (a\cos\alpha)\mathrm{d}x + (a\sin\alpha)\mathrm{d}y$$

将上式积分即可求得流速势函数

$$\varphi = (a\cos\alpha)x + (a\sin\alpha)y + C$$

或

$$\varphi = u_x x + u_y y + C$$

式中，C 为积分常数。

【例 3-3】 有一平面流动，已知流速分布为

$$u_x = ky,\ u_y = kx$$

式中，k 为不等于零的常数，试分析此流动中液体微团流动的基本形式。

【解】 液体微团的线变形速率

$$\varepsilon_{xx} = \frac{\partial u_x}{\partial x} = \frac{\partial(-ky)}{\partial x} = 0$$

$$\varepsilon_{yy} = \frac{\partial u_y}{\partial y} = \frac{\partial(kx)}{\partial y} = 0$$

液体微团的角变形速度

$$\varepsilon_{xy} = \varepsilon_{yx} = \frac{1}{2}\left(\frac{\partial u_y}{\partial x} + \frac{\partial u_x}{\partial y}\right) = \frac{1}{2}\left[\frac{\partial(kx)}{\partial x} + \frac{\partial(-ky)}{\partial y}\right]$$

$$= \frac{1}{2}(k - k) = 0$$

液体微团的旋转角速度

$$\omega_z = \frac{1}{2}\left(\frac{\partial u_y}{\partial x} - \frac{\partial u_x}{\partial y}\right) = \frac{1}{2}[k - (-k)] = k$$

由流线微分方程可得

$$\frac{\mathrm{d}x}{-ky} = \frac{\mathrm{d}y}{kx}$$

积分得流线方程

$$x^2 + y^2 = C$$

由此可知，流线是一簇同心圆，液体微团运动的轨迹是同心圆周线。在流动中，液体微团即做圆周运动，同时又有绕自身轴的旋转运动，但在运动过程中液体微团并不变形，即保持其大小和形状不变。

3.6.3 有旋流

有旋流中旋转角速度 $\omega \neq 0$，有旋流可用旋转角速度的矢量来表征，所以有旋流动的几何描述可采用类似描述流速场一样，引用涡线、涡管、无涡等概念。

涡线是某一瞬时在有旋流场中的一条曲线，在这条曲线上各质点在同一瞬时的旋转角速度的矢量都与该曲线相切。涡线的绘制与流线相似，如图 3-28 所示。与流线类似，涡线的微分方程为

$$\frac{\mathrm{d}x}{\omega_x} = \frac{\mathrm{d}y}{\omega_y} = \frac{\mathrm{d}z}{\omega_z} \tag{3-35}$$

式中，ω_x、ω_y、ω_z一般来说是（x，y，z，t）的函数，但在积分式（3-35）时，t 可视作参变量。

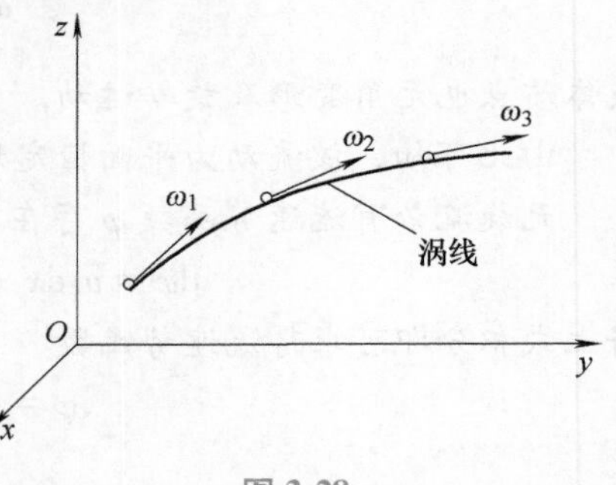

图 3-28

与流线一样，涡线本身也不会相交，在恒定流时涡线的形状位置也保持不变。

与元流相类似，任意取一微元面积，通过该面积周线各点作出一束涡线构成封闭曲面称为涡管，充满涡管的一束液流称为元涡（或称微元涡束），在元涡断面上各点的旋转角速度可近似认为是相等的。

类似于流量，若取元涡的横断面面积为 $\mathrm{d}A$，旋转角速度为 ω，则 $\omega \mathrm{d}A$ 称为元涡的涡旋通量。

在流体力学中，常用速度环量来判别流体运动的类型和表示涡旋的强弱，这是有旋流的一个很重要的概念。

设在流场中，在某一瞬时取任意封闭周线 C，液体的速度矢量与该微元有向线段的标量积沿周线的线积分，定义为速度环量，用符号 Γ 表示，即

$$\Gamma = \oint \boldsymbol{v} \cdot \mathrm{d}\boldsymbol{l} = \oint_C (u_x \mathrm{d}x + u_y \mathrm{d}y + u_z \mathrm{d}z) \tag{3-36}$$

速度环量是代数量，它的正负不仅与速度的方向有关，还与线积分的绕行方向有关。为此，规定绕行的正方向为逆时针方向，即封闭曲线所包围的面积总在绕行前进方向的左侧。封闭周线所围曲面的法线正方向与绕行的正方向形成右手螺旋系统。

若液体的运动是无旋的，必有流速势函数 φ 存在，而且由式（3-32）代入式（3-36）得

$$\Gamma = \oint_C \mathrm{d}\varphi = \varphi_A - \varphi_A = 0$$

由此可得出结论：当流速势函数为单值时，沿无旋流空间画出的任意封闭周线的速度环量都等于零。因此，利用速度环量也可确定液体运动是有旋流还是无旋流。

思考题

3-1　研究液体运动的欧拉法与拉格朗日法的主要区别是什么？又有什么联系？

3-2　什么叫作时变加速度？什么叫作位变加速度？

3-3　流线方程与迹线方程中的时间变量 t 有何不同？

3-4　液体质点运动的基本形式有哪几种？与流速场有何关系？

3-5　何为有旋流与无旋流？它们的基本特征是什么？判别条件是什么？

3-6　连续性方程 $\frac{\partial u_x}{\partial x}+\frac{\partial u_y}{\partial y}+\frac{\partial u_z}{\partial z}=0$ 的适用条件是什么？物理意义是什么？

3-7　无旋流为何又称为有势流？

3-8　在无旋流中引入流速势函数 φ，对分析液体运动有何意义？

习题

3-1　已知液体运动，由欧拉变数表示为 $u_x=kx$，$u_y=-ky$，$u_z=0$，式中 k 为不等于零的常数，试求流场的加速度。

3-2　已知速度矢量 $\boldsymbol{u}=x^2y\boldsymbol{i}-xy^2\boldsymbol{j}$，试确定过点（3，2）的流线方程，并求出点（3，2）处液体质点的速度和加速度。

3-3　已知流速场 $u_x=yzt$，$u_y=xzt$，$u_z=0$，试求 $t=1$ 时液体质点在（1，2，1）处的加速度。

3-4　已知平面不可压缩液体的流速分量为 $u_x=1-y$，$u_y=t$，试求 $t=1$ 时，过（0，0）点的流线方程。

3-5　已知平面不可压缩液体的速度分量为 $u_x=1-y$，$u_y=t$。试求：

（1）$t=0$ 时，过点（0，0）的迹线方程；

（2）$t=1$ 时，过点（0，0）的流线方程。

3-6　已知某种流动

$$\left.\begin{aligned}u_x&=-\frac{ky}{x^2+y^2}\\u_y&=\frac{kx}{x^2+y^2}\\u_z&=0\end{aligned}\right\}$$

其中，k 为不等于零的常数，试分析：

（1）是恒定流还是非恒定流；

（2）液体质点有无变形运动；

（3）是有旋流还是无旋流；

（4）求其流线方程。

3-7　试证明下列不可压缩均质液体中，哪些流动满足连续性方程。

（1）$u_x=-ky$，$u_y=kx$，$u_z=0$（k 为不等于零的常数）；

（2）$u_x=4x$，$u_y=0$，$u_z=0$；

（3）$u_x=-\frac{y}{x^2+y^2}$，$u_y=\frac{x}{x^2+y^2}$，$u_z=0$；

（4）$u_x=1$，$u_y=2$。

3-8　已知流速场 $u_x=6x$，$u_y=6y$，$u_z=-7t$，试写出流速矢量 $\boldsymbol{u}$、时变加速度、位变加速度及全加速度的表达式。

3-9　给出流速场 $\boldsymbol{u}=(6+2xy+t^2)i-(xy^2+10t)\boldsymbol{j}+25\boldsymbol{k}$，求空间点（3，0，2）在 $t=1$ 时的加速度。

3-10 已知水平圆管过水断面上的流速分布为

$$u_x = u_{max}\left(1 - \frac{r^2}{r_0^2}\right),\ u_y = 0,\ u_z = 0$$

式中，u_{max}为管轴线处最大流速；r_0为圆管半径；r为点流速u_x距管轴的距离，$r^2=y^2+z^2$，试求：

（1）角变形速度；

（2）旋转角速度；

（3）说明是否为有势流；

（4）断面平均流速。

3-11 已知$u_x=x^2y+y^2$，$u_y=x^2-xy^2$，在流场中的$x=1$，$y=2$点处，试求线变形速率、角变形速度及旋转角速度。

3-12 设流场中的速度分布为$u_x=u=$常数，$u_y=0$，$u_z=0$的均匀直线流，若在该流场中的一个平面内作一矩形封闭周线$ABCDA$，边长为b，如图3-29所示。试求：

（1）绕矩形$ABCDA$的速度环量；

（2）判别该流动是否为有势流。

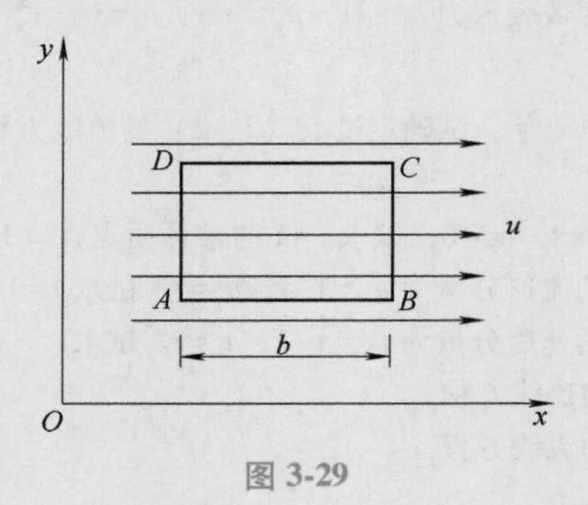

图 3-29

第 4 章

水动力学基础

液体运动学没有涉及作用于液体上的力，要研究液体的运动规律与作用力之间的关系，还需要从动力学方面入手建立运动要素之间的关系。由于实际液体具有黏滞性，致使问题比较复杂，所以先从理想液体入手研究。虽然实际中并不存在理想液体，但在有些问题中，如果黏滞性的影响很小，可以忽略不计时，则对理想液体运动研究所得的结果可用于实际液体。如果黏滞性的影响不能忽略时，则再对黏滞性的作用进行分析，对理想液体运动所得的结论加以修正、补充，然后应用于实际液体。

4.1　理想液体元流的能量方程

在物理学中，动能定理是：某一运动物体在某一时段内的动能增量，等于在该时段内作用于此物体上所有的力所做的功之和。现根据动能定理来推导均质不可压缩理想液体恒定元流的能量方程。

4.1.1　理想液体元流的能量方程

在理想液体恒定流中任取一元流，并取上游过水断面 1—1 及下游过水断面 2—2，如图 4-1 所示。1—1 断面的面积、速度、压强、形心点位置高度、密度分别为 dA_1、u_1、p_1、z_1、ρ_1，2—2 断面的相应物理量为 dA_2、u_2、p_2、z_2、ρ_2，对均质不可压缩液体 $\rho_1=\rho_2=\rho$。液体从 1—1 断面流向 2—2 断面，两端面之间没有汇流或分流。

因为是恒定流，元流流管的位置和形状不随时间而改变。经过 dt 时段后，所取元流 1—2 流动到 1′—2′的位置，即断面 1—1 和 2—2 分别移动到断面 1′—1′和 2′—2′的位置，移动距离分别为 $ds_1=u_1dt$ 和 $ds_2=u_2dt$，如图 4-1 所示。在 dt 时段内元流的动能有变化。因为液体只能在流管内流动，而且没有汇流和分流，所以元流 1—2 段所具有的动能可视为 1—1′段和 1′—2 段的动能之和；元流 1′—2′段所具有的动能可视为 1′—2 段和 2—2′段的动能之和。由于是恒定流，各空间点的运动要素不随时间变化，所以 1′—2 段液体所具有的动能不因经过 dt 时段而改变。经过 dt 时段后，元流段的动能增量即为 2—2′段和 1—1′段液体动能之差，即

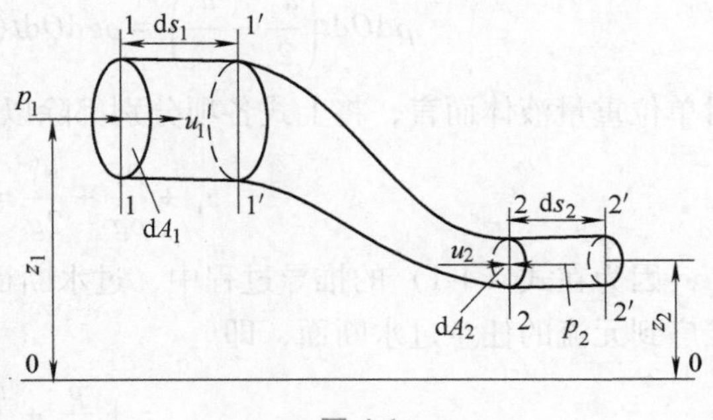

图 4-1

$$\Delta\left(\frac{1}{2}mu^2\right)=\frac{1}{2}\rho\mathrm{d}s_2\mathrm{d}A_2u_2^2-\frac{1}{2}\rho\mathrm{d}s_1\mathrm{d}A_1u_1^2$$

$$=\frac{1}{2}\rho u_2^2\mathrm{d}Q\mathrm{d}t-\frac{1}{2}\rho u_1^2\mathrm{d}Q\mathrm{d}t$$

$$=\rho\mathrm{d}Q\mathrm{d}t\left(\frac{u_2^2}{2}-\frac{u_1^2}{2}\right)$$

作用于元流段上的力包括质量力和表面力。质量力只考虑重力，表面力只有动水压力。重力所做的功，实际上是在 dt 时段内元流的各微小分段（如图 4-1 所示的 1—1′段）液体重力乘以在垂直方向上的高差所做功的总和（逐段所做功的叠加）；相当于在 dt 时段内 1—1′段液体移动到 2—2′处，该微小分段液体重力所做的功。需要提醒的是这只是相当于，因为，如果 dt 时间很短，两个过水断面 1—1 和断面 2—2 之间的距离又很长，过水断面 1—1 上的微小分段液体没有足够的时间，怎么会移动到了过水断面 2—2 呢？下面所提到的压力所做的功，也是类似的情况。当微小分段无限小时，它的重心高度就可用断面的形心高度来表示。元流段两端过水断面形心点的高差为（z_1-z_2），所以元流段在 dt 时段内重力所做的功为

$$\rho g\mathrm{d}A_1\mathrm{d}s_1(z_1-z_2)=\rho g\mathrm{d}Q\mathrm{d}t(z_1-z_2)$$

对于压力所做的功，由于作用于元流段侧面的压力垂直于流动方向，故沿流动方向不做功，表面力做功的只有过水断面上的压力。上述压力所做的功，实际上是元流各微小分段逐段做功的叠加，dt 时段内元流各微小分段所做的功等于元流各微小分段（如 1—1′段）两端的过水断面上所受的压力乘以沿流动方向移动的微小距离（如 ds_1 段）。因为作用力和反作用力大小相等、方向相反，对于前一个微小分段液体压力所做的功若为正，对于其相邻的后一微小分段液体压力做功则为负，所以中间断面压力所做的功正、负互相抵消，剩下的即为作用于元流段两端过水断面 1—1 和断面 2—2 上的压力所做的功。所以元流段在 dt 时段内压力所做的功为

$$p_1\mathrm{d}A_1\mathrm{d}s_1-p_2\mathrm{d}A_2\mathrm{d}s_2=\mathrm{d}Q\mathrm{d}t(p_1-p_2)$$

根据动能定理，得

$$\rho\mathrm{d}Q\mathrm{d}t\left(\frac{u_2^2}{2}-\frac{u_1^2}{2}\right)=\rho g\mathrm{d}Q\mathrm{d}t(z_1-z_2)+\mathrm{d}Q\mathrm{d}t(p_1-p_2)$$

对单位重量液体而言，将上式各项分别都除以 $\rho g\mathrm{d}Q\mathrm{d}t$，化简移项后可得

$$z_1+\frac{p_1}{\rho g}+\frac{u_1^2}{2g}=z_2+\frac{p_2}{\rho g}+\frac{u_2^2}{2g} \tag{4-1}$$

因为在式（4-1）的推导过程中，过水断面 1—1 和 2—2 是任取的，所以可将式（4-1）推广到元流的任意过水断面，即

$$z+\frac{p}{\rho g}+\frac{u^2}{2g}=常数 \tag{4-2}$$

式（4-1）和式（4-2）即为均质不可压缩理想液体恒定元流中单位重量液体的能量方程，是由瑞士科学家伯努利（Bernoulli）于 1738 年首先推导出来的，所以又称为理想液体恒定元流的伯努利方程。由于元流的过水断面面积很小，所以元流的伯努利方程对流线同样适用。

4.1.2 理想液体元流能量方程的意义

1. 物理意义

由以上分析可知，式（4-1）是由不同外力做功得出的，因此伯努利方程中各项具有能量的意义。由水静力学基本方程可知：$\left(z+\dfrac{p}{\rho g}\right)$是单位重量液体所具有的势能，其中$z$代表位能；$\dfrac{p}{\rho g}$代表压能；$\dfrac{u^2}{2g}$是单位重量液体所具有的动能。这是因为质量为$\mathrm{d}m$的液体质点，若流速为$u$，该质点所具有的动能为$\dfrac{1}{2}u^2\mathrm{d}m$，则单位重量液体所具有的动能为$\dfrac{\frac{1}{2}u^2\mathrm{d}m}{g\mathrm{d}m}=\dfrac{u^2}{2g}$。所以$\left(z+\dfrac{p}{\rho g}+\dfrac{u^2}{2g}\right)$就是单位重量液体所具有的总机械能，通常用$E$来表示。式（4-1）表明：在均质不可压缩理想液体恒定流情况下，元流中不同的过水断面上，无论这三种形式的能量如何转换，单位重量液体所具有的总机械能始终保持不变。因此，式（4-1）是能量守恒原理在水力学中的具体表达式，故称式（4-1）为能量方程。

2. 几何意义

水力学中常用水头表示某种高度。在水静力学中已经阐明，z代表位置水头，$\dfrac{p}{\rho g}$代表压强水头，$\left(z+\dfrac{p}{\rho g}\right)$则表示测压管水头。式（4-2）中的第三项$\dfrac{u^2}{2g}$从物理学可知，它表示在不计外界阻力的情况下，液体质点以垂直向上的速度u所能到达的高度，故称$\dfrac{u^2}{2g}$为速度水头。所以$\left(z+\dfrac{p}{\rho g}+\dfrac{u^2}{2g}\right)$代表了总水头，通常用$H$来表示。从几何意义上来看，式（4-1）表明：在均质不可压缩理想液体恒定流情况下，元流不同的过水断面上，位置水头、压强水头和速度水头之间可以互相转化，但其之和为一常数，即总水头沿流程保持不变。

4.1.3 皮托管测流速原理

皮托管是一种常用的测量液体点流速的仪器。它是亨利·皮托（Henri Pitot）在1730年首创的，其测量流速的原理就是依据理想液体恒定元流的能量方程。

简单的皮托管是一根很细的90°弯管，它由双层套管组成，并在两管末端连接测压管（或测压计），如图4-2所示。弯管顶端A处开一小孔与内套管相连，直通测压管2。在弯管前端B处，沿外套管周界均匀地开一排与外管壁相垂直的小孔，直通测压管1。当需测量某点A处的流速时，将皮托管前端放置在A处，并且正对水流方向，只要读出这两根测压管的液面差Δh，即可求得A点的流速。现将其

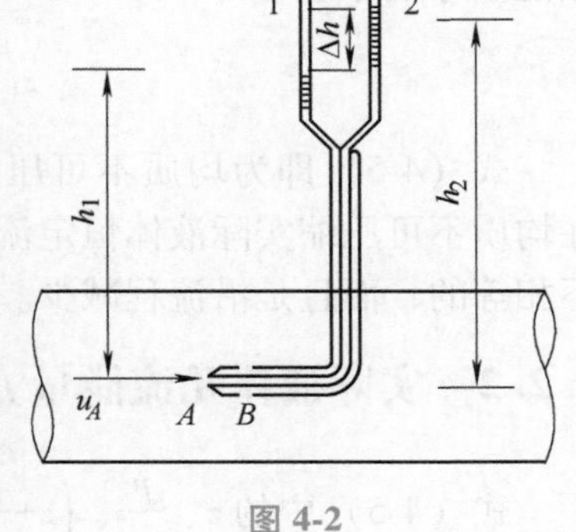

图4-2

原理分析如下：

皮托管放入后，A 点处的水流质点沿顶端处的小孔进入内套管，受弯管的阻挡流速变为零，动能全部转化为压能，使测压管 2 中水面上升至高度 h_2。若以通过 A 点的水平面为基准面，h_2 代表了 A 点处水流的总能量。外套管 B 处的小孔与流向垂直，测压管 1 的液面上升至高度 h_1，由于 A、B 两点很近，h_1 代表了 A 点的压能。所以 $h_1+\frac{u_A^2}{2g}$代表了 A 点处水流的总能量。根据伯努利方程可得

$$h_2 = h_1 + \frac{u_A^2}{2g}$$

由此可求得 A 点流速

$$u_A = \sqrt{2g(h_2 - h_1)} = \sqrt{2g\Delta h} \tag{4-3}$$

式中，Δh 为两根测压管的液面差。

实际上，由于液体具有黏滞性，能量转化时有损失。另外，皮托管顶端小孔与侧壁小孔的位置不同，因而测得的不是同一点上的能量。再加上考虑皮托管放入水流中所产生的扰动影响，因此，由式（4-3）计算出的流速值与实际值有出入，所以要对该式加以修正，一般需要乘以校正系数 c，即

$$u_A = c\sqrt{2g\Delta h} \tag{4-4}$$

式中，c 为皮托管校正系数，数值接近于 1，需由实验测定。

4.2　实际液体元流的能量方程

4.2.1　实际液体元流能量方程的一般表达式

由于实际液体存在着黏滞性，在流动过程中液体内部要产生摩擦阻力，液体运动时克服摩擦阻力要消耗一定的机械能，并且转化为热能而散逸，不再恢复为其他形式的机械能。对水流来说就是损失了一定的机械能，液体在流动过程中机械能要沿流程而减少。因此，对实际液体元流而言，上游过水断面单位重量液体的总能量总是大于下游断面的，即

$$z_1 + \frac{p_1}{\rho g} + \frac{u_1^2}{2g} > z_2 + \frac{p_2}{\rho g} + \frac{u_2^2}{2g}$$

若令 h'_w 为元流单位重量液体从上游过水断面 1—1 到下游过水断面 2—2 的能量损失，根据能量守恒原理可得

$$z_1 + \frac{p_1}{\rho g} + \frac{u_1^2}{2g} = z_2 + \frac{p_2}{\rho g} + \frac{u_2^2}{2g} + h'_w \tag{4-5}$$

式（4-5）即为均质不可压缩实际液体恒定元流的能量方程（伯努利方程）。它表明：在均质不可压缩实际液体恒定流情况下，元流中不同的过水断面上单位重量液体的总能量是不相等的，而且是沿流程减少。

4.2.2　实际液体元流能量方程的意义

式（4-5）中的 z、$\frac{p}{\rho g}$、$\left(z+\frac{p}{\rho g}\right)$、$\frac{u^2}{2g}$各项的物理意义在理想液体元流能量方程中均已讨

论。h'_w是单位重量液体由过水断面1—1流动到过水断面2—2时的能量损失。因此，方程（4-5）的物理意义为：元流各过水断面上单位重量液体所具有的总机械能沿流程减少，部分机械能转化为热能或其他形式的能量而损失掉；同时，也表示了各项能量之间沿流程可以相互转化的关系。

式（4-5）中的z、$\frac{p}{\rho g}$、$\left(z+\frac{p}{\rho g}\right)$、$\frac{u^2}{2g}$各项的几何意义在理想液体元流能量方程中也做了阐述。h'_w在水力学中习惯上称为水头损失。因此，方程（4-5）的几何意义为：元流各过水断面上单位重量液体的总水头沿流程减少。同时，方程也给出了沿流程位置水头、压强水头、速度水头之间相互转化的关系。

4.3 实际液体总流的能量方程

在工程实践中，我们所考虑的水流运动都是总流。而总流可以看成是由流动边界内的无数元流所组成的。要应用能量方程来解决工程实际问题，可将实际液体元流的能量方程对总流过水断面积分，从而推广为实际液体恒定总流的能量方程。

4.3.1 实际液体总流能量方程的推导

若通过元流过水断面的流量为$\mathrm{d}Q$，单位时间内通过元流过水断面的液体重量为$\rho g\mathrm{d}Q$，将式（4-5）各项乘以$\rho g\mathrm{d}Q$，得到实际液体元流能量方程的另一种形式为

$$\left(z_1+\frac{p_1}{\rho g}+\frac{u_1^2}{2g}\right)\rho g\mathrm{d}Q=\left(z_2+\frac{p_2}{\rho g}+\frac{u_2^2}{2g}\right)\rho g\mathrm{d}Q+h'_w\rho g\mathrm{d}Q$$

设总流上游过水断面1—1、下游过水断面2—2的面积分别为A_1和A_2，由于$\mathrm{d}Q=u\mathrm{d}A$，将上式中的积分变量换成是过水断面面积，然后对总流过水断面面积积分即可得到实际液体恒定总流能量方程。推导如下：

$$\int_{A_1}\left(z_1+\frac{p_1}{\rho g}+\frac{u_1^2}{2g}\right)\rho g u_1\mathrm{d}A_1=\int_{A_2}\left(z_2+\frac{p_2}{\rho g}+\frac{u_2^2}{2g}\right)\rho g u_2\mathrm{d}A_2+\int h'_w\rho g\mathrm{d}Q \tag{4-6}$$

或写成

$$\begin{aligned}&\int_{A_1}\left(z_1+\frac{p_1}{\rho g}\right)\rho g u_1\mathrm{d}A_1+\int_{A_1}\frac{u_1^2}{2g}\rho g u_1\mathrm{d}A_1\\&=\int_{A_2}\left(z_2+\frac{p_2}{\rho g}\right)\rho g u_2\mathrm{d}A_2+\int_{A_2}\frac{u_2^2}{2g}\rho g u_2\mathrm{d}A_2+\int h'_w\rho g\mathrm{d}Q\end{aligned} \tag{4-6a}$$

现在分别讨论式（4-6a）中三种类型积分式的积分。

1. 第一类积分为$\int_A\left(z+\frac{p}{\rho g}\right)\rho g u\mathrm{d}A$

这类积分与$\left(z+\frac{p}{\rho g}\right)$在过水断面上的分布有关。如果总流的过水断面取在渐变流区域，根据渐变流特性，同一过水断面上的动水压强分布规律与静水压强分布规律近似相同，即$\left(z+\frac{p}{\rho g}\right)=$常数。因此，选取总流的过水断面位于均匀流或渐变流区域，对于均质不可压缩液

体，这类积分能够表示成

$$\int_A\left(z+\frac{p}{\rho g}\right)\rho gu\mathrm{d}A=\left(z+\frac{p}{\rho g}\right)\rho g\int_A u\mathrm{d}A=\left(z+\frac{p}{\rho g}\right)\rho gQ \tag{4-7}$$

2. 第二类积分为 $\int_A \frac{u^2}{2g}\rho gu\mathrm{d}A$

这类积分与流速 u 在过水断面上的分布有关。实际水流中，流速在过水断面上的分布一般是不均匀的，而且不易求得流速的分布规律。若引进断面平均流速 v，则 v 可能大于或小于各点的实际流速 u，显然

$$\int_A u^3\mathrm{d}A \neq v^3A$$

若引入修正系数 α，而且定义为

$$\alpha=\frac{1}{v^3A}\int_A u^3\mathrm{d}A \tag{4-8}$$

这类积分就能够表示成

$$\int_A\frac{u^2}{2g}\rho gu\mathrm{d}A=\frac{\rho g}{2g}\int_A u^3\mathrm{d}A=\frac{\alpha v^2}{2g}\rho gQ \tag{4-9}$$

如果设总流同一过水断面上各点的流速 u 与该断面平均流速 v 的差值为 $\Delta u=u-v$，Δu 值是可正可负的，则得

$$\begin{aligned}\alpha&=\frac{1}{v^3A}\int_A u^3\mathrm{d}A\\&=\frac{1}{v^3A}\int_A(v+\Delta u)^3\mathrm{d}A\\&=\frac{1}{v^3A}\left[v^3A+3v^2\int_A\Delta u\mathrm{d}A+3v\int_A(\Delta u)^2\mathrm{d}A+\int_A(\Delta u)^3\mathrm{d}A\right]\end{aligned} \tag{4-10}$$

因为

$$Q=\int_A u\mathrm{d}A=\int_A(v+\Delta u)\mathrm{d}A=vA+\int_A\Delta u\mathrm{d}A$$

所以

$$\int_A\Delta u\mathrm{d}A=0$$

若取 $\int_A(\Delta u)^3\mathrm{d}A\approx 0$，式（4-10）可简化为

$$\alpha=1+3\frac{\int_A(\Delta u)^2\mathrm{d}A}{v^2A} \tag{4-10a}$$

系数 α 称为动能修正系数。它表示同一过水断面上的实际动能与按断面平均流速计算的动能之比。由式（4-10a）可知，α 值永远大于 1.0。α 值的大小取决于过水断面上流速分布的均匀程度，流速分布越不均匀，α 值越大。对于渐变流，一般 $\alpha=1.05\sim1.10$ 之间，为计算简便，通常取 $\alpha\approx1.0$。实践证明，当动能在总能量中所占比重不大时，简化带来的误差是很小的。

3. 第三类积分为 $\int_Q h'_w \rho g \mathrm{d}Q$

这类积分代表单位时间内总流过水断面 1—1 与断面 2—2 之间的总机械能损失。它的直接积分是很困难的。由于各单位重量液体沿流程的能量损失不同，若令 h_w 为单位重量液体从过水断面 1—1 到断面 2—2 之间能量损失的平均值，该积分则可表示为

$$\int_Q h'_w \rho g \mathrm{d}Q = h_w \rho g Q \tag{4-11}$$

式中，h_w 是总流单位重量液体的能量损失，又称为水头损失。一般来说，影响 h_w 的因素较为复杂，除了与流速、过水断面的形状及尺寸有关外，还与边壁的粗糙程度等因素有关。关于 h_w 的分析和计算将在第 5 章中详细讨论。

将式（4-7）、式（4-9）及式（4-11）代入式（4-6a）中的对应项，可得

$$\left(z_1 + \frac{p_1}{\rho g}\right)\rho g Q + \frac{\alpha_1 v_1^2}{2g}\rho g Q = \left(z_2 + \frac{p_2}{\rho g}\right)\rho g Q + \frac{\alpha_2 v_2^2}{2g}\rho g Q + h_w \rho g Q \tag{4-12}$$

将式（4-12）各项分别同除以 $\rho g Q$ 得

$$z_1 + \frac{p_1}{\rho g} + \frac{\alpha_1 v_1^2}{2g} = z_2 + \frac{p_2}{\rho g} + \frac{\alpha_2 v_2^2}{2g} + h_w \tag{4-13}$$

式（4-13）即为实际液体恒定总流的能量方程（或称为伯努利方程）。它反映了总流中不同过水断面上$\left(z+\frac{p}{\rho g}\right)$值和断面平均流速 v 的变化规律，是水力学中三大基本方程之二，是分析水力学问题最重要最常用的公式。

式（4-13）是实际液体恒定总流单位重量液体的能量方程，是总流伯努利方程的另一种形式。能量方程与连续性方程联合应用，可以解决一维恒定流的许多水力学计算问题。

实际液体恒定总流能量方程中各项的物理意义类似于实际液体元流能量方程中的对应项，所不同的是各项均指平均值。总流能量方程的物理意义是：总流各过水断面上单位质量液体所具有的平均势能与平均动能之和沿流程减小，也即总机械能的平均值沿流程减小，水流在运动过程中部分机械能转化为热能而损失。另外，总流的能量方程也揭示了水流运动中各种能量之间的相互转化关系。

如果用 H 表示恒定总流单位重量液体的总机械能，即

$$H = z + \frac{p}{\rho g} + \frac{\alpha v^2}{2g} \tag{4-14}$$

则式（4-13）能够简写为

$$H_1 = H_2 + h_w \tag{4-15}$$

对于理想液体，由于没有能量损失（$h_w = 0$），则 $H_1 = H_2$，即理想液体沿流程总机械能保持不变。

4.3.2 能量方程的几何表示——水头线

总流能量方程（4-13）中的各项都表示某一几何高度，因此就可以用线段长度来表示各项的值。为了直观形象地反映总流沿流程各种能量的变化规律及相互关系，我们可以把能量方程沿流程用几何线段图形来表示。

图4-3所示是实际液体恒定总流能量方程的几何表示。在实际液体恒定总流中截取一个流段，以0—0为基准面，以水头为纵坐标（与基准面垂直），按一定比例尺沿流程将各过水断面的z、$\frac{p}{\rho g}$及$\frac{\alpha v^2}{2g}$分别绘于图上，而且每个过水断面上的z、$\frac{p}{\rho g}$及$\frac{\alpha v^2}{2g}$是从基准面画起垂直向上依次连接的。

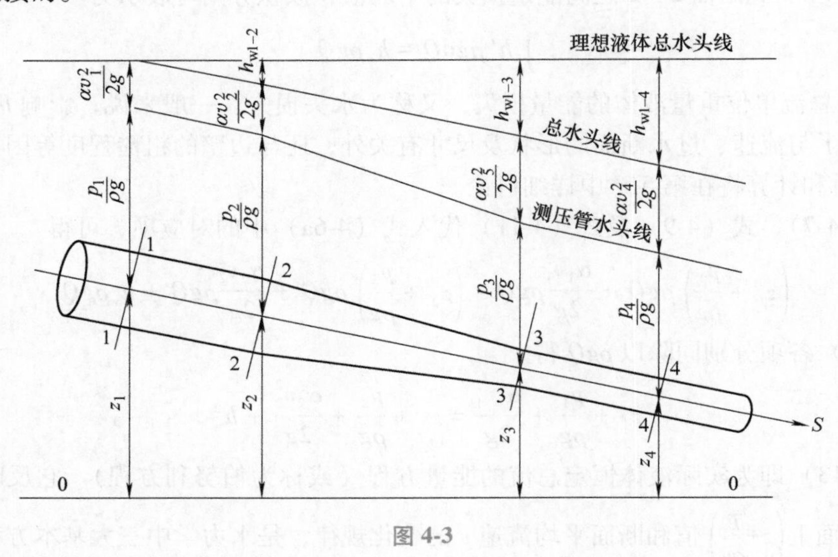

图4-3

因过水断面上各点的z值不一定相等，对于管道水流，一般选取断面形心点的z值来描绘。所以总流各断面中心点距基准面的高度就是位置水头z，总流的中心线就表示了位置水头z沿流程的变化。图4-3中管道倾斜放置，因此，位置水头z沿流程减小。

各过水断面上的$\frac{p}{\rho g}$也选用形心点的动水压强来描绘。从断面形心点垂直向上画出线段$\frac{p}{\rho g}$，于是得到测压管水头$\left(z+\frac{p}{\rho g}\right)$，它就是测压管液面距基准面的高度，连接各断面的测压管水头$\left(z+\frac{p}{\rho g}\right)$得到一条线，称为测压管水头线。它表示了液体运动过程中势能沿流程的变化。测压管水头线与总流中心线之间的垂直距离反映了各断面压强水头的沿流程变化。如果测压管水头线位于中心线以上，压强为正；反之，压强为负。

从过水断面的测压管水头再垂直向上画出线段$\frac{\alpha v^2}{2g}$，就得到该断面的总水头$H=z+\frac{p}{\rho g}+\frac{\alpha v^2}{2g}$。连接各断面的总水头$H$得到一条线，称为总水头线。它表示了水流总机械能沿流程的变化。总水头线与测压管水头线之间的垂直距离反映了各断面流速水头的沿流程变化。

对于实际液体，随着流程的增加，水头损失不断增大，总水头不断减小，所以实际液体的总水头线一定是沿流程下降的（除非有外加能量）。任意两个过水断面之间总水头线的降低值，就是这两个断面之间的水头损失h_w。总水头线坡度称为水力坡度，用J表示。它表示单位流程上总水头的降低值或单位流程上的水头损失。如果用s代表流动方向的坐标，当

总水头线是直线时，水力坡度可用下式计算：

$$J = \frac{H_1 - H_2}{s} = \frac{h_w}{s} \tag{4-16}$$

式中，h_w 是两个过水断面之间的水头损失；s 是相应的流程长度，水力坡度为常数。

当总水头线是曲线时，水力坡度沿流程变化，在某一过水断面处可表示为

$$J = -\frac{dH}{ds} = \frac{dh_w}{ds} \tag{4-17}$$

在水力学中把水力坡度规定为正值，因总水头的增量 dH 沿流程始终为负值，为使 J 为正值，故在式（4-17）中加负号。

由于动能和势能之间可以互相转化，测压管水头线沿流程可升可降，甚至可能是一条水平线。在断面平均流速不变的流段，测压管水头线与总水头线平行。如果测压管水头线坡度用 J_P 表示，若规定沿流程下降的测压管水头线坡度 J_P 为正，则

$$J_P = -\frac{d\left(z + \frac{p}{\rho g}\right)}{ds} \tag{4-18}$$

因为沿流程测压管水头线可任意变化，所以 J_P 值可正、可负或者为零。

能量方程的几何表示可以清晰地反映水流运动过程中各项单位能量沿流程的转化情况。在长距离有压输水管道的设计中，常用这种方法来分析压强水头沿流程的变化。

4.3.3 能量方程的应用条件和注意事项

1. 应用条件

实际液体恒定总流的能量方程是水力学中最常用的基本方程之一。从该方程的推导过程可以看出，能量方程有一定的适用范围，应用时必须满足下列条件：

1）液体满足连续介质模型，并且是均质不可压缩的；

2）水流为恒定流，作用于液体上的质量力只有重力；

3）所取的过水断面 1—1 及断面 2—2 应在渐变流或均匀流区域，以符合断面上各点测压管水头等于常数这一条件，但在两个过水断面之间可以有急变流存在。在实际应用中，有时对不符合渐变流条件的过水断面也可使用能量方程，但在这种情况下，一般是已知该断面的平均势能或者动水压强的分布规律。

4）所取的过水断面 1—1 及断面 2—2 之间，除了水头损失以外，没有其他机械能的输入或输出。

5）所取的过水断面 1—1 及断面 2—2 之间，没有流量的汇入或分出，即总流的流量沿流程不变。

在实际工程中，常常会遇到流程中途有流量改变或外加机械能的情况。这时的水流运动仍然遵循能量守恒原理，现简要分析如下：

当流程中途有流量分出或汇入时：

能量方程在推导过程中虽然使用了流量沿程保持不变的条件。但总流能量方程中的各项都是指单位重量液体的能量，所以在水流有分出或汇入的情况下，仍可分别对每一支水流建立能量方程。

图4-4所示为一个有流量分出的流动，每支的流量各为Q_2和Q_3。根据能量守恒原理，单位时间内，从断面1—1流入的液体总能量，应等于从断面2—2及断面3—3流出的总能量之和再加上两支水流的能量损失，即

$$\rho g Q_1 H_1 = \rho g Q_2 H_2 + \rho g Q_3 H_3 + \rho g Q_2 h_{w_{1-2}} + \rho g Q_3 h_{w_{1-3}} \tag{4-19}$$

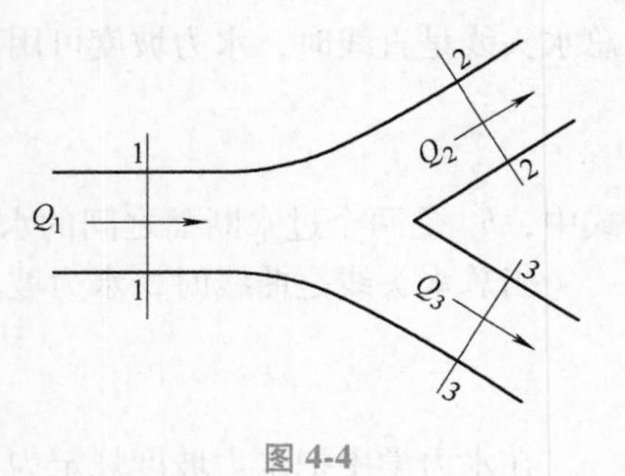

图 4-4

因为$Q_1=Q_2+Q_3$，式（4-19）可整理成

$$(\rho g Q_2 H_1 - \rho g Q_2 H_2 - \rho g Q_2 h_{w_{1-2}}) + (\rho g Q_3 H_1 - \rho g Q_3 H_3 - \rho g Q_3 h_{w_{1-3}}) = 0 \tag{4-20}$$

式（4-20）中，若要等号左端两项之和为零，必须要求每一项均等于零，即式（4-20）等价于

$$\rho g Q_2 (H_1 - H_2 - h_{w_{1-2}}) = 0 \tag{4-21}$$

$$\rho g Q_3 (H_1 - H_3 - h_{w_{1-3}}) = 0 \tag{4-22}$$

将式（4-21）及式（4-22）分别除以$\rho g Q_2$和$\rho g Q_3$，得

$$H_1 = H_2 + h_{w_{1-2}} \tag{4-23}$$

$$H_1 = H_3 + h_{w_{1-3}} \tag{4-24}$$

同理，对于流程中途有流量汇入的情况（见图4-5），则有

$$H_1 = H_3 + h_{w_{1-3}} \tag{4-25}$$

$$H_2 = H_3 + h_{w_{2-3}} \tag{4-26}$$

当流程中途有能量输入或输出时：

若在管道系统中有一水泵，如图4-6所示。水泵工作时，通过水泵叶片转动对水流做功，使管道水流能量增加。设水泵的扬程（单位重量液体通过水泵后所获得的外加能量）为H_P，则

$$H_1 + H_P = H_2 + h_{w_{1-2}} \tag{4-27}$$

式中，$h_{w_{1-2}}$为1—1与2—2断面之间全部管道系统单位重量液体的水头损失，但不包括水泵内部水流的水头损失。

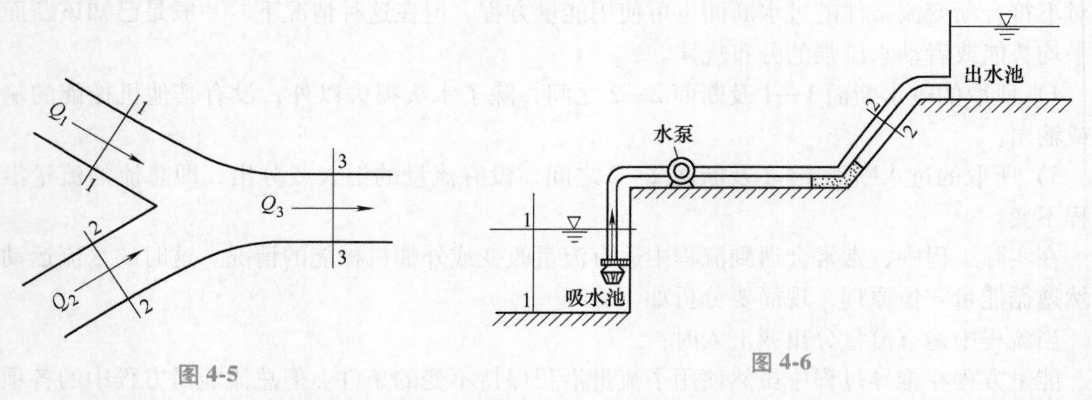

图 4-5　　　　图 4-6

单位时间内动力机给予水泵的功称为水泵的轴功率N_P。单位时间内通过水泵的水流总重量为$\rho g Q$，所以水流在单位时间内从水泵中实际获得的总能量为$\rho g Q H_P$，称为水泵的有效

功率。由于水流通过水泵时有漏损和水头损失，水泵本身也有机械磨损，所以水泵的有效功率小于轴功率。两者的比值称为水泵效率 η_P，因为 $\eta_P<1$，所以

$$\rho g Q H_P = \eta_P N_P$$

故

$$H_P = \frac{\eta_P N_P}{\rho g Q} \tag{4-28}$$

若在管道系统中有一水轮机，如图 4-7 所示。由于水流驱使水轮机转动，水流对水轮机做功必然要消耗能量，使管道水流能量减少。设水轮机的作用水头为 H_t，则

$$H_1 - H_t = H_2 + h_{w_{1-2}} \tag{4-29}$$

式中，$h_{w_{1-2}}$ 为 1—1 与 2—2 断面之间全部管道系统单位重量液体的水头损失，但不包括水轮机系统内部水流的水头损失，也就是指从上游引水池到水轮机进口前断面 3—3 之间这段管道的水头损失。

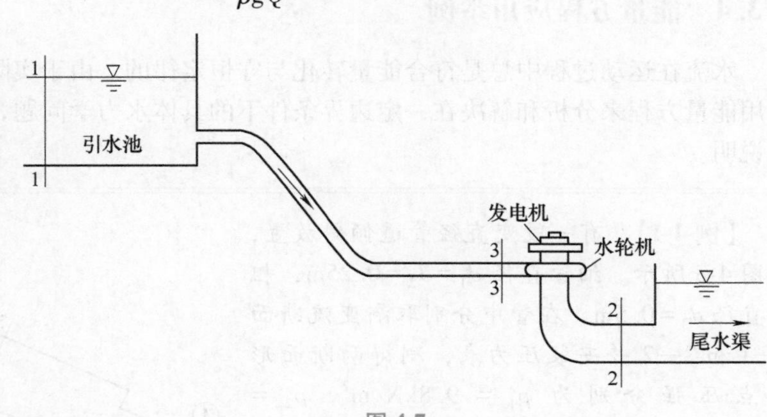

图 4-7

由水轮机主轴发出的功率又称为水轮机的出力，用 N_t 表示。单位时间内通过水轮机的水流总重量为 $\rho g Q$，所以单位时间内水流对水轮机作用的总能量为 $\rho g Q H_t$。由于水流通过水轮机时同样有漏损和水头损失，水轮机本身也有机械磨损，所以水轮机的出力要小于水流给水轮机的功率。两者的比值称为水轮机效率 η_t，同样 $\eta_t<1$，因此

$$N_t = \eta_t \rho g Q H_t$$

故

$$H_t = \frac{N_t}{\eta_t \rho g Q} \tag{4-30}$$

2. 应用注意事项

为了更方便快捷地应用能量方程解决实际问题，能量方程在具体应用时还应注意以下几点：

1）首先要弄清液体运动的类型，判别是否能应用能量方程。

2）尽量选择未知量个数少的渐变流过水断面，当 $\frac{\alpha v^2}{2g}$ 与其他各项相比很小时，可以忽略不计。

3）基准面可任意选择，但在同一方程中 z 值必须对应同一个基准面。

4）压强 p 一般采用相对压强，也可采用绝对压强。但在同一方程中必须采用同一个标准。

5）因为渐变流同一过水断面上各点的 $\left(z+\frac{p}{\rho g}\right)$ 值近似相等，具体选择哪一点计算

$\left(z+\frac{p}{\rho g}\right)$值，以计算简单和方便为宜。对于有压管道水流通常取在管轴线上；对于明渠水流最好选在自由表面上。

6）严格地讲，不同过水断面上的动能修正系数α值是不相等的，而且不等于1.0。但在实用上，对渐变流的多数情况，可近似取$\alpha_1=\alpha_2=1.0$。

4.3.4 能量方程应用举例

水流在运动过程中总是符合能量转化与守恒定律的。由于实际水流运动复杂多样，如何利用能量方程来分析和解决在一定边界条件下的具体水力学问题，以下通过四个应用实例加以说明。

【例4-1】 有一段变直径管道倾斜放置，如图4-8所示。细管直径$d_1=d_2=0.25\text{m}$，粗管直径$d_3=0.5\text{m}$。在管中分别取渐变流断面1—1和2—2并安装压力表，测得两断面形心点压强分别为$p_1=9.8\text{kN/m}^2$，$p_2=-4.9\text{kN/m}^2$。断面1—1和2—2形心点的位置高差$\Delta z=1\text{m}$，通过管道的流量$Q=0.24\text{m}^3/\text{s}$。试判别水流运动的方向。

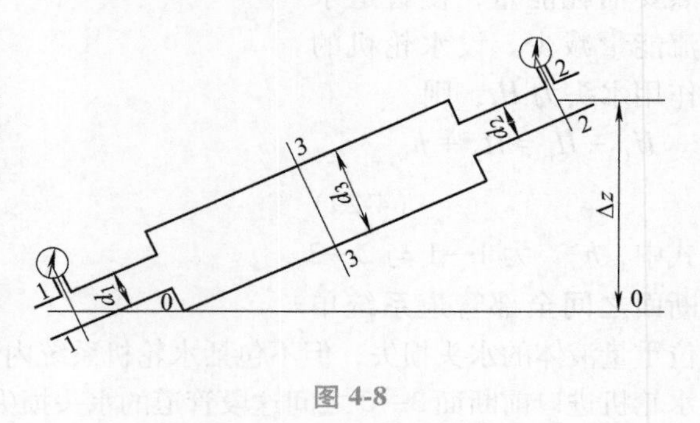

图4-8

【解】 由于实际水流在运动过程中存在着能量损失，即$h_w>0$，根据恒定总流的能量方程，水流一定是从总机械能高处流向总机械能低处。

以通过断面1—1形心点的水平面为基准面0—0，分别写出断面1—1和断面2—2单位重量液体的总能量，即

$$H_1=z_1+\frac{p_1}{\rho g}+\frac{\alpha_1 v_1^2}{2g}=0+\frac{9800\text{N/m}^2}{1000\text{kg/m}^3\times 9.8\text{m/s}^2}+\frac{\alpha_1 v_1^2}{2g}=1\text{m}+\frac{\alpha_1 v_1^2}{2g}$$

$$H_2=z_2+\frac{p_2}{\rho g}+\frac{\alpha_2 v_2^2}{2g}=1+\frac{(-4900)\text{N/m}^2}{1000\text{kg/m}^3\times 9.8\text{m/s}^2}+\frac{\alpha_2 v_2^2}{2g}=0.5\text{m}+\frac{\alpha_2 v_2^2}{2g}$$

由于$d_1=d_2$，故$v_1=v_2$。对渐变流断面，取$\alpha_1=\alpha_2=1.0$，所以$\frac{\alpha_1 v_1^2}{2g}=\frac{\alpha_2 v_2^2}{2g}$，因此

$$H_1>H_2$$

由于断面1—1的总机械能高于断面2—2的总机械能，该段管道水流是从断面1—1流向断面2—2。两断面间的水头损失

$$h_w=H_1-H_2=0.5\text{m}$$

如果再进一步分析两个断面上的位能、压能和动能之间的关系，则位能$z_1<z_2$；压能$\frac{p_1}{\rho g}>\frac{p_2}{\rho g}$；动能$\frac{\alpha_1 v_1^2}{2g}=\frac{\alpha_2 v_2^2}{2g}>\frac{\alpha_3 v_3^2}{2g}$。所以判别水流运动方向不能简单地根据位置的高低、压强的

大小以及流速的大小来决定，应依据单位重量液体总机械能沿流程的变化规律来判别。

【例 4-2】 文丘里流量计如图 4-9 所示，是用于测量管道中流量大小的一种装置。它包括“收缩段”“喉管”和“扩散段”三部分，安装在需要测定流量的管段当中，并在收缩段进口前断面 1—1 和喉管断面 2—2 上分别接测压管。已知被测管道直径 d_1，喉管直径 d_2，测压管液面差 Δh，试求通过管道的流量 Q。

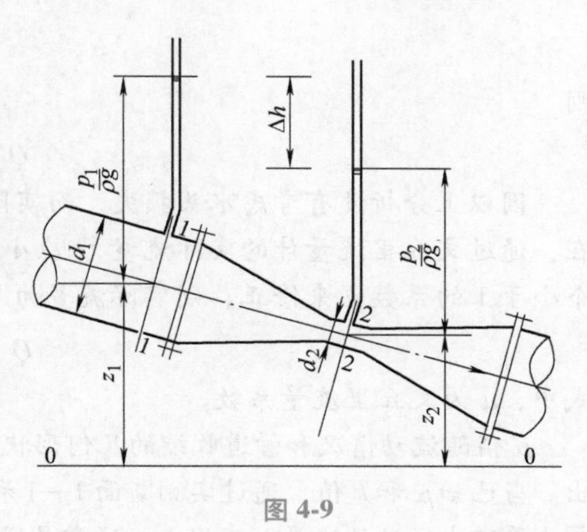

图 4-9

【解】 因管道倾斜放置，取水平面 0—0 为基准面，如图 4-9 所示。对渐变流断面 1—1 及断面 2—2 写出总流的伯努利方程，即

$$z_1+\frac{p_1}{\rho g}+\frac{\alpha_1 v_1^2}{2g}=z_2+\frac{p_2}{\rho g}+\frac{\alpha_2 v_2^2}{2g}+h_w$$

因断面 1—1 与断面 2—2 相距很近，暂不计水头损失，取 $h_w=0$。若取 $\alpha_1=\alpha_2=1.0$，上式可整理为

$$\left(z_1+\frac{p_1}{\rho g}\right)-\left(z_2+\frac{p_2}{\rho g}\right)=\frac{v_2^2-v_1^2}{2g}$$

因为 $\left(z_1+\frac{p_1}{\rho g}\right)-\left(z_2+\frac{p_2}{\rho g}\right)=\Delta h$，故

$$\Delta h=\frac{v_2^2-v_1^2}{2g} \tag{4-31}$$

根据连续性方程（3-25）可得

$$\frac{v_1}{v_2}=\frac{A_2}{A_1}=\left(\frac{d_2}{d_1}\right)^2$$

或

$$v_1=\left(\frac{d_2}{d_1}\right)^2 v_2 \tag{4-32}$$

将式（4-32）代入式（4-31），得

$$\Delta h=\frac{v_2^2}{2g}-\frac{v_2^2}{2g}\left(\frac{d_2}{d_1}\right)^4$$

则

$$v_2=\frac{1}{\sqrt{1-\left(\frac{d_2}{d_1}\right)^4}}\sqrt{2g\Delta h} \tag{4-33}$$

因此，通过文丘里流量计的流量为

$$Q'=A_2 v_2=\frac{\pi}{4}d_2^2\times\frac{\sqrt{2g}}{\sqrt{1-\left(\frac{d_2}{d_1}\right)^4}}\sqrt{\Delta h}$$

令
$$k=\frac{\pi}{4}d_2^2\times\frac{\sqrt{2g}}{\sqrt{1-\left(\frac{d_2}{d_1}\right)^4}} \tag{4-34}$$

则

$$Q'=k\sqrt{\Delta h} \tag{4-35}$$

因以上分析没有考虑水头损失，而实际液体从断面1—1到断面2—2之间有水头损失存在，通过文丘里流量计的实际流量Q应小于式（4-35）的值。通常在式（4-35）中乘以一个小于1的系数μ来修正，则实际流量为

$$Q=\mu k\sqrt{\Delta h} \tag{4-36}$$

式中，μ为文丘里流量系数。

μ值随流动情况和管道收缩的几何形状而不同。k值取决于管径d_1和管径d_2，可以预先算出。当已知μ和k值，通过实测断面1—1和断面2—2的测压管液面差Δh，由式（4-36）即可算出管道中通过的流量。实用上，通常是通过试验来绘制Q-Δh关系曲线，以备直接查用。

如果断面1—1及断面2—2的动水压强差很大，这时在文丘里管上可直接安装水银压差计，如图4-10所示。如果管道中的液体是水，压差计中的液体为水银，由压差计原理可得

$$\Delta h=12.6\Delta h'$$

此时式（4-36）可写成

$$Q=\mu k\sqrt{12.6\Delta h'} \tag{4-37}$$

式中，$\Delta h'$为水银压差计中的水银液面差。

【例4-3】 设水流从水箱经垂直圆管流入大气，如图4-11所示。水箱储水深度由水位调节器控制，已知$H=3$m，管径$d_1=75$mm，管长$l_1=16$m，锥形管出口直径$d_2=50$mm，管长$l_2=0.1$m。水箱水面面积很大，若不计流动过程中的能量损失，试求A、B及C断面的压强水头。（注：A—A位于管道进口，B—B位于竖管l_1中间，C—C位于锥形管进口前。）

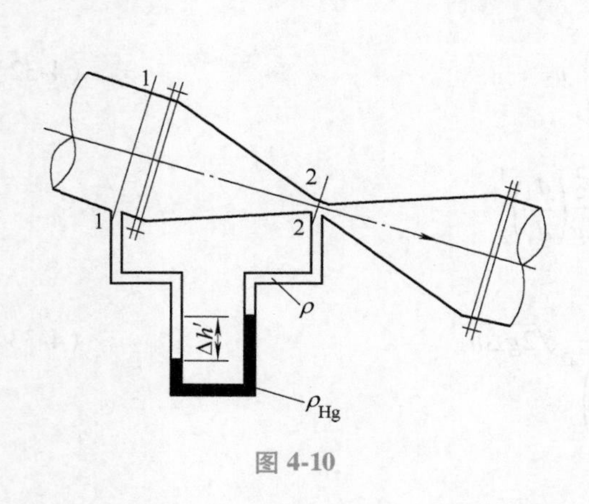

图4-10

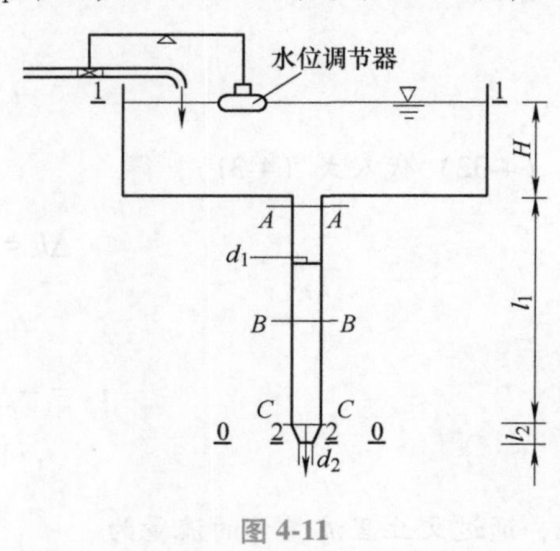

图4-11

【解】 取过水断面1—1及断面2—2，以通过锥形管出口处的水平面为基准面0—0，写出恒定总流的伯努利方程

$$(H + l_1 + l_2) + 0 + \frac{\alpha_1 v_1^2}{2g} = 0 + 0 + \frac{\alpha_2 v_2^2}{2g} + h_{w1-2}$$

取动能修正系数 $\alpha_1 = \alpha_2 = \alpha = 1.0$，因 $A_1 \gg A_2$，$\frac{\alpha_1 v_1^2}{2g}$可略去不计，且取 $h_{w1-2} = 0$，得

$$H + l_1 + l_2 = \frac{v_2^2}{2g}$$

锥形管出口处水流速度

$$v_2 = \sqrt{2g(H + l_1 + l_2)} = \sqrt{2 \times 9.8 \times (3 + 16 + 0.1)}\,\text{m/s} = 19.35\text{m/s}$$

根据恒定总流连续性方程 $v_A A_A = v_2 A_2$，断面 $A—A$ 的平均流速

$$v_A = v_2\left(\frac{d_2}{d_1}\right)^2 = 19.35\text{m/s} \times \left(\frac{0.05\text{m}}{0.075\text{m}}\right)^2 = 8.60\text{m/s}$$

仍以 0—0 为基准面，对断面 1—1 及断面 $A—A$ 列总流的伯努利方程

$$(H + l_1 + l_2) + 0 + 0 = (l_1 + l_2) + \frac{p_A}{\rho g} + \frac{\alpha v_A^2}{2g} + 0$$

得断面 $A—A$ 压强水头

$$\frac{p_A}{\rho g} = H - \frac{\alpha v_A^2}{2g} = \left(3 - \frac{1.0 \times 8.60^2}{2 \times 9.8}\right)\text{m} = -0.77\text{m}$$

由于竖管过水断面面积 $A_A = A_B = A_C$，根据恒定总流的连续性方程得 $v_A = v_B = v_C$。同理，对断面 1—1 及断面 $B—B$ 列总流的伯努利方程，可得断面 $B—B$ 压强水头

$$\frac{p_B}{\rho g} = H + \frac{l_1}{2} - \frac{\alpha v_B^2}{2g} = \left(3 + \frac{16}{2} - \frac{1.0 \times 8.60^2}{2 \times 9.8}\right)\text{m} = 7.23\text{m}$$

对断面 1—1 及断面 $C—C$ 写总流的伯努利方程，得断面 $C—C$ 压强水头

$$\frac{p_C}{\rho g} = H + l_1 - \frac{\alpha v_C^2}{2g} = \left(3 + 16 - \frac{1.0 \times 8.60^2}{2 \times 9.8}\right)\text{m} = 15.23\text{m}$$

根据以上计算结果，可以进一步分析水流运动过程中，位能、压能和动能之间的相互转化关系。如果计入能量损失，情况又会如何？

【例 4-4】 有一股水流从直径 $d_2 = 25\text{mm}$ 的喷嘴垂直向上射出，如图 4-12 所示。水管直径 $d_1 = 100\text{mm}$，压力表 M 读数为 29400N/m^2。若水流经过喷嘴的能量损失为 0.5m，且射流不裂碎分散。求喷嘴的射流量 Q 及水股最高能达到的高度 h（不计水股在空气中的能量损失）。

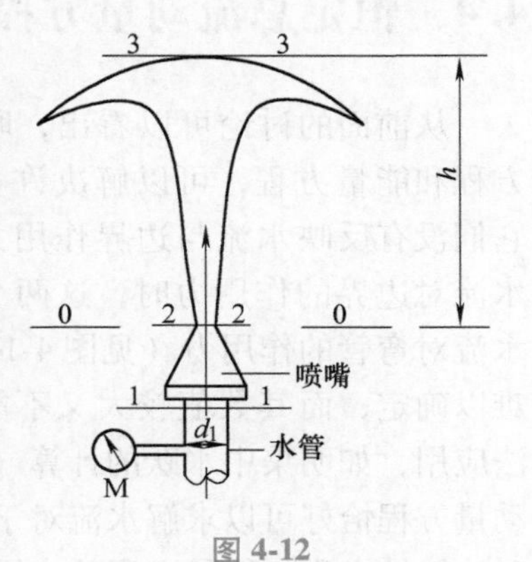

图 4-12

【解】 取喷嘴进口前的过水断面 1—1 及出口后的过水断面 2—2，以过断面 2—2 的水平面为基准面 0—0。因断面 1—1 和断面 2—2 相距很近，可不计两断面间的高差。列出恒定总流的伯努利方程

$$0 + \frac{p_1}{\rho g} + \frac{\alpha_1 v_1^2}{2g} = 0 + 0 + \frac{\alpha_2 v_2^2}{2g} + h_{w1-2}$$

利用连续性方程 $v_1A_1=v_2A_2$，得 $v_1=v_2\left(\frac{d_2}{d_1}\right)^2$。取 $\alpha_1=\alpha_2=1.0$，上式可写成

$$\frac{v_2^2}{2g}\left[\left(\frac{d_2}{d_1}\right)^4-1\right]=h_{w1-2}-\frac{p_1}{\rho g}$$

代入已知数据解得喷嘴出口流速

$$v_2=\sqrt{2g\frac{h_{w1-2}-\frac{p_1}{\rho g}}{\left(\frac{d_2}{d_1}\right)^4-1}}=\sqrt{2\times 9.8\frac{0.5-\frac{29400}{1000\times 9.8}}{\left(\frac{0.025}{0.10}\right)^4-1}}\text{m/s}=7.01\text{m/s}$$

喷嘴射流量

$$Q=A_2v_2=\frac{\pi}{4}d_2^2v_2=\left(\frac{3.14}{4}\times 0.025^2\times 7.01\right)\text{m}^3/\text{s}$$
$$=3.44\text{L/s}$$

取水股喷至最高点为过水断面3—3，该断面上水质点流速为零。仍以0—0为基准面，对断面2—2及断面3—3列出伯努利方程

$$0+0+\frac{\alpha_2v_2^2}{2g}=h+0+\frac{\alpha_3v_3^2}{2g}+0$$

因为 $\frac{\alpha_3v_3^2}{2g}=0$，所以水股喷射高度

$$h=\frac{\alpha_2v_2^2}{2g}=\left(\frac{1.0\times 7.01^2}{2\times 9.8}\right)\text{m}=2.51\text{m}$$

请进一步思考：如果将喷嘴旋转到与水平线成夹角 $\alpha=30°$ 的位置，如图4-13所示，请问喷嘴射流量 Q 及水股喷射到最高点的高度 h 是否变化？为什么？

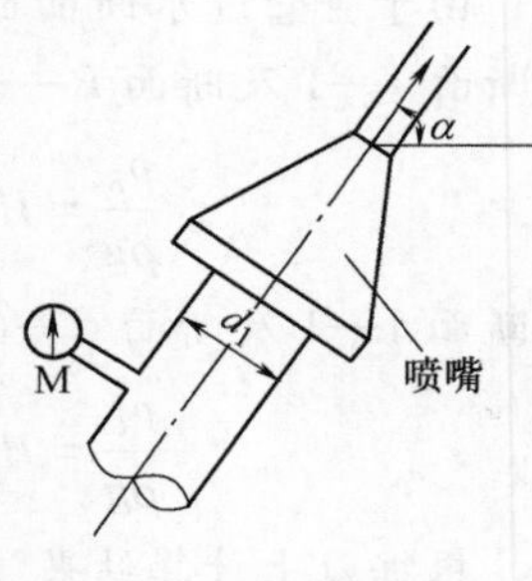

图 4-13

4.4　恒定总流动量方程的推导

从前面的讨论可以看出，联合应用恒定总流的连续性方程和能量方程，可以解决许多水力学问题。然而，由于它们没有反映水流与边界作用力之间的关系，在需要确定水流对边界的作用力时，这两个方程都无能为力，如求解水流对弯管的作用力（见图4-14）。另外，当某种流动的 h_w 难以确定，而其数值较大又不能忽略时，能量方程也将无法应用，如明渠中水跃的计算（见图4-15）。而恒定总流的动量方程恰好可以求解水流对于边界的作用力，同时又不涉及流段内部的水流结构，它可以对连续性方程、能量方程的应用形成互补。连续性方程、能量方程和动量方程又统称为水力学三大基本方程，它们是水力学中应用最广的三个主要方程。

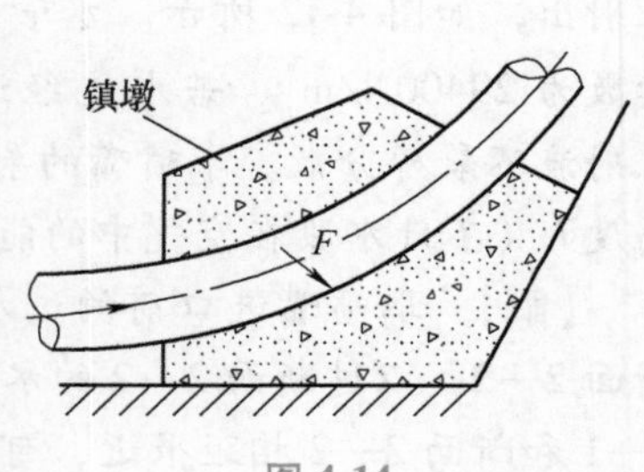

图 4-14

4.4.1　恒定总流的动量方程

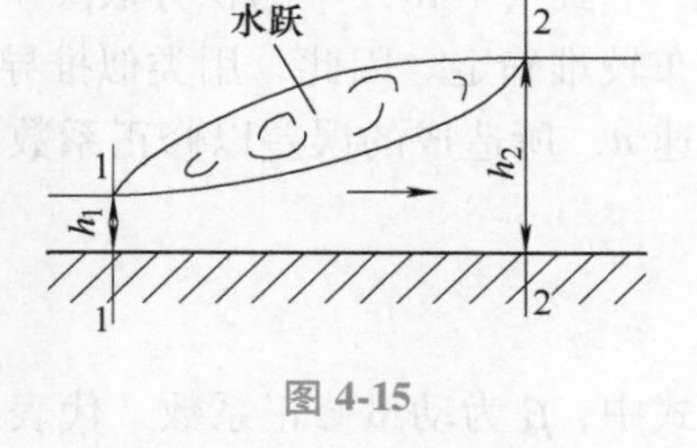

图 4-15

由物理学已知，动量定律可表述为：单位时间内物体的动量变化等于作用于该物体所有外力的合力。以 m 表示物体的质量，用$\boldsymbol{v}$表示物体运动的速度，则物体的动量为 $\boldsymbol{M}=m\boldsymbol{v}$。动量的变化就是 $(\boldsymbol{M}_2-\boldsymbol{M}_1)=m\boldsymbol{v}_2-m\boldsymbol{v}_1$，若以 $\sum\boldsymbol{F}$ 表示作用于物体上所有外力的合力。那么动量定律可写为

$$\frac{\boldsymbol{M}_2-\boldsymbol{M}_1}{\Delta t}=\sum\boldsymbol{F}$$

或

$$\Delta\boldsymbol{M}=\sum\boldsymbol{F}\Delta t \tag{4-38}$$

依据动量定律式（4-38），现推导恒定总流的动量方程。

在均质不可压缩液体的恒定总流中，取渐变流过水断面 1—1 及断面 2—2 为控制断面，面积分别为 A_1 和 A_2，断面平均流速为$\boldsymbol{v}_1$ 和$\boldsymbol{v}_2$，液体由断面 1—1 流向断面 2—2，两断面间没有汇流或分流，如图 4-16 所示。在 dt 时刻初，用断面 1—1 及断面 2—2 截取出一个流段 1—2（为控制体），它所具有的动量为 $\boldsymbol{M}_{1-2}$。经过微元时段 dt 后，该流段运动到新的位置 1′—2′，此时它所具有的动量为 $\boldsymbol{M}_{1'-2'}$。dt 时段内该流段动量的变化为

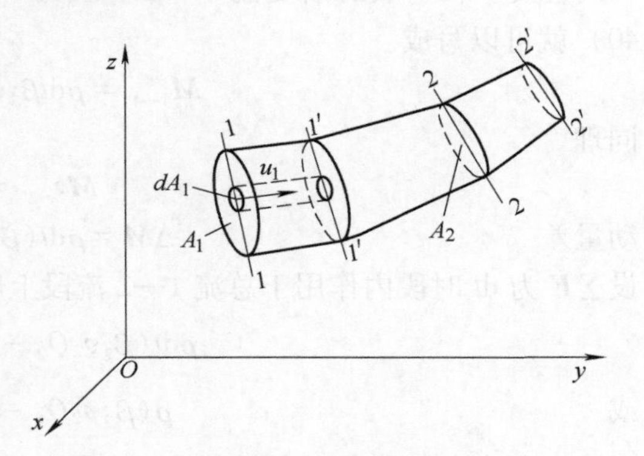

图 4-16

$$\Delta\boldsymbol{M}=\boldsymbol{M}_{1'-2'}-\boldsymbol{M}_{1-2}$$

$\boldsymbol{M}_{1'-2'}$可以看作是 1′—2 和 2—2′两个流段的动量之和，即

$$\boldsymbol{M}_{1'-2'}=\boldsymbol{M}_{1'-2}+\boldsymbol{M}_{2-2'}$$

同理

$$\boldsymbol{M}_{1-2}=\boldsymbol{M}_{1-1'}+\boldsymbol{M}_{1'-2}$$

虽然 $\boldsymbol{M}_{1'-2}$分别相应于两个不同时刻，因流动是均质不可压缩液体的恒定流，在断面 1′—1′与断面 2—2 之间的液体，其质量和流速均不随时间变化，即动量 $\boldsymbol{M}_{1'-2}$不随时间改变，所以 1—2 流段在 dt 时间内的动量变化实际上可写为

$$\Delta\boldsymbol{M}=\boldsymbol{M}_{2-2'}-\boldsymbol{M}_{1-1'} \tag{4-39}$$

式中，$\boldsymbol{M}_{2-2'}$是 dt 时段内从断面 2—2 流出的液体所具有的动量；而 $\boldsymbol{M}_{1-1'}$是 dt 时段内由断面 1—1 流入的液体所具有的动量。因此，$\Delta\boldsymbol{M}$ 也可以表述为 dt 时段内从控制体 1—2 流出液体的动量与流入液体的动量之差。

为了确定 $\boldsymbol{M}_{1-1'}$，在过水断面 1—1 上取一个微元面积 dA_1，流速为 u_1，如图 4-16 所示。dt 时段内由 dA_1 流入液体的动量为 $\rho u_1\mathrm{d}A_1\mathrm{d}t u$，对面积 A_1 积分，得总流断面 1—1 流入液体的动量为

$$\boldsymbol{M}_{1-1'}=\int_{A_1}\rho u_1\boldsymbol{u}\mathrm{d}t\mathrm{d}A_1=\rho\mathrm{d}t\int_{A_1}u_1\boldsymbol{u}\mathrm{d}A_1 \tag{4-40}$$

式（4-40）中的积分取决于过水断面上的流速分布。一般情况下，过水断面上的流速分布较难确定。因此，用类似推导恒定总流能量方程的方法，以断面平均流速 v 来代替各点流速 u，所造成的误差以修正系数来修正。令

$$\beta = \frac{\int_A u\boldsymbol{u}\mathrm{d}A}{\boldsymbol{v}vA} \tag{4-41}$$

式中，β 为动量修正系数，代表了实际动量与按断面平均流速计算的动量之比。在渐变流过水断面上，各点的流速 $\boldsymbol{u}$ 几乎平行且和断面平均流速$\boldsymbol{v}$的方向基本一致，故

$$\beta = \frac{\int_A u^2\mathrm{d}A}{v^2A} \tag{4-42}$$

与动能修正系数类似，能够证明$\beta \geqslant 1.0$。β 值的大小也取决于过水断面上流速 u 分布的均匀程度。在一般的渐变流中，$\beta = 1.02 \sim 1.05$。为计算方便，通常取$\beta = 1.0$。这样式（4-40）就可以写成

$$\boldsymbol{M}_{1-1'} = \rho\mathrm{d}t\beta_1\boldsymbol{v}_1v_1A_1 = \rho\mathrm{d}t\beta_1\boldsymbol{v}_1Q_1$$

同理

$$\boldsymbol{M}_{2-2'} = \rho\mathrm{d}t\beta_2\boldsymbol{v}_2Q_2$$

动量差

$$\Delta\boldsymbol{M} = \rho\mathrm{d}t(\beta_2\boldsymbol{v}_2Q_2 - \beta_1\boldsymbol{v}_1Q_1) \tag{4-43}$$

设$\sum\boldsymbol{F}$ 为 $\mathrm{d}t$ 时段内作用于总流 1—2 流段上所有外力之和，由式（4-38）可得

$$\rho\mathrm{d}t(\beta_2\boldsymbol{v}_2Q_2 - \beta_1\boldsymbol{v}_1Q_1) = \sum\boldsymbol{F}\mathrm{d}t$$

或

$$\rho(\beta_2\boldsymbol{v}_2Q_2 - \beta_1\boldsymbol{v}_1Q_1) = \sum\boldsymbol{F} \tag{4-44}$$

当流入和流出各只有一个断面时，流量 $Q_1 = Q_2 = Q$，由式（4-44）可得

$$\rho Q(\beta_2\boldsymbol{v}_2 - \beta_1\boldsymbol{v}_1) = \sum\boldsymbol{F} \tag{4-45}$$

这就是均质不可压缩液体恒定总流的动量方程。它表示两个控制断面之间的恒定总流，在单位时间之内流出该段的液体所具有的动量与流入该段的液体所具有的动量之差，等于作用在所取控制体上各外力的合力。

恒定总流的动量方程是一个矢量方程。为了计算方便，在直角坐标中常采用分量形式，即

$$\left.\begin{aligned}\rho Q(\beta_2v_{2x} - \beta_1v_{1x}) &= \sum F_x\\ \rho Q(\beta_2v_{2y} - \beta_1v_{1y}) &= \sum F_y\\ \rho Q(\beta_2v_{2z} - \beta_1v_{1z}) &= \sum F_z\end{aligned}\right\} \tag{4-46}$$

式中，ρ 为液体的密度；v_{1x}、v_{1y}、v_{1z}和 v_{2x}、v_{2y}、v_{2z}分别为$\boldsymbol{v}_1$、$\boldsymbol{v}_2$ 在 x、y、z 轴方向的分量；$\sum F_x$、$\sum F_y$、$\sum F_z$ 为作用在控制体上所有外力分别在 x、y、z 轴投影的代数和；β 为动量修正系数，不考虑β 在 x、y、z 轴方向上的变化。

从恒定总流动量方程的推导过程可知，该方程的应用条件为：

1）均质不可压缩液体，且为恒定流。

2）两端的控制断面必须选在均匀流或渐变流区域，但两个断面之间可以有急变流存在。

3）在所取的控制体中，有动量流进流出的过水断面各自只有一个，否则，动量方程（4-45）不能直接应用。

图 4-17 所示为一个分叉管道，取控制体如图中虚线所示，可见，有动量流出的断面是两个，即断面 2—2 及断面 3—3，有动量流入的是断面 1—1，在这种情况下，由式(4-44)可得

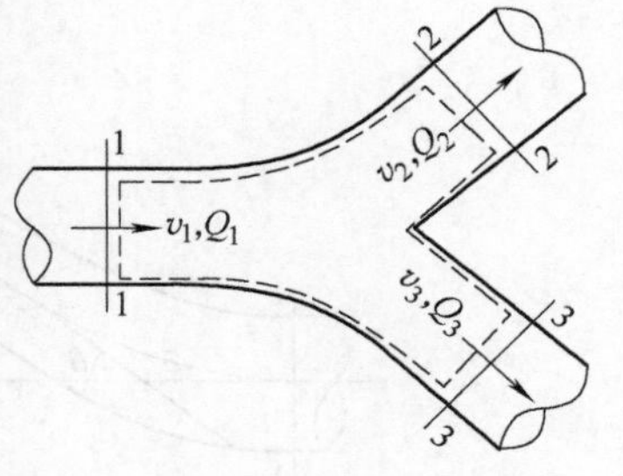

$$(\rho Q_2\beta_2\boldsymbol{v}_2 + \rho Q_3\beta_3\boldsymbol{v}_3) - \rho Q_1\beta_1\boldsymbol{v}_1 = \sum \boldsymbol{F}$$

类似于式（4-46），上式也可写成坐标轴上的投影形式。

图 4-17

4.4.2　动量方程的应用

动量方程是水力学中最主要的基本方程之一，由于它是一个矢量方程，在应用中要注意以下几点：

1）首先要选取控制体。一般是取总流的一段来研究，其过水断面应选在均匀流或渐变流区域。因控制体的周界上均作用着大气压强，而任何一个大小相等的应力分布对任一封闭体的合力为零，所以动水压强用相对压强计算。

2）全面分析控制体的受力情况。既要做到所有的外力一个不漏，又要考虑哪些外力可以忽略不计。对于待求的未知力，可以预先假定一个方向，若计算结果该力的数值为正，表明原假设方向正确；当所求得的数值为负时，表明实际方向与原假设方向相反。为了便于计算，应在控制体上标出全部作用力的方向。

3）实际计算中，一般采用动量方程的坐标投影形式。所以写动量方程时，必须先确定坐标系，然后要弄清流速和作用力投影的正负号。凡是与坐标轴的正向一致者取正号，反之取负号。坐标轴是可以任意选择的，以计算简便为宜。

4）方程中的动量差，必须是流出的动量减去流入的动量，两者切不可颠倒。

5）动量方程只能求解一个未知数。当有两个以上未知数时，应借助于连续性方程及能量方程联合求解。在计算中，一般可取动量修正系数 $\beta_1=\beta_2=1.0$。

下面举例说明动量方程的应用。

1. 确定水流对弯管的作用力

【例 4-5】　某有压管道中有一段渐缩弯管，如图 4-18a 所示。弯管的轴线位于同一平面内，已知断面 1—1 形心点的压强 $p_1=98\text{kN/m}^2$，管径 $d_1=200\text{mm}$，断面 2—2 的管径 $d_2=150\text{mm}$，转角 $\theta=60°$，管道中流量 $Q=100\text{L/s}$。若不计弯管段的水头损失，试求水流对弯管的作用力。

【解】　由连续性方程 $v_1A_1=v_2A_2=Q$，得

$$v_1=\frac{Q}{A_1}=\frac{100\times10^{-3}}{\dfrac{3.14}{4}\times0.2^2}\text{m/s}=3.18\text{m/s}$$

$$v_2=\frac{Q}{A_2}=\frac{100\times10^{-3}}{\dfrac{3.14}{4}\times0.15^2}\text{m/s}=5.66\text{m/s}$$

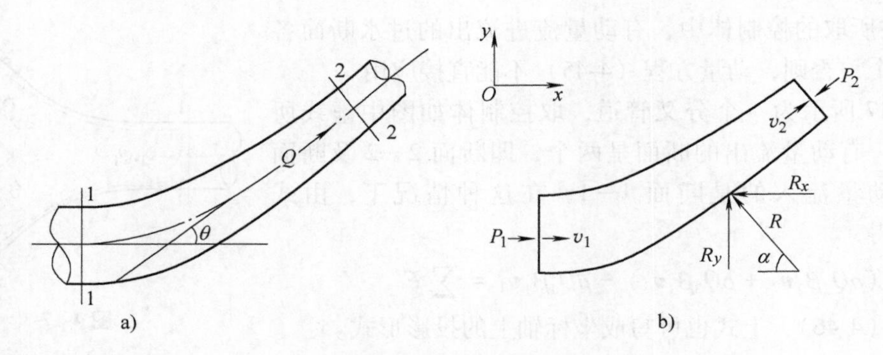

图 4-18

对渐变流过水断面 1—1 和 2—2，以过管轴线的水平面为基准面，列出伯努利方程

$$0+\frac{p_1}{\rho g}+\frac{\alpha_1 v_1^2}{2g}=0+\frac{p_2}{\rho g}+\frac{\alpha_2 v_2^2}{2g}+0$$

取动能修正系数 $\alpha_1=\alpha_2=1.0$，得

$$\frac{p_2}{\rho g}=\frac{p_1}{\rho g}+\frac{(v_1^2-v_2^2)}{2g}=\left(\frac{98000}{1000\times 9.8}+\frac{3.18^2-5.66^2}{2\times 9.8}\right)\text{m}=8.88\text{m}$$

故 2—2 断面形心点的压强为

$$p_2=(8.88\times 1000\times 9.8)\text{N/m}^2=87.02\text{kN/m}^2$$

1）在弯管内，取过水断面 1—1 与 2—2 之间的水体为控制体，且选取控制体轴线所在平面为 xOy 坐标平面，坐标轴如图 4-18b 所示。

2）分析控制体所受的全部外力，并且在控制体上标出各力的作用方向。

因流动在同一个平面内，故重力在 xOy 平面上的投影为零。两端过水断面上的动水压力 P_1 及 P_2 分别为

$$P_1=p_1A_1=\left(98000\times\frac{\pi}{4}\times 0.2^2\right)\text{N}=3077.2\text{N}$$

$$P_2=p_2A_2=\left(87020\times\frac{\pi}{4}\times 0.15^2\right)\text{N}=1537.0\text{N}$$

管壁对控制体的作用力 R，这是待求力的反作用力，以相互垂直的分量 R_x、R_y 表示，假定其方向如图 4-18b 所示。

3）用动量方程计算管壁对控制体的作用力 R。由式（4-45）写 x 方向的动量方程，有

$$\rho Q(\beta_2 v_2\cos\theta-\beta_1 v_1)=P_1-P_2\cos\theta-R_x$$

取 $\beta_1=\beta_2=1.0$，得

$$\begin{aligned}R_x&=P_1-P_2\cos\theta-\rho Q(v_2\cos\theta-v_1)\\&=[3077.2-1537.0\cos60°-1000\times 0.1(5.66\cos60°-3.18)]\text{N}\\&=2343.7\text{N}\end{aligned}$$

同理，y 方向的动量方程为

$$\rho Q(\beta_2 v_2\sin\theta-0)=-P_2\sin\theta+R_y$$

取 $\beta_2=1.0$，得

$$\begin{aligned}R_y&=\rho Q v_2\sin\theta+P_2\sin\theta\\&=(1000\times 0.1\times 5.66\sin60°+1537.0\sin60°)\text{N}\end{aligned}$$

$$= 1821.3\text{N}$$

R_x、R_y 的计算结果均为正值，说明管壁对控制体作用力的实际方向与假定方向相同。

合力的大小

$$R = \sqrt{R_x^2 + R_y^2} = \sqrt{2343.7^2 + 1821.3^2}\ \text{N} = 2968.2\text{N}$$

合力与 x 轴的夹角

$$\alpha = \arctan\frac{R_y}{R_x} = \arctan\frac{1821.3\text{N}}{2343.7\text{N}} = 37°51'$$

4）计算水流对弯管的作用力 $\boldsymbol{F}$。$\boldsymbol{F}$ 与 $\boldsymbol{R}$ 大小相等、方向相反，而且作用线相同。作用力 $\boldsymbol{F}$ 直接作用在弯管上，对管道有冲击破坏作用，为此应在弯管段设置混凝土支座来抵抗这种冲击力。

2. 水流对平板闸门的作用力

【例4-6】 在某平底矩形断面渠道中修建水闸，闸门与渠道同宽，采用矩形平板闸门且垂直启闭，如图4-19a所示。已知闸门宽度 $b=6\text{m}$，闸前水深 $H=5\text{m}$，当闸门开启高度 $e=1.0\text{m}$ 时，闸后收缩断面水深 $h_c=0.6\text{m}$，水闸泄流量 $Q=33.47\text{m}^3/\text{s}$。若不计流动过程中的水头损失，试求过闸水流对平板闸门的作用力。

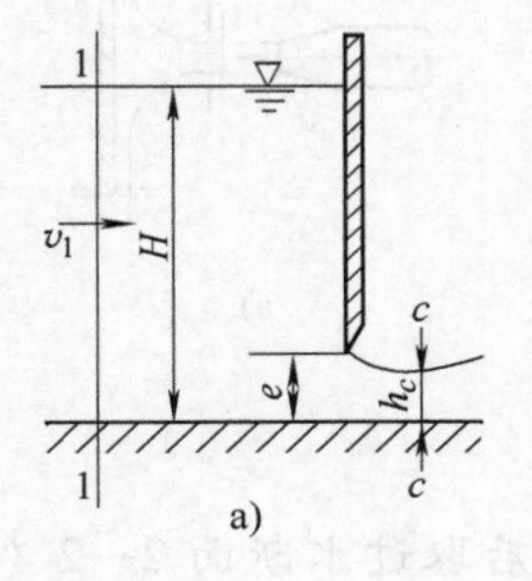

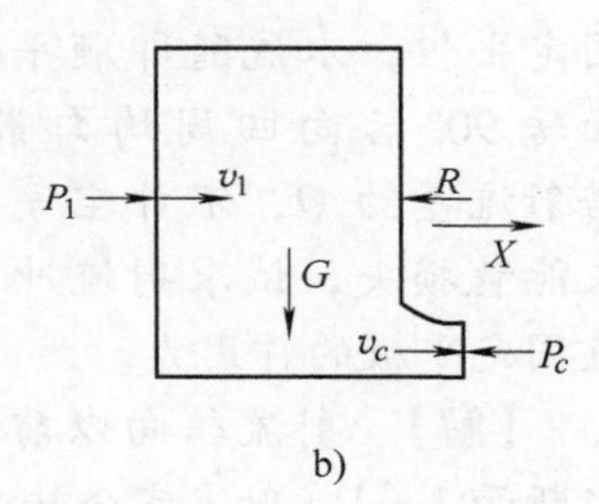

图4-19

【解】 取渐变流过水断面1—1及断面 c—c，根据连续性方程 $v_1A_1=v_cA_c=Q$，可得

$$v_1 = \frac{Q}{bH} = \left(\frac{33.47}{6\times 5}\right)\text{m/s} = 1.12\text{m/s}$$

$$v_c = \frac{Q}{bh_c} = \left(\frac{33.47}{6\times 0.6}\right)\text{m/s} = 9.3\text{m/s}$$

1）取渐变流过水断面1—1及断面 c—c 之间的全部水体为控制体，沿水平方向选取坐标 x 轴，如图4-19b所示。

2）分析控制体的受力，并标出全部作用力的方向。重力在 x 轴上无投影，断面1—1上的动水压力为

$$P_1 = \frac{1}{2}\rho g H^2 b = \left(\frac{1}{2}\times 1000\times 9.8\times 5^2\times 6\right)\text{N} = 735\text{kN}$$

断面 c—c 上的动水压力为

$$P_c = \frac{1}{2}\rho g h_c^2 b = \left(\frac{1}{2}\times 1000\times 9.8\times 0.6^2\times 6\right)\text{N} = 10.584\text{kN}$$

设闸门对水流的反作用力为 $\boldsymbol{R}$，方向水平向左，如图4-19b所示。

3）利用动量方程计算反作用力 $\boldsymbol{R}$。写 x 方向的动量方程，有

$$\rho Q(\beta_2 v_c - \beta_1 v_1) = P_1 - P_c - R$$

取 $\beta_1=\beta_2=1.0$，得

$$
\begin{aligned}
R &= P_1 - P_c - \rho Q(v_c - v_1) \\
&= [735 - 10.584 - 1 \times 33.47 \times (9.3 - 1.12)]\mathrm{kN} \\
&= 450.63\mathrm{kN}
\end{aligned}
$$

因为求得的 R 为正值，说明假定的方向即为实际方向。

4）确定水流对平板闸门的作用力 $\boldsymbol{R}'$。$\boldsymbol{R}'$ 与 $\boldsymbol{R}$ 大小相等、方向相反，即 $R'=450.63\mathrm{kN}$，方向水平向右。

接下来可对本例题做进一步分析：当其他条件不变时，与按静水压强分布计算的结果进行比较，水流对闸门的作用力 R' 是否相同。原因何在？

3. 射流冲击固定表面的作用力

【例 4-7】 如图 4-20a 所示，水流从管道末端的喷嘴水平射出，以速度 v 冲击某竖直固定平板，水流随即顺平板表面转 90° 后向四周均匀散开。若射流量为 Q，不计空气阻力及能量损失，试求射流冲击竖直固定平板的作用力。

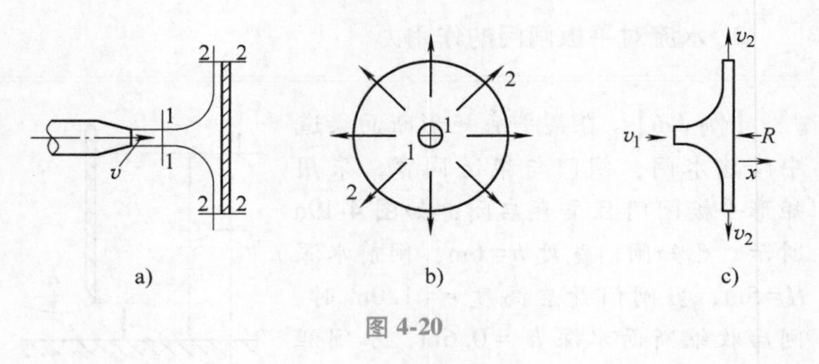

图 4-20

【解】 射流转向以前取过水断面 1—1，射流完全转向以后取过水断面 2—2（是一个圆筒面，见图 4-20b），1—1 与 2—2 均为渐变流断面。取断面 1—1 与断面 2—2 之间的全部水体为控制体，沿水平方向取 x 轴，如图 4-20c 所示。

写 x 方向的动量方程，有

$$\rho Q(\beta_2 v_{2x} - \beta_1 v_{1x}) = \sum F_x$$

因不计能量损失，由能量方程可得 $v_1=v_2=v$，流速在 x 轴上的投影 $v_{1x}=v$，$v_{2x}=0$。分析控制体的受力，由于射流的周界及转向后的水流表面都处在大气中，可认为断面 1—1、断面 2—2 的动水压强均等于大气压强，故动水压力 $P_1=P_2=0$。不计水流与空气、水流与平板的摩擦阻力。重力 G 与 x 轴垂直，$G_x=0$。设平板作用于水流的反作用力为 $\boldsymbol{R}$，方向水平向左，取动量修正系数 $\beta_1=\beta_2=1.0$。因此可得

$$\rho Q(0 - v) = -R$$

即

$$R = \rho Q v$$

因计算结果 R 为正值，说明原假定方向即为实际方向。射流作用在垂直固定平板上的冲击力 $\boldsymbol{R}'$ 与 $\boldsymbol{R}$ 大小相等、方向相反，即 $\boldsymbol{R}'$ 水平向右且与射流速度 $\boldsymbol{v}$ 的方向一致。

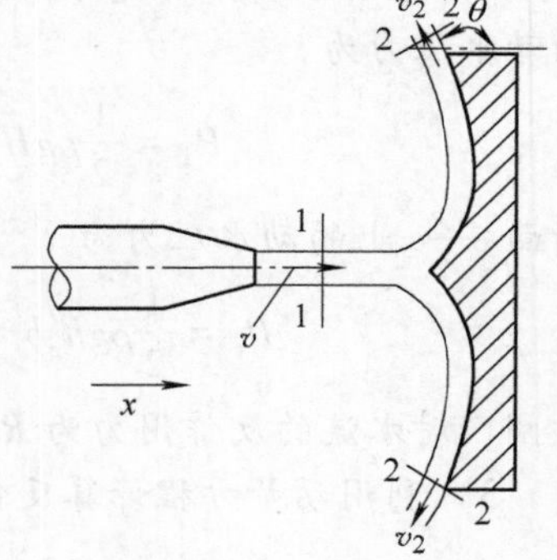

图 4-21

如果射流冲击的是一块垂直固定的凹面板，如图 4-21 所示。取射流转向以前的过水断面 1—1 和完全转向后的过水断面 2—2（是一个环形断面）之间的全部水体为控制体，写出 x 方向的动量方程，有

$$\rho Q(\beta_2 v_{2x} - \beta_1 v_{1x}) = \sum F_x$$

因 $v_2 = v_1 = v$，$v_{2x} = v\cos\theta$，同样分析可得

$$R = \rho Qv(1 - \cos\theta)$$

射流作用在垂直固定凹面板上的冲击力 $\boldsymbol{R}'$ 与 $\boldsymbol{R}$ 大小相等、方向相反，即 $\boldsymbol{R}'$ 水平向右且与射流速度 $\boldsymbol{v}$ 的方向一致，如图 4-21 所示。θ 是指凹面板末端切线与 x 轴的夹角，由于 $\theta > \dfrac{\pi}{2}$，故 $\cos\theta$ 为负值，所以作用于垂直固定凹面板上的冲击力大于作用于垂直固定平板上的冲击力。当 $\theta = \pi$ 时，即射流转向 180°，此时射流对垂直固定凹面板的冲击力是其平板的两倍。

4.4.3 动量矩方程及其应用*

应用恒定总流的动量方程能够确定水流与边界之间作用力的大小和方向，但不能给出作用力的位置。当需要确定作用力的位置时，可应用动量矩方程求解。实际工程中，在分析水流通过水轮机或水泵等水力机械的流动时，也常需要应用动量矩方程。

在力学中动量矩定理可表述为：一个物体在单位时间内对转动轴的动量矩变化，等于作用于此物体上所有外力对同一转轴的力矩之和。下面以水流通过水轮机转轮的流动为例，依据动量矩定理，采用与推导动量方程相类似的方法，推导恒定总流的动量矩方程。

图 4-22 所示为一水轮机转轮的剖面图。水流从转轮外周以速度 $\boldsymbol{v}_1$ 流入，它与外圆周切线方向的夹角为 θ_1；水流从转轮内周以速度 $\boldsymbol{v}_2$ 流出，它与内圆周切线方向的夹角为 θ_2。转轮外周半径为 r_1，内周半径为 r_2。由于流动是轴对称的，故在同一圆周上的各点处，流入或流出的速度大小均相等，与圆周切线的夹角也不变。设单位时间内流入转轮的液体质量为 ρQ，则沿外圆周切线方向流入的动量为（$\rho Qv_1\cos\theta_1$），单位时间内流入转轮的液体的动量矩为（$\rho Qv_1\cos\theta_1$）r_1。同理，单位时间内流出内转轮的液体的动量矩为（$\rho Qv_2\cos\theta_2$）r_2。根据动量矩定理可得

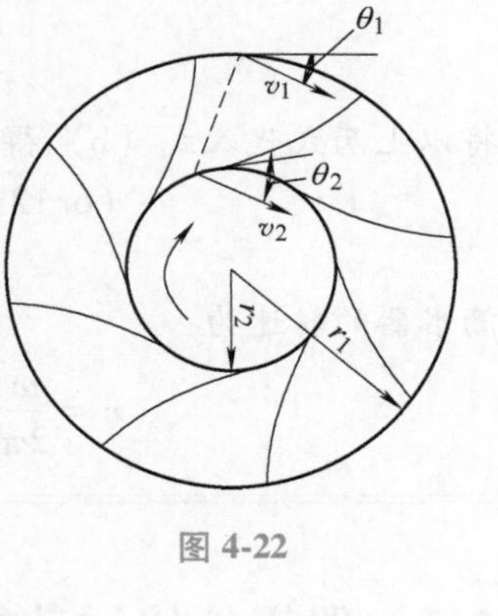

$$\rho Q(v_2 r_2\cos\theta_2 - v_1 r_1\cos\theta_1) = \sum T' \tag{4-47}$$

图 4-22

式中，$\sum T'$ 为作用于水流上的所有外力对转轴的力矩之和。

式（4-47）即为恒定总流的动量矩方程。因水流对转轮叶片的作用力所产生的力矩 T 与 $\sum T'$ 大小相等、方向相反，水流对转轮的力矩为

$$T = \rho Q(v_1 r_1\cos\theta_1 - v_2 r_2\cos\theta_2) \tag{4-48}$$

式中，T 为水流作用于水轮机转轮的力矩。

对于离心泵，水流通过转轮的流动情况恰好与水轮机相反，式（4-48）的左边为负值，即水流对水泵转轮的力矩 T 是负的，说明转轮加力于水流，水流通过水泵而获得了外加能量。

【例 4-8】 水平放置的双臂式洒水器如图 4-23 所示。水管两端装有方向相反的喷管，喷射的水流垂直

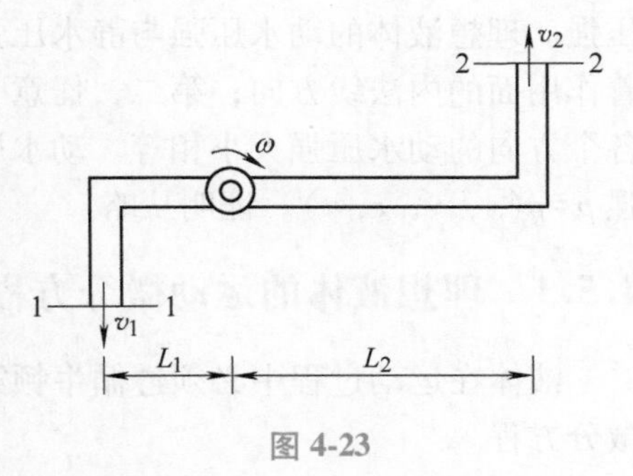

图 4-23

于竖管。水体自转轴处的管道流进，经左、右臂由喷管流出。已知喷管两臂长分别为 $L_1=1\text{m}$，$L_2=2\text{m}$，喷管直径 $d=25\text{mm}$，每个喷水口的流量相同，$Q_1=Q_2=Q=3\text{L/s}$，不计流动阻力，试求洒水器的转速 n。

【解】 因进入洒水器的水流没有动量矩，也无作用于装置的外力矩，所以出口水流的动量矩为零。设等角转速为 ω，由总流动量矩方程得

$$\rho Q_1 v_1' L_1 + \rho Q_2 v_2' L_2 = 0 \tag{a}$$

因 $Q_1=Q_2=Q$，所以

$$\rho Q(v_1' L_1 + v_2' L_2) = 0$$

整理为

$$v_1' L_1 + v_2' L_2 = 0 \tag{b}$$

由于 v_1'、v_2' 是绝对速度，且为

$$v_1' = v_1 - \omega L_1$$
$$v_2' = v_2 - \omega L_2$$

而喷嘴出口速度

$$v_1 = v_2 = \frac{Q}{A} = \frac{4Q}{\pi d^2} = \frac{4 \times 0.003}{3.14 \times 0.025^2}\text{m/s} = 6.12\text{m/s}$$

故

$$v_1' = 6.12\text{m/s} - \omega \times 1\text{m} = 6.12\text{m/s} - \omega$$
$$v_2' = 6.12\text{m/s} - \omega \times 2\text{m} = 6.12\text{m/s} - 2\omega$$

将以上两式代入式（b）得

$$(6.12\text{m/s} - \omega) \times 1\text{m} + (6.12\text{m/s} - 2\omega) \times 2\text{m} = 0$$
$$\omega = 3.67\text{rad/s}$$

洒水器的转速为

$$n = \frac{\omega}{2\pi} \times 60 = \left(\frac{3.67}{2 \times 3.14} \times 60\right)\text{r/min} = 35.06\text{r/min}$$

4.5 理想液体运动微分方程及其积分

液体的运动规律与作用力有关，在研究理想液体运动时，首先要了解理想液体中的应力。因为理想液体没有黏滞性，所以液体运动时不产生切应力，表面力只有压应力，即动水压强。理想液体的动水压强与静水压强一样也具有两个特性：第一，动水压强的方向总是沿着作用面的内法线方向；第二，任意一点的动水压强大小与作用面的方位无关，即同一点上各个方向的动水压强大小相等。动水压强只是位置坐标和时间的函数，在直角坐标系中，压强 $p=p(x, y, z, t)$。证明从略。

4.5.1 理想液体的运动微分方程

液体在运动过程中必须遵循牛顿第二定律。下面应用牛顿第二定律建立理想液体的运动微分方程。

设在理想液体流场中，建立空间直角坐标系，任取一点 $M(x, y, z)$，该点的动水压强为 $p(x, y, z, t)$，速度为 (u_x, u_y, u_z)。以 M 为中心，取微元平行六面体，如图 4-24 所示。六面体的各边长分别为 dx、dy、dz，分别平行于 x、y、z 轴。设液体密度为 ρ。

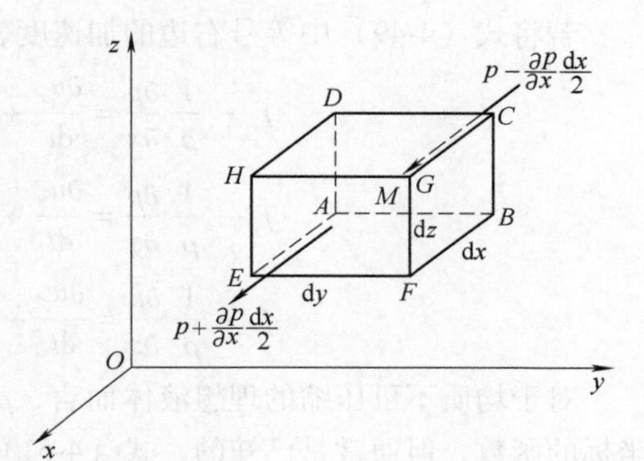

图 4-24

作用于六面体上的力有两种：表面力和质量力。

因为是理想液体，表面力只有动水压力。六面体表面形心点的压强仍采用泰勒级数展开并略去二阶以上微量而得。作用于六面体 $ABCD$ 和 $EFGH$ 面形心点上的压力分别为 $\left(p-\frac{\partial p}{\partial x}\frac{dx}{2}\right)dydz$ 和 $\left(p+\frac{\partial p}{\partial x}\frac{dx}{2}\right)dydz$。设六面体单位质量力在 x、y、z 轴上的分量分别为 f_x、f_y、f_z，则作用于六面体的质量力在 x 轴上的分量为 $f_x\rho dxdydz$。

根据牛顿第二定律，在 x 轴方向，所有作用于六面体上的力投影的代数和应等于六面体的质量与加速度投影的乘积，即

$$\left(p-\frac{\partial p}{\partial x}\frac{dx}{2}\right)dydz-\left(p+\frac{\partial p}{\partial x}\frac{dx}{2}\right)dydz+f_x\rho dxdydz=\rho dxdydz\frac{du_x}{dt}$$

将上式各项都除以 $\rho dxdydz$，即对单位质量而言，化简得

$$f_x-\frac{1}{\rho}\frac{\partial p}{\partial x}=\frac{du_x}{dt}$$

同理

$$\left.\begin{aligned}f_x-\frac{1}{\rho}\frac{\partial p}{\partial x}&=\frac{du_x}{dt}\\f_y-\frac{1}{\rho}\frac{\partial p}{\partial y}&=\frac{du_y}{dt}\\f_z-\frac{1}{\rho}\frac{\partial p}{\partial z}&=\frac{du_z}{dt}\end{aligned}\right\}\tag{4-49}$$

式（4-49）即为理想液体的运动微分方程，是由瑞士学者欧拉在 1775 年首先推导出来的，所以又称为欧拉运动微分方程。当六面体无限趋近 M 点时，式（4-49）也表示了液体质点的运动和作用力之间的相互关系，适用于不可压缩的理想液体或可压缩的理想气体。对前者密度 ρ 值为常量，而后者 ρ 值为变量。

对于静止液体，$u_x=u_y=u_z=0$，代入式（4-49）得

$$\left.\begin{aligned}f_x-\frac{1}{\rho}\frac{\partial p}{\partial x}&=0\\f_y-\frac{1}{\rho}\frac{\partial p}{\partial y}&=0\\f_z-\frac{1}{\rho}\frac{\partial p}{\partial z}&=0\end{aligned}\right\}\tag{4-50}$$

式（4-50）即为液体的平衡微分方程，即水静力学中的欧拉液体平衡微分方程。

若将式（4-49）中等号右边的加速度表达式展开，欧拉运动微分方程可写为

$$\left.\begin{aligned}f_x-\frac{1}{\rho}\frac{\partial p}{\partial x}&=\frac{\partial u_x}{\mathrm{d}t}+u_x\frac{\partial u_x}{\partial x}+u_y\frac{\partial u_x}{\partial y}+u_z\frac{\partial u_x}{\partial z}\\f_y-\frac{1}{\rho}\frac{\partial p}{\partial y}&=\frac{\partial u_y}{\mathrm{d}t}+u_x\frac{\partial u_y}{\partial x}+u_y\frac{\partial u_y}{\partial y}+u_z\frac{\partial u_y}{\partial z}\\f_z-\frac{1}{\rho}\frac{\partial p}{\partial z}&=\frac{\partial u_z}{\mathrm{d}t}+u_x\frac{\partial u_z}{\partial x}+u_y\frac{\partial u_z}{\partial y}+u_z\frac{\partial u_z}{\partial z}\end{aligned}\right\}\tag{4-51}$$

对于均质不可压缩的理想液体而言，ρ 为已知常数，单位质量力的分量 f_x，f_y，f_z 虽是坐标的函数，但通常是已知的，式（4-51）中的未知数仅为动水压强 p 和速度分量 u_x，u_y，u_z。由于式（4-51）中有四个未知数，必须与连续性微分方程（3-23）联合构成封闭的方程组，结合具体问题的定解条件，才能求得不可压缩理想液体运动的解。也就是说，求得在给定的定解条件下的压强和流速在流场中的空间分布以及它们随时间的变化规律，这样也就得到了所要求解的给定条件下的不可压缩理想液体的运动规律。但是，式（4-51）的求解是很困难的，因为它具有非线性的惯性项，是一个非线性偏微分方程组，目前在数学上尚难求得它的通解。为了便于分析液体的运动规律，下面给出几种特殊情况下理想液体运动微分方程的积分。

4.5.2 葛罗米柯（ТроМеко）运动微分方程

为了使理想液体运动微分方程便于积分，葛罗米柯将式（4-51）变换成包含有旋转角速度 ω 项的形式。

因 $u^2=u_x^2+u_y^2+u_z^2$，由此可写出 $u^2/2$ 对 x 轴偏导数的表达式

$$\frac{\partial}{\partial x}\left(\frac{u^2}{2}\right)=\frac{\partial}{\partial x}\left(\frac{u_x^2+u_y^2+u_z^2}{2}\right)=u_x\frac{\partial u_x}{\partial x}+u_y\frac{\partial u_y}{\partial x}+u_z\frac{\partial u_z}{\partial x}$$

故

$$u_x\frac{\partial u_x}{\partial x}=\frac{\partial}{\partial x}\left(\frac{u^2}{2}\right)-u_y\frac{\partial u_y}{\partial x}-u_z\frac{\partial u_z}{\partial x}$$

将上式代入欧拉运动微分方程（4-51）的第一式，整理为

$$f_x-\frac{1}{\rho}\frac{\partial p}{\partial x}-\frac{\partial u_x}{\mathrm{d}t}=\frac{\partial}{\partial x}\left(\frac{u^2}{2}\right)-u_y\left(\frac{\partial u_y}{\partial x}-\frac{\partial u_x}{\partial y}\right)+u_z\left(\frac{\partial u_x}{\partial z}-\frac{\partial u_z}{\partial x}\right)$$

因 $\omega_y=\dfrac{1}{2}\left(\dfrac{\partial u_x}{\partial z}-\dfrac{\partial u_z}{\partial x}\right)$，$\omega_z=\dfrac{1}{2}\left(\dfrac{\partial u_y}{\partial x}-\dfrac{\partial u_x}{\partial y}\right)$，代入上式进行整理，同理对 y 轴、z 轴进行处理后得

$$\left.\begin{aligned}f_x-\frac{1}{\rho}\frac{\partial p}{\partial x}-\frac{\partial}{\partial x}\left(\frac{u^2}{2}\right)-\frac{\partial u_x}{\partial t}&=2(u_z\omega_y-u_y\omega_z)\\f_y-\frac{1}{\rho}\frac{\partial p}{\partial y}-\frac{\partial}{\partial y}\left(\frac{u^2}{2}\right)-\frac{\partial u_y}{\partial t}&=2(u_x\omega_z-u_z\omega_x)\\f_z-\frac{1}{\rho}\frac{\partial p}{\partial z}-\frac{\partial}{\partial z}\left(\frac{u^2}{2}\right)-\frac{\partial u_z}{\partial t}&=2(u_y\omega_x-u_x\omega_y)\end{aligned}\right\}\tag{4-52}$$

式（4-52）是葛罗米柯在1881年提出的，称葛罗米柯运动微分方程。它是欧拉运动微

分方程的另一种数学表达形式，在物理本质上并没有什么改变，仅把旋转角速度引入了方程中。对于无旋流，可令 $\omega_x=\omega_y=\omega_z=0$ 直接代入方程中，应用十分简便。

4.5.3 理想液体运动微分方程的积分

葛罗米柯运动微分方程只有在质量力是有势力的条件下才能实现积分。由理论力学可知，在有势力场中，存在着某一个标量函数力 $U(x, y, z, t)$，力在 x、y、z 三个坐标轴上的分量可用 $U(x, y, z, t)$ 在相应坐标轴上的偏导数来表示。若作用于液体上的单位质量力 f_x、f_y、f_z 是有势力，则存在

$$\left.\begin{aligned} f_x &= \frac{\partial U}{\partial x} \\ f_y &= \frac{\partial U}{\partial y} \\ f_z &= \frac{\partial U}{\partial z} \end{aligned}\right\} \tag{4-53}$$

式中，U 称为势函数或力势函数，具有势函数的质量力称为有势力，例如重力和惯性力。

若液体是均质不可压缩的，密度 ρ 为常数，则 $\frac{1}{\rho}\frac{\partial p}{\partial x}$、$\frac{1}{\rho}\frac{\partial p}{\partial y}$、$\frac{1}{\rho}\frac{\partial p}{\partial z}$ 可分别写为 $\frac{\partial}{\partial x}\left(\frac{p}{\rho}\right)$、$\frac{\partial}{\partial y}\left(\frac{p}{\rho}\right)$、$\frac{\partial}{\partial z}\left(\frac{p}{\rho}\right)$。

若为恒定流，则 $\frac{\partial u_x}{\partial t}=\frac{\partial u_y}{\partial t}=\frac{\partial u_z}{\partial t}=0$。将以上条件均代入式（4-52），可化简为

$$\left.\begin{aligned} \frac{\partial}{\partial x}\left(U-\frac{p}{\rho}-\frac{u^2}{2}\right) &= 2(u_z\omega_y-u_y\omega_z) \\ \frac{\partial}{\partial y}\left(U-\frac{p}{\rho}-\frac{u^2}{2}\right) &= 2(u_x\omega_z-u_z\omega_x) \\ \frac{\partial}{\partial z}\left(U-\frac{p}{\rho}-\frac{u^2}{2}\right) &= 2(u_y\omega_x-u_x\omega_y) \end{aligned}\right\} \tag{4-54}$$

将以上各式分别乘以坐标任意增量 dx、dy、dz，并将它们相加，得

$$\begin{aligned} &\frac{\partial}{\partial x}\left(U-\frac{p}{\rho}-\frac{u^2}{2}\right)\mathrm{d}x+\frac{\partial}{\partial y}\left(U-\frac{p}{\rho}-\frac{u^2}{2}\right)\mathrm{d}y+\frac{\partial}{\partial z}\left(U-\frac{p}{\rho}-\frac{u^2}{2}\right)\mathrm{d}z \\ &=2[(u_z\omega_y-u_y\omega_z)\mathrm{d}x+(u_x\omega_z-u_z\omega_x)\mathrm{d}y+(u_y\omega_x-u_x\omega_y)\mathrm{d}z] \end{aligned}$$

因为恒定流时各运动要素与时间无关，所以上式等号左边为 $\left(U-\frac{p}{\rho}-\frac{u^2}{2}\right)$ 对空间坐标的全微分，而等号右边可用行列式的形式来表示，于是上式可改写为

$$\mathrm{d}\left(U-\frac{p}{\rho}-\frac{u^2}{2}\right)=2\begin{vmatrix} \mathrm{d}x & \mathrm{d}y & \mathrm{d}z \\ \omega_x & \omega_y & \omega_z \\ u_x & u_y & u_z \end{vmatrix} \tag{4-55}$$

显然，当行列式的值等于零时，式（4-55）即可积分为

$$\left(U-\frac{p}{\rho}-\frac{u^2}{2}\right)=\text{常数} \tag{4-56}$$

式（4-56）就是均质不可压缩理想液体恒定流的能量方程，是伯努利（Bernoulli）在1738年提出的，该方程又称为伯努利方程。从推导过程可知，应用式（4-56）必须满足下列条件：

1）液体是均质不可压缩的理想液体，密度ρ为常数。

2）作用于液体上的质量力是有势力。

3）液体运动是恒定流。

4）行列式$\begin{vmatrix} dx & dy & dz \\ \omega_x & \omega_y & \omega_z \\ u_x & u_y & u_z \end{vmatrix}=0$。

根据行列式的性质，满足下列条件之一都能使该行列式的值为零，即

1）$\omega_x=\omega_y=\omega_z=0$，有势流。当液体为有势流时，式（4-56）适用于全部流场，不限于在同一条流线上。

2）$u_x=u_y=u_z=0$，静止液体。式（4-56）适用于静止液体中的各点。

3）$\dfrac{dx}{\omega_x}=\dfrac{dy}{\omega_y}=\dfrac{dz}{\omega_z}=0$，这是涡线微分方程。它说明式（4-56）适用于有旋流的同一条涡线上。

4）$\dfrac{dx}{u_x}=\dfrac{dy}{u_y}=\dfrac{dz}{u_z}=0$，这是流线微分方程。式（4-56）适用于同一条流线上，无论液体是否有旋。

5）$\dfrac{u_x}{\omega_x}=\dfrac{u_y}{\omega_y}=\dfrac{u_z}{\omega_z}=0$，螺旋流。涡线微分方程和流线微分方程相同，流线和涡线相重合，液体质点沿流线移动，在移动过程中同时又围绕着流线转动。式（4-56）适用于整个螺旋流。

4.5.4 绝对运动和相对运动的能量方程

在实际应用式（4-56）时，还需确定式中的力势函数U的表达式。力势函数与质量力有关，根据质量力的性质不同，常见的有两种情况：

1. 绝对运动的能量方程

绝对运动是指液流的固体边界对地球没有相对运动，作用在液体上的质量力只有重力而没有其他惯性力。

若质量力是有势的，则

$$f_x=\frac{\partial U}{\partial x},\ f_y=\frac{\partial U}{\partial y},\ f_z=\frac{\partial U}{\partial z}$$

故

$$dU=\frac{\partial U}{\partial x}dx+\frac{\partial U}{\partial y}dy+\frac{\partial U}{\partial z}dz=f_x dx+f_y dy+f_z dz$$

当质量力只有重力时，并取z轴竖直向上为正，则

$$f_x=0,\ f_y=0,\ f_z=-g$$

因此

$$dU=-g dz$$

积分得

$$U=-gz+C$$

式中，C 为积分常数。将上式代入式（4-56），整理可得

$$zg + \frac{p}{\rho} + \frac{u^2}{2} = 常数$$

即
$$z + \frac{p}{\rho g} + \frac{u^2}{2g} = 常数 \tag{4-57}$$

若应用于式（4-56）适用范围内液体中的任意两点，则式（4-57）可写为

$$z_1 + \frac{p_1}{\rho g} + \frac{u_1^2}{2g} = z_2 + \frac{p_2}{\rho g} + \frac{u_2^2}{2g} \tag{4-58}$$

式（4-57）或式（4-58）称为均质不可压缩理想液体恒定流的绝对运动能量方程，又称为绝对运动的伯努利方程，在第一节的讨论中已经得到。

2. 相对运动的能量方程

相对运动是指液流沿固体边界运动的同时，固体边界相对于地球是运动的，例如水泵叶轮内水流的运动就是这种情况。

图 4-25 所示为离心泵叶轮示意图。一方面液体在叶片之间由中心向外运动，另一方面叶轮以等角速度 ω 绕中心轴做旋转运动。假定液体沿叶片的对称线方向运动，也就是说叶轮入口断面 1—1 处的相对速度 w_1 与叶轮出口断面 2—2 处的相对速度 w_2 均与叶片对称线相切。以 u_1 及 u_2 分别表示断面 1—1 及断面 2—2 处的圆周速度，以 r_1 及 r_2 表示断面 1—1 及断面 2—2 处的半径，则

$$u_1 = \omega r_1,\ u_2 = \omega r_2$$

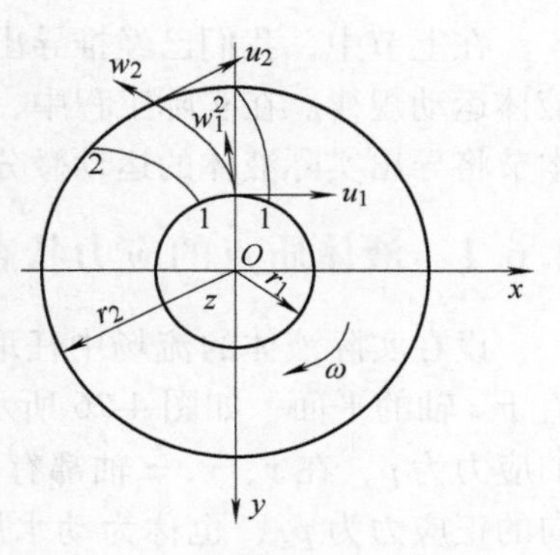

图 4-25

单位质量力的分量为

$$f_x = \omega^2 r\cos\alpha = \omega^2 x$$

$$f_y = \omega^2 r\sin\alpha = \omega^2 y$$

$$f_z = -g$$

所以

$$\begin{aligned} dU &= f_x dx + f_y dy + f_z dz \\ &= \omega^2 x dx + \omega^2 y dy - g dz \end{aligned}$$

积分得

$$\begin{aligned} U &= \frac{1}{2}\omega^2 x^2 + \frac{1}{2}\omega^2 y^2 - gz + C \\ &= \frac{\omega^2}{2}(x^2 + y^2) - gz + C \\ &= \frac{\omega^2 r^2}{2} - gz + C \end{aligned} \tag{4-59}$$

在相对运动的情况下，式（4-56）中流速 u 应该用相对速度 w 代替，将式（4-59）代入式（4-56），并整理得

$$gz + \frac{p}{\rho} + \frac{w^2}{2} - \frac{(\omega r)^2}{2} = C$$

因圆周速度 $u=\omega r$，故

$$gz+\frac{p}{\rho}+\frac{w^2}{2}-\frac{u^2}{2}=C$$

进一步写成为

$$z+\frac{p}{\rho g}+\frac{w^2}{2g}-\frac{u^2}{2g}=C \tag{4-60}$$

将式（4-60）应用于断面1—1及2—2，则

$$z_1+\frac{p_1}{\rho g}+\frac{w_1^2}{2g}-\frac{u_1^2}{2g}=z_2+\frac{p_2}{\rho g}+\frac{w_2^2}{2g}-\frac{u_2^2}{2g} \tag{4-61}$$

式（4-61）即为相对运动的能量方程，常用该式来分析流体机械，如离心泵及水轮机中的液体运动。

4.6 实际液体运动微分方程

在上节中，我们已经推导出理想液体运动微分方程，可用于分析一些忽略黏滞性影响的液体运动规律。在实际工程中，绝大部分液体运动中液体的黏滞性是不能忽略的，因此，在本节将导出实际液体的运动微分方程。

4.6.1 液体质点的应力状态

设在实际液体的流场中任取一点 M，过 M 点作一垂直于 z 轴的平面，如图4-26所示。作用在该平面 M 点上的应力为 p，在 x、y、z 轴都有分量，一个沿着该平面法向的正应力为 p_{zz}，也称为动水压强，两个与该平面成切向的切应力，分别为 τ_{zx} 和 τ_{zy}。应力分量的第一个下标表示作用面的法线方向，第二个下标代表应力的作用方向。可见，平面上一个点的应力状态可由三个分量决定。

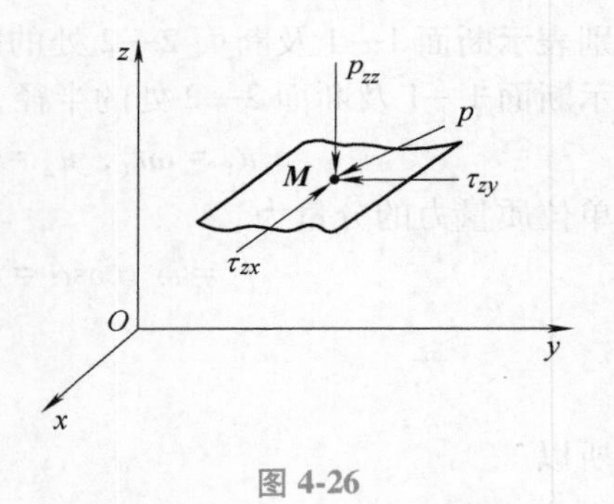

图 4-26

过流场中某一点可做三个互相垂直的平面，显然，空间上一个点的应力可由九个应力分量来决定，有三个正应力 p_{xx}、p_{yy}、p_{zz} 和六个切应力 τ_{xy}、τ_{yx}、τ_{zx}、τ_{xz}、τ_{yz}、τ_{zy}，这九个应力分量就反映了该点的应力状态。

由切应力互等定理可得

$$\tau_{xy}=\tau_{yx},\ \tau_{xz}=\tau_{zx},\ \tau_{yz}=\tau_{zy}$$

因此，在九个应力分量中，实际上只有六个应力分量是相互独立的。

4.6.2 应力与变形的关系

牛顿内摩擦定律给出二维平行直线流动中，切应力大小为 $\tau=\mu\dfrac{\mathrm{d}u}{\mathrm{d}y}$，速度梯度 $\dfrac{\mathrm{d}u}{\mathrm{d}y}$ 实际上又代表了液体的切应变（又称剪切变形速度），即 $\dfrac{\mathrm{d}u}{\mathrm{d}y}=\dfrac{\mathrm{d}\theta}{\mathrm{d}t}$。将这个结论推广到一般的空间流动，称为广义牛顿内摩擦定律。由第3章可知，在 xOy 平面上的角变形速度为

$$\varepsilon_{xy}=\varepsilon_{yx}=\frac{\mathrm{d}\phi}{\mathrm{d}t}=\frac{1}{2}\left(\frac{\mathrm{d}\theta_1}{\mathrm{d}t}+\frac{\mathrm{d}\theta_2}{\mathrm{d}t}\right)$$

因为 $\mathrm{d}\theta=\mathrm{d}\theta_1+\mathrm{d}\theta_2$，所以

$$\frac{\mathrm{d}\theta}{\mathrm{d}t}=\frac{\mathrm{d}\theta_1}{\mathrm{d}t}+\frac{\mathrm{d}\theta_2}{\mathrm{d}t}=2\varepsilon_{xy}=2\varepsilon_{yx}$$

则切应力

$$\tau_{xy}=\tau_{yx}=\mu\frac{\mathrm{d}\theta}{\mathrm{d}t}=2\mu\varepsilon_{xy}=\mu\left(\frac{\partial u_y}{\partial x}+\frac{\partial u_x}{\partial y}\right) \tag{4-62}$$

同理可得

$$\tau_{xz}=\tau_{zx}=\mu\left(\frac{\partial u_x}{\partial z}+\frac{\partial u_z}{\partial x}\right),\tau_{zy}=\tau_{yz}=\mu\left(\frac{\partial u_z}{\partial y}+\frac{\partial u_y}{\partial z}\right)$$

所以

$$\left.\begin{aligned}\tau_{xz}=\tau_{zx}=\mu\left(\frac{\partial u_x}{\partial z}+\frac{\partial u_z}{\partial x}\right)\\ \tau_{yx}=\tau_{xy}=\mu\left(\frac{\partial u_y}{\partial x}+\frac{\partial u_x}{\partial y}\right)\\ \tau_{zy}=\tau_{yz}=\mu\left(\frac{\partial u_z}{\partial y}+\frac{\partial u_y}{\partial z}\right)\end{aligned}\right\} \tag{4-63}$$

式（4-63）即为实际液体中切应力的普遍表达式，该式表明切应力与角变形速度呈线性关系。

关于正应力，即动水压强，可以证明（从略）：在同一点上，三个互相垂直作用面上的动水压强之和，与那组垂直作用面的方位无关，也就是说，无论直角坐标系如何转动，$(p_{xx}+p_{yy}+p_{zz})$的值总是保持不变。

若以 p 表示三个互相垂直作用面上动水压强的平均值，即

$$p=\frac{1}{3}(p_{xx}+p_{yy}+p_{zz}) \tag{4-64}$$

又将 p 简称为平均动水压强。三个互相垂直方向的动水压强可认为等于这个平均动水压强加上一个附加动水压强，即

$$\left.\begin{aligned}p_{xx}=p+p'_{xx}\\ p_{yy}=p+p'_{yy}\\ p_{zz}=p+p'_{zz}\end{aligned}\right\} \tag{4-65}$$

这些附加动水压强可视为是由液体的黏滞性引起的，因而和液体的变形有关。对于不可压缩液体，通过分析可得附加动水压强和线变形速率之间有下列关系：

$$\left.\begin{aligned}p'_{xx}=-2\mu\varepsilon_{xx}=-2\mu\frac{\partial u_x}{\partial x}\\ p'_{yy}=-2\mu\varepsilon_{yy}=-2\mu\frac{\partial u_y}{\partial y}\\ p'_{zz}=-2\mu\varepsilon_{zz}=-2\mu\frac{\partial u_z}{\partial z}\end{aligned}\right\} \tag{4-66}$$

将式（4-66）代入式（4-65）得

$$\left.\begin{aligned}p_{xx}&=p-2\mu\frac{\partial u_x}{\partial x}\\p_{yy}&=p-2\mu\frac{\partial u_y}{\partial y}\\p_{zz}&=p-2\mu\frac{\partial u_z}{\partial z}\end{aligned}\right\}\tag{4-67}$$

式（4-67）即为实际液体中三个互相垂直方向动水压强的表达式，说明法向应力与线变形速率呈线性关系。

4.6.3 实际液体运动微分方程推导

设在实际液体流场中，取一个以任意点 $M(x, y, z)$ 为中心的微元平行六面体，如图 4-27 所示。各边长分别为 $\mathrm{d}x$、$\mathrm{d}y$、$\mathrm{d}z$。设液体是均质的，其密度为 ρ，单位质量力在三个坐标轴上的分量分别为 f_x、f_y、f_z。作用于六面体表面上的应力可近似认为是均匀分布的，其形心点的应力相应于中心点 M 按泰勒级数展开，并通过略去级数中二阶以上的各项得到。假设包含 A 点的三个面上的切应力为负值，则包含 G 点的三个面上的切应力必为正值。对于六面体，沿着 x 轴方向的表面力如图 4-27 所示。

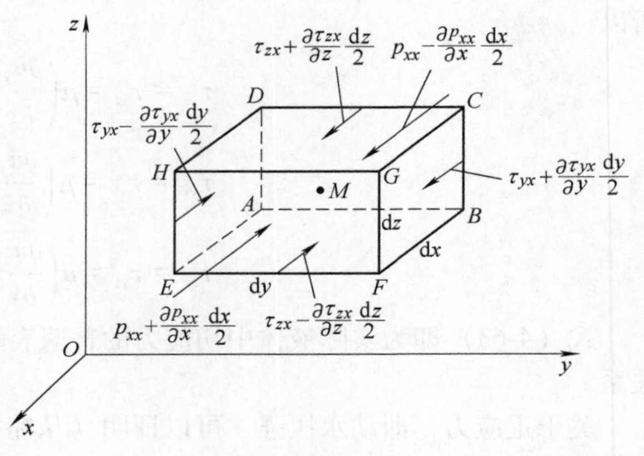

图 4-27

沿 x 轴方向，作用于六面体上的质量力为 $f_x\rho\mathrm{d}x\mathrm{d}y\mathrm{d}z$，表面力有压力和切力，可由作用于表面的应力乘以相应的面积得出。现根据牛顿第二定律，写出 x 轴方向的分量式为

$$\left(p_{xx}-\frac{\partial p_{xx}}{\partial x}\frac{\mathrm{d}x}{2}\right)\mathrm{d}y\mathrm{d}z-\left(p_{xx}+\frac{\partial p_{xx}}{\partial x}\frac{\mathrm{d}x}{2}\right)\mathrm{d}y\mathrm{d}z+\left(\tau_{zx}+\frac{\partial \tau_{zx}}{\partial z}\frac{\mathrm{d}z}{2}\right)\mathrm{d}x\mathrm{d}y-$$
$$\left(\tau_{zx}-\frac{\partial \tau_{zx}}{\partial z}\frac{\mathrm{d}z}{2}\right)\mathrm{d}x\mathrm{d}y+\left(\tau_{yx}+\frac{\partial \tau_{yx}}{\partial y}\frac{\mathrm{d}y}{2}\right)\mathrm{d}x\mathrm{d}z-\left(\tau_{yx}-\frac{\partial \tau_{yx}}{\partial y}\frac{\mathrm{d}y}{2}\right)\mathrm{d}x\mathrm{d}z+$$
$$f_x\rho\mathrm{d}x\mathrm{d}y\mathrm{d}z=\rho\mathrm{d}x\mathrm{d}y\mathrm{d}z\frac{\mathrm{d}u_x}{\mathrm{d}t}$$

同理可得 y 轴和 z 轴方向的分量式。并将各项都除以 $\rho\mathrm{d}x\mathrm{d}y\mathrm{d}z$，即对单位质量而言，化简整理后可得

$$\left.\begin{aligned}f_x+\frac{1}{\rho}\left(-\frac{\partial p_{xx}}{\partial x}+\frac{\partial \tau_{yx}}{\partial y}+\frac{\partial \tau_{zx}}{\partial z}\right)&=\frac{\mathrm{d}u_x}{\mathrm{d}t}\\f_y+\frac{1}{\rho}\left(-\frac{\partial p_{yy}}{\partial y}+\frac{\partial \tau_{xy}}{\partial x}+\frac{\partial \tau_{zy}}{\partial z}\right)&=\frac{\mathrm{d}u_y}{\mathrm{d}t}\\f_z+\frac{1}{\rho}\left(-\frac{\partial p_{zz}}{\partial z}+\frac{\partial \tau_{xz}}{\partial x}+\frac{\partial \tau_{yz}}{\partial y}\right)&=\frac{\mathrm{d}u_z}{\mathrm{d}t}\end{aligned}\right\}\tag{4-68}$$

这就是以应力表示的实际液体运动微分方程。

若将应力与变形的关系式（4-63）和式（4-67），以及不可压缩液体连续性方程(3-23)代入式（4-68），并将加速度项以展开式表示，式（4-68）可整理为

$$\left.\begin{aligned}
f_x-\frac{1}{\rho}\frac{\partial p}{\partial x}+\nu\left(\frac{\partial^2 u_x}{\partial x^2}+\frac{\partial^2 u_x}{\partial y^2}+\frac{\partial^2 u_x}{\partial z^2}\right)=\frac{\partial u_x}{\partial t}+u_x\frac{\partial u_x}{\partial x}+u_y\frac{\partial u_x}{\partial y}+u_z\frac{\partial u_x}{\partial z}\\
f_y-\frac{1}{\rho}\frac{\partial p}{\partial y}+\nu\left(\frac{\partial^2 u_y}{\partial x^2}+\frac{\partial^2 u_y}{\partial y^2}+\frac{\partial^2 u_y}{\partial z^2}\right)=\frac{\partial u_y}{\partial t}+u_x\frac{\partial u_y}{\partial x}+u_y\frac{\partial u_y}{\partial y}+u_z\frac{\partial u_y}{\partial z}\\
f_z-\frac{1}{\rho}\frac{\partial p}{\partial z}+\nu\left(\frac{\partial^2 u_z}{\partial x^2}+\frac{\partial^2 u_z}{\partial y^2}+\frac{\partial^2 u_z}{\partial z^2}\right)=\frac{\partial u_z}{\partial t}+u_x\frac{\partial u_z}{\partial x}+u_y\frac{\partial u_z}{\partial y}+u_z\frac{\partial u_z}{\partial z}
\end{aligned}\right\}\tag{4-69}$$

这就是均质不可压缩实际液体运动微分方程，称为纳维-斯托克斯（Navier-Stokes）方程，简称 N-S 方程。如果液体为理想液体，式（4-69）即化简为理想液体运动微分方程；如果是静止液体，式（4-69）又可写成液体平衡微分方程。所以，N-S 方程是研究液体运动最基本的方程之一。

在 N-S 方程中，液体密度 ρ，运动黏度 ν，单位质量力的分量 f_x、f_y、f_z 一般均是已知量，未知量有动水压强 p，速度分量 u_x、u_y、u_z 共 4 个。N-S 方程与连续性方程联合共有 4 个方程，从理论上讲，在一定的初始条件和边界条件下，任何一个均质不可压缩实际液体的运动问题，是可以求解的。但实际上 N-S 方程是二阶非线性非齐次的偏微分方程，求其普遍解在数学上是很困难的，仅对某些简单问题才能求得解析解，例如两平行板之间或圆管中的层流运动等问题。但是，随着计算机的广泛应用和数值计算技术的发展，对于许多工程实际问题已能够求得其近似解。N-S 方程的精确解虽然不多，但能揭示实际液体运动的本质特征，同时也作为检验和校核其他近似方法的依据，探讨复杂问题和新的理论问题的参照点和出发点，所以，N-S 方程有其重要的理论价值和实践意义。

【例 4-9】 实际液体在很长的水平圆管内做层流运动，如图 4-28 所示。已知管径为 d，速度分量为 $u_y=u(x,z)$，$u_x=0$，$u_z=0$。试用 N-S 方程求解过水断面上速度分布及流量的表达式。

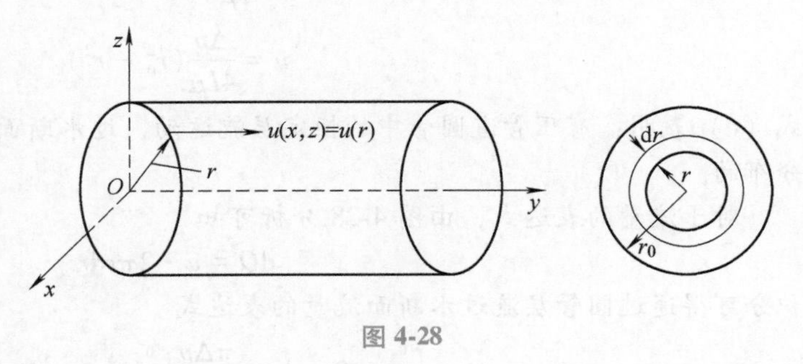

图 4-28

【解】 由连续性方程可得 $\dfrac{\partial u_y}{\partial y}=\dfrac{\partial u}{\partial y}=0$。恒定流时，$\dfrac{\partial u}{\partial t}=0$。

质量力只有重力时，$f_x=f_y=0$。因 $u_x=u_z=0$，所以 $u_x\dfrac{\partial u_y}{\partial x}=0$，$u_z\dfrac{\partial u_y}{\partial z}=0$。将以上结果代入式(4-69)中的第二式，可简化为

$$-\frac{1}{\rho}\frac{\partial p}{\partial y}+\nu\left(\frac{\partial^2 u}{\partial x^2}+\frac{\partial^2 u}{\partial z^2}\right)=0\tag{a}$$

因 $\dfrac{\partial u}{\partial y}=0$，说明 u 沿 y 轴保持不变，由式(a)可知 $\dfrac{\partial p}{\partial y}$ 与 y 无关，即动水压强沿 y 轴方向的变化率

$\frac{\partial p}{\partial y}$是一个常数，可令

$$\frac{\partial p}{\partial y}=-\frac{\Delta p}{L} \tag{b}$$

式中，Δp 为沿 y 轴方向长度为 L 流段上的压强降落值。由于压强沿水流方向是下降的，故应在 Δp 前加一负号。

因为圆管中的液流是轴对称的，$\frac{\partial^2 u}{\partial x^2}$与$\frac{\partial^2 u}{\partial z^2}$相同，而且 x 与 z 都是沿圆管的径向，可将 x、z 换成用极坐标 r 表示。因 u 与 y 无关，仅为 r 的函数，所以 u 对 r 的偏导数可直接写成全导数，即

$$\frac{\partial^2 u}{\partial x^2}=\frac{\partial^2 u}{\partial z^2}=\frac{\partial^2 u}{\partial r^2}=\frac{\mathrm{d}^2 u}{\mathrm{d}r^2} \tag{c}$$

将式（b）和式（c）代入式（a），整理后得

$$\frac{\mathrm{d}^2 u}{\mathrm{d}r^2}=-\frac{\Delta p}{2L\rho\nu}=-\frac{\Delta p}{2L\mu} \tag{d}$$

将式（d）积分

$$\frac{\mathrm{d}u}{\mathrm{d}r}=-\frac{\Delta p}{2L\mu}r+C_1$$

利用边界条件，管轴线处，$r=0$，$\frac{\mathrm{d}u}{\mathrm{d}r}=0$，得积分常数 $C_1=0$。代入上式再次积分，可得

$$u=-\frac{\Delta p}{4L\mu}r^2+C_2$$

管壁处，$r=r_0$，$u=0$，得积分常数 $C_2=\frac{\Delta p}{4L\mu}r_0^2$。将 C_2 代入上式可得流速分布为

$$u=\frac{\Delta p}{4L\mu}(r_0^2-r^2) \tag{e}$$

式（e）表明：有压管道圆管中的恒定层流运动，过水断面上的流速是按旋转抛物面的规律分布的。

对于流量的表达式，由图 4-28 分析可知

$$\mathrm{d}Q=u\cdot 2\pi r\mathrm{d}r$$

积分可得通过圆管层流过水断面流量的表达式

$$Q=\int_0^{r_0}u\cdot 2\pi r\mathrm{d}r=\frac{\pi\Delta p}{2L\mu}\int_0^{r_0}(r_0^2-r^2)r\mathrm{d}r=\frac{\pi\Delta p}{8L\mu}r_0^4 \tag{f}$$

4.7 恒定平面势流

在第 3 章中曾按液体质点有无转动，将液体运动分为有旋流和无旋流，无旋流又称为有势流。严格地讲，只有理想液体的运动才有可能是有势流，因为理想液体没有切应力，只有正应力，合力都通过液体质点中心，因而不存在使其转动的力矩。如果理想液体一开始就是

有势流（或有旋流），它将永远都是有势（或有旋）的。故从静止状态开始的理想液体运动将是有势流。实际液体由于有黏滞性的作用，流动过程中必然产生切应力，从而产生力矩使液体质点转动，所以都是有旋流。但在某些情况下，当黏滞性对流动的影响很小可以忽略不计时，可作为理想液体来处理，当流动又是从静止状态开始的，可按有势流来求得近似解。例如，从静止开始的波浪运动、溢洪道下泄的水流、闸孔出流、渗流等。1904 年普朗特（Prandtl）提出边界层理论后，将流动划分为边界层内外两个区域，边界层以内的液体运动黏滞性不可忽略，而边界层以外则可以看成是理想液体，按有势流动对待，从而使势流理论得到了更为广泛的应用。

液体的平面流动又称为二维流。在自然界和实际工程中，严格意义上的平面流动是很少的，但当流动的运动要素在某一个方向上的变化很小时，就可以近似为平面流动。例如宽浅河道中的水流，宽度很大的溢流坝面水流等，都可近似地作为平面流动处理，只要研究一个流动平面上液体的运动状态，就可了解整个流场的流动情况。

4.7.1 流速势和等势线

在第 3 章中已经提到，在恒定有势流中必然存在流速势函数 $\varphi(x, y)$，对 xOy 平面内的势流来说，且有

$$u_x = \frac{\partial \varphi}{\partial x}, u_y = \frac{\partial \varphi}{\partial y} \tag{4-70}$$

所以

$$\mathrm{d}\varphi = u_x \mathrm{d}x + u_y \mathrm{d}y$$

流速势函数可表达为下列积分

$$\varphi(x, y) = \int (u_x \mathrm{d}x + u_y \mathrm{d}y) \tag{4-71}$$

流速势函数相等的点连成一条曲线，称为等势线，其方程为

$$\varphi(x, y) = 常数$$

给出不同的常数值，可在势流场内得到一簇等势线。因为等势线方程满足 $\mathrm{d}\varphi=0$，所以若已知流速场（u_x，u_y），等势线方程也可写为

$$\int (u_x \mathrm{d}x + u_y \mathrm{d}y) = C \tag{4-72}$$

不可压缩液体平面流动的连续性方程为

$$\frac{\partial u_x}{\partial x} + \frac{\partial u_y}{\partial y} = 0$$

将式（4-70）代入上式，可得到恒定平面势流的一个重要关系式，即

$$\frac{\partial^2 \varphi}{\partial x^2} + \frac{\partial^2 \varphi}{\partial y^2} = 0 \tag{4-73}$$

可见流速势函数 φ 满足拉普拉斯方程。在数学分析中，凡是满足拉普拉斯方程的函数称为调和函数，所以流速势函数是调和函数。因此，恒定平面势流问题就归结为在定解条件下求解拉普拉斯方程的问题。拉普拉斯方程为二阶线性齐次偏微分方程，其解服从叠加原理。因此，可用势流叠加法来求解复杂的有势流动问题，也可采用复变函数法、分离变量法等解析法求解势流问题。实际工程中的势流问题一般都很复杂，解析法往往无能为力，目前多采用

流网法、水电比拟法及差分法或有限单元法等数值计算方法来求解此类问题。

4.7.2　流函数及其性质

对于 xOy 平面内的流动来说，流线的微分方程为

$$\frac{dx}{u_x}=\frac{dy}{u_y}$$

或写作

$$u_x dy - u_y dx = 0 \tag{4-74}$$

当满足

$$\frac{\partial(-u_y)}{\partial y}=\frac{\partial u_x}{\partial x} \tag{4-75}$$

式（4-75）即为不可压缩液体的连续性方程

$$\frac{\partial u_x}{\partial x}+\frac{\partial u_y}{\partial y}=0$$

由高等数学可知，式（4-75）是使式（4-74）左边写成某一函数全微分的充分必要条件，令该函数为 $\psi(x,\ y)$，称为流函数，则有

$$d\psi = u_x dy - u_y dx \tag{4-76}$$

因为存在

$$d\psi=\frac{\partial\psi}{\partial x}dx+\frac{\partial\psi}{\partial y}dy \tag{4-77}$$

比较式（4-76）、式（4-77）可得流速场与流函数的关系式为

$$u_x=\frac{\partial\psi}{\partial y},u_y=-\frac{\partial\psi}{\partial x} \tag{4-78}$$

由此可知，流函数存在的充分必要条件就是不可压缩液体的连续性方程，所以，不可压缩液体做平面恒定流运动时就一定有流函数 ψ 存在。

流函数有如下性质：

1）同一条流线上各点的流函数为常数，即流函数相等的点连成的曲线就是流线。由于在同一条流线上 $\psi(x,\ y)$ = 常数，故 $d\psi=0$。由 $d\psi = u_x dy - u_y dx$ 可知，在同一条流线上也满足

$$u_x dy - u_y dx = 0$$

上式就是流线微分方程（4-74）。由此可知，当流函数 ψ 已知时，流线方程为

$$\psi(x,\ y) = C \tag{4-79}$$

不同的常数 C 代表平面内不同的流线。若流速场（u_x，u_y）已知，流线方程也可通过积分求得，即

$$\int(u_x dy - u_y dx) = C \tag{4-80}$$

式中，C 为积分常数。

2）平面势流的流函数是一个调和函数。当 xOy 平面流动为有势流时，满足旋转角速度分量 $\omega_z=0$，即

$$\frac{\partial u_y}{\partial x}-\frac{\partial u_x}{\partial y}=0$$

将式（4-78）代入上式，整理可得

$$\frac{\partial^2\psi}{\partial x^2}+\frac{\partial^2\psi}{\partial y^2}=0 \tag{4-81}$$

可见流函数也满足拉普拉斯方程。所以，平面势流的流函数也是一个调和函数。

由式（4-70）与式（4-78）比较可得

$$\left.\begin{aligned} u_x &= \frac{\partial\varphi}{\partial x}=\frac{\partial\psi}{\partial y}\\ u_y &= \frac{\partial\varphi}{\partial y}=-\frac{\partial\psi}{\partial x}\end{aligned}\right\} \tag{4-82}$$

式（4-82）在数学分析中称为柯西-黎曼条件，满足这一条件的两个函数称为共轭函数。可见，在平面势流中流函数与流速势函数为共轭调和函数。

3）两条流线间所通过的单宽流量等于该两条流线的流函数值之差。设在平面流动中有两条流线，它们的流函数值分别为 ψ_a 和 ψ_b，如图 4-29 所示。因为是平面流动问题，在 z 轴方向可取一个单位长度，所以两条流线间所通过的流量，称单宽流量 q。在两条流线间取过水断面 ab，在 ab 上任取一点 M，该点流速为 $\boldsymbol{u}$，流速分量为（u_x，u_y）。通过 M 点在 ab 上取一微元段 $\mathrm{d}s$，$\mathrm{d}s$ 在坐标轴的分量为 $\mathrm{d}x$、$\mathrm{d}y$。通过 $\mathrm{d}s$ 段的单宽流量为

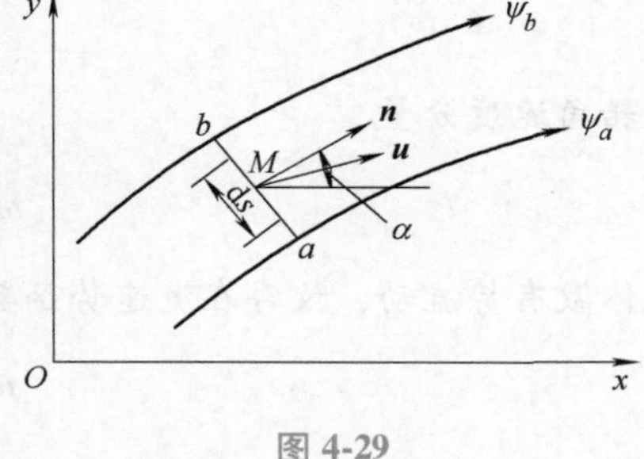

图 4-29

$$\mathrm{d}q=u_{\mathrm{n}}\mathrm{d}s=(\boldsymbol{u}\cdot\boldsymbol{n})\mathrm{d}s=(u_x\cos\alpha+u_y\sin\alpha)\mathrm{d}s=u_x\mathrm{d}y-u_y\mathrm{d}x$$

式中，$\boldsymbol{n}$ 为单位矢量。由式（4-76）可得

$$\mathrm{d}q=\mathrm{d}\psi$$

所以通过两条流线间的单宽流量为

$$q=\int_a^b\mathrm{d}q=\int_a^b\mathrm{d}\psi=\psi_b-\psi_a \tag{4-83}$$

由此可得：任意两条流线之间所通过的单宽流量等于该两条流线的流函数值之差。

4.7.3　等势线与流线的关系

在恒定平面势流中，流速势函数取为常数则为等势线方程，即 $\varphi=C$。于是在等势线上由式（4-70）可得

$$\mathrm{d}\varphi=u_x\mathrm{d}x+u_y\mathrm{d}y=0$$

由上式可知，等势线上某一点的斜率为

$$k_1=\frac{\mathrm{d}y}{\mathrm{d}x}=-\frac{u_x}{u_y}$$

在平面流场中，流函数为常数时即为流线方程，即 $\psi=C$。在流线上由式（4-76）可得

$$\mathrm{d}\psi=u_x\mathrm{d}y-u_y\mathrm{d}x=0$$

在平面内的同一点上，流线的斜率为

$$k_2=\frac{\mathrm{d}y}{\mathrm{d}x}=\frac{u_y}{u_x}$$

因为 $$k_1 \times k_2 = -\frac{u_x}{u_y} \times \frac{u_y}{u_x} = -1$$

所以，通过平面势流中任意一点的等势线与流线是正交的。

【例 4-10】 已知平面流动的流速场为

$$\left.\begin{array}{l} u_x = y^2 - x^2 + 2x \\ u_y = 2(xy - y) \end{array}\right\}$$

（1）是否存在流速势函数 φ？若存在，则求出 φ 及等势线方程。

（2）是否存在流函数 ψ？若存在，则求出 ψ 及流线方程。

【解】（1）根据已知的流速场可得

$$\frac{\partial u_x}{\partial y} = 2y; \frac{\partial u_y}{\partial x} = 2y$$

旋转角速度分量

$$\omega_z = \frac{1}{2}\left(\frac{\partial u_y}{\partial x} - \frac{\partial u_x}{\partial y}\right) = 0$$

液体做有势流动，故存在流速势函数 φ。由于

$$u_x = \frac{\partial \varphi}{\partial x} = y^2 - x^2 + 2x$$

所以 $$\varphi = \int (y^2 - x^2 + 2x)\mathrm{d}x = y^2 x - \frac{1}{3}x^3 + x^2 + f_1(y)$$

由上式可求出 $$\frac{\partial \varphi}{\partial y} = 2xy + f_1'(y)$$

因为 $$u_y = \frac{\partial \varphi}{\partial y} = 2(xy - y)$$

比较以上两式，可得 $$f_1'(y) = -2y$$

积分得 $$f_1(y) = -y^2 + C_1$$

流速势函数为 $$\varphi = xy^2 - \frac{1}{3}x^3 + x^2 - y^2 + C_1$$

等势线方程为 $$xy^2 - \frac{1}{3}x^3 + x^2 - y^2 = C$$

（2）由已知条件可求得

$$\frac{\partial u_x}{\partial x} = 2 - 2x, \frac{\partial u_y}{\partial y} = 2x - 2$$

代入不可压缩液体平面流动的连续性方程，得

$$\frac{\partial u_x}{\partial x} + \frac{\partial u_y}{\partial y} = 2 - 2x + 2x - 2 = 0$$

可知该流动满足连续性方程，所以存在流函数 ψ。由流函数与流速场的关系得

$$u_x = \frac{\partial \psi}{\partial y} = y^2 - x^2 + 2x$$

故 $$\psi = \int (y^2 - x^2 + 2x)\mathrm{d}y = \frac{1}{3}y^3 - x^2 y + 2xy + f_2(x)$$

对上式求偏导数可得
$$\frac{\partial\psi}{\partial x}=-2xy+2y+f_2'(x)$$
因为
$$\frac{\partial\psi}{\partial x}=-u_y=2(y-xy)$$
比较以上两式，可得 $f_2'(x)=0$

积分得
$$f_2(x)=C_2$$
于是得流函数为
$$\psi=\frac{1}{3}y^3-x^2y+2xy+C_2$$
流线方程为
$$\frac{1}{3}y^3-x^2y+2xy=C$$

4.7.4 流网及其绘制

1. 流网及其性质

从前面的分析可知，在平面势流中既有流速势函数 φ 存在，也有流函数 ψ 存在。流速势函数的等值线就是等势线，其方程为 $\varphi(x, y)=C$，取 C 为不同常数（如 C_1，C_2，…），可得到一簇等势线；流函数的等值线也为流线，其方程为 $\psi(x, y)=D$，取常数 D 为不同数值（如 D_1，D_2，…），同样可得到一簇流线。这两组线形成的网格，就称为流网，如图 4-30 所示。

流网的性质如下：

1）流网是正交网格。由于等势线与流线具有相互正交的性质，这一点在前面已经证明。

2）流网中每一网格的边长之比，等于流速势函数 φ 与流函数 ψ 的增值之比。如图 4-31 所示，在平面势流场中任取一点 M，通过点 M 必可做出一条等势线 φ 和一条流线 ψ，并绘出其相邻的等势线 $\varphi+\mathrm{d}\varphi$ 和流线 $\psi+\mathrm{d}\psi$，令两条等势线之间的距离为 $\mathrm{d}n$，两条流线之间的距离为 $\mathrm{d}m$。M 点流速 $\boldsymbol{u}$ 的方向必为该点流线的切线方向，也为该点等势线的法线方向。

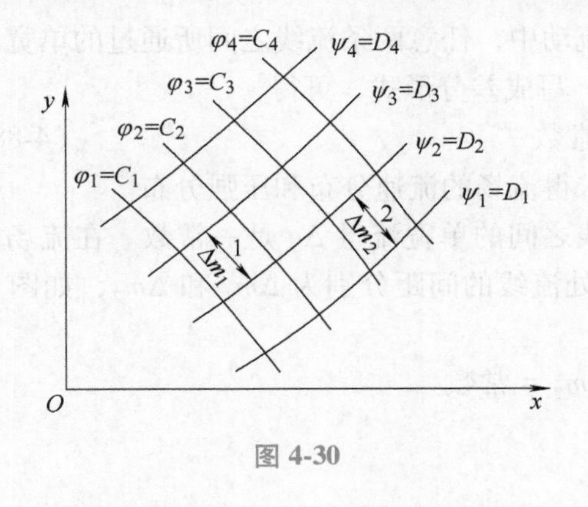

图 4-30

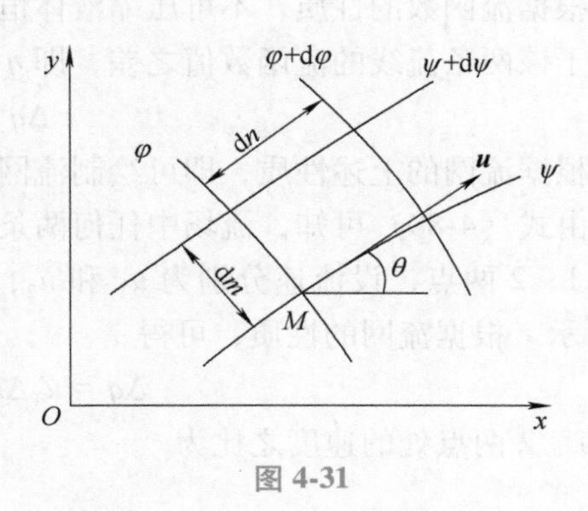

图 4-31

若以流速 $\boldsymbol{u}$ 的方向作为 n 的增值方向，则
$$\begin{aligned}\mathrm{d}\varphi&=u_x\mathrm{d}x+u_y\mathrm{d}y\\&=(u\cos\theta)\times(\mathrm{d}n\cos\theta)+(u\sin\theta)\times(\mathrm{d}n\sin\theta)\end{aligned}$$

$$= u\mathrm{d}n(\cos^2\theta + \sin^2\theta)$$
$$= u\mathrm{d}n \tag{4-84}$$

由式（4-84）可知，当 $\mathrm{d}n$ 为正值时，$\mathrm{d}\varphi$ 也为正值，即流速势函数 φ 沿着流速 u 的方向增大。

若将流速 u 的方向逆时针旋转 90°作为 m 的增值方向，则

$$\begin{aligned}\mathrm{d}\psi &= u_x\mathrm{d}y - u_y\mathrm{d}x\\ &= (u\cos\theta) \times (\mathrm{d}m\cos\theta) - (u\sin\theta) \times (-\mathrm{d}m\sin\theta)\\ &= u\mathrm{d}m(\cos^2\theta + \sin^2\theta)\\ &= u\mathrm{d}m\end{aligned} \tag{4-85}$$

同理可知，流函数 ψ 的增值方向为流速 $\boldsymbol{u}$ 逆时针旋转 90°的方向。可见，只要已知了流动方向，就可确定流速势函数 φ 及流函数 ψ 的增值方向。

由式（4-84）和式（4-85）可得

$$u = \frac{\mathrm{d}\varphi}{\mathrm{d}n} = \frac{\mathrm{d}\psi}{\mathrm{d}m}$$

故存在

$$\frac{\mathrm{d}\varphi}{\mathrm{d}\psi} = \frac{\mathrm{d}n}{\mathrm{d}m} \tag{4-86}$$

3）流网的每个网格均为曲线矩形，任意两条流线之间的单宽流量 Δq 为一个常数值。在绘制流网时，各等势线之间的 $\mathrm{d}\varphi$ 值和各流线之间的 $\mathrm{d}\psi$ 值，可各为一个固定常数，由式（4-86）可知，网格的边长 $\mathrm{d}n$ 与 $\mathrm{d}m$ 之比应该不变。实际上，在绘制流网时，不可能绘制无数多条等势线和流线，因此将式（4-86）应改为差分形式，即

$$\frac{\Delta\varphi}{\Delta\psi} = \frac{\Delta n}{\Delta m} \tag{4-87}$$

当取 $\Delta\varphi \neq \Delta\psi$ 时，则 $\Delta n \neq \Delta m$，为曲线矩形网格。为求解方便，常取 $\Delta\varphi = \Delta\psi$，则 $\Delta n = \Delta m$。这样，流网的每个网格就成为正交的曲线正方形，网格的两条对角线也应该互相垂直平分。

根据流函数的性质，不可压缩液体恒定平面流动中，任意两条流线之间所通过的单宽流量等于该两条流线的流函数值之差，即 $q=\psi_b-\psi_a$。写成差分形式，可得

$$\Delta q = \Delta\psi = \text{常数} \tag{4-88}$$

根据流网的上述性质，即可绘制流网，近而求得流场的流速分布和压强分布。

由式（4-88）可知，流场中任何两条相邻流线之间的单宽流量 Δq 是一常数。在流场中任取 1、2 两点，设流速分别为 u_1 和 u_2，两断面处流线的间距分别为 Δm_1 和 Δm_2，如图 4-30 所示。根据流网的性质，可得

$$\Delta q = u_1\Delta m_1 = u_2\Delta m_2 = \text{常数}$$

1、2 两点处的速度之比为

$$\frac{u_1}{u_2} = \frac{\Delta m_2}{\Delta m_1}$$

在流网中，各点处网格的 Δm 值是可以直接量出来的，根据上式就可得出速度的相对变化关系。如流场中某点的速度为已知，就可由上式求得其他各点的速度。从上式也可看出，两条流线的间距越大，则速度越小；若间距越小，则速度越大。所以，流网的图形也可以清

晰直观地表示出速度分布的情况。

流场中的压强分布，可应用能量方程求得。由式（4-58）可知，恒定平面势流中任何两点之间都满足伯努利方程

$$z_1+\frac{p_1}{\rho g}+\frac{u_1^2}{2g}=z_2+\frac{p_2}{\rho g}+\frac{u_2^2}{2g}$$

当两点位置高度 z_1 和 z_2 为已知，速度 u_1 和 u_2 已通过流网求出时，则两点的压强差为

$$\frac{p_1}{\rho g}-\frac{p_2}{\rho g}=z_2-z_1+\frac{u_2^2}{2g}-\frac{u_1^2}{2g}$$

如果流场中某点的压强为已知，就可由上式求得其他各点的压强。

综上所述，用流网可求解恒定平面势流问题。流网之所以能给出恒定平面势流的流场情况，是因为流网就是拉普拉斯方程在一定边界条件下的图解。在特定的边界条件下，拉普拉斯方程只能有一个解。根据流网的性质和特定的边界条件，只能绘出一个流网，所以流网能给出唯一的近似解答。

2. 流网的绘制

在绘制流网时，首先要确定边界条件，一般有固体边界、自由表面边界、入流断面边界和出流断面边界等。

固体边界上的流动条件，是垂直于边界的流速分量应等于零。因为势流是理想液体运动，液体质点在固体边界上允许有滑移，所以液体必然沿着固体边界流动。固体边界是一条流线，等势线必须与固体边界正交。

恒定流自由表面边界的流动条件与固体边界一样，垂直于自由表面的速度分量应等于零，所以，自由表面也是一条流线，等势线应与之垂直。与固体边界不同的是，自由表面的压强一般是大气压强，这是它的动力学条件。此外，固体边界的位置、形状为已知，而自由表面的位置、形状是未知的，需要根据自由表面的动力学条件在流网绘制过程中加以确定。因此，绘制有自由表面的流网比较复杂。

入流断面和出流断面的流动条件，有一部分应该是已知的，根据这些已知条件来确定断面上流线的位置。如断面位于流速分布均匀的流段，因绘制流网时取任意两条相邻流线之间的单宽流量 Δq 是一个常数，所以流线的间距必然相等。

用流网法求解恒定平面势流时，流网一般是根据其性质用手工绘制，其步骤如下：

1）用铅笔按一定比例绘出流动边界，如图 4-32 中的 abc 和 de。

2）按照液体的流动趋势试绘流线。

3）根据流网正交性绘出等势线，网格应绘成曲线正方形（个别网格除外）。

4）修正初绘的流网，即检验流网的网格是否为曲线正方形。修正的方法是在网格上绘出对角平分线，如对角平分线正交平分，则绘出的流网即为曲线正方形，否则应对网格进行修改，直到符合为止。一般在边界变化处，往往不能保证所有网格都为曲线正方形，实践证明，这对流网整体的准确度影响不大。

5）如果有自由表面，如图 4-33 所示。因自由表面形状未知，可先假定一个自由表面的位置并初绘流网。在修改过程中同时检验自由表面上各点的压强是否等于大气压强的条件。检验的办法是用伯努利方程，即

$$z+\frac{p_a}{\rho g}+\frac{u^2}{2g}=H$$

式中，H 为总水头。若取大气压强 $p_a=0$，则自由表面上各点都必须满足

$$z+\frac{u^2}{2g}=H$$

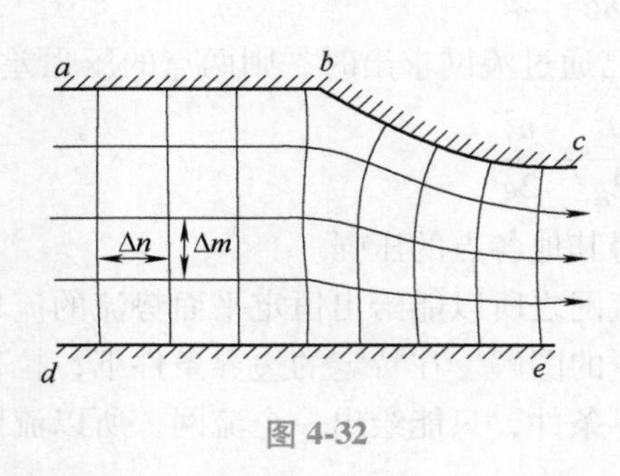

图 4-32

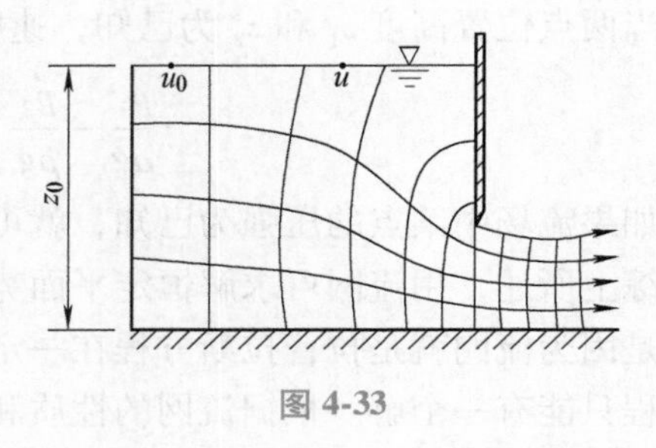

图 4-33

取入流断面自由表面上一点的速度为 u_0，而自由表面上任意一点的速度为 u，则

$$z_0+\frac{u_0^2}{2g}=z_1+\frac{u_1^2}{2g}$$

式中，z_0 和 z_1 可以从初步绘制的自由表面量得；u_0 和 u 可以从初步绘出的流网按 $u=\dfrac{\Delta q}{\Delta m}$ 求得。

由此可检验自由表面上各点的总水头 H 是否相等。逐步修改自由表面的位置，同时也必须修改整个流网，直到流网及自由表面都符合各自的条件为止。

流网的网格绘得越密，流网求解问题的精度越高，但绘制的工作量也越大。因此，网格的多少还应考虑工程的等级及重要性。关于流网的具体绘制以及利用流网求解水力学问题的方法，将在第 11 章渗流中进一步介绍。

思考题

4-1 N-S 方程的物理意义是什么？适用条件是什么？

4-2 何为有势流？有势流与有旋流有何区别？

4-3 有势流的特点是什么？研究平面势流有何意义？

4-4 流速势函数 φ 和流函数 ψ 存在的充分必要条件是什么？

4-5 何为流网，其特征是什么？绘制流网的原理是什么？

4-6 利用流网可以进行哪些水力计算？如何计算？

4-7 利用流网求解恒定平面势流的依据是什么？

4-8 流网的形状与哪些因素有关？网格的疏密取决于什么因素？

4-9 流函数 ψ 与流速势函数 φ 各有哪些性质？两者之间有何联系？

4-10 如何确定流函数 ψ 与流速势函数 φ 的增值方向？

4-11 理想液体运动微分方程的伯努利积分的应用条件是什么？

4-12 N-S 方程中的动水压强 p 与坐标轴的选取是否有关？

4-13 为什么说 N-S 方程是液体运动最基本的方程之一？目前它在水力学中应用如何？

4-14 动能修正系数 α、动量修正系数 β 的物理意义是什么？为何引入这两个系数？其值的大小取决于什么因素？

4-15 能量方程各项的意义是什么？应用中需注意哪些问题？

4-16 何为总水头线和测压管水头线？水头坐标为何取竖直向上？

4-17 水力坡度的意义是什么？有何物理意义？

4-18 如何确定水流运动方向？试用基本方程说明。

4-19 恒定总流动量方程 $\sum \boldsymbol{F} = \rho Q(\beta_2 \boldsymbol{v}_2 - \beta_1 \boldsymbol{v}_1)$，$\sum \boldsymbol{F}$ 中包括哪些力？动水压强必须采用相对压强表示吗？

4-20 何为单位重量液体的总机械能？何为液体的总机械能？两者有何区别？

习　题

4-1 某管道如图 4-34 所示，已知过水断面上流速分布为 $u = u_{\max}\left[1 - \left(\frac{r}{r_0}\right)^2\right]$，$u_{\max}$ 为管轴线处的最大流速，r_0 为圆管半径，u 是距管轴线 r 点处的流速。若已知 $r_0 = 3\text{cm}$，$u_{\max} = 0.15\text{m/s}$。试求：

（1）通过管道的流量 Q；

（2）断面平均流速 v。

4-2 有一底坡非常陡的渠道如图 4-35 所示。设水流为恒定均匀流，A 点距水面的竖直水深为 3.5m。以通过 A 点的水平面为基准面，试求 A 点的位置水头、压强水头及测压管水头，并以通过 B 点的水平面为基准面标注在图上。

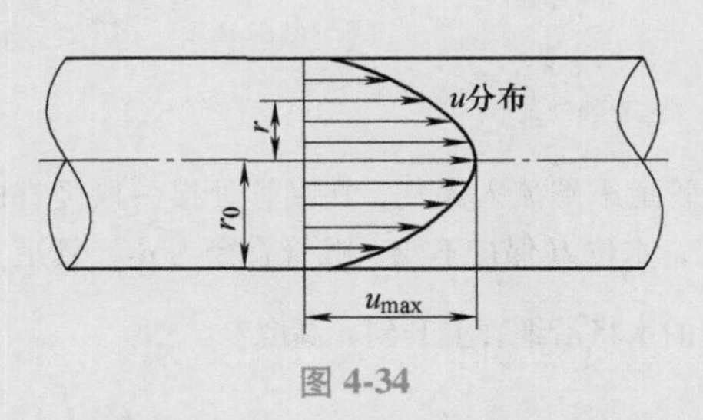

图 4-34

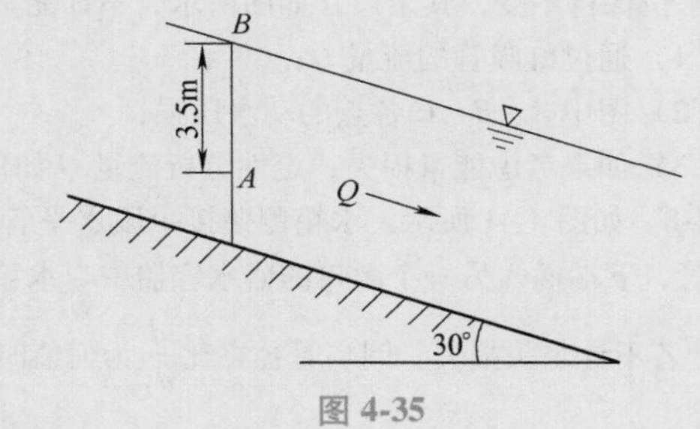

图 4-35

4-3 有一倾斜放置的渐粗管如图 4-36 所示，A—A 与 B—B 两个过水断面形心点的高差为 1.0m。A—A 断面管径 $d_A = 150\text{mm}$，形心点压强 $p_A = 68.5\text{kN/m}^2$。B—B 断面管径 $d_B = 300\text{mm}$，形心点压强 $p_B = 58\text{kN/m}^2$，断面平均流速 $v_B = 1.5\text{m/s}$，试求：

（1）管中水流的方向；

（2）两断面之间的能量损失；

（3）通过管道的流量。

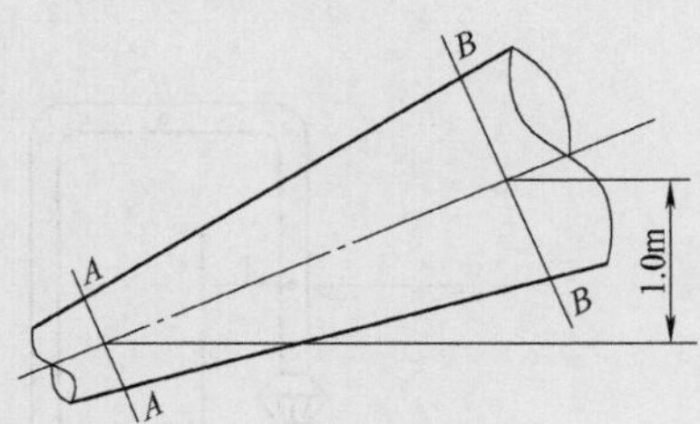

图 4-36

4-4 有一管路突然缩小的流段，如图 4-37 所示。由测压管测得断面 1—1 的压强水头 $\frac{p_1}{\rho g} = 1.0\text{m}$，已知过水断面 1—1、断面 2—2 的面积分别为 $A_1 = 0.03\text{m}^2$，$A_2 = 0.01\text{m}^2$，形心点位置高度 $z_1 = 2.5\text{m}$，$z_2 = 2.0\text{m}$，管中通过流量 $Q = 20\text{L/s}$，两断面间水头损失 $h_w = 0.3\frac{v_2^2}{2g}$。试求断面 2—2 的压强水头及测压管水头，并标注在图上。

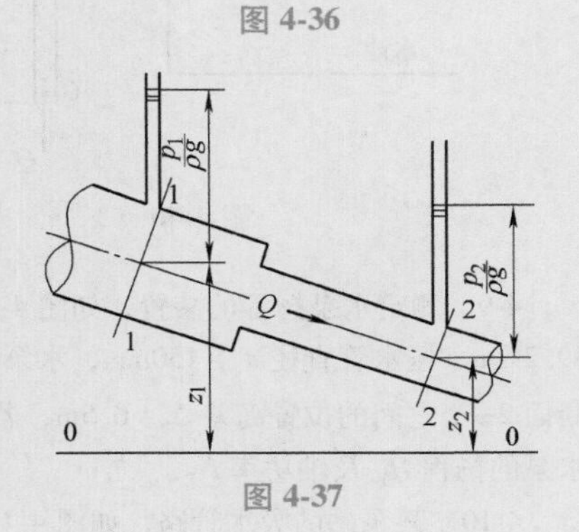

图 4-37

4-5 某矩形断面平底渠道，如图 4-38 所示。宽度 $B = 2.7\text{m}$，河床在某处抬高 $\Delta z = 0.3\text{m}$，若抬高前的水深 $H = 2.0\text{m}$，抬高后水面跌落 $\Delta h = 0.2\text{m}$，不计水头损失，求渠道中通过的流量 Q。

4-6　水轮机的锥形尾水管，如图4-39所示。已知断面$A—A$的直径$d_A=600\text{mm}$，断面平均流速$v_A=5\text{m/s}$。出口断面$B—B$的直径$d_B=900\text{mm}$，由A到B的水头损失$h_w=0.2\dfrac{v_A^2}{2g}$。试求当$z=5\text{m}$时，断面$A—A$的真空度。

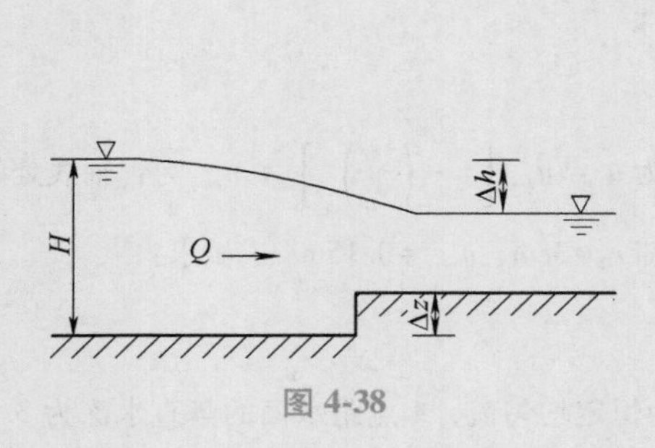

图4-38

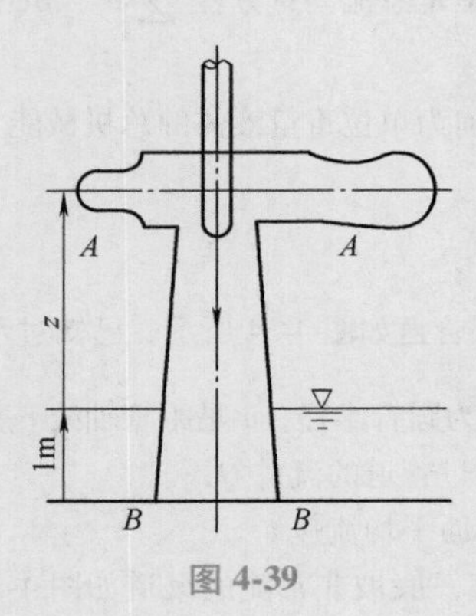

图4-39

4-7　某虹吸管从水池取水，如图4-40所示。已知虹吸管直径$d=150\text{mm}$，出口在大气中。水池面积很大且水位保持不变，其余尺寸如图所示，不计能量损失。试求：

（1）通过虹吸管的流量Q；

（2）图中A、B、C各点的动水压强；

（3）如果考虑能量损失，定性分析流量Q如何变化。

4-8　如图4-41所示，水箱侧壁接一段水平管道，水由管道末端流入大气。在喉管处接一段竖直向下的细管，下端插入另一个敞口的盛水容器中。水箱面积很大，水位H保持不变，喉管直径为d_2，管道直径为d，若不计水头损失，问当管径之比$\dfrac{d}{d_2}$为何值时，容器中的水将沿细管上升到h高度？

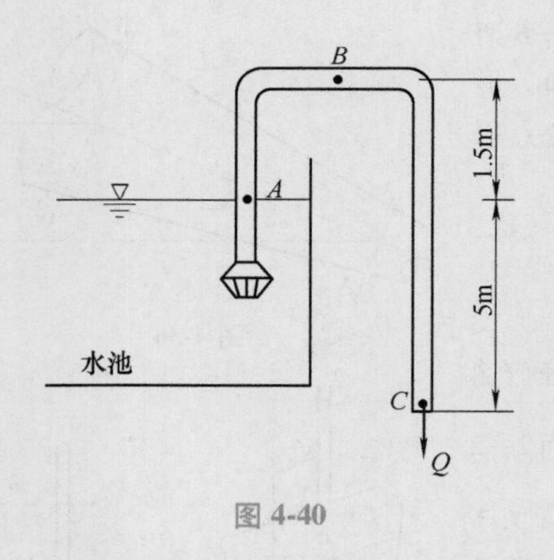

图4-40

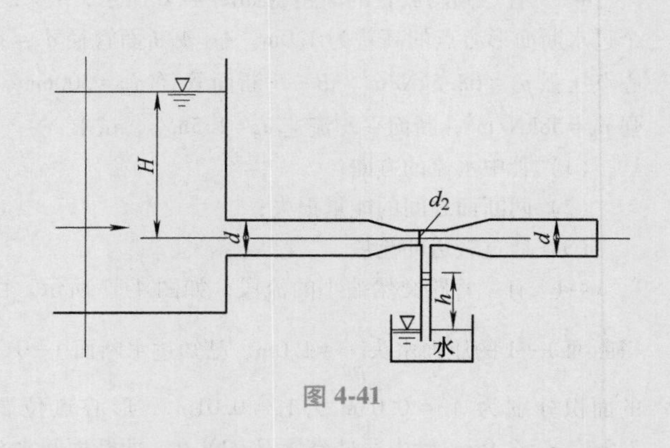

图4-41

4-9　测定水泵扬程的装置，如图4-42所示。已知水泵吸水管直径$d_1=200\text{mm}$，水泵进口真空表读数为39.2kPa。压水管直径$d_2=150\text{mm}$，水泵出口压力表读数为2at（工程大气压强1at=98000Pa），断面1—1、断面2—2之间的位置高差$\Delta z=0.5\text{m}$，若不计水头损失，测得流量$Q=0.06\text{m}^3/\text{s}$，水泵的效率$\eta=0.8$。试求水泵的扬程$H_P$及轴功率$N_P$。

4-10　某泵站的吸水管路，如图4-43所示。已知管径$d=150\text{mm}$，流量$Q=40\text{L/s}$，水头损失（包括进

口）$h_w=1.0$m，若限制水泵进口前断面 A—A 的真空值不超过68.6kPa水柱，试确定水泵的最大安装高度 z_s。

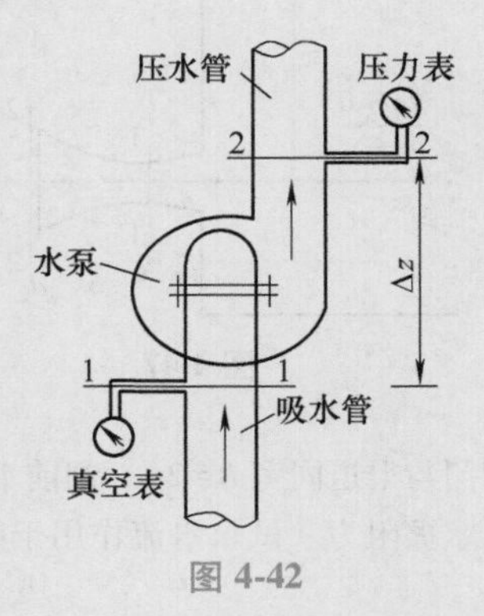

图4-42

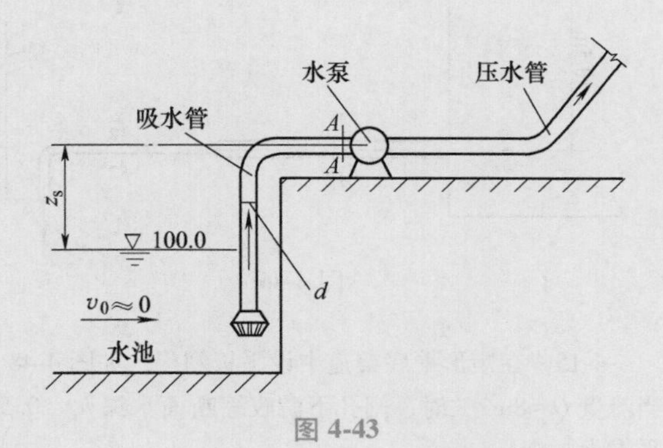

图4-43

4-11 图4-44所示为一水平安装的文丘里流量计。已知管道断面1—1的压强水头 $\frac{p_1}{\rho g}=1.1$m，管径 $d_1=150$mm，喉管断面2—2的压强水头 $\frac{p_2}{\rho g}=0.4$m，管径 $d_2=100$mm，水头损失 $h_w=0.3\frac{v_1^2}{2g}$。试求：

（1）通过管道的流量 Q；

（2）该文丘里流量计的流量系数 μ。

4-12 如图4-45所示，一倾斜安装的文丘里流量计。管轴线与水平面的夹角为 α，已知管道直径 $d_1=150$mm，喉管直径 $d_2=100$mm，测得水银压差计的液面差 $\Delta h=20$cm，不计水头损失。试求：

（1）通过管道的流量 Q；

（2）若改变倾斜角度 α 值，当其他条件均不改变时，问流量 Q 是否变化，为什么？

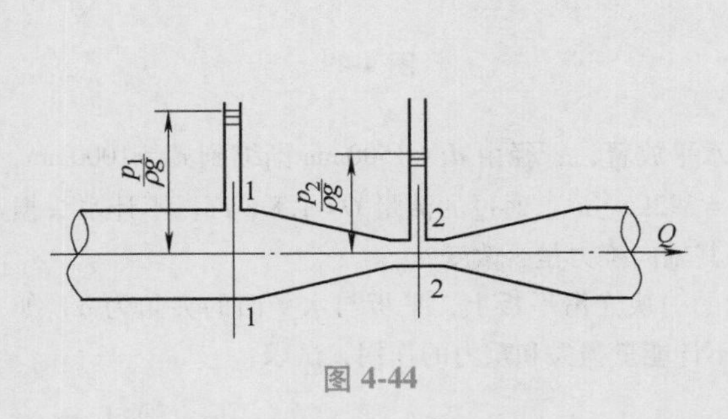

图4-44

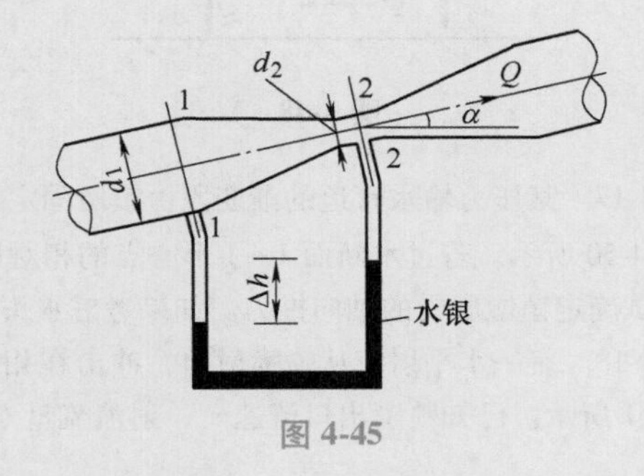

图4-45

4-13 某管路系统与水箱连接，如图4-46所示。管路由两段组成，其过水断面面积分别为 $A_1=0.04\text{m}^2$，$A_2=0.03\text{m}^2$，管道出口与水箱水面高差 $H=4$m，出口水流流入大气。若水箱容积很大，水位保持不变，当不计水头损失时，试求：

（1）出口断面平均流速 v；

（2）绘制管路系统的总水头线及测压管水头线；

（3）说明是否存在真空区域。

4-14 水箱中的水体经扩散短管流入大气中，如图4-47所示。若过水断面1—1的直径 $d_1=100$mm，形心点绝对压强 $p_1=39.2\text{kN/m}^2$，出口断面直径 $d_2=150$mm，不计能量损失，求作用水头 H。

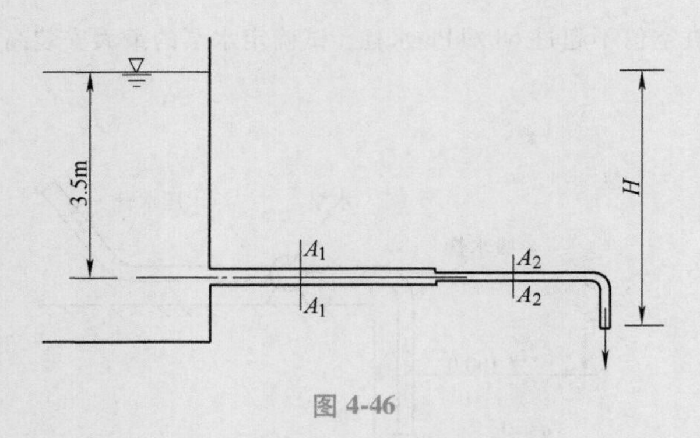

图 4-46

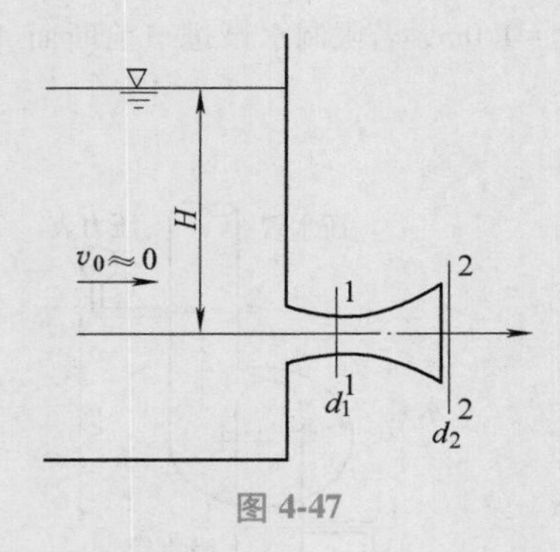

图 4-47

4-15　在矩形平底渠道中设平板闸门，如图 4-48 所示。已知闸门与渠道同宽 $B=2\text{m}$，闸前水深 $H=4\text{m}$，当流量 $Q=8\text{m}^3/\text{s}$ 时，闸孔下游收缩断面水深 $h_c=0.5\text{m}$，不计渠底摩擦阻力。试求水流作用于闸门上的水平推力。

4-16　水流经变直径弯管从 A 管流入 B 管，管轴线均位于同一平面内，弯管转角 $\alpha=45°$，如图 4-49 所示。已知 A 管直径 $d_A=250\text{mm}$，断面 $A—A$ 的形心点的相对压强 $p_A=150\text{kN/m}^2$，B 管直径 $d_B=200\text{mm}$，流量 $Q=0.1\text{m}^3/\text{s}$，若不计水头损失，试求水流对弯管的作用力。

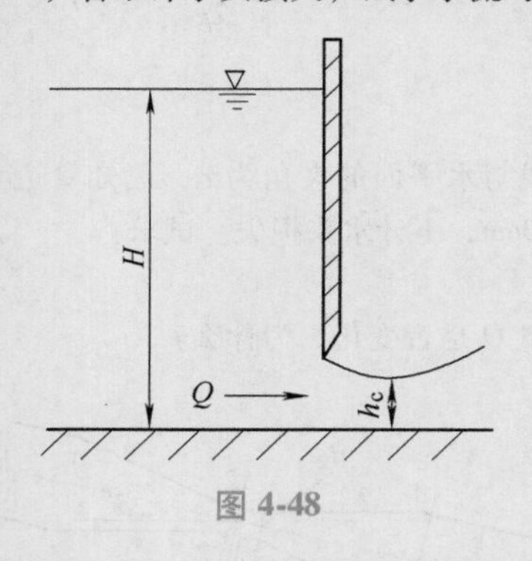

图 4-48

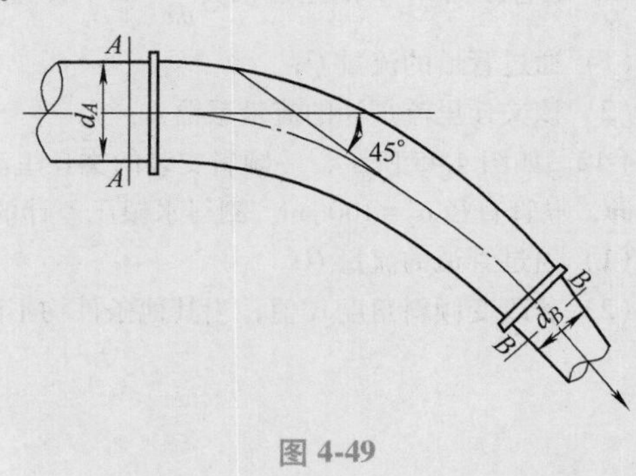

图 4-49

4-17　某压力输水管道的渐变段由镇墩固定，管道水平放置，管径由 $d_1=1500\text{mm}$ 渐缩到 $d_2=1000\text{mm}$，如图 4-50 所示。若过水断面 1—1 形心点的相对压强 $p_1=392\text{kN/m}^3$，通过的流量 $Q=1.8\text{m}^3/\text{s}$。不计水头损失，试确定镇墩所受的轴向推力。如果考虑水头损失，其轴向推力是否改变？

4-18　有一水平射流从喷嘴射出，冲击在相距很近的一块光滑平板上，平板与水平面的夹角为 α，如图 4-51 所示。已知喷嘴出口流速 v_1，射流流量 Q_1，若不计能量损失和重力的作用，试求：

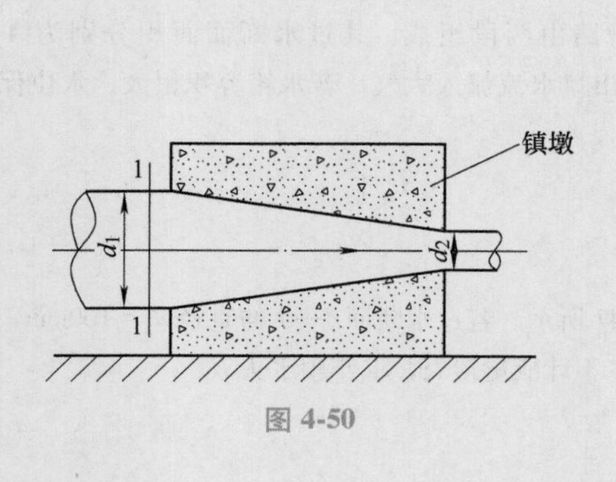

图 4-50

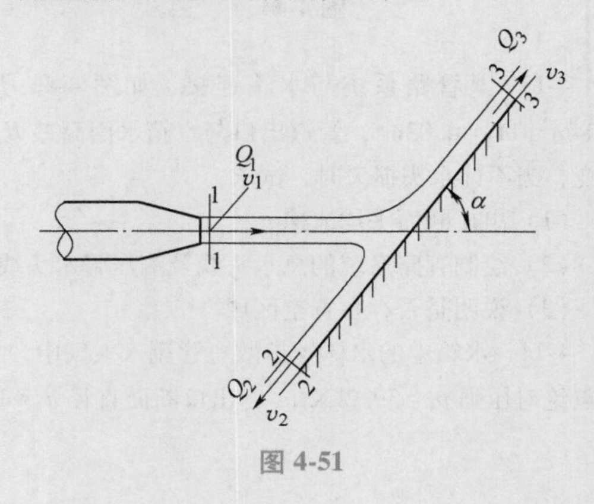

图 4-51

（1）分流后的流量分配，即$\dfrac{Q_2}{Q_1}$和$\dfrac{Q_3}{Q_1}$各为多少；

（2）射流对平板的冲击力。

4-19　四通分叉管，如图 4-52 所示。其管轴线均位于同一水平面内，$\alpha=30°$，水流从断面 1—1、断面 3—3 流入，流量分别为 $Q_1=0.2\text{m}^3/\text{s}$ 和 $Q_3=0.1\text{m}^3/\text{s}$，相应断面形心点相对压强分别为 $p_1=20\text{kN/m}^2$ 和 $p_3=15\text{kN/m}^2$。水流从断面 2—2 流入大气中，已知管径 $d_1=0.3\text{m}$，$d_3=0.2\text{m}$，$d_2=0.15\text{m}$，不计摩擦阻力，试求水流对叉管的作用力。

4-20　根据习题 4-1 的已知条件，求过水断面上的动能修正系数 α 及动量修正系数 β 值。

4-21　如图 4-53 所示，利用牛顿第二定律证明重力场中沿流线坐标 s 方向的欧拉运动微分方程为

$$-g\frac{\partial z}{\partial s}-\frac{1}{\rho}\frac{\partial p}{\partial s}=\frac{\mathrm{d}u_s}{\mathrm{d}t}$$

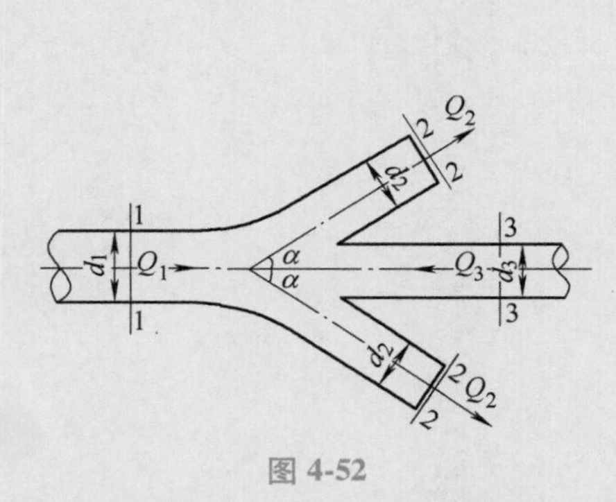

图 4-52

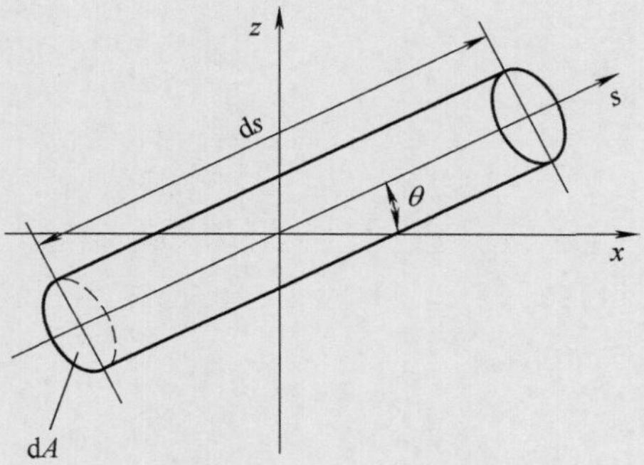

图 4-53

4-22　已知流场的流函数 $\psi=ax^2-ay^2$，a 为不等于零的常数。

（1）是否存在速度势函数 φ？若存在，则求之；

（2）证明流线与等势线正交。

4-23　有一平面流动，已知速度为 $u_x=x-4y$，$u_y=-(4x+y)$。试问：

（1）是否存在速度势函数 φ？若存在，则求之。

（2）是否存在流函数 ψ？若存在，则求之。

4-24　已知某流场的速度势函数为 $\varphi=\dfrac{a}{2}(x^2-y^2)$，其中 a 为实数且大于零。试求：

（1）流速场 u_x 及 u_y；

（2）流函数 ψ。

4-25　某平面流动的流速场为 $u_x=3a(x^2-y^2)$，$u_y=-6axy$，其中 a 为不等于零的常数。试求通过 A（0，0），B(1，1) 两点连线的单宽流量 Δq_{AB}。

4-26　试应用 N-S 方程证明实际液体渐变流在同一过水断面上的动水压强符合静水压强分布规律。

4-27　有一恒定二元明渠均匀层流，如图 4-54 所示，试应用 N-S 方程证明：

（1）流速分布公式为 $u_x=\dfrac{g\sin\theta}{\nu}\times\left(zh-\dfrac{z^2}{2}\right)$；

（2）单宽流量公式为 $q=\dfrac{gh^3}{3\nu}\sin\theta$。其中 ν 为运动黏度。

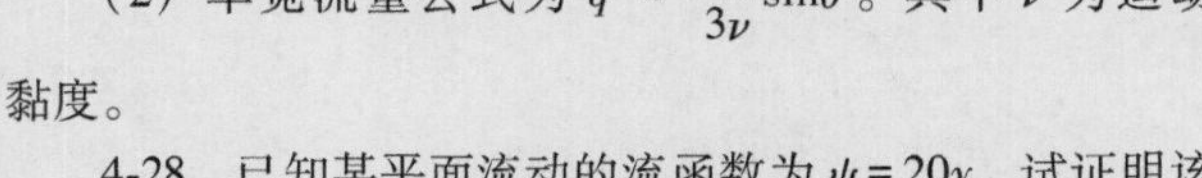

4-28　已知某平面流动的流函数为 $\psi=20y$，试证明该

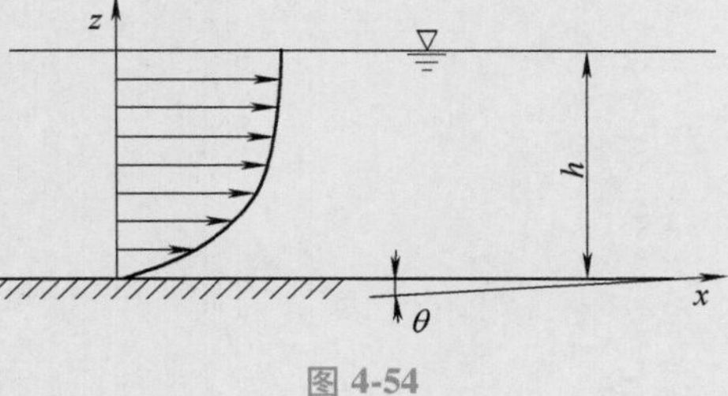

图 4-54

流动是有势流，并验证是代表平行于 x 轴的均匀流场，流速为 30m/s。

4-29 试证明流速势函数 $\varphi=x^2+x-y^2$ 的流场和流函数 $\psi=2xy+y$ 的流场是等同的。

4-30 已知某实际液体的速度为 $\boldsymbol{u} = 5x^2y\boldsymbol{i} + 3xyz\boldsymbol{j} - 8xz^2\boldsymbol{k}$，液体的动力黏度 $\mu=3\times10^{-3}\text{Pa}\cdot\text{s}$，在点 A（1，2，3）处的正应力 $p_{xx}=-2\text{N/m}^2$，试求该点处的正应力值 p_{yy} 及切应力 τ_{xz}。

4-31 圆筒闸门泄水时纵剖面如图 4-55 所示。闸门直径 $D=2$m，上游水深 $H=2$m，下游水深 $h=0.9$m，上游来流速度 $v_0=2.0$m/s。试绘制该平面流动的流网，并求出 AB 面上的压强分布。

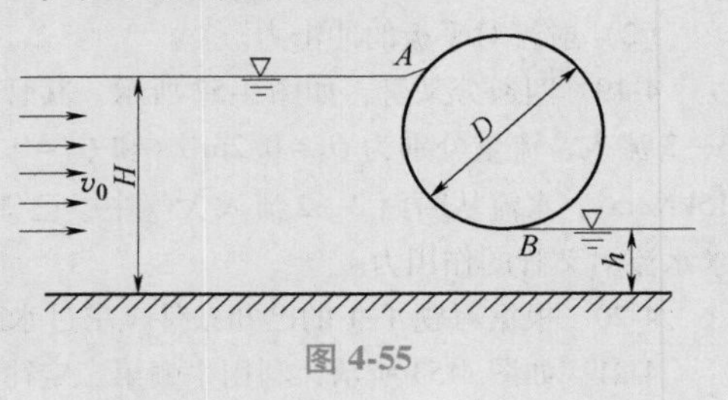

图 4-55

第 5 章

流动阻力和水头损失

本章主要阐述液体流动阻力和水头损失的规律。实际液体运动要比理想液体复杂得多。液体黏滞性的存在使得实际液体流动呈现不同于理想液体的流速分布，在相邻液体流层之间、液体与边界之间除压强外还存在相互作用的切向力（或摩擦力），从而在流动过程中产生液体流动阻力。流动阻力做功，使液体的一部分机械能不可逆地转化为热能而散发，从液体具有的总机械能来看是一种能量损失。因此，黏性即为液体产生流动阻力和能量损失的内在原因，但是黏性必须通过一定的外部条件（即固体的边界尺寸、形状及粗糙程度）才会起作用。总流单位重量液体的平均机械能损失称为水头损失，只有解决了水头损失的计算问题，第 4 章推导出的伯努利方程才能用于解决实际问题。此外，简单介绍与水头损失密切相关的边界层理论和绕流阻力。

5.1 流动阻力与水头损失的基本概念

液体的流动状态和流动边界的不同，对断面流速分布有一定影响，从而对液体流动阻力和水头损失也有影响。为了便于分析计算，根据液体流动边界的不同，把液体流动阻力分为沿程阻力和局部阻力，水头损失也相应分为沿程水头损失和局部水头损失。

5.1.1 沿程阻力和沿程水头损失

在边壁沿程一定（边壁形状、尺寸、过流方向均无变化）的均匀流流段上，产生的流动阻力称为沿程阻力；由沿程阻力做功而引起的水头损失称为沿程水头损失，以 h_f 表示，如图 5-1 所示。沿程阻力的特征是沿液体流程长度均匀分布，因而沿程水头损失的大小与液体流程长度成正比。对于较长输水管道和明渠中的液体流动均是以沿程水头损失为主的流动。

5.1.2 局部阻力和局部水头损失

在边壁沿流程急剧改变的流段，液体流动内部结构随边壁变化而急剧调整，速度分布进行改组，液体内部质点之间的相对运动加剧，流线弯曲并产生漩涡。这些都会使内摩擦增加，与之相应的流动阻力称为局部阻力。局部阻力的特点是作用范围小，但所引起的能量消耗很大。在局部阻力作用范围内，水流的相对运动速度明显增大，从而切应力也随之增加，剧烈的湍动和撞击都损耗大量的能量，液体流经局部阻力区域后，需要重新调整其水流结构以适应新的均匀流条件，这也同样需要消耗一定能量，因此，局部阻力所引起的水头损失比同样范围的沿程水头损失大得多。

由局部阻力引起的水头损失，称为局部水头损失，以 h_j表示，如图 5-1 所示。它一般发生在沿流程过水断面突变、水流轴线急骤弯曲、转折或液体流动前进方向上有明显的局部障碍等处，如发生在管道入口、异径管、弯管、三通、阀门等各种管件处的水头损失，都是局部水头损失。

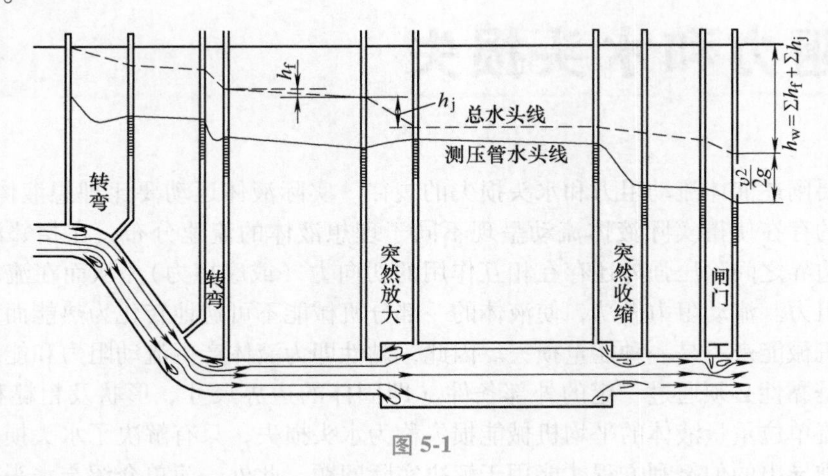

图 5-1

沿程水头损失和局部水头损失均是由于液体流动过程中克服阻力做功而引起的，但又具有各自的特点。沿程阻力主要显示为“摩擦阻力”的性质。而局部阻力主要是因为固体边界形状突然改变，从而引起液体流动内部的结构遭受破坏，产生漩涡，以及在局部阻力过去之后，液体流动还要重新调整整体结构以适应新的均匀流条件所造成的。

在一个总流中，例如一段管流和一段明渠水流，液体在运动过程中除了要克服各流段的沿程阻力而有沿程水头损失外，还要在不同的地点克服局部阻力而有各种局部水头损失，并且认为相邻的局部阻力之间互不干扰。由于水头损失是一个标量，从而可进行代数叠加。因此，各流段内的水头损失可以表示为流段两截面间的所有沿程水头损失和局部水头损失的总和，即

$$h_w = \sum_{i=1}^{n} h_{f_i} + \sum_{k=1}^{m} h_{j_k} \tag{5-1}$$

式中，n 为等截面的段数；m 为产生局部水头损失的个数。

5.2 液体流动的两种型态

19 世纪中期一些研究者发现，在细管中的液体流动，当流速很小时，水头损失与平均流速的一次方成正比；而在较粗管道中的液体流动，当流速大到一定程度时，水头损失与平均流速的 1.75~2.0 次方成正比。这种水头损失变化规律反映了液体流动内部结构从量变到质变的一个变化过程。当时就有人指出，液体在运动时可能存在着根本不同的流动型态。直到 1883 年英国物理学家雷诺（Reynolds）进行了著名的试验研究，才验证了液体流动时存在层流和湍流两种不同的流动型态。

5.2.1 雷诺实验

图 5-2 所示为雷诺实验装置示意图，水箱 A 中水平放置一前端具有喇叭口形进水口的玻

璃管 B，前端有一细管 E 可以向玻璃管 B 中注入有颜色溶液，另一端有阀门 C 用以调节流量。容器 D 内装有密度与水相近的有颜色溶液，经细管 E 流入玻璃管 B 中，阀门 F 可以调节有颜色溶液的流量。水箱中的水位保持恒定不变。

开始实验时，轻微地开启出水阀门 C，使水箱中的清水缓慢地通过玻璃管 B 流出。同时，打开容器 D 的阀门 F 使有颜色溶液以极慢的速度流出并随同水箱中清水一起进入玻璃管 B。此时，整个玻璃管中，有颜色溶液形成一条清晰的平滑直线，而不与周围清水混掺，如图 5-2a 所示。这一现象说明玻璃管中水流呈层状流动，各层的质点互不混掺。这种流动型态称为层流。如将出水管阀门 C 逐渐开大，

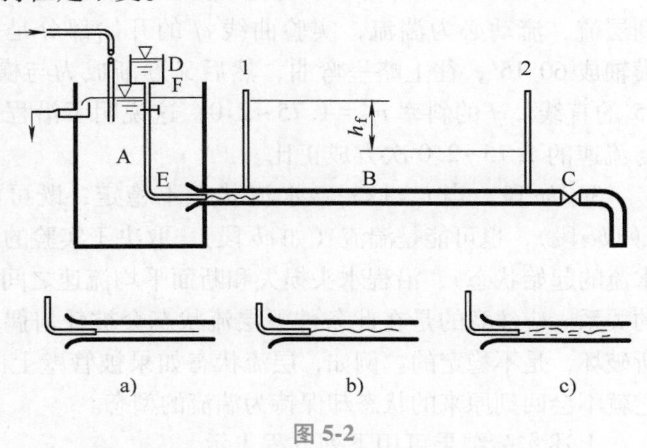

图 5-2

增大玻璃管中液体流速，起初玻璃管中有颜色液体仍保持平滑的直线。直到阀门 C 开启到一定程度，即玻璃管中流速增至某一限度后，有颜色溶液开始呈现出波状摆动，如图 5-2b 所示。继续开大阀门 C，当管中流速持续增至某一数值时，在个别流段上产生一些局部漩涡，水流呈现紊乱状态。有颜色水流突然破裂、扩散遍至全管，并迅速与周围清水混掺，玻璃管中整个水流都被均匀染色，如图 5-2c 所示。管中的水流是充满漩涡的、质点互相混掺的流动，这种流动型态称为湍流（或紊流）。此时，如果用灯光把液体照亮则可见到被染颜色的水体是由许多明晰的小漩涡组成的。显然，有颜色液体呈直线状态的液流和有颜色液体与清水混掺的紊乱状态的液流在内部结构上是完全不同的。

实验若以相反的顺序进行，即当管中流动已处于湍流状态时，逐渐关小玻璃管的出水阀门 C，即减小管中液体流速，则前面所叙述的现象，将以相反的次序重演，流动型态由湍流转变为层流。但有一点是不同的：由湍流转变为层流的平均流速要比由层流转变为湍流时的流速小。把由层流转化为湍流时的管中平均流速称为上临界流速 v'_c，由湍流转化为层流时的管中平均流速称为下临界流速 v_c。

上面的实验虽然是在圆管中进行，所用液体只是水，但对其他任何边界形状、任何其他实际液体或气体流动，都可以发现有这两种流动型态。因而我们可以得出如下结论：任何实际液体的流动都存在着层流和湍流两种不同的流动型态。雷诺实验的意义在于它揭示了层流与湍流不仅是流体质点的运动轨迹不同，它们的水流内部结构也完全不同，因而反映在水头损失和扩散的规律都不一样。所以分析实际液体流动，例如计算水头损失时，首先必须判别液体流动的型态。

为了分析沿程水头损失随流速的变化规律，通常在玻璃管的某段上安装测压管（如图 5-2 中的 1~2 段），在系统实验时，分别测定不同流速 v 及相应的测压管液面差 Δh。在均匀流中，测压管液面差 Δh 即为该段单位重量液体的沿程水头损失 h_f，这样就可以得到若干组实验数据（v，h_f），将这些实验数据绘制在对数坐标纸上，绘出 h_f 与 v 的关系曲线，如图 5-3 所示。实验曲线明显地分为三部分：

1）ab 段。当 $v<v_c$ 时，流动为稳定的层流状态，所有实验点都分布在与横轴（$\lg v$ 轴）

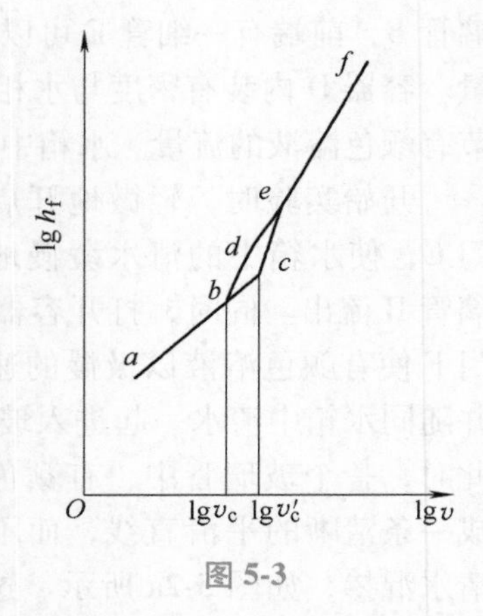

图 5-3

成45°的直线上，ab 的斜率 $m_1=1.0$，这说明了沿程水头损失与流速的一次方成正比。

2）ef 段。当 $v>v'_c$ 时，不论是从层流到湍流，还是从湍流到层流，流动必为湍流，实验曲线 ef 的开始部分是直线，与横轴成60°15′，往上略呈弯曲，然后又逐渐成为与横轴成63°25′的直线。ef 的斜率 $m_2=1.75\sim2.0$，这说明了沿程水头损失与流速的1.75~2.0次方成正比。

3）be 段。当 $v_c<v<v'_c$，水流状态不稳定，既可能是层流（如 bc 段），也可能是湍流（如 eb 段），取决于实验的程序（即水流的起始状态），沿程水头损失和断面平均流速之间没有明确的关系。应注意的是在此条件下层流状态会被任何偶然的原因所破坏，是不稳定的。例如，层流状态如果被管壁上的个别凸起所破坏，那么在 $v_c<v<v'_c$ 时，它就不会回到原来的状态却保持为湍流的型态。

上述实验结果可用下列方程表示

$$\lg h_f = \lg k + m\lg v$$

即

$$h_f = kv^m$$

层流时，$m_1=1.0$，$h_f=k_1v$，即 $h_f \propto v$；湍流时，$m_2=1.75\sim2.0$，$h_f=k_2v^{1.75\sim2.0}$，即 $h_f \propto v^{1.75\sim2.0}$。

上临界流速 v'_c 一般是不稳定的，即使在同一设备上进行实验，v'_c 值也会差异很大，它与实验操作和外界因素对水流的干扰有很大关系，在实验时干扰越小，上临界流速 v'_c 值越大。

5.2.2 层流与湍流的判别——临界雷诺数

1. 有压圆形管道

液体流动型态不同，沿程阻力和水头损失的规律也不同，所以在计算水头损失之前，需要对液体流动型态进行判断。

是否可以用临界流速作为液流型态的判别标准呢？雷诺通过大量实验表明，圆管均匀流的临界流速并不是固定不变的，它与管径大小和液体种类有关，因为不同种类的液体有不同的黏滞性，黏度越大的液体，阻滞质点间进行相对运动的能力也越大，质点间要进行相互混杂的不规则运动较为困难，因此要求有较大的流速才能使液流从层流转变为湍流，即临界流速随黏度的增大而增大；而管径越大，管壁对液流的影响和约束作用则越小，液体质点间较容易进行相互混杂的不规则运动，这就使得液体能在较小流速的条件下实现液流型态的转变，故临界流速随管径的增大而减小，即

$$v_c \propto \frac{\mu}{\rho d}$$

引入比例系数 Re，上式可表达为下列量纲为1的数

$$Re = \frac{\rho v d}{\mu} = \frac{vd}{\nu}$$

式中，ρ 为液体的密度；v 为断面平均流速；ν 为液体运动黏度；d 为管径；Re 即为雷诺数。液流型态开始转变时的雷诺数叫作临界雷诺数，相应于下临界流速 v_c，下临界雷诺数为

$$Re_c = \frac{v_c d}{\nu}$$

同理，对应上临界流速 v'_c，则上临界雷诺数为

$$Re'_c = \frac{v'_c d}{\nu}$$

雷诺实验及后来的实验都得出，下临界雷诺数比较稳定，$Re_c = 2000 \sim 2320$。而上临界雷诺数 Re'_c 却是一个不稳定的数值，变化范围很大，$Re'_c = 12000 \sim 40000$，这是因为上临界雷诺数的大小与实验过程中的水流扰动程度有关。

实际工程中总存在扰动，因此我们用下临界雷诺数 Re_c 作为液体流动型态的判别值，一般多取 $Re_c = 2000$。只需计算出管道液体流动的雷诺数

$$Re = \frac{vd}{\nu} \tag{5-2}$$

将 Re 与 Re_c 比较，便可判别液体流动型态：

$Re < Re_c$，层流

$Re > Re_c$，湍流

2. 明渠或非圆形断面

对于明渠水流或非圆形断面的管流，同样可以用雷诺数判别液体流动型态，只不过要引入一个综合反映过水断面大小和形状对流动影响的特征长度，来取代圆管雷诺数中的直径 d。这个特征长度就是水力半径 R，若以湿周 χ 表示过水断面中固体边界与液体相接触的周长，A 代表过水断面的面积，则水力半径定义为

$$R = \frac{A}{\chi} \tag{5-3}$$

式中，水力半径 R 是一个长度量纲，单位可取 m（米）或 cm（厘米）。

例如：矩形断面无压流动的渠道，如图 5-4a 所示，$R = \frac{bh}{b+2h}$；圆管满流，如图 5-4b 所示，水力半径 $R = \frac{d}{4}$ 等。

以水力半径 R 为特征长度，相应的雷诺数为 $Re = \frac{vR}{\nu}$，临界雷诺数 $Re_c = 500$。实际液体之所以会有层流和湍流两种流动型态，是因为液体黏滞性的作用对沿程水头损失的影响不同，而理想液体流动中没有能量损失，则不用区分层流和湍流。

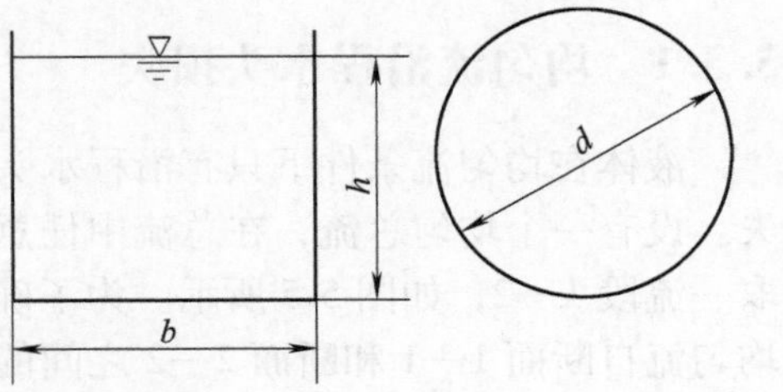

图 5-4

3. 雷诺数的物理意义

雷诺数反映了惯性力与黏性力的对比关系。若 Re 较小，反映出黏性力的作用大，黏性力作用对质点运动起控制作用，因此当 Re 小到一定程度时，质点呈现有秩序的线状运动，这就是层流。

当液体流动的雷诺数逐渐增大时，黏性力对流动的控制也随之减小，惯性力对流动的激励作用增强，质点运动失去控制时，层流即失去了稳定，由于外界的各种原因，如边界上的

高低不平等因素，惯性力作用将使微小的扰动发展扩大，形成湍流。这就说明了为什么雷诺数可以用来判别液体流动的型态。

【例5-1】 有一个直径 $d=25\text{mm}$ 的水管，流速 $v=1.0\text{m/s}$，水温为10℃，试判别流态。

【解】 查表1-3得10℃水的运动黏度 $\nu=1.31\times10^{-6}\text{m}^2/\text{s}$

则管中水流的雷诺数

$$Re=\frac{vd}{\nu}=\frac{1.0\times0.025}{1.31\times10^{-6}}\approx19100$$

而圆形管道的临界雷诺数 $Re_c=2000$，因为 $Re>2000$，因此管中水流处在湍流型态。

【例5-2】 运动黏度 $\nu=0.01385\text{cm}^2/\text{s}$ 的水，通过输水管的流量为0.01L/s，试求为保证水流为层流的管道直径 d。

【解】 当 $Re=\frac{vd}{\nu}=\frac{4Q}{\pi\nu}\cdot\frac{1}{d}\leqslant Re_c=2000$ 时，管中水流必为层流流动，由此可以得出保证管中水流为层流状态的管道直径应为

$$d\geqslant\frac{4Q}{\pi\nu\times2000}=\left(\frac{4\times0.01\times1000}{3.14\times0.01385\times2000}\right)\text{cm}=0.46\text{cm}$$

即管道直径不得小于0.46cm。

5.3 沿程水头损失与切应力的关系

前面已指出，均匀流内部流层间的切应力是造成沿程水头损失的直接原因。为此，首先要建立沿程水头损失与切应力的关系，再找出切应力的变化规律，就能解决沿程水头损失的计算问题。

5.3.1 均匀流沿程水头损失

液体在均匀流条件下只有沿程水头损失。设有一个均匀总流，在总流中任意截取一流段1—2，如图5-5所示。为了确定均匀流自断面1—1和断面2—2之间的沿程水头损失，可写出断面1—1和断面2—2的伯努利方程，即

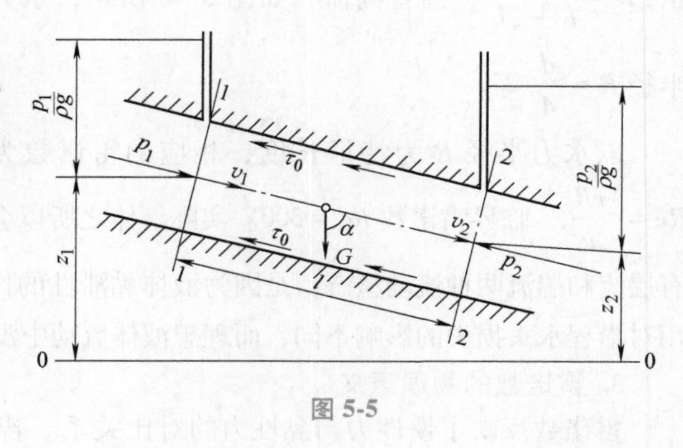

图5-5

$$z_1+\frac{p_1}{\rho g}+\frac{\alpha_1v_1^2}{2g}=z_2+\frac{p_2}{\rho g}+\frac{\alpha_2v_2^2}{2g}+h_f$$

因为

$$\frac{\alpha_1v_1^2}{2g}=\frac{\alpha_2v_2^2}{2g}$$

故

$$h_f=\left(z_1+\frac{p_1}{\rho g}\right)-\left(z_2+\frac{p_2}{\rho g}\right)\tag{5-4}$$

式(5-4)说明，在均匀流条件下，两过水断面间的沿程水头损失等于两过水断面测压管水头的差值，即液体用于克服阻力所消耗的能量全部由势能提供。

前面述及，均匀流内部流层间的切应力是造成沿程水头损失的直接原因。因此，有必要分析作用在流段上的外力并建立沿程水头损失与切应力的关系——均匀流基本方程。

5.3.2 沿程水头损失与切应力的关系

在图5-5中，设断面1—1和断面2—2之间的流段长度为l，过水断面面积$A_1=A_2=A$，湿周为χ，上游过水断面1—1上的动水压力为P_1，下游过水断面2—2上的动水压力为P_2，流段液体自重为G，管轴线与铅垂方向的夹角为α，流段表面的剪力为T。根据力的平衡条件，沿着流动方向各力投影的平衡关系为

$$P_1 - P_2 + G\cos\alpha - T = 0$$

设过水断面1—1及2—2形心点压强分别为p_1和p_2，因$P_1=p_1A$，$P_2=p_2A$，而且$\cos\alpha=\dfrac{z_1-z_2}{l}$，设液体与固体边壁接触面上的平均切应力为$\tau_0$，代入上式可得

$$p_1A - p_2A + \rho gAl\frac{z_1-z_2}{l} - \tau_0\chi l = 0$$

两边同时除以ρgA，并整理得

$$\left(z_1+\frac{p_1}{\rho g}\right)-\left(z_2+\frac{p_2}{\rho g}\right)=\frac{\tau_0\chi l}{\rho gA}$$

将式（5-4）代入上式，可得

$$h_{\mathrm{f}}=\frac{\tau_0\chi l}{\rho gA}=\frac{\tau_0 l}{\rho gR}$$

或

$$\tau_0=\rho gRJ \tag{5-5}$$

式中，R为水力半径（m）；J为水力坡度；ρ为液体密度（$\mathrm{kg/m^3}$）；g为重力加速度（$\mathrm{m/s^2}$）。

式（5-5）给出了圆管均匀流沿程水头损失与切应力的关系，是研究沿程水头损失的基本公式，称为均匀流基本方程。对于明渠均匀流，可通过同样方法得到式（5-5），所以该方程对有压流和无压流均适用。

由于均匀流基本方程是根据作用在恒定均匀流段上的外力平衡得到的，并没有反映液体流动过程中产生沿程水头损失的物理本质。公式推导过程中未涉及流体质点的运动状况，因此，该式对层流和湍流都适用。然而，由于层流和湍流切应力的产生和变化有本质的不同，所以两种流动型态水头损失的规律不同。

5.3.3 均匀流过流断面上的切应力分布

如图5-6所示，在圆管恒定均匀流中，以管轴线为对称轴取半径为r的元流，作用在元流表面上的切应力为τ，由前述的推导方法同样可得元流表面切应力

$$\tau=\rho g\frac{r}{2}J' \tag{5-6}$$

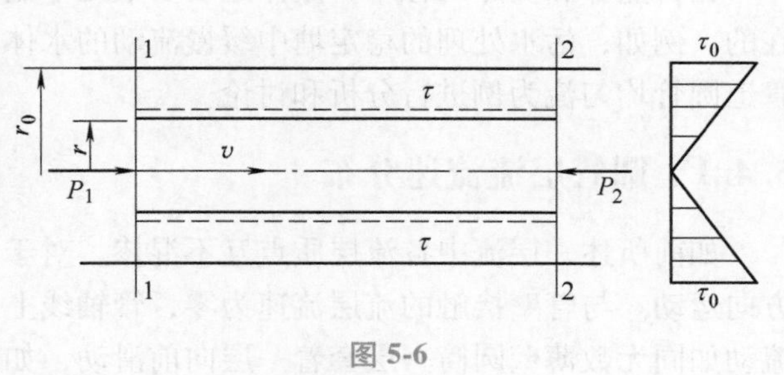

图5-6

若取圆管半径为 r_0，则 $R=\dfrac{r_0}{2}$，由式（5-5）得管壁处切应力

$$\tau_0=\rho g\frac{r_0}{2}J \tag{5-7}$$

取水力坡度 $J'=J$，比较式（5-6）和式（5-7），可得

$$\frac{\tau}{\tau_0}=\frac{r}{r_0}$$

或写为

$$\tau=\frac{\tau_0}{r_0}r \tag{5-8}$$

可见圆管均匀流过水断面上的切应力呈直线分布。管轴线处 $r=0$，切应力 $\tau=0$；管壁处 $r=r_0$，切应力为最大值 $\tau=\tau_0$。这一结论对于其他边界条件下的均匀流同样适用，只是具体表达式不同而已。

若应用上述公式推求切应力 τ 或求沿程水头损失 h_f，必须首先确定 τ_0。经过许多学者实验研究，采用量纲分析法（第6章介绍）可得

$$\tau_0=\frac{1}{8}\lambda\rho v^2 \tag{5-9}$$

式中，$\lambda=8f\left(Re,\ \dfrac{\Delta}{d}\right)$，为沿程阻力系数，是表征沿程阻力大小的一个量纲一的数。

由式（5-5）、式（5-9）可得

$$h_f=\lambda\frac{l}{4R}\frac{v^2}{2g} \tag{5-10}$$

式（5-10）称为达西-魏斯巴赫公式，是均匀流沿程水头损失的普遍表达式，对于有压管流或明渠水流、层流或湍流都适用。

对于有压圆管流动，因水力半径 $R=\dfrac{d}{4}$，式（5-10）可表示为

$$h_f=\lambda\frac{l}{d}\frac{v^2}{2g} \tag{5-11}$$

如何正确选择沿程阻力系数 λ 是计算沿程水头损失 h_f 的关键所在。

5.4 圆管层流沿程水头损失

在自然界和实际工程中，液体运动多数处于湍流型态，尤其是明渠水流，但层流还是存在的。例如，污水处理的稳定塘中缓慢流动的水体，水在土壤中的渗流运动等。下面以有压管道圆管均匀流为例进行分析和讨论。

5.4.1 圆管层流流速分布

如前所述，层流中各流层质点互不混掺。对于圆管来说，各层质点沿着与管轴线平行的方向运动。与管壁接触的流层流速为零，管轴线上速度最大，以管轴线为对称轴，整个管道流动如同无数薄壁圆筒一层套着一层向前滑动，如图5-7所示。水流阻力完全是由黏性引起

的，各层间的切应力可由牛顿内摩擦定律求出，采用式（1-8）

$$\tau = \mu \frac{\mathrm{d}u}{\mathrm{d}y}$$

由于圆管中有压均匀流是轴对称流，为了计算方便，采用柱坐标（见图 5-7），这里 $r = r_0 - y$，所以

$$\frac{\mathrm{d}u}{\mathrm{d}y} = -\frac{\mathrm{d}u}{\mathrm{d}r}$$

$$\tau = -\mu \frac{\mathrm{d}u}{\mathrm{d}r}$$

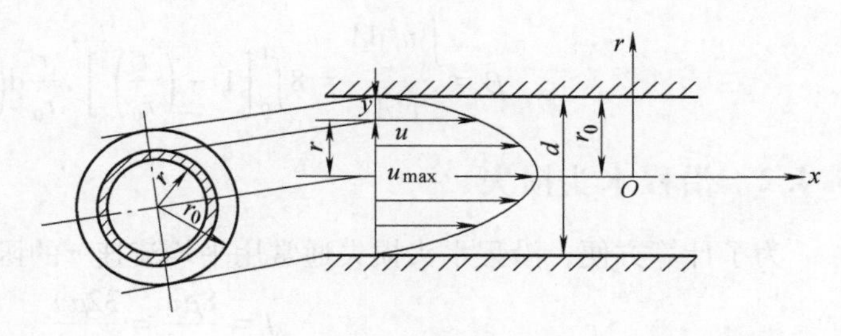

图 5-7

结合式（5-6），可得

$$\tau = -\mu \frac{\mathrm{d}u}{\mathrm{d}r} = \frac{1}{2}\rho g r J'$$

由于水力坡度 $J' = J$，于是

$$\mathrm{d}u = -\frac{\rho g J}{2\mu} r \mathrm{d}r$$

对于均质不可压缩的牛顿流体，ρ、g 和 μ 都是常数，在均匀流过水断面上 J 也是常数，积分上式得

$$u = -\frac{\rho g J}{4\mu} r^2 + C$$

积分常数 C 由边界条件确定，在边界管壁处，$r = r_0$ 时，$u = 0$，代入上式求得 $C = \frac{\rho g J}{4\mu} r_0^2$，回代到上式得

$$u = \frac{\rho g J}{4\mu}(r_0^2 - r^2) \tag{5-12}$$

式（5-12）就是圆管层流过流断面上流速分布的解析式，为抛物线方程，说明流速分布是一个旋转抛物面，这也是层流型态的重要特征之一。

在管轴线上，$r = 0$ 时，$u = u_{\max}$，代入式（5-12）得管轴处的最大流速

$$u_{\max} = \frac{\rho g J}{4\mu} r_0^2 \tag{5-13}$$

流量 $Q = \int_A u \mathrm{d}A = vA$，选取环形微元面积 $\mathrm{d}A = 2\pi r dr$，则过水断面平均流速

$$v = \frac{Q}{A} = \frac{\int_A u \mathrm{d}A}{A} = \frac{1}{\pi r_0^2}\int_0^{r_0} \frac{\rho g J}{4\mu}(r_0^2 - r^2) 2\pi r \mathrm{d}r$$

则

$$v = \frac{\rho g J}{8\mu} r_0^2 \tag{5-14}$$

比较式（5-13）、式（5-14），可得

$$v = \frac{1}{2} u_{\max} \tag{5-15}$$

即圆管层流的断面平均流速是最大流速的 1/2。可见，层流的过水断面上流速分布是很不均

匀的。其动能修正系数为

$$\alpha=\frac{\int_A u^3\mathrm{d}A}{v^3A}=16\int_0^1\left[1-\left(\frac{r}{r_0}\right)^2\right]^3\frac{r}{r_0}\mathrm{d}\left(\frac{r}{r_0}\right)=2$$

动量修正系数为

$$\beta=\frac{\int_A u^2\mathrm{d}A}{v^2A}=8\int_0^1\left[1-\left(\frac{r}{r_0}\right)^2\right]^2\frac{r}{r_0}\mathrm{d}\left(\frac{r}{r_0}\right)=1.33$$

5.4.2 沿程水头损失

为了计算方便，沿程水头损失通常用平均流速 v 的函数表示，由式（5-14）得

$$J=\frac{8\mu v}{\rho g r_0^2}=\frac{32\mu v}{\rho g d^2}$$

即

$$h_f=\frac{32\mu vl}{\rho g d^2} \tag{5-16}$$

式（5-16）说明，在圆管层流中，沿程水头损失和断面平均流速的一次方成正比，这也印证了前述雷诺实验的结论。

参照式（5-11）的结构形式，式（5-16）可改写成

$$h_f=\frac{64}{\frac{vd}{\nu}}\cdot\frac{l}{d}\cdot\frac{v^2}{2g}=\frac{64}{Re}\cdot\frac{l}{d}\cdot\frac{v^2}{2g}$$

令

$$\lambda=\frac{64}{Re} \tag{5-17}$$

则

$$h_f=\lambda\frac{l}{d}\frac{v^2}{2g}$$

这就是前面所推导出的达西-魏斯巴赫公式。式（5-17）表明，在圆管层流中沿程阻力系数 λ 与管壁粗糙度无关。这是因为在层流中，沿程水头损失是由于克服各流层间的内摩擦力做功造成的，管壁粗糙引起的扰动完全被液体黏性作用所抑制的缘故，这一结论已被著名的尼古拉兹实验所证实。

法国医生兼物理学家泊肃叶（Poiseuille）和德国水利工程师哈根（Hagen）首先进行了圆管层流的实验研究，式（5-14）又称为哈根-泊肃叶公式。为确认黏性液体沿固体壁面无滑移（壁面吸附）条件 $r=r_0$ 时 $u=0$ 的正确性，提供了佐证。

上面所推导出的层流运动计算公式，只能用于均匀流动情况，在管道进口附近是不适用的。

【例5-3】 设圆管直径 $d=2\text{cm}$，用皮托管测得轴心流速 $u_m=14\text{cm/s}$，水温 $t=10℃$。试求在管长 $l=20\text{m}$ 流段上的沿程水头损失。

【解】 由表1-3查得10℃时水的运动黏度 $\nu=1.31\times10^{-6}\text{m}^2/\text{s}$，设流动为层流，由式（5-15）得断面平均流速

$$v=\frac{1}{2}u_m=\frac{1}{2}\times0.14\text{m/s}=0.07\text{m/s}$$

雷诺数
$$Re = \frac{vd}{\nu} = \frac{0.07 \times 0.02}{1.31 \times 10^{-6}} = 1069$$

因为 $Re<2000$，假设成立，液体为层流运动。沿程阻力系数

$$\lambda = \frac{64}{Re} = \frac{64}{1069} = 0.0599$$

沿程水头损失

$$h_f = \lambda \frac{l}{d}\frac{v^2}{2g} = \left(0.0599 \times \frac{20}{0.02} \times \frac{0.07^2}{2 \times 9.8}\right)\mathrm{m} = 0.015\mathrm{m}$$

5.5 液体的湍流运动简介

当雷诺数超过临界雷诺数之后，液体流动型态就转变为湍流。在湍流中，黏性力作用已经削弱，而惯性力作用已不能忽略。

5.5.1 湍流的发生

设有两股来源不同的水流在一个尖缘后汇合，如图 5-8a 所示。

由于两股水流原来的流速不同，在它们的交界面处流速值有一个跳跃变化，这种交界面称为间断面。越过间断面时，流速由一个数值突然变为另一个数值，其流速梯度为无穷大，根据牛顿内摩擦定律，间断面处的切应力也为无穷大，这当然是不可能的。因此，间断面的原有液体流动型态不能持久，两侧的水流将重新调整，所以交界面极不稳定。对于偶然的波状扰动，交界面就会出现波动。在凸起的地方，其上部的流股过水断面受到挤压，断面变小，流速变大，根据伯努利方程，压强减小；其下部流股则由于过水断面增大而流速变小，压强增大。在凹下的地方则相反，上部压强增大而下部压强减小。如图 5-8b 所示，“+”表示增压，“-”表示减压。这样交界面上就产生横向压力，这个横向压力使得上凸段越来越凸、下凹段越来越凹，波状起伏更加显著，最后使间断面破裂而形成一个个小漩涡。由于起始的扰动一般都不是有规则的波动，因此间断面最终也将是由大大小小的漩涡不规则地相

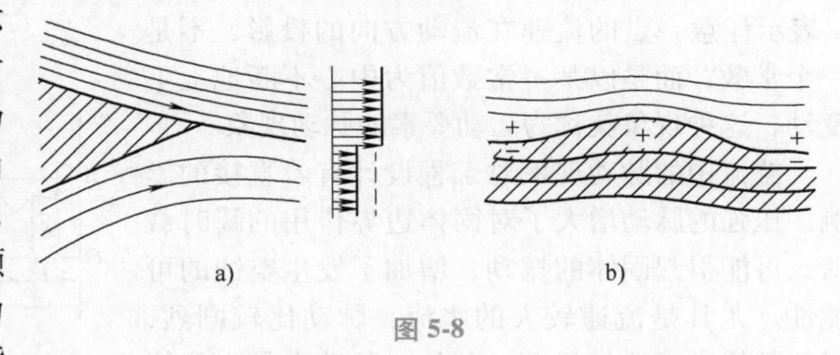

图 5-8

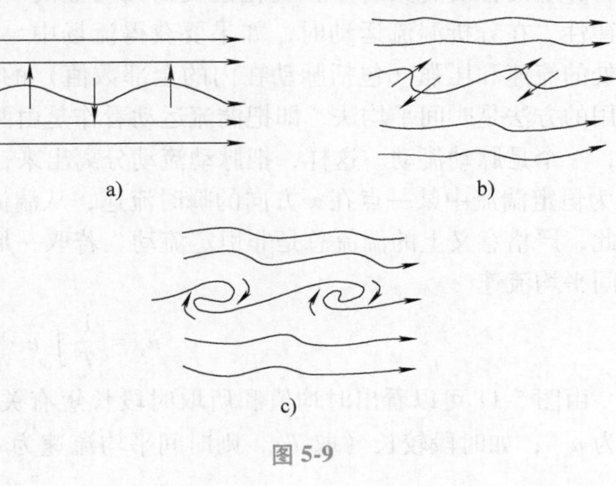

图 5-9

混杂而组成。图 5-9 表示了间断面处漩涡形成的过程。

漩涡产生以后，涡体中的旋转方向与水流流速方向一致的一侧流速变大，相反的一侧流速变小。流速大的一侧压强小，流速小的一侧压强大，涡体两边的压差形成了作用于涡体上的升力（或下沉力），如图 5-10 所示。这个升力（或下沉力）有使涡体脱离原来的流层而掺入邻近流层的趋势。但是流体的黏性对于涡体的运动却有阻力作用，只有当促使涡体横向运动的惯性力超过了黏性阻力时，才会产生涡体混掺的现象。涡体的混掺又使邻层受到扰动，进而产生新的漩涡。在流动中产生涡体，涡体的运动使得流体质点发生混掺，这种流动就是湍流。

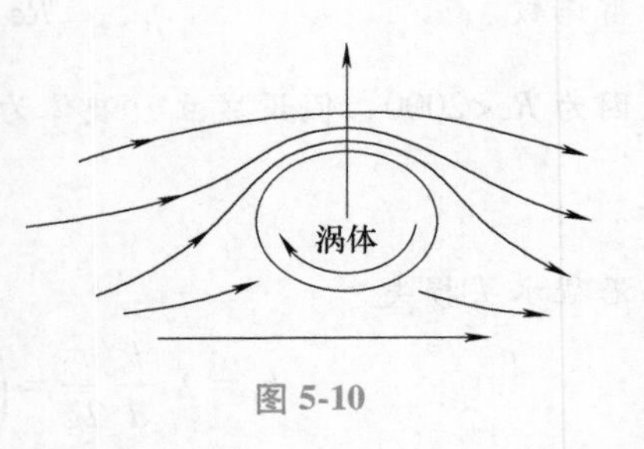

图 5-10

5.5.2 湍流的基本特征

1. 运动要素的脉动现象及时均值

湍流运动的基本特征是液体质点具有不断互相混掺、杂乱无章的运动，在流场中的各点处液体质点的运动要素（如流速、压强等）随时间忽大忽小地随机变化。恒定均匀流如图 5-11 所示，u_x表示任意一点的流速在流动方向的投影，不是一个常数，而是以某一常数值为中心不断地上下变动，这种现象就称为运动要素的脉动现象。

湍流中的脉动现象对工程设计有着直接的影响。压强的脉动增大了对固体边界作用的瞬时载荷，可能引起固体的振动，增加了发生空蚀的可能性。尤其是流速较大的水流，脉动比较剧烈，对工程的影响比较显著。此外，脉动也是水流能够挟带泥沙的根源，引起河渠的冲淤现象。

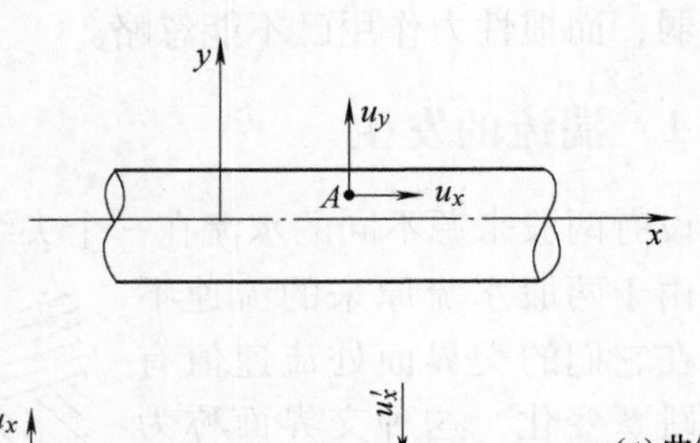

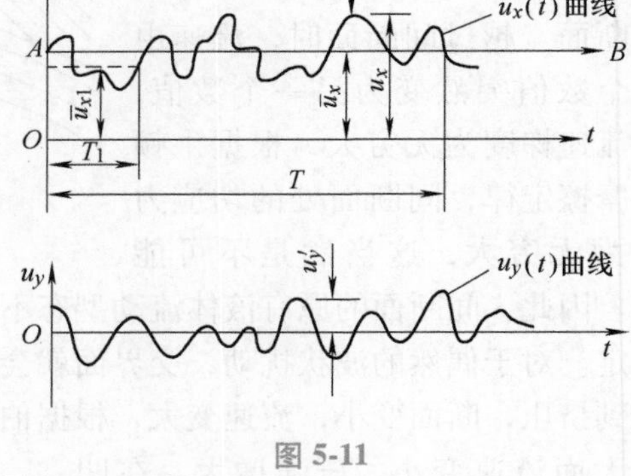

图 5-11

脉动现象是个随机的过程，从图 5-11 可以看出，脉动的幅度有大有小，变化繁复而无明显的规律性。在分析湍流运动时，如果要获得流场中各处的流速和压强（包括脉动在内的全部数值）的时空变化规律，难度很大。现在被广泛采用的方法是时间平均法，即把湍流运动看作是由两个流动叠加而成的，一个是时间平均流动，一个是脉动流动。这样，把脉动流动分离出来，便于处理和做进一步的探讨。例如，设 u_x 为恒定湍流中某一点在 x 方向的瞬时流速，从湍流特征可以知道 u_x 是随着时间而变化的，因此，严格意义上的湍流总是非恒定流动。若取一足够长的时间过程 T，在此时间过程中的时间平均流速

$$\bar{u}_x = \frac{1}{T}\int_0^T u_x \mathrm{d}t \tag{5-18}$$

由图 5-11 可以看出时均值和所取时段长短有关，如时段较短（取 T_1），则时间平均流速为 $\bar{u}_{x_1}$；如时段较长（取 T），则时间平均流速为 $\bar{u}_x$。但是因为水流中脉动周期较短，所

以只要时段 T 取足够长时就可以消除时段对时间平均流速的影响。

显然，瞬时流速由时间平均流速和脉动流速两部分组成，即

$$u_x = \overline{u}_x + u'_x \tag{5-19}$$

脉动流速 u'_x 可正可负，将式（5-19）代入式（5-18），整理可得

$$\overline{u'_x} = \frac{1}{T}\int_0^T u'_x \mathrm{d}t = 0$$

可见，脉动值的时间平均值为零，即 $\overline{u'_x} = 0$。

其他运动要素的瞬时值也都可以写成时均值和脉动值两部分，如瞬时压强

$$p = \overline{p} + p'$$

式中，时均压强 $\overline{p} = \frac{1}{T}\int_0^T p\mathrm{d}t$；$p'$ 为脉动压强，并用同样的方法可证得 $\overline{p'} = 0$。

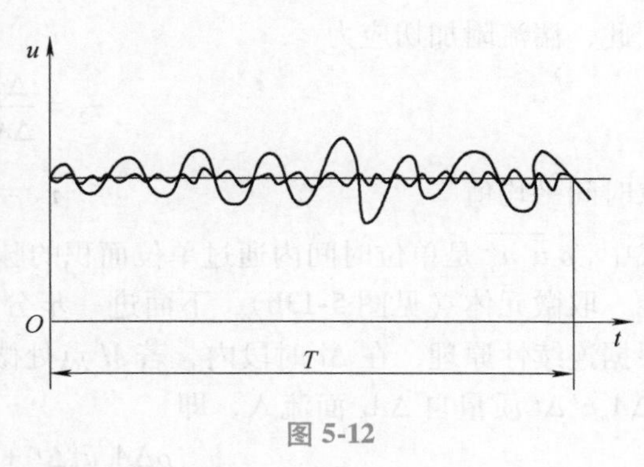

图 5-12

应当指出，以时间平均值代替瞬时值固然为研究湍流运动带来了很大方便。但是时间平均值只能描述总体的运动，不能反映脉动的影响。如图 5-12 所示的两组脉动值，它们的脉动幅度、频率各不同，但其时间平均值却可以相等。对时均流动来说，只要时间平均流速和时间平均压强不随时间改变，即可认定为恒定流。可见，只要建立了时间平均的概念，我们以前所提到的分析水流运动规律的方法，对湍流运动仍可适用。以后提到的湍流状态下，水流中各点的运动要素均是指时间平均值。为了方便起见，以后不再写“时均”两字和不再用时间平均值的符号。但是，湍流的固有特征并不会因为引入时均值而消失。因此，对于与湍流的特征直接有关系的问题，如湍流中的阻力和过水断面上流速分布问题，必须考虑湍流具有脉动与混掺的特点，才能得出符合客观实际的结论。

2. 湍流切应力、普朗特混合长度理论

层流运动中，液体质点分层相对运动，其切应力是由黏滞性引起的，可用牛顿内摩擦定律进行计算。由于湍流运动机理复杂，可将切应力视为由以下两部分组成：首先，从时均湍流的概念出发，可将运动液体分层，因为各液层的时均流速不同，存在相对运动，所以各液层之间也存在黏性切应力，这种黏性切应力可用牛顿内摩擦定律表示，即式（1-8）

$$\overline{\tau}_1 = \mu \frac{\mathrm{d}\overline{u}_x}{\mathrm{d}y}$$

其次，由于湍流中液体质点存在着脉动，相邻液层之间就有质量的交换。低流速液层的质点由于横向运动进入高流速液层后，对高流速液层起阻滞作用；相反，高流速液层的质点在进入低流速液层后，对低流速液层却起推动作用。也就是说，质量交换过程中也同时完成了动量传递，从而在液层分界面上产生了湍流附加切应力

$$\overline{\tau}_2 = -\rho\,\overline{u'_x u'_y} \tag{5-20}$$

现用动量定理来说明式（5-20）的产生。如图 5-13 所示，在空间点 M 处，具有 x 和 y

方向的脉动流速 u'_x 及 u'_y。在 Δt 时段内，通过截面 ΔA_a 的脉动质量为

$$\Delta m = \rho \Delta A_a u'_y \Delta t$$

这部分液体的质量，通过脉动分速 u'_x 的作用，在水流方向的动量增量为

$$\Delta m \cdot u'_x = \rho \Delta A_a u'_x u'_y \Delta t$$

该动量增量应等于紊流附加剪力 ΔT 的冲量，即

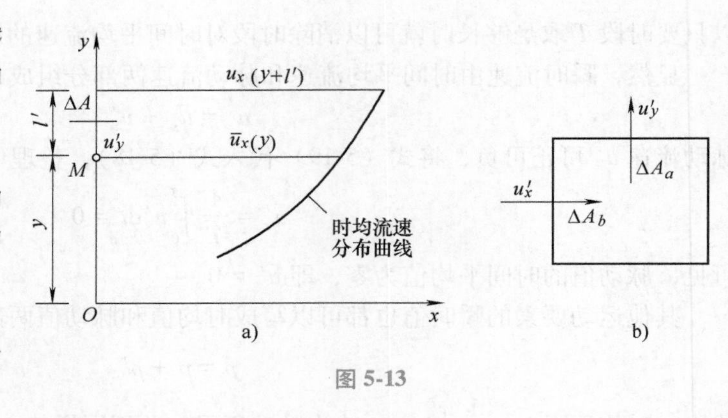

图 5-13

$$\Delta T \Delta t = \rho \Delta A_a u'_x u'_y \Delta t$$

因此，紊流附加切应力

$$\tau_2 = \frac{\Delta T}{\Delta A_a} = \rho u'_x u'_y$$

取时间平均值

$$\bar{\tau}_2 = \rho \overline{u'_x u'_y} \tag{5-21}$$

式中，$\rho \overline{u'_x u'_y}$ 是单位时间内通过单位面积的脉动微团进行动量交换的平均值。

取微元体（见图 5-13b），下面进一步分析脉动速度 u'_x 和 u'_y 的关系。如图 5-13b 所示，根据连续性原理，在 Δt 时段内，若 M 点处微元空间有 $\rho \Delta A_a u'_y \Delta t$ 质量自 ΔA_a 面流出，则必有 $\rho \Delta A_b u'_x \Delta t$ 质量自 ΔA_b 面流入，即

$$\rho \Delta A_a u'_y \Delta t + \rho \Delta A_b u'_x \Delta t = 0$$

于是

$$u'_y = \frac{\Delta A_b}{\Delta A_a} u'_x$$

由上式可知，脉动流速 u'_x 和 u'_y 成正比。A_a 与 A_b 总为正值，因此，u'_x 和 u'_y 符号相反。为使附加切应力 τ_2 以正值出现，式（5-21）应表达成

$$\bar{\tau}_2 = -\rho \overline{u'_x u'_y} \tag{5-22}$$

式（5-22）就是因紊流脉动现象而产生的附加切应力表达式。它表明附加切应力与黏性切应力不同，它与液体黏性无直接关系，只与液体密度和脉动强弱有关，是由微团惯性引起的，因此又称 $\bar{\tau}_2$ 为惯性切应力或雷诺应力。

在紊流的时均流动中，全部切应力是黏性切应力与脉动产生的附加切应力之和，即

$$\bar{\tau} = \bar{\tau}_1 + \bar{\tau}_2$$

将式（1-8）和式（5-22）代入上式，得

$$\bar{\tau} = \mu \frac{d\bar{u}_x}{dy} + (-\rho \overline{u'_x u'_y}) \tag{5-23}$$

式（5-23）中 $\bar{\tau}_1$ 和 $\bar{\tau}_2$ 在全部切应力中所占比重的大小随流动情况而有所不同。在雷诺数较小（即脉动较弱）时，前者占主导地位，附加切应力可忽略；随着雷诺数的增加，脉动程度加剧，后者逐渐加大。当雷诺数很大时紊流已经很充分，前者与附加切应力相比甚小，黏性切应力可忽略不计。

以上分析了湍流时切应力的组成及影响因素。然而，脉动速度瞬息万变，由于对湍流机理还未彻底了解，式（5-22）不便于直接应用。目前主要采用半经验的办法，即一方面对湍流进行机理分析，另一方面还得依靠一些具体的实验结论来建立附加切应力和时均流速的关系。这种半经验理论至今已提出了不少，主要有普朗特、卡门和泰勒等的学说。下面介绍德国学者普朗特（L. Prandtl）提出的混合长度理论。普朗特学说借用气体分子运动中的自由程概念。设想在湍流里，质点被横向脉动流速运移了某一个横向距离 l' 之后，这个质点才会在新的地点与周围的质点互相混掺碰撞，在当地完成了动量传递。这个横向距离 l' 叫作自由运移长度。假设质点在原来位置时的时均流速为 $u(y)$，经过 l' 距离以后，时均流速变化为这两个位置的时均流速之差

$$\bar{u}_x(y+l')-\bar{u}_x(y)=l_1\frac{\mathrm{d}\bar{u}_x}{\mathrm{d}y}$$

普朗特假定脉动速度与时均流速相等，即

$$u'_x=\pm l_1\frac{\mathrm{d}\bar{u}_x}{\mathrm{d}y}$$

因 u'_y 与 u'_x 具有相同的数量级，但符号相反，再引入比例系数 c_1，可得

$$u'_y=\mp c_1 l_1\frac{\mathrm{d}\bar{u}_x}{\mathrm{d}y}$$

假设
$$|u'_x u'_y|=c_2|u'_x|\cdot|u'_y|$$
于是

$$\bar{\tau}_2=-\rho u'_x u'_y=\rho c_1 c_2(l_1)^2\left(\frac{\mathrm{d}\bar{u}_x}{\mathrm{d}y}\right)^2$$

令 $l^2=c_1c_2(l_1)^2$，得到湍流附加切应力的表达式为

$$\bar{\tau}_2=\rho l^2\left(\frac{\mathrm{d}\bar{u}_x}{\mathrm{d}y}\right)^2 \tag{5-24}$$

式中，l 称为混合长度，但它并没有直接物理意义。

去掉时均号，由式（5-23）得湍流中的全部切应力为

$$\tau=\mu\frac{\mathrm{d}u_x}{\mathrm{d}y}+\rho l^2\left(\frac{\mathrm{d}u_x}{\mathrm{d}y}\right)^2 \tag{5-25}$$

考虑到湍流中固体边壁或近壁处，液体质点交换受到制约而被减少至零，普朗特假定混合长度 l 正比于质点到管壁的径向距离 y，即

$$l=ky$$

式中，k 为卡门通用常数，由实验确定，其值约等于 0.4。

混合长度理论给出了湍流切应力和流速分布规律，但是推导过程不够严谨，尽管如此，由于这一半经验公式的形式比较简单，计算结果又与实验数据能较好吻合。所以至今仍然是工程上应用最广的湍流理论。

3. 湍流的流速分布

湍流的流速分布可根据湍流混合长度理论来推导。为此假定壁面附近的湍流切应力值保持不变，并等于壁面上的切应力，即 $\tau_2=\tau_0$。于是式（5-24）可写成

$$\frac{\mathrm{d}u}{\mathrm{d}y} = \frac{1}{ky}\sqrt{\frac{\tau_0}{\rho}}$$

因为 $\sqrt{\frac{\tau_0}{\rho}}$ 经常出现在这类问题的分析中，同时又因它具有流速的量纲，所以设

$$u_* = \sqrt{\frac{\tau_0}{\rho}}$$

式中，u_* 称为摩阻流速（又称动力流速），它将直接反映边界面上的切应力 τ_0。

由以上两式得

$$\frac{\mathrm{d}u}{\mathrm{d}y} = \frac{1}{ky}u_*$$

对上式进行积分，得湍流流速分布公式为

$$u = \frac{1}{k}u_* \ln y + C \tag{5-26}$$

根据湍流的半经验理论就这样地得出了湍流流速分布公式。因为它是一个对数函数，所以也称为湍流对数流速分布式。它具有普遍意义，可应用于任何的平面流动，只是常数 C 要根据具体流动情况用实验结果加以确定。普朗特的湍流理论虽有些近似的假定，但这个理论可以取得具有实用意义的定量结果，而且许多实测结果也符合式（5-24）的规律。

式（5-26）所示的湍流流速分布规律很明显有一奇点，即当 $y=0$ 时，流速为无穷大。这一缺陷将通过引入黏性底层的概念加以解决。

4. 黏性底层

以圆管中的湍流为例。由于液体与管壁间的附着力，圆管中液流有一极薄层液体贴附在管壁上不动，即与边界相邻的质点黏附在边界壁面上而与边壁之间没有相对运动，因为如果有相对运动，则该处流速梯度为无穷大，边界上的黏滞切应力也为无穷大，所以不管 Re 多么大，固定边壁上液体质点的流速必为零。在紧靠管壁附近的液层流速从零增加到有限值，速度梯度很大，而管壁却抑制了其附近液体质点的湍动，混合长度几乎为零。因此，在该液层内湍流附加切应力可以忽略。在湍流中紧靠管壁附近存在黏性切应力起控制作用的这一薄层称为黏性底层（或层流底层），如图 5-14 所示。在黏性底层之外的液流，统称为湍流流核。在这两液流之间，还存在着一层极薄的过渡层，因其实际意义不大，一般不予考虑。

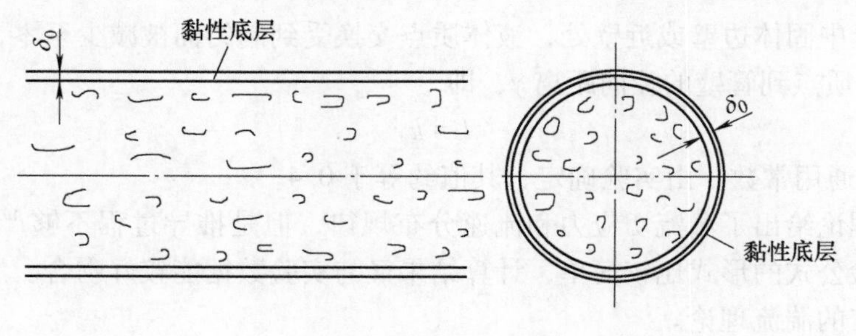

图 5-14

黏性底层厚度 δ_0 可由层流流速分析和牛顿内摩擦定律以及实验资料求得。由式（5-12）

得知，当 $r \to r_0$ 时有

$$u = \frac{\rho g J}{4\mu}(r_0^2 - r^2) = \frac{\rho g J}{4\mu}(r_0 + r)(r_0 - r) \approx \frac{\rho g J}{2\mu} r_0 (r_0 - r) = \frac{\rho g J r_0}{2\mu} y \tag{5-27}$$

式中，$y = r_0 - r$，是黏性底层中某点到管壁的距离。

由式（5-27）可见，厚度很小的黏性底层中的流速分布近似为直线分布。

由牛顿内摩擦力定律得黏性底层的切应力 τ_0 为

$$\tau_0 = \mu \frac{\mathrm{d}u}{\mathrm{d}y} \approx \mu \frac{u}{y}$$

利用 $\nu = \dfrac{\mu}{\rho}$，得

$$\frac{\tau_0}{\rho} = \nu \frac{u}{y}$$

引入摩阻流速 $u_* = \sqrt{\dfrac{\tau_0}{\rho}}$，则上式可写成

$$\frac{u_* y}{\nu} = \frac{u}{u_*}$$

注意到 $\dfrac{u_* y}{\nu}$ 是个量纲为一的数，实验资料表明 $\dfrac{u_* \delta_0}{\nu} = 11.6$，因此

$$\delta_0 = 11.6 \frac{\nu}{u_*}$$

利用式（5-9）$\tau_0 = \dfrac{1}{8}\lambda \rho v^2$，摩阻流速为

$$u_* = \sqrt{\frac{\tau_0}{\rho}} = \sqrt{\frac{\lambda}{8}} v \tag{5-28}$$

将式（5-28）代入 $\delta_0 = 11.6 \dfrac{\nu}{u_*}$，利用雷诺数 $Re = \dfrac{vd}{\nu}$，整理得

$$\delta_0 = \frac{32.8\nu}{v\sqrt{\lambda}} = \frac{32.8d}{Re\sqrt{\lambda}} \tag{5-29}$$

式中，Re 为圆管内流动的雷诺数；λ 为沿程阻力系数。

可见，黏性底层厚度 δ_0 的影响因素为液体性质、温度、管径及沿程阻力系数，随着流动雷诺数增大，黏性底层变薄。

黏性底层厚度虽然很薄，一般不到 1mm，但它对水流阻力或水头损失有重大影响。因为无论用任何材料加工的管壁，由于受加工条件限制和运用条件的影响，总是或多或少地凸凹不平。突出管壁的“平均”高度称为绝对粗糙度 Δ。当突出高度“淹没”在黏性底层中，如图 5-15a 所示，此时管壁的凹凸不平完全被黏性底层所覆盖，管壁粗糙度对湍流流核基本上没有影响，水流就像在完全光滑的管壁上流动一样，这种壁面在水力学上称为“水力光滑面”，反之，当黏性底层很薄，绝对粗糙度 Δ 伸入到湍流流核中，如图 5-15b 所示，成为涡旋的策源地，从而加剧了湍流的脉动作用，水头损失也就增大，这种壁面称为“水力粗糙面”。对于管道而言，是属于“水力光滑管”还是属于“水力粗糙管”，这不仅取决于管

道本身的绝对粗糙度，而且还取决于黏性底层厚度 δ_0，因此，“光滑管”或“粗糙管”是随流动情况而变的，要根据 Δ 与 δ_0 的比值来确定。相应于壁面的分类，其中的湍流运动又划分为三个流区。

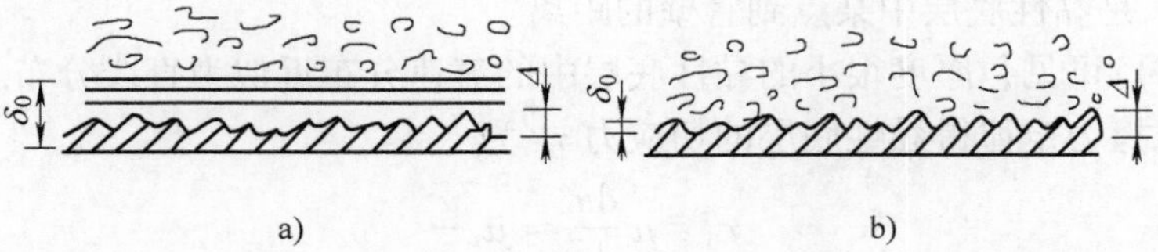

a) b)

图 5-15

$$\Delta < 0.4\delta_0,\ \text{或}\ Re_* = \frac{\Delta v_*}{\nu} < 5 \qquad \text{湍流光滑区}$$

$$0.4\delta_0 < \Delta < 6\delta_0,\ \text{或}\ 5 < Re_* < 70 \qquad \text{湍流过渡区}$$

$$\Delta > 6\delta_0,\ \text{或}\ Re_* > 70 \qquad \text{湍流粗糙区}$$

5.6 湍流沿程水头损失的分析与计算

分析湍流的沿程水头损失比层流要来得复杂，目前还不能用纯理论分析得到解答。下面将以圆管湍流为例进行分析，所得的规律也适用于明渠流动。

5.6.1 尼古拉兹实验

湍流的边壁粗糙情况是千变万化的，目前还不能找出合适的衡量尺度来表示实际的边壁粗糙状况。为了便于分析研究，德国科学工作者尼古拉兹采用人工粗糙管进行研究。他用不同粒径的人工砂粒贴在不同直径的管道内壁上，以制成人工粗糙。这种人工粗糙的特点是凸出部分形状一致，高度一样，而且均匀分布。然后，用不同的流速进行系统的实验，在不同粗糙度的管道上系统深入地进行实验，尼古拉兹于 1933 年发表了其反映圆管流动情况的实验结果。

尼古拉兹实验装置如图 5-16 所示，实验管道相对粗糙度的变化范围为 $\frac{\Delta}{d} = \frac{1}{1014} \sim \frac{1}{30}$，测定每条管道中平均流速 v 和管段 l 的水头损失 h_f，并测出水温以推算出雷诺数 Re 和沿程阻力系数 λ。

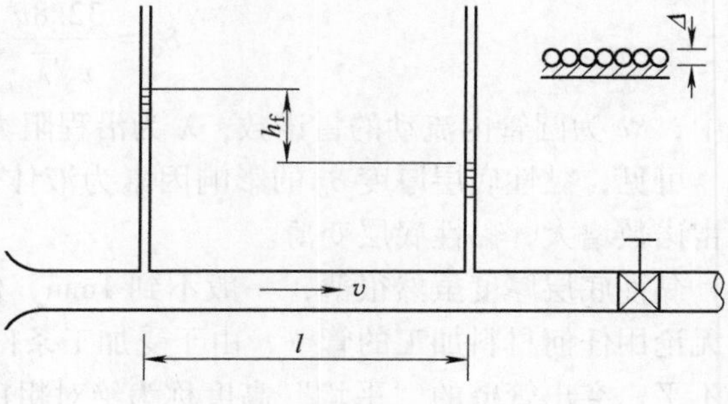

图 5-16

以 $\lg Re$ 为横坐标、$\lg(100\lambda)$ 为纵坐标，将各种相对粗糙度情况下的实验结果点绘在对数坐标纸上，就得到了 $\lambda = f\left(Re, \frac{\Delta}{d}\right)$ 曲线，如图 5-17 所示。

根据 λ 的变化特性，尼古拉兹实验曲线分为 5 个区，这些区在图上分别以Ⅰ、Ⅱ、Ⅲ、

Ⅳ、Ⅴ表示。

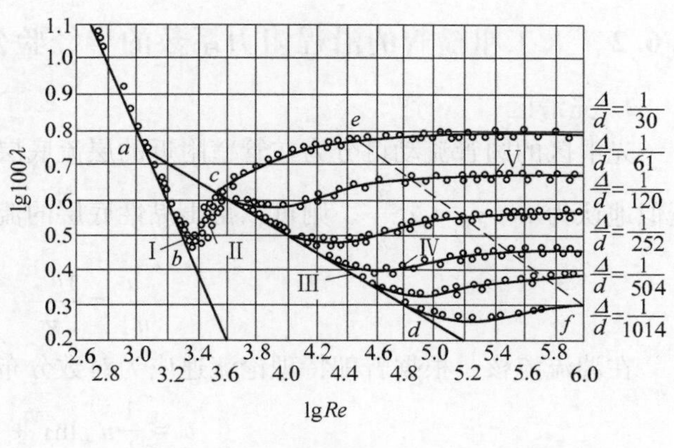

图 5-17

第Ⅰ区——层流区。当 $\lg Re<3.30(Re<2000)$ 时，不同相对粗糙度的实验点聚集在一条直线 ab 上。这表明了 λ 与相对粗糙度 $\frac{\Delta}{d}$ 无关，只是 Re 的函数，并符合 $\lambda=\frac{64}{Re}$，即实验结果证实了圆管层流理论公式的正确性。同时，此实验也指明 Δ 不影响临界雷诺数 $Re_c=2300$ 的数值。

第Ⅱ区——层流转变为湍流的过渡区。如图中 bc 段。当 $\lg Re=3.30\sim3.60(Re=2000\sim4000)$ 时，λ 与相对粗糙度 $\frac{\Delta}{d}$ 无关，只是 Re 的函数。这个区的范围很窄，实用意义不大，不予讨论。

第Ⅲ区——湍流光滑区。当 $\lg Re>3.60(Re>4000)$ 时，不同相对粗糙度的实验点聚集在一条直线 cd 上。这表明了 λ 与相对粗糙度 $\frac{\Delta}{d}$ 无关，只是 Re 的函数。随着 Re 加大，相对粗糙度大的管道，其实验点在 Re 较低时离开了 cd 线；而相对粗糙度小的管道，其实验点在 Re 较高时才离开 cd 线。

第Ⅳ区——湍流过渡区。cd、ef 之间的曲线簇。不同的相对粗糙管的实验点分别落在不同的曲线上。这表明了 λ 既与相对粗糙度 $\frac{\Delta}{d}$ 有关，又与 Re 有关。

第Ⅴ区——湍流粗糙区（阻力平方区）。ef 右侧水平的直线簇。不同的相对粗糙管的实验点分别落在不同的水平直线上。这表明了 λ 只与相对粗糙度 $\frac{\Delta}{d}$ 有关，而与 Re 无关。这说明水流处于发展完全的湍流状态，水流阻力与流速的平方成正比，故又称为阻力平方区。

尼古拉兹虽然是在人工粗糙管中完成的实验，不能完全用于工业管道。但是尼古拉兹实验的意义在于它全面揭示了不同流动条件下 λ 和雷诺数 Re 及相对粗糙度的关系，从而说明确定 λ 的各种经验公式和半经验公式有一定的适用范围。并为补充普朗特理论和推导沿程阻力系数的半理论半经验公式提供了必要的实验数据。

1938 年，苏联水力学家蔡克斯达（Зегжда）仿照尼古拉兹实验，在人工粗糙的矩形明渠中进行了沿程阻力系数的实验，得出和尼古拉兹实验相似的曲线形式，如图 5-18 所示。

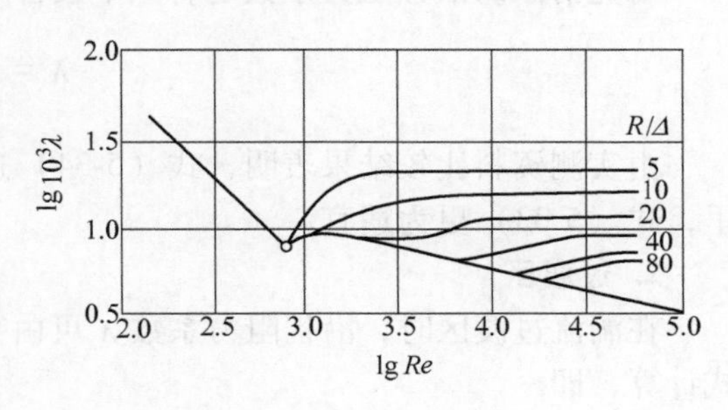

图 5-18

5.6.2 人工粗糙管的沿程阻力系数的半经验公式

1. 光滑区

光滑区的圆管流动可分为在管壁附近的层流底层和中间的湍流区。在层流底层里，如果近似地认为$\tau=\tau_0=\mu\dfrac{u}{y}$，则可以得出黏性底层的流速分布为

$$\frac{u}{u_*}=\frac{yu_*}{\nu} \tag{5-30}$$

在湍流流核，根据普朗特理论流速应为对数分布，即式（5-26）

$$u=\frac{1}{k}u_*\ln y+C$$

如利用这两部分的流速分布曲线在理论上应相交于一点的条件。并利用尼古拉兹的实测资料，就可以得出光滑区的流速分布

$$u=u_*\left[5.75\lg\left(\frac{u_*y}{\nu}\right)+5.5\right] \tag{5-31}$$

断面平均流速

$$v=\frac{Q}{A}=\frac{\int_0^{r_0}u2\pi r\mathrm{d}r}{\pi r_0^2}$$

由于黏性底层很薄，积分时可认为湍流流核内流速对数分布曲线一直延伸到管壁上，即积分上限取 r_0，得

$$v=u_*\left(5.75\lg\frac{u_*r_0}{\nu}+1.75\right) \tag{5-32}$$

将式（5-28）代入式（5-32），并根据试验数据调整常数，得到湍流光滑区沿程阻力系数 λ 的半经验公式，也称为尼古拉兹光滑管公式

$$\frac{1}{\sqrt{\lambda}}=2\lg\frac{Re\sqrt{\lambda}}{2.51} \tag{5-33}$$

从式（5-33）可以看出，光滑区的沿程阻力系数 λ 只与 Re 有关，而粗糙度 Δ 不起作用。该式适用于 $Re<10^6$。

对光滑区的沿程阻力系数还有一个较普遍的经验公式，即布拉休斯公式

$$\lambda=\frac{0.3164}{Re^{\frac{1}{4}}} \tag{5-34}$$

由实测资料比较结果表明，式（5-34）适用于 $4000<Re<10^5$ 的情况。在 Re 更大的流动里，式（5-33）更为适宜。

2. 过渡区

在湍流过渡区时，沿程阻力系数 λ 可由克列布鲁克-怀特（Cole-brook & White）经验公式计算，即

$$\frac{1}{\sqrt{\lambda}}=-2\lg\left(\frac{2.51}{Re\sqrt{\lambda}}+\frac{\Delta}{3.7d}\right) \tag{5-35}$$

适用范围为 $3000<Re<10^6$。

3. 粗糙区

根据普朗特理论和尼古拉兹对湍流粗糙管区的流速分布实测资料得流速分布为

$$u = u_* \left[5.75\lg\left(\frac{y}{\Delta}\right) + 8.5\right] \tag{5-36}$$

对断面积分，求得平均流速公式

$$v = u_* \left[5.75\lg\left(\frac{r_0}{\Delta}\right) + 4.75\right] \tag{5-37}$$

将式（5-33）代入上式，并根据实验数据调整常数，得

$$\lambda = \frac{1}{\left[2\lg\left(\frac{r_0}{\Delta}\right) + 1.74\right]^2} \tag{5-38}$$

式（5-38）称为尼古拉兹粗糙管公式，适用于 $Re > \frac{382}{\sqrt{\lambda}}\left(\frac{r_0}{\Delta}\right)$。

湍流的流速分布除上述半经验公式外，1932 年尼古拉兹根据实验结果，提出指数公式

$$\frac{u}{u_{max}} = \left(\frac{y}{r_0}\right)^n$$

式中，u_{max} 为管轴处最大流速；r_0 为圆管的半径；n 为指数，随雷诺数 Re 而变化，见表 5-1。

表 5-1　湍流流速分布指数

Re	4×10^3	2.3×10^4	1.1×10^5	1.1×10^6	2.0×10^6	3.2×10^6
n	1/6.0	1/6.6	1/7.0	1/8.8	1/10	1/10
v/u_{max}	0.791	0.808	0.817	0.849	0.865	0.865

流速分布的指数公式完全是经验性的，因公式形式简单，被广泛应用。在表 5-1 中，同时列出平均流速与最大流速的比值，据此只需测量管轴心的最大流速，便可求出断面平均流速，进而求得流量。

5.6.3　工业管道的实验曲线和 λ 值的计算公式

由混合长度理论结合尼古拉兹实验，得出了湍流光滑区和粗糙区的经验公式，但湍流过渡区的公式未能得出。同时，上述的经验公式是在人工粗糙管的基础上得到的，而人工粗糙管和工业管道的粗糙有很大差异，必须将两种不同的粗糙形式联系起来，使尼古拉兹的经验公式能用于工业管道。

在湍流光滑区，工业管道和人工粗糙管虽然粗糙不同，但都为黏性底层掩盖，对湍流流核无影响。实验证明，式（5-34）也适用于工业管道。

在湍流粗糙区，无论是人工管道，还是工业管道，由于粗糙面完全暴露在湍流流核中，其水头损失的变化规律也是一致的，因此式（5-38）有可能用于工业管道。问题是如何确定式中的 Δ 值。为解决此问题，以尼古拉兹实验采用的人工粗糙为度量标准，把工业管道的粗糙折算成人工粗糙，这样便提出了当量粗糙的概念。把直径相同、湍流粗糙区 λ 值相等的人工粗糙管的粗糙度 Δ 定义为该管材工业管道的当量粗糙，就是以工业管道湍流粗糙区实

测的 λ 值，代入尼古拉兹粗糙管公式（5-38），反算得到的 Δ。可见工业管道的当量粗糙是按沿程损失的效果相同，得出的折算高度，它反映了粗糙的各种因素对 λ 的综合影响。表5-2列出了常用工业管道的当量粗糙度。

表 5-2 常用工业管道的当量粗糙度

管道材料	Δ/mm	管道材料	Δ/mm
新氯乙烯管	0~0.002	镀锌钢管	0.15
铅管、铜管、玻璃管	0.01	新铸铁管	0.15~0.50
钢管	0.046	旧铸铁管	1.00~1.50
涂沥青铸铁管	0.12	混凝土管	0.30~3.00

在湍流过渡区，工业管道实验曲线和尼古拉兹实验曲线存在较大差异。这表现在工业管道实验曲线的过渡区在较小的 Re 下就偏离光滑曲线，且随着 Re 的增加平滑下降，而尼古拉兹实验曲线则存在着上升部分。

造成这种差异的原因在于两种管道粗糙均匀性的不同。在工业管道中，粗糙是不均匀的。当层流底层比当量粗糙高度还要大时，粗糙中的最大糙粒就将提前对湍流流核内的湍动产生影响，即 λ 开始与 Δ/d 有关，实验曲线也就较早地离开了光滑区。提前多少则取决于不均匀粗糙中最大糙粒的尺寸。随着 Re 的增大，层流底层越来越薄，对核心区内的流动能产生影响的糙粒越来越多，因而粗糙的作用是逐渐增加的。而在尼古拉兹实验中粗糙是均匀的，其作用几乎是同时发生的。当层流底层的厚度开始小于糙粒高度之后，全部糙粒开始直接暴露在湍流流核内，使其产生强烈的漩涡。同时暴露在湍流核心内的糙粒部分随着 Re 的增大而不断加大。因此沿程水头损失急剧增加。这就是尼古拉兹实验中过渡区曲线上升的原因。

尼古拉兹实验中过渡区的实验资料对工业管道是完全不适用的。柯列勃洛克和怀特根据大量工业管道试验资料，提出工业管道过渡区 λ 值计算公式，即式（5-35）。柯列勃洛克-怀特公式实际上是尼古拉兹光滑区公式和粗糙区公式的结合。对于光滑管，Re 数偏低，公式右边括号内第一项很大，第二项相对很小可以忽略。当 Re 数很大时，公式右边括号内第一项很小，可以忽略不计。这样，柯列勃洛克-怀特公式不仅适用于工业管道的湍流过渡区，而且可用于湍流的全部三个阻力区，故又称为湍流沿程阻力系数 λ 的综合计算公式。尽管此式只是个经验公式，但它是在合并两个半经验公式的基础上得出的，公式应用范围广，与试验结果符合良好。

式（5-35）的应用比较麻烦，必须经过几次迭代才能得出结果。为了简化计算，1944年美国工程师莫迪（Moody）在柯列勃洛克-怀特公式的基础上，以相对粗糙为参数，把 λ 作为 Re 的函数，绘制出工业管道阻力系数曲线图，即莫迪图（见图5-19）。在图上按 Δ/d 和 Re 可直接查出相应的 λ 值。

5.6.4 计算沿程阻力系数的经验公式

上述关于沿程水头损失的分析是半个世纪以来人们通过研究而取得的认识，但早在200多年以前，生产实践早就要求能对沿程水头损失进行计算。这些计算方法，由于建筑在大量实际资料的基础上，虽然在理论上缺乏依据，但在生产实践中却一直在起作用，一定程度上满足了工程设计的需要，有的目前仍广泛应用。早在1775年，法国工程师谢才（Chezy）总结了明渠均匀流的实测资料，提出了计算均匀流的公式，后人称为谢才公式，即

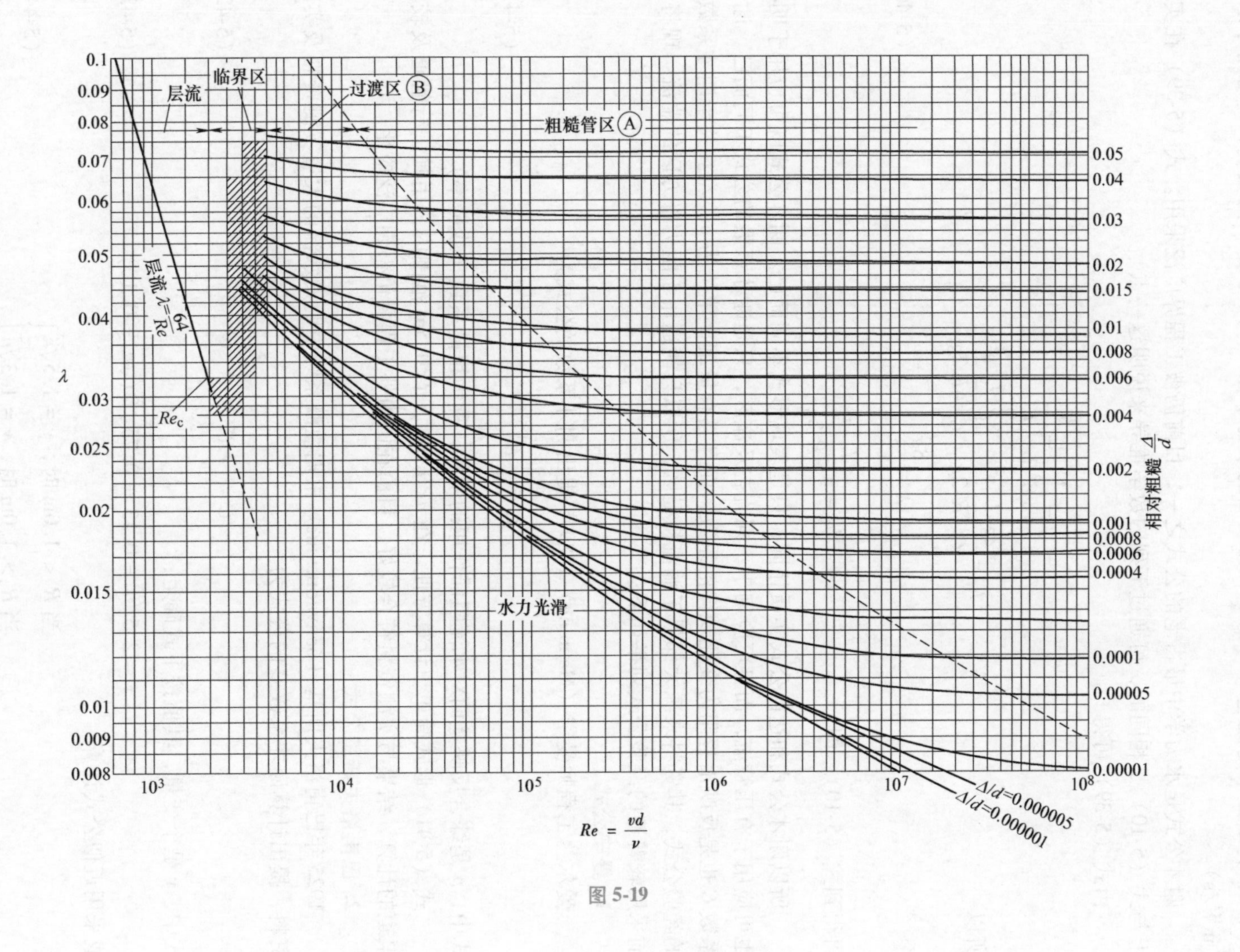

层流
临界区
过渡区 Ⓑ
粗糙管区 Ⓐ
层流 $\lambda=\frac{64}{Re}$
Re_c
λ
0.1
0.09
0.08
0.07
0.06
0.05
0.04
0.03
0.025
0.02
0.015
0.01
0.009
0.008
水力光滑
0.05
0.04
0.03
0.02
0.015
0.01
0.008
0.006
0.004
0.002
0.001
0.0008
0.0006
0.0004
0.0001
0.00005
0.00001
相对粗糙 $\frac{\Delta}{d}$
10^3
10^4
10^5
10^6
10^7
10^8
Δ/d=0.000005
Δ/d=0.000001
$Re=\frac{vd}{\nu}$

图 5-19

$$v = C\sqrt{RJ} \tag{5-39}$$

式中，v 为断面平均流速（m/s）；R 为断面的水力半径（m）；J 为水力坡度；C 为谢才系数（$m^{1/2}/s$）。

谢才公式是水力学中最古老的公式之一，目前仍被工程界广泛采用。式（5-39）在实质上与式（5-10）是相同的，可通过下列的数学推导来说明这一点。

由式（5-39）可得

$$J = \frac{v^2}{C^2 R} = \frac{h_f}{L}$$

所以

$$h_f = \frac{2g}{C^2}\frac{L}{R}\frac{v^2}{2g} = \frac{8g}{C^2}\frac{L}{4R}\frac{v^2}{2g}$$

令

$$\lambda = \frac{8g}{C^2} \tag{5-40}$$

可得到式（5-10），即

$$h_f = \lambda\frac{L}{4R}\frac{v^2}{2g}$$

所以谢才公式和达西公式实质相同，只是表现形式不同而已。谢才公式既可应用于明渠也可应用于有压管流，而且可应用于不同流态及流区，只是谢才系数的公式不同而已。谢才系数 C 也是反映沿程阻力变化规律的系数，而且具有量纲，单位为 $m^{1/2}/s$。关于谢才系数 C 的经验公式，其资料来源大都限于湍流粗糙区，所以只能适用于阻力平方区的湍流。现将目前采用较普遍的经验公式列举如下：

1. 曼宁公式

爱尔兰工程师曼宁（Manning）1889年提出谢才系数的公式为

$$C = \frac{1}{n}R^{1/6} \tag{5-41}$$

式中，n 是综合反映壁面对水流阻滞作用的系数，称为粗糙系数（或糙率）。

式（5-41）形式简单，计算方便，在 $n<0.020$，$R<0.5$m 范围内，用其进行管道及较小渠道的计算，结果与实测资料符合较好，目前在国内外工程界仍得到广泛应用。

2. 巴甫洛夫斯基公式

1925年巴甫洛夫斯基（бапуловский）根据灌溉系统中明渠水流的大量实测资料及实验资料，提出计算谢才系数 C 的公式为

$$C = \frac{1}{n}R^{y} \tag{5-42}$$

式中，y 是个变量，其值按下式确定：

$$y = 2.5\sqrt{n} - 0.13 - 0.75\sqrt{R}(\sqrt{n} - 0.10) \tag{5-43}$$

或采用近似公式计算

$$\left.\begin{aligned} &当 R < 1.0\text{m} 时，y = 1.5\sqrt{n} \\ &当 R > 1.0\text{m} 时，y = 1.3\sqrt{n} \end{aligned}\right\} \tag{5-44}$$

式（5-42）的适用范围为 $0.1\text{m} \leqslant R \leqslant 3.0\text{m}$，$0.011 \leqslant n \leqslant 0.04$。这个范围基本上概括了一般情况。在这个范围以内，该式可以作为工程设计的依据。当 $R>3.0$m 时，由于实际资料不

多，只是在延伸的意义上可应用这个公式。

需要注意，在式（5-41）和式（5-42）中，水力半径 R 的单位均采用m，谢才系数 C 的单位均采用 $m^{1/2}/s$。

在上面列举的公式中，粗糙系数 n 的选择是否恰当对水力计算结果的影响很大，现将多年来总结的各种情况下的粗糙系数 n 值列于表5-3中。

表5-3 粗糙系数 n 值

序号	边界种类及状况	n
1	仔细刨光的木板；新制的清洁的生铁和铸铁管，铺设整齐，接缝光滑	0.011
2	未刨光的但接连很好的木板；正常情况下的给水管；极清洁的排水管；最光滑的混凝土面	0.012
3	正常情况下的排水管；略有污垢的给水管；很好的砖砌	0.013
4	污秽的给水和排水管；一般混凝土面；一般砖砌	0.014
5	陈旧的砌面；相当粗糙的混凝土面；特别光滑、仔细开凿的岩石面	0.017
6	坚实黏土中的土渠；有不连续淤泥层的黄土或沙砾石中的土渠；维修良好的大土渠	0.0225
7	一般的大土渠；情况良好的小土渠；情况极具良好的天然河流（河床清洁顺直，水流畅通，没有浅滩深槽）	0.025
8	情况较坏的土渠（如部分地区的杂草或砾石，部分岸坡塌倒等）；情况良好的天然河流	0.030
9	情况极坏的土渠（剖面不规则，有杂草、块石、水流不畅等）；情况比较良好的天然河流，但有不多的石块和野草	0.035
10	情况特别不好的土渠（深槽或浅滩，杂草众多，渠底有大块石等）；情况不甚良好的天然河流（野草块石较多，河床不甚规则而有弯曲，有不少的塌倒和深潭等处）	0.040

n 值是反映边界表面对水流阻力影响因素的一个综合性系数，它的含义不像绝对粗糙度 Δ 那样单纯而明确。由于 n 是一个综合性系数，影响因素复杂，如管道有新有旧，它的值不宜准确地确定。尤其是天然河道，即使在同一过水断面上土壤性质及颗粒大小也不相同，草木生长的情况更是千变万化，而且河槽过水断面的形态及流量大小都对 n 值有影响，所以要选择完全符合实际情况的 n 值是很困难的。但因为沿用已久且积累了比较丰富的实测资料，在计算沿程水头损失时，工程中仍广泛采用曼宁公式或巴甫洛夫斯基公式。

3. 海曾-威廉公式

海曾-威廉公式适用于有压圆管湍流光滑区，具体公式如下：

$$\lambda=\frac{13.16gD^{0.13}}{C_w^{1.852}q^{0.148}} \tag{5-45}$$

式中，q 为流量；C_w 为海曾-威廉粗糙系数，其值见表5-4。

表5-4 海曾-威廉粗糙系数 C_w 值

管道材料	C_w	管道材料	C_w
塑料管	150	新铸铁管、涂沥青或水泥铸铁管	130
石棉水泥管	120~140	使用5年的铸铁管、焊接钢管	120
混凝土管、焊接钢管、木管	120	使用10年的铸铁管、焊接钢管	110
水泥衬里管	120	使用20年的铸铁管	90~100
陶土管	110	使用30年的铸铁管	75~90

4. 舍维列夫公式

在圆管湍流阻力计算中，舍维列夫提出的公式同样使用广泛。根据他所进行的实验结果，钢管、铸铁管输水时，在使用过程中由于水管粗糙度增加，阻力增加的实际现象根据使用后6~15年的钢管和铸铁管，分别对实验所得值进行调整以后提出工程采用的λ值。

在实际计算中，过渡区和阻力平方区的公式不同，由实测表明当$\nu=1.3\times10^{-6}\mathrm{m^2/s}$时，可以采用断面平均流速$v=1.2\mathrm{m/s}$作为过渡区和阻力平方区的临界点。

对于新钢管计算公式如下：

$$\lambda=\frac{0.0159}{d^{0.26}}\left(1+\frac{0.684}{v}\right)^{0.26} \tag{5-46a}$$

适用条件为$Re<2.4\times10^6 d$。

对于新铸铁管计算公式如下：

$$\lambda=\frac{0.0144}{d^{0.284}}\left(1+\frac{2.36}{v}\right)^{0.284} \tag{5-46b}$$

适用条件为$Re<2.7\times10^6 d$。

对于旧钢管和旧铸铁管计算公式如下：

当$v<1.2\mathrm{m/s}$时，属于湍流过渡区，

$$\lambda=\frac{0.0179}{d^{0.3}}\left(1+\frac{0.867}{v}\right)^{0.3} \tag{5-46c}$$

当$v>1.2\mathrm{m/s}$时，属于阻力平方区，

$$\lambda=\frac{0.0210}{d^{0.3}} \tag{5-46d}$$

上述各式中的管径d均以m计，速度v以m/s计，且各式均是在水温为10℃，运动黏度$\nu=1.3\times10^{-6}\mathrm{m^2/s}$的条件下导出的。

【例5-4】 用铸铁管输水，管径$d=250\mathrm{mm}$，管长1000m，输水流量为60L/s，平均水温$t=10℃$，试求该管段的沿程水头损失。

【解】 水温$t=10℃$，水的运动黏度$\nu=0.0131\mathrm{cm^2/s}$，断面平均流速

$$v=\frac{Q}{\frac{\pi}{4}d^2}=\frac{60\times10^3}{(0.785)\times(25)^2}\mathrm{cm/s}=122.3\mathrm{cm/s}$$

雷诺数

$$Re=\frac{vd}{\nu}=\frac{122.3\times25}{0.0131}=2.33\times10^5$$

(1) 用谢才公式计算。

因为$Re=2.33\times10^5>2000$，管道中的水流属于湍流。设流动处于湍流粗糙区，参考表5-3，取粗糙系数$n=0.012$，水力半径为

$$R=\frac{d}{4}=0.0625\mathrm{m}$$

由式（5-41）得谢才系数

$$C=\frac{1}{n}R^{\frac{1}{6}}=\frac{1}{0.012}\times 0.0625^{\frac{1}{6}}\mathrm{m}^{\frac{1}{2}}/\mathrm{s}=52.49\mathrm{m}^{\frac{1}{2}}/\mathrm{s}$$

由式（5-40）计算沿程阻力系数

$$\lambda=\frac{8g}{C^2}=\frac{8\times 9.8}{52.49^2}=0.0285$$

黏性底层厚度

$$\delta_0=\frac{32.8d}{Re\sqrt{\lambda}}=\frac{32.8\times 250}{2.33\times 10^5\times\sqrt{0.0285}}\mathrm{mm}=0.21\mathrm{mm}$$

参考表5-2，取铸铁管当量粗糙度$\Delta=1.4\mathrm{mm}$，由于$\Delta/\delta_0=1.4/0.21=6.67>6$，前述假设成立，该流动为湍流粗糙区，沿程水头损失

$$h_{\mathrm{f}}=\lambda\frac{L}{d}\frac{v^2}{2g}=\left(0.0285\times\frac{1000}{0.25}\times\frac{1.223^2}{2\times 9.8}\right)\mathrm{m}=8.66\mathrm{m}$$

（2）查莫迪图求λ值。

当$\Delta/d=1.4/250=0.0056$，$Re=2.33\times 10^5$时，由图5-19查得$\lambda=0.0310$，沿程水头损失

$$h_{\mathrm{f}}=\lambda\frac{L}{d}\frac{v^2}{2g}=\left(0.0310\times\frac{1000}{0.25}\times\frac{1.223^2}{2\times 9.8}\right)\mathrm{m}=9.46\mathrm{m}$$

（3）采用舍维列夫公式计算λ值。

按照旧铸铁管计算，因为$v>1.2\mathrm{m/s}$，根据式（5-46d）得

$$\lambda=\frac{0.0210}{d^{0.3}}=\frac{0.0210}{0.25^{0.3}}=0.0318$$

沿程水头损失

$$h_{\mathrm{f}}=\lambda\frac{L}{d}\frac{v^2}{2g}=\left(0.0318\times\frac{1000}{0.25}\times\frac{1.223^2}{2\times 9.8^2}\right)\mathrm{m}=9.66\mathrm{m}$$

根据上面三种算法的比较，明显看出舍维列夫经验公式的计算结果偏大，计算结果对保证供水来说是较安全的。

5.6.5 非圆形管道沿程水头损失的计算

在实际工程中，经常会遇到非圆形有压管道沿程水头损失的计算问题，如矩形断面、三角形断面等。实验表明，当液体在非圆形管道中流动时，沿程水头损失（包括雷诺数）仍可按上述诸公式或图表计算，但相应的圆管直径d需用非圆形管道的当量直径d_{e}来代替。所谓当量直径，是指非圆形管道和圆形管道在断面平均流速v、水力半径R和管长l均相等的情况下，这两条管道的沿程水头损失相等，这时圆管的直径就定义为非圆形管道的当量直径。

令非圆形管道的水力半径为R，而圆管的水力半径为$d/4$，根据上述讨论，非圆形管道的当量直径为

$$d_{\mathrm{e}}=4R \tag{5-47}$$

例如，某有压管道为矩形断面，边长分别为a和b，水力半径$R=\dfrac{ab}{2(a+b)}$，该管道的

当量直径为

$$d_e = 4R = 4 \times \frac{ab}{2(a+b)} = \frac{2ab}{a+b}$$

需要说明，引入当量直径的概念计算非圆形管道沿程水头损失，并非适用于所有的流动情况。资料表明，对于层流来说，沿程水头损失主要用于克服各流层间的黏性切应力，并非集中在管壁附近，所以单纯用湿周的大小来作为影响水头损失的主要外部因素，对于层流来说就不充分了，故用当量直径来计算非圆形管道层流的沿程水头损失，将会造成较大误差。对于湍流来说，非圆形管道断面形状越接近圆形，其计算误差越小；反之，误差越大。这是由于非圆形管道断面上的切应力沿固体壁面的不均匀分布所造成的。例如，矩形断面管道内各边中点的流速梯度最大，因而切应力也最大。所以在应用当量直径计算矩形断面管道的沿程水头损失时，矩形断面的长边不应超过短边的8倍。椭圆形断面应用当量直径的概念计算沿程水头损失，则很接近。

应当指出，采用当量直径对非圆形管道进行计算时，截面形状越接近圆形，其计算误差越小。但是，不规则的非圆形断面不能应用当量直径进行沿程水头损失的计算。非圆形管道计算断面平均流速 $v = \frac{Q}{A}$ 时，A 要用非圆形管道的实际过流面积。

【例5-5】 已知某矩形钢板通风管道的截面尺寸为 $a=400\text{mm}$，$b=200\text{mm}$，空气温度 $t=20℃$ 时运动黏度 $\nu=1.50\times10^{-5}\text{m}^2/\text{s}$，通风管内的平均流速 $v=10\text{m/s}$，管长 $l=70\text{m}$，试求该段沿程水头损失。

【解】 矩形管道的水力半径为

$$R = \frac{ab}{2(a+b)} = \frac{400 \times 200}{2 \times (400+200)}\text{mm} = 66.67\text{mm}$$

由式（5-47）得当量直径为

$$d_e = 4R = 4 \times 66.67\text{mm} = 267\text{mm}$$

雷诺数

$$Re = \frac{vd_e}{\nu} = \frac{10 \times 0.267}{1.50 \times 10^{-5}} = 1.78 \times 10^5$$

因 $Re=1.78\times10^5>2000$，属于湍流。由表5-2查得当量粗糙度 $\Delta=0.15\text{mm}$，$\frac{\Delta}{d_e} = \frac{0.15}{267} = 5.62 \times 10^{-4}$，由莫迪图（见图5-19）查得 $\lambda=0.0194$，故

$$h_f = \lambda \frac{L}{d_e}\frac{v^2}{2g} = \left(0.0194 \times \frac{70}{0.267} \times \frac{10^2}{2 \times 9.8}\right)\text{m} = 17.07\text{m}$$

5.7 局部水头损失的分析与计算

当液体流过边界突然变化或流动方向急剧改变的流段，就会产生局部水头损失。局部水头损失的计算，应用理论分析的方法求解是有很大困难的，主要是因为在急变流情况下，作

用在固体边界上的动水压强不好确定。目前只有少数情况下可以近似用理论分析，大多数情况还只能依靠实验研究来解决。

5.7.1 局部水头损失产生的原因

局部水头损失的大小与边界变化的程度有关，究其原因可归纳成如下两点：

（1）边界急剧变化发生主流脱离边壁　水流在边壁急剧变形的地方，如突然扩大、突然缩小、三通、转弯等处（见图5-20）往往会发生主流与边壁脱离，在主流与边壁间形成漩涡区。漩涡区的存在大大增加了湍流的脉动程度，同时漩涡区“压缩”了主流的过水断面，引起过水断面上流速分布重新调整，使得质点间相对运动增强，也就增大了流层间的切应力。此外漩涡区中，涡体的形成、运转和分裂，以及液体质点不断地与主流进行动量交换，由此也消耗了水流的能量。再有，漩涡区的涡旋质点不断被主流带向下游，还将加剧下游一定范围内的湍流脉动，加大了这段长度上的水头损失。所以，局部阻碍范围内损失的能量，只是局部损失中的一部分，其余是在局部阻碍下游一定范围内的流段上消耗掉的。受局部阻碍干扰的流动，经过这一段长度之后，流速分布和湍流脉动才能达到均匀流正常状态。可见，主流脱离边壁和漩涡区的存在是造成局部水头损失的主要原因。

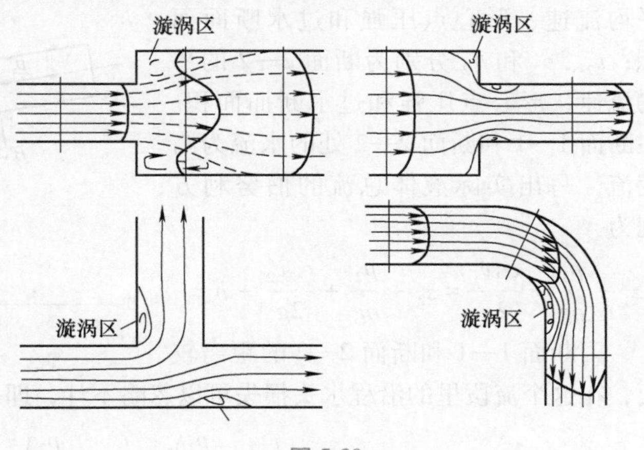

图 5-20

（2）流动方向变化造成二次流　当实际液体经过弯管流动时，不但会产生分离，还会产生与主流方向正交的流动，称为二次流。这是因为液体在转弯时，由于产生向外的离心力，把质点从凸边挤向凹边。但是在近壁边界内，由于流速很小而离心力基本消失了，这样，在断面上就形成了图5-21中从 B 到 A 的流动，在整个断面上形成二次流（或环流）。这种断面环流叠加在主流上，形成了螺旋流。由于黏性作用，二次流在弯道后一段距离内消失了。二次流的存在加速了液体质点之间的相对运动，从而消耗了水流的能量。

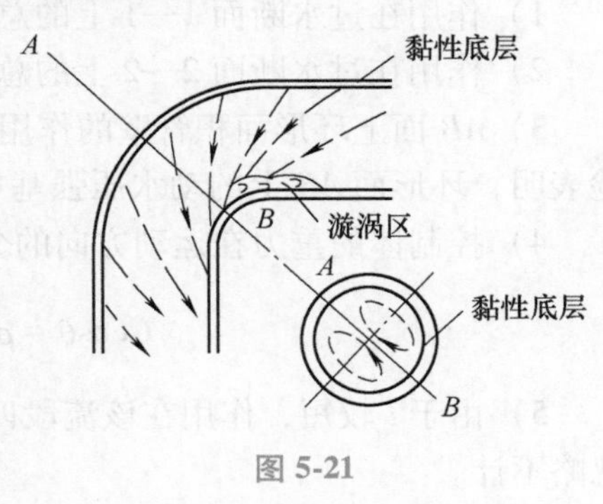

图 5-21

总之，局部水头损失的形式（如断面变化、弯头、阀门等）是多种多样的。所引起的流体结构的调整过程也是不同的。因此局部水头损失就不宜做一般性的分析，而需要个别处理。在各种局部损失中，除少数几种情况可以用理论结合实验计算外，其余都仅由实验确定。下面将讨论有代表性的过水断面突然扩大的局部水头损失。

5.7.2 过水断面突然扩大的局部水头损失

以圆管过水断面突然扩大为例，如图5-22所示。当水流由管径 d_1 到管径 d_2 的流段时，由于断面扩大，根据流线的性质，在断面突变处将发生主流脱离边壁，在脱离处产生了漩涡区。水流的断面逐渐扩大，通过某一距离 l 以后 [l 约为 $(5\sim8)d_2$]，才建立起与大断面相适应的流动，漩涡区随之消逝，形成了新的均匀流动。取过水断面突然扩大前为断面 1—1，扩大后距离 l 处为断面 2—2。在断面 1—1 与断面 2—2 之间的流段上，就产生了突然扩大局部水头损失。

设 v_1、p_1 和 A_1 分别为断面 1—1 的平均流速、形心点压强和过水断面面积；v_2、p_2 和 A_2 分别为断面 2—2 的平均流速、形心点压强和过水断面面积。在断面 1—1 和断面 2—2 处的水流为渐变流，写出实际液体总流的伯努利方程为

$$z_1+\frac{p_1}{\rho g}+\frac{\alpha_1 v_1^2}{2g}=z_2+\frac{p_2}{\rho g}+\frac{\alpha_2 v_2^2}{2g}+h_w$$

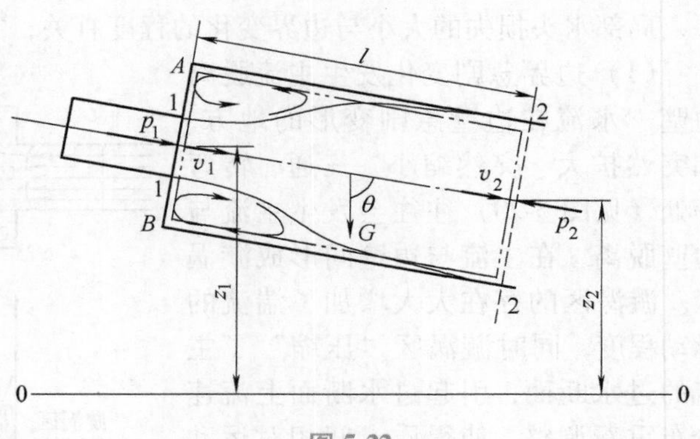

图 5-22

因断面 1—1 和断面 2—2 的距离较短，在这个流段里的沿程水头损失可以忽略不计，即 $h_w=h_j$。上式可整理为

$$h_j=\left(z_1+\frac{p_1}{\rho g}\right)-\left(z_2+\frac{p_2}{\rho g}\right)+\frac{\alpha_1 v_1^2-\alpha_2 v_2^2}{2g} \tag{5-48}$$

为了从式（5-48）中消去压强 p 项，使 h_j 成为流速 v 的函数，需利用动量方程建立另一关系式。

在图 5-22 中的断面 1—1 与断面 2—2 之间取控制体（双点画线区域的水体），作用在控制体上的外力有：

1）作用在过水断面 1—1 上的总压力 p_1A_1。

2）作用在过水断面 2—2 上的总压力 p_2A_2。

3）AB 面上环形面积管壁的作用力 P，等于漩涡区的水作用在环形面积上的总压力，实验表明，环形面 AB 上的动水压强基本符合静水压强分布规律，即可采用 $P=p_1(A_1-A_2)$。

4）控制体的重力在运动方向的分力为

$$G\cos\theta=\rho gA_2 l\frac{z_1-z_2}{l}=\rho gA_2(z_1-z_2)$$

5）由于 l 较短，作用在该流段四周表面上的摩擦阻力与其他力比较起来是微小的，可忽略不计。

设通过管道的流量为 Q，沿流动方向的动量方程为

$$\rho Q\beta_2 v_2-\rho Q\beta_1 v_1=p_1A_1-p_2A_2+p_1(A_2-A_1)+\rho gA_2(z_1-z_2)$$

化简得

$$\frac{v_2}{g}(\beta_2 v_2-\beta_1 v_1)=\left(z_1+\frac{p_1}{\rho g}\right)-\left(z_2+\frac{p_2}{\rho g}\right) \tag{5-49}$$

将式（5-49）代入式（5-48），得

$$h_j=\frac{v_2}{g}(\beta_2 v_2-\beta_1 v_1)+\frac{\alpha_1 v_1^2-\alpha_2 v_2^2}{2g}$$

在渐变流中，可近似取 α_1、α_2、β_1、β_2 都近似等于 1.0，代入上式得

$$h_{\mathrm{j}} = \frac{(v_1 - v_2)^2}{2g} \tag{5-50}$$

式（5-50）就是圆管过水断面突然扩大局部水头损失理论计算公式，它表明圆管突然扩大局部水头损失等于所减小的平均流速的流速水头。利用连续性方程 $v_1A_1 = v_2A_2$，式（5-50）可写为

$$h_{\mathrm{j}} = \left(\frac{A_2}{A_1} - 1\right)^2 \frac{v_2^2}{2g} = \xi_2 \frac{v_2^2}{2g}$$

或

$$h_{\mathrm{j}} = \left(1 - \frac{A_1}{A_2}\right)^2 \frac{v_1^2}{2g} = \xi_1 \frac{v_1^2}{2g} \tag{5-51}$$

式中，$\xi_1 = \left(1 - \frac{A_1}{A_2}\right)^2$、$\xi_2 = \left(\frac{A_2}{A_1} - 1\right)^2$ 为圆管过水断面突然扩大的局部水头损失系数，计算时必须使选用的局部阻力系数与流速水头相对应。

其他各种局部水头损失还没有理论分析结果，一般都用一个流速水头与一个系数的乘积来表示，即

$$h_{\mathrm{j}} = \zeta \frac{v^2}{2g} \tag{5-52}$$

式中，ζ 为局部水头损失系数，该系数由实验测定。

但因为层流在实际中遇到的机会少，而且引起局部水头损失的断面变化都比较剧烈，一般水流的 Re 也已经大到使得 ζ 值已不随 Re 而变化的程度，就像沿程水头损失中阻力平方区一样，在这种情况下的 ζ 值成为一个常数。在水力学的各种书籍中所给出的局部水头损失系数的值都是指在这个范围以内的数值。

管路和明渠中常见的局部水头损失系数 ζ 值见表 5-5，供水力计算时参考。

表 5-5　常见的局部水头损失系数 ζ

断面逐渐扩大管

v_1　d　θ　D　v_2

$$h_{\mathrm{j}} = \zeta \frac{v_1^2}{2g}$$

D/d \ θ	2°	4°	6°	8°	10°	15°	20°	25°	30°	35°	40°	45°
1.1	0.01	0.01	0.01	0.02	0.03	0.05	0.10	0.13	0.16	0.18	0.19	0.20
1.2	0.02	0.02	0.02	0.03	0.04	0.09	0.16	0.21	0.25	0.29	0.31	0.33
1.4	0.02	0.03	0.03	0.04	0.06	0.12	0.23	0.30	0.36	0.41	0.44	0.47
1.6	0.03	0.03	0.04	0.05	0.07	0.14	0.26	0.35	0.42	0.47	0.51	0.54
1.8	0.03	0.04	0.04	0.05	0.07	0.15	0.28	0.37	0.44	0.50	0.54	0.58
2.0	0.03	0.04	0.04	0.05	0.07	0.16	0.29	0.38	0.45	0.52	0.56	0.60
2.5	0.03	0.04	0.04	0.05	0.08	0.16	0.30	0.39	0.48	0.54	0.58	0.62
3.0	0.03	0.04	0.04	0.05	0.08	0.16	0.31	0.40	0.48	0.55	0.59	0.63

（续）

断面突然扩大管

$$h_j=\zeta\frac{v_1^2}{2g}=\left(1-\frac{A_1}{A_2}\right)^2\frac{v_1^2}{2g}$$

$\frac{A_1}{A_2}\left(=\frac{d}{D}\right)^2$	0.0	0.1	0.2	0.3	0.4	0.5
ζ	1.0	0.81	0.64	0.49	0.36	0.25
$\frac{A_1}{A_2}\left(=\frac{d}{D}\right)^2$	0.6	0.7	0.8	0.9	1.0	
ζ	0.16	0.09	0.04	0.01	0.0	

突然缩小管

$$h_j=\zeta\frac{v_2^2}{2g}=0.5\left[1-\left(\frac{d}{D}\right)^2\right]\frac{v_2^2}{2g}$$

$\frac{A_2}{A_1}\left(=\frac{d}{D}\right)^2$	0.01	0.1	0.2	0.3	0.4	0.5
ζ	0.50	0.45	0.40	0.35	0.30	0.25
$\frac{A_2}{A_1}\left(=\frac{d}{D}\right)^2$	0.6	0.7	0.8	0.9	1.0	
ζ	0.20	0.15	0.10	0.05	0.00	

断面逐渐缩小管

$$h_j=\zeta\frac{v_2^2}{2g}$$

d/D	0.0	0.1	0.2	0.3	0.4	0.5
ζ	0.50	0.45	0.42	0.39	0.36	0.33
d/D	0.6	0.7	0.8	0.9	1.0	
ζ	0.28	0.22	0.15	0.06	0.00	

管路进口

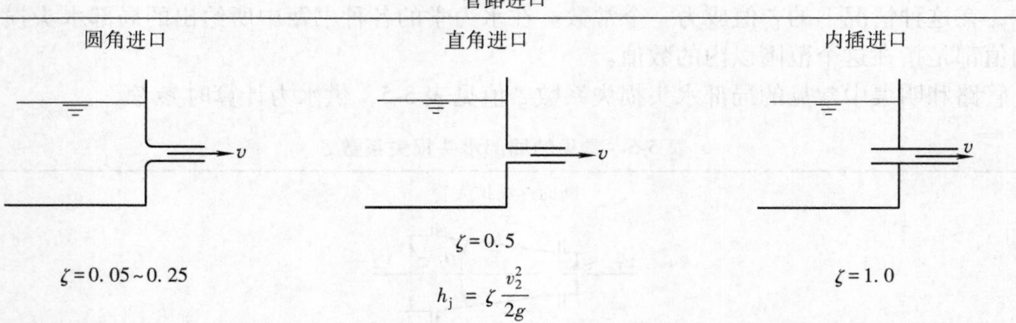

圆角进口	直角进口	内插进口
$\zeta=0.05\sim0.25$	$\zeta=0.5$	$\zeta=1.0$

$$h_j=\zeta\frac{v_2^2}{2g}$$

$$\zeta=\left[0.131+0.163\left(\frac{d}{R}\right)^{3.5}\right]\left(\frac{\theta}{90°}\right)^{0.5}\text{（圆管）}$$

缓弯管（90°）

d/R	0.2	0.4	0.6	0.8	1.0
ζ	0.132	0.138	0.158	0.206	0.294
d/R	1.2	1.4	1.6	1.8	2.0
ζ	0.440	0.660	0.976	1.406	1.975
b/R	0.2	0.4	0.6	0.8	1.0
ζ	0.12	0.14	0.18	0.25	0.40
b/R	1.2	1.4	1.6	2.0	
ζ	0.64	1.02	1.55	3.23	

（续）

$$\zeta = \left[0.131 + 0.163\left(\frac{d}{R}\right)^{3.5}\right]\left(\frac{\theta}{90°}\right)^{0.5}$$ （圆管）

	θ	15°	30°	45°	60°	120°	150°	180°
	$k = \left(\frac{\theta}{90°}\right)^{0.6}$	0.41	0.57	0.71	0.82	1.16	1.29	1.41

$$\zeta = 0.946\sin^2\frac{\theta}{2} + 2.05\sin^4\left(\frac{\theta}{2}\right)$$

（圆管）

折管								
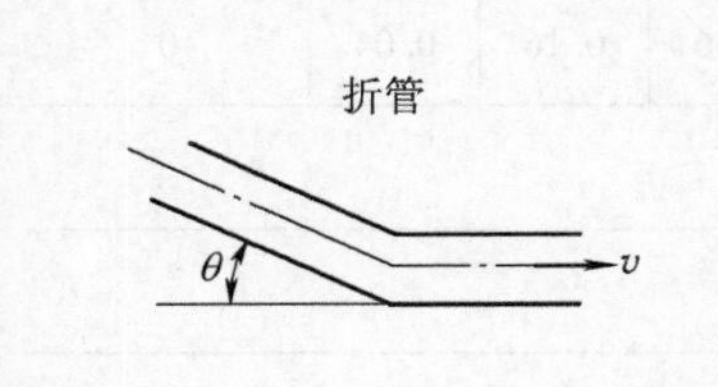	圆管	θ	20°	45°	60°	90°	120°	
		ζ	0.045	0.183	0.365	0.99	1.86	
	方管	θ	15°	30°	45°	60°	90°	
		ζ	0.025	0.11	0.260	0.490	1.2	

其他管路配件局部损失

$$h_j = \zeta\frac{v^2}{2g}$$

名称	图式	ζ		名称	图式	ζ
截止阀		全开	4.3~6.1	等径三通		0.1
蝶阀		全开	0.1~0.3			1.5
闸门		全开	0.12			1.5
无阀滤水网		2~3				3.0
有网底阀		3.5~10（d=50~600mm）				2.0

（续）

名称	图示	ζ							
平板门槽		0.05~0.20							
明渠突缩		A_2/A_1	0.1	0.2	0.4	0.6	0.8	1.0	
		ζ	1.49	1.36	1.14	0.84	0.46	0	
明渠突扩		A_2/A_1	0.01	0.1	0.2	0.4	0.6	0.8	1.0
		ζ	0.98	0.81	0.64	0.36	0.16	0.04	0
渠道入口	直角	0.40							
	曲面	0.10							
格栅		$\zeta = k\left(\frac{b}{b+s}\right)^{1.6}\left(2.3\frac{l}{s}+8+2.9\frac{s}{l}\right)\sin\alpha$ 式中 k——格栅杆条横断面形状系数 矩形，$k=0.504$ 圆弧形，$k=0.318$ 流线形，$k=0.182$ α——水流与栅杆的夹角							

水流中两过水断面间的水头损失等于沿程水头损失加上各处局部水头损失。在计算局部水头损失时，应注意给出的局部水头损失系数是在阻碍前后都是足够长的均匀直段或渐变段的条件下，并不受其他干扰而由实验测得的。一般采用这些系数计算时，要求各局部阻碍之间有一段间隔，其长度不得小于三倍直径（即 $l \geqslant 3d$）。因为在测定各局部水头损失系数时，局部障碍前后两断面间建立伯努利方程的条件都是要求在该两端面是渐变流。因此，对相距很近的两个局部阻力，其水头损失系数不等于单独分开的两个局部阻力的水头损失系数之和，应另行实验测定，这类问题在水泵站的管路设计中可能遇到。

【例 5-6】 水流从 A 水箱流入 B 水箱，管径由 d_1 突然扩大到 d_2，如图 5-23 所示。已知 $d_1=150\text{mm}$，$l_1=30\text{m}$，$\lambda_1=0.03$，$H_1=5\text{m}$，$d_2=250\text{mm}$，$l_2=50\text{m}$，$\lambda_2=0.025$，$H_2=3\text{m}$。水箱尺寸很大，水箱内液面保持恒定，如考虑沿程水头损失和局部水头损失，试求其流量。

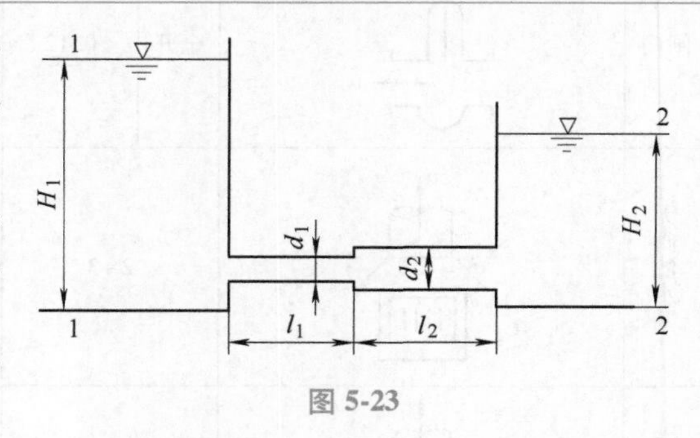

图 5-23

【解】 假设两水箱底部高程相同，对断面 $A—A$ 和 $B—B$ 列伯努利方程

$$H_1+\frac{p_1}{\rho g}+\frac{\alpha_1 v_1^2}{2g}=H_2+\frac{p_2}{\rho g}+\frac{\alpha_2 v_2^2}{2g}+h_w$$

采用相对压强，$p_1=p_2=0$，并略去水箱中的行近流速，则

$$H_1 = H_2 + h_w$$

由于
$$h_w = \sum h_f + \sum h_j$$

查表5-5得局部水头损失系数进口$\zeta_1 = 0.5$，突然扩大$\zeta_2 = 0.41$，管道出口$\zeta_3 = 1.0$。展开上式为

$$h_w = \lambda_1 \frac{l_1}{d_1}\frac{v_1^2}{2g} + \lambda_2 \frac{l_2}{d_2}\frac{v_2^2}{2g} + \zeta_1 \frac{v_1^2}{2g} + \zeta_2 \frac{v_1^2}{2g} + \zeta_3 \frac{v_2^2}{2g}$$

根据连续性方程$v_1 A_1 = v_2 A_2$，$v_2 = \left(\frac{d_1}{d_2}\right)^2 v_1$，代入上式得

$$h_w = \left[\lambda_1 \frac{l_1}{d_1} + \lambda_2 \frac{l_2}{d_2}\frac{d_1^4}{d_2^4} + \zeta_1 + \zeta_2 + \zeta_3 \frac{d_1^4}{d_2^4}\right]\frac{v_1^2}{2g}$$

代入已知数据

$$h_w = \left[0.03 \times \frac{30}{0.15} + 0.025 \times \frac{50}{0.25} \times \frac{0.15^4}{0.25^4} + 0.5 + 0.41 + 1.0 \times \frac{0.15^4}{0.25^4}\right]\frac{v_1^2}{2g} = 7.69\frac{v_1^2}{2g}$$

因为$h_w = H_1 - H_2$，从而有

$$v_1 = \sqrt{\frac{2g(H_1 - H_2)}{7.69}} = \sqrt{\frac{2 \times 9.8 \times (5-2)}{7.69}}\ \mathrm{m/s} = 2.77\mathrm{m/s}$$

$$Q = v_1 A_1 = \left(2.77 \times \frac{3.14}{4} \times 0.15^2\right)\mathrm{m^3/s} = 0.049\mathrm{m^3/s}$$

5.8 边界层基本概念及绕流阻力

前面讨论了实际液体的型态及其流动特征，同时也提出了判别流动型态的指标——雷诺数。雷诺数的不断加大就意味着黏性作用的不断减小。所以，对于雷诺数极大的流动，黏性已小到一定程度而可以忽略。换言之，雷诺数越大的流动就越接近理想流体的流动。这样的逻辑推理并没有错误，但许多雷诺数很大的实际流体的情况并不与理想流体一样（或近似），而有着显著的差别。例如，理想液体绕圆柱体的流动情况如图5-24a所示，但所观察到的实际流体，当$Re = \frac{u_0 d}{\nu}$（d为圆柱体的直径）很大时的流动情况却如图5-24b所示。显而易见，两者存在着差别。为什么会有这样的差别，过去没有找到答案，一直到1904年提出了边界层理论才对这个问题给予了解释。

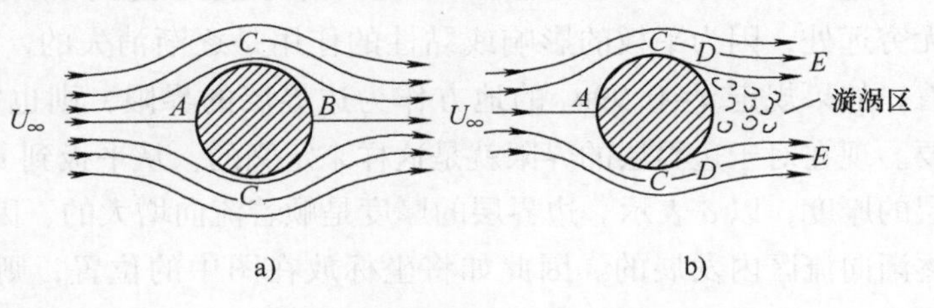

图5-24

边界层理论是普朗特首创的，实际液体绕固体壁面流动，固体边界上的液体质点必然是贴在边界上的，不能与边界之间有相对运动。因为如果有相对运动，则该处流速梯度为无穷大，因此边界上的黏性切应力也为无穷大。所以不管流动的雷诺数多大，固定边界上的质点流速必等于零。这个前提在理想液体中是没有的。由于实际液体在固定边界上的流速等于

零，所以在边界的法线方向上液体的流速必然从零迅速增大，因此在边界附近的流区里存在有相当大的流速梯度，在这个流区里，黏性的作用就不能忽视。边界附近的这个流区就称为边界层。流动雷诺数的大小只影响这个流区的厚薄，不管雷诺数有多大，这个流区总是存在的。当雷诺数很大时，边界层较薄，在边界层以外的流区里，黏性的作用是可以忽略的，因此可以按理想液体来处理。

总之，雷诺数较大的实际液体可以看作是由两个性质不同的流动所组成的：①固体边界附近的边界层流动，黏性的作用不能忽略；②边界层以外的流动，可以忽略黏性作用而按理想液体来处理。这种处理流动的方法为近代流体力学的发展开辟了道路，所以边界层理论在流体力学里有着深远的意义。

5.8.1 层流边界层和湍流边界层

设想一个等速平行的平面流动，各处流速都是 u_0，如在这样的一个流动里，放置一块与流动平行的薄板，如图5-25所示。由于平板是不动的，与平板接触的质点流速要降到零，在其附近的质点也受到平板的阻碍作用，流速都有不同程度的减低，离平板越远，影响越小。当流动的雷诺数很大时，这种影响只反映在平板两侧的一个较薄的流层里，这个流层就是边界层。边界层开始于平板的前端，越往下游边界层越发展，即黏性影响逐渐从边界向流区内部发展。图5-25中的虚线代表平板一侧的边界层的界限。

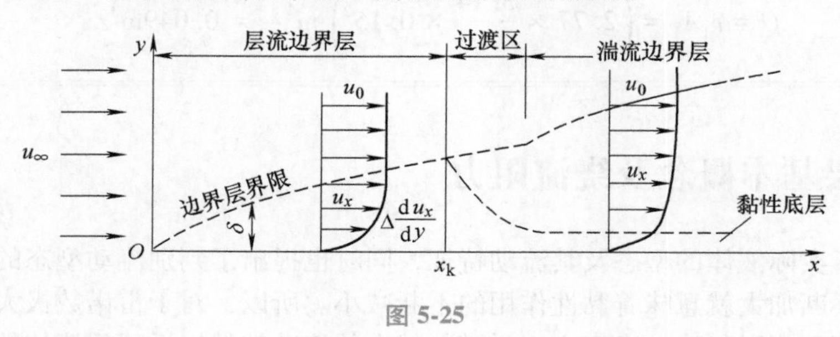

图 5-25

边界层的界限，从理论上讲，应该在流速已达到 u_0 的地方。但严格地讲，这个界限在无穷远处，因为平板的影响或黏性的作用是逐渐消失的，而不是突然终止的。但从实际来看，如果规定 $u=0.99u_0$ 的地方作为边界层的界限，则也完全可以满足各种实际问题的需要。现在对于边界层的界限就是这样来定义的。从平板到 $u=0.99u_0$ 处的垂直距离就是边界层的厚度，以 δ 表示。边界层的厚度是顺着流向增大的，因为边界的影响是随着边界的长度逐渐向流区内发展的。因此如将坐标放在图中的位置，则边界层的雷诺数为 Re_x，可以表示为

$$Re_x=\frac{u_0x}{\nu} \tag{5-53}$$

从式（5-53）可以看出，x 越大，则雷诺数也越大。在边界层的前部，边界层厚度 δ 较小，流速梯度 $\frac{du}{dy}$ 很大，因此黏性力 $\tau=\mu\frac{du}{dy}$ 的作用较大。这时边界层流动属层流型态。这种边界层叫作层流边界层。随着 x 增大，当 Re_x 达到一定数值后，边界层中的层流转变为湍

流，成为湍流边界层。在湍流边界层里，在最靠近平板的地方，因为 $\frac{du}{dy}$ 很大，黏性切应力 $\tau = \mu \frac{du}{dy}$ 仍然起主要作用，因此流动型态仍为层流，所以在湍流边界层内有黏性底层的存在（见图 5-25）。

边界层理论从 1904 年以来有很大发展。本节只简单介绍典型边界层的基本特征。

层流边界层可用连续性方程和按照边界层的特征加以简化了的 N-S 方程联立求解。边界层的特征是厚度比长度要小得多，横向流速比纵向流速也小得多。根据这些特征所得出的边界层方程表明：在边界层的横断面上，在不考虑重力作用的情况下，压强是个常数。因此，边界层内压强的纵向分布取决于边界层以外的流动在边界层边缘上所形成的压强。所以边界层的存在并不改变理想流体的压强分布。

考虑了边界层内同时有惯性和黏性的作用，通过理论分析可得平板两侧层流边界层的厚度 δ 为

$$\frac{\delta}{x} = \frac{5}{\sqrt{Re_x}} \tag{5-54}$$

式中，x 为自平板前端算起的距离；Re_x 为边界层的雷诺数。

湍流边界层的厚度则可用下式确定

$$\frac{\delta}{x} = \frac{0.37}{(Re_x)^{1/5}} \tag{5-55}$$

边界层从层流转变为湍流（在 $x=x_c$）的临界雷诺数按实验测得的结果为

$$Re_{x_c} = \frac{u_0 x_c}{\nu} = 3.0 \times 10^5 \sim 3.0 \times 10^6 \tag{5-56}$$

影响临界雷诺数的因素很多，一般取 $Re_{x_c} = 5\times10^5$。在工程中经常遇到的管道或明渠中的流动即为边界层流动。因为边界层在管道进口或河渠进口开始发生，逐渐发展，最后边界层厚度等于圆管半径或河渠的全部水深，此后的全部流动都属于边界层流动。我们以后所要分析的管流和明渠流动都指边界层已经发展完毕之后的流动。

下面分析说明边界层分离现象。

设想一个绕圆柱体的二元流动，如图 5-26 所示。当理想流体流经圆柱体时，由 D 点至 E 点速度渐增、压强渐减，直到 E 点速度最大，压强最小。而由 E 点往 F 点流动时，速度渐减、压强渐增，且在 F 点恢复至 D 点的流速与压强，其压强分布如图 5-26 所示。在实际液体中，当绕流一开始就在圆柱表面形成了很薄的边界层。DE 段边界层以外的液体是加速减压；EF 段边界层以外的液体是减速加压。因此，造成曲面边界层有其特点：即压力梯度 $\frac{\partial p}{\partial x} \neq 0$。这是与二元平板边界层的重要差别。

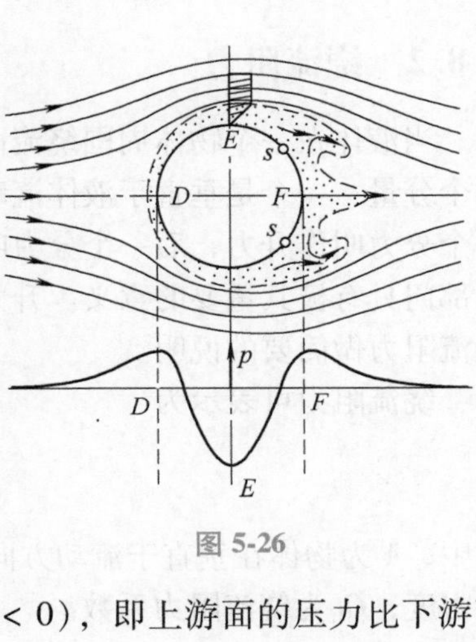

图 5-26

曲面边界层内 $\partial p/\partial x \neq 0$，对边界层内流动产生严重的影响。在曲面 DE 段，液体处于顺压梯度情况下（$\partial p/\partial x < 0$），即上游面的压力比下游面

的压力大。因流动受顺压梯度作用，紧靠壁面的液体克服近壁处摩擦阻力后，所剩余的动能使得液体继续向前流动。当液体流过 E 点以后，流动处于逆压梯度（ $\partial p/\partial x>0$）情况下，压强沿着流动的方向是增加的。边界层内的液体质点到达此区域后，紧靠壁面的液体要克服阻力和逆压梯度的双重作用，使得流速迅速减缓，在 s 点流速梯度为零。黏性切应力在边界层外缘趋近于零，在边界层中是越靠近固体壁面切应力越大；因而随着离壁面的距离逐渐地减小，速度降低越激烈。若逆压梯度足够大，液体就有可能在物体表面首先发生流动方向的改变，从而引起近壁回流。在边界层内液体质点自上游源源不断而来的情况下，此回流的产生就会使边界层内质点离开壁面而产生分离，这种现象称为边界层分离，图 5-27 清楚表明了边界层分离的发展过程。

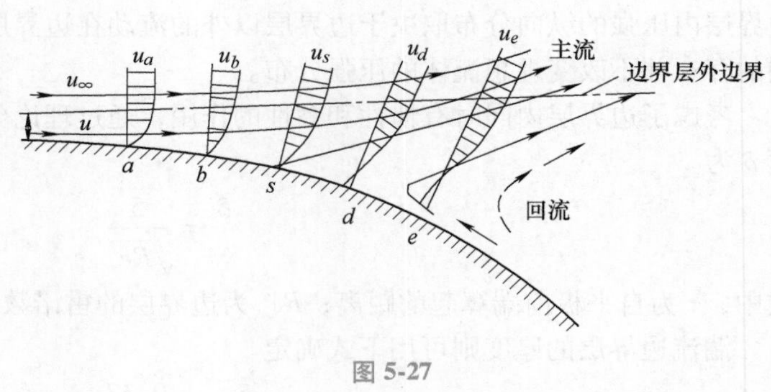

图 5-27

边界层开始与固体边界分离的点叫作分离点，如图 5-27 中的 s 点。在分离点前接近固体壁面的微团沿边界外法线方向速度梯度为正，即 $\left(\frac{\partial u}{\partial y}\right)_{y=0}>0$，因而靠近壁面流动的质点其动能越来越小，以至于动能消耗殆尽，质点速度变为零。超过 s 点后，逆压强梯度就会引起液体发生近壁回流。在边界层内液体质点自上游源源不断而来的情况下，此回流的产生就会使边界层内质点离开壁面而产生分离。在分离点后，因为回流 $\left(\frac{\partial u}{\partial y}\right)_{y=0}<0$，在分离点 s 处 $\left(\frac{\partial u}{\partial y}\right)_{y=0}=0$。$\left(\frac{\partial u}{\partial y}\right)_{y=0}=0$ 是分离点的特征，分离点处切应力 $\tau_0=\mu\left(\frac{\partial u}{\partial y}\right)_{y=0}$ 也等于零。边界层分离以后，回流立即产生漩涡，被主流冲走，同时边界层显著增厚。

边界层分离以后，绕流物体尾部流动图形就大为改变。在圆柱表面上的压强分布不再是如图 5-26 所示的对称分布，而是圆柱下游面的压强显著降低并在分离点形成负压区。这样，圆柱上、下游面压强沿水流方向的合力指向下游，形成“压差阻力”（又称形状阻力）。

5.8.2 绕流阻力

当液体在一个物体周围绕流而过，则这个物体将受到液体的作用力。这个作用力可分为两个分量：一个是垂直于液体流动方向的作用力，一个是平行于液体流动方向的作用力。前一个分力叫作升力，后一个分力叫作阻力或绕流阻力。对这两种作用力的研究对航空、造船等部门具有极其重要的意义。升力理论和阻力在流体力学里是两个重要的组成部分。下面对绕流阻力做简要的说明。

绕流阻力可表示为

$$F=C_{\mathrm{D}}A\frac{\rho u_0^2}{2} \tag{5-57}$$

式中，A 为物体在垂直于流动方向的投影面积；u_0 为不受物体影响时的液体流速；ρ 为液体的密度；C_{D} 为绕流阻力系数。

式（5-57）中，$\frac{\rho u_0^2}{2}$为单位体积的液体所具有的动能，也是把原有流速 u_0 全部减小到零时所产生的压强。因此，$\frac{\rho u_0^2}{2}$也叫作停滞（驻点）压强，$\frac{\rho u_0^2}{2}$乘以面积就得作用力。

式（5-57）只是绕流阻力的一个表达式，而不是一个定律，因为它不反映绕流阻力的规律。式中的 C_D 是个未知数。根据以前对沿程水头损失系数的分析，可以认为 C_D 是与物体的形状、物体在流动中的方位和流动的雷诺数有关的，并且与物体表面的相对粗糙程度也有关系。一般来说，C_D 值还不能从理论分析确定，只能通过实验来测定。下面将以圆球绕流为例来说明 C_D 的变化规律。对于圆球来讲，形状固定且对称，没有方位的差别，因此 C_D 只随雷诺数而变。因表面粗糙的影响在 C_D 的定性分析中没有作用，所以下面的分析将不涉及表面粗糙问题。

设一个圆球在无限的液体中做均匀的直线运动。如果流动的雷诺数 $Re=\frac{u_0 d}{\nu}$（其中 u_0 为运动的速度，d 为圆球的直径）很小，则因质点的加速度而引起的惯性力比黏性力要小得多，可以忽略不计。在这个前提下，斯托克斯从黏性液体的运动方程得出绕圆球体的作用力（求解运动方程的过程比较复杂，这里不加叙述）

$$F = 6\pi\mu r u_0 \tag{5-58}$$

式中，r 为圆球的半径；u_0 为圆球的前进速度。

将式（5-57）与式（5-58）对比可得

$$F = \frac{24}{\frac{u_0 d\rho}{\mu}}\pi r^2 \frac{\rho u_0^2}{2} = \frac{24}{Re}\pi r^2 \frac{\rho u_0^2}{2}$$

绕流阻力系数

$$C_D = \frac{24}{Re} \tag{5-59}$$

图 5-28 及图 5-29 分别表示三维物体和二维物体的绕流阻力系数实验关系曲线。由此可以看出，在 Re 极小的情况下，即当 $Re<1.0$ 时，斯托克斯理论结果是正确的。当 $Re>1.0$，则因加速度的作用已不能完全忽略，斯托克斯理论已不能应用。所以纯粹由黏性切应力所组成的摩擦阻力在圆球绕流情况下只发生在 $Re<1.0$ 的情况。

这个理论公式虽然只限于 $Re<1.0$ 的情况，在实用上，如微小颗粒在水中的沉降等。直径 $d<0.05$mm 的泥沙颗粒在静水中沉降也服从斯托克斯定律。

若 $Re>1.0$，加速度的惯性力在绕流阻力中逐渐占比较重要的地位，而黏性力的作用越来越限于圆球的四周附近，即在圆球四周形成了层流边界层。但由于圆球的形状，使边界层很快地在尾部发生脱离，形成漩涡区，引起了压强阻力。随着 Re 的加大，脱离点逐渐前移，漩涡区的加大使压强阻力所占的比例随之加大。到 $Re\approx2\times10^4$ 时，漩涡区为最大，此时脱离点位于顶点上游。这是由漩涡区所形成的压强阻力已大大超出了前半球的摩擦阻力，因此 C_D与 Re 几乎没有关系。到了 $Re\approx3\times10^5$时，层流边界层转变为湍流边界层。由于湍流的掺混作用使边界层内紧靠壁面的液体质点得到较多的动能补充，使湍流边界层的脱离点要往后移，漩涡区相应地缩小，从而也就降低了绕流阻力系数。所以在图 5-28 中可以看到 C_D值在该处突然下降。这种解释已为实验所证实。对于圆球绕流，除了 Re 较小的情况以外，其他

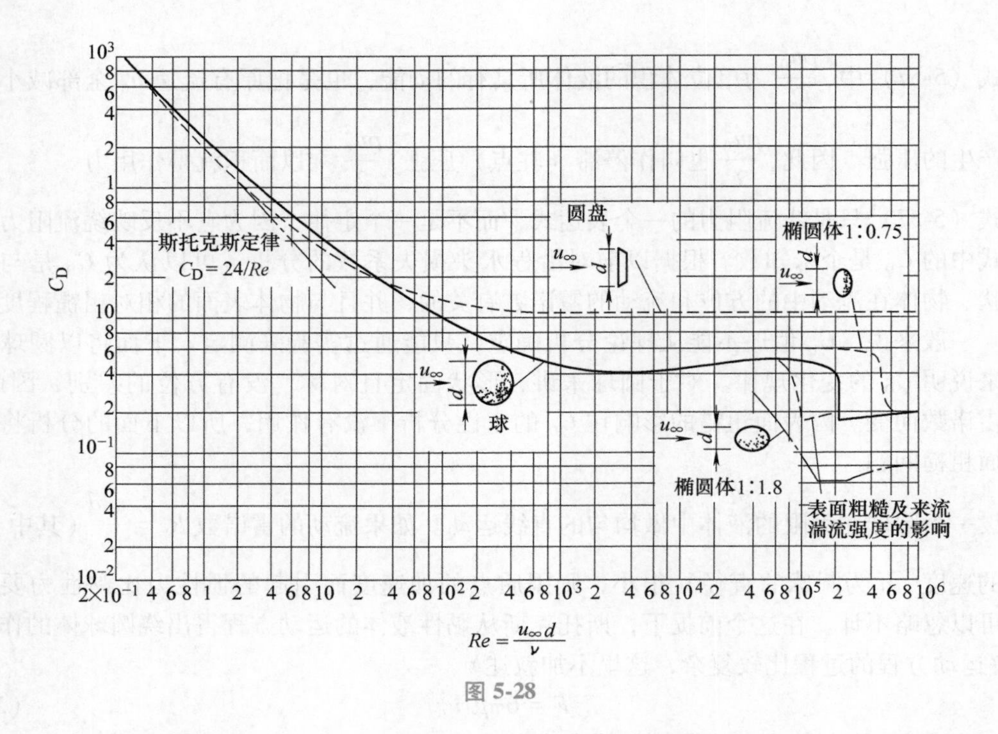

图 5-28

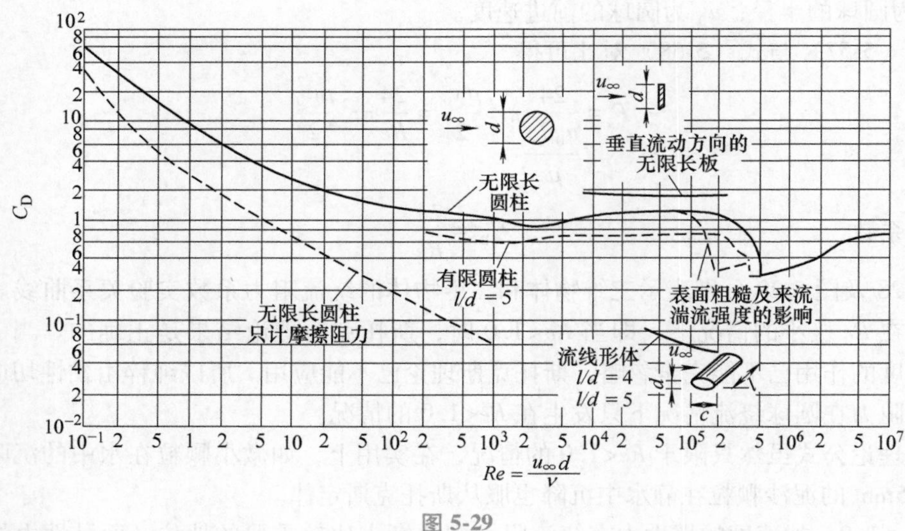

图 5-29

各阶段的 C_D 值需由实验确定。

假如绕流体为垂直于流动的圆盘，则因其形状关系，脱离点位置固定。因此从图 5-28 可以看出，在 $Re \approx 3\times10^3$ 以后，C_D 值就是一个常数。

从上面的叙述可以看出，对于圆球绕流，当 $Re<1.0$ 的层流阶段，斯托克斯公式得出阻力与流速的一次方成比例。当压差阻力为主时，即在 C_D 是个常数的阶段，阻力与流速的二次方成比例。在这两个阶段之间，阻力与流速的 1~2 次方成比例。这个变化与沿程水头损失的变化过程是一致的。

现在利用绕流阻力来讨论固体颗粒在静水中的沉降速度。

固体颗粒以其自身的重量在静水中下沉时，最初是加速运动，直到当浮力和阻力与重力之间达到平衡时为止。以后开始保持匀速下沉，设相对于静水匀速下沉的速度为 v，若以圆球形颗粒计算，作用在圆球体上，向下的力等于向上的力，圆球将以匀速沉降。以 ρ 代表液体密度，ρ_s 代表球体密度，d 代表圆球的直径，则可写出平衡方程为

$$\frac{\pi d^3}{6}\rho_s g = \frac{\pi d^3}{6}\rho g + 6\pi\mu v\left(\frac{d}{2}\right)$$

$$v = \frac{d^2(\rho_s - \rho)g}{18\mu} \tag{5-60}$$

根据实验表明，只有在雷诺数 $Re = \dfrac{vd}{\nu} < 1.0$ 的情况下，斯托克斯公式才是适用的，这就说明对于水或空气中的颗粒下沉运动，球体的直径必须足够小才能满足 $Re<1.0$。如果球体直径较大，则液体应具有很大黏性或球体速度极小。

思 考 题

5-1　能量损失有几种形式？产生能量损失的物理原因是什么？

5-2　水头损失由哪几部分组成？产生水头损失的原因是什么？

5-3　什么是层流和湍流？怎样判别水流的流态？试说明量纲为一的雷诺数 Re 的物理意义。为什么雷诺数 Re 可以用来判别流态？

5-4　层流和湍流过流断面上的流速分布规律如何？造成它们流速分布规律不同的原因是什么？

5-5　根据达西公式 $h_f = \lambda \dfrac{l}{4R}\dfrac{v^2}{2g}$ 和层流中 $\lambda = \dfrac{64}{Re}$ 的表达式，证明层流中沿程水头损失 h_f 与流速 v 的一次方成正比。

5-6　湍流的特征是什么？湍流中运动要素的脉动是如何处理的？

5-7　湍流中存在脉动现象，具有非恒定性质，但是又是恒定流，其中有无矛盾？为什么？

5-8　湍流黏性底层的厚度 δ_0 与哪些因素有关？在分析沿程水头损失系数 λ 的变化规律时，δ_0 起什么作用？

5-9　何谓水力光滑管？何谓水力粗糙管？

5-10　利用直径为 d 和长 l 的圆管输水，假设流量恒定（即为恒定流），试分析当 Q 增大时，h_f 和 λ 值将如何变化。

5-11　请叙述同样的边界，在不同水流条件下为什么有时是水力光滑的，有时却是水力粗糙的。

5-12　简单叙述尼古拉兹实验所得到的沿程水头损失系数 λ 的变化规律。

5-13　有两根管道，直径 d、长度 l 和绝对粗糙度 Δ 均相同；一根输送水，另一根输送油。试问：

（1）当两根管道中液流的流速相等，其沿程水头损失 h_f 是否也相等？

（2）当两根管道中液流的 Re 相等，其沿程水头损失 h_f 是否相等？

5-14　如图 5-30 所示管道，已知水头为 H，管径为 d，沿程阻力系数为 λ，且流动在湍流粗糙区。若①沿铅垂方向接一长度为 Δl 的同管径的管道；②在水平方向接一长度为 Δl 的同管径的管道，试问哪一种情况的流量大？为什么？（管路较长，忽略其局部水头损失。）

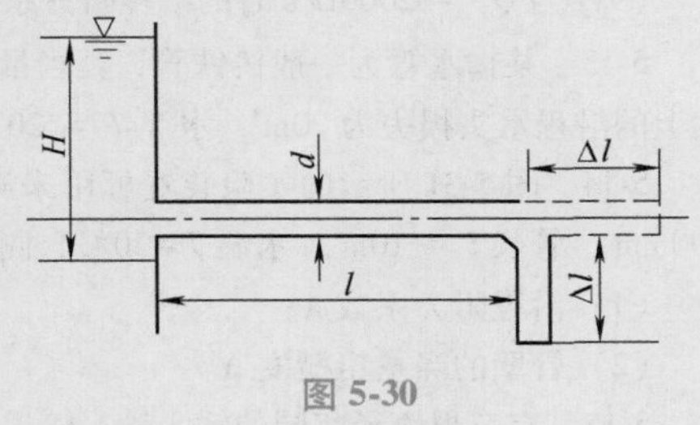

图 5-30

习 题

5-1 某管道直径 $d=50\text{mm}$，通过温度为10℃燃料油，燃油的运动黏度 $\nu=5.16\times10^{-6}\text{m}^2/\text{s}$，试求保持层流状态的最大流量 $Q_{\max}$。

5-2 水流经变断面管道，已知小管径为 d_1，大管径为 d_2，$d_2/d_1=2$。试问哪个断面的雷诺数大？两断面雷诺数的比值 Re_1/Re_2 是多少？

5-3 有一矩形断面小排水沟，水深 $h=15\text{cm}$，底宽 $b=20\text{cm}$，流速 $v=0.15\text{m/s}$，水温为15℃，试判别其流态。

5-4 水平沉淀池水深 $H=3\text{m}$，宽 $B=6\text{m}$，平均流速为 $v=3\text{mm/s}$；斜管沉淀池，斜管断面为正六边形，每边长 $b=1.8\text{cm}$，管中流速也为 $v=3\text{mm/s}$。如两沉淀池水温皆为10℃，试判别流态。

5-5 试判明温度为 $t=20$℃的水，以 $Q=4000\text{cm}^3/\text{s}$ 的流量通过直径 $d=10\text{cm}$ 的水管时的流态。如果要保持管内液体为层流运动，流量应受怎样的限制？

5-6 散热器由 $8\text{mm}\times12\text{mm}$ 的矩形断面水管组成，要使每根水管中的流态为湍流以利散热，水管中流量应为多少？水的温度 $t=60$℃。

5-7 设有一均匀流管路，直径 $d=0.2\text{m}$，长度 $l=100\text{m}$，水力坡度 $J=0.8\%$，试求：

(1) 边壁上的切应力 τ_0；

(2) 100m长管路上的沿程水头损失 h_f。

5-8 有一管道，已知：半径 $r_0=15\text{cm}$，①层流时水力坡度 $J=0.15$，②湍流时水力坡度 $J=0.20$，试求：

(1) 管壁处的切应力 τ_0；

(2) 离管轴 $r=10\text{cm}$ 处的切应力 τ_0。

5-9 欲一次测到半径为 r_0 的圆管层流中的断面平均流速 v，试问：皮托管的针头应放在什么位置？

5-10 做沿程水头损失实验的管道直径 $d=15\text{mm}$，量测段长度 $l=4\text{m}$，水温 $T=5$℃，试求：

(1) 当流量 $Q=0.03\text{L/s}$ 时，管中的流态；

(2) 此时的沿程水头损失系数 λ；

(3) 量测段的沿程水头损失 h_f；

(4) 为保持管中为层流，量测段的最大测管水头差 $\dfrac{p_1-p_2}{\gamma}$。

5-11 有一直径 $d=200\text{mm}$ 的新的铸铁管，其当量粗糙度 $\Delta=0.35\text{mm}$，水温 $T=15$℃，试用公式法求：

(1) 维持光滑管湍流的最大流量；

(2) 维持粗糙管湍流的最小流量。

5-12 一普通铸铁水管，直径 $d=500\text{mm}$，取管壁的当量粗糙度 $\Delta=0.5\text{mm}$，水温 $T=15$℃，试求：

(1) 当 $Q_1=5\text{L/s}$ 时的沿程阻力系数 λ_1；

(2) 当 $Q_2=100\text{L/s}$ 时的沿程阻力系数 λ_2；

(3) 当 $Q_3=2000\text{L/s}$ 时的沿程阻力系数 λ_3；要求分别用公式法和图解法求之。

5-13 某输水管为一般铸铁管，其当量粗糙度 $\Delta=0.3\text{mm}$，管中的流量 $Q=0.027\text{m}^3/\text{s}$，在1000m长度上的沿程水头损失为20m，水温 $T=20$℃。试求管径 d。

5-14 图5-31所示的实验装置可用来测定管路的沿程阻力系数 λ 和当量粗糙度 Δ，已如：管径 $d=200\text{mm}$，管长 $l=10\text{m}$，水温 $T=20$℃，测得流量 $Q=0.15\text{m}^3/\text{s}$，水银比压计读数 $\Delta h=0.1\text{m}$，试求：

(1) 沿程阻力系数 λ；

(2) 管壁的当量粗糙度 Δ。

5-15 有三根直径相同的输水管，管道的直径 $d=10\text{cm}$，通过的流量 $Q=15\text{L/s}$，管长 $l=1000\text{m}$，

各管的当量粗糙度分别为 $\Delta_1 = 0.1\text{mm}$，$\Delta_2 = 0.4\text{mm}$，$\Delta_3 = 3\text{mm}$，水温为 20℃，试求各管中的沿程水头损失。

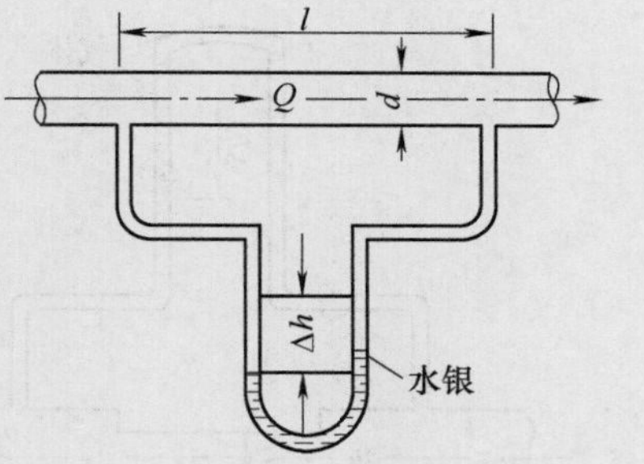

5-16　有一梯形断面坚实的黏土渠道，已知：底宽 $b = 10\text{m}$，均匀流水深 $h = 3\text{m}$，边坡系数 $m = 1$，土壤的粗糙系数 $n = 0.020$，通过的流量 $Q = 39\text{m}^3/\text{s}$ 时，试求：在 1km 渠道长度上的水头损失。

5-17　有一新的铸铁管路，长度 $l = 60\text{m}$，原设计管径 $d = 300\text{mm}$，其输水流量 $Q = 300\text{L/s}$，但实测管径只有 290mm，管子的粗糙系数 $n = 0.01$，试求：

（1）当水头不变时，实际的流量为原设计流量的百分数；

（2）若仍欲通过原设计流量，求其所需的水头。

注：不计局部水头损失。

图 5-31

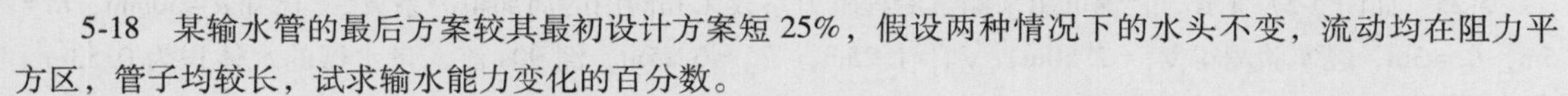

5-18　某输水管的最后方案较其最初设计方案短 25%，假设两种情况下的水头不变，流动均在阻力平方区，管子均较长，试求输水能力变化的百分数。

5-19　图 5-32 所示为一倾斜放置的突然扩大管路，小管直径为 d_1，大管直径为 d_2，相应流速为 v_1 和 v_2，如果像图那样在两管的渐变流断面处装两根测压管，试证明：测压管 2 中的水面比测压管 1 中的水面高。

5-20　如图 5-33 所示水平突然扩大管路，已知：直径 $d_1 = 5\text{cm}$，直径 $d_2 = 10\text{cm}$，管中流量 $Q = 20\text{L/s}$，试求 U 形水银比压计中的压差读数 Δh。

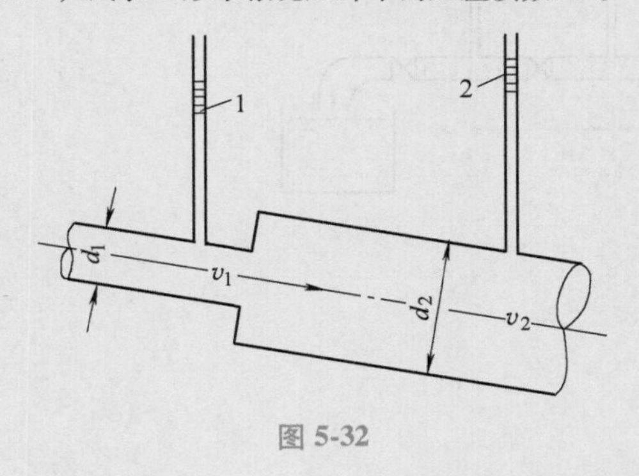

图 5-32

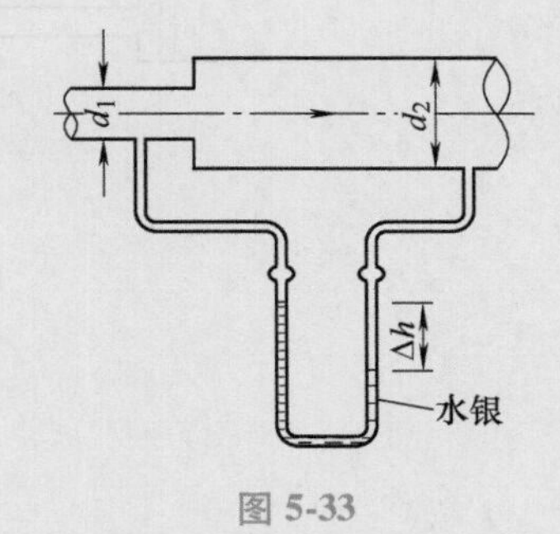

图 5-33

5-21　如图 5-34 所示，流速由 v_1 变为 v_2 的突然扩大大管中，如果中间加一中等粗细管段使形成两次突然扩大，试求：

（1）中间管中流速取何值时总的局部水头损失最小；

（2）总的局部水头损失与一次扩大时局部水头损失的比值。

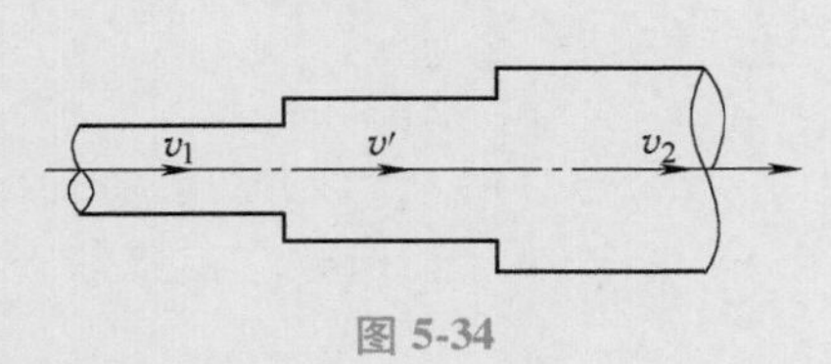

图 5-34

5-22　如图 5-35 所示管路，首先由直径 d_1 缩小到 d_2，然后又突然扩大到直径 d_1，已知：直径 $d_1 = 20\text{cm}$，$d_2 = 10\text{cm}$，U 形水比压计读数 $\Delta h = 50\text{cm}$，试求管中流量 Q。

5-23　某新铸铁管路，当量粗糙度 $\Delta = 0.3\text{mm}$，管径 $d = 200\text{mm}$，通过流量 $Q = 60\text{L/s}$，管中有一个 90°折角弯头，今欲减小其水头损失拟将 90°折角弯头换为两个 45°折角弯头，或者换成一个缓弯 90°角弯头（转弯半径 $R = 1\text{m}$），水温 $T = 20$℃，试求：

（1）三种弯头的局部水头损失之比；

（2）每个弯头相当多少米长管路的沿程水头损失。

5-24　如图 5-36 所示管路，已知：管径 $d = 10\text{cm}$，管长 $l = 20\text{m}$，当量粗糙度 $\Delta = 0.20\text{mm}$，圆形直角转弯半径 $R = d = 10\text{cm}$，闸门相对开度 $\dfrac{e}{d} = 0.6$，水头 $H = 5\text{m}$，水温 $T = 20$℃，试求管中流量 Q。

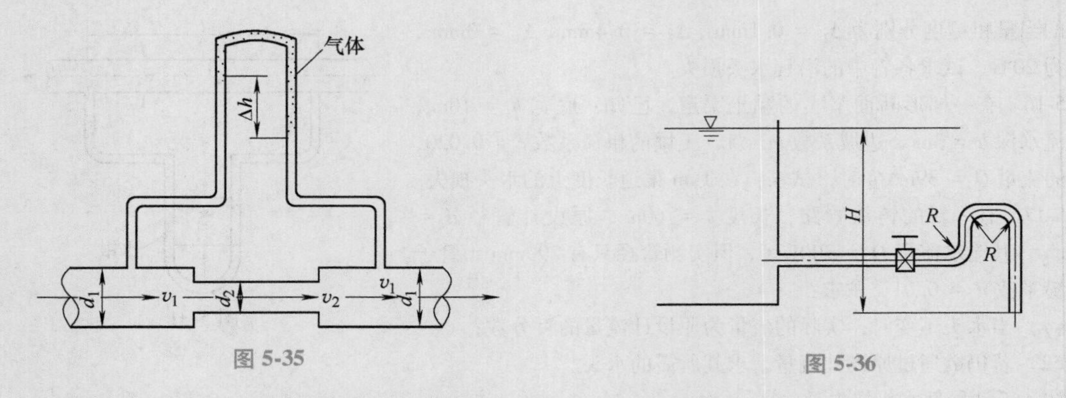

图 5-35

图 5-36

5-25 如图 5-37 所示的装置可用来测量沿程阻力系数 λ 和阀门的局部阻力系数 ζ。已知 $d=50\text{mm}$，$L_1=5\text{m}$，$L_2=3\text{m}$，经实验测得 $\nabla_1=2.50\text{m}$，$\nabla_2=1.25\text{m}$，$\nabla_3=0.15\text{m}$，经 90s 流入量水器的水体积为 0.53m^3，求 λ 和 ζ 值。

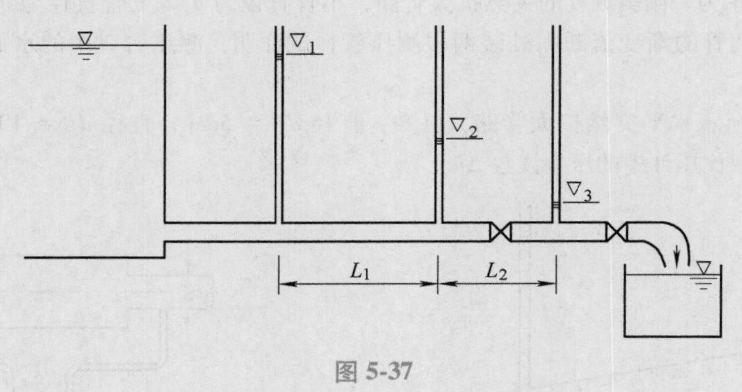

图 5-37

第 6 章

量纲分析与相似原理

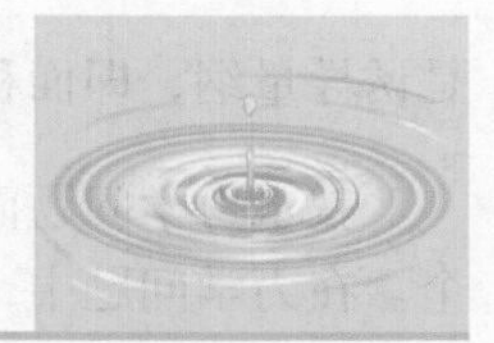

前面几章阐述了水力学的基础理论，建立了液体运动的基本方程。应用基本方程求解，是解决水力学问题的基本途径。但是，由于液体运动及边界条件的复杂性，使得基本方程无法普遍求解，对于某些极为复杂的运动，甚至无法从理论上导出其数学表达式，因此需要应用定性的理论分析方法并结合实验的方法进行研究。

量纲分析和相似原理，为科学地组织实验及整理实验成果提供理论指导。对于很多复杂的流动问题，还可借助量纲分析和相似原理来建立物理量之间的联系。这些方法不仅可以验证理论，弥补理论分析的不足，有时还可以解答理论分析难以解决的问题。因此，量纲分析与相似原理是完善水力学理论，解决实际工程中水力学问题的有力工具。

6.1 量纲分析法

6.1.1 量纲的概念

1. 量纲和单位

在描述液体运动时涉及各种不同的物理量，如长度、时间、质量、力、速度、加速度、密度等，所有这些物理量都是由其自身的物理属性和度量标准这两个因素构成的。例如长度，它的物理属性是线性几何量，度量单位可以有 m、cm、ft、光年等不同的标准。表征各种物理量属性和类别的称为物理量的量纲（或称因次）。例如长度、时间、质量这三种物理量，分别与日常生活中的远近、迟早、轻重相对应，这是三个性质完全不同的物理量，因而具有三种不同的量纲。显然，量纲是物理量的实质，不含有人为因素的影响。通常以［量纲式］的形式来表示一个物理量的量纲，例如，长度的量纲为［L］，时间的量纲为［T］、质量的量纲为［M］、速度的量纲为［LT^{-1}］、力的量纲为［MLT^{-2}］等。

为了衡量同一类别物理量的大小，可以选择与其同类的标准量加以比较，此标准量称为单位。所以，单位是人为规定的度量标准。例如，比较长度的大小，可以选择 m、cm 或 ft 作为单位，由于选择了不同的单位，同一长度的物理量可以用不同的数值来表示，可以是 1m，100cm 或 3.28ft，可见有量纲的物理量其数值的大小将随单位不同而变化。

2. 基本量纲和诱导量纲

一个力学过程所涉及的各种物理量有时其量纲之间是有联系的。例如，速度的量纲就是与长度和时间的量纲的组合。根据物理量量纲之间的关系，可将物理量的量纲分为基本量纲和诱导量纲两大类。

基本量纲是相互独立的量纲，即其中的任意一个量纲都不能从其他基本量纲中推导出来。例如［L］、［T］、［M］彼此是相互独立的，它们都是基本量纲。

诱导量纲则是由基本量纲推导出来的，也称为导出量纲。例如面积、速度、加速度等都是诱导量纲，即面积 $[A]=[L]^2$，速度 $[v]=\frac{[L]}{[T]}$，加速度 $[a]=\frac{[L]}{[T]^2}$。

就水力学问题而言，基本量纲的数目一般取为三个，但不是必需的，也可多于或少于三个。在力学问题中，与国际单位制（SI）相对应，一般选择长度［L］、时间［T］、质量［M］为基本量纲，力［F］是诱导量纲，$[F]=\frac{[M][L]}{[T]^2}$。而在实际工程中，过去广泛采用工程单位制，其基本量纲习惯采用长度［L］、时间［T］、力［F］为基本量纲，这时质量［M］是诱导量纲。目前，工程单位制已逐渐被国际单位制（SI）所取代，所以很少采用长度［L］、时间［T］、力［F］作为基本量纲。

3. 量纲一的量

在力学问题中，任何一个物理量 X 的量纲都可以用三个基本量纲的指数乘积来表示，若选择长度［L］、时间［T］、质量［M］为基本量纲，则

$$[X]=[L]^a[T]^b[M]^c \tag{6-1}$$

当 $a\neq0$，$b=0$，$c=0$ 时，X 为一个几何学的量。如长度 L、面积 A、体积 V 等。

当 $a\neq0$，$b\neq0$，$c=0$ 时，X 为一个运动学的量。如速度 u、加速度 a、流量 Q、运动黏度 ν 等。

当 $a\neq0$，$b\neq0$，$c\neq0$ 时，X 为一个动力学的量。如力 F、密度 ρ、压强 p、切应力 τ、动力黏度 μ 等。

当 $a=b=c=0$ 时，则

$$[X]=[L]^0[T]^0[M]^0=[L^0T^0M^0]=[1] \tag{6-2}$$

式（6-2）中，X 称为量纲一的量，它的数值大小与基本量纲所选用的单位无关，也称为无量纲数。

量纲一的量可以是两个同类物理量的比值。例如，水力坡度 J 是水头损失 h_w 与流程长度 l 之比，即 $J=\frac{h_w}{l}$，其量纲 $[J]=\frac{[L]}{[L]}=[1]$，水力坡度 J 就是一个量纲一的量。它反映了实际液体总水头沿流程减少的情况。无论长度单位是选择 m 还是 cm，只要形成该水力坡度的条件不变，其数值的大小也不会改变。此外，量纲一的量也可以由几个不同的物理量组合而成，例如，动能修正系数 $\alpha=\frac{\int_A u^3\mathrm{d}A}{v^3A}$ 也是量纲一的量。由于量纲一的量更能够反映客观规律，用量纲一的量所组成的物理方程通常又称为无量纲方程。因此，在研究液体运动时，用无量纲方程来描述其运动规律，将更具有普遍意义。

6.1.2 量纲和谐原理

任何一种物体的运动规律，都可以用一定的物理方程来描述。凡是能够正确、完整地反映客观规律的物理方程，其各项的量纲都必须是相同的，这就是量纲和谐原理，或称量纲一致性原理。显然，在一个物理方程中，只有同类型的物理量才能相加或相减，否则是没有意

义的。例如，把水深与质量加在一起是没有任何意义的。所以，一个物理方程中各项的量纲必须一致，这一原理已为无数事实所证明。

另外，利用量纲和谐原理，还可以从侧面来检验物理方程的正确性。例如，不可压缩液体恒定总流的伯努利方程

$$z_1 + \frac{p_1}{\rho g} + \frac{\alpha_1 v_1^2}{2g} = z_2 + \frac{p_2}{\rho g} + \frac{\alpha_2 v_2^2}{2g} + h_w$$

式中，每一项都是长度量纲［L］，因而该方程是量纲和谐的。如果用位置水头 z_1 去除以方程中的各项，即

$$1 + \frac{p_1}{\rho g z_1} + \frac{\alpha_1 v_1^2}{2g z_1} = \frac{z_2}{z_1} + \frac{p_2}{\rho g z_1} + \frac{\alpha_2 v_2^2}{2g z_1} + \frac{h_w}{z_1}$$

得到由量纲一的量组成的方程，而不会改变原方程的本质。这样既可以避免因选用的单位不同而引起的数值不同，又可使方程的参变量减少。如果一个方程在量纲上是不和谐的，则应重新检查该方程的正确性。

量纲和谐原理还可以用来确定经验公式中系数的量纲，以及分析经验公式的结构是否合理。例如，第 8 章中明渠均匀流的谢才公式

$$v = C\sqrt{RJ}$$

式中，流速 $[v] = \frac{[L]}{[T]}$；水力半径 $[R] = [L]$；水力坡度 J 是量纲一的量，所以谢才系数 C 就是一个有量纲的系数，根据量纲和谐原理有

$$[C] = \frac{[L][T]^{-1}}{[L]^{\frac{1}{2}}} = \frac{[L]^{\frac{1}{2}}}{[T]}$$

应当注意，有些特定条件下的经验公式其量纲是不和谐的，说明人们对客观事物的认识还不够全面和充分，这时应根据量纲和谐原理，确定公式中各项所应采用的单位，在应用这类公式时需特别注意采用所规定的单位。

量纲和谐原理最重要的用途之一，是能够确定方程中物理量的指数，从而找到物理量间的函数关系，以建立结构合理的物理、力学方程。量纲分析法就是根据这一原理发展起来的。

6.1.3　量纲分析法及其应用

量纲分析法是在量纲和谐原理的基础上发展起来的。当某一物体的运动规律已知时，表征该物理过程的方程也就唯一确定了。这时不仅各物理量之间具有规律性，而且这些物理量的量纲之间也存在着某种规律性。所以，量纲分析法就是依据量纲和谐原理，从量纲的规律性入手来推求物理量之间的函数关系，从而找到物体的运动规律。

量纲分析法有两种。一种适用于比较简单的问题，称为瑞利（Rayleigh）法；另一种是具有普遍性的方法，称为 π 定理。以下仅介绍 π 定理的内容，关于 π 定理的证明及瑞利法可参考有关书籍。

1. π 定理

若某一物理过程包含有 x_1，x_2，…，x_n 等 n 个物理量，该物理过程一般可表示成如下函

数关系，即

$$f(x_1, x_2, \cdots, x_n)=0 \tag{6-3}$$

其中，可选 m 个物理量作为基本物理量，则该物理过程必然可由（$n-m$）个量纲一的量的关系式来描述，即

$$F(\pi_1, \pi_2, \cdots, \pi_{n-m})=0 \tag{6-4}$$

式中，π_1，π_2，…，π_{n-m} 为（$n-m$）个量纲一的量。因为这些量纲一的量是用 π 来表示的，故此称为 π 定理。该定理由美国物理学家布金汉（Buckingham，1867—1940）在1915年首先提出，又称为布金汉定理。它将有 n 个物理量的函数关系式（6-3）改写成只有（$n-m$）个量纲一的量的表达式，从而使问题得到了简化。在 π 定理中，m 个基本物理量的量纲应该是相互独立的，它们不能组合成一个量纲一的量。对于均质不可压缩液体运动，一般取 $m=3$，常分别选几何学的量（水头 H、管径 d 等）、运动学的量（速度 v、加速度 g 等）和动力学的量（密度 ρ、动力黏度 μ 等）各一个，作为基本物理量。

如果选取 x_1，x_2，x_3 作为基本物理量，而且 x_1，x_2，x_3 不能组合成量纲一的量，π 可应用下式确定，即

$$\pi_k=\frac{x_{m+k}}{x_1^{\alpha_i}x_2^{\beta_i}x_3^{\gamma_i}} \tag{6-5}$$

式中，α_i，β_i，γ_i 为各 π 项的待定指数，可由分子分母的量纲相等来确定；k 的取值为1，2，…，$n-3$。

2. π 定理应用

π 定理的应用步骤如下：

1）找出对物理过程有影响的 n 个物理量，写成式（6-3）的形式，即

$$f(x_1, x_2, \cdots, x_n)=0$$

所谓有影响的物理量是指对所研究的物理过程起作用的所有各种独立因素。对于不可压缩液体的运动，主要包括液体的物理性质、流动边界的几何特征、液体的运动特征等。这当中既有变量，也有常量，如密度、黏度、重力加速度一般都按常量对待。影响因素是否选择的全面合理，将直接影响到 π 定理应用的结果。

2）从 n 个物理量中选取 m 个基本物理量，对于不可压缩液体运动，一般选取 $m=3$。设 x_1、x_2、x_3 为所选的基本物理量，选基本量纲为［L］、［T］、［M］，由式（6-1）可得

$$[x_1]=[L]^{a_1}[T]^{b_1}[M]^{c_1}$$

$$[x_2]=[L]^{a_2}[T]^{b_2}[M]^{c_2}$$

$$[x_3]=[L]^{a_3}[T]^{b_3}[M]^{c_3}$$

满足基本物理量量纲独立的条件是量纲式中的指数行列式不等于零，即

$$\begin{vmatrix} a_1 & b_1 & c_1 \\ a_2 & b_2 & c_2 \\ a_3 & b_3 & c_3 \end{vmatrix} \neq 0$$

对于不可压缩液体运动，通常选取特征长度 l、速度 v、密度 ρ 为基本物理量。

3）基本物理量与其余（$n-m$）个物理量依次组成 π 项，由式（6-5）可得

$$\pi_1 = \frac{x_4}{x_1^{\alpha_1} x_2^{\beta_1} x_3^{\gamma_1}}$$

$$\pi_2 = \frac{x_5}{x_1^{\alpha_2} x_2^{\beta_2} x_3^{\gamma_2}}$$

$$\vdots$$

$$\pi_{n-3} = \frac{x_n}{x_1^{\alpha_{n-3}} x_2^{\beta_{n-3}} x_3^{\gamma_{n-3}}}$$

式中，α_i、β_i、γ_i 为各 π 项的待定系数。

4）满足 π 为量纲一的量，确定出各 π 项基本物理量的指数 α_i、β_i、γ_i。

5）整理方程，写出描述该物理过程的函数关系式

$$F(\pi_1, \pi_2, \cdots, \pi_{n-m}) = 0$$

这样，就把一个具有 n 个物理量的关系式简化为（$n-m$）个物理量的无量纲表达式。

【例 6-1】　对于矩形薄壁堰流（见图 6-1），由实验观测得知，通过堰顶的流量 Q 与堰顶水头 H、堰口宽度 b、液体密度 ρ、重力加速度 g，以及动力黏度 μ 和表面张力系数 σ 等因素有关。试用 π 定理推求矩形薄壁堰的流量表达式。

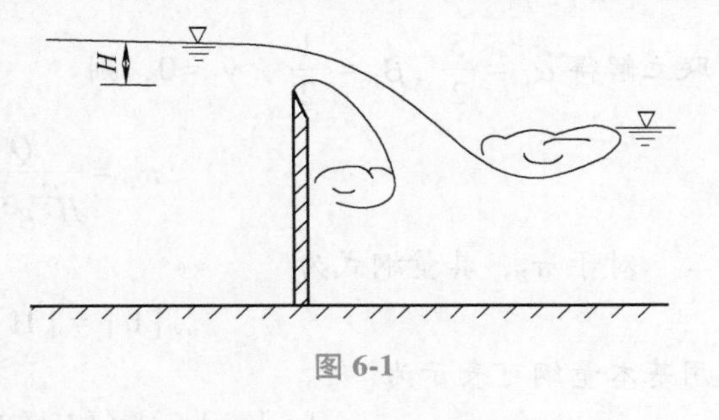

图 6-1

【解】　(1) 找出有关物理量。根据题意可知，通过堰顶的流量 Q 与水流的物理性质（密度 ρ、动力黏度 μ、表面张力系数 σ）、边界条件（堰顶水头 H、堰口宽度 b）及流动特征（重力加速度 g）有关。确定物理量个数 $n=7$。写出函数关系式为

$$f(H, g, \rho, Q, b, \mu, \sigma) = 0$$

(2) 选择基本物理量。在有关物理量中选几何学的量 H、运动学的量 g、动力学的量 ρ 作为基本物理量，即 $m=3$。选长度［L］、时间［T］、质量［M］作为基本量纲，由量纲公式（6-1）得

$$[H] = [L]^1 [T]^0 [M]^0$$

$$[g] = [L]^1 [T]^{-2} [M]^0$$

$$[\rho] = [L]^{-3} [T]^0 [M]^1$$

量纲式中的指数行列式

$$\begin{vmatrix} 1 & 0 & 0 \\ 1 & -2 & 0 \\ -3 & 0 & 1 \end{vmatrix} = -2 \neq 0$$

所以这三个基本物理量的量纲是互相独立的。

(3) 组成（$n-m$）项量纲一的量 π，共有 $n-m=7-3=4$ 个，即

$$\pi_1 = \frac{Q}{H^{\alpha_1} g^{\beta_1} \rho^{\gamma_1}}$$

$$\pi_2 = \frac{b}{H^{\alpha_2} g^{\beta_2} \rho^{\gamma_2}}$$

$$\pi_3 = \frac{\mu}{H^{\alpha_3} g^{\beta_3} \rho^{\gamma_3}}$$

$$\pi_4 = \frac{\sigma}{H^{\alpha_4} g^{\beta_4} \rho^{\gamma_4}}$$

（4）根据量纲和谐原理，确定各项 π 的基本物理量指数。

对于 π_1，其量纲式为

$$[Q] = [H]^{\alpha_1}[g]^{\beta_1}[\rho]^{\gamma_1}$$

用基本量纲可表示为

$$[L]^3[T]^{-1} = [L]^{\alpha_1}([L][T]^{-2})^{\beta_1}([M][L]^{-3})^{\gamma_1}$$

上式等号两边相同量纲的指数应相等。对于

$[L]$: $\alpha_1 + \beta_1 - 3\gamma_1 = 3$

$[T]$: $-2\beta_1 = -1$

$[M]$: $\gamma_1 = 0$

联立解得 $\alpha_1 = \dfrac{5}{2}$，$\beta_1 = \dfrac{1}{2}$，$\gamma_1 = 0$，则

$$\pi_1 = \frac{Q}{H^{\frac{5}{2}} g^{\frac{1}{2}} \rho^0} = \frac{Q}{H^2 \sqrt{gH}}$$

对于 π_2，其量纲式为

$$[b] = [H]^{\alpha_2}[g]^{\beta_2}[\rho]^{\gamma_2}$$

用基本量纲可表示为

$$[L] = [L]^{\alpha_2}([L][T]^{-2})^{\beta_2}([M][L]^{-3})^{\gamma_2}$$

同理，建立指数方程。对于

$[L]$: $\alpha_2+\beta_2-3\gamma_2=1$

$[T]$: $-2\beta_2=0$

$[M]$: $\gamma_2=0$

解得 $\alpha_2=1$，$\beta_2=0$，$\gamma_2=0$，则

$$\pi_2 = \frac{b}{H^1 g^0 \rho^0} = \frac{b}{H}$$

对于 π_3，由于动力黏度 μ 的量纲为 $[\mu] = [M][L]^{-1}[T]^{-1}$，同理分析可得 $\alpha_3 = \dfrac{3}{2}$，$\beta_3 = \dfrac{1}{2}$，$\gamma_3=1$，则

$$\pi_3 = \frac{\mu}{H^{\frac{3}{2}} g^{\frac{1}{2}} \rho^1} = \frac{\mu}{\rho H \sqrt{gH}} = \frac{\nu}{H\sqrt{gH}}$$

对于 π_4，表面张力系数的量纲为 $[\sigma] = [M][T]^{-2}$，同理分析可得 $\alpha_4=2$，$\beta_4=1$，$\gamma_4=1$，因此

$$\pi_4 = \frac{\sigma}{H^2 g^1 \rho^1} = \frac{\sigma}{\rho g H^2}$$

（5）整理方程。将各项 π 代入式（6-4），得量纲一的量的方程为

$$F\left(\frac{Q}{H^2\sqrt{gH}},\ \frac{b}{H},\ \frac{\nu}{H\sqrt{gH}},\ \frac{\sigma}{\rho g H^2}\right)=0$$

或改写成

$$\frac{Q}{H^2\sqrt{gH}}=F_1\left(\frac{b}{H},\ \frac{\nu}{H\sqrt{gH}},\ \frac{\sigma}{\rho g H^2}\right) \tag{a}$$

对于矩形薄壁堰流量公式，也可用理论分析法推导出来（详见第10章），其结果为

$$Q=m_0 b\sqrt{2g}H^{\frac{3}{2}} \tag{b}$$

式中，m_0 为流量系数，反映了水流条件和边界特征对流量 Q 的影响。m_0 需由经验公式确定。式（a）与式（b）比较，式（a）还可进一步整理为

$$Q=\frac{H}{b\sqrt{2}}F_1\left(\frac{b}{H},\ \frac{\nu}{H\sqrt{gH}},\ \frac{\sigma}{\rho g H^2}\right)b\sqrt{2g}H^{\frac{3}{2}}$$

令

$$\frac{H}{b\sqrt{2}}F_1\left(\frac{b}{H},\ \frac{\nu}{H\sqrt{gH}},\ \frac{\sigma}{\rho g H^2}\right)=m_0$$

于是

$$Q=m_0 b\sqrt{2g}H^{\frac{3}{2}}$$

上式使两种分析方法的结果得到了统一，并且具有相同的公式结构。量纲分析的结果揭示了影响 m_0 的因素。由于 $\sqrt{gH}$ 与流速的量纲相同，令 $\sqrt{gH}$ 为特征流速 V，量纲一的量为 $\frac{\nu}{H\sqrt{gH}}=\frac{\nu}{HV}=\frac{1}{\frac{VH}{\nu}}$。而 $\frac{VH}{\nu}$ 就是水力学中的雷诺数，常以 Re 来表示，它反映了黏滞性对流动的影响。量纲一的量 $\frac{\sigma}{\rho g H^2}=\frac{\sigma}{\rho H(\sqrt{gH})^2}=\frac{1}{\frac{\rho H V^2}{\sigma}}$，而 $\frac{\rho H V^2}{\sigma}$ 就是韦伯数 We，它代表了表面张力的影响。可见流量系数 m_0 除了受堰顶宽度 b 与作用水头 H 的影响之外，还与水流运动的雷诺数 Re、韦伯数 We 有关。至于 m_0 值的大小及函数表达式，只能通过实验来确定。然而，量纲分析已经显示了影响 m_0 的因素，从而使实验工作具有了明确的方向。

【例6-2】 试用 π 定理推导总流边界单位面积上切应力 τ_0 的表达式。

【解】（1）确定与总流边界单位面积上切应力有关的物理量。由实验研究得知，总流边界单位面积上的切应力 τ_0 与液体的密度 ρ、动力黏度 μ、断面平均流速 v、水力半径 R（断面特征尺寸）及壁面粗糙突起高度 Δ 有关。所以，有关物理量 $n=6$ 个，由式（6-3）可得

$$f(R,\ v,\ \rho,\ \tau_0,\ \mu,\ \Delta)=0$$

（2）选取基本物理量。选几何学的量 R、运动学的量 v、动力学的量 ρ，作为互相独立的物理量，即 $m=3$。

（3）组成（$n-m$）项量纲一的量 π。因 $n=6$，$m=3$，故有 $n-m=3$，即

$$\pi_1=\frac{\tau_0}{R^{\alpha_1}v^{\beta_1}\rho^{\gamma_1}}$$

$$\pi_2 = \frac{\mu}{R^{\alpha_2} v^{\beta_2} \rho^{\gamma_2}}$$

$$\pi_3 = \frac{\Delta}{R^{\alpha_3} v^{\beta_3} \rho^{\gamma_3}}$$

(4) 根据量纲和谐原理，确定各项 π 基本物理量的指数。选长度［L］、时间［T］、质量［M］作为基本量纲，略去具体步骤，直接写出结果为

$$\pi_1 = \frac{\tau_0}{R^0 v^2 \rho^1} = \frac{\tau_0}{\rho v^2}$$

$$\pi_2 = \frac{\mu}{R^1 v^1 \rho^1} = \frac{\mu}{\rho v R}$$

$$\pi_3 = \frac{\Delta}{R^1 v^0 \rho^0} = \frac{\Delta}{R}$$

(5) 整理方程。将各项 π 代入式（6-4），得量纲一的量的方程为

$$F\left(\frac{\tau_0}{\rho v^2}, \frac{\mu}{\rho v R}, \frac{\Delta}{R}\right) = 0$$

其中，$\frac{\mu}{\rho v R} = \frac{1}{\frac{vR}{\nu}} = \frac{1}{Re}$，$Re$ 为水流运动的雷诺数。上式还可改写成

$$\tau_0 = F_1\left(\frac{1}{Re}, \frac{\Delta}{R}\right)\rho v^2$$

这就是总流边界单位面积上切应力 τ_0 的表达式。可见，切应力 τ_0 与液体的密度 ρ 及断面平均流速 v^2 成正比，还与水流运动的雷诺数 Re 及相对粗糙度 $\frac{\Delta}{R}$ 有关。$F_1\left(\frac{1}{Re}, \frac{\Delta}{R}\right)$ 的具体形式应通过实验确定。

由以上讨论可知，量纲分析法在水力学研究中是很重要的。它不仅可以推求某一物理过程的函数关系式，而且为进一步的实验研究指明了方向。但应当指出，量纲分析法毕竟只是一种数学方法，它必须建立在对所研究的物理过程有深入了解的基础上，既不要遗漏影响该物理过程的主要物理量，也不要把无关的因素考虑进去。否则，即便是量纲分析准确无误，也会得到错误的结论。所以从某种意义上讲，量纲分析不是一种独立的方法，它应该与实验观测、研究和分析相结合，尤其是最终确定函数关系的具体形式时，还要依靠理论分析和实验研究的成果。这也说明量纲分析法的应用具有局限性。

6.2 相似基本原理

前面已经谈到，由于水流运动的复杂性，工程中的许多水力学问题单纯依靠理论分析是很难求得解答的，而有赖于借助实验研究的手段。水力学的实验方法之一就是进行模型试验。所谓模型通常是指与原型（实际工程构筑物）有同样的运动规律，各运动参数存在着固定比例关系的缩小物体。通过模型试验研究，获取系统的水力学模型试验资料，再把研究结果换算为原型流动，进而预演或重演原型中的水流现象。模型试验通常是在与原型相似而

缩小了几何尺寸的模型上进行的，在模型中观测流态和运动要素，然后再把模型中的这些实测资料换算到原型中去，这就产生了下面的问题：

1）如何设计模型才能保证模型和原型有同样的流动规律？

2）如何把模型中观测的流动现象和数据换算到原型中去？

相似原理提供了解决上述两个问题的理论基础。只有使模型和原型实现流动相似，这样的模型才是有效的模型，试验研究才有意义。所以，相似原理在科学研究和工程设计中有着重要的作用。

若使原型和模型实现流动相似，则必须使两种流动满足力学相似条件，所谓力学相似包括几何相似、运动相似和动力相似三个方面。在以下讨论中，以下标 p 表示原型中的物理量，以下标 m 表示模型中的相应物理量。

1. 几何相似

几何相似是指原型和模型两个流场的几何形状相似，即两个流场相应的线段长度成比例，相应的夹角相等。

若用 λ 代表两个流动的比尺。当以 l 表示某一线段的长度时，则两个流动的长度比尺可表示为

$$\lambda_l = \frac{l_p}{l_m} \tag{6-6}$$

面积比尺和体积比尺可分别表示为

$$\lambda_A = \frac{A_p}{A_m} = \lambda_l^2 \tag{6-7}$$

$$\lambda_V = \frac{V_p}{V_m} = \lambda_l^3 \tag{6-8}$$

可见，长度比尺 λ_l 是几何相似的基本比尺，其他比尺均可通过长度比尺 λ_l 来表示。根据试验场地与试验要求的不同来确定 λ_l 的取值，在水工模型试验中，通常 λ_l 在 10~100 的范围内取值。

几何相似是力学相似的前提，只有在几何相似的流动中，才有可能存在相应的点，才能进一步探讨对应点上其他物理量的相似问题。

2. 运动相似

运动相似是指两个流场对应点上同名的运动学的量成比例，主要是指两个流动的流速场和加速度场相似。

由于两个流动的运动相似，对应质点的运动轨迹为几何相似，而且质点流过对应线段的时间也成比例。所以，时间比尺为

$$\lambda_t = \frac{t_p}{t_m} \tag{6-9}$$

流速比尺为

$$\lambda_u = \lambda_v = \frac{u_p}{u_m} = \frac{v_p}{v_m} = \frac{l_p/t_p}{l_m/t_m} = \frac{\lambda_l}{\lambda_t} \tag{6-10}$$

速度相似就意味着各相应点的加速度也是相似的，则加速度比尺为

$$\lambda_a = \frac{a_p}{a_m} = \frac{\lambda_v}{\lambda_t} = \frac{\lambda_l}{\lambda_t^2} \tag{6-11}$$

由于流速场的研究是液体运动的核心问题，所以运动相似通常是模型试验的目的。

3. 动力相似

动力相似是指两个流场对应点上同名的动力学量成比例，主要是指两个流动的力场相似。根据达朗贝尔原理，对于任一运动的质点，设想施加在该质点上的惯性力与质点所受到的各种作用力相平衡，这些力构成一封闭的力多边形。从这个意义上说，动力相似表征为液体相应点上的力多边形相似，即相应边长（同名力）成比例。

作用在液体上的外力通常有重力 G、黏滞力 T、压力 P，对于有些流动还要考虑弹性力 E 或表面张力 S。如果以 I 代表惯性力，根据动力相似的要求则有

$$\frac{G_p}{G_m} = \frac{T_p}{T_m} = \frac{P_p}{P_m} = \frac{E_p}{E_m} = \frac{S_p}{S_m} = \frac{I_p}{I_m} \tag{6-12}$$

各项力的比尺为

$$\lambda_G = \lambda_T = \lambda_P = \lambda_E = \lambda_S = \lambda_I \tag{6-13}$$

以上三种相似是模型和原型保持完全相似的重要特征。它们是互相联系、互为条件的。几何相似是运动相似、动力相似的前提条件，动力相似是决定流动相似的主导因素，运动相似是几何相似和动力相似的表现，它们是一个统一的整体，是缺一不可的。

4. 牛顿一般相似原理

原型和模型的流动相似，它们的物理属性必须是相同的。尽管它们的尺度不同，但要做到几何、运动和动力的完全相似，它们必须服从同一运动规律，并以同一物理方程所描述。

设作用在液体上外力的合力为 F，使流动产生的加速度为 a，液体的质量为 m，由牛顿第二定律 $F=ma$ 可知，合力的比尺 λ_F 可表示为

$$\lambda_F = \frac{F_p}{F_m} = \frac{m_p a_p}{m_m a_m} = \frac{\rho_p l_p^3 l_p / t_p^2}{\rho_m l_m^3 l_m / t_m^2} = \frac{\rho_p l_p^2 v_p^2}{\rho_m l_m^2 v_m^2} \tag{6-14}$$

或写为

$$\frac{F_p}{\rho_p l_p^2 v_p^2} = \frac{F_m}{\rho_m l_m^2 v_m^2} \tag{6-15}$$

式中，$\dfrac{F}{\rho l^2 v^2}$ 是量纲一的量，称牛顿（Newton）数，用 Ne 来表示，即

$$Ne = \frac{F}{\rho l^2 v^2} \tag{6-16}$$

式（6-15）也可写为

$$Ne_p = Ne_m \tag{6-17}$$

式（6-17）表明，两个流动的动力相似，归结为牛顿数相等。若用比尺表示式（6-15），则

$$\frac{\lambda_F}{\lambda_\rho \lambda_l^2 \lambda_v^2} = 1 \tag{6-18}$$

或

$$\frac{\lambda_F \lambda_t}{\lambda_m \lambda_v} = 1 \tag{6-19}$$

式中，$\frac{\lambda_F\lambda_t}{\lambda_m\lambda_v}$ 称为相似判据。对于动力相似的流动，其相似判据为 1，或相似流动的牛顿数相等，这就是牛顿一般相似原理。在相似原理中，两个动力相似的流动中的量纲一的量，如牛顿数，称为相似准数；动力相似条件称为相似准则，是判别流动是否相似的根据。所以牛顿一般相似原理又称为牛顿相似准则。

6.3　相似准则

要使流动完全满足牛顿一般相似原理，就要求两个流动的牛顿数相等，也就是要求作用在相应点上的各种同名力均有同一的力的比尺。但由于各种力的性质不同，影响它们的因素不同，这一点是很难做到的。在某一种具体流动中，占主导地位的力往往只有一种，因此在模型试验中只要让这种力满足相似准则即可。这种相似虽然是近似的，但实践表明，这将得到令人满意的结果。下面分别介绍只考虑一种主要作用力的相似准则。

6.3.1　重力相似准则

当作用在液体上的外力主要是重力时，例如流经闸、坝的水流，起主导作用的力就是重力。只要用重力代替牛顿数中的合外力 F，根据牛顿一般相似原理就可求出只有重力作用下流动相似的准则。

重力可表示为 $G=\rho gV$，重力的比尺为

$$\lambda_G=\frac{G_p}{G_m}=\frac{\rho_p g_p l_p^3}{\rho_m g_m l_m^3}=\lambda_\rho\lambda_g\lambda_l^3$$

以 λ_G 代替式（6-18）中的 λ_F，则有

$$\frac{\lambda_\rho\lambda_g\lambda_l^3}{\lambda_\rho\lambda_l^2\lambda_v^2}=1$$

化简得

$$\frac{\lambda_v^2}{\lambda_g\lambda_l}=1$$

还原到物理量，上式也可以写成

$$\frac{v_p^2}{g_p l_p}=\frac{v_m^2}{g_m l_m}$$

开方后有

$$\frac{v_p}{\sqrt{g_p l_p}}=\frac{v_m}{\sqrt{g_m l_m}} \tag{6-20}$$

式中，$\frac{v}{\sqrt{gl}}$ 为弗劳德（Froude）数 Fr，其量纲为 1，则有

$$Fr_p=Fr_m \tag{6-21}$$

由此可知，作用力只有重力时，两个流动相似系统的弗劳德数应相等，这就叫作重力相似准则，或称弗劳德准则。所以要做到流动的重力相似，原型与模型之间各物理量的比尺不能任意选择，必须遵循弗劳德准则。现将重力作用时各种物理量的比尺与模型长度比尺 λ_1 的关系推导如下：

（1）流速比尺　在式（6-20）中，因原型和模型均在地球上，重力加速度 g 在各地差异很小，故取重力加速度比尺 $\lambda_g=1$。因 $g_p=g_m$，所以

$$\lambda_v=\frac{v_p}{v_m}=\sqrt{\frac{l_p}{l_m}}=\lambda_l^{0.5} \tag{6-22}$$

（2）流量比尺

$$\lambda_Q=\frac{Q_p}{Q_m}=\frac{A_p v_p}{A_m v_m}=\lambda_A\lambda_v=\lambda_l^2\lambda_l^{0.5}=\lambda_l^{2.5} \tag{6-23}$$

（3）时间比尺　设 λ_V 为体积比尺，因 $Q=V/t$，故

$$\lambda_t=\frac{\lambda_V}{\lambda_Q}=\frac{\lambda_l^3}{\lambda_l^{2.5}}=\lambda_l^{0.5} \tag{6-24}$$

（4）力的比尺

$$\lambda_F=\frac{m_p a_p}{m_m a_m}=\frac{\rho_p l_p^3 l_p/t_p^2}{\rho_m l_m^3 l_m/t_m^2}=\frac{\rho_p l_p^2 v_p^2}{\rho_m l_m^2 v_m^2}=\lambda_\rho\lambda_l^3$$

若模型与原型液体相同，$\lambda_\rho=1$，则

$$\lambda_F=\lambda_l^3 \tag{6-25}$$

（5）压强比尺

$$\lambda_p=\frac{\lambda_F}{\lambda_A}=\frac{\lambda_\rho\lambda_l^3}{\lambda_l^2}=\lambda_\rho\lambda_l$$

当取 $\lambda_\rho=1$ 时，则

$$\lambda_p=\lambda_l \tag{6-26}$$

（6）功的比尺

$$\lambda_W=\lambda_F\lambda_l=\lambda_\rho\lambda_l^4$$

当取 $\lambda_\rho=1$ 时，则

$$\lambda_W=\lambda_l^4 \tag{6-27}$$

（7）功率比尺

$$\lambda_P=\frac{\lambda_W}{\lambda_t}=\frac{\lambda_\rho\lambda_l^4}{\lambda_l^{0.5}}=\lambda_\rho\lambda_l^{3.5}$$

当取 $\lambda_\rho=1$ 时，则

$$\lambda_P=\lambda_l^{3.5} \tag{6-28}$$

6.3.2　黏性力相似准则

当作用力主要为黏性力时，例如流动在层流区，由牛顿内摩擦定律得黏性力表达式为

$$T=\mu A\frac{\mathrm{d}u}{\mathrm{d}y}$$

黏性力的比尺为

$$\lambda_T=\frac{T_p}{T_m}=\frac{\mu_p l_p v_p}{\mu_m l_m v_m}=\lambda_\mu\lambda_l\lambda_v$$

以 λ_T 代替式（6-18）中的 λ_F，则有

$$\frac{\lambda_\mu \lambda_l \lambda_v}{\lambda_\rho \lambda_l^2 \lambda_v^2} = 1$$

由绪论可知$\mu=\rho\nu$，故 $\lambda_\mu=\lambda_\rho\lambda_\nu$，代入上式并整理得

$$\frac{\lambda_v \lambda_l}{\lambda_\nu} = 1$$

还原到物理量也可以写成

$$\frac{v_p l_p}{\nu_p} = \frac{v_m l_m}{\nu_m} \tag{6-29}$$

式中，$\frac{vl}{\nu}$为雷诺数 Re，量纲为 1，其中 l 为断面的特征尺寸，例如管径 d 或水力半径 R。用雷诺数表示则有

$$Re_p = Re_m \tag{6-30}$$

式（6-30）表明，水流处于层流状态，黏性力起主要作用的两个流动相似，它们的雷诺数应相等，这就叫作黏性力相似准则，或称雷诺准则。因此，当流动为层流时，若模型按弗劳德准则设计，要使模型与原型的流动阻力相似，两者的弗劳德数 Fr、雷诺数 Re 都必须各自相等，这实际上是很难达到的。

由雷诺准则推导模型与原型各种物理量的比尺与模型长度比尺 λ_1 的关系如下：

（1）流速比尺　若模型与原型采用同一种液体，则 $\nu_p=\nu_m$，由式（6-29）可得

$$\lambda_v = \frac{v_p}{v_m} = \frac{l_m}{l_p} = \frac{1}{\lambda_l} = \lambda_l^{-1} \tag{6-31}$$

（2）流量比尺

$$\lambda_Q = \frac{Q_p}{Q_m} = \lambda_A \lambda_v = \lambda_l^2 \lambda_l^{-1} = \lambda_l \tag{6-32}$$

（3）时间比尺　设 λ_V 为体积比尺，因 $Q = V/t$，故

$$\lambda_t = \frac{\lambda_V}{\lambda_Q} = \frac{\lambda_l^3}{\lambda_l^1} = \lambda_l^2 \tag{6-33}$$

（4）力的比尺

$$\lambda_F = \frac{m_p a_p}{m_m a_m} = \frac{\rho_p l_p^3 l_p / t_p^2}{\rho_m l_m^3 l_m / t_m^2} = \frac{\rho_p l_p^2 v_p^2}{\rho_m l_m^2 v_m^2} = \lambda_\rho$$

若模型与原型液体相同，$\lambda_\rho=1$，则

$$\lambda_F = 1 \tag{6-34}$$

（5）压强比尺

$$\lambda_p = \frac{\lambda_F}{\lambda_A} = \lambda_\rho \lambda_v^2 = \lambda_\rho \lambda_l^{-2}$$

当取 $\lambda_\rho=1$ 时，则

$$\lambda_p = \lambda_l^{-2} \tag{6-35}$$

（6）功的比尺

$$\lambda_W = \lambda_F \lambda_l = \lambda_\rho \lambda_l^3 \lambda_v^2 = \lambda_\rho \lambda_l$$

当取 $\lambda_\rho=1$ 时，则

$$\lambda_W = \lambda_l \tag{6-36}$$

（7）功率比尺

$$\lambda_P = \frac{\lambda_W}{\lambda_t} = \frac{\lambda_\rho \lambda_l}{\lambda_l^2} = \lambda_\rho \lambda_l^{-1}$$

当取 $\lambda_\rho=1$ 时，则

$$\lambda_P = \lambda_l^{-1} \tag{6-37}$$

6.3.3 阻力相似准则

当流动的主要作用力为阻力，其表达式为

$$T = \tau_0 \chi L$$

因 $\tau_0=\rho gRJ$，阻力的比尺为

$$\lambda_T = \frac{T_\mathrm{p}}{T_\mathrm{m}} = \frac{\rho_\mathrm{p} g_\mathrm{p} J_\mathrm{p} l_\mathrm{p}^3}{\rho_\mathrm{m} g_\mathrm{m} J_\mathrm{m} l_\mathrm{m}^3} = \lambda_\rho \lambda_g \lambda_J \lambda_l^3$$

以 λ_T 代替式（6-18）中的 λ_F，则有

$$\frac{\lambda_\rho \lambda_g \lambda_J \lambda_l^3}{\lambda_\rho \lambda_l^2 \lambda_v^2} = 1$$

整理得

$$\frac{\lambda_v^2}{\lambda_g \lambda_J \lambda_l} = 1 \tag{6-38}$$

因为 $J=h_\mathrm{f}/l$，$h_\mathrm{f}=\lambda\ \dfrac{l}{d}\ \dfrac{v^2}{2g}$，所以 $\lambda_J=\dfrac{\lambda_\lambda \lambda_v^2}{\lambda_l \lambda_g}$，将 λ_J 值代入式（6-38），得沿程阻力系数的比尺

$$\lambda_\lambda = 1$$

原型与模型的沿程阻力系数相等，即

$$\lambda_\mathrm{p} = \lambda_\mathrm{m} \tag{6-39}$$

式（6-39）表明，要保证原型与模型在阻力作用下流动相似，必须使原型与模型相应流段上的沿程阻力系数相等。从第5章可知，沿程阻力系数 λ 与液流的流动型态有关，当流动为层流时，$\lambda=\dfrac{64}{Re}$，故 $\lambda_\lambda=1$ 可写为 $\lambda_{Re}=1$，阻力相似准则在层流时就变为雷诺准则。当流动为湍流粗糙区时，因 $\lambda=\dfrac{8g}{C^2}$，用曼宁公式 $C=\dfrac{1}{n}R^{\frac{1}{6}}$，由式（6-39）可得

$$\lambda_\lambda = \frac{\lambda_n^2 \lambda_g}{\lambda_l^{\frac{1}{3}}}$$

因为 $\lambda_\lambda=1$，取 $\lambda_g=1$，则

$$\lambda_n = \lambda_l^{\frac{1}{6}} \tag{6-40}$$

可见，流动为湍流粗糙区时，按式（6-40）选取粗糙系数 n 的比尺，就可实现阻力作用下的流动相似。能否同时满足重力相似准则呢？式（6-38）也可以写成

$$\frac{v_{\mathrm{p}}}{\sqrt{g_{\mathrm{p}}J_{\mathrm{p}}}\sqrt{L_{\mathrm{p}}}}=\frac{v_{\mathrm{m}}}{\sqrt{g_{\mathrm{m}}J_{\mathrm{m}}}\sqrt{L_{\mathrm{m}}}} \tag{6-41}$$

式中，$\frac{v}{\sqrt{gL}}$ 为弗劳德（Froude）数 Fr，其量纲为 1，则有

$$\frac{Fr_{\mathrm{p}}}{\sqrt{J_{\mathrm{p}}}}=\frac{Fr_{\mathrm{m}}}{\sqrt{J_{\mathrm{m}}}} \tag{6-42}$$

由此可见，按重力相似准则设计模型，要想满足阻力相似，则必须使得原型和模型相应流段上的水力坡度相等，即

$$J_{\mathrm{p}}=J_{\mathrm{m}}$$

由 $\lambda_J=\frac{\lambda_\lambda\lambda_v^2}{\lambda_l\lambda_g}$ 可知，$\lambda_\lambda=1$ 自动得到满足。对于湍流粗糙区，按式（6-40）选择模型的粗糙系数 n 值，按重力相似准则设计模型，就能自动满足阻力作用下的流动相似，因此湍流粗糙区又称为自动模型区。

实际上，水流在重力作用下流动的同时，边界面对流体产生阻力作用，从以上讨论可知，按重力相似准则设计模型，为实现原型与模型的流动阻力相似，使水力坡度一致，必须使原型和模型间包括粗糙系数在内的边界条件完全相似。

6.3.4　其他相似准则

采用类似的分析方法，还可以分别讨论以压力、弹性力、惯性力和表面张力为主要作用力的相似准则。

1. 压力相似准则

当作用力主要为压力时，其表达式为 $P=pA$，其中 p 为压强，A 为受压面积，压力的比尺为

$$\lambda_P=\lambda_p\lambda_l^2$$

以 λ_P 代替式（6-18）中的 λ_F，则有

$$\frac{\lambda_p\lambda_l^2}{\lambda_\rho\lambda_l^2\lambda_v^2}=1$$

即

$$\frac{\lambda_p}{\lambda_\rho\lambda_v^2}=1$$

或写为

$$\frac{p_{\mathrm{p}}}{\rho_{\mathrm{p}}v_{\mathrm{p}}^2}=\frac{p_{\mathrm{m}}}{\rho_{\mathrm{m}}v_{\mathrm{m}}^2} \tag{6-43}$$

式中，$\frac{p}{\rho v^2}$ 称为欧拉数，用 Eu 表示，其量纲为 1，则式（6-43）也可写为

$$Eu_{\mathrm{p}}=Eu_{\mathrm{m}} \tag{6-44}$$

由此可知，要使两个流动的压力相似，它们的欧拉数必须相等，这就是压力相似准则，或称为欧拉准则。

在大多数流动中，对流动起主要作用的是压强差 Δp，而不是压强的绝对值，欧拉数中常以相应点的压强差 Δp 代替压强 p，即

$$Eu = \frac{\Delta p}{\rho v^2}$$

2. 弹性力相似准则

当作用力主要为弹性力时，例如有压管道中的水击问题，弹性力表达式

$$E = Kl^2$$

式中，K 为体积模量。弹性力比尺为

$$\lambda_E = \lambda_K \lambda_l^2$$

以 λ_E 代替式（6-18）中的 λ_F，则有

$$\frac{\lambda_K \lambda_l^2}{\lambda_\rho \lambda_l^2 \lambda_v^2} = 1$$

整理为

$$\frac{\lambda_\rho \lambda_v^2}{\lambda_K} = 1$$

或写为

$$\frac{\rho_p v_p^2}{K_p} = \frac{\rho_m v_m^2}{K_m} \tag{6-45}$$

式中，$\frac{\rho v^2}{K}$ 称为柯西数，用 Ca 表示，其量纲为 1，则式（6-45）可写为

$$Ca_p = Ca_m \tag{6-46}$$

由此可知，要使两个流动的弹性力相似，它们的柯西数必须相等，这就是弹性力相似准则，或称为柯西准则。

3. 惯性力相似准则

当作用力主要为惯性力时，例如非恒定流问题，惯性力表达式

$$I = M\frac{\partial u}{\partial t}$$

式中，M 为质量。惯性力比尺为

$$\lambda_I = \lambda_\rho \lambda_l^3 \frac{\lambda_v}{\lambda_t} = \lambda_\rho \lambda_l^3 \lambda_v \lambda_t^{-1}$$

以 λ_I 代替式（6-18）中的 λ_F，则有

$$\frac{\lambda_\rho \lambda_l^3 \lambda_v \lambda_t^{-1}}{\lambda_\rho \lambda_l^2 \lambda_v^2} = 1$$

整理为

$$\frac{\lambda_v \lambda_t}{\lambda_l} = 1$$

或写成

$$\frac{v_p t_p}{l_p} = \frac{v_m t_m}{l_m} \tag{6-47}$$

式中，$\frac{vt}{l}$ 称为斯特劳哈尔数，用 St 表示，其量纲为 1，则式（6-47）可写为

$$St_{\mathrm{p}} = St_{\mathrm{m}} \tag{6-48}$$

由此可知，要使两个流动的惯性力相似，它们的斯特劳哈尔数必须相等，这就是惯性力相似准则，或称为斯特劳哈尔准则。

4. 表面张力相似准则

当作用力主要为表面张力时，例如毛细管中的水流，表面张力表达式

$$S = \sigma L$$

式中，σ 为单位长度上的表面张力。表面张力比尺为

$$\lambda_S = \lambda_\sigma \lambda_l$$

以 λ_S 代替式（6-18）中的 λ_F，则有

$$\frac{\lambda_\sigma \lambda_l}{\lambda_\rho \lambda_l^2 \lambda_v^2} = 1$$

整理为

$$\frac{\lambda_\rho \lambda_l \lambda_v^2}{\lambda_\sigma} = 1$$

或写成

$$\frac{\rho_{\mathrm{p}} l_{\mathrm{p}} v_{\mathrm{p}}^2}{\sigma_{\mathrm{p}}} = \frac{\rho_{\mathrm{m}} l_{\mathrm{m}} v_{\mathrm{m}}^2}{\sigma_{\mathrm{m}}} \tag{6-49}$$

式中，$\frac{\rho l v^2}{\sigma}$ 称为韦伯数，用 We 表示，其量纲为 1，则式（6-49）可写为

$$We_{\mathrm{p}} = We_{\mathrm{m}} \tag{6-50}$$

由此可知，要使两个流动的表面张力相似，它们的韦伯数必须相等，这就是表面张力相似准则，或称为韦伯准则。

在一般情况下，水流的表面张力、弹性力可以忽略，恒定流时没有当地惯性力，所以作用在液流上的主要作用力通常只有重力、摩擦力及动水压力。要使两个液流相似，则弗劳德数、雷诺数及欧拉数必须相等。其实，这三个准则只要有两个得到满足，其余一个就会自动满足。因为作用在液体质点上的三个外力与其合力的平衡力（惯性力）构成一个力的封闭多边形，只要对应点的各外力相似，则它们的合力就会自动相似；反之，若合力和其他任意两个同名力相似，则另一个同名力必定自动相似。通常动水压力是待求的量，只要对应点的弗劳德数和雷诺数相等，欧拉数就会自动相等。所以弗劳德准则、雷诺准则称为独立准则，欧拉准则称为导出准则。

6.4　相似原理的应用及限制条件

6.4.1　相似原理应用

在实际水利工程中，有些项目常需要进行模型试验，可将各种设计方案制成按比例缩小的模型，在实验室中观测其结果，以选择最合理的设计方案。

模型的设计、长度比尺的选择是最基本的。在保证试验及不损害实验结果正确性的前提下，模型宜做得小一些，即长度比尺要选择得大一些。因为这能降低模型的建造与运转费用，符合经济性的要求。当长度比尺确定以后，就要根据占主导地位的作用力来选用相应的相似准则进行模型设计。例如，当黏性力为主时，则选用雷诺准则设计模型；当重力为主时，则选用弗劳德准则设计模型。下面就此两种情况给出相似原理的具体应用。

1. 雷诺准则的应用

如何判别在哪一种情况下采用雷诺准则，哪一种情况下采用弗劳德准则，是一个比较困难的问题，需要针对具体问题进行具体分析来确定。一般来说，当影响流动的主要因素是黏性力时，就可采用雷诺准则。例如，有压管流，当其流速分布及沿程水头损失主要取决于流层间的黏性力而与重力无关时，可采用雷诺准则。在具有自由液面的明渠流中，液体是在重力与黏性力同时作用下的流动，一般不宜采用雷诺准则。但在水面平稳，流动缓慢，雷诺数处于层流区的明渠均匀流中，重力沿流向的分力与摩擦阻力平衡时，也可采用雷诺准则。下面举例说明雷诺准则的应用。

【例6-3】 有一条直径 $d_p=15\text{cm}$ 的输油管道，管长 $l_p=5\text{m}$，管道中要输送的流量为 $Q_p=0.018\text{m}^3/\text{s}$，油的运动黏度 $\nu_p=0.13\text{cm}^2/\text{s}$，现在用水来做模型试验，当模型的管径、管长和原型一样，水温为10℃，运动黏度 $\nu_m=0.0131\text{cm}^2/\text{s}$，问模型中流量为多少才能达到流动相似？若测得模型输水管两端的压强水头差为 $\dfrac{\Delta p_m}{\rho_m g_m}=3\text{cm}$，试求在100m长输油管两端的压强水头差。

【解】 (1) 求模型中流量。油在管道中的流动主要受黏性力作用，模型试验应满足雷诺准则

$$Re_p = Re_m$$

即

$$\frac{\lambda_v \lambda_l}{\lambda_\nu} = 1$$

由于 $d_p=d_m$，$l_p=l_m$，即 $\lambda_d=\lambda_l=1$，则上式可简化为

$$\lambda_v = \lambda_\nu = \frac{\nu_p}{\nu_m} = \frac{0.13\text{cm}^2/\text{s}}{0.0131\text{cm}^2/\text{s}} = 9.924$$

流量比尺 $\lambda_Q = \lambda_A \lambda_v = \lambda_l^2 \lambda_v = \lambda_v = 9.924$，所以模型中的流量为

$$Q_m = \frac{Q_p}{\lambda_Q} = \frac{0.018}{9.924}\text{m}^3/\text{s} = 0.00181\text{m}^3/\text{s} = 1.81\text{L/s}$$

(2) 计算原型的压强差。由欧拉准则 $Eu_p=Eu_m$，或写为

$$\frac{\Delta p_p}{\rho_p v_p^2} = \frac{\Delta p_m}{\rho_m v_m^2}$$

已知模型输水管两端的压强水头差为 $\dfrac{\Delta p_m}{\rho_m g_m}=3\text{cm}$，由于 $g_p=g_m$，上式可写为

$$\frac{\Delta p_p}{\rho_p g_p} = \frac{\Delta p_m}{\rho_m g_m}\frac{v_p^2}{v_m^2}$$

已知流速
$$v_p = \frac{Q_p}{A_p} = \frac{0.018}{\frac{\pi}{4} \times 0.15^2}\text{m/s} = 1.02\text{m/s}$$

$$v_m = \frac{Q_m}{A_m} = \frac{0.00181}{\frac{\pi}{4} \times 0.15^2}\text{m/s} = 0.102\text{m/s}$$

因此，5m长输油管两端的压强水头差为
$$\frac{\Delta p_p}{\rho_p g_p} = \frac{\Delta p_m}{\rho_m g_m}\frac{v_p^2}{v_m^2} = \left(0.03 \times \frac{1.02^2}{0.102^2}\right)\text{m} = 3\text{m}$$

故100m长输油管两端的压强水头差为$\left(\frac{100}{5}\right) \times 3\text{m} = 60\text{m}$(油柱高)。

【例6-4】 有一座处理废水的稳定塘，其宽度$b_p = 25\text{m}$，长度$l_p = 100\text{m}$，水深$h_p = 2\text{m}$，塘中水温为20℃，水力停留时间$t_p = 15\text{d}$，水流呈缓慢的均匀流。设模型的长度比尺为$\lambda_l = 20$，试求模型尺寸及模型中的水力停留时间t_m。

【解】 (1) 求模型尺寸 由表1-3查得20℃时水的运动黏度$\nu = 0.0101\text{cm}^2/\text{s}$，原型中的流速
$$v_p = \frac{Q_p}{A_p} = \frac{b_p l_p h_p / t_p}{b_p h_p} = \frac{l_p}{t_p} = \frac{100}{15 \times 24 \times 3600}\text{m/s} = 7.716 \times 10^{-5}\text{m/s}$$

原型中的水力半径
$$R_p = \frac{A_p}{\chi_p} = \frac{25 \times 2}{25 + 2 \times 2}\text{m} = 1.724\text{m}$$

原型中的雷诺数
$$Re_p = \frac{v_p R_p}{\nu_p} = \frac{7.716 \times 10^{-5} \times 1.724}{1.01 \times 10^{-6}} = 132 < 500$$

稳定塘中的水流为层流运动，流速$v_p = 0.07716\text{mm/s}$，流动非常缓慢，按雷诺准则设计稳定塘模型尺寸如下：

长度 $$l_m = \frac{l_p}{\lambda_l} = \frac{100}{20}\text{m} = 5\text{m}$$

宽度 $$b_m = \frac{b_p}{\lambda_l} = \frac{25}{20}\text{m} = 1.25\text{m}$$

深度 $$h_m = \frac{h_p}{\lambda_l} = \frac{2}{20}\text{m} = 0.1\text{m}$$

水力半径 $$R_m = \frac{R_p}{\lambda_l} = \frac{1.724}{20}\text{m} = 0.0862\text{m}$$

(2) 确定模型中的水力停留时间t_m 按$Re_p = Re_m$来设计模型中的流速，假设模型水温为20℃，取运动黏度$\nu_p = \nu_m$，由式(6-31)得流速比尺$\lambda_v = \lambda_l^{-1}$，则模型中流速
$$v_m = \frac{v_p}{\lambda_v} = v_p \lambda_l = 7.716 \times 10^{-5}\text{m/s} \times 20 = 1.543 \times 10^{-3}\text{m/s}$$

模型中水力停留时间

$$t_m = \frac{l_m}{v_m} = \frac{5}{1.543 \times 10^{-3}}\text{s} = 3240\text{s} = 0.9\text{h}$$

2. 弗劳德准则的应用

具有自由液面的明渠流，流速与水面的变动均受重力和阻力的影响。当流程较短，流速与水面变化显著时，重力的影响将大于阻力的影响，重力为主要作用力，故采用弗劳德准则。对于自动模型区的明渠流，只要考虑弗劳德准则并满足几何相似即可。例如，水流通过堰、闸、溢洪道、消力池、桥墩等，一般均采用弗劳德准则设计模型。

【例 6-5】 有一河岸式溢洪道，进口为曲线型实用堰，堰后接底坡 $i_p = 1/12$ 的混凝土陡槽。堰高 $h_p = 4\text{m}$，陡槽宽 $b_p = 25\text{m}$，长度 $l_p = 150\text{m}$，泄流量 $Q_p = 1500\text{m}^3/\text{s}$，陡槽及堰面粗糙系数 $n_p = 0.014$，取长度比尺 $\lambda_l = 25$ 进行模型试验。试确定：（1）设计模型尺寸、选择模型材料，并确定模型流量；（2）当测得模型堰上水头 $H_m = 0.5\text{m}$，陡槽末端流速 $v_m = 3.5\text{m/s}$ 时，给出原型堰上水头 H_p 和陡槽末端流速 v_p。

【解】（1）设计模型尺寸。在溢洪道泄流情况下，主要作用力是重力和湍流粗糙区阻力，应按弗劳德准则设计模型。

由于长度比尺 $\lambda_l = 25$，故模型尺寸为

堰高 $$h_m = \frac{h_p}{\lambda_l} = \frac{4}{25}\text{m} = 0.16\text{m}$$

槽宽 $$b_m = \frac{b_p}{\lambda_l} = \frac{25}{25}\text{m} = 1\text{m}$$

槽长 $$l_m = \frac{l_p}{\lambda_l} = \frac{150}{25}\text{m} = 6\text{m}$$

底坡 $$i_m = i_p = \frac{1}{12}$$

（2）选择模型材料。模型材料的选择由阻力相似准则确定。阻力相似准则中沿程阻力系数 $\lambda_p = \lambda_m$，对湍流粗糙区则可转化为粗糙系数 n 相似，根据式（6-40），粗糙系数比尺为

$$\lambda_n = \lambda_l^{\frac{1}{6}} = 25^{\frac{1}{6}} = 1.71$$

模型粗糙系数为

$$n_m = \frac{n_p}{\lambda_n} = \frac{0.014}{1.71} = 0.0082$$

该粗糙系数可由不同材料制作模型来实现，例如采用表面经烫蜡处理的木质或有机玻璃制作模型，是可以达到以上粗糙系数要求的。

（3）确定模型流量。重力相似准则 $Fr_p = Fr_m$，取 $g_p = g_m$，由式（6-23）得

流量比尺 $$\lambda_Q = \lambda_l^{2.5} = 25^{2.5} = 3125$$

模型流量 $$Q_m = \frac{Q_p}{\lambda_Q} = \frac{1500}{3125}\text{m}^3/\text{s} = 0.48\text{m}^3/\text{s}$$

(4) 换算原型堰上水头 H_p 和陡槽末端流速 v_p。

堰上水头 $$H_p = \lambda_l H_m = (25 \times 0.5)\text{m} = 12.5\text{m}$$

由式 (6-22) 得流速比尺

$$\lambda_v = \lambda_l^{0.5} = 25^{0.5} = 5$$

陡槽末端流速 $v_p = \lambda_v v_m = (5 \times 3.5)\text{m/s} = 17.5\text{m/s}$

【例6-6】 某一桥墩长度 $l_p = 24\text{m}$，桥墩宽度 $b_p = 4.3\text{m}$，两桥墩间距 $B_p = 90\text{m}$，水深 $h_p = 8.2\text{m}$，水流平均流速 $v_p = 2.3\text{m/s}$。需在室内进行模型试验，若实验室的供水流量仅有 $Q_m = 0.1\text{m}^3/\text{s}$，问该模型可选取最大的长度比尺为多少？并计算该模型的尺寸和平均流速 v_m。

【解】 (1) 选择长度比尺。水流通过桥孔的流动主要是重力作用的结果，应按弗劳德准则设计模型。因 $Fr_p = Fr_m$，取 $g_p = g_m$，由式 (6-23) 得流量比尺

$$\lambda_Q = \lambda_l^{2.5}$$

原型流量

$$Q_p = v_p A_p = [2.3 \times (90 - 4.3) \times 8.2]\text{m}^3/\text{s} = 1616\text{m}^3/\text{s}$$

实验室最大供水流量 $Q_m = 0.1\text{m}^3/\text{s}$，所以模型的最大长度比尺为

$$\lambda_l = \lambda_Q^{\frac{2}{5}} = \left(\frac{Q_p}{Q_m}\right)^{\frac{2}{5}} = \left(\frac{1616}{0.1}\right)^{\frac{2}{5}} = 48.24$$

模型的长度比尺一般多选用整数值，为了使模型的最大流量不大于实验室的最大供水量 $0.1\text{m}^3/\text{s}$，长度比尺 λ_l 应选用比48.24稍大些的整数，现选用 $\lambda_l = 50$，则

$$\lambda_Q = \lambda_l^{2.5} = 50^{2.5} = 17677.7$$

模型流量

$$Q_m = \frac{Q_p}{\lambda_Q} = \frac{1616}{17677.7}\text{m}^3/\text{s} = 0.0914\text{m}^3/\text{s} < 0.1\text{m}^3/\text{s}$$

故选用 $\lambda_l = 50$，使实验室的供水能力可满足模型试验的要求。

(2) 确定模型尺寸。由于选用 $\lambda_l = 50$，故模型尺寸为

桥墩长 $$l_m = \frac{l_p}{\lambda_l} = \frac{24}{50}\text{m} = 0.48\text{m}$$

桥墩宽 $$b_m = \frac{b_p}{\lambda_l} = \frac{4.3}{50}\text{m} = 0.086\text{m}$$

桥墩间距 $$B_m = \frac{B_p}{\lambda_l} = \frac{90}{50}\text{m} = 1.8\text{m}$$

水深 $$h_m = \frac{h_p}{\lambda_l} = \frac{8.2}{50}\text{m} = 0.164\text{m}$$

(3) 计算模型平均流速。由式 (6-22) 得流速比尺

$$\lambda_v = \lambda_l^{0.5} = 50^{0.5} = 7.071$$

模型平均流速

$$v_m = \frac{v_p}{\lambda_v} = \frac{2.3}{7.071}\text{m/s} = 0.325\text{m/s}$$

以上所述的相似准则及应用，是在原型与模型完全几何相似的条件下得出的，这样的模型称为正态模型。如果由于某种条件的限制，例如选择统一的长度比尺，则模型的平面比尺太小，意味着模型的占地面积要大，建造费用增大，模型供水系统的流量要增大；同时，模型的垂直比尺可能又过大，导致模型的水深太小、流速过低、量测精度难以保证等一系列问题。这种情况下，模型平面的长度比尺和垂直方向长度比尺就不能一致，一般会将平面的长度比尺选得大一些，而垂直方向长度比尺选得小一些，这样的模型与原型比较，在几何形态上就失去了完全的几何相似，这种模型称为变态模型。关于变态模型的比尺关系可参考有关的河工模型专著或水工模型著作。

6.4.2 限制条件

在进行水力模型试验时，首先必须了解原型液体的运动特性，确定出控制流动的主要作用力，再根据对应的相似准则，计算出各物理量的模型比尺。但是由于水流运动的复杂性，即使相似准数保持不变，模型中的物理现象也只在一定范围内才与原型相似，这是因为模型缩小了若干倍后，数量变化超出了一定界限，流动性质上就开始变化。如高速掺气水流模型，在常规大气压情况下的负压模拟，天然河道水流按统一的长度比尺设计几何尺寸等问题。因此，模型试验中除保持相似准数相等以外，模型中的各物理量大小还应分别保持在一定范围内，这样才不会歪曲水流现象而得出错误结果。对于水流运动，埃斯奈尔（Eisner）等人对相似原理的应用提出了以下几个限制条件。

1. 共同作用力的限制条件

当液体在几种力共同作用下运动时，从理论上讲必须同时满足各单项力相似准则，但通常只考虑重力相似和阻力相似准则。在水力模型试验中的液体一般都是水体。因此无法同时满足弗劳德准则和雷诺准则，只能考虑一种主要作用力，同时估计其他作用力的影响，实现模型与原型近似地相似。水利工程中水流运动多数是重力起主导作用，所以一般按弗劳德准则设计模型，但试验过程中必须限定在黏滞性可忽略的范围内进行，或者估算出黏滞性的作用而引起的误差，对超出范围的试验结果予以校正。

2. 长度比尺 λ_l 的限制条件

模型的设计，首先要解决模型与原型各物理量比尺的问题，即所谓相似准则的问题。无论采用何种相似准则，均需保证在几何相似的前提下进行，因此长度比尺 λ_l 的选择是最基本的。长度比尺的上限要保证模型试验顺利进行和不损害试验结果的正确性；长度比尺的下限要考虑到实验室的最大供水能力，同时也受实验室场地条件的约束。

3. 流态的限制条件

（1）层流与湍流的界限　层流与湍流运动有质的区别。由于实际工程中的水流运动多数是湍流，因此水力模型试验中的流态也应是湍流。以上临界雷诺数 Re'_c 为判别值，要求模型中相应于最小水深（或水力半径）和最小流速时的雷诺数应大于上临界雷诺数。通常情况下，圆管中的水流上临界雷诺数 $Re'_c=13350$；粗糙表面矩形断面明渠流中上临界雷诺数 $Re'_c=3000\sim4000$。

（2）缓流与急流的界限　明渠水流有急流与缓流之分，如按重力相似准则设计明渠水流模型，除了模型与原型对应断面上的弗劳德数相等外，还要求水流流态也对应相同。在设

计明渠均匀流模型时，常以临界底坡 i_{cr} 来判别流态。明渠均匀流临界底坡 $i_{cr}=\dfrac{g\chi_{cr}}{\alpha C_{cr}^2 B_{cr}}$，式中 C_{cr} 为临界水深时的谢才系数。以 i_m 表示模型底坡，当 $i_m<i_{cr}$ 为均匀流缓流模型；当 $i_m>i_{cr}$ 为均匀流急流模型。

底坡 i 为量纲1的数，当取 $\lambda_i=\dfrac{i_p}{i_m}=1$ 时，模型底坡与原型相同。如果考虑外界影响因素（如扰动程度无法完全相似等），为保证流态相似，需对模型底坡做一定的调整。缓流模型，底坡可设计成比计算的临界值小10%；急流模型，则底坡要较临界值大10%。

4. 模型中糙率制作的限制条件

水流运动时固体边壁凹凸不平，如果要求模型与原型严格地几何相似，则应将边壁上的凹凸大小、形状和位置如实模拟，但这是不可能做到的，即使这些凹凸不平被准确地大幅度缩小后，在模型中它们对水流摩阻的影响也不会与原型相似。因此，模型的糙率不能用使壁面的凹凸与原型几何相似的办法来解决，而只能使模型固体边界对水流的摩阻影响相似，形成相应流段上水头损失相似。在明渠水流中就是使模型的水面坡降与原型相等。即水力坡度 $J_m=J_p$，或沿程阻力系数 $\lambda_m=\lambda_p$。实际操作中，先按经验对模型进行加糙，再按不同流量工况下校核水面坡降，直到满足为止。

此外，相似原理的应用还要考虑到真空与空蚀的限制条件，高速水流中的掺气问题，天然水体中的表面波浪问题等。因此，在进行水力模型试验时，除选定相似准则和推算出物理量的相似比尺外，还要考虑到有影响的各种物理因素，注意到模型试验反映实际水流物理过程所具有的局限性。

思考题

6-1　相似原理中比尺的定义是什么？长度比尺、面积比尺及流速比尺如何表达？

6-2　何为相似原理？两种流动力学相似必须满足的条件是什么？

6-3　为什么要研究单项力相似准则？单项力相似准则与牛顿相似准则有何联系？

6-4　重力相似准则的相似条件是什么？比尺换算关系是什么？

6-5　原型与模型中采用同一种液体，模型试验能否同时满足弗劳德准则和雷诺准则，为什么？

6-6　粗糙区湍流又称为自动模型区，为什么？有无附加条件？

6-7　对于水流运动，埃斯奈尔等人对相似原理的应用提出了哪些限制条件？

6-8　选择长度比尺的上限和下限时需要考虑哪些因素？

6-9　按重力相似准则设计明渠水流模型需要满足什么条件？

习题

6-1　文丘里管喉管处的流速 v_2 与文丘里管进口断面直径 d_1、喉管直径 d_2、液体密度 ρ、动力黏度 μ 及两断面间压强差 Δp 有关，试用 π 定理推出 v_2 的表达式

$$v_2=f(Re)\sqrt{\frac{\Delta p}{\rho}}$$

6-2　水箱侧壁设有一个圆形薄壁孔口，恒定流时其收缩断面流速与孔口作用水头 H、孔径 d、液体的密度 ρ、动力黏度 μ，重力加速度 g 及表面张力系数 σ 有关，试用 π 定理推求孔口恒定出流流量表达式。

6-3　圆球在液体中做匀速直线运动。已知圆球所受的阻力 F 与液体的密度 ρ、动力黏度 μ、圆球与液

体的相对流速 v、圆球的直径 d 有关，试用 π 定理推导出阻力 F 的表达式为

$$F = C_d A \frac{\rho v^2}{2}$$

式中，$C_d = f(Re)$ 为绕流阻力系数；$A = \frac{\pi}{4}d^2$ 为迎流面积。

6-4 实验观察与理论分析指出，有压管道恒定流的压强损失 Δp 与管长 l、直径 d、管壁粗糙度 Δ、运动黏度 ν、液体密度 ρ 及流速 v 有关。试用 π 定理求出压强损失 Δp 和沿程损失 h_f 的公式。

6-5 有压管流的壁面切应力 τ_0 与平均流速 v、管径 d、液体的密度 ρ 和动力黏度 μ 有关，试用 π 定理导出 τ_0 的一般表达式

$$\tau_0 = f(Re)\rho v^2$$

6-6 选用长度比尺 $\lambda_l=20$ 进行溢流坝模型试验，今在模型中测得通过流量 $Q_m=0.18\text{m}^3/\text{s}$ 时，坝顶水头 $H_m=0.15\text{m}$，坝址收缩断面处流速 $(v_c)_m=3.35\text{m/s}$，试求原型相应的流量 Q_p、坝顶水头 H_p 及收缩断面处的流速 $(v_c)_p$。

6-7 若实验室最大供水流量为 $0.10\text{m}^3/\text{s}$，习题6-6中溢流坝模型试验的长度比尺应采用多大？若用该比尺按重力相似准则来设计模型，试求流速比尺、流量比尺及时间比尺。

6-8 设长度比尺 $\lambda_l=50$ 的船模型，在水池中以 1m/s 的速度牵引前进时，测得波阻力为 0.02N，假定摩擦阻力和形状阻力都较小，可忽略不计。试求原型中船所受到的波阻力 F_p，以及船克服阻力所需的功率 N_p。

6-9 设有一条直径 $d_p=50\text{cm}$ 的输油管道，管长 $l_p=100\text{m}$，管道中油的流量为 $Q_p=0.1\text{m}^3/\text{s}$，20℃时油的运动黏度 $\nu_p=150\times10^{-6}\text{m}^2/\text{s}$，现在用水来做模型试验，模型管径 $d_m=2.5\text{cm}$，水温为20℃时运动黏度 $\nu_m=1.003\times10^{-6}\text{m}^2/\text{s}$，试求模型的管长 l_m 和模型流量 Q_m。

6-10 某废水稳定塘模型长 $l_m=10\text{m}$，宽 $b_m=2\text{m}$，水深 $h_m=0.2\text{m}$，模型的水力停留时间 $t_m=1\text{d}$，长度比尺 $\lambda_l=10$，20℃时水的运动黏度 $\nu_p=\nu_m=1.003\times10^{-6}\text{m}^2/\text{s}$，试求原型塘的水力停留时间。

6-11 某弧形门闸孔出流，按长度比尺 $\lambda_l=10$ 进行模型试验。已知原型流量 $Q_p=30\text{m}^3/\text{s}$，在模型上测得水对闸门的作用力 $F_m=400\text{N}$，试求模型流量 Q_m 及原型上闸门所受作用力 F_p。

6-12 某溢洪道陡槽长 $l_p=200\text{m}$，宽 $b_p=15\text{m}$，底坡 $i_p=1/10$，下泄流量 $Q_p=300\text{m}^3/\text{s}$，混凝土陡槽的粗糙系数 $n_p=0.014$。欲做模型试验，已知试验场地为 10m×5m，实验室最大可供水量 $Q_m=100\text{L/s}$，试选择模型长度比尺和模型材料，并设计模型尺寸。

6-13 某水库以长度比尺 $\lambda_l=100$ 做底孔放空模型试验，在模型上测得放空时间 $t_m=12\text{h}$，试求原型放空水库所需时间 t_p。（提示：可用斯特罗哈尔准则和弗劳德准则）

6-14 某铁丝网抹灰通风道，长度 $l_p=40\text{m}$，方形断面尺寸为 1m×1m，粗糙度 $\Delta_p=10\text{mm}$，风道中气流速度 $v_p=20\text{m/s}$，该流动进入自动模型区的界限雷诺数为 $Re \geqslant \frac{vd}{\nu} = 10^5$。设按长度比尺 $\lambda_l=10$ 进行模型试验，试选择模型材料、确定模型尺寸，并计算气流流量 Q_m。（提示：模型与原型流体相同，均为20℃的空气）

6-15 为了研究输油管道的运行状况，拟采用20℃的水进行模型试验。已知输油管道：直径 $d_p=15\text{cm}$，流速 $v_p=0.5\text{m/s}$，运动黏度 $\nu_p=6413\text{m}^2/\text{s}$。模型比尺采用 $\lambda_l=10$，20℃时水的运动黏度 $\nu_m=1.003\times10^{-6}\text{m}^2/\text{s}$。试求模型中的流速、流量，并判别管道中水流流态。

第7章 孔口、管嘴出流和有压管流

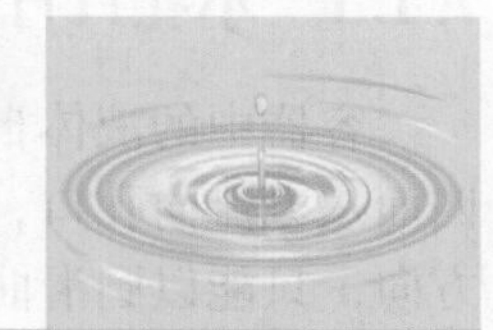

前面几章阐述了水流运动的基本规律。从本章开始将运用这些基本规律分析工程实践中各类典型的流动问题。孔口、管嘴和有压管流都是实际工程中常见的流动问题。给排水工程中各类取水、泄水闸孔，以及某些测量流量设备均属孔口出流；水坝中泄水管、消防水枪和水力机械化施工用水枪都与管嘴出流有关；工业与民用给水管网、水处理构筑物中的连接管，虹吸管、水泵吸水管及压水管、通风管、煤气输配管等，都是有压管流的工程实例。它们大多可以应用本章所介绍的方法和原理进行分析和计算。

沿管道满管流动，不存在自由表面的水力现象称为有压管流。在有压管流计算中，常按沿程损失与局部损失在总水头损失中所占的比重不同而将有压管道分为长管和短管两类。短管是指该管流中局部损失和流速水头所占比重较大，计算时不能忽略的管道。长管是指能量损失以沿程损失为主，局部损失和流速水头所占比重很小，可以忽略不计的管道。这样不仅使计算大为简化，而且不致影响要求的计算精确度。

根据管道的布置与连接情况，又可将管道分为简单管道和复杂管道两类。前者指没有分支的等直径管道，后者指由两条以上管路组成的管系。复杂管道又可以分成串联管道、并联管道、沿程泄流管道等。

7.1 薄壁孔口恒定出流

在容器侧壁或底部上开一孔口，容器中的液体经孔口的出流，称为孔口出流。孔口出流可根据不同的特征加以分类。如图7-1所示，在容器侧壁上开一孔口，出流流股与孔口壁接触仅是一条周线，壁的厚度对水流现象没有影响，这种孔口称为薄壁孔口。若孔壁厚度和形状促使流股收缩后又扩开，与孔壁接触形成面而不是线，这种孔口称为厚壁孔口或管嘴。无论是孔口还是管嘴出流，其共同特点是能量损失主要是局部损失。当孔口出流时，水箱中水量如能得到源源不断的补充，从而使孔口的水头不变，则这种情况称为恒定出流，反之则为非恒定出流或变水头出流。

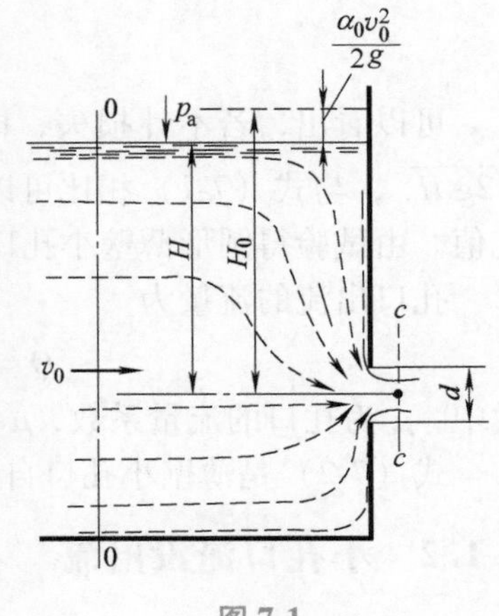

图7-1

一般来说，孔口上下缘在水面下深度不同，因而经过孔口上部和下部的出流情况也不相同。但是，当孔口直径 d（或高度 e）与孔口形心以上的水头高 H 相比较很小时，就认为孔口断面上各点水头相等，而忽略其差异。因此，根据 d/H 的比值不同将孔口分为大孔口与小孔口两类。若 $d \leqslant H/10$，称为小孔口；若 $d \geqslant H/10$，则称为大孔口。本节将着重分析薄壁小孔口恒定出流。

7.1.1 小孔口自由出流

容器中的液体自孔口出流到大气中，称为孔口自由出流。如图 7-1 所示，容器中液体从四面八方流向孔口，由于水流运动的惯性，当绕过孔口边缘时，流线不能成直角突然地改变方向，只能以圆滑曲线逐渐弯曲，在孔口断面上仍然继续弯曲且向中心收缩，造成孔口断面上的急变流，直至出流流股距孔口 $d/2$ 处，断面收缩达到最小，流线趋于平行，成为渐变流，该断面称为收缩断面，即图 7-1 中的 $c—c$ 断面。设孔口断面的面积为 A，收缩断面的面积为 A_c，$\varepsilon = A_c/A$ 称为孔口收缩系数。

下面推导孔口出流的流量表达式。选通过孔口形心的水平面为基准面，取水箱内符合渐变流条件的断面 0—0，收缩断面 $c—c$，列伯努利方程

$$H + \frac{p_0}{\rho g} + \frac{\alpha_0 v_0^2}{2g} = 0 + \frac{p_c}{\rho g} + \frac{\alpha_c v_c^2}{2g} + h_w$$

由于水在容器中流动的沿程损失甚微，故仅在孔口处发生局部水头损失，即

$$h_w = h_j = \zeta_0 \frac{v_c^2}{2g}$$

代入伯努利方程，移项整理，得

$$H + \frac{p_0 - p_c}{\rho g} + \frac{\alpha_0 v_0^2}{2g} = (\alpha_c + \zeta_0) \frac{v_c^2}{2g}$$

令

$$H_0 = H + \frac{p_0 - p_c}{\rho g} + \frac{\alpha_0 v_0^2}{2g}$$

则求得

$$v_c = \frac{1}{\sqrt{\alpha_c + \zeta_0}} \sqrt{2g H_0} = \varphi \sqrt{2g H_0} \tag{7-1}$$

式中，H_0为作用总水头；ζ_0为水流经孔口的局部阻力系数；φ 为流速系数，且

$$\varphi = \frac{1}{\sqrt{\alpha_c + \zeta_0}} \approx \frac{1}{\sqrt{1 + \zeta_0}}$$

可以看出，若不计损失，即 $\zeta_0 = 0$，则 $\varphi = 1$。这时是理想液体的流动，其速度为 $v'_c = \sqrt{2g H_0}$，与式（7-1）相比可以看出，φ 是收缩断面的实际液体流速 v_c与理想液体流速 v'_c的比值。由试验得圆形薄壁小孔口流速系数 $\varphi = 0.97 \sim 0.98$。

孔口出流的流量为

$$Q = v_c A_c = \varepsilon \varphi A \sqrt{2g H_0} = \mu A \sqrt{2g H_0} \tag{7-2}$$

式中，μ 为孔口的流量系数，$\mu = \varepsilon\varphi$，对圆形薄壁小孔口，$\mu = 0.60 \sim 0.62$。

式（7-2）是薄壁小孔口自由出流的基本公式。

7.1.2 小孔口淹没出流

如果孔口流出的水股不是进入大气中，而是进入另一部分水中（见图 7-2），即孔口淹没在下游水面之下，这种情况称为淹没出流。如同自由出流一样，水流经孔口，由于惯性作用，流线形成收缩，然后扩大。

现以通过孔口形心的水平面为基准面，取符合渐变流条件的断面 1—1 及断面 2—2 列伯努利方程

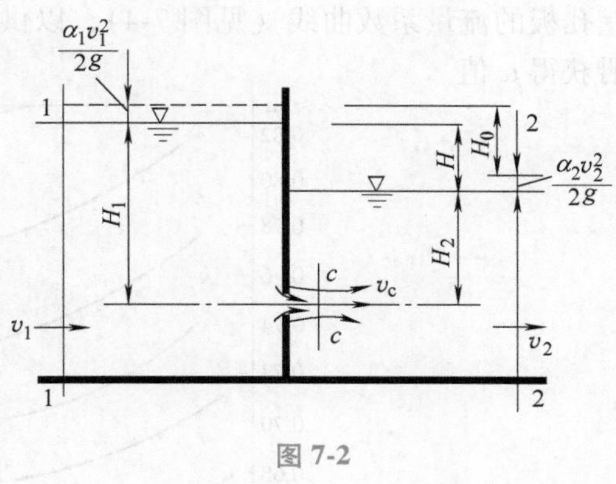

图 7-2

$$H_1 + \frac{p_1}{\rho g} + \frac{\alpha_1 v_1^2}{2g} = H_2 + \frac{p_2}{\rho g} + \frac{\alpha_2 v_2^2}{2g} + \zeta_0 \frac{v_c^2}{2g} + \zeta_{se}\frac{v_c^2}{2g}$$

式中，ζ_0为水流经孔口的局部阻力系数；ζ_{se}为水流经收缩断面后突然扩大的局部阻力系数，2—2 断面比 c—c 断面大得多，所以$\zeta_{se} = \left(1 - \frac{A_c}{A_2}\right)^2 \approx 1$。

令　$H_0 = (H_1 - H_2) + \frac{p_1 - p_2}{\rho g} + \frac{\alpha_1 v_1^2 - \alpha_2 v_2^2}{2g}$

当孔口两侧均为敞口容器，水面为自由液面 $p_1 = p_2 = 0$，当容积较大时可取 $v_1 \approx v_2 \approx 0$，整理上式，得

$$H_0 = (\zeta_0 + \zeta_{se})\frac{v_c^2}{2g}$$

将局部阻力系数代入上式，得

$$v_c = \frac{1}{\sqrt{1+\zeta_0}}\sqrt{2gH_0} = \varphi\sqrt{2gH_0} \tag{7-3}$$

式中，$\varphi = \frac{1}{\sqrt{1+\zeta_0}}$称为淹没出流流速系数。对比自由出流 φ 在孔口形状、尺寸相同情况下，其数值相等，但含义有所不同。自由出流时 $\alpha_c \approx 1.0$，淹没出流时 $\zeta_{se} \approx 1.0$。

孔口淹没出流流量为

$$Q = v_c A_c = \varepsilon\varphi A\sqrt{2gH_0} = \mu A\sqrt{2gH_0} \tag{7-4}$$

孔口自由出流与淹没出流其公式形式相同，φ、μ 在孔口相同条件下也相等。但应注意，在自由出流情况下，孔口的水头 H 为水面至孔口形心的深度；而在淹没出流时，孔口的水头 H 为孔口上、下游的水面高差。因此，孔口淹没出流时不论大孔口出流还是小孔口出流，其计算方法相同。

类似于上述的推导，可得气体经孔口的出流公式

$$Q = \mu A\sqrt{\frac{2\Delta p}{\rho}} \tag{7-5}$$

式中，Δp 为孔口前后气体的压强差（Pa）；ρ 为气体的密度（kg/m^3）。

在管路中装一有薄壁孔口的隔板，称为孔板（见图 7-3），此时通过孔口的出流是淹没出流。在管道中装设如上所说孔板，测得孔板前后渐变断面上的压强差，即可求得管中流量。这种装置叫作孔板流量计。

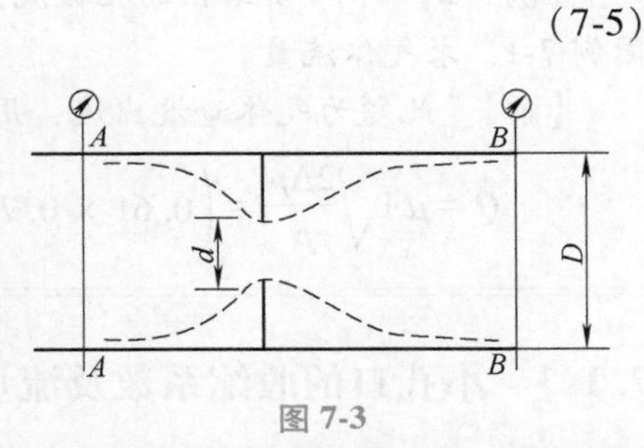

图 7-3

孔板流量计的流量系数 μ 值是通过实验测定得来的。为了便于练习做题，现给出圆形薄

壁孔板的流量系数曲线（见图 7-4），以供参考。工程中应按具体孔板查有关孔板流量计手册获得 μ 值。

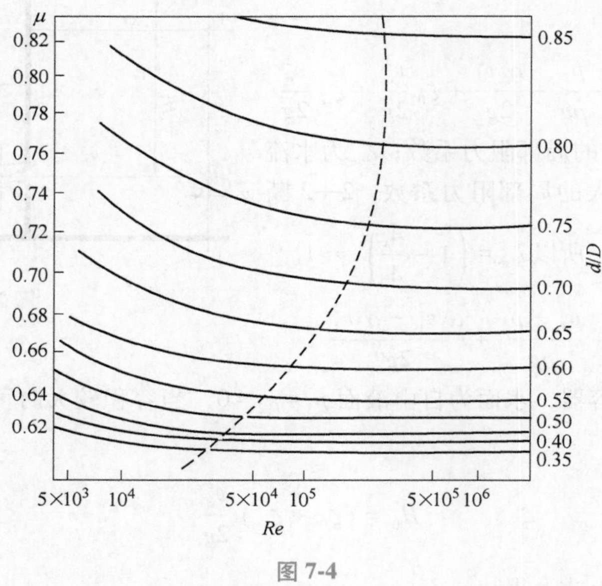

图 7-4

【例 7-1】　有一孔板流量计，如图 7-3 所示，测得 $\Delta p=490.5\text{Pa}$，管道直径为 $D=200\text{mm}$，孔板直径为 $d=80\text{mm}$，试求管道中通过的流量 Q。

【解】　此题为液体淹没出流，用式（7-4）求 Q，由于

$$H_0=H_1-H_2+\frac{p_1-p_2}{\rho g}+\frac{\alpha_1 v_1^2-\alpha_2 v_2^2}{2g}$$

此时　$H_1=H_2$，$v_1=v_2$

$\dfrac{d}{D}=\dfrac{80}{200}=0.4$，若认为流动处在阻力平方区，$\mu$ 与 Re 无关，则在图 7-4 上查得 $\mu=0.61$。

$$H_0=\frac{p_1-p_2}{\rho g}=\frac{490.5}{1\times10^3\times9.8}\text{m}=0.05\text{m}$$

$$\begin{aligned}Q=\mu A\sqrt{2gH_0}&=(0.61\times0.785\times0.08^2\times\sqrt{2\times9.81\times0.05})\text{m}^3/\text{s}\\&=0.003033\text{m}^3/\text{s}\end{aligned}$$

【例 7-2】　例 7-1 给出的孔板流量计装在气体管路中，测得 $\Delta p=490.5\text{Pa}$，其 D、d 尺寸同例 7-1，求气体流量。

【解】　此题为气体淹没出流，用式（7-5）求 Q，即

$$Q=\mu A\sqrt{\frac{2\Delta p}{\rho}}=\left(0.61\times0.785\times0.08^2\times\sqrt{\frac{2\times490.5}{1.2}}\right)\text{m}^3/\text{s}=0.0876\text{m}^3/\text{s}$$

7.1.3　小孔口的收缩系数及流量系数

流速系数 φ 和流量系数 μ 值，决定于局部阻力系数 ζ_0 和收缩系数 ε。局部阻力系数及收

缩系数都与雷诺数 Re 及边界条件有关，而当 Re 较大，流动在阻力平方区时，与 Re 无关。因为工程中经常遇到的孔口出流问题，Re 都足够大，可认为 φ 及 μ 不随 Re 变化。因此，下面只分析边界条件的影响。

在边界条件中，影响 μ 的因素有孔口形状、孔口边缘情况和孔口在壁面上的位置三个方面。

对于小孔口，试验证明，不同形状孔口的流量系数差别不大，孔口边缘情况对收缩系数会有影响，薄壁孔口的收缩系数 ε 最小，圆边孔口收缩系数 ε 较大，甚至等于1。

孔口在壁面上的位置，对收缩系数 ε 有直接影响。当孔口的全部边界都不与相邻的容器底边和侧边重合时（见图7-5中孔口Ⅰ、Ⅲ、Ⅳ），孔口四周的流线全部发生弯曲，水股在各方向都发生收缩，这种孔口称为全部收缩孔口。而孔口Ⅱ只有1、2边发生收缩，3、4边没有收缩称为非全部收缩孔口。在相同的作用水头下，非全部收缩时的收缩系数 ε 比全部收缩时的大，其流量系数值也相应增大。

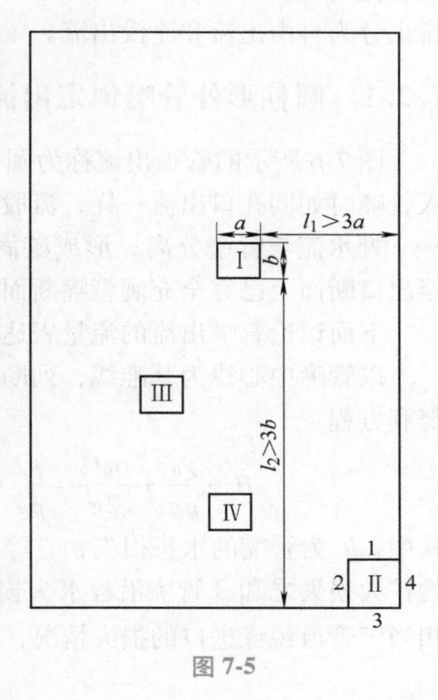

图7-5

全部收缩的水股，又根据器壁对流线弯曲有无影响而分为完善收缩与不完善收缩。图7-5上孔口Ⅰ，周边离侧壁的距离大于3倍孔口在该方向的尺寸，即 $l_1>3a$，$l_2>3b$。此时出流流线弯曲率最大，收缩得最充分，为全部完善收缩。当孔口任何一边到器壁的距离不满足上述条件时，如孔口Ⅲ和Ⅳ将减弱流线的弯曲，减弱收缩，使 ε 增大，相应流量系数值也增大。

7.1.4　大孔口的流量系数

大孔口可看作由许多小孔口组成。实际计算表明，小孔口的流量计算公式（7-3）也适用于大孔口。在估算大孔口流量时，式（7-3）中的 H_0 为大孔口形心点的水头，但应考虑上游流速水头，而且流量系数 μ 值因收缩系数比小孔口大，因而流量系数也大。水利工程上的闸孔可按大孔口计算，其流量系数见表7-1。

表7-1　大孔口的流量系数 μ

孔口形状和水流收缩情况	流量系数 μ
全部、不完善收缩	0.70
底部无收缩但有适度的侧收缩	0.65~0.70
底部无收缩，侧向很小收缩	0.70~0.75
底部无收缩，侧向极小收缩	0.80~0.90

7.2 管嘴恒定出流

若孔口器壁厚度$\delta=(3\sim4)d$时，或在孔口处加设一段长度$l=(3\sim4)d$的短管，液体经短管流出并在出口断面充满管口的流动现象称为管嘴出流。类似于孔口出流的分类，管嘴出流也分为自由出流和淹没出流。

7.2.1 圆柱形外管嘴恒定出流

图7-6所示的管嘴出流称为圆柱形外管嘴出流。水流进入管嘴时如同孔口出流一样，流股也发生收缩，在收缩断面$c—c$处水流与管壁分离，形成漩涡区；然后流股逐渐扩张，至出口断面上已完全充满管嘴断面流出。

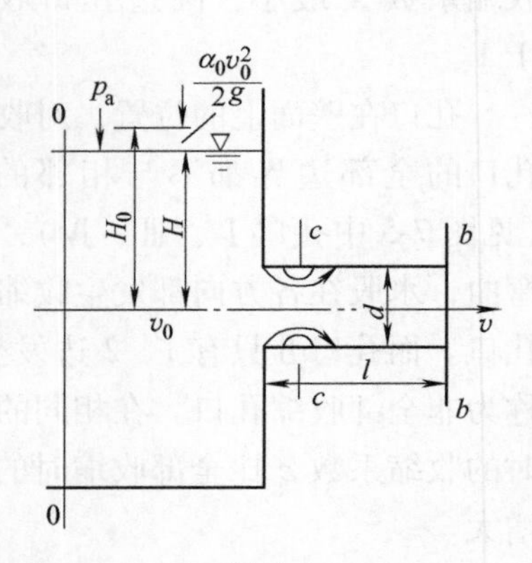

图7-6

下面讨论管嘴出流的流量表达式。

以管嘴中心线为基准线，列断面0—0及断面$b—b$的伯努利方程

$$H+\frac{p_0}{\rho g}+\frac{\alpha_0 v_0^2}{2g}=\frac{p_b}{\rho g}+\frac{\alpha v^2}{2g}+h_w$$

式中，h_w为管嘴的水头损失，它等于进口损失与收缩断面后的扩大损失之和（管嘴沿程水头损失很小可略去），也就是相当于管道锐缘进口的损失情况，即

$$h_w=h_j=\zeta_n\frac{v^2}{2g}$$

与孔口出流一样，令

$$H_0=H+\frac{p_0-p_b}{\rho g}+\frac{\alpha_0 v_0^2}{2g}$$

将以上两式代入伯努利方程，解得

管嘴出口速度
$$v=\frac{1}{\sqrt{\alpha+\zeta_n}}\sqrt{2gH_0}=\varphi_n\sqrt{2gH_0} \tag{7-6}$$

管嘴流量
$$Q=vA=\varphi_n A\sqrt{2gH_0}=\mu_n A\sqrt{2gH_0} \tag{7-7}$$

式中，ζ_n为管嘴阻力系数，即管道锐缘进口局部阻力系数，$\zeta_n=0.5$；φ_n为管嘴流速系数，$\varphi_n=\frac{1}{\sqrt{\alpha+\zeta_n}}\approx\frac{1}{\sqrt{1+0.5}}=0.82$；$\mu_n$为管嘴流量系数，因出口断面完全充满，$\varepsilon=1$，则$\mu_n=\varphi_n=0.82$。

比较式（7-2）与式（7-7），两式形式完全相同，然而$\mu_n=1.32\mu$。可见在相同的水头作用下，同样断面管嘴的过流能力是孔口的1.32倍。因此，管嘴常用作泄水管。

7.2.2 圆柱形外管嘴的真空

孔口外面加管嘴后，增加了阻力，但是流量反而增加，这是由于收缩断面处真空作用的

结果。管嘴的真空现象如图 7-6 所示，可通过收缩断面 $c—c$ 与出口断面 $b—b$ 列伯努利方程得到证明

$$\frac{p_c}{\rho g}+\frac{av_c^2}{2g}=\frac{p_b}{\rho g}+\frac{av^2}{2g}+h_w \tag{7-8}$$

在断面 $c—c$ 与断面 $b—b$ 之间，产生类似于管道突然扩大的局部水头损失，即

$$h_w=h_j=\zeta_{se}\frac{v^2}{2g}$$

且

$$\zeta_{se}=\left(\frac{A}{A_c}-1\right)^2=\left(\frac{1}{\varepsilon}-1\right)^2$$

由连续性方程，$v_c=\frac{A}{A_c}v=\frac{1}{\varepsilon}v$，管嘴自由出流，$p_b=p_a$，代入式（7-8）并整理得

$$\frac{p_c}{\rho g}=\frac{p_a}{\rho g}-\left[\frac{\alpha}{\varepsilon^2}-\alpha-\left(\frac{1}{\varepsilon}-1\right)^2\right]\frac{v^2}{2g}$$

又由式（7-6）知，$\frac{v^2}{2g}=\varphi_n^2H_0$，取 $\alpha=1$，$\varepsilon=0.64$，$\varphi_n=0.82$，代入上式得

$$\frac{p_c}{\rho g}=\frac{p_a}{\rho g}-0.75H_0$$

上式表明圆柱形外管嘴水流在收缩断面处出现真空，真空度为

$$\frac{p_v}{\rho g}=\frac{p_a-p_c}{\rho g}=0.75H_0 \tag{7-9}$$

式（7-9）说明，圆柱形外管嘴收缩断面处真空度可达作用水头的 0.75，相当于把管嘴出流的作用水头增大了 75%，这就是相同直径、相同作用水头下的圆柱形外管嘴的出流流量比孔口出流流量大的原因。

从式（7-9）可知，作用水头 H_0 越大，收缩断面处的真空度也越大。当真空值达到 68.67～78.48kPa（对应水柱高度为 7～8m）时，常温下的水发生汽化而不断产生气泡，破坏了连续流动。同时空气在较大的压差作用下，经 $b—b$ 断面吸入真空区，破坏了真空。气泡及空气都使管嘴内部液流脱离管内壁，不再充满断面，于是成为孔口出流。因此为保证管嘴的正常出流，真空值必须控制在 68.67kPa（对应水柱高度为 7m）以下，从而决定了作用水头 H_0 的极限值，$[H_0]=\frac{68.67\times10^3}{9.81\times1000\times0.75}\text{m}=9.3\text{m}$。这就是外管嘴正常工作的条件之一。

其次，管嘴的长度也有一定限制，$l=(3\sim4)d$。长度过短，流股收缩后还没扩大到整个管断面便已到达管嘴出口，在收缩断面不能形成真空而不能发挥管嘴作用。长度过长，沿程损失比例就会增大，管嘴出流变为短管流动。

7.2.3 其他形式的管嘴

除圆柱形管嘴外，工程上为了增加孔口的泄水能力或为了增加（或减少）射流的速度，常采用圆锥形扩张管嘴、圆锥形收缩管嘴和流线形管嘴，如图 7-7 所示。非圆柱型管嘴的出流，速度、流量计算公式与圆柱形外管嘴公式形式相同，但流速系数、流量系数各有不同。

下面介绍工程上常用的这几种管嘴。

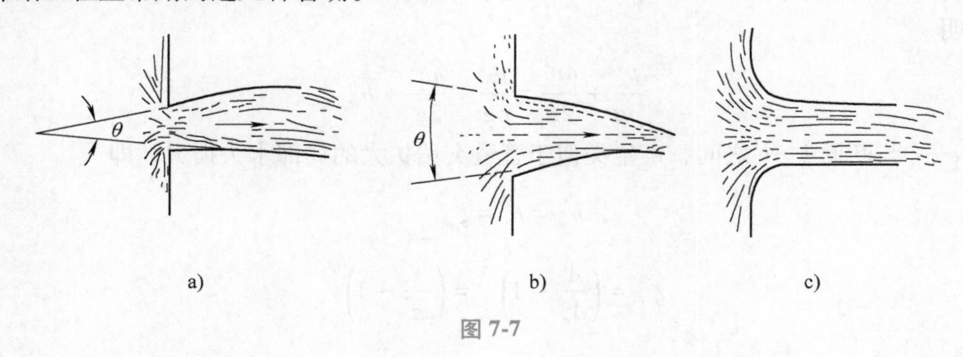

图 7-7

1）圆锥形扩张管嘴（见图 7-7a），在收缩断面处形成真空，其真空值随圆锥角增大而加大，并具有较大的过流能力和较低的出口速度。该管嘴适用于要求将部分动能恢复为压能的情况，如引射器、水轮机尾水管和人工降雨设备。

2）圆锥形收敛管嘴（见图 7-7b），具有较大的出口流速。该管嘴适用于水力机械化施工，如水力挖土机喷嘴及消防用喷嘴等设备。

3）流线形管嘴（见图 7-7c），水流在管嘴内无收缩及扩大，阻力系数最小。该管嘴适用于要求流量大，水头损失小，出口断面上速度分布均匀的情况，如水坝泄水管。

【例 7-3】 液体从封闭的立式容器中经管嘴流入开口水池（见图 7-8），管嘴直径 $d=8\text{cm}$，液面高度差 $h=3\text{m}$，要求流量为 $5\times10^{-2}\text{m}^3/\text{s}$。试求作用于容器内液面上的压强。

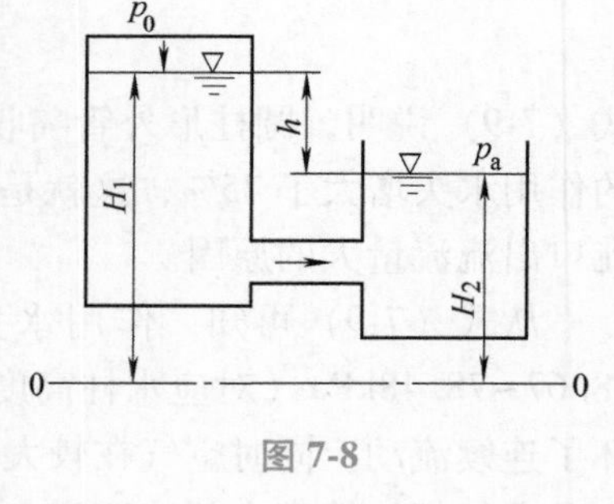

图 7-8

【解】 按管嘴出流流量公式 $Q=\mu_n A\sqrt{2gH_0}$，求作用水头 H_0，得

$$H_0=\frac{Q^2}{2g\mu_n^2A^2}$$

取 $\mu_n=0.82$，则

$$H_0=\frac{0.05^2}{2\times9.8\times0.82^2\times(0.785\times0.08^2)^2}\text{m}=7.5\text{m}$$

在图 7-8 所给具体条件下，忽略上下游容器中的液面流速，则

$$H_0=(H_1-H_2)+\frac{p_0-p_a}{\rho g}=h+\frac{p_0}{\rho g}$$

解得

$$\frac{p_0}{\rho g}=H_0-h=(7.5-3)\text{m}=4.5\text{m}$$

$$p_0=(4.5\times1000\times9.8)\text{Pa}=44.1\text{kPa}$$

7.3 孔口变水头出流

在孔口（或管嘴）出流过程中，如果容器水面随时间变化（降低或升高），孔口的流量

也将随时间变化，这种出流称为变水头孔口（或管嘴）出流。变水头孔口（或管嘴）出流是非恒定流。这种非恒定流主要计算充水或放水所需要的时间。在计算过程中假定容器内液面高度变化缓慢，在每一个微小时段 dt 内可近似认为水位不变，以致惯性水头可以忽略不计，此时孔口（或管嘴）恒定出流的公式仍可适用。这样就把非恒定流问题转化为恒定流处理。容器泄空时间、蓄水库的流量调节等问题皆可按孔口（或管嘴）变水头出流计算。

下面分析等截面面积 Ω 的柱形容器，水经孔口自由出流，如果容器中水量得不到补充时，容器泄空所需要的时间（见图 7-9）。

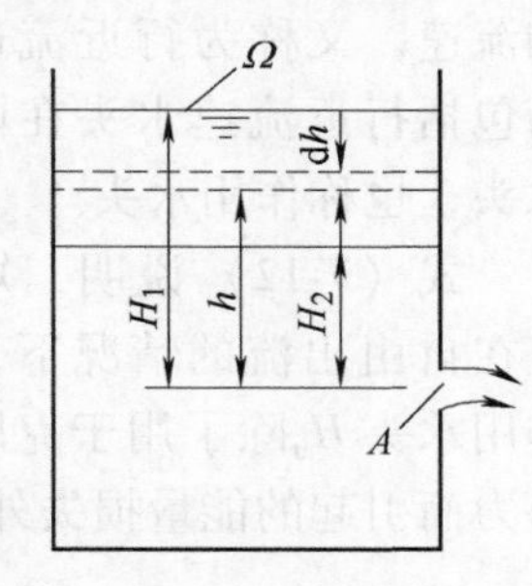

图 7-9

设某时刻 t，孔口的水头为 h，在微小时段 dt 内，经孔口流出的液体体积为

$$Q\mathrm{d}t = \mu A\sqrt{2gh}\,\mathrm{d}t$$

在同一时段内，容器内水面降落 dh，于是液体所减小的体积为 $dV=-\Omega dh$，由于从孔口流出的液体体积应该和容器中液体体积变化数量相等，即

$$Q\mathrm{d}t = -\Omega\mathrm{d}h$$

因此

$$\mu A\sqrt{2gh}\,\mathrm{d}t = -\Omega\mathrm{d}h$$

得

$$\mathrm{d}t = -\frac{\Omega}{\mu A\sqrt{2g}}\frac{\mathrm{d}h}{\sqrt{h}}$$

对上式积分，得到水头由 H_1 降至 H_2 所需时间

$$t = \int_{H_1}^{H_2} -\frac{\Omega}{\mu A\sqrt{2g}}\frac{\mathrm{d}h}{\sqrt{h}} = \frac{2\Omega}{\mu A\sqrt{2g}}\left(\sqrt{H_1} - \sqrt{H_2}\right) \tag{7-10}$$

如果 $H_2=0$，则求得容器“泄空”（水面降到孔口处）所需时间

$$t = \frac{2\Omega\sqrt{H_1}}{\mu A\sqrt{2g}} = \frac{2\Omega H_1}{\mu A\sqrt{2gH_1}} = \frac{2V}{Q_{\max}} \tag{7-11}$$

式中，V 为容器泄空体积；$Q_{\max}$ 为在变水头情况下，开始出流的最大流量。

式（7-11）表明，变水头出流时容器“泄空”所需要的时间等于在起始水头 H_1 作用下恒定出流流出同体积水所需时间的两倍。

7.4　短管水力计算

根据短管的出流情况，可将其分为自由出流和淹没出流加以分析。

7.4.1　自由出流

水流经管路出口流入大气，水股四周均受大气压作用的情况为自由出流，如图 7-10 所示。设管路长度为 l，管径为 d，另外在管路中还装有两个相同的弯头和一个闸门。以通过管路出口断面 2—2 形心的水平面为基准面，在水池中离管路进口某一距离处取断面 1—1，对断面 1—1 和断面 2—2 列伯努利方程

$$H + \frac{p_a}{\rho g} + \frac{\alpha_0 v_0^2}{2g} = 0 + \frac{p_a}{\rho g} + \frac{\alpha v^2}{2g} + h_w$$

令　$H + \dfrac{\alpha_0 v_0^2}{2g} = H_0$

可得 $H_0 = \dfrac{\alpha v^2}{2g} + h_w$　(7-12)

式中，v_0为过流断面 1-1 的平均流速，又称为行近流速；H_0为包括行近流速水头在内的总水头，也称作用水头。

式（7-12）说明，短管水流在自由出流的情况下，它的作用水头 H_0除了用于克服水流阻力而引起的能量损失外，还有一部分变成出口动能。而水头损失包括

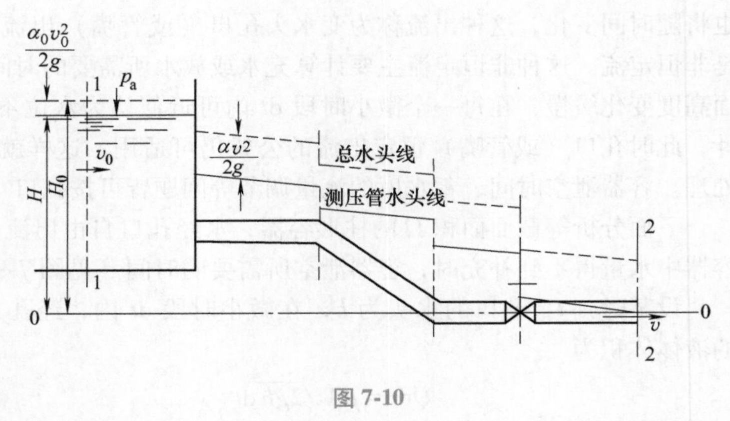

图 7-10

$$h_w = \sum h_f + \sum h_j = \sum \lambda \frac{l}{d}\frac{v^2}{2g} + \sum \zeta \frac{v^2}{2g} = \zeta_c \frac{v^2}{2g} \tag{7-13}$$

式中，ζ 为局部阻力系数，$\sum\zeta$ 为管中各局部阻力系数的总和，如在图 7-10 中 $\sum\zeta = \zeta_1 + 2\zeta_2 + \zeta_3$，其中 ζ_1、ζ_2、ζ_3分别表示在管路进口、弯头及闸门处的局部阻力系数；ζ_c为短管的总阻力系数，$\zeta_c = \sum\lambda \dfrac{l}{d} + \sum\zeta$。

将式（7-13）代入式（7-12），得

$$H_0 = (\zeta_c + \alpha)\frac{v^2}{2g} \tag{7-14}$$

取 $\alpha \approx 1.0$，得

$$v = \frac{1}{\sqrt{1+\zeta_c}}\sqrt{2gH_0}$$

由连续性方程，得

$$Q = Av = \frac{1}{\sqrt{1+\zeta_c}}A\sqrt{2gH_0}$$

令

$$\mu_c = \frac{1}{\sqrt{1+\zeta_c}} \tag{7-15}$$

短管的流量为

$$Q = \mu_c A\sqrt{2gH_0} \tag{7-16}$$

式中，μ_c为短管自由出流的流量系数；A 为短管的过水断面面积。

7.4.2　淹没出流

如图 7-11 所示，以下游水池自由表面 0—0 作为基准面，并在上游水池离管路进口某一距离处取断面 1—1，在下游水池离管路出口某一距离处取断面 2—2，在断面 1—1 和断面 2—2 之间建立伯努利方程

$$H + \frac{p_a}{\rho g} + \frac{\alpha_0 v_0^2}{2g} = 0 + \frac{p_a}{\rho g} + \frac{\alpha_2 v_2^2}{2g} + h_w$$

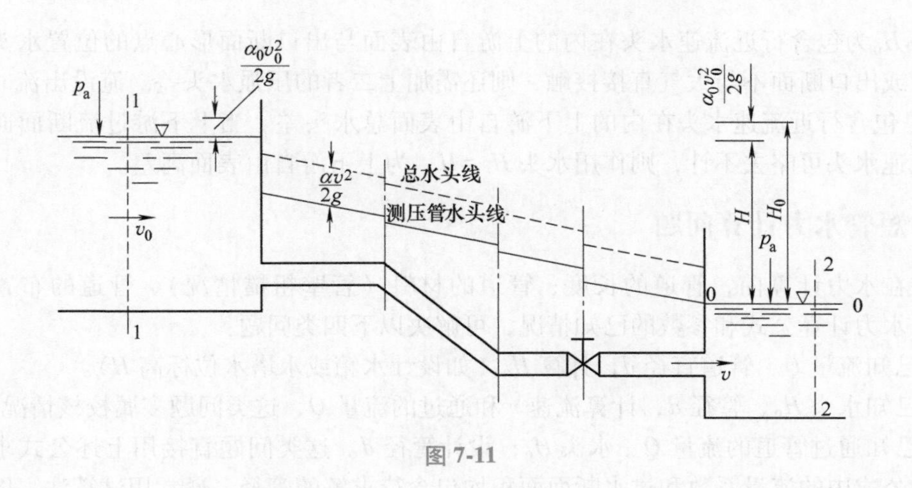

图 7-11

用相对压强，取 $p_a=0$。相对于管道过水断面而言，A_2一般都很大，可取 $\frac{\alpha_2 v_2^2}{2g}=0$，上式写为

$$H+\frac{\alpha_0 v_0^2}{2g}=h_w$$

令

$$H_0=H+\frac{\alpha_0 v_0^2}{2g}$$

则

$$H_0=h_w \tag{7-17}$$

式（7-17）说明，短管水流在淹没出流的情况下，它的作用水头 H_0完全消耗在沿程水头损失和局部水头损失上。

式（7-17）中的水头损失为

$$h_w=\sum h_f+\sum h_j=\left(\sum \lambda \frac{l}{d}+\sum \zeta\right)\frac{v^2}{2g}=\zeta_c \frac{v^2}{2g} \tag{7-18}$$

式（7-18）中的 ζ 和 ζ_c的意义与式（7-13）所表示的相同。在图 7-11 中，

$$\sum \zeta=\zeta_1+2\zeta_2+\zeta_3+\zeta_4$$

式中，ζ_1、ζ_2、ζ_3、ζ_4分别表示在管道进口、弯头、阀门及管路出口处的局部阻力系数。将式（7-18）代入式（7-17），得

$$H_0=\zeta_c \frac{v^2}{2g}$$

平均流速

$$v=\frac{1}{\sqrt{\zeta_c}}\sqrt{2gH_0}$$

若管道的过水断面面积为 A，则通过管道的流量

$$Q=vA=\mu_c A\sqrt{2gH_0} \tag{7-19}$$

式中，μ_c为短管淹没出流的流量系数，$\mu_c=\frac{1}{\sqrt{\zeta_c}}$。

比较式（7-16）和式（7-19）可知，短管在自由出流和淹没出流的情况下，其流量计算公式的形式及流量系数 μ_c的数值均是相同的，但作用水头 H_0的计算是不同的。自由出流时

作用水头 H_0 为包含行近流速水头在内的上游自由表面与出口断面形心点的位置水头差，若自由表面或出口断面不与大气直接接触，则还需加上二者的压强水头差。淹没出流时的作用水头 H_0 是包含行近流速水头在内的上下游自由表面总水头差。当上下游过流断面面积都很大时，流速水头可略去不计，则作用水头 $H_0=H$，为上下游自由表面高差。

7.4.3 短管水力计算问题

一般在水力计算前，管道的长度、管道的材料（管壁粗糙情况）、管道的布置都已确定，根据水力计算公式和参数的已知情况，可解决以下四类问题：

1）已知流量 Q、管道直径 d，计算 H_0（如设计水箱或水塔水位标高 H）。

2）已知水头 H_0、管径 d，计算流速 v 和通过的流量 Q，这类问题多属校核情况。

3）已知通过管道的流量 Q、水头 H_0，设计管径 d。这类问题直接用上述公式求解有困难，因为公式中的流量系数和过水断面面积均包含待求解的管径，通常用试算法、图解法或数值计算法求解，再按管道统一规格选择相应的标准管径。

4）分析计算管道各过水断面的压强。对于位置固定的管道，绘制出测压管水头线，便可分析管道各过水断面的压强是否满足工作需要。

下面介绍几种典型的短管水力计算工程应用问题。

1. 虹吸管

在给水排水工程中，虹吸管有广泛的用途，如图 7-12 所示的虹吸集水井。此外在虹吸滤池、无阀滤池中也使用虹吸管。

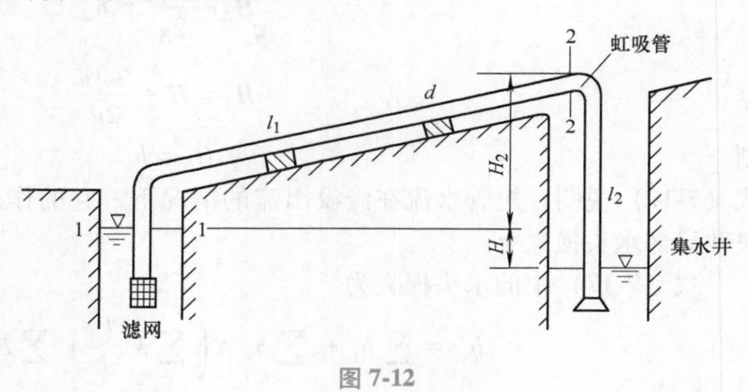

图 7-12

虹吸管的工作过程是，先由真空泵或水射器将虹吸管内空气抽出，形成部分真空，水在上游水面大气压强作用下进入虹吸管并充满它；之后，在上下游水头差的作用下，使水不断流到下游集水井或水池。虹吸管高出上游水面的部分，是在真空状态下工作的，当真空度达到某一限值时，会汽化产生气泡，也将使溶解在水中的空气分离出来，随真空度的加大，空气量增加。大量气体集结在虹吸管顶部，缩小了有效过流断面，阻碍流动，严重时造成气塞，破坏液体连续输送，以致虹吸管不能正常工作。因此，虹吸管水力计算的内容除了选择管径、求作用水头、通过流量外，还需求出最高点处的最大真空值，看其所对应水头是否小于允许的真空高度 $[h_v]$。一般情况下 $[h_v]=7\sim8\text{m}$。

虹吸管输水，可以跨越高地，减少挖方，避免埋设管路工程，并便于自动操作，在给水排水工程及其他各种工程中应用普遍。

【例 7-4】 某虹吸集水井如图 7-12 所示，通过虹吸管的流量 $Q=150\text{m}^3/\text{h}\approx0.04167\text{m}^3/\text{s}$，起点至管道最高点的长度 $l_1=260\text{m}$，最高点至出口的长度 $l_2=40\text{m}$，沿程阻力系数 $\lambda=0.025$，滤网、弯头、出口的局部阻力系数分别为 $\zeta_1=3.0$，$\zeta_2=0.12$，$\zeta_3=0.5$，$\zeta_4=1.0$，允许的真空高度 $[h_v]=7\text{m}$。求虹吸管管径、所需的水头及管道最高点距上游水面的高度。

【解】（1）选择管径。可根据通过流量和虹吸管的允许流速 v_a 来选择管径

$$d=\sqrt{\frac{4Q}{\pi v_a}}$$

式中，v_a 可按照虹吸管的用途在有关设计手册中查取。对于水源井的虹吸管，$v_a=0.5\sim0.7\text{m/s}$，取 $v_a=0.6\text{m/s}$，代入上式得

$$d=\sqrt{\frac{4\times0.04167}{\pi\times0.6}}\text{m}=0.298\text{m}$$

采用接近的标准管径 $d=300\text{mm}$。

（2）求所需水头。按短管淹没出流计算，忽略行近流速，由式（7-17）得

$$H_0=h_w=\left(\sum\lambda\frac{l}{d}+\sum\zeta\right)\frac{v^2}{2g}=\left(\lambda\frac{l_1+l_2}{d}+\zeta_1+\zeta_2+\zeta_3+\zeta_4\right)\frac{v^2}{2g}$$

根据选定的管径，断面平均流速为

$$v=\frac{Q}{A}=\frac{0.04167}{\frac{\pi}{4}\times0.3^2}\text{m/s}=0.59\text{m/s}$$

则所需水头

$$H_0=\left(0.025\times\frac{260+40}{0.3}+3+0.12+0.5+1.0\right)\times\frac{0.59^2}{2\times9.8}\text{m}=0.534\text{m}$$

（3）求最高点距上游水面的高度。设最高点距上游水面高度为 H_2，以上游水面 1—1 为基准面，对上游水面 1—1 与断面 2—2 列伯努利方程

$$0+\frac{p_a}{\rho g}+\frac{\alpha_0v_0^2}{2g}=H_2+\frac{p_2}{\rho g}+\frac{\alpha v^2}{2g}+h_{w1-2}$$

忽略行近流速，取 $\alpha=1.0$，上式写成

$$H_2=\frac{p_a-p_2}{\rho g}-\frac{v^2}{2g}-h_{w1-2}=\frac{p_v}{\rho g}-\frac{v^2}{2g}-\left(\lambda\frac{l_1}{d}+\zeta_1+\zeta_2\right)\frac{v^2}{2g}$$

为保证虹吸管正常工作，断面 2—2 的 $\frac{p_v}{\rho g}$ 应小于允许真空高度 $[h_v]$，即取 $\frac{p_v}{\rho g}=[h_v]=7\text{m}$，代入上式得

$$H_2=7\text{m}-\frac{0.59^2}{2\times9.8}\text{m}-\left[\left(0.025\times\frac{260}{0.3}+3.0+0.12\right)\times\frac{0.59^2}{2\times9.8}\right]\text{m}=6.54\text{m}$$

可见，最高点距上游水面的最大高度为 6.54m。

2. 有压涵管

当小的河流穿过公路或铁路路基时，常采用涵管。涵管随上游水位不同，可分为有压和无压两种。当上游水深 $H>1.4d$（管径）时，管内充满液体，液体在水头差的作用下流动，可按有压短管计算；否则，为无压涵管，可按宽顶堰或明渠流计算。涵管计算的内容为根据流量、水头差确定管径和校核上游壅水高度，以判断路堤堤顶标高是否合适。

【例 7-5】　圆形有压涵管如图 7-13 所示，管长 $l=50\text{m}$，上下游水位差 $H=3\text{m}$，各项阻力

系数：沿程阻力系数 $\lambda=0.03$，进口 $\zeta_1=0.5$、转弯 $\zeta_2=0.65$、出口 $\zeta_4=1.0$，当涵管通过流量 $Q=3\text{m}^3/\text{s}$，试确定管径 d。

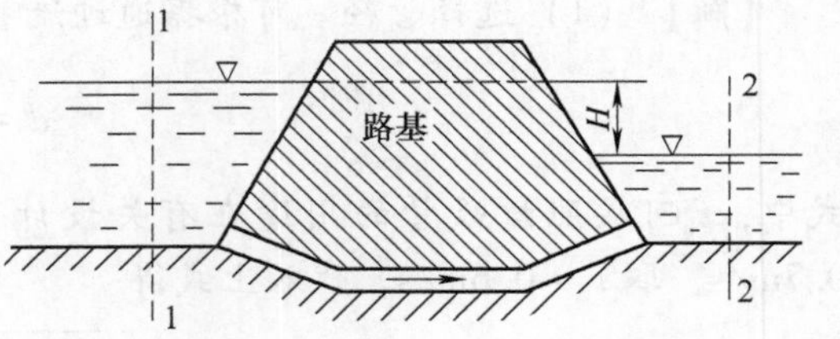

【解】 因为管道出口在下游水面以下，属短管淹没出流，忽略上下游流速水头，由式(7-17)得

图 7-13

$$H=h_w=\left(\lambda\frac{l}{d}+\zeta_1+2\zeta_2+\zeta_4\right)\frac{v^2}{2g}$$

断面平均流速为 $v=\dfrac{Q}{A}=\dfrac{Q}{\dfrac{\pi}{4}d^2}=\dfrac{4Q}{\pi d^2}$，将已知条件及 v 代入上式，化简整理得

$$3d^5-2.08d-0.745=0$$

用试算法求得 $d=0.98\text{m}$，采用标准管径 $d=1.0\text{m}$，实际通过流量 Q 略大于 $3\text{m}^3/\text{s}$。

3. 水泵吸水管

由取水点至水泵进口的管道称为吸水管，如图 7-14 所示。吸水管长度一般较短，管路配件多，局部水头损失不能忽略，所以通常按短管计算。吸水管的水力计算主要是确定水泵的允许安装高度 $[H_s]$。

由于水泵叶轮旋转，使水泵进口处形成真空，水池中的水在大气压强作用下通过吸水管流入水泵进口，再经叶轮旋转加压后由压水管输出。

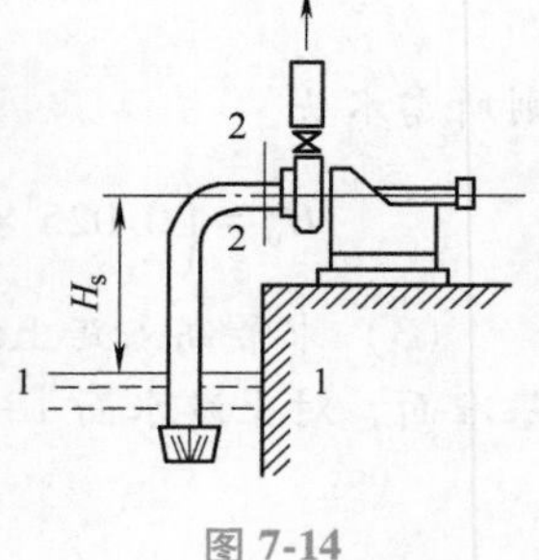

图 7-14

取吸水池水面 1—1 和水泵进口 2—2 列伯努利方程，并忽略吸水池水面流速，得

$$\frac{p_a}{\rho g}=H_s+\frac{p_2}{\rho g}+\frac{\alpha v^2}{2g}+h_w$$

以 $h_w=\lambda\dfrac{l}{d}\dfrac{v^2}{2g}+\sum\zeta\dfrac{v^2}{2g}$ 代入上式，移项得

$$H_s=\frac{p_a-p_2}{\rho g}-\left(\alpha+\lambda\frac{l}{d}+\sum\zeta\right)\frac{v^2}{2g}=h_v-\left(\alpha+\lambda\frac{l}{d}+\sum\zeta\right)\frac{v^2}{2g}$$

式中，H_s 为水泵安装高度，即泵轴距上游水面之间的标高差；λ 为吸水管的沿程阻力系数；$\Sigma\zeta$ 为吸水管各项局部阻力之和；h_v 为水泵进口断面真空高度，$h_v=\dfrac{p_a-p_2}{\rho g}$。

水泵进口处的真空高度是有限制的。当进口压强降低至该温度下的汽化压强时，水因汽化而生成大量气泡。与此同时，由于压强降低，原来溶解于水的某些活泼气体，如氧也会逸出而成为气泡。这些气泡随水流进入泵内高压区，由于该处压强较高，气泡迅即破灭。于是在局部地区产生高频率、高冲击力，不断打击泵内部件，特别是工作叶轮，使其表面成为蜂窝状或海绵状，使部件很快损坏。这种现象称为汽蚀。因为水泵进口断面压强分布不均，以及气泡发展过程的复杂性，为了防止汽蚀发生，通常由实验确定水泵进口的允许真空高度。

当水泵进口断面真空高度等于允许真空高度 $[h_v]$ 时，就可根据抽水量和吸水管道的情况，按上式确定水泵的允许安装高度 $[H_s]$，即

$$[H_s]=[h_v]-\left(\alpha+\lambda\frac{l}{d}+\sum\zeta\right)\frac{v^2}{2g} \tag{7-20}$$

【例7-6】 图7-14所示离心泵实际抽水流量 $Q=8.1\mathrm{L/s}$，吸水管长度 $l=7.5\mathrm{m}$，直径 $d=100\mathrm{mm}$，沿程阻力系数 $\lambda=0.045$，局部阻力系数：带底阀的滤水管 $\zeta_1=7.0$，弯管 $\zeta_2=0.25$。如允许吸水真空高度 $[h_v]=5.7\mathrm{m}$，试决定其允许安装高度 $[H_s]$。

【解】 管中断面平均流速

$$v=\frac{4Q}{\pi d^2}=\frac{4\times0.0081}{\pi\times0.1^2}\mathrm{m/s}=1.03\mathrm{m/s}$$

允许安装高度由式（7-20）得

$$[H_s]=[h_v]-\left(\alpha+\lambda\frac{l}{d}+\zeta_1+\zeta_2\right)\frac{v^2}{2g}$$

将已知数据代入上式，得

$$[H_s]=5.7\mathrm{m}-\left[\left(1+0.045\frac{7.5}{0.1}+7.25\right)\times\frac{1.03^2}{2\times9.8}\right]\mathrm{m}=5.07\mathrm{m}$$

即只要水泵的安装高度低于5.07m，泵内就不会发生汽蚀现象。

以上讨论的短管水力计算问题，都是在阻力系数不随流速而变，即认为管内流动处于阻力平方区的前提下得出的。如流动处于光滑区或过渡区，阻力系数与雷诺数有关，也就是与流速有关。则除第一类问题（求作用水头）外，都要试算。

7.4.4 气体管路

在土建工程中，有时还会遇到气体管路的计算。这类气体管路一般都不很长，气流速度远小于声速，此时系统中气体的密度变化不大，可以作为不可压缩流体的流动问题处理。只是在对管路中高程相差较大的两个断面列能量方程时，应注意到，由于管内气体的密度与外界大气密度为相同的数量级，在用相对压强进行计算时，必须考虑外界大气压在不同高程上的差值，这在液体管道的计算中是忽略不计的。下面进一步说明这个问题。

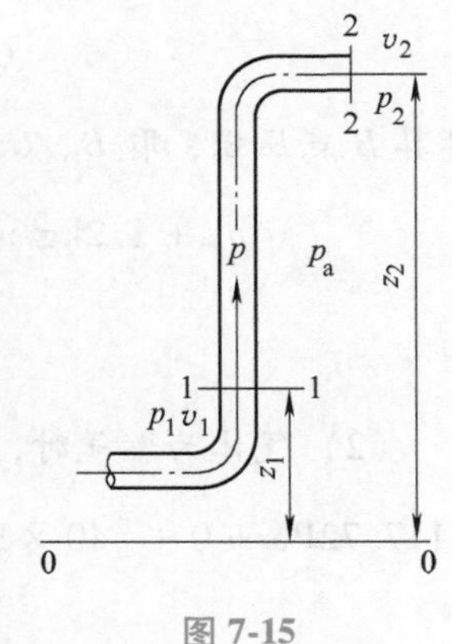

图7-15

气体管路如图7-15所示，设恒定气流，气体密度为 ρ，外部空气密度为 ρ_a。对断面1—1、断面2—2列能量方程，将方程各项乘以 ρg，并取动能修正系数 $\alpha=1.0$，可整理为

$$p_1+\frac{\rho v_1^2}{2}+(\rho_a-\rho)g(z_2-z_1)=p_2+\frac{\rho v_2^2}{2}+p_w \tag{7-21}$$

式中，p_1、p_2为断面1—1、断面2—2的相对压强，习惯上称为静压；$\frac{\rho v_1^2}{2}$、$\frac{\rho v_2^2}{2}$反映断面流速无能量损失地降低至零所转化的压强值，习惯上称为动压；$(\rho_a-\rho)g(z_2-z_1)$ 称为位压，与水流的位置水头差相应；p_w为压强损失。

式（7-21）即是用相对压强表示的恒定气流能量方程。方程与液体能量方程比较，除各项单位为帕斯卡，表示气体单位体积的平均能量外，对应项有基本相近的意义。

如果计算断面高程差很小，或管道内外气体密度相差很小，则恒定气流能量方程

(7-21) 可简化为

$$p_1 + \frac{\rho v_1^2}{2} = p_2 + \frac{\rho v_2^2}{2} + p_w \tag{7-22}$$

【例 7-7】 如图 7-16 所示，气体由压强为 117.72Pa 的静压箱 A，经过直径为 10cm，长度为 100m 的管 B 流出大气中，高差为 40m。沿程均匀作用的压强损失为 $p_w = 9\frac{\rho v^2}{2}$。当气体为与大气温度相同的空气和气体为 $\rho = 0.8\text{kg/m}^3$ 的燃气时，分别求管中流速、流量及管长一半处 B 点的压强。

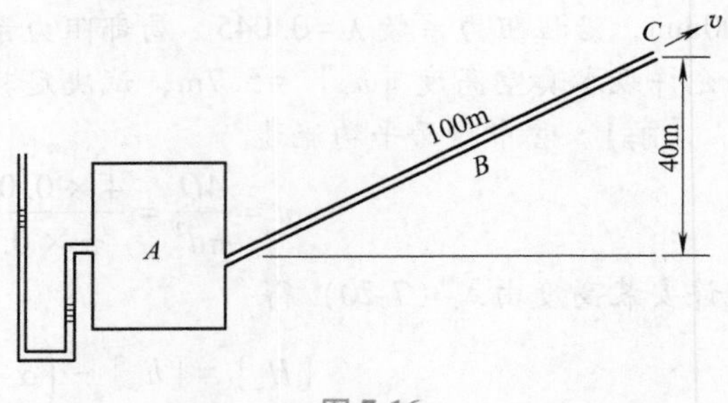

图 7-16

【解】 (1) 气体为空气时，用式 (7-22) 计算流速，取 A、C 断面列恒定气流能量方程。此时气体密度 $\rho = \rho_a = 1.2\text{kg/m}^3$。

$$p_A + \frac{\rho v_A^2}{2} = p_a + \frac{\rho v^2}{2} + p_w$$

$$117.72\text{Pa} + 0 = 0 + 1.2\text{kg/m}^3 \times \frac{v^2}{2} + 9 \times 1.2\text{kg/m}^3 \times \frac{v^2}{2}$$

$$v = \sqrt{\frac{117.72}{6}}\text{m/s} = 4.43\text{m/s}$$

$$Q = \left(4.43 \times \frac{\pi}{4} \times 0.1^2\right)\text{m}^3\text{/s} = 0.0348\text{m}^3\text{/s}$$

计算 B 点压强，取 B、C 断面列方程

$$p_B + 1.2\text{kg/m}^3 \times \frac{v^2}{2} = 0 + 1.2\text{kg/m}^3 \times \frac{v^2}{2} + 9 \times 1.2\text{kg/m}^3 \times \frac{v^2}{2} \times \frac{1}{2}$$

$$p_B = \left(4.5 \times 1.2 \times \frac{4.43^2}{2}\right)\text{Pa} = 52.98\text{Pa}$$

(2) 气体为燃气时，用式 (7-21) 计算流速，取 A、C 断面列恒定气流能量方程

$$117.72\text{Pa} + 0 + [40 \times 9.8 \times (1.2 - 0.8)]\text{Pa} = 0 + 0.8\text{kg/m}^3 \times \frac{v^2}{2} + 9 \times 0.8\text{kg/m}^3 \times \frac{v^2}{2}$$

$$v = \sqrt{\frac{274.68}{4}}\text{m/s} = 8.29\text{m/s}$$

$$Q = \left(8.29 \times \frac{\pi}{4} \times 0.1^2\right)\text{m}^3\text{/s} = 0.065\text{m}^3\text{/s}$$

计算 B 点压强

$$p_B + 0.8\text{kg/m}^3 \times \frac{v^2}{2} + [20 \times 9.8 \times (1.2 - 0.8)]\text{Pa}$$

$$= 0 + 0.8\text{kg/m}^3 \times \frac{v^2}{2} + 9 \times 0.8\text{kg/m}^3 \times \frac{v^2}{2} \times \frac{1}{2}$$

$$p_B = 45.30\text{Pa}$$

7.5　长管水力计算

如图 7-17 所示，由水池引出的等直径管道，其长度为 l，直径为 d，水箱水面距管道出口高度为 H。

若管道较长，局部水头损失和流速水头可以忽略不计，就属于长管水力计算问题。

对于自由出流，以通过管路出口断面 2—2 形心的水平面为基准面，在水池中离管路进口前面某一距离处，取过水断面 1—1，该断面的水流可认为是渐变流。对断面 1—1 和断面 2—2 建立伯努利方程

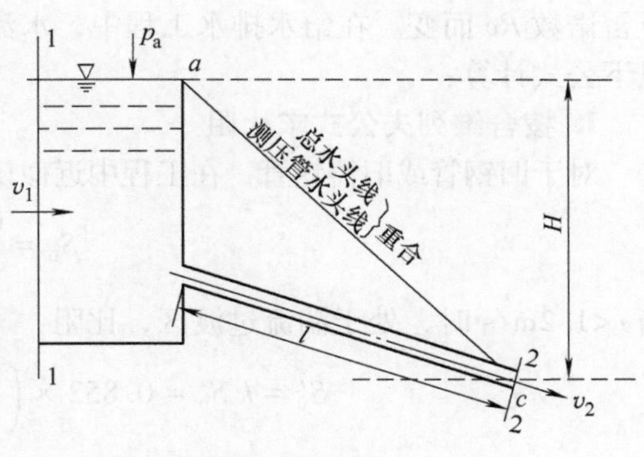

图 7-17

$$H + 0 + \frac{\alpha_1 v_1^2}{2g} = 0 + 0 + \frac{\alpha_2 v_2^2}{2g} + h_w$$

在长管水力计算中，局部水头损失与管道的流速水头可以忽略不计，又因 $\frac{\alpha_1 v_1^2}{2g} \ll \frac{\alpha_2 v_2^2}{2g}$，上式简化为

$$H = h_f \tag{7-23}$$

式中，H 为上游水面距管道出口断面中心点的高差。

式（7-23）表明，长管全部作用水头都消耗于沿程水头损失。从水池自由表面与管路进口断面的铅垂线交点 a 到断面 2—2 形心作一条倾斜直线，便得到简单管路的测压管水头线，如图 7-17 所示。由于忽略长管的流速水头 $\frac{\alpha_2 v_2^2}{2g}$，所以它的总水头线与测压管水头线重合。

对于淹没出流，以下游水面作为基准面，类似于上述分析推导，同样可得

$$z = h_f \tag{7-24}$$

式中，z 为上下游水面差。

由式（7-23）、式（7-24）可以看出，长管水力计算的关键问题是计算沿程水头损失 h_f。为了方便快捷地计算沿程水头损失，在工程实际中，h_f的计算公式常采用以下几种形式。

7.5.1　按比阻计算

计算沿程水头损失的基本公式是第 5 章得到的达西-魏斯巴赫公式（5-11），即

$$h_f = \lambda \frac{l}{d} \frac{v^2}{2g}$$

在长管计算中主要讨论的是流量、水头、管径三者之间的关系。因此，在给水排水工程中惯用流量 Q 代替流速 v 来计算水头损失。将 $v = \frac{4Q}{\pi d^2}$ 代入上式，得

$$h_f = \frac{8\lambda}{g\pi^2 d^5} l Q^2$$

令 $S_0 = \frac{8\lambda}{g\pi^2 d^5}$，称为比阻，是单位流量通过单位长度管道所损失的水头。上式可写为

$$h_f = S_0 l Q^2 \tag{7-25}$$

因为 $S_0 = \dfrac{8\lambda}{g\pi^2 d^5} = f(\lambda, d)$，随管径与沿程阻力系数而变，而阻力系数又随管壁相对粗糙度及雷诺数 Re 而变。在给水排水工程中，水流多在阻力平方区或过渡区工作，比阻 S_0 值常用以下公式计算：

1. 按舍维列夫公式求比阻

对于旧钢管或旧铸铁管，在工程中近似认为流速 $v \geqslant 1.2\text{m/s}$ 时，水流在阻力平方区，比阻

$$S_0 = \frac{0.001736}{d^{5.3}} \tag{7-26}$$

当 $v<1.2\text{m/s}$ 时，处于湍流过渡区，比阻

$$S_0' = k\,S_0 = 0.852 \times \left(1 + \frac{0.867}{v}\right)^{0.3} \times \frac{0.001736}{d^{5.3}} \tag{7-27}$$

式中，S_0'为过渡区的比阻；k 为修正系数，$k=0.852\times\left(1+\dfrac{0.867}{v}\right)^{0.3}$，当水温为10℃时，在各种流速下的 k 值见表 7-2，供计算时参考。

表 7-2 钢管或铸铁管 S_0值的修正系数 k

v/(m/s)	0.20	0.25	0.30	0.35	0.40	0.45	0.50	0.55	0.60
k	1.41	1.33	1.28	1.24	1.20	1.175	1.15	1.13	1.115
v/(m/s)	0.65	0.70	0.75	0.80	0.85	0.90	1.0	1.1	≥1.2
k	1.10	1.085	1.07	1.06	1.05	1.04	1.03	1.015	1.00

按式（7-26）计算 S_0值时 d 以 m 计，对各种标准管径，可直接从表 7-3 或表 7-4 中查得 S_0值。

表 7-3 钢管的比阻 S_0值 （单位：s^2/m^6）

水煤气管			中等管径		大管径	
公称直径 DN/mm	$S_0$①	$S_0$②	公称直径 DN/mm	$S_0$①	公称直径 DN/mm	$S_0$①
					400	0.2062
8	225500000	225.5			450	0.1089
10	32950000	32.95	125	106.2	500	0.06222
15	8809000	8.809	150	44.95	600	0.02384
20	1643000	1.643	175	18.96	700	0.01150
25	436700	0.4367	200	9.273	800	0.005665
32	93860	0.09386	225	4.822	900	0.003034
40	44530	0.04453	250	2.583	1000	0.001736
50	11080	0.01108	275	1.535	1200	0.0006605
70	2893	0.002893	300	0.9392	1300	0.0004322
80	1168	0.001168	325	0.6088	1400	0.0002918
100	267.4	0.0002674	350	0.4078	1500	0.0002024
125	86.23	0.00008623			1600	0.0001438
150	33.95	0.00003395			1800	0.00007702
					2000	0.00004406

① Q 是以 m^3/s 为单位计算得出的值。

② Q 是以 L/s 为单位计算得出的值。

表 7-4　铸铁管的比阻 S_0 值　（单位：s^2/m^6）

内径/mm	$S_0$①	内径/mm	$S_0$①
75	1709	400	0.2232
100	365.3	450	0.1195
125	110.8	500	0.06839
150	41.85	600	0.02602
200	9.029	700	0.01150
250	2.752	800	0.005665
300	1.025	900	0.003034
350	0.4529	1000	0.001736

① Q 是以 m^3/s 为单位计算得出的值。

2. 按曼宁公式求比阻

对于在阻力平方区工作的各种管材均适用的沿程阻力系数公式中，以曼宁公式较简便，将 $C=\frac{1}{n}R^{1/6}$，$\lambda=\frac{8g}{C^2}$ 代入 $S_0=\frac{8\lambda}{\pi^2 g d^5}$，得

$$S_0=\frac{10.3n^2}{d^{5.33}} \tag{7-28}$$

式中，d 为管道直径（mm）；n 为粗糙系数。

对于标准管径，用式（7-28）计算出的 S_0 值见表 7-5。

表 7-5　以曼宁公式计算的 S_0 值　（单位：s^2/m^6）

水管直径/mm	$S_0$①		
	$n=0.012$	$n=0.013$	$n=0.014$
75	1480	1740	2010
100	319	375	434
150	36.7	43.0	49.9
200	7.92	9.30	10.8
250	2.41	2.83	3.28
300	0.911	1.07	1.24
350	0.401	0.471	0.545
400	0.196	0.230	0.267
450	0.105	0.123	0.143
500	0.0598	0.0702	0.0815
600	0.0226	0.0265	0.0307
700	0.00993	0.0117	0.0135
800	0.00487	0.00573	0.00663
900	0.00260	0.00305	0.00354
1000	0.00148	0.00174	0.00201

① Q 是以 m^3/s 为单位时计算得出的值。

3. 以管道阻抗表示的水头损失公式

通常在管网的水力计算中，管长 l 也是已知数，为了简便，常令 $S=S_0l$，称为水管阻抗，

由式（7-25）得

$$h_f = SQ^2 \tag{7-29}$$

7.5.2 按水力坡度计算

由达西-魏斯巴赫公式可得

$$J = \frac{h_f}{l} = \lambda \frac{1}{d}\frac{v^2}{2g} \tag{7-30}$$

式（7-30）即为简单管路按水力坡度计算的关系式。水力坡度 J 是一定流量 Q 通过单位长度管道所需要的作用水头。在有些设计手册中给出了按水力坡度 J、流速 v、管径 d 的计算表格，见表7-6。

表7-6 铸铁管的1000J 和 v 值（部分）

Q		DN/mm									
		300		350		400		450		500	
m³/h	L/s	v/(m/s)	1000J	v/(m/s)	1000J	v/(m/s)	1000J	v/(m/s)	1000J	v/(m/s)	1000J
439.2	122	1.73	15.3	1.27	6.74	0.97	3.42	0.77	1.90	0.62	1.13
446.4	124	1.75	15.8	1.29	6.96	0.99	3.53	0.78	1.96	0.63	1.16
453.6	126	1.78	16.3	1.31	7.19	1.00	3.64	0.79	2.02	0.64	1.20
460.8	128	1.81	16.8	1.33	7.42	1.02	3.75	0.80	2.09	0.65	1.23
468.0	130	1.84	17.3	1.35	7.65	1.03	3.85	0.82	2.15	0.66	1.27
511.2	142	2.01	20.7	1.48	9.13	1.13	4.55	0.89	2.53	0.72	1.49
518.4	144	2.04	21.3	1.50	9.39	1.15	4.67	0.91	2.59	0.73	1.53
525.6	146	2.07	21.8	1.52	9.65	1.16	4.79	0.92	2.66	0.74	1.57
532.8	148	2.09	22.5	1.54	9.92	1.18	4.92	0.93	2.73	0.75	1.61
540.0	150	2.12	23.1	1.56	10.2	1.19	5.04	0.94	2.80	0.76	1.65
547.2	152	2.15	23.7	1.58	10.5	1.21	5.16	0.96	2.87	0.77	1.69
554.4	154	2.18	24.3	1.60	10.7	1.23	5.29	0.97	2.94	0.78	1.73
561.6	156	2.21	24.0	1.62	11.0	1.24	5.43	0.98	3.01	0.79	1.77
568.8	158	2.24	25.6	1.64	11.3	1.26	5.57	0.99	3.08	0.80	1.81
576.0	160	2.26	26.2	1.66	11.6	1.27	5.71	1.01	3.14	0.81	1.85

当钢管、铸铁管在阻力平方区（$v \geqslant 1.2\text{m/s}$）时，即

$$1000J = 1.07\frac{v^2}{d^{1.3}} \tag{7-31}$$

在过渡粗糙区时（$v<1.2\text{m/s}$），即

$$1000J = 0.912\frac{v^2}{d^{1.3}}\left(1+\frac{0.867}{v}\right)^{0.3} \tag{7-32}$$

对于钢筋混凝土管路，通常采用谢才公式计算水力坡度，即

$$J = \frac{v^2}{C^2 R} \tag{7-33}$$

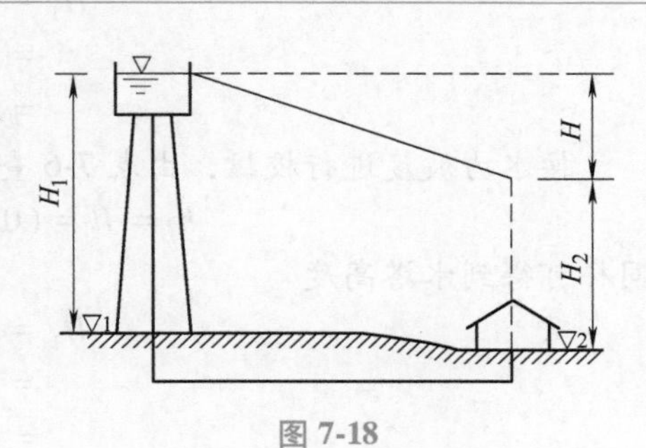

图 7-18

【例 7-8】 由水塔向工厂供水，如图 7-18 所示，采用铸铁管。管长 $l=2500\text{m}$，管径 $d=400\text{mm}$。水塔处地形标高 $\nabla_1=61\text{m}$，水塔水面距地面高度 $H_1=18\text{m}$，工厂地形标高 $\nabla_2=45\text{m}$，管路末端需要的自由水头 $H_2=25\text{m}$，求通过管路的流量。

【解】 本例属长管自由出流。根据已知条件，该管道的沿程水头损失为

$$\begin{aligned} h_f &= (H_1+\nabla_1)-(H_2+\nabla_2) \\ &= (18+61)\text{m}-(25+45)\text{m} \\ &= 9\text{m} \end{aligned}$$

由式（7-23）得 $H=h_f=9\text{m}$，再由式（7-25）$h_f=S_0lQ^2$ 整理得

$$Q=\sqrt{\frac{H}{S_0l}}$$

查表 7-4，铸铁管比阻 $S_0=0.2232\text{s}^2/\text{m}^6$，将已知数据代入上式得

$$Q=\sqrt{\frac{9}{0.2232\times2500}}\text{m}^3/\text{s}=0.127\text{m}^3/\text{s}$$

验算流区

$$v=\frac{4Q}{\pi d^2}=\frac{4\times0.127}{\pi\times0.4^2}\text{m/s}=1.01\text{m/s}<1.2\text{m/s}$$

属于过渡粗糙区，比阻需要修正，查表 7-2 得 $k=1.03$。则 $H=kS_0lQ^2$，修正后的流量为

$$Q=\sqrt{\frac{H}{kS_0l}}=\sqrt{\frac{9}{1.03\times0.2232\times2500}}\text{m}^3/\text{s}=0.125\text{m}^3/\text{s}$$

此题按水力坡度计算更为简便

$$J=\frac{H}{l}=\frac{9}{2500}=0.0036$$

由表 7-6 查得 $d=400\text{mm}$，$J=0.00364$ 时，$Q=0.126\text{m}^3/\text{s}$，内插 $J=0.0036$ 时的 Q 值

$$Q=126\text{L/s}-2\times\frac{0.04}{0.11}\text{L/s}=125\text{L/s}=0.125\text{m}^3/\text{s}$$

与按比阻计算结果一致。

【例 7-9】 例 7-8 中（见图 7-18），如工厂用水量 $Q=0.152\text{m}^3/\text{s}$，管路情况、地形标高及管路末端需要的自由水头都不变，试计算水塔高度 H_1。

【解】 按比阻计算，首先验算流区

$$v=\frac{4Q}{\pi d^2}=\frac{4\times0.152}{\pi\times0.4^2}\text{m/s}=1.21\text{m/s}>1.2\text{m/s}$$

属于阻力平方区，比阻不需要修正。由表 7-4 查得铸铁管比阻 $S_0=0.2232\text{s}^2/\text{m}^6$，由式（7-25）得

$$h_f=S_0lQ^2=[0.2232\times2500\times(0.152)^2]\text{m}=12.89\text{m}$$

水塔高度

$$\begin{aligned}H_1 &= (H_2+\nabla_2)+h_{\mathrm{f}}-\nabla_1\\ &=(25+45)\mathrm{m}+12.89\mathrm{m}-61\mathrm{m}\\ &=21.89\mathrm{m}\end{aligned}$$

按水力坡度进行校核，由表7-6查得$d=400\mathrm{mm}$，$Q=0.152\mathrm{m^3/s}$时，$J=0.00516$，则

$$h_{\mathrm{f}}=Jl=(0.00516\times2500)\mathrm{m}=12.9\mathrm{m}$$

同样可得到水塔高度

$$\begin{aligned}H_1 &= (H_2+\nabla_2)+h_{\mathrm{f}}-\nabla_1\\ &=(25+45)\mathrm{m}+12.9\mathrm{m}-61\mathrm{m}\\ &=21.9\mathrm{m}\end{aligned}$$

7.6 复杂管道水力计算

以上讨论的短管和长管水力计算，都是针对简单管道而言的。任何复杂管道都是由简单管道组合而成的，因此简单管道水力计算是复杂管道水力计算的基础。下面通过对工程中几种常见复杂管道的分析，给出复杂管道水力计算的一般方法。

7.6.1 串联管路

串联管路是由直径不同的管段首尾顺序连接而成的管路。串联管路各管段通过的流量可能相同，也可能不同，但经常是不同的。这是因为管线沿途要供水，沿途有流量分出，随着沿程流量的逐渐减少，所采用的管径也可相应减小，如图7-19所示。

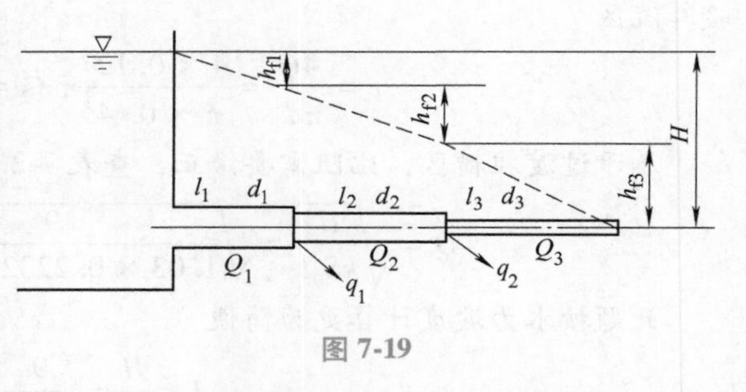

图7-19

设串联管路各管段长度、直径、流量和各管段末端分出的流量分别用l_i、d_i、Q_i和q_i表示。将有分流的两管段的交点（或是三根或三根以上管段的交点）称为节点，则由连续性方程可知，流向节点的流量等于流出节点的流量，即

$$Q_i=Q_{i+1}+q_i \tag{7-34}$$

由式（7-34）可知，当沿途无流量分出，即$q_i=0$时，各管段通过流量均相等。但在一般情况下，由于各管段长度、流量、管径、流速均不一定相同，所以其水头损失需分段计算。按照长管考虑，串联管路的水头损失h_{f}应等于各管段水头损失之和，即

$$H=h_{\mathrm{f}}=\sum_{i=1}^{n}h_{\mathrm{f}}=\sum_{i=1}^{n}S_{0i}\,l_iQ_i^2 \tag{7-35}$$

式中，n为管段总数目。

式（7-34）、式（7-35）是串联管路水力计算的基本公式，可用以解算Q、H、d三类问题。

长管串联管路的测压管水头线与总水头线重合，整个管道的水头线呈折线形。这是因为管段流速不同其水力坡度也各不相等。

【例7-10】 由水塔向工厂供水（见图7-18），采用铸铁管。管长$l=2500\mathrm{m}$，水塔处地形

标高$\nabla_1=61\text{m}$，水塔水面距地面高度$H_1=18\text{m}$，工厂地形标高$\nabla_2=45\text{m}$，要求供水量$Q=0.152\text{m}^3/\text{s}$，管路末端需要的自由水头$H_2=25\text{m}$，计算所需管径。

【解】 计算作用水头

$$H=(H_1+\nabla_1)-(H_2+\nabla_2)=(61+18)\text{m}-(25+45)\text{m}=9\text{m}$$

代入式（7-25），得

$$S_0=\frac{H}{lQ^2}=\frac{9}{2500\times(0.152)^2}\text{s}^2/\text{m}^6=0.1558\text{s}^2/\text{m}^6$$

由表7-4查得，$d=400\text{mm}$，$S_0=0.2232\text{s}^2/\text{m}^6$；$d=450\text{mm}$，$S_0=0.1195\text{s}^2/\text{m}^6$。

在作用水头H和管长l一定时，若采用较小的管径，比阻S_0会大于计算结果，从而使流量减小。为保证设计流量，就得选用$d=450\text{mm}$的管道，但这样将浪费管材。

为充分利用水头和节省管材，合理的办法是用两段不同直径的管道（$d=400\text{mm}$和$d=450\text{mm}$）串联。下面确定当用这两种不同管径的管路串联时每段管路的长度。

设直径$d_1=400\text{mm}$的管段长l_1，其流速$v_1=\dfrac{Q}{A_1}=\dfrac{0.152}{\dfrac{\pi\times0.4^2}{4}}\text{m/s}=1.21\text{m/s}>1.2\text{m/s}$，比阻不需修正，$S_{01}=0.2232\text{s}^2/\text{m}^6$；设直径$d_2=450\text{mm}$的管段长$l_2$，流速$v_2=\dfrac{Q}{A_2}=\dfrac{0.152}{\dfrac{\pi\times0.45^2}{4}}\text{m/s}=0.96\text{m/s}<1.2\text{m/s}$，比阻$S_{02}=0.1195\text{s}^2/\text{m}^6$应进行修正，即

$$S'_{02}=kS_{02}=(1.034\times0.1195)\text{s}^2/\text{m}^6=0.1236\text{s}^2/\text{m}^6$$

由

$$H=S_0lQ^2=(S_{01}l_1+S'_{02}l_2)Q^2$$

可得

$$S_0l=S_{01}l_1+S'_{02}l_2$$

将各值代入上式 $0.1558\text{s}^2/\text{m}^6\times2500\text{m}=0.2232\text{s}^2/\text{m}^6 l_1+0.1236\text{s}^2/\text{m}^6 l_2$

又知

$$l_1+l_2=2500\text{m}$$

联立求解上两式，得

$$l_1=808.2\text{m},\ l_2=1691.8\text{m}$$

7.6.2 并联管路

若管路在节点A上分出两根或两根以上的管段，而这些管段同时又汇集到另一节点B上，则在节点A和B之间的各管段称为并联管路，如图7-20中AB段由三条管段组成并联管路。

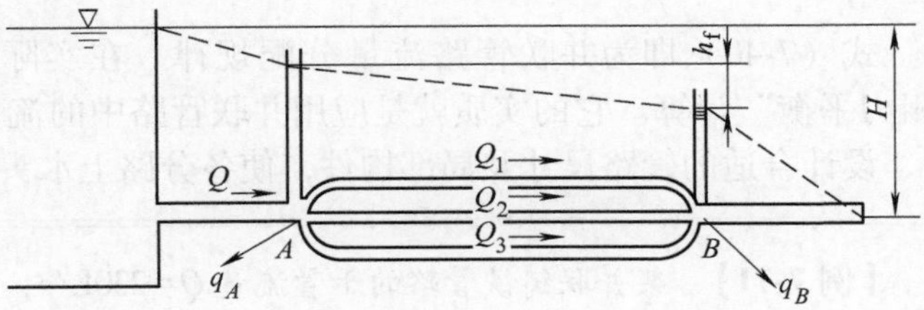

图 7-20

并联管段一般按长管计算。并联管路的水流特点是分流点A与汇流点B之间各并联管段的水头损失皆相等。因为A点、B点为各并联管段的共同节点，如在该处放置测压管，则每点只能有一个测压管水头，而A与B两点测压管水头差也只能是一个，即各管段水头损失相同，即

$$h_{f1}=h_{f2}=h_{f3}=h_f$$

每条单独管段都是简单管路，用比阻表示可写成

$$S_{01}l_1Q_1^2 = S_{02}l_2Q_2^2 = S_{03}l_3Q_3^2 = h_f \tag{7-36}$$

或用阻抗表示成

$$S_1Q_1^2 = S_2Q_2^2 = S_3Q_3^2 = h_f \tag{7-37}$$

每条管段的流量分别为

$$Q_i = \sqrt{\frac{h_f}{S_i}} \tag{7-38}$$

式中，h_f 不带下标1、2、3是因为各并联管段的水头损失值相同。

并联管路的各管段直径、长度、粗糙度可能不同，因而流量也会不同。由连续性方程知，流向节点的流量等于由节点流出的流量，所以 A 之前的管段流量为

$$Q = Q_1 + Q_2 + Q_3 + q_A = \sum_{i=1}^{n} Q_i + q_A \tag{7-39}$$

如无流量分出，则 A 之前的管段流量等于各并联管道流量之和。

由式（7-38）可以看出，各并联管道流量与各自阻抗的平方根成反比，即阻抗大的管道流量小，阻抗小的管道流量大。现分析总流量与各并联管道流量的关系。

设分流点 A 与汇流点 B 之间的总流量为 Q_{AB}，由式（7-39）可知

$$Q_{AB} = Q - q_A = \sum_{i=1}^{n} Q_i$$

由式（7-38）得

$$Q_{AB} = \sum_{i=1}^{n}\sqrt{\frac{h_f}{S_i}} = \sqrt{h_f}\sum_{i=1}^{n}\frac{1}{\sqrt{S_i}} = Q\sqrt{S_i}\sum_{i=1}^{n}\frac{1}{\sqrt{S_i}}$$

令 $\sum_{i=1}^{n}\frac{1}{\sqrt{S_i}} = \frac{1}{\sqrt{S_p}}$，代入上式并整理得

$$Q_i = Q_{AB}\sqrt{\frac{S_p}{S_i}} \tag{7-40}$$

式中，Q_i为第 i 根并联管的流量；S_i为第 i 根并联管的阻抗；S_p为并联管路总阻抗，按 $\frac{1}{\sqrt{S_p}} = \sum_{i=1}^{n}\frac{1}{\sqrt{S_i}}$ 计算。

式（7-40）即为并联管路流量分配规律。在实际工程中，对并联管路有时必须进行“阻力平衡”计算。它的实质就是应用并联管路中的流量分配规律，在满足用户需要的流量下，设计合适的管路尺寸及局部构件，使各分路上水头损失相等。

【例7-11】 某并联铸铁管路的干管流量 Q=230L/s，无分出流量，即 $q_A=0$，如图7-21所示，各管的管长与管径分别为 l_1 = 300m，d_1 = 300mm，l_2 = 100m，d_2=150mm，求分路流量 Q_1、Q_2及水头损失。

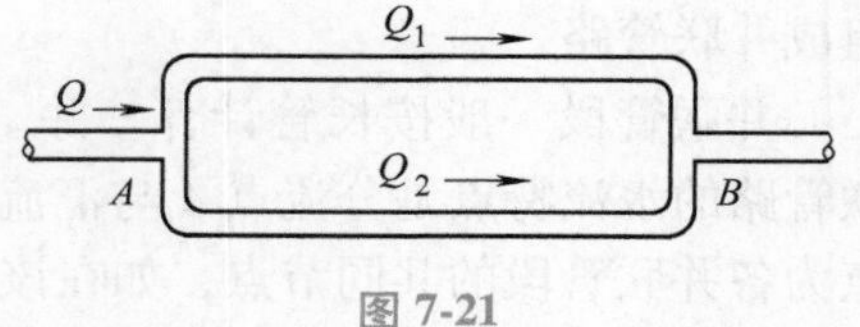

图7-21

【解】 先按阻力平方区求解，然后再校核。由表7-4查出比阻 S_{01}=1.025s²/m⁶，S_{02}=41.85s²/m⁶，求出管道阻抗为

$$S_1 = S_{01} l_1 = 307.5\mathrm{s^2/m^5},\ S_2 = S_{02}\ l_2 = 4185\mathrm{s^2/m^5}$$

$$\frac{1}{\sqrt{S_p}} = \frac{1}{\sqrt{S_1}} + \frac{1}{\sqrt{S_2}}$$

解得 $S_p = 190.25\mathrm{s^2/m^5}$，则

$$Q_1 = Q_{AB}\sqrt{\frac{S_p}{S_1}} = \left(0.23 \times \sqrt{\frac{190.25}{307.5}}\right)\mathrm{m^3/s} = 0.181\mathrm{m^3/s} = 181\mathrm{L/s}$$

$$Q_2 = Q_{AB} - Q_1 = (230 - 181)\mathrm{L/s} = 49\mathrm{L/s}$$

校核是否在阻力平方区工作

$$v_1 = \frac{4Q_1}{\pi d_1^2} = \frac{4 \times 0.181}{\pi \times 0.3^2}\mathrm{m/s} = 2.56\mathrm{m/s} > 1.2\mathrm{m/s}$$

$$v_2 = \frac{4Q_2}{\pi d_2^2} = \frac{4 \times 0.049}{\pi \times 0.15^2}\mathrm{m/s} = 2.77\mathrm{m/s} > 1.2\mathrm{m/s}$$

可知流动均属于阻力平方区，比阻 S_0 值不需修正。

AB 间水头损失为

$$h_f = S_p Q_{AB}^2 = S_1 Q_1^2 = (307.5 \times 0.181^2)\mathrm{m} = 10.07\mathrm{m}$$

7.6.3　沿程均匀泄流管路

在工业用水管路中，用水量大的集中用户较多，隔一段距离就会有一集中的大流量在管段末端泄出。因此每一管段有一固定的通过流量，此流量包括转输到以后各管段的流量（称为转输流量 Q_z）和在本段沿途的泄出流量（称为途泄流量 Q_t）。城市生活用水管网配水情况比较复杂，除集中用水户外尚有很多沿线接水的小用户，我们把它简化为沿线均匀连续泄水的途泄流量 Q_t，它可以用单位长度上的泄流量（又称比流量）q 与管长的乘积计算，即

$$Q_t = ql \tag{7-41}$$

式中，q 为比流量[$\mathrm{m^3/(s \cdot m)}$或 $\mathrm{L/(s \cdot m)}$]；l 为管长（m）；Q_t 为管段的途泄流量（$\mathrm{m^3/s}$ 或 L/s）。

沿途均匀泄流管路如图 7-22 所示，由于其流量减少，形成不均匀流或者称为沿线变量流，因此其水头损失计算方法需重新分析。现假定管段的作用水头不变，即对恒定的沿线变量流情况做讨论。设在距起点 x 处的 M 断面上通过流量为 Q_x，距 M 断面取微元段 dx，在 dx 内无流量泄出，根据均匀流沿程水头损失的计算，在 dx 长度上的水头损失为

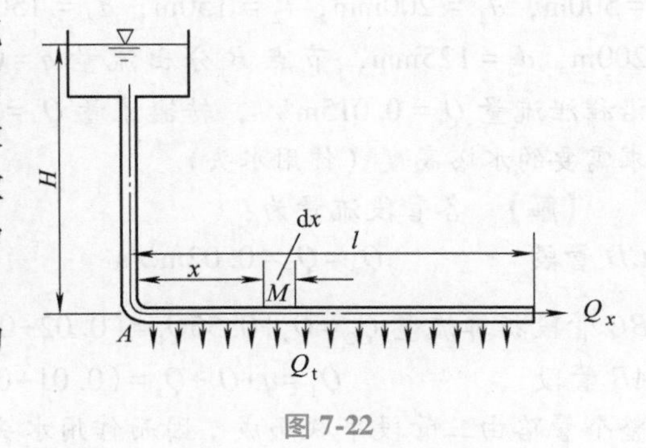

图 7-22

$$\mathrm{d}h_f = S_0 Q_x^2 \mathrm{d}x$$

因 $Q_x = Q_z + Q_t - Q_t \dfrac{x}{l}$，代入上式得

$$\mathrm{d}h_f = S_0\left(Q_z + Q_t - Q_t\frac{x}{l}\right)^2 \mathrm{d}x$$

将上式沿管长积分，即得整个管段的水头损失

$$h_f = \int_0^l \mathrm{d}h_f = \int_0^l S_0 \left(Q_z + Q_t - Q_t \frac{x}{l} \right)^2 \mathrm{d}x$$

当管段的沿程阻力系数和直径不变，且流动处于阻力平方区，则比阻 S_0 是常数，上式积分得

$$h_f = S_0 l \left(Q_z^2 + Q_z Q_t + \frac{1}{3} Q_t^2 \right) \tag{7-42}$$

为了简化计算，令沿程均匀泄流的折算流量为

$$Q_c = \sqrt{Q_z^2 + Q_z Q_t + \frac{1}{3} Q_t^2} \tag{7-43}$$

式（7-42）可改写成

$$h_f = S_0 l Q_c^2 \tag{7-44}$$

式（7-44）和简单长管水力计算公式（7-25）形式相同，所以沿程均匀泄流管路可按流量为 Q_c 的简单管路进行水力计算。

对于折算流量 Q_c 可以直接代入式（7-42）求解，但为了简便，工程上通常采用下式近似计算，即

$$Q_c = Q_z + 0.55 Q_t \tag{7-45}$$

在大型给水管道上，当转输流量远远超过沿程泄流量时，式（7-45）能够满足工程要求。

在转输流量 $Q_z = 0$ 的特殊情况下，式（7-42）成为

$$h_f = \frac{1}{3} S_0 l Q_t^2 \tag{7-46}$$

式（7-46）表明，管路在只有沿程均匀泄流量时，其水头损失仅为转输流量通过时水头损失的1/3。

【例 7-12】 由水塔供水的输水管，由三段铸铁管组成，中段为均匀泄流管段（见图 7-23）。已知 $l_1 = 500\text{m}$，$d_1 = 200\text{mm}$，$l_2 = 150\text{m}$，$d_2 = 150\text{mm}$，$l_3 = 200\text{m}$，$d_3 = 125\text{mm}$，节点 B 分出流量 $q = 0.01\text{m}^3/\text{s}$，沿程泄流量 $Q_t = 0.015\text{m}^3/\text{s}$，转输流量 $Q_z = 0.02\text{m}^3/\text{s}$。求需要的水塔高度（作用水头）。

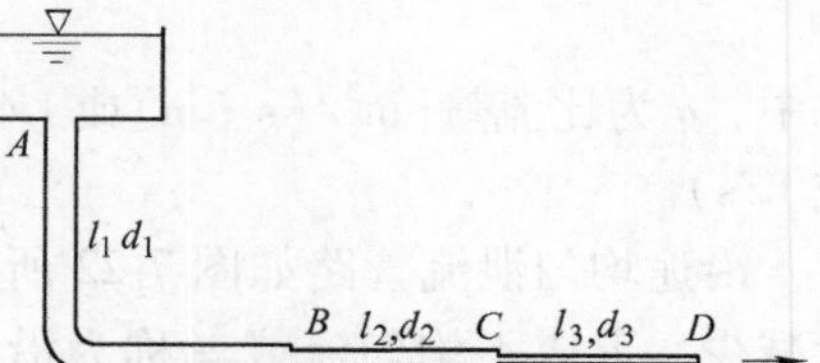

图 7-23

【解】 各管段流量为：

CD 管段 $Q_3 = Q_z = 0.02\text{m}^3/\text{s}$

BC 管段折算流量 $Q_2 = Q_z + 0.55Q_t = (0.02 + 0.55 \times 0.015)\text{m}^3/\text{s} = 0.028\text{m}^3/\text{s}$

AB 管段 $Q_1 = q + Q_t + Q_z = (0.01 + 0.015 + 0.02)\text{m}^3/\text{s} = 0.045\text{m}^3/\text{s}$

整个管路由三管段串联而成，因而作用水头等于各管段水头损失之和，即

$$H = \sum h_f = S_{01} l_1 Q_1^2 + S_{02} l_2 Q_2^2 + S_{03} l_3 Q_3^2$$

由表 7-4 查得，$S_{01} = 9.029\text{s}^2/\text{m}^6$，$S_{02} = 41.85\text{s}^2/\text{m}^6$，$S_{03} = 110.8\text{s}^2/\text{m}^6$。代入已知数值得

$$H = (9.029 \times 500 \times 0.045^2 + 41.85 \times 150 \times 0.028^2 + 110.8 \times 200 \times 0.02^2)\text{m} = 23.02\text{m}$$

各管段流速均大于1.2m/s，比阻S_0无须修正。

7.7 管网水力计算基础

管网是由若干条简单管路组合而成的，可分为枝状管网（见图7-24a）和环状管网（见图7-24b）两种。

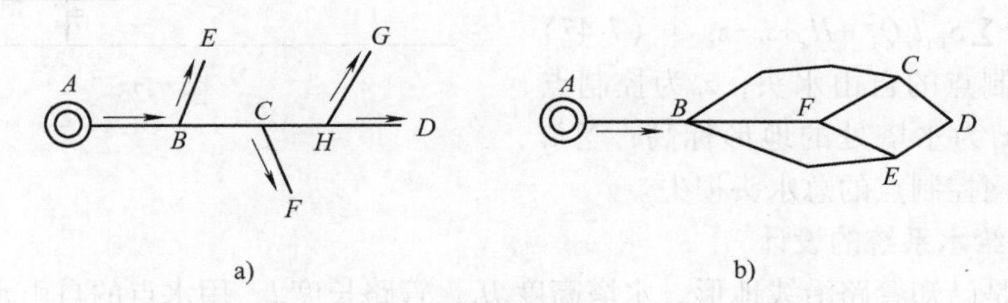

图7-24

管网内各管段的管径是根据流量Q及速度v两者来决定的。为防止管网因水击现象而出现事故，在技术上管内最高流速限制在2.5~3.0m/s的范围内。在输送原水时，为避免水中杂质在管内沉积，最低流速应大于0.6m/s，可见技术上允许的流速幅度较大。因此还必须根据当地的经济条件，考虑到管网的造价和管理费用来选定合适的流速。在流量Q一定的条件下，如果流速大，则管径小，管路造价低；然而流速大，导致水头损失大，又会增加水塔高度及抽水的运行费用。反之，如果流速小，管径就会偏大，此时管内水流速降低，可减少水头损失，从而减少了抽水经常运营费用，但另一方面却又提高了管路造价。因此，需按一定年限内（称为投资偿还期）管网造价和管理费用之和最小时的经济流速来确定管径。影响经济流速的因素很多，如水管材料、施工条件、动力费用、投资偿还期等，因此必须按当地当时具体条件定出。当无准确的资料时，经济流速可初步采用下列数值：当直径d=100~400mm时，v_e=0.6~1.0m/s；当直径d>400mm时，v_e=1.0~1.4m/s。

7.7.1 枝状管网

枝状管网一般是由多条管段串联而成的干线和与干线相连的多条支管所组成，其特点是各管段没有环状闭合的连接，管网内任一点只能由一个方向供水，一旦在某一点断流则该点之后的各管段均受到影响。因此其缺点是供水的可靠性差，其优点是节省管材、降低造价。

枝状管网的水力计算，主要是确定水塔水面应有的高度或水泵的扬程，按主干线和支管分别计算。一般把距水源远、地形高、建筑物层数多、水头要求最高、通过流量最大的供水点称为最不利点或控制点。主干线即指从水源开始到供水条件最不利点的管道，其余为支管。

以下按新建给水系统的设计及扩建已有的给水系统的设计两种情形讨论。

1. 新建给水系统的设计

已知管路沿线地形，各管段管长l及通过的流量Q和端点要求的自由水头H_z，要求确定管路的各段直径d和水塔高度H_t。计算时，首先按经济流速在已知流量下选择管径，即

$$d=\sqrt{\frac{4Q}{\pi v_e}}$$

然后利用式（7-25）

$$h_{fi} = S_{0i} l_i Q_i^2$$

在已知流量 Q、直径 d 和管长 l 的条件下计算出各段的水头损失。最后按串联管路计算主干线的总水头损失。则水塔高度 H_t（见图7-25）可按下式求得

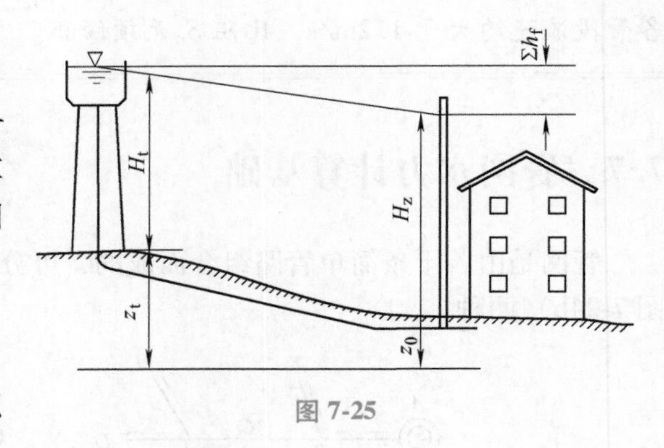

图 7-25

$$H_t = \sum h_f + H_z + z_0 - z_t$$

或
$$H_t = \sum S_{0i} l_i Q_i^2 + H_z + z_0 - z_t \tag{7-47}$$

式中，H_z为控制点的自由水头；z_0为控制点的地形标高；z_t为水塔处的地形标高；$\sum h_f$为从水塔到管网控制点的总水头损失。

2. 改扩建给水系统的设计

这时往往是已知管路沿线地形、水塔高度 H_t、管路长度 l、用水点的自由水头 H_z及通过的流量，要求确定管径。因水塔已建成，用前述经济流速计算管径，不能保证供水的技术经济要求，对此情况，根据枝状管网各干线的已知条件，算出它们各自的平均水力坡度

$$J = \frac{H_t + (z_t - z_0) - H_z}{\sum l_i}$$

然后选择其中平均水力坡度最小的管线作为控制干线进行设计。

控制干线上按水头损失均匀分配，即各管段水力坡度相等的条件，由式（7-25）计算各段比阻

$$S_{0i} = \frac{J}{Q_i^2}$$

式中，Q_i为各管段通过的流量。

按照求得的 S_{0i}值就可选择各管段的直径。实际选用时，由于管道统一规格的限制，会使得部分管段比阻 S_0大于计算值 S_{0i}，部分却小于计算值。此外，还应确定出控制干线各节点的水头，并以此为准，设计各支线管径。

7.7.2 环状管网

由多条供水管路互相连接成闭合形状的供水管路系统称为环状管网。图7-26所示为环数为二的环状管网。环状管网特点是管网内任一点均可从不同方向供水。当某管段损坏时，可用阀门将该管段与其余管段隔开检修，水还可以从另外的管线供应用户，这就提高了供水的可靠性。环状管网还可减轻因水击现象而产生的危害。但环状管网增加了连接管使管线加长，增加了管网的造价。

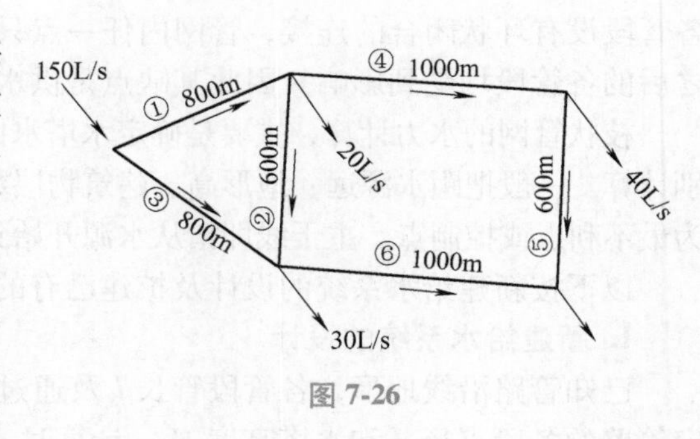

图 7-26

计算环状管网时，通常是已确定了管网的管线布置和各管段的长度，并且管网各节点的

流量为已知。因此，环状管网的水力计算是确定各管段的通过流量 Q、各管段的管径 d，并从而求出各段的水头损失 h_f。管网上管段数目 n_g、环数 n_k 及节点数目 n_p 之间存在下列关系：

$$n_g = n_k + n_p - 1$$

根据环状管网的水流特点，其水力计算需满足如下两个条件：

1）根据连续性条件，在各个节点上，流向节点的流量必须与流出该节点的流量相等。如以流向节点的流量为正，流出该节点的流量为负，则任一节点上流量的代数和为零，即

$$\sum Q_i = 0 \tag{7-48}$$

2）对任一闭合环路，由某一节点沿两个方向至另一节点的水头损失应相等（这相当于并联管路中，各并联管段的水头损失应相等）。在一环内如以顺时针方向水流所产生的水头损失为正值，逆时针方向水流的水头损失为负值，即在各环内

$$\sum h_f = \sum S_i Q_i^2 = 0 \tag{7-49}$$

根据连续性条件，可列出（n_p-1）个独立方程 $\sum Q_i=0$；根据第二个条件，可列出 n_k 个方程 $\sum S_i Q_i^2=0$。因此，对环状管网可列出（n_p-1+n_k）个方程。未知数（管段流量）的个数与方程数目一致，理论上方程有确定解。但由于式（7-49）是非线性方程组，直接求解困难，环状管网计算通常是求式（7-48）、式（7-49）的数值解。然而，这样求解非常繁杂，工程上多用逐步渐近法：首先按各节点供水情况初拟各管段水流方向，并根据式（7-48）第一次分配流量。按所分配流量，用经济流速确定管径。再计算管段的水头损失，然后验算每一环的 $\sum h_f=\sum S_i Q_i^2$ 是否满足式（7-49）。如果不满足，需对所分配的流量进行调整。重复以上步骤，逐次逼近，直至各环水流情况同时满足第二个水力条件 $\sum h_f=0$，或闭合差 $\Delta h=\sum h_f$ 小于规定值。

关于环状管网的计算，应用较广的有哈代-克罗斯（Hardy-Cross）法，现将其具体步骤介绍如下：

1）根据用水情况，拟定各管段水流方向。按每一节点均满足 $\sum Q_i=0$ 的条件初分流量。

2）根据初分流量，用经济流速确定管径。

3）计算每条管道的水头损失 h_f。

4）计算每环水头损失的代数和 $\sum h_f$，看其是否为零，如不为零，则需要调整管段流量。

5）求各环的校正流量，重新计算管段流量，从步骤3）起重复计算，直到每一环的闭合差均小于给定的数值。

各环校正流量计算过程为：由于环路的水头损失代数和不为零，设校正流量为 ΔQ，如不计及邻环的影响，则校正后的单环闭合差应该为零，即

$$\sum h_f = \sum S_i (Q_i + \Delta Q)^2 = 0$$

将上式按二项式定理展开并略去 $(\Delta Q)^2$ 项后得

$$\sum S_i Q_i^2 + 2\Delta Q \sum S_i Q_i = 0$$

上式中 ΔQ 放在求和号外面是因为同一环的校正流量对环内各管段都是相等的，可视为常量；式中第一项为单环的闭合差 Δh 。解出上式中的校正流量 ΔQ 得

$$\Delta Q = \frac{-\Delta h}{2\sum S_i Q_i} = \frac{-\Delta h}{2\sum \dfrac{h_{fi}}{Q_i}}$$

从上式可看出校正流量的方向与闭合差的方向相反。在此设校正流量的方向与管段流量的方向均以顺时针方向为正，逆时针方向为负，则可据此调整各管段的流量得到第二次的管段通过流量 $Q_i^{(2)}$ 。需要注意的是若一管段（见图7-26中的管段②）为几个环路所共用，则这段管路的校正流量应为这几个环路的校正流量的代数和，求和时应注意正负号的变化，即相邻环路的 ΔQ 符号应反号再加上去。

【例7-13】 图7-27所示为含有两个闭合环路的长管管网，l、D、Q 已标于图上，试求第一次校正后的流量。

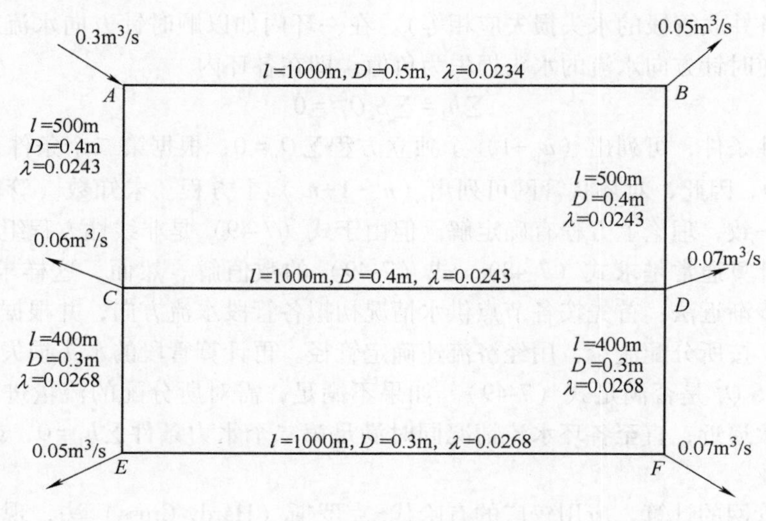

图7-27

【解】 取 $ABCD$ 为环路Ⅰ，$CDEF$ 为环路Ⅱ。

（1）按节点 $\sum Q_i=0$ 分配各管段流量，填入下表中假定流量栏内。

（2）计算各管段阻力损失。先算出 S_i 填入表中 S_i 栏，再计算出 h_{fi} 填入相应栏内。列出各管段 $\dfrac{h_{fi}}{Q_i}$ 的比值，并计算 $\sum h_f$、$\sum\dfrac{h_{fi}}{Q_i}$。

（3）按校正流量 ΔQ 公式，计算出环路中的校正流量。

（4）将求得的 ΔQ 加到原假定流量上，得到第一次校正后的流量。注意共同管段 CD、DC 的校正流量。

环路	管段	假定流量 Q_i	S_i	h_{fi}	$\dfrac{h_{fi}}{Q_i}$	ΔQ	管段校正流量	校正后流量 Q_i
Ⅰ	AB	0.15	59.76	1.3346	8.897	−0.0014	−0.0014	0.1486
	BD	0.1	98.21	0.9821	9.821		−0.0014	0.0986
	DC	−0.01	196.42	−0.0196	1.96		−0.0014 −0.0175	−0.0289
	CA	−0.15	98.21	−2.2097	14.731		−0.0014	−0.1514
	$\sum h_f$			0.0874	35.41			

（续）

环路	管段	假定流量 Q_i	S_i	h_{fi}	$\dfrac{h_{fi}}{Q_i}$	ΔQ	管段校正流量	校正后流量 Q_i
Ⅱ	CD	0.01	196.42	0.0196	1.96	0.0175	0.0175 0.0014	0.0289
	DF	0.04	364.42	0.583	14.575		0.0175	0.0575
	FE	−0.03	911.05	−0.8199	27.33		0.0175	−0.0125
	EC	−0.08	364.42	−2.3323	29.154		0.0175	−0.0625
	$\sum h_f$			−2.5496	73.019			

消除闭合差的过程称为管网平差工作。在平差工作结束后，就可以进行求起点水塔高度或水泵扬程、各节点水压标高等计算工作了。因为这些计算与枝状管网的类似，此处不再赘述。至于各种运转条件下的核算工作，可参考相关专业书籍。

实际的管网含有大量环路，迭代计算的工作量非常大，目前均采用计算机求解。计算程序除采用哈代-克罗斯方法外，还有以解环路方程组为基础的其他方法，以及以解节点方程为基础的有限元方法等。管网中可包含水泵、加压泵等动力部件及阀门等控制部件等；计算和设计的参数除流量外还包括节点压强、管段直径，以及管材与规格设计、管网结构设计、水泵性能和位置设计等。应用的工程软件及使用方法可参阅有关手册或专业书籍，本节以哈代-克罗斯方法为例介绍的基本原理将有助于对工程软件的理解和运用。

7.8　有压管道中的水击

在前面各章节中所研究的水流运动，没有也不需要考虑液体的压缩性，但对水在有压管道中所发生的水击现象，则必须考虑液体的压缩性，同时还要考虑管壁材料的弹性。

有压管道中运动着的液体，由于阀门或水泵突然关闭，使得液体速度和动量发生急剧变化，从而引起液体压强的骤然变化，这种现象称为水击。水击所产生的增压波和减压波交替进行，对管壁或阀门的作用犹如锤击一样，故又称为水锤。

由于水击而产生的压强增加可能达到管中原来正常压强的几十倍甚至几百倍，而且增压和减压交替频率很高，其危害性很大，严重时会使管路发生破裂。

下面以简单管路阀门突然关闭为例（见图7-28）说明水击的传播过程。

7.8.1　水击的传播过程

第一阶段：在水头为 $\dfrac{p_0}{\rho g}$ 的作用下，水以 v_0 速度从上游水池流向下游出口。当水管下游阀门突然关闭，则靠近阀门的第一层水体 $m—n$ 受阀门阻碍便停止流动，它的动量在阀门关闭这一瞬间便发生突然变化，由 mv_0 变为零。根据动量定律，水以（mv_0-0）的力作用于阀门，使得阀门附近0处的压强骤然升高至 $p_0+\Delta p$。而 $m—n$ 段上游水流仍然以 v_0 速度向下游流动，于是在 $m—n$ 段上产生两种变形：水的压缩及管壁的膨胀。当靠近阀门的第一层水停

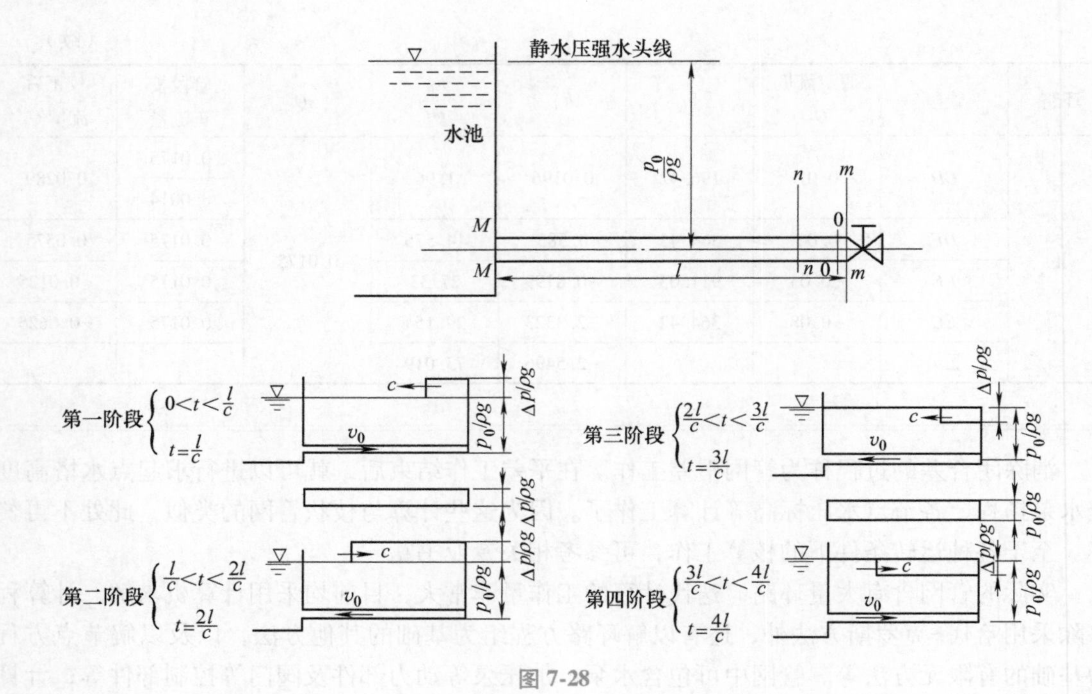

图 7-28

止运动后，随着时间的推移第二层及以后的各层都相继地停止下来，直到靠水池的 $M—M$ 层也停下来为止。水流速度 v_0 与动量相继减小必然引起压强相继升高，出现了全管液体暂时的静止受压和整个管壁膨胀的状态。

这种减速增压的过程，是以增压 $p_0+\Delta p$ 弹性波是由下游往上游水池传递的，称此为“水击波”。以 c 表示水击波的传递速度，l 表示水管长度，则经过时间 $t=l/c$ 后，自阀门开始的水击波便传到了水池，这时管内的全部液体便处在 $p_0+\Delta p$ 作用下的受压缩状态。

第二阶段：由于水池中压强不变，在管路进口 M 处的液体，便在管中水击压强与水池静压强的压差 Δp 作用下，以 $-v_0$ 立即向着水池方向流动。这样，管中水受压缩的状态，便自进口 M 处开始以波速 c 向下游方向逐层地迅速解除，这就是从水池反射回来的常压 p_0 弹性波。当 $t=2l/c$ 时，整个管中水流恢复到正常压强 p_0，而且都具有向水池方向的流动速度 $-v_0$。

第三阶段：当在阀门 0 处的压强恢复到常压 p_0 后，由于液体运动的惯性作用，管中的液体仍然存在往水池方向流动的趋势，致使阀门 0 处的压强急剧降低至常压之下 $p_0-\Delta p$，并使得 $m—n$ 段液体停止下来，$v_0=0$。这一低压 $p_0-\Delta p$ 弹性波由阀门 0 处又以波速 c 向上游进口 M 处传递，直至时间 $t=3l/c$ 后传到水池口为止，此时管中液体便处在瞬时减压 $p_0-\Delta p$ 的减压状态。

第四阶段：由于进口 M 处，水池压强为 p_0，而管路中的压强为 $p_0-\Delta p$，则在压差的作用下，水又开始从水池以 v_0 流向管路。管中的水又逐层获得向阀门方向的 v_0，压强也相应地逐层升到常压 p_0，这是自水池第二次反射回的常压 p_0 弹性波。当 $t=4l/c$ 时，阀门 0 处的压强也恢复到正常压强 p_0，此时水流恢复到水击未发生时的起始正常状态。

设水击波在全管长上来回传递一次所用时间 $t=2l/c$ 为一个相长，则两个相长的时间 $t=4l/c$ 为水击波的全周期。到达此时间后，管中全部液体便恢复到水击未发生时的起始状态。

此后在液体的可压缩性及惯性作用下，上述的弹性波传递、反射、水流方向的来回变动，都将周而复始地进行着，直至水流的阻力损失、管壁和水因变形做功而耗尽了引起水击的能量时，水击现象方才终止。综观上述分析不难得出，引起管路中速度突然变化的因素，如阀门突然关闭，这只是水击现象产生的外界条件，而液体本身具有可压缩性和惯性是发生水击现象的内在原因。

在水击的传播过程中，管道各断面的流速和压强皆随时间周期性地升高、降低，所以水击过程是非恒定流。图 7-29 所示是理想液体在水击现象下阀门断面 0—0 处的水击压强随时间的周期变化图。实际液体压强的变化曲线如图 7-30 所示，每次水击压强增值逐渐减小，经几次之后完全消失。

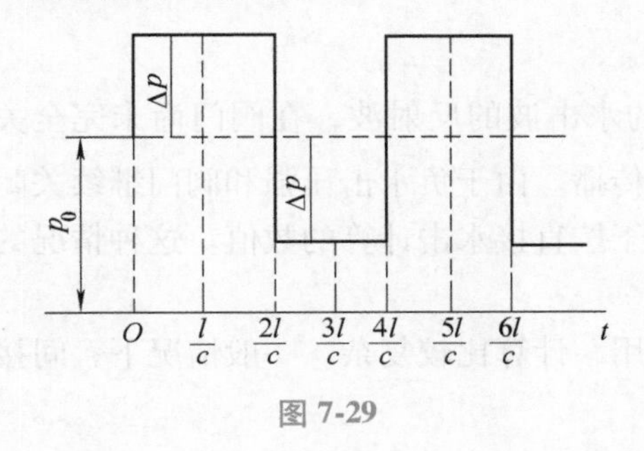

图 7-29

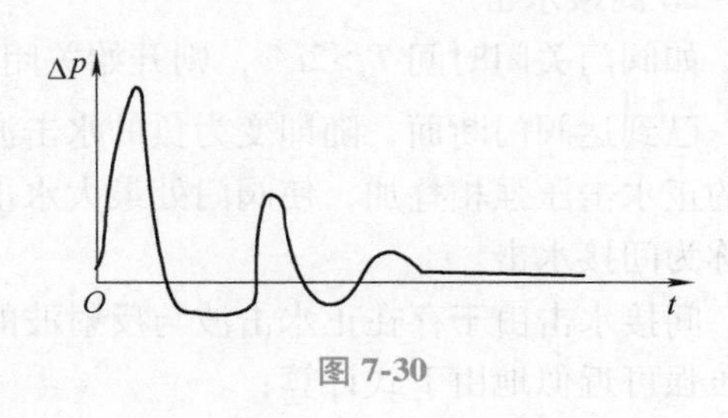

图 7-30

7.8.2　水击压强的计算

在上述讨论的基础上，进行水击压强 Δp 的计算，为设计压力管路及控制供水系统的运行提供依据。

1. 直接水击

在前面讨论中，认为阀门是瞬时关闭的，实际上关闭阀门总有一个过程。如关闭时间小于一个相长（$T_z<2l/c$），那么最早发出的水击波的反射波在回到阀门以前，阀门已经全部关闭。这时阀门处的水击压强和阀门在瞬时完全关闭时相同，这种水击称为直接水击。

因为水击是非恒定流，在推导水击压强公式时，不能直接应用第 4 章中液体恒定流的动量方程，而采用理论力学中的动量定理进行推导。

设有压管流因在断面 m—m（见图 7-31）上骤然关闭阀门造成水击，如水击波的传播速度为 c，经 Δt 时间水击波传至断面 n—n。m—n 段水的流速由 v_0变为 v，其密度由 ρ 变至 $\rho+\Delta\rho$，因管壁膨胀过水断面由 A 变至 $A+\Delta A$，m—n 段的长度为 $c\Delta t$，于是在 Δt 时段内，在管轴方向的动量变化为

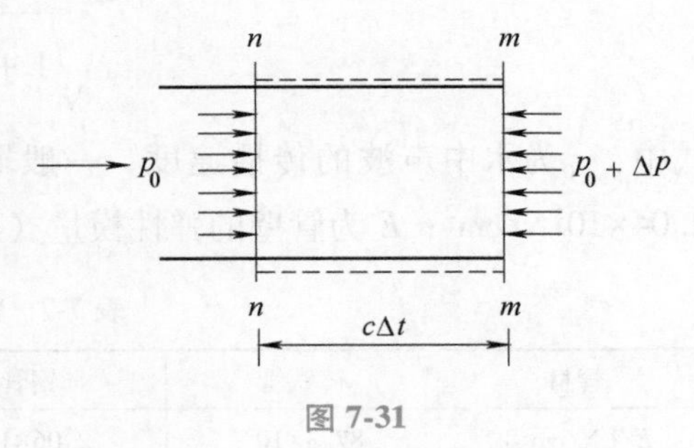

图 7-31

$$m(v-v_0)=(\rho+\Delta\rho)(A+\Delta A)c\Delta t(v-v_0)$$

在 Δt 时段内，外力在管轴方向的冲量为

$$[p_0(A+\Delta A)-(p_0+\Delta p)(A+\Delta A)]\Delta t=-\Delta p(A+\Delta A)\Delta t$$

根据质点系的动量定理，质点系在 Δt 时段内动量的变化，等于该系所受外力在同一时段内的冲量，得

$$-\Delta p(A+\Delta A)\cdot\Delta t=(\rho+\Delta\rho)(A+\Delta A)c\Delta t(v-v_0)$$

$$\Delta p=(\rho+\Delta\rho)c(v_0-v)$$

考虑到水的密度变化很小，$\Delta\rho\ll\rho$，简化上式，得直接水击压强计算公式

$$\Delta p=\rho c(v_0-v) \tag{7-50}$$

这就是儒柯夫斯基在1898年得出的水击计算公式。当阀门瞬时完全关闭（即$v=0$），得水击压强最大值计算公式

$$\Delta p=\rho cv_0$$

或

$$\frac{\Delta p}{\rho g}=\frac{cv_0}{g} \tag{7-51}$$

2. 间接水击

如阀门关闭时间$T_z>2l/c$，则开始关闭时发出的水击波的反射波，在阀门尚未完全关闭前，已到达阀门断面，随即变为负的水击波向进口传播。由于负水击压强和阀门继续关闭产生的正水击压强相叠加，使阀门处最大水击压强小于按直接水击计算的数值。这种情况的水击称为间接水击。

间接水击由于存在正水击波与反射波的相互作用，计算比较复杂。一般情况下，间接水击压强可近似地由下式计算：

$$\Delta p=\rho cv_0\frac{T}{T_z} \tag{7-52}$$

或

$$\frac{\Delta p}{\rho g}=\frac{cv_0}{g}\frac{T}{T_z}=\frac{v_0}{g}\frac{2l}{T_z}$$

式中，v_0为水击前管中平均流速；$T=2l/c$为水击波相长；T_z为阀门关闭时间。

7.8.3 水击波的传播速度

式（7-52）表明，直接水击压强与水击波的传播速度成正比。考虑到水的压缩性和管壁的弹性变形，应用连续性方程可得水击波的传播速度（推导过程从略），即

$$c=\frac{c_0}{\sqrt{1+\frac{E_0D}{E\delta}}}=\frac{1425}{\sqrt{1+\frac{E_0D}{E\delta}}} \tag{7-53}$$

式中，c_0为水中声波的传播速度，一般取$c_0=1425\text{m/s}$；E_0为水的弹性模量，一般取$E_0=2.04\times10^5\text{N/cm}^2$；$E$为管壁的弹性模量（见表7-7）；$D$为管道直径；$\delta$为管壁厚度。

表7-7 常用管壁的弹性模量

管材	铸铁管	钢管	钢筋混凝土管	石棉水泥管	木管
$E/(\text{N/cm}^2)$	87.3×10^5	2.06×10^7	206×10^5	32.4×10^5	6.86×10^5

对于一般钢管$D/\delta\approx100$，$E/E_0\approx0.01$，代入式（7-53）得，$c\approx1000\text{m/s}$。如阀门关闭前流速$v_0=1\text{m/s}$，则阀门突然关闭引起的直接水击由式（7-52）计算得$\Delta p=981\text{kPa}$，即水击压强水头为100m，可见水击压强是很大的。

7.8.4　水击危害的预防

从上面关于水击的讨论中可以看到，水击的压强是巨大的。这一巨大的压强将对实际工程造成严重的威胁，可使管路发生很大的变形甚至爆裂，使液压和液动机械不能正常工作，引起振动和噪声等。但是，在实际工作中，水击现象往往不可避免，只能尽量减小其影响，通常人们采取以下几种措施：

1）在靠近水击产生处装设蓄能器、安全阀等用以缓冲或减小水击波的强度和传播距离。这种阀能在压强升高时自动开启，将部分水从管中放出以降低管中流速的变化，从而降低水击的增压，而当增高的压强消除以后，又自动地关闭起来。

2）尽量延长管路阀门的启闭时间。

3）缩短有压管路的长度（如用明渠代替），减少管内流速（如管径加大），在可能的条件下，尽量选用有弹性的管道。

4）采取必要的附加装置，以便尽量使水击波衰减。如在水电站的有压输水管道上常设有调压塔，如图7-32所示。这种调压塔可减小水击压强及缩小水击的影响范围。当阀门关闭时，由于惯性作用，沿管路流动的水流有一部分会流到调压塔。这样，水击危害便可大大减少。

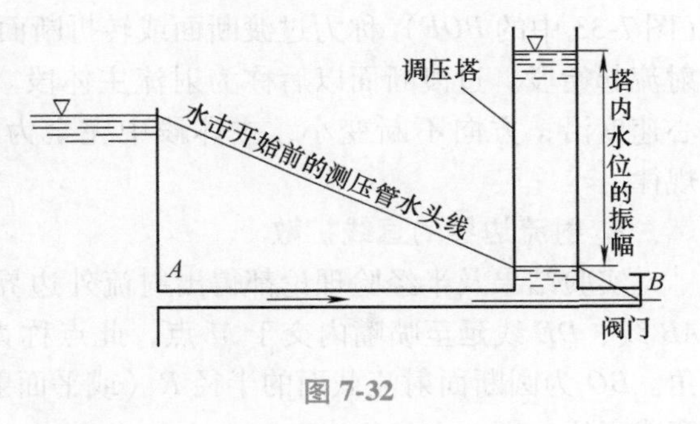

图7-32

在实际工程中，必须按具体情况采取不同的措施来减弱水击，使系统正常工作。

7.9　湍动射流及湍动扩散

射流是指液体从管嘴或孔口内以一定流速喷射出来所形成的流动。当出口速度较大，流动呈湍流状态时，叫作“湍动射流”。射流与孔口管嘴出流的研究对象不同，前者讨论的是出流后的流速场，后者仅讨论出口断面的流速和流量。

出流空间的大小，对射流的流动有很大影响。出流到无限大空间中，流动不受固体边壁的限制，称为自由射流或无限空间射流。反之，则为非自由射流或受限射流。当湍动射流流入与其物理性质相同的介质中，称为“淹没湍动射流”，简称“淹没射流”。否则称为“非淹没湍动射流”，简称“非淹没射流”。在给水排水工程中由水管流入沉淀池的流动，或下水道泄入河湖的水流都是淹没射流的例子，非淹没射流常见的例子有挖土、采煤用的水枪及消防水枪的射流等。

7.9.1　淹没射流

实际观测发现，自由湍动射流在喷嘴出口处流速几乎是均匀的，等于 u_0。出口处由于湍流横向脉动的结果，射流质点部分地与周围静止介质的质点发生动量交换，因而周围静止的介质被卷吸到射流中，并随同射流一起流动。这就促使射流的流量、横断面面积不断增加，射流主体的速度逐渐降低，形成了向周围扩散的锥体状流动场，如图7-33所示的锥体

CAMDF。

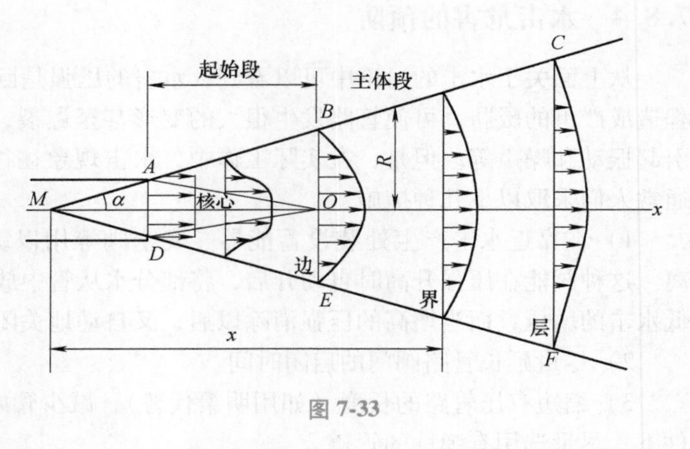

图 7-33

射流在形成稳定的流动形态后，整个射流划分为以下几个区段。速度为 u_0 的部分（图 7-33 中的 *AOD* 锥体）称为射流核心，其余部分速度小于 u_0，称为边界层。显然，射流边界层从出口开始沿射程不断地向外扩散，带动周围介质进入边界层，同时向射流中心扩展，至某一距离处，边界层扩展到射流轴心线，核心区消失，只有轴心点上速度为 u_0。射流这一断面（图 7-33 中的 *BOE*）称为过渡断面或转折断面。以过渡断面分界，出口断面至过渡断面称为射流起始段。过渡断面以后称为射流主体段。起始段射流轴心上速度都为 u_0，而主体段轴心速度沿 x 方向不断变小，主体段中完全为射流边界层所占据。下面分析射流中的流动规律。

1. 射流边界的直线扩散

实验结果及半经验理论都得出射流外边界是一条直线，如图 7-33 上的 *AB* 线及 *DE* 线。*AB* 线、*DE* 线延至喷嘴内交于 *M* 点，此点称为极点，$\angle AMD$ 的一半称为极角 α，又称扩散角。*BO* 为圆断面射流截面的半径 R（或平面射流边界层的半宽度 b）。它和从极点起算的距离成正比，即

$$R = Kx \tag{7-54}$$

且

$$\tan\alpha = \frac{R}{x} = \frac{Kx}{x} = K = 常数 \tag{7-55}$$

可见，α 值确定，射流边界层的外边界线也就被确定，射流边界按线性规律向前做扩散运动。

2. 射流各断面速度分布的相似性

由实验观测可知，在射流的主体段，和过流断面上纵向流速分布有明显的相似性。这里给出特留彼尔在轴对称射流主体段不同断面上的流速分布曲线，如图 7-34a 所示。从图中看出，轴心处流速 u_m 最大，从轴心向边界层边缘，速度逐渐减小至零。同时可看出，距喷嘴距离越远（即 x 值增大），边界层厚度越大，而轴心速度则越小，也就是随着 x 的增大，速度分布曲线不断地扁平化了。如果纵坐标用无因次速度，横坐标用无因次距离以代替原图中的速度 v 和横向距离 y，就得到图 7-34b 所示的曲线。可以看到原来各截面不同的速度分布曲线，经过这样变换均成为同一条无因次分布线。这种同一性说明，射流各截面上速度分布的相似性。

用半经验公式表示射流各横断面上的无因次速度分布如下：

$$\frac{u}{u_m} = \left[1 - \left(\frac{y}{R}\right)^{1.5}\right]^2 \tag{7-56}$$

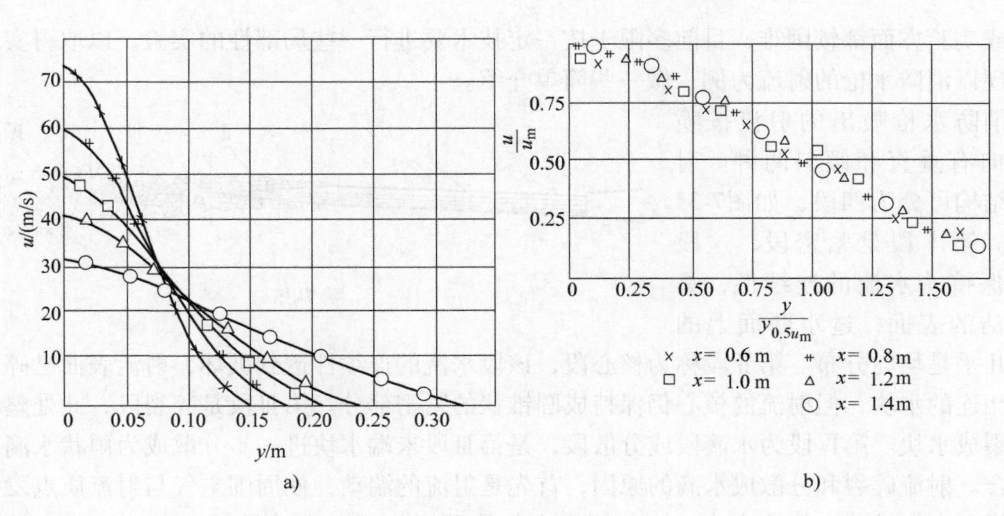

图 7-34

令 $\dfrac{y}{R}=\eta$，则

$$\frac{u}{u_{\mathrm{m}}}=\left(1-\eta^{1.5}\right)^{2} \tag{7-57}$$

对主体段来说，式（7-56）中 y 为射流横断面上任一点至轴心的距离，R 为射流横断面的半径（或半宽度），u 为 y 点上的流速，u_{m} 为轴心点的流速。由此得 $\dfrac{y}{R}$ 的值，从轴心到射流外边界的变化范围是 0→1，而 $\dfrac{u}{u_{\mathrm{m}}}$ 的值从轴心到射流外边界的变化范围是 1→0。

3. 射流各断面动量的守恒性

实验证明，射流中任意点上的压强可认为等于周围介质的压强。如果没有其他质量力的作用，则沿 x 轴方向外力之和为零。根据动量方程可知，沿 x 轴方向动量没有变化，即沿射流各断面动量守恒。

以圆断面射流为例应用动量守恒。出口截面上动量流量为 $\rho Q_0 v_0=\rho\pi r_0^2 v_0^2$，任意横截面上的动量流量则需积分，即

$$\int_0^R \rho v^2 \pi y \mathrm{d}y \cdot v=\int_0^R 2\pi\rho v^2 y \mathrm{d}y$$

列动量守恒式

$$\pi\rho r_0^2 v_0^2=\int_0^R 2\pi\rho v^2 y \mathrm{d}y \tag{7-58}$$

7.9.2　非淹没射流

非淹没射流中最常见的是液体（水）从圆形断面管嘴射入大气的水射流，其结构随着对射流作用的要求而有明显差别。工程中为了用水力挖土，需要液流紧密结实；消防中为了灭火，就需要有作用半径足够大、冲击力强的射流；而人工降雨却需要喷射均匀的分散射流。这些射流一般都是用人工改变喷嘴结构的办法来实现的。对于大气中水射流的研究，在

理论或实验方面都较困难，目前多限于按一定技术要进行一些局部性的实验，以取得实用资料。现以消防水枪的射流为例，做一些简单介绍。

消防水枪喷出的射流按喷射方向有垂直和倾斜两种。射流的结构可分为四段，如图7-35所示。第Ⅰ段是紧密段，这段射流保持着水流的连续性，具有光洁的表面，过水断面上的流速几乎是均匀分布。第Ⅱ段称为核心段，该段水流的连续性遭到破坏，射流表面已碎裂成互不相连的水块，但射流的核心仍保持成圆锥状的紧密部分。第Ⅲ段是碎裂段，此处整段都已碎裂成水块。第Ⅳ段为水滴段或分散段，是第Ⅲ段末端水块进一步分散成为雨状水滴的松散组合。射流碎裂和分散成水滴的原因，首先是射流的湍动，使周围空气与射流质点发生动量交换，空气被吸入射流中来，当射流中空气体积增加到一定数量时就会破坏射流的连续性；此外，重力与空气阻力的作用使得射流断面上流速分布不均匀，加上表面张力的作用，就使射流紧密部分碎裂，终于成为水滴的组合。

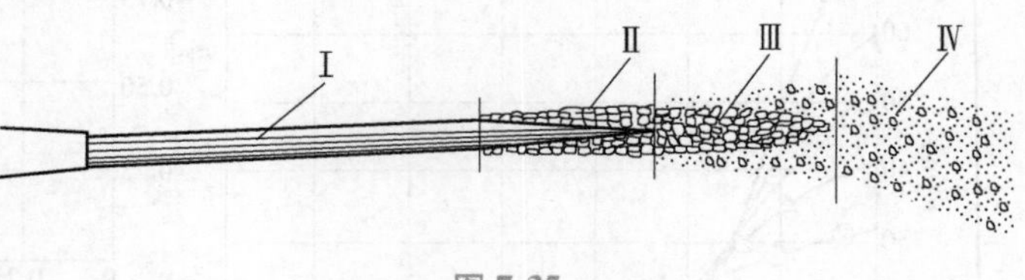

图 7-35

首先，研究垂直射流的紧密段长度。设水流在管嘴处的压强水头为H，射出后所能到达的高度为H_e，由于空气阻力的作用，H_e总是小于喷嘴处的压强水头H，两者之差也即损失高度ΔH（见图7-36）。ΔH类似于管路中的水头损失，因此可仿照管流水头损失计算公式，写出垂直射流的损失高度

$$\Delta H = H - H_e = k\frac{H_e}{d}\frac{v^2}{2g}$$

由$\dfrac{v^2}{2g}=\varphi^2 H$，代入上式，解得

$$H_e = \frac{H}{1+\varphi^2 k\dfrac{H}{d}} = \frac{H}{1+\psi H} \tag{7-59}$$

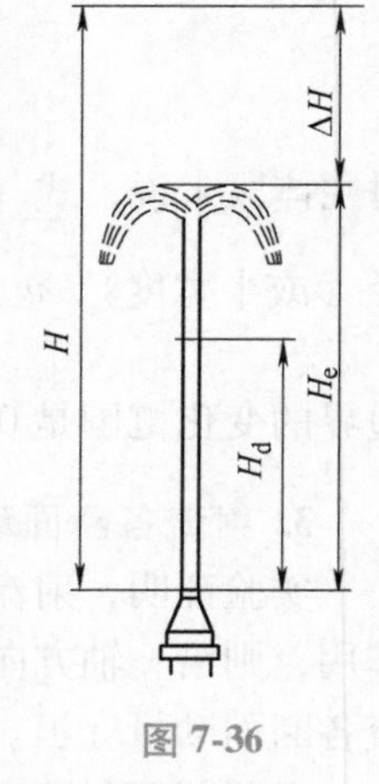

图 7-36

式中，φ为水枪喷嘴的流速系数；d为水枪喷嘴的出口直径；k为系数，由实验确定；ψ为系数，由实验确定，$\psi=\dfrac{\varphi^2 k}{d}$，水枪各种直径及水头相应$\psi$值见表7-8。

表 7-8 系数ψ值

喷嘴直径/mm	ψ	喷嘴直径/mm	ψ
10	0.0228	20	0.0090
12	0.0183	25	0.0061
14	0.0149	30	0.0044
16	0.0124	40	0.0024
18	0.0105	50	0.0014

根据实验资料，垂直射流紧密段高度可按下式计算：

$$H_d = \beta H_e \tag{7-60}$$

式中，H_d为紧密段长度；β为系数，由实验确定，见表7-9。

表7-9　系数β值

射流高度 s/m	7	9.5	12	14.5	17.2	20	22.9	24.5	26.8	30.5
系数β	0.840	0.840	0.835	0.825	0.815	0.805	0.790	0.785	0.760	0.725

其次分析倾斜的射流。由实验发现，倾斜射流紧密部分的长度几乎与垂直射流的紧密段高度相等，和倾斜角无关，即如果将紧密部分的末端连成曲线，所得的是以射流出口为中心，半径为R'的圆弧ABC，即$R' = H_d$，如图7-37所示。

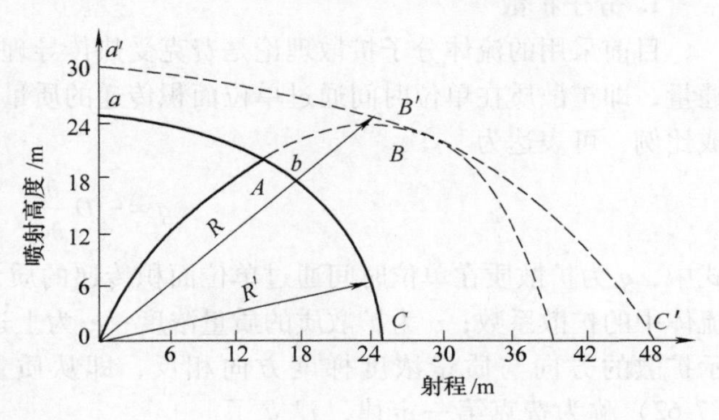

图7-37

图中的曲线$a'B'C'$是碎裂射流轨迹的包线。由射流出口至包线的连线称为碎裂射流的工作半径R，此工作半径与倾角有关，由下式决定：

$$R = \delta H_e \tag{7-61}$$

式中，δ为系数，与碎裂射流的工作半径的倾角有关，由实验确定，见表7-10。

表7-10　系数δ值

工作半径倾角θ	0°	15°	30°	45°	60°	75°	90°
系数δ	1.40	1.30	1.20	1.12	1.07	1.03	1.00

7.9.3　湍动扩散

湍流中流体质点的运动具有随机性。从统计意义上看，任意两个流体质点分子之间的距离将随时间而增加。如果跟随一些流体质点并随时观察它们的位置，就可以发现这些质点在空间上是逐渐散开的，这就是扩散。扩散是湍流的基本特性之一。

根据流体中扩散现象产生的原因，可分为以下三种。一是由于流体的分子热运动而产生的，称为分子扩散；二是由于流体质点的运动而产生的，称为移流扩散；三是由于湍流中流体质点脉动而产生的，称为湍动扩散。在静止流体中只存在分子扩散，在层流中分子扩散和移流扩散同时存在，在湍流运动中，上述三种扩散现象都存在。

流体中若含有其他物质，如各种污染物，流体本身的某些属性，如热量、能量、动量等统称为扩散质。在一般湍动扩散理论中，假定流体物质扩散质的存在并不改变流体质点的流动特性，从而不影响流场，扩散质只是作为一种标志物质或示踪物质而存在。同时，认为在流动过程中任一流体质点带有的扩散质在数量上保持不变，流体质点之间不会发生扩散质的转移，即扩散质的输移完全是流体运动的结果。在流动过程中标志质点的数目在湍动扩散中是保持不变的，扩散质的扩散完全是由于标志质点在空间上位置的变化而产生的结果。对于不可压缩流体来讲，标志质点的总体积在输移过程中保持不变；它所占据的空间形状则随时间而变化。

分子扩散则不同，在分子扩散中扩散质在分子之间可以传递。分子扩散的结果导致所有分子上的扩散质相等，从而使浓度均匀化。因为分子扩散的研究结果可以被湍动扩散借鉴，故先介绍分子扩散问题。

1. 分子扩散

目前采用的流体分子扩散理论是费克受热传导理论的启发而提出的。他认为扩散质质量通量，即扩散质在单位时间通过单位面积传递的质量与其外法线方向扩散质的质量浓度梯度成比例，可表达为

$$q = -D\frac{\partial \rho}{\partial e_{\mathrm{n}}} \tag{7-62}$$

式中，q 为扩散质在单位时间通过单位面积传递的质量；D 为两相混合流体中扩散质在均质流体中的扩散系数；ρ 为扩散质的质量浓度；e_{n} 为上述单位面积外法线矢量。式中的负号表示扩散的方向与质量浓度梯度方向相反，即从质量浓度高处向质量浓度低处扩散，式(7-62)称为费克第一定律，建立了扩散质质量通量与质量浓度梯度的关系式。但它并没有反映质量浓度变化的规律。以下将根据连续性原理来导出质量浓度随时间和空间的变化关系。

在静止流体空间选取边长为 dx、dy、dz 的矩形微元控制体，如图7-38所示。设其中心点 M 坐标为 (x, y, z)，质量浓度为 $\rho(x, y, z, t)$，则在三个坐标轴上的扩散质量通量分别为 q_x、q_y、q_z。

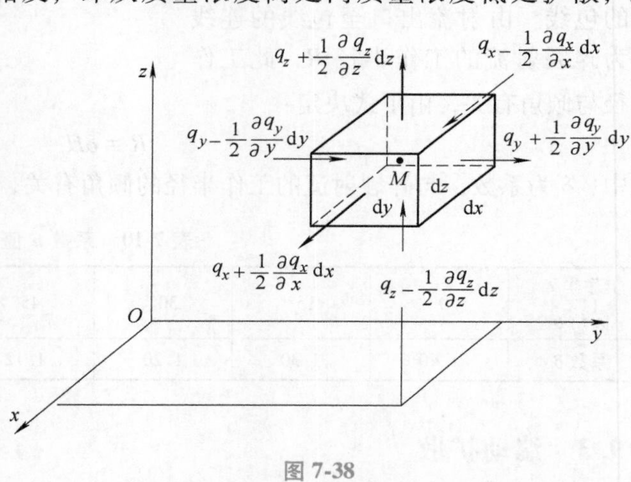

图 7-38

在 x 轴方向，同一微元时段 dt 内，流入、流出微元控制体的净扩散质量通量为

$$\left(q_x-\frac{1}{2}\frac{\partial q_x}{\partial x}\mathrm{d}x\right)\mathrm{d}y\mathrm{d}z\mathrm{d}t-\left(q_x+\frac{1}{2}\frac{\partial q_x}{\partial x}\mathrm{d}x\right)\mathrm{d}y\mathrm{d}z\mathrm{d}t=-\frac{\partial q_x}{\partial x}\mathrm{d}x\mathrm{d}y\mathrm{d}z\mathrm{d}t$$

同理，在 dt 时段内沿 y、z 轴方向流入、流出微元控制体的净扩散质量通量分别为 $-\frac{\partial q_y}{\partial y}\mathrm{d}x\mathrm{d}y\mathrm{d}z\mathrm{d}t$，$-\frac{\partial q_z}{\partial z}\mathrm{d}x\mathrm{d}y\mathrm{d}z\mathrm{d}t$。根据质量守恒定律，流入、流出微元控制体的扩散质之差的总和，应等于在该 dt 时段内微元控制体中扩散质的增量，即

$$\frac{\partial \rho}{\partial t}\mathrm{d}x\mathrm{d}y\mathrm{d}z\mathrm{d}t=-\left(\frac{\partial q_x}{\partial x}+\frac{\partial q_y}{\partial y}+\frac{\partial q_z}{\partial z}\right)\mathrm{d}x\mathrm{d}y\mathrm{d}z\mathrm{d}t$$

整理为

$$\frac{\partial\rho}{\partial t}+\frac{\partial q_x}{\partial x}+\frac{\partial q_y}{\partial y}+\frac{\partial q_z}{\partial z}=0 \tag{7-63}$$

式（7-63）即为扩散质的连续性方程。

由式（7-62）可得，$q_x=-D_x\frac{\partial\rho}{\partial z},q_y=-D_y\frac{\partial\rho}{\partial z},q_z=-D_z\frac{\partial\rho}{\partial z}$，当扩散质在流体中的扩散为各向同性时，即

$$D_x=D_y=D_z=D$$

代入式（7-63），可得

$$\frac{\partial\rho}{\partial t}=D\left(\frac{\partial^2\rho}{\partial x^2}+\frac{\partial^2\rho}{\partial y^2}+\frac{\partial^2\rho}{\partial z^2}\right) \tag{7-64}$$

式（7-64）为分子扩散方程，又称为费克第二定律。

2. 移流扩散

费克定律研究了流体中的扩散质当流体静止时由于分子运动而扩散的情形。当流体流动时扩散质还会随流动而输移，因而其质量浓度的变化要考虑分子扩散和移流扩散两方面的作用。

假定层流流场中，扩散质的移流扩散和分子扩散是相互独立的可以叠加的过程。类似于对分子扩散方程的讨论，可得层流的移流扩散方程

$$\frac{\partial\rho}{\partial t}+\frac{\partial(\rho u_x)}{\partial x}+\frac{\partial(\rho u_y)}{\partial y}+\frac{\partial(\rho u_z)}{\partial z}=D\left(\frac{\partial^2\rho}{\partial x^2}+\frac{\partial^2\rho}{\partial y^2}+\frac{\partial^2\rho}{\partial z^2}\right) \tag{7-65}$$

或

$$\frac{\partial\rho}{\partial t}+u_x\frac{\partial\rho}{\partial x}+u_y\frac{\partial\rho}{\partial y}+u_z\frac{\partial\rho}{\partial z}=D\left(\frac{\partial^2\rho}{\partial x^2}+\frac{\partial^2\rho}{\partial y^2}+\frac{\partial^2\rho}{\partial z^2}\right) \tag{7-66}$$

式中，ρu_x、ρu_y、ρu_z 为三个坐标轴上的移流质量通量。

若流体没有运动，为静止流体时，式（7-65）即为分子扩散方程。

3. 湍动扩散

由于流体的脉动而发生的湍动扩散在工程实际中具有重要的意义。研究湍动扩散同样有拉格朗日法和欧拉法两种方法。拉格朗日法着眼于流体质点，研究流体质点在运动过程中所导致的流动和各种物理属性及扩散质的输移变化。欧拉法则着眼于空间点，研究扩散质及各种流动的物理属性在空间点上的分布和输移变化。

在湍流中，任一点的瞬时流速和质量浓度都可表示为时均值和脉动值之和，即 $u_x=\bar{u}_x+u'_x$，$u_y=\bar{u}_y+u'_y$，$u_z=\bar{u}_z+u'_z$，$\rho=\bar{\rho}+\rho'$。将这些关系式代入移流扩散方程（7-66），然后对全式取时均，并考虑到连续性方程，则可得

$$\frac{\partial\bar{\rho}}{\partial t}+\bar{u}_x\frac{\partial\bar{\rho}}{\partial x}+\bar{u}_y\frac{\partial\bar{\rho}}{\partial y}+\bar{u}_z\frac{\partial\bar{\rho}}{\partial z}$$

$$=-\frac{\partial}{\partial x}\left(\overline{u'_x\rho'}\right)-\frac{\partial}{\partial y}\left(\overline{u'_y\rho'}\right)-\frac{\partial}{\partial z}\left(\overline{u'_z\rho'}\right)+D\left(\frac{\partial^2\bar{\rho}}{\partial x^2}+\frac{\partial^2\bar{\rho}}{\partial y^2}+\frac{\partial^2\bar{\rho}}{\partial z^2}\right) \tag{7-67}$$

此式即为湍动扩散方程。与式（7-66）相比，多了 $-\frac{\partial}{\partial x}\left(\overline{u'_x\rho'}\right)$、$-\frac{\partial}{\partial y}\left(\overline{u'_y\rho'}\right)$、$-\frac{\partial}{\partial z}\left(\overline{u'_z\rho'}\right)$ 三个相关的梯度项，它表示在三个轴向上由于湍动扩散而产生的单位时间单位面积上扩散质的输移，称为湍动扩散通量。常用方法是将湍动扩散与分子扩散相比拟，采取类似于费克第

一定律的形式来表述，即

$$
\left.\begin{aligned}
\overline{u'_x\rho'} &= -E_x\frac{\partial\bar{\rho}}{\partial x}\\
\overline{u'_y\rho'} &= -E_y\frac{\partial\bar{\rho}}{\partial y}\\
\overline{u'_z\rho'} &= -E_z\frac{\partial\bar{\rho}}{\partial z}
\end{aligned}\right\}\tag{7-68}
$$

式中，E_x、E_y、E_z 分别为 x、y、z 轴方向的湍动扩散系数。

在一般情况下，不同方向的湍动扩散系数具有不同的值，且可能是空间坐标的函数。将式（7-68）代入式（7-67），可得湍动扩散方程为

$$
\begin{aligned}
&\frac{\partial\bar{\rho}}{\partial t}+\bar{u}_x\frac{\partial\bar{\rho}}{\partial x}+\bar{u}_y\frac{\partial\bar{\rho}}{\partial y}+\bar{u}_z\frac{\partial\bar{\rho}}{\partial z}\\
&=\frac{\partial}{\partial x}\left(E_x\frac{\partial\bar{\rho}}{\partial x}\right)+\frac{\partial}{\partial y}\left(E_y\frac{\partial\bar{\rho}}{\partial y}\right)+\frac{\partial}{\partial z}\left(E_z\frac{\partial\bar{\rho}}{\partial z}\right)+D\left(\frac{\partial^2\bar{\rho}}{\partial x^2}+\frac{\partial^2\bar{\rho}}{\partial y^2}+\frac{\partial^2\bar{\rho}}{\partial z^2}\right)
\end{aligned}\tag{7-69}
$$

一般情况下，除临近壁面的流动区域或其脉动受到限制的情况外，脉动的尺度远大于分子运动的尺度，所以湍动扩散系数远大于分子扩散系数，分子扩散项可略去不计。若略去分子扩散项，且湍动扩散系数沿流程不变，则式（7-69）可简化为

$$
\frac{\partial\bar{\rho}}{\partial t}+\bar{u}_x\frac{\partial\bar{\rho}}{\partial x}+\bar{u}_y\frac{\partial\bar{\rho}}{\partial y}+\bar{u}_z\frac{\partial\bar{\rho}}{\partial z}=E_x\left(\frac{\partial^2\bar{\rho}}{\partial x^2}\right)+E_y\left(\frac{\partial^2\bar{\rho}}{\partial y^2}\right)+E_z\left(\frac{\partial^2\bar{\rho}}{\partial z^2}\right)\tag{7-70}
$$

扩散方程的求解是比较困难的。严格说来，在流体流动的情况下移流扩散方程应和流体运动的基本方程组耦合求解所有变量（包括质量浓度和各运动量，如流速、压强等）。但在标志物质的假定下，可以将流场和质量浓度场分开求解，一般先定流场，然后在已知流速分布下，求解移流扩散方程，定出质量浓度场。

思考题

7-1 比较孔口管嘴自由出流、淹没出流时作用水头、流速系数、流量系数之间的相同与不同之处。

7-2 在作用水头相同时，同样直径的孔口和管嘴出流的出流量哪个大？为什么？

7-3 试就孔口流量系数的大小，分别比较图7-39中各对相似孔口的流动，即a与b；c与d；e与f相比较，箭头为出流方向。

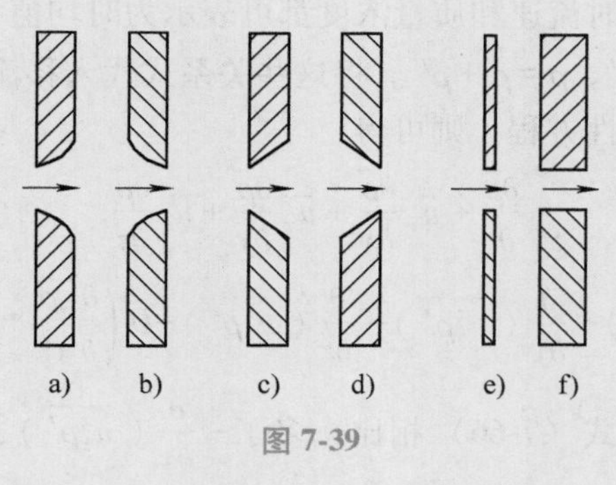

图7-39

7-4 如图7-40所示，a、b、c 为坝身底部三个泄水孔，其孔径和孔长相同，比较三个孔的高度不同

时，泄水量是否相同？

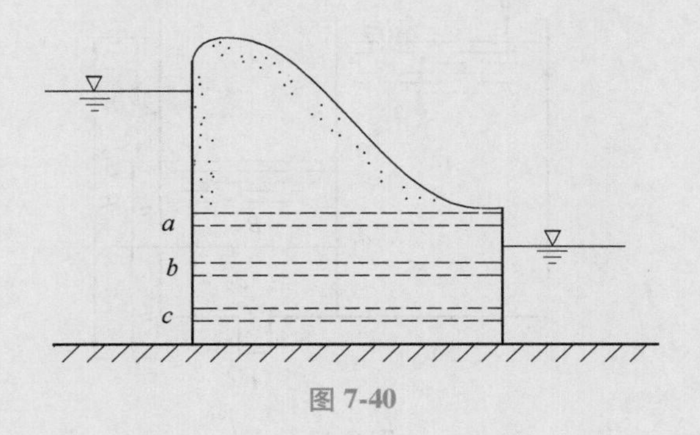

图 7-40

7-5　何为“短管”？何为“长管”？区分它们有什么意义？

7-6　为何要确定虹吸管最高点距上游水面的高度？

7-7　水泵的允许安装高度［H_s］是否一定为正？若为负则水泵应如何安置？

7-8　恒定气流能量方程中，位压项$(\rho_a-\rho)g(z_2-z_1)$是否一定为正？

7-9　什么叫作管路比阻S_0或阻抗S？在什么情况下，S_0与管中流量无关，仅决定于管道的尺寸及构造？

7-10　并联管路中各支管的流量分配遵循什么原理？如果要得到各支管中流量相等，该如何设计管路？

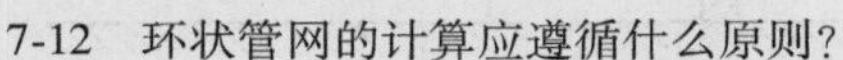

7-11　如图 7-41 所示，有两个长度尺寸相同的支管并联，如果在支管 2 中加一个调节阀（阻力系数为ζ），则Q_1和Q_2哪个大些？h_{w1}和h_{w2}哪个大些？

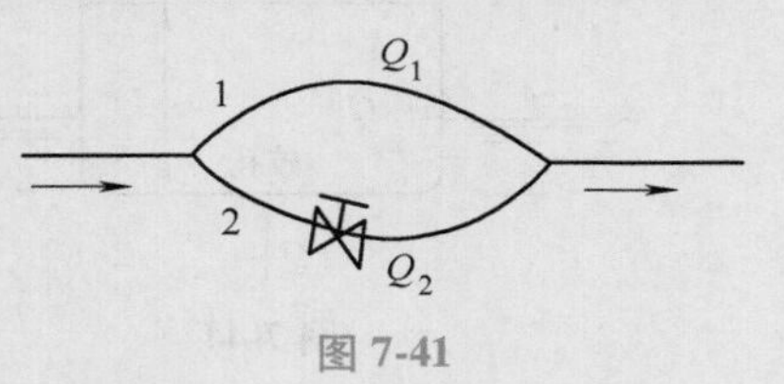

图 7-41

7-12　环状管网的计算应遵循什么原则？

7-13　在什么情况下会产生水击？水击有什么害处？采取什么措施可以防止水击或减小水击的危害？对于水击现象能否加以利用？

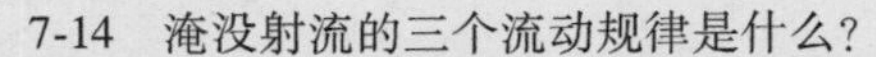

7-14　淹没射流的三个流动规律是什么？

7-15　非淹没射流的结构包括哪几部分？

习　题

7-1　有一薄壁圆形孔口，其直径$d=10\text{mm}$，水头$H=2\text{m}$。现测得射流收缩断面的直径$d_c=8\text{mm}$，在 32.8s 时间内，经孔口流出的水量为0.01m^3。试求该孔口的收缩系数ε、流量系数μ、流速系数φ及孔口局部阻力系数ζ_0。

7-2　薄壁孔口出流如图 7-42 所示，直径$d=2\text{cm}$，水箱水位恒定$H=2\text{m}$。试求：

（1）孔口流量Q。

（2）此孔口外接圆柱形管嘴的流量Q_n。

（3）管嘴收缩断面的真空度。

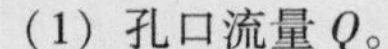

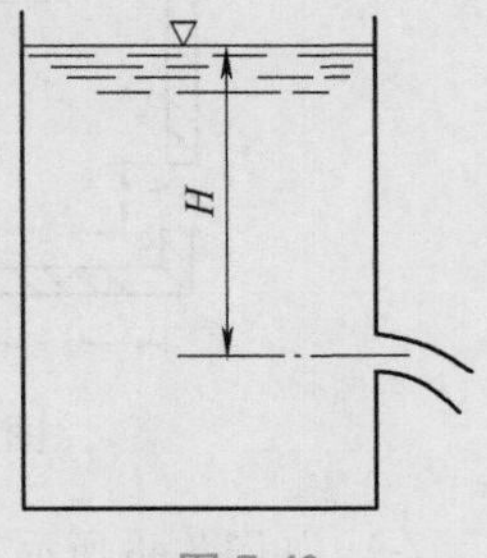

图 7-42

7-3　水箱用隔板分为A、B两室，如图 7-43 所示。隔板上开一孔口，其直径$d_1=4\text{cm}$。在B室底部装有圆柱形外管嘴，其直径$d_2=3\text{cm}$。已知$H=3\text{m}$，$h_3=0.5\text{m}$，水恒定出流。试求：

（1）h_1，h_2。

（2）流出水箱的流量Q。

7-4　如管路的锐缘进口也发生水流收缩现象。如$\varepsilon=0.62\sim0.64$，水池至收缩断面的局部阻力系数$\zeta'=0.06$，试证明锐缘进口的局部阻力系数约为 0.5。

7-5　有一平底船（见图 7-44），其水平面积$\Omega=8\text{m}^2$，船舷高$h=0.5\text{m}$，船自重$G=9.8\text{kN}$。现船底有一

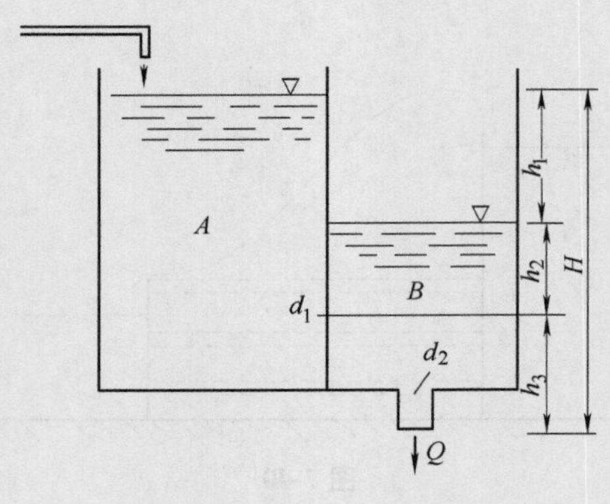

图 7-43

直径为 10cm 的破孔，水自圆孔渗入船中，试问经过多少时间后船将沉没？

7-6 为了使水均匀地进入水平沉淀池，在沉淀池进口处设置空孔墙如图 7-45 所示。穿孔墙上开有边长为 10cm 的方形孔 14 个，所通过的总流量为 122L/s。试求穿孔墙前后的水位差（墙厚及孔间相互影响不计）。

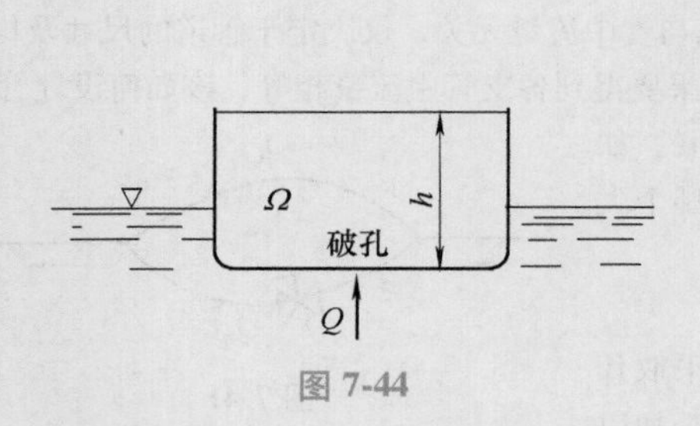

图 7-44

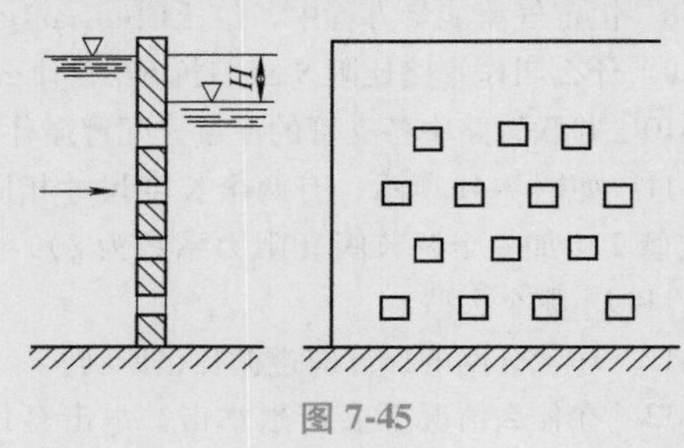

图 7-45

7-7 沉淀池长 $l=10\text{m}$，宽 $B=4\text{m}$，孔口形心处水深 $H=2.8\text{m}$，孔口直径 $d=300\text{mm}$（见图 7-46）。试问放空（水面降至孔口处）所需时间。（可按小孔口出流计算）

7-8 油槽车（见图 7-47）的油槽长度为 l，直径为 D。油槽底部设有卸油孔，孔口面积为 A，流量系数为 μ。试求该车充满油后所需的卸空时间。

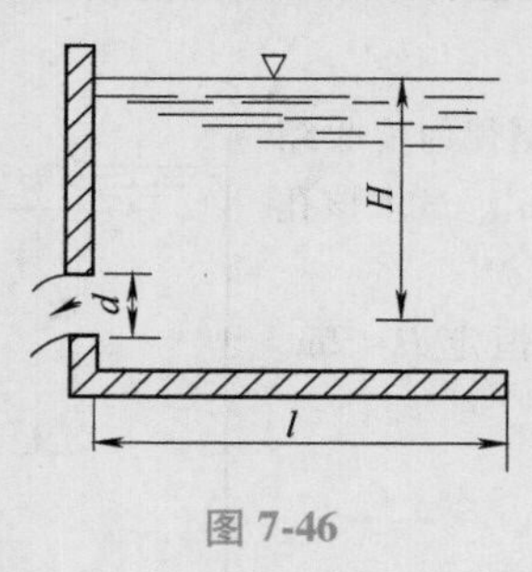

图 7-46

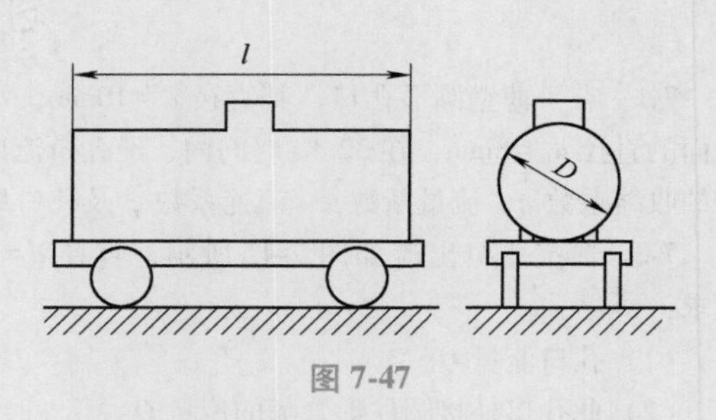

图 7-47

7-9 如图 7-48 所示，假设左面为恒定水位的大水池，问右面水池水位上升 2m 需多长时间？如已知 $H=3\text{m}$，$D=5\text{m}$，$d=250\text{mm}$，$\mu=0.83$。

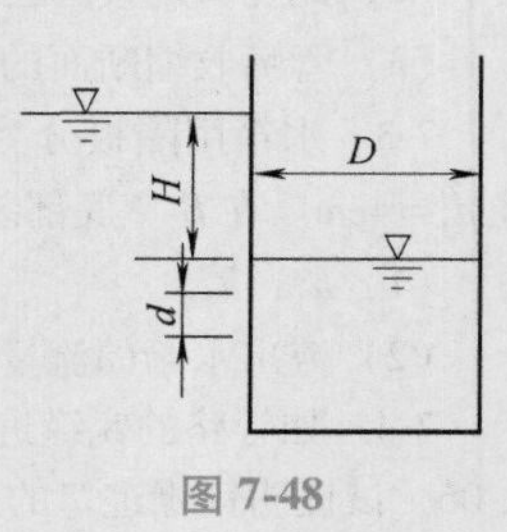

图 7-48

7-10 一正方形有压涵管，如图 7-49 所示。管内充满流体，上、下游水位差 $z=1.5\text{m}$，试求涵管的边长 b。已知：管长 $L=15\text{m}$，阻力系数 $\lambda=0.04$，$\sum\zeta=1.5$，流量 $Q=2.5\text{m}^3/\text{s}$。

7-11 如图 7-50 所示，蒸汽机车的煤水车由一直径 $d=150\text{mm}$，长 $l=80\text{m}$ 管道供水。该管道中共有两个闸阀和四个 90°弯头（$\lambda=0.03$，闸阀全开 $\zeta_3=0.12$，

弯头 $\zeta_2=0.48$）。此处进口 $\zeta_1=0.5$。已知煤水车的有效容积 $V=25\text{m}^3$，水塔具有水头 $H=18\text{m}$。试求煤水车充满水所需的最短时间。

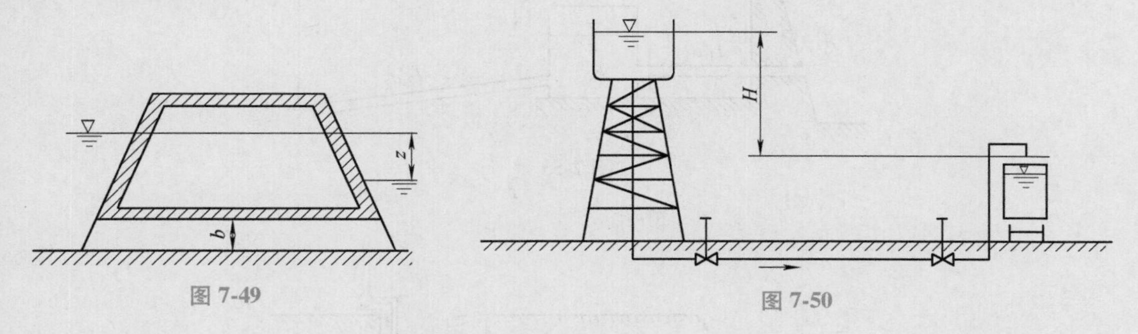

图 7-49　　图 7-50

7-12　定性绘制图 7-51 中有压管段的总水头线和测压管水头线。

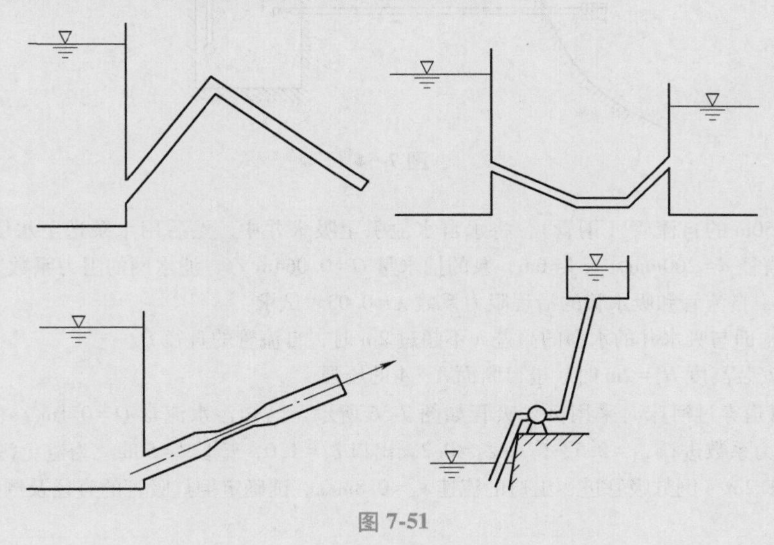

图 7-51

7-13　如图 7-52 所示，用直径不变的输水管连接两水池，已知管径 $d=0.3\text{m}$，管长 $l=90\text{m}$，沿程阻力系数 $\lambda=0.03$，进口阻力系数 $\zeta_1=0.5$，弯头阻力系数 $\zeta_2=0.3$，出口阻力系数 $\zeta_3=1.0$，出口在下游水面下 $h=2.3\text{m}$，在距出口 30m 处出有一 U 形水银测压计，其液面差 $\Delta h=0.5\text{m}$，较低的水银液面距管轴 1.5m，试求：

（1）通过管道的流量 Q 及两水池水面差 z；

（2）定性地绘出总水头线及测压管水头线。

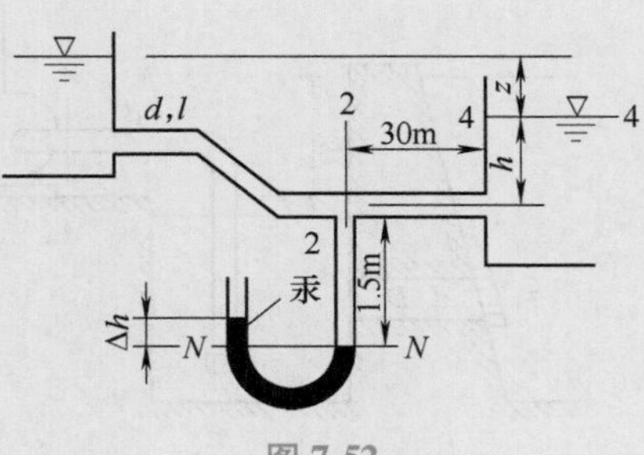

图 7-52

7-14　通过长 $l_1=25\text{m}$，直径 $d_1=75\text{mm}$ 的管道，将水自水库引到水池中。然后又沿长 $l_2=150\text{m}$，$d_2=50\text{mm}$ 的管道流入大气中（见图 7-53）。已知 $H=8\text{m}$，闸门局部阻力系数 $\zeta_3=3$。管道沿程阻力系数 $\lambda=0.03$，水池水面与大气相通。试求流量 Q 和水面差 h，并绘总水头线和测压管水头线。

7-15　抽水量各为 $50\text{m}^3/\text{h}$ 的两台水泵，同时由吸水井中抽水，该吸水井与河道间由一根自流管连通，如图 7-54 所示。已知自流管管径 $d=200\text{mm}$，长 $l=60\text{m}$，管道的粗糙系数 $n=0.011$，在管的河道入口装有过滤网，其阻力系数 $\zeta_1=5$，另一端装有闸阀，其阻力系数 $\zeta_3=0.5$，试问井中水面比河水面低多少？

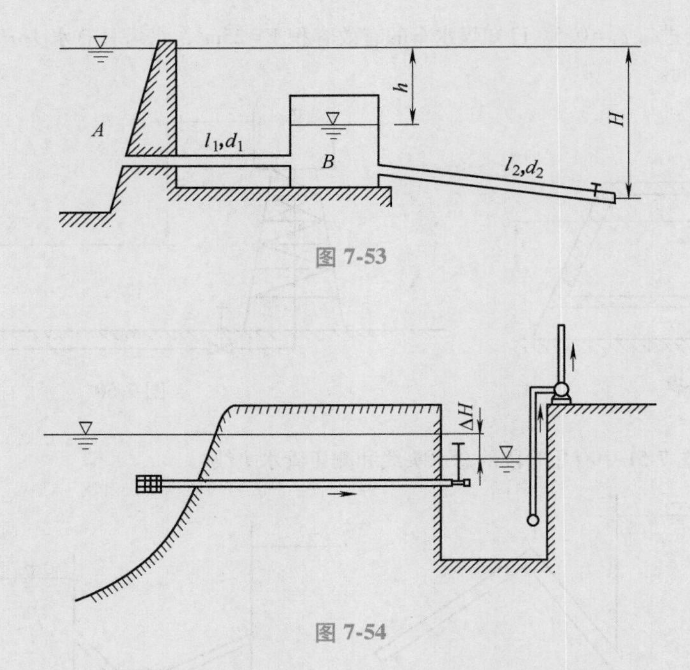

图 7-53

图 7-54

7-16 长 $L=50\text{m}$ 的自流管（钢管），将水自水池引至吸水井中，然后用水泵送至水塔（见图 7-55）。已知泵吸水管的直径 $d=200\text{mm}$，长 $l=6\text{m}$，泵的抽水量 $Q=0.064\text{m}^3/\text{s}$，滤水网的阻力系数 $\zeta_1=\zeta_2=6$，弯头阻力系数 $\zeta_3=0.3$，自流管和吸水管的沿程阻力系数 $\lambda=0.03$。试求：

（1）当水池水面与吸水井的水面的高差 h 不超过 2m 时，自流管的直径 D。

（2）水泵的安装高度 $H_s=2\text{m}$ 时，进口断面 $A—A$ 的压强。

7-17 污水管道穿过河床时采用倒虹吸管如图 7-56 所示。已知污水流量 $Q=0.1\text{m}^3/\text{s}$，沿程阻力系数 $\lambda=0.03$，局部阻力系数进口 $\zeta_1=0.5$，弯头 $\zeta_2=0.2$，出口 $\zeta_3=1.0$，管长 $l=50\text{m}$。为避免污物在管中沉积，管中流速应大于 1.2m/s 倒虹吸管进、出口的流速 $v_0=0.8\text{m/s}$。试确定倒虹吸管的直径及倒虹吸管两端的水位差 H。

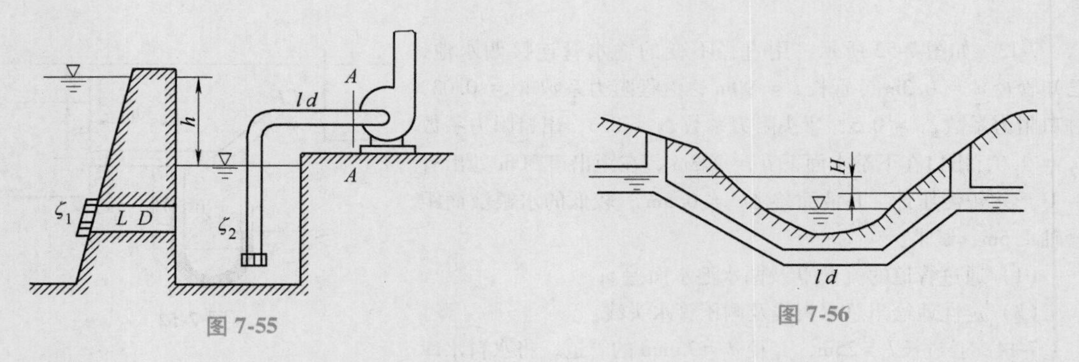

图 7-55

图 7-56

7-18 用虹吸管（钢管）自钻井至集水井如图 7-57 所示。虹吸管长 $l=l_1+l_2+l_3=60\text{m}$，直径 $d=200\text{mm}$，钻井与集水井间的恒定水位高差 $H=1.5\text{m}$。试求流经虹吸管的流量。已知 $n=0.0125$，管道进口、两个弯头及出口的局部阻力系数分别为 $\zeta_1=0.5$，$\zeta_2=\zeta_3=0.5$，$\zeta_4=1.0$。

7-19 有一虹吸管（见图 7-58），已知 $H_1=2.5\text{m}$，$H_2=2\text{m}$，$l_1=5\text{m}$，$l_2=5\text{m}$。管道沿程阻力系数 $\lambda=0.02$，进口设有滤网，其局部阻力系数 $\zeta_1=10$，弯头阻力系数 $\zeta_2=0.15$。试求：

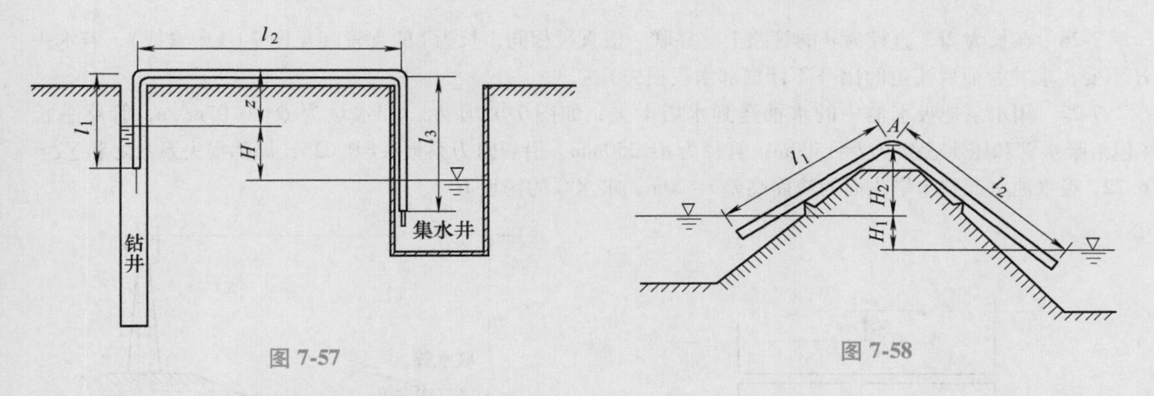

图 7-57　　图 7-58

（1）通过流量为 0.015m³/s 时，所需管径。

（2）校核虹吸管最高处 A 点的真空高度是否超过允许的 6.5m。

7-20　高层楼房煤气立管 B、C 两个供煤气点各供应的煤气量为 0.02m³/s，如图 7-59 所示。假设煤气的密度为 0.6kg/m³，管径为 50mm，压强损失 AB 段用 $3\frac{\rho v_1^2}{2}$ 计算，BC 段用 $4\frac{\rho v_2^2}{2}$ 计算，假定 C 点要求保持余压为 300N/m²，求 A 点酒精（$\rho_{酒}g=7.9\text{kN/m}^3$）液面应有的高差（空气密度为 1.2kg/m³）。

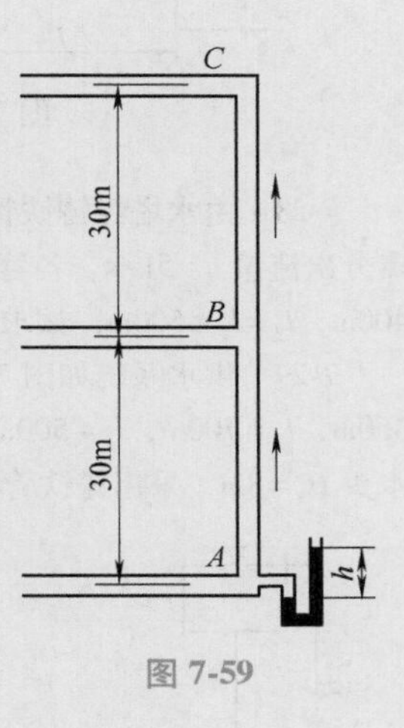

图 7-59

7-21　以铸铁管供水，已知管长 $l=300\text{m}$，$d=200\text{m}$，水头损失 $h_f=5.5\text{m}$，试决定其通过流量 Q_1，又如水头损失 $h_f=1.25\text{m}$ 时，求所通过的流量 Q_2。

7-22　某工厂供水管道如图 7-60 所示，由水泵 A 向 B、C、D 三处供水。已知流量 $Q_B=0.01\text{m}^3/\text{s}$，$Q_C=0.005\text{m}^3/\text{s}$，$Q_D=0.01\text{m}^3/\text{s}$，铸铁管直径 $d_{AB}=200\text{mm}$，$d_{BC}=150\text{mm}$，$d_{CD}=100\text{mm}$，管长 $l_{AB}=350\text{m}$，$l_{BC}=450\text{m}$，$l_{CD}=100\text{m}$。整个场地水平，试求水泵 A 出口处的水头。

7-23　有一中等直径钢管并联管路（见图 7-61），流过的总流量为 0.08m³/s，钢管的直径 $d_1=150\text{mm}$，$d_2=200\text{mm}$，长度 $l_1=500\text{m}$，$l_2=800\text{m}$。求并联管中的流量 Q_1、Q_2，以及 A、B 两点间的水头损失。

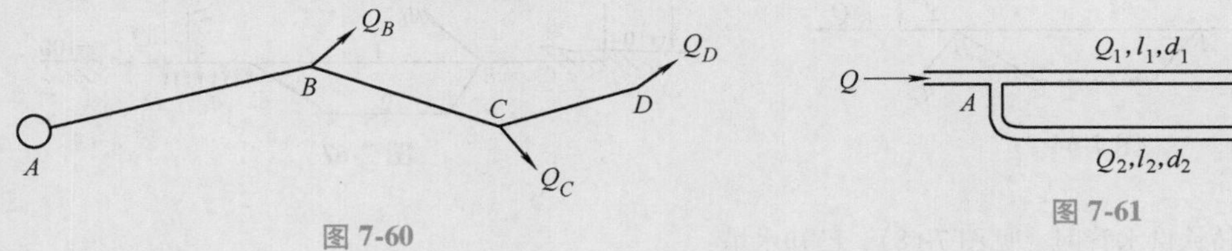

图 7-60　　图 7-61

7-24　沿铸铁管 AB 送水，在点 B 分成三根并联管路（见图 7-62），其直径 $d_1=d_3=300\text{mm}$，$d_2=250\text{mm}$，长度 $l_1=100\text{m}$，$l_2=120\text{m}$，$l_3=130\text{m}$，AB 段流量 $Q=0.25\text{m}^3/\text{s}$，试计算每一根并联管路通过的流量。

7-25　并联管路如图 7-63 所示，已知干管流量 $Q=0.10\text{m}^3/\text{s}$，长度 $l_1=1000\text{m}$，$l_2=l_3=500\text{m}$，直径 $d_1=250\text{mm}$，$d_2=300\text{mm}$，$d_3=200\text{mm}$，如采用铸铁管，试求各支管的流量及 AB 两点间的水头损失。

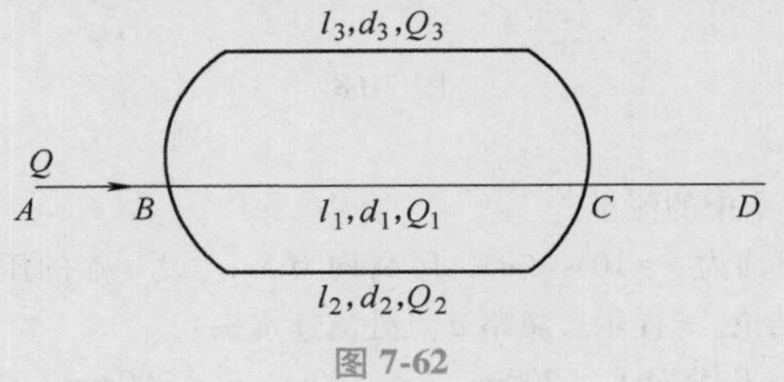

图 7-62

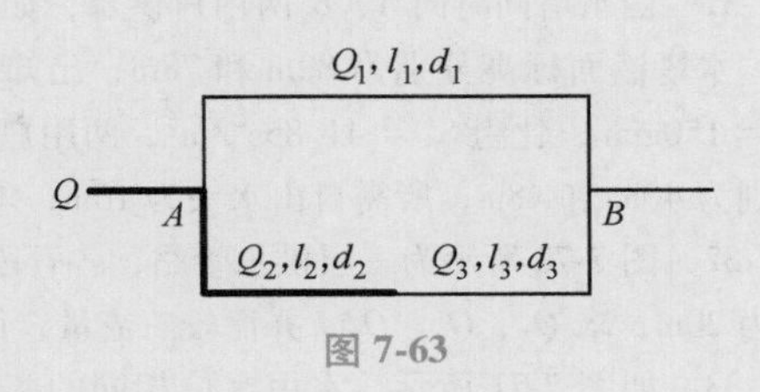

图 7-63

7-26　在长为$2l$，直径为d的管路上，并联一根直径相同，长为l的支管（见图7-64中虚线），若水头H不变，求并管前后流量的比（不计局部水头损失）。

7-27　用水泵把吸水池中的水抽送到水塔上去，如图7-65所示。抽水量为$Q=0.07\text{m}^3/\text{s}$，管路总长（包括吸水管和压水管）为$l=1500\text{m}$，管径为$d=250\text{mm}$，沿程阻力系数$\lambda=0.025$，局部损失系数之和$\sum\zeta=6.72$，吸水池水面到水塔水面的液面高差$z=20\text{m}$，求水泵的扬程$H$。

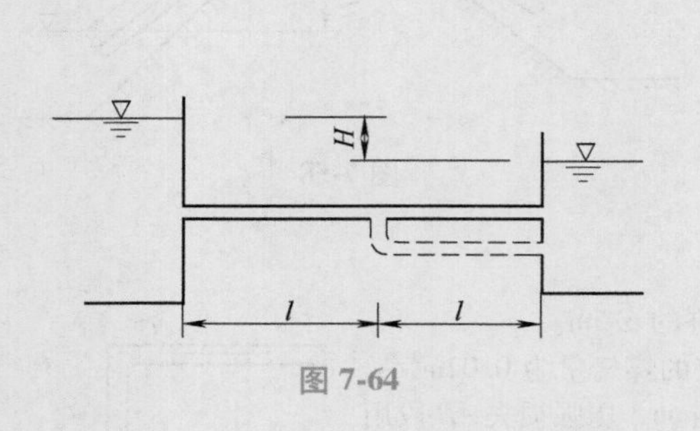

图7-64

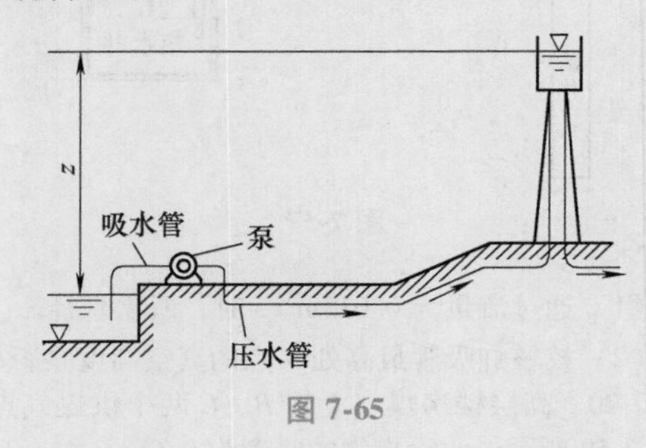

图7-65

7-28　由水塔经铸铁管路供水如图7-66所示，已知C点流量$Q=0.01\text{m}^3/\text{s}$，要求自由水头$H_z=5\text{m}$，$B$点分出流量$q=5\text{L/s}$，各管段管径$d_1=150\text{mm}$，$d_2=100\text{mm}$，$d_3=200\text{mm}$，$d_4=150\text{mm}$，管长$l_1=300\text{m}$，$l_2=400\text{m}$，$l_3=l_4=500\text{m}$，试求并联管路内的流量分配及所需水塔高度。

7-29　供水系统如图7-67所示，已知各管段直径$d_1=d_2=150\text{mm}$，$d_3=250\text{mm}$，$d_4=200\text{mm}$，管长$l_1=350\text{m}$，$l_2=700\text{m}$，$l_3=500\text{m}$，$l_4=300\text{m}$，流量$Q_D=20\text{L/s}$，$q_B=45\text{L/s}$，$q_{CD}=0.1\text{L/(s·m)}$，D点要求的自由水头$H_z=8\text{m}$，采用铸铁管，试求水塔高度H。

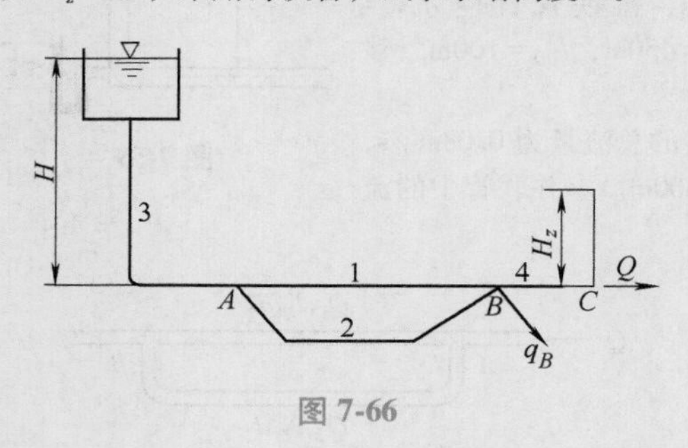

图7-66

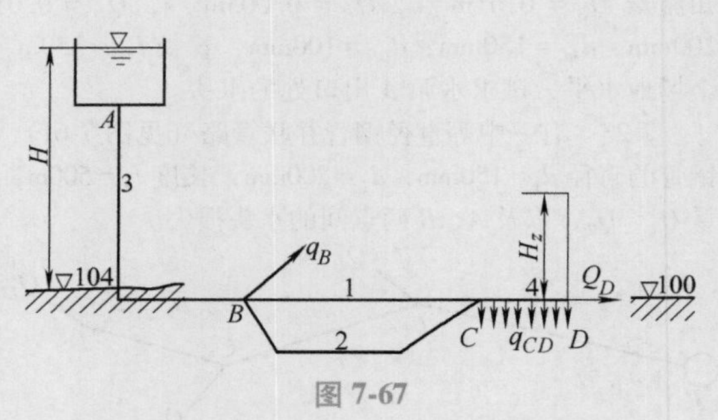

图7-67

7-30　枝状铸铁供水管网（见图7-68），已知水塔地面标高$z_A=15\text{m}$，管网终点C和D点的标高$z_C=20\text{m}$，$z_D=15\text{m}$，自由水头均为$H_z=5\text{m}$，$q_C=20\text{L/s}$，$q_D=7.5\text{L/s}$，$l_1=800\text{m}$，$l_2=400\text{m}$，$l_3=700\text{m}$，水塔高$H=35\text{m}$，试设计AB、BC、BD段管径。

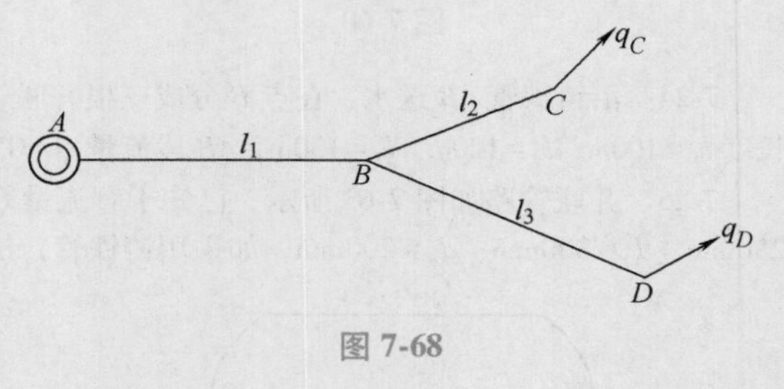

图7-68

7-31　两水塔同时向A、B两用户供水，如图7-69所示，水塔液面标高分别为82m和78m，已知管径均为$D=150\text{mm}$，比阻$S_0=41.85\text{s}^2/\text{m}^6$，两用户地形标高分别为40m和48m，所需自由水头为10m，求管1、2、3中的流量。

7-32　图7-70所示为三层供水管路，各管段的阻抗值均为$S=10^6\text{s}^2/\text{m}^6$，层高均为5m。设$a$点的压力水头为20m，求$Q_1$、$Q_2$、$Q_3$，并比较三流量，得出有关结论。（提示：忽略$a$点处流速水头）

7-33　如图7-71所示，水由水位相同的两储水池A、B沿着$L_1=200\text{m}$，$L_2=100\text{m}$，$d_1=200\text{mm}$，$d_2=100\text{mm}$的两根管子流入$L_3=720\text{m}$，$d_3=200\text{mm}$的总管，并注入下方水池C中。求：

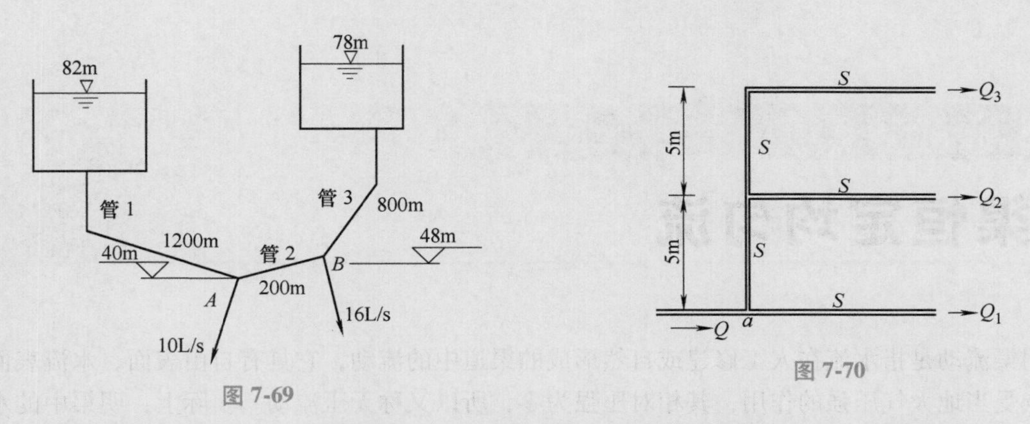

图 7-69

图 7-70

（1）当 $H=16\text{m}$，$\lambda_1=\lambda_3=0.02$，$\lambda_2=0.025$ 时，排入水池 C 中的总流量（不计阀门损失）；

（2）若要流量减少 1/2，阀门的阻力系数是多少？

7-34　水平环路如图 7-72 所示，A 为水塔，C、D 为用水点，出流量 $Q_C=25\text{L/s}$，$Q_D=20\text{L/s}$，自由水头均要求 6m，管段长度 $l_{AB}=4000\text{m}$，$l_{BC}=1000\text{m}$，$l_{BD}=1000\text{m}$，$l_{CD}=500\text{m}$，直径 $d_{AB}=250\text{mm}$，$d_{BC}=200\text{mm}$，$d_{BD}=150\text{mm}$，$d_{CD}=100\text{mm}$，采用铸铁管，试求各管段流量和水塔高度 H（闭合差小于 0.3m 即可）。

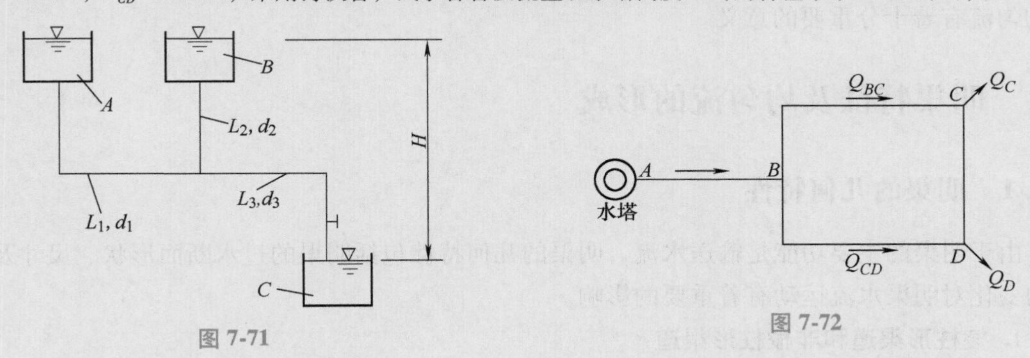

图 7-71

图 7-72

第 8 章

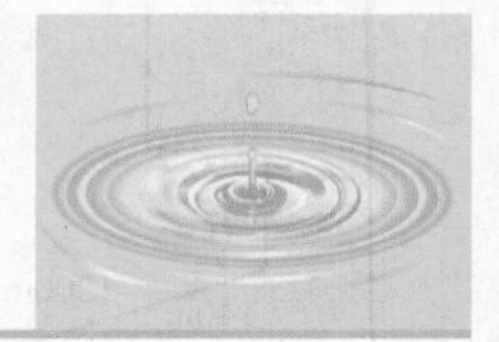

明渠恒定均匀流

明渠流动是指水流在人工修建或自然形成的渠道中的流动，它具有自由表面，水流表面上各点受当地大气压强的作用，其相对压强为零，所以又称无压流动。实际上，明渠中的水流是直接依靠重力作用而产生的，因此，明渠流也叫作重力流。常见的人工渠道、天然河道以及未充满水流的管道和隧洞中的水流都属于明渠流动。

和管流一样，明渠水流也可分为恒定流和非恒定流、均匀流和非均匀流，在明渠非均匀流中又有急变流和渐变流之分，本章研究明渠均匀流。明渠均匀流的理论对进一步研究明渠非均匀流有着十分重要的意义。

8.1 明渠特征及均匀流的形成

8.1.1 明渠的几何特性

由于明渠的主要功能是输送水流，明渠的几何特性包括明渠的过水断面形状、尺寸及底坡的变化对明渠水流运动有着重要的影响。

1. 棱柱形渠道和非棱柱形渠道

凡是断面形状、尺寸及底坡沿程不变，其过水断面面积 A 仅随水深 h 而变化的长直渠道，即 $A=f(h)$，称为棱柱形渠道；而断面形状、尺寸及底坡沿程变化或纵轴弯曲的渠道，则称为非棱柱形渠道。非棱柱形渠道的过水断面面积不仅随水深变化，而且还随着各断面的沿程位置而变化，也就是说，过水断面 A 的大小是水深 h 及其距某起始断面的距离 s 的函数，即 $A=f(h,\ s)$。断面规则的长直人工渠道、管径相同的排水管道和涵洞等都是典型的棱柱形渠道。而连接两条在断面形状和尺寸不同的渠道的过渡段，则是典型的非棱柱形渠道。

2. 明渠的断面

明渠断面形状有梯形、矩形、圆形、半圆形及抛物线形，如图 8-1 所示。人工渠道的断面均为规则形状，土渠大多为梯形断面，涵管、隧洞多为圆形断面，也有采用马蹄形或卵形断面；混凝土渠则可能采用矩形或半圆形断面。天然河道的断面一般为不规则形状，如图 8-2 所示。

3. 明渠的底坡

沿渠道中心线所作的铅垂面与渠底的交线称为渠底线（底坡线、河底线），该铅垂面与水面的交线则称为水面线。明渠渠底线在单位长度内的高程差称为明渠的底坡，以符号 i 表

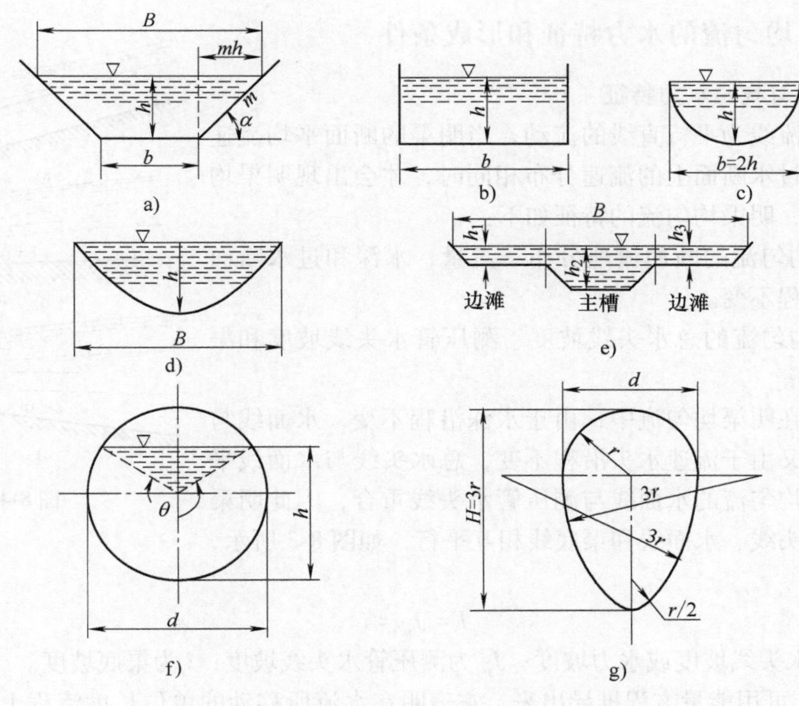

图 8-1

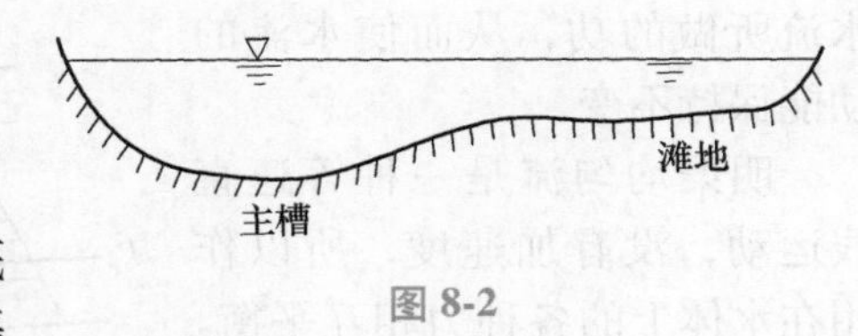

图 8-2

示，代表了明渠渠底的纵向倾斜程度，即

$$i = \frac{z_1 - z_2}{l} = \frac{\Delta z}{l} = \sin\theta \tag{8-1}$$

式中，Δz 为渠底高差；l 为两断面间渠长；θ 为渠底与水平线间的夹角，如图 8-3 所示；z_1 为上游断面渠底高程；z_2 为下游断面渠底高程。

在实际工程中，一般的渠道底坡都很小，为便于量测计算，通常以断面间的水平距离代替渠底线长度，则

$$i = \frac{\Delta z}{l_x} = \tan\theta \tag{8-2}$$

式中，l_x 为渠底的水平投影长度。

在 θ 角很小时，水流的过水断面可取铅垂断面，水流的深度可由铅垂深度来代替，用铅垂线来量取，在实用上可以认为没有差异。

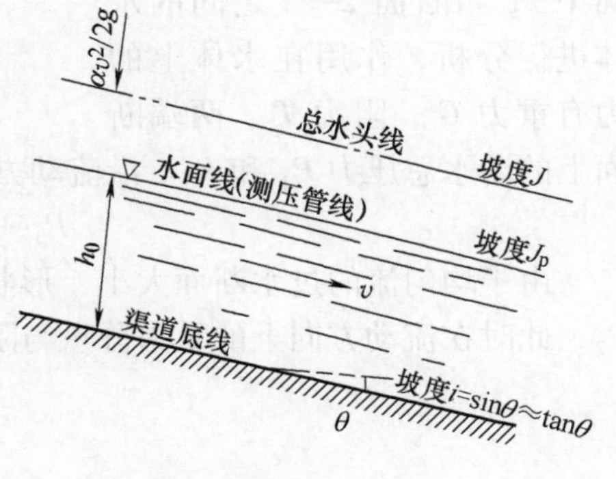

图 8-3

明渠的底坡按沿程的不同变化可分为三种情况：渠底高程沿流程下降的底坡称为顺坡或正坡，这时 $i > 0$；渠底高程沿流程不变的底坡称为平坡，相应 $i = 0$；渠底高程沿流程升高的底坡称为逆坡或负坡，即 $i < 0$。如图 8-4 所示。

8.1.2 明渠均匀流的水力特征和形成条件

1. 明渠均匀流的水力特征

均匀流是流线为平行直线的流动，当明渠的断面平均流速沿程不变，各过水断面上的流速分布相同时，才会出现明渠均匀流动，因此，明渠均匀流的特征如下：

1）明渠均匀流的断面流速分布、流量、水深和过水断面的形状大小沿程不变。

2）明渠均匀流的总水头线坡度、测压管水头线坡度和渠底坡度彼此相等。

这是因为在明渠均匀流中，由于水深沿程不变，水面线与渠底线平行；又由于流速水头沿程不变，总水头线与水面线平行，已知明渠均匀流的水面线与测压管水头线重合，因此明渠均匀流的总水头线、水面线和渠底线相互平行，如图8-3所示，故有

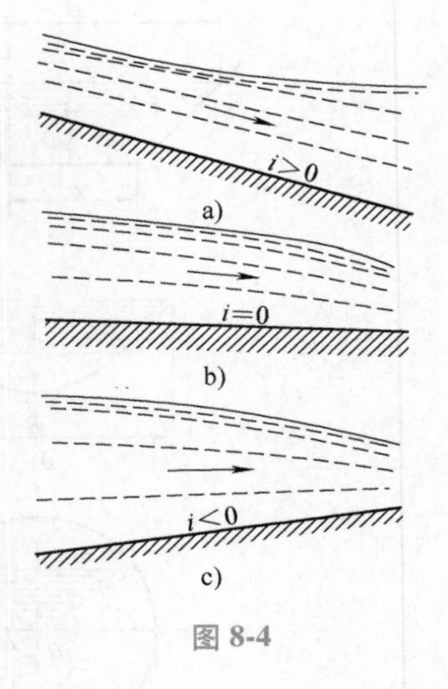

图 8-4

$$J = J_p = i \tag{8-3}$$

式中，J 为总水头线坡度或水力坡度；J_p 为测压管水头线坡度；i 为渠底坡度。

式（8-3）可用能量方程推导出来，它表明在水流所移动的单位长度流程上重力对水流所做的功恰好等于水流阻力对水流所做的功，从而使水流的动能保持不变。

明渠均匀流是一种等速直线运动，没有加速度，所以作用在水体上的各种力相互平衡。在图8-5所示均匀流动中取断面1—1和断面2—2之间的水体进行分析，作用在水体上的力有重力 G、阻力 T、两端断面上的动水总压力 P_1 和 P_2。沿流动方向写平衡方程有

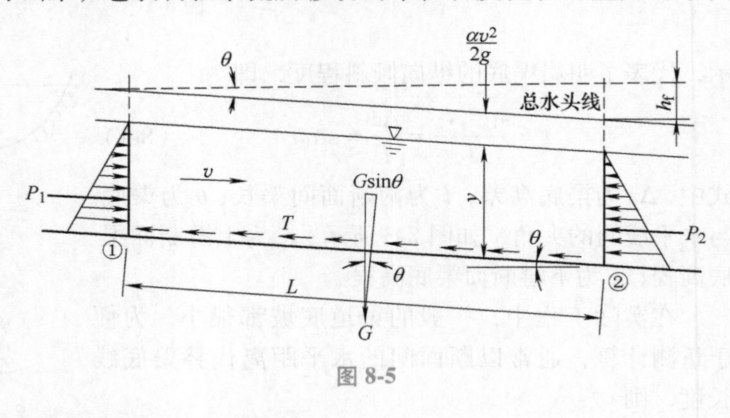

图 8-5

$$P_1 + G\sin\theta - T - P_2 = 0 \tag{8-4}$$

由于均匀流的过水断面大小、形状和压强分布沿程不变，所以两断面上的总压力 $P_1 = P_2$，此时在流动方向上的重力分量与阻力 T 相平衡，即 $G\sin\theta = T$，且

$$i = \sin\theta = \frac{T}{G} > 0 \tag{8-5}$$

式（8-5）表明，在平坡和逆坡明渠中不可能发生均匀流，即使在顺坡渠道中，也要求反映水流推力的底坡 $i = \sin\theta$ 和反映水流摩擦阻力的粗糙系数 n 沿程不变才能维持明渠均匀流。

2. 明渠均匀流的形成条件

明渠均匀流是水深、断面平均流速沿程不变，流线互为平行直线的流动，且具有三个坡

度相等及两力相平衡的水力特征，因此只能在一定的条件下才能形成，这些条件为：

1）明渠水流恒定，流量沿程不变；

2）渠道为长直的棱柱形顺坡渠道（$i>0$）；

3）底坡、糙率沿程不变；

4）渠道沿程没有建筑物或障碍物的局部干扰。

明渠均匀流由于种种条件的限制，往往难以完全实现，在渠道中大量存在的是非均匀流动。只有在顺直的具有足够长度的正底坡棱柱形渠道里，才有可能形成均匀流动。天然河道一般不容易形成均匀流，但对于某些顺直河段，可按均匀流做近似的计算。人工非棱柱形渠道通常采用分段计算，在各段上按均匀流考虑，一般情况下，也可以满足生产上的要求。因此，均匀流理论是分析明渠水流的一个基础。

8.2 明渠均匀流的计算公式

明渠流动一般属于湍流阻力平方区，所以明渠均匀流水力计算的基本公式是连续方程和谢才公式，即

$$Q = Av = 常数$$

$$v = C\sqrt{RJ}$$

式中，Q为流量（m^3/s）；v为过水断面平均流量（m/s）；A为过水断面的面积（m^2）；R为水力半径（m）；J为水力坡度；C为谢才系数（$m^{\frac{1}{2}}/s$）。

在明渠均匀流中，水力坡度J等于渠底坡度i，故谢才公式也可写成

$$v = C\sqrt{Ri} \tag{8-6}$$

由此可得流量公式

$$Q = Av = AC\sqrt{Ri} = K\sqrt{i} \tag{8-7}$$

式中，K为明渠水流的流量模数（m^3/s），具有流量的量纲，且按下式计算：

$$K = AC\sqrt{R} \tag{8-8}$$

均匀流公式中的谢才系数通常采用曼宁公式或巴甫洛夫斯基公式来计算，即

$$C = \frac{1}{n}R^{\frac{1}{6}}$$

或

$$C = \frac{1}{n}R^{y}$$

式中，$y = 2.5\sqrt{n} - 0.13 - 0.75\sqrt{R}(\sqrt{n} - 0.10)$，为简便计算，也可采用简化公式求$y$：

1）当$R < 1\text{m}$时，$y = 1.5\sqrt{n}$；

2）当$R > 1\text{m}$时，$y = 1.3\sqrt{n}$。

谢才系数C是反映断面形状、尺寸和粗糙程度的一个综合系数，它与水力半径R值和粗糙系数n值有关，而且n值的影响远大于R值。如果n值选得偏大，即设计阻力偏大，设计流速就偏小，这样将增加渠道断面尺寸，从而增大渠道工程量，而且，由于实际流速大于

设计流速，还可能会引起渠道冲刷。反之，如果 n 值选得偏小，将会使过水断面减小，影响渠道过水能力，造成渠道漫溢，而且可能使渠道中实际流过小，引起渠道淤积。所以，正确选择粗糙系数 n 值是明渠均匀流计算中的一个关键问题。

8.3 明渠水力最优断面和允许流速

8.3.1 明渠水力最优断面

明渠的流量取决于渠道底坡 i、渠壁的粗糙系数 n 及过水断面的大小及形状。一般底坡随地形而定，粗糙系数 n 则取决于渠壁材料，因此，渠道输水能力 Q 只取决于断面大小和形状。当渠道底坡 i 、粗糙系数 n 和过水断面面积一定时，能使渠道的输水能力最大的断面形状称为水力最优断面。

由式（8-7），并把曼宁公式 $C=\dfrac{1}{n}R^{\frac{1}{6}}$ 代入，得

$$Q=\frac{1}{n}AR^{\frac{2}{3}}i^{\frac{1}{2}}=\frac{\sqrt{i}A^{\frac{5}{3}}}{n\chi^{\frac{2}{3}}}$$

上式表明，在 i、n、A 给定的条件下，要使渠道的输水能力 Q 最大，则要求水力半径 R 最大，即湿周 χ 为最小。这样，渠壁的阻力也最小。因此，所谓水力最优断面，就是湿周最小的断面形状。它的优点是：输水能力最大，渠道护壁材料最省，渠道渗水损失量也最少。

在各种同样面积的几何形状中，圆形和半圆形断面的湿周最小，是水力最优断面，因而管道的断面形式通常为圆形，对渠道来讲则为半圆形。实际工程中不少钢筋混凝土或钢丝网水泥渠就是采用底部为半圆形的 U 形断面。半圆形断面施工困难，最接近半圆形的是半个正六边形，由于土壤需要有一定的边坡才能保证不塌方，因此，工程上多采用梯形断面，其边坡系数 m 取决于开挖土渠地段的土壤情况，各种土壤的边坡系数 m 值可参阅表 8-1。三角形断面渠道经泥沙淤积后也会变成梯形断面，其他断面形状需要木材、钢、石块、混凝土等材料做护面，方可稳定。

表 8-1 梯形过水断面的边坡系数 m

土壤种类		边坡系数 m
粉砂		3.0~3.5
细砂、中砂和粗砂	疏松的和中等密实的	2.0~2.5
	密实的	1.5~2.0
沙壤土		1.5~2.0
黏壤土、黄土或黏土		1.25~1.5
卵石和沙砾		1.25~1.5
半岩性耐水土壤		0.5~1.0
风化的岩石		0.25~0.5
未风化的岩石		0~0.25

下面讨论梯形渠道边坡系数 m 一定时的水力最优断面。如图 8-6 所示，底宽为 b、水面

宽为 B，水深为 h 的梯形断面，它的边坡系数 $m=\cot\alpha$，α 为边坡角。由梯形渠道断面的几何关系得

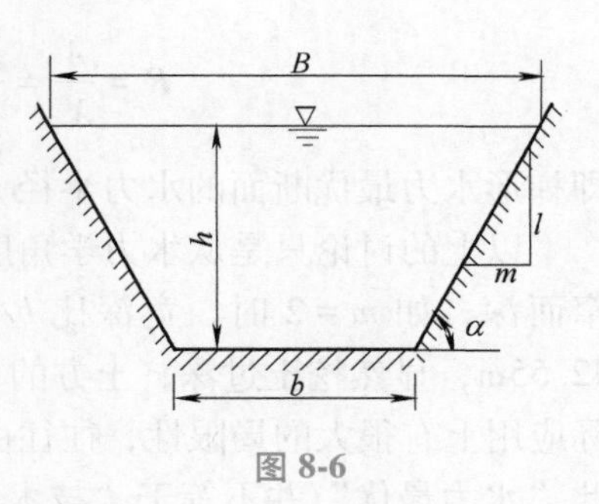

图 8-6

$$A=(b+mh)h \tag{8-9}$$

$$\chi=b+2h\sqrt{1+m^2} \tag{8-10}$$

由式（8-9）得 $b=\dfrac{A}{h}-mh$，代入式（8-10）得

$$\chi=\frac{A}{h}-mh+2h\sqrt{1+m^2} \tag{8-11}$$

因为水力最优断面是面积 A 一定时湿周 χ 最小的断面，所以对式（8-11）求导，其一阶导数为

$$\frac{d\chi}{dh}=-\frac{A}{h^2}-m+2\sqrt{1+m^2}$$

其二阶导数为

$$\frac{d^2\chi}{dh^2}=2\frac{A}{h^3}>0$$

故有 $\chi=f(h)$ 的极小值存在。χ 取得极小值的条件为

$$\frac{d\chi}{dh}=-\frac{A}{h^2}-m+2\sqrt{1+m^2}=0 \tag{8-12}$$

将式（8-9）代入式（8-12）求解，可得当 $\dfrac{d\chi}{dh}=0$ 时，即梯形断面水力最优条件时的宽深比 β。

$$-\frac{(b+mh)h}{h^2}-m+2\sqrt{1+m^2}=0$$

$$-\frac{bh}{h^2}-\frac{mh^2}{h^2}-m+2\sqrt{1+m^2}=0$$

$$\beta=\frac{b}{h}=2(\sqrt{1+m^2}-m) \tag{8-13}$$

式（8-13）表明，水力最优断面的宽深比是边坡系数 m 的函数，当 $m=0$ 时，$\alpha=90°$，即为矩形断面，其宽深比 $\beta=\dfrac{b}{h}=2$，即 $b=2h$。说明矩形断面水力最优断面的底宽 b 为水深 h 的两倍，表 8-2 列出了不同边坡系数 m 时水力最优断面的宽深比 β。

表 8-2　水力最优断面的宽深比 β

m	0	0.25	0.50	0.75	1.00	1.25	1.50	1.75	2.00	2.50	3.0
$\dfrac{b}{h}$	2.0	1.56	1.24	1.00	0.83	0.70	0.61	0.53	0.47	0.39	0.32

由式（8-13）得 $b+2mh=2h\sqrt{1+m^2}$。因水面宽 $B=b+2mh$，所以梯形断面水力最优断面的水力半径为

$$R=\frac{A}{\chi}=\frac{(b+mh)h}{b+2h\sqrt{1+m^2}}=\frac{(b+mh)h}{b+b+2mh}=\frac{h}{2}$$

即梯形水力最优断面的水力半径 R 等于水深 h 的1/2。

以上的讨论只是从水力学角度去考虑的，当边坡系数 $m\geqslant1$ 后，水力最优断面的形状较窄而深，如 $m=2$ 时，宽深比 $b/h=0.47$，按水力最优断面设计，底宽为20m，则水深为42.55m，显然挖土过深，土方的单价增高，同时也增加了施工、养护上的难度。所以在实际应用上有很大的局限性，往往由于土质、施工及其他条件使得采用这种断面并不经济，因此“水力最优”并不等于“技术经济最优”。对于工程造价基本由土方及衬砌量决定的小型渠道，水力最优断面接近于技术经济最优断面。渠道的设计不应仅考虑输水，还要考虑航运对水深和水面宽度的大小。对于大型渠道需由工程量、施工技术、运行管理等各方面因素综合比较后确定经济合理的断面，水力最优断面仅是应考虑的因素之一。

8.3.2 允许流速

在渠道设计中，除了要考虑水力最优断面这一因素外，还要对渠道的最大和最小流速进行校核，以免渠床遭受冲刷或淤积。

所谓允许流速，即对渠身不会产生冲刷，也不会使水中悬浮的泥沙在渠道中发生淤积的断面平均流速，因此在设计中，要求渠道的流速在不冲、不淤的允许流速范围内，即

$$[v]_{min}<v<[v]_{max}$$

式中，$[v]_{max}$ 为渠道不被冲刷的最大允许流速，即不冲允许流速；$[v]_{min}$ 为渠道不被淤积的最小允许流速，即不淤允许流速。

渠道的不冲允许流速 $[v]_{max}$ 的大小取决于土质情况、护面材料以及通过的流量等因素，根据陕西省水利电力勘测设计院1965年的总结，各种渠道的 $[v]_{max}$ 值见表8-3~表8-5。

表8-3 坚硬岩石和人工护面渠道的最大允许（不冲）流速

岩石或护面的种类	最大允许流速/(m/s)		
	$Q<1m^3/s$	$Q=1\sim10m^3/s$	$Q>10m^3/s$
软质水成岩（泥灰岩、页岩、软砾岩）	2.5	3.0	3.5
中等硬质水成岩（致密砾岩、多孔石灰岩、层状石灰岩、白云石灰岩、灰质砂岩）	3.5	4.25	5.0
硬质水成岩（白云砂岩、沙质石灰岩）	5.0	6.0	7.0
结晶岩、火成岩	8.0	9.0	10.0
单层块石铺砌	2.5	3.5	4.0
双层块石铺砌	3.5	4.5	5.0
混凝土护面（水流中不含砂和砾石）	6.0	8.0	10.0

表8-4 均质黏性土质渠道的最大允许（不冲）流速

土质	最大允许流速/(m/s)
轻壤土	0.6~0.8
中壤土	0.65~0.85
重壤土	0.75~1.0
黏土	0.75~0.95

表 8-5 均质无黏性土质渠道的最大允许（不冲）流速

土质	粒径/mm	最大允许流速/(m/s)
极细沙	0.05~0.1	0.35~0.45
细沙和中沙	0.25~0.5	0.45~0.60
粗沙	0.5~2.0	0.60~0.75
细砾石	2.0~5.0	0.75~0.90
中砾石	5.0~10.0	0.90~1.10
粗砾石	10.0~20.0	1.10~1.30
小卵石	20.0~40.0	1.30~1.80
中卵石	40.0~60.0	1.80~2.20

注：1. 均质黏性土各种土质的干容重为 $12.75\sim16.67\text{kN/m}^3$；

2. 表 8-4 和表 8-5 中所列不冲流速值为水力半径 $R=1\text{m}$ 的情况，当 $R\neq1\text{m}$ 时，应将表中数值乘以 R^α 才得相应的不冲允许流速值。α 为指数，对于砂、砾石、卵石、疏松的壤土和黏土，$\alpha=1/4\sim1/3$；对于中等密实的和密实的砂壤土、壤土和黏土，$\alpha=1/5\sim1/4$。

渠道中的最小允许（不淤）流速 $[v]_{\min}$ 的大小与水中的悬浮物有关，为了防止泥沙淤积或水草滋生，渠道中的水流断面平均流速应大于其不淤允许流速 $[v]_{\min}$，分别为 0.4m/s 和 0.6m/s。

8.4 明渠均匀流水力计算的基本问题

明渠均匀流的基本公式（8-7）为 $Q=AC\sqrt{Ri}=K\sqrt{i}$，其中 K 决定于渠道断面特征。在 Q、K、i 中，已知任意两个量，即可求出另一个量，因此渠道水力计算问题可分为三类。

8.4.1 验算渠道的输水能力

已知渠道断面形状及大小、渠壁的粗糙系数、渠道的底坡，求渠道的输水能力，即已知 K、i，求 Q。这类问题主要是校核已建成渠道的输水能力。例如，根据洪水位来估算洪峰流量。

【例 8-1】 某渠道断面为矩形，按水力最优断面设计，底宽 $b=8\text{m}$，渠壁用石料筑成 $(n=0.028)$，底坡 $i=1/8000$，试计算其输水能力。

【解】 按矩形断面的水力最优断面设计，有

$$h=\frac{b}{2}=4\text{m}$$

$$A=bh=8\text{m}\times4\text{m}=32\text{m}^2$$

$$\chi=b+2h=8\text{m}+2\times4\text{m}=16\text{m}$$

$$R=\frac{A}{\chi}=\frac{32}{16}\text{m}=2\text{m}$$

$$C=\frac{1}{n}R^{\frac{1}{6}}=\left(\frac{1}{0.028}\times2^{\frac{1}{6}}\right)\text{m}^{\frac{1}{2}}/\text{s}=40.1\text{m}^{\frac{1}{2}}/\text{s}$$

输水流量为于是求得

$$Q=AC\sqrt{Ri}=\left(32\times40.1\times\sqrt{2\times\frac{1}{8000}}\right)\text{m}^3/\text{s}=20.3\text{m}^3/\text{s}$$

8.4.2 确定渠道底坡

已知渠道断面尺寸、粗糙系数、通过流量或流速，设计渠道的底坡。即已知 Q、K，求 i。如对于下水道，为避免沉积淤塞，要求按“自清”流速设计底坡。对于兼作通航的渠道，则由要求的流速来设计底坡。

【例 8-2】 某渠道全长 588m，矩形钢筋混凝土渠身（取 $n=0.014$），通过流量 $Q=25.6\text{m}^3/\text{s}$，过水断面宽 5.1m，水深 3.08m，问此渠道底坡应为多少？并校核渠道流速是否满足通航要求（通航允许流速 $[v]\leqslant1.8\text{m/s}$）。

【解】 将式（8-7）写为 $i=\dfrac{Q^2}{K^2}$，先计算 $K=AC\sqrt{R}$，用曼宁公式 $C=\dfrac{1}{n}R^{\frac{1}{6}}$。

$$R=\frac{A}{\chi}=\frac{5.1\times3.08}{5.1+2\times3.08}\text{m}=1.395\text{m}$$

$$C=\frac{1}{n}R^{\frac{1}{6}}=\left(\frac{1}{0.014}\times1.395^{\frac{1}{6}}\right)\text{m}^{\frac{1}{2}}/\text{s}=75.5\text{m}^{\frac{1}{2}}/\text{s}$$

$$K=AC\sqrt{R}=(5.1\times3.08\times75.5\times\sqrt{1.395})\text{m}^3/\text{s}=1400\text{m}^3/\text{s}$$

$$i=\frac{Q^2}{K^2}=\frac{25.6^2}{1400^2}=\frac{1}{3000}$$

$$v=\frac{Q}{A}=\frac{25.6}{15.7}\text{m/s}=1.63\text{m/s}<1.8\text{m/s}\quad(\text{满足通航要求})$$

8.4.3 确定渠道断面尺寸

已知渠道输水量 Q、渠道底坡 i、粗糙系数 n 及边坡系数 m，求渠道断面尺寸 b 和 h。对于梯形断面，基本公式 $Q=AC\sqrt{Ri}=f(m,\ b,\ h,\ n,\ i)$，六个量中已知四个量，需求解 b 和 h 两个未知量，而在一个方程中要求解两个未知量则有无数组解，因此要得到唯一解，还必须根据工程要求和经济要求附加一定的条件，下面分四种情况说明求解方法。

1. 水深 h 已定，求相应的底宽 b

1）给出若干个不同的 b 值，计算出相应的 $K=AC\sqrt{R}$ 值，根据若干对 b 和 K 值，绘出 $K=f(b)$ 曲线，如图 8-7 所示。

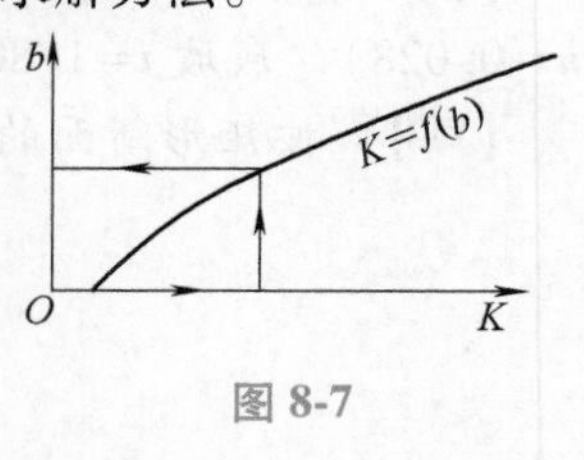

图 8-7

2）由给定的 Q 和 i，计算出 $K=\dfrac{Q}{\sqrt{i}}$。

3）再从图 8-7 中找出对应于这个 K 值的 b 值，即为所求的底宽 b。

2. 底宽 b 已知，求相应的水深 h

1）给出若干个不同的 h 值，算出相应的 $K=AC\sqrt{R}$ 值，根据若干对 h 和 K 值，绘出 $K=f(h)$ 曲线，如图 8-8 所示。

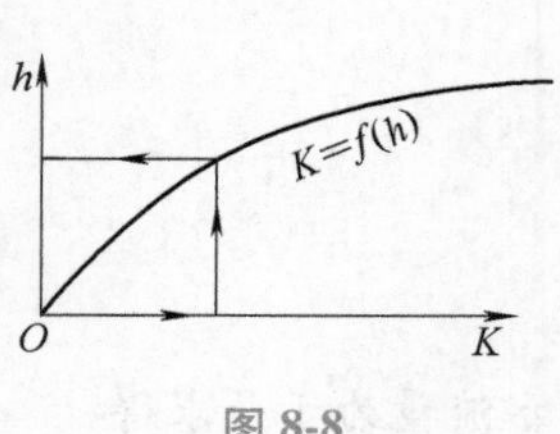

图 8-8

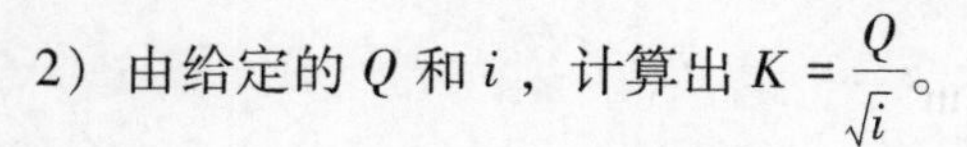
2）由给定的 Q 和 i，计算出 $K=\dfrac{Q}{\sqrt{i}}$。

3）再从图 8-8 中找出对应于这个 K 值的 h 值，即为所求的水深 h。

【例 8-3】 有一条大型输水土渠（取 $n=0.025$），梯形断面，边坡系数 m 为 1.5，问在底坡 i 为 0.0003 及正常水深 h_0 为 2.65m 时，其底宽 b 为多少才能通过流量 $Q=40\text{m}^3/\text{s}$？

【解】 从已知的 Q、i 值，计算 K 值

$$K=\frac{Q}{\sqrt{i}}=\frac{40}{\sqrt{0.0003}}\text{m}^3/\text{s}=2305\text{m}^3/\text{s}$$

假定不同的 b 值，按 $K=\frac{1}{n}AR^{\frac{2}{3}}$ 计算相应的 K 值

$$A=(b+mh)h$$

$$\chi=b+2h\sqrt{1+m^2}$$

$$R=\frac{A}{\chi}$$

计算结果见表 8-6。

表 8-6 例 8-3 计算结果

b/m	A/m^2	χ/m	R/m	$R^{\frac{2}{3}}$	$K/(\text{m}^3/\text{s})$
0	10.53	9.55	1.10	1.07	449
1	13.18	10.55	1.25	1.16	630
4	21.13	13.55	1.56	1.35	1160
10	37.03	19.55	1.89	1.53	2280
11	39.68	20.55	1.93	1.55	2450

作 b-K 曲线，如图 8-9 所示。在横坐标轴上取 $K=2305\text{m}^3/\text{s}$，引垂线和曲线相交，从交点引水平线，得 $b=10.1\text{m}$，即为所求渠道的底宽。

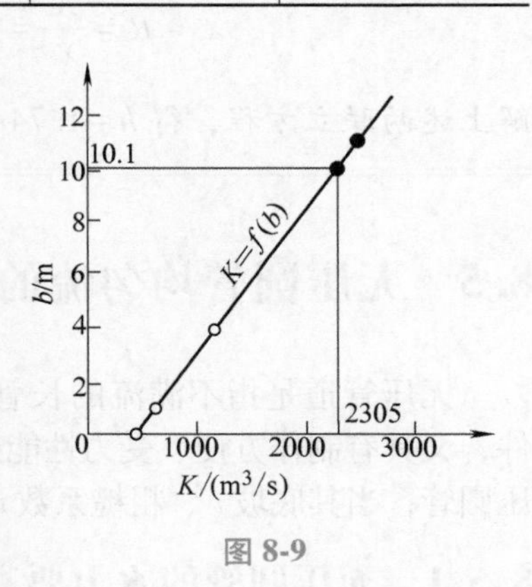

图 8-9

3. 按水力最优断面条件，求相应的 b 和 h

按当地土质条件确定边坡系数 m 值，在水力最优时，计算出 $\beta=\frac{b}{h}=2(\sqrt{1+m^2}-m)$，可建立 $b=\beta h$ 的附加条件，因此，问题的解是可以确定的。对于小型渠道，一般按水力最优设计，对于大型渠道的设计，则要考虑经济因素，对于通航渠道则按特殊要求设计。

【例 8-4】 一梯形断面土渠，通过流量 $Q=1.0\text{m}^3/\text{s}$，底坡 $i=0.005$，边坡系数 $m=1.5$，粗糙系数 $n=0.025$，试按水力最优条件设计断面尺寸。

【解】 由 $m=1.5$，查表 8-2，得宽深比 $\beta=\frac{b}{h}=0.61$，即 $b=0.61h$。

$$A=(b+mh)h=(0.61h+1.5h)h=2.11h^2$$

$$C = \frac{1}{n}R^{\frac{1}{6}}$$

因 $R = 0.5h$，所以

$$Q = AC\sqrt{Ri} = \frac{1}{n}i^{\frac{1}{2}}AR^{\frac{2}{3}} = \frac{0.005^{\frac{1}{2}}}{0.025} \times 2.11h^2 \times (0.5h)^{\frac{2}{3}} = 3.76h^{\frac{8}{3}}$$

将 $Q=1.0\text{m}^3/\text{s}$，代入上式，解得 $b=0.37\text{m}$，$h=0.61\text{m}$。

4. 按最大允许（不冲）流速 $[v]_{\max}$ 值，求相应的 b 和 h

【例 8-5】 某梯形断面引水渠道，输水量为 $11\text{m}^3/\text{s}$，平均坡度 i 为 0.0006，取 $n=0.025$，$m=2.0$，最大允许（不冲）流速 $[v]_{\max}=1\text{m/s}$，试设计该渠道的断面尺寸。

【解】 按最大允许（不冲）流速 $[v]_{\max}=1\text{m/s}$，进行设计

$$A = \frac{Q}{[v]_{\max}} = \frac{11}{1}\text{m}^2 = 11\text{m}^2$$

采用曼宁公式 $C = \frac{1}{n}R^{\frac{1}{6}}$，则 $Q = \frac{1}{n}AR^{\frac{2}{3}}i^{\frac{1}{2}}$，得

$$R = \left(\frac{Qn}{A\sqrt{i}}\right)^{\frac{3}{2}} = \left(\frac{11 \times 0.025}{11 \times \sqrt{0.0006}}\right)^{\frac{3}{2}}\text{m} = 1.031\text{m}$$

由式（8-9）和式（8-10）得

$$A = (b + mh)h = (b + 2h)h = 11\text{m}^2$$

$$R = \frac{A}{\chi} = \frac{11\text{m}^2}{b + 2h\sqrt{1 + m^2}} = \frac{11\text{m}^2}{b + 2\sqrt{5}h} = 1.031\text{m}$$

解上述两联立方程，得 $h=1.74\text{m}$，$b=2.83\text{m}$。

8.5 无压圆管均匀流的水力计算

无压管道是指不满流的长管道，如下水管道。由于圆形过水断面形式符合水力最优条件，又具有制作方便、受力性能好等特点，故无压管道常采用圆形的过水断面。对于长直的无压圆管，当其底坡 i、粗糙系数 n 及管径 d 均沿程保持不变时，管中流动可认为是明渠均匀流。

8.5.1 无压圆管的水力要素

无压圆管均匀流的过水断面如图 8-10 所示。设其管径为 d，水深为 h，定义 $\alpha = \frac{h}{d}$，α 称为充满度，其量纲为 1。它所对应的圆心角 θ 称为充满角，由几何关系可得各水力要素之间的关系为：

过水断面面积 $$A = \frac{d^2}{8}(\theta - \sin\theta) \tag{8-14}$$

湿周 $$\chi = \frac{d}{2}\theta \tag{8-15}$$

水力半径　$R=\dfrac{d}{4}\left(1-\dfrac{\sin\theta}{\theta}\right)$　(8-16)

流速　$v=\dfrac{1}{n}\left[\dfrac{d}{4}\left(1-\dfrac{\sin\theta}{\theta}\right)\right]^{\frac{2}{3}}i^{\frac{1}{2}}$　(8-17)

流量 $Q=\dfrac{d^2}{8}(\theta-\sin\theta)\dfrac{1}{n}\left[\dfrac{d}{4}\left(1-\dfrac{\sin\theta}{\theta}\right)\right]^{\frac{2}{3}}i^{\frac{1}{2}}$　(8-18)

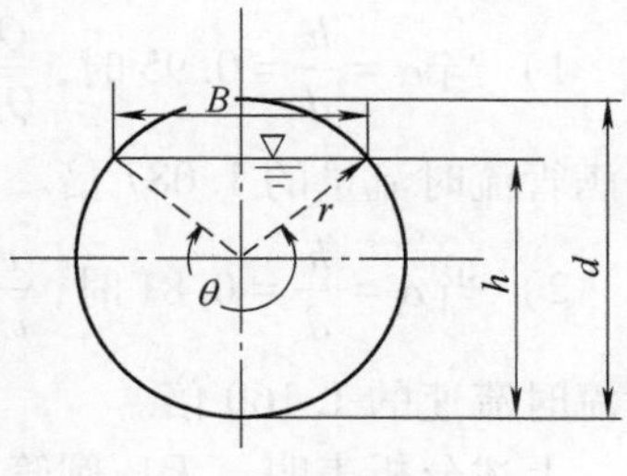

图 8-10

不同充满度时圆形管道水力要素的比值见表 8-7。

表 8-7　不同充满度时圆形管道水力要素（d 以 m 计）

充满度 α	过水断面面积 A/m²	水力半径 R/m	充满度 α	过水断面面积 A/m²	水力半径 R/m
0.05	$0.0147d^2$	$0.0326d$	0.55	$0.4426d^2$	$0.2649d$
0.10	$0.0400d^2$	$0.0635d$	0.60	$0.4920d^2$	$0.2776d$
0.15	$0.0739d^2$	$0.0929d$	0.65	$0.5404d^2$	$0.2881d$
0.20	$0.1118d^2$	$0.1206d$	0.70	$0.5872d^2$	$0.2962d$
0.25	$0.1535d^2$	$0.1466d$	0.75	$0.6319d^2$	$0.3017d$
0.30	$0.1982d^2$	$0.1709d$	0.80	$0.6736d^2$	$0.3042d$
0.35	$0.2450d^2$	$0.1935d$	0.85	$0.7115d^2$	$0.3033d$
0.40	$0.2934d^2$	$0.2142d$	0.90	$0.7445d^2$	$0.2980d$
0.45	$0.3428d^2$	$0.2331d$	0.95	$0.7707d^2$	$0.2865d$
0.50	$0.3927d^2$	$0.2500d$	1.00	$0.7854d^2$	$0.2500d$

无压圆管均匀流中流量和断面平均流速随水深 h 的变化规律，也可用图形清楚地表示出来，为使该图形在应用上更具有普遍意义，能适用于不同管径、不同粗糙系数的情况，特引入几个量纲一的数来表示图形的坐标，如图 8-11 所示。

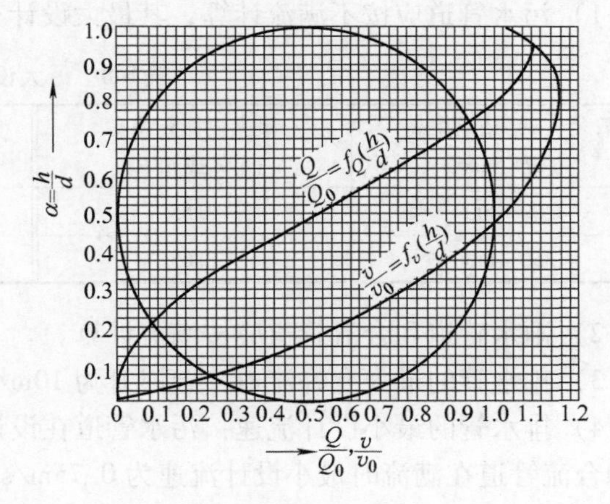

图 8-11

设 Q_0、v_0、C_0、R_0 分别表示满流时的流量、流速、谢才系数、水力半径，Q、v、C、R 分别表示不满流时相应各值，则

$$\frac{Q}{Q_0}=\frac{AC\sqrt{Ri}}{A_0C_0\sqrt{R_0i}}=\frac{A}{A_0}\left(\frac{R}{R_0}\right)^{\frac{2}{3}}=f_Q\left(\frac{h}{d}\right)=f_Q(\alpha) \tag{8-19}$$

$$\frac{v}{v_0}=\frac{C\sqrt{Ri}}{C_0\sqrt{R_0i}}=\left(\frac{R}{R_0}\right)^{\frac{2}{3}}=f_v\left(\frac{h}{d}\right)=f_v(\alpha) \tag{8-20}$$

按式（8-19）和式（8-20），给定一个 α 值，就可求得对应的 $\dfrac{Q}{Q_0}$ 值和 $\dfrac{v}{v_0}$ 值。根据它们的对应关系可绘制出如图 8-11 所示的曲线。

从图 8-11 中看出：

1）当 $\alpha=\dfrac{h}{d}=0.95$ 时，$\dfrac{Q}{Q_0}$ 为最大值，$\left(\dfrac{Q}{Q_0}\right)_{\max}=1.087$，此时管中通过的流量最大，为恰好满管流时流量的1.087倍。

2）当 $\alpha=\dfrac{h}{d}=0.81$ 时，$\dfrac{v}{v_0}$ 为最大值，$\left(\dfrac{v}{v_0}\right)_{\max}=1.160$，此时管中的流速最大，为恰好满管流时流速的1.160倍。

上述分析表明，无压圆管的最大流量和最大流速，并不发生在满管流时，这是由于圆形断面上部充水时，当超过某一水深后，其湿周比过水断面面积增长得快，水力半径开始减小，从而导致流量和流速相应减少。

8.5.2 无压圆管的计算问题

无压圆管均匀流的基本公式仍是 $Q=AC\sqrt{Ri}=f(d,\ \alpha,\ n,\ i)$。因此无压圆管水力计算的基本问题可分为下述三类。

1）检验过水能力，即已知管径 d、充满度 α、管壁粗糙系数 n 及底坡 i，求流量 Q。

2）已知通过流量 Q 及 d、α、n，设计管底坡度 i。

3）已知通过流量 Q 及 α、n 和 i，确定管径 d。

在进行无压圆管水力计算时，要注意有关行业规定，必须满足专业要求，如《室外排水设计规范》中对各类排水管道便规定：

1）污水管道应按不满流计算，其最大设计充满度按表8-8采用。

表8-8 最大设计充满度

管径（d）或暗渠高（H）/mm	最大设计充满度（h/d 或 h/H）	管径（d）或暗渠高（H）/mm	最大设计充满度（h/d 或 h/H）
200~300	0.55	500~900	0.70
350~450	0.65	≥1000	0.75

2）雨水管道和合流管道应按满流计算。

3）排水管的最大允许流速：金属管为10m/s；非金属管为5m/s。

4）排水管的最小设计流速：污水管道在设计充满度下最小设计流速为0.6m/s；雨水管道和合流管道在满流时最小设计流速为0.75m/s。

另外，无压圆管水力计算，对最小管径和最小设计坡度等也有规定，在实际工作中可参阅有关手册和规范。

【例8-6】 某圆形污水管道，管径 $d=600$mm，管壁粗糙系数 $n=0.014$，管道底坡 $i=0.0024$。求最大设计充满度时的流速和流量。

【解】 由表8-8查得，管径 $d=600$mm 的污水管最大设计充满度 $\alpha=\dfrac{h}{d}=0.70$；再查表8-7，当 $\alpha=0.70$ 时，过水断面上的水力要素为

$$A=0.5872d^2=(0.5872\times0.6^2)\text{m}^2=0.2114\text{m}^2$$

$$R=0.2962d=(0.2962\times0.6)\text{m}=0.1777\text{m}$$

$$C=\frac{1}{n}R^{\frac{1}{6}}=\left(\frac{1}{0.014}\times 0.1777^{\frac{1}{6}}\right)\mathrm{m}^{\frac{1}{2}}/\mathrm{s}=53.557\mathrm{m}^{\frac{1}{2}}/\mathrm{s}$$

故

$$v=C\sqrt{Ri}=(53.557\times\sqrt{0.1777\times 0.0024})\mathrm{m/s}=1.11\mathrm{m/s}$$

$$Q=vA=(1.11\times 0.2114)\mathrm{m^3/s}=0.235\mathrm{m^3/s}$$

同时，也可以用式（8-14）~式（8-18）计算得出以上结果。

【例 8-7】　圆形管道的直径 $d=1\mathrm{m}$，底坡 $i=0.36\%$，粗糙系数 $n=0.013$，求在水深 $h=0.7\mathrm{m}$ 时的流量和流速。

【解】　先求满流时的流量 Q_0 和流速 v_0：

$$R=\frac{d}{4}=0.25\mathrm{m}$$

$$C_0=\frac{1}{n}R^{\frac{1}{6}}=\left(\frac{1}{0.013}\times 0.25^{\frac{1}{6}}\right)\mathrm{m}^{\frac{1}{2}}/\mathrm{s}=61.1\mathrm{m}^{\frac{1}{2}}/\mathrm{s}$$

$$v_0=C_0\sqrt{Ri}=(61.1\times\sqrt{0.25\times 0.0036})\mathrm{m/s}=1.84\mathrm{m/s}$$

$$Q_0=A_0v_0=\left(\frac{\pi}{4}\times 1^2\times 1.84\right)\mathrm{m^3/s}=1.44\mathrm{m^3/s}$$

$$\alpha=\frac{h}{d}=\frac{0.7}{1.0}=0.7$$

由图 8-11，当 $\alpha=0.7$ 时，得 $\dfrac{Q}{Q_0}=0.86$，$\dfrac{v}{v_0}=1.12$，故

$$Q=0.86Q_0=(0.86\times 1.44)\mathrm{m^3/s}=1.24\mathrm{m^3/s}$$

$$v=1.12v_0=(1.12\times 1.84)\mathrm{m/s}=2.06\mathrm{m/s}$$

当水深 $h=0.7\mathrm{m}$ 时，流量和流速分别为 $1.24\mathrm{m^3/s}$，$v=2.06\mathrm{m/s}$。

8.6　复式断面渠道的水力计算

在人工渠道中，当通过渠道的流量变化范围比较大时，渠道的断面形状常采用由两个或两个以上单式断面组成的复式断面，如图 8-12a 所示。它与单式断面比较，能更好地控制淤积，减少开挖量。对不规则的天然河床断面，也可简化成复式断面，如图 8-13 所示。枯水季节只有主槽过水，汛期河水才漫过河滩。

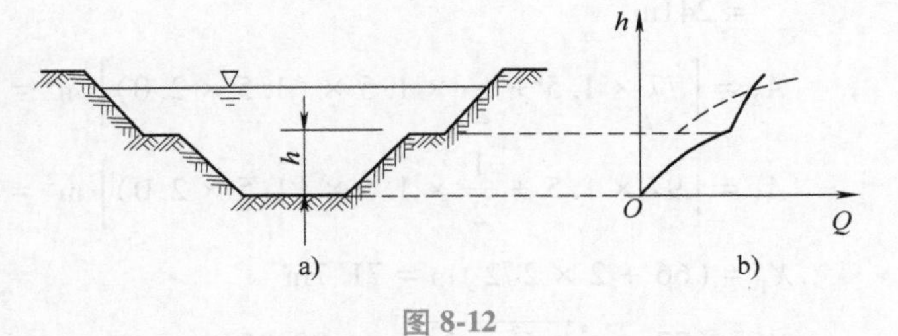

图 8-12

对于复式断面明渠，不能像对单式断面渠道那样采用综合糙率来计算水流阻力。由于滩地阻力大，流速远小于主槽，不能将全断面作为一个整体直接应用式（8-7）来计算流量，否则就会得到一个不符合于实际情况的结果。例如，在河水刚刚漫上浅滩时，由于湿周突然增大，而过水断面面积增加甚小，使水力半径骤然减小，因而按式（8-7）计算的流量不是

随着水深的增加而增加，反而是有所减少，如图 8-12b 中虚线所示，与实际的流量水深关系（图中的实线）不符。

在进行复式断面明渠均匀流的流量计算时，首先将复式断面划分成若干个单一断面，分别计算其流速、流量，然后进行叠加得到整个复式断面的总流量。例如图 8-13 所示的复式断面，通常在边滩内缘作铅垂线 ab 和 cd，把主槽和边滩分开，然后对每一部分应用公式（8-7）分别计算得到

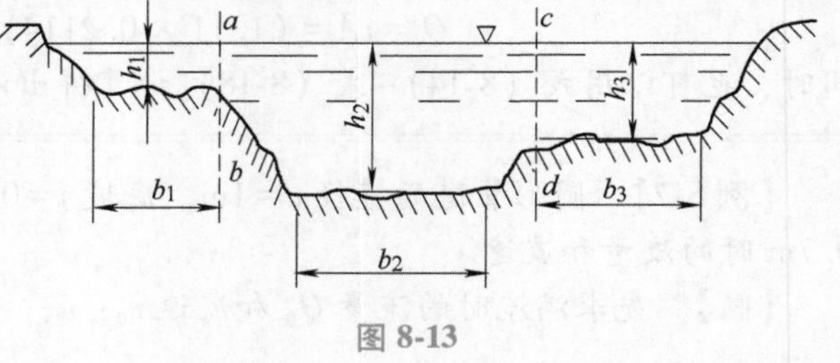

图 8-13

$$Q_1 = A_1 C_1 \sqrt{R_1 i} = K_1 \sqrt{i}$$

$$Q_2 = A_2 C_2 \sqrt{R_2 i} = K_2 \sqrt{i}$$

$$Q_3 = A_3 C_3 \sqrt{R_3 i} = K_3 \sqrt{i}$$

显然，流过渠道复式断面的流量，应为各部分流量 Q_1、Q_2、Q_3 的和，即

$$Q = Q_1 + Q_2 + Q_3 = (K_1 + K_2 + K_3)\sqrt{i} \tag{8-21}$$

因此，对于某一给定水位的复式断面渠道，分别算出其各部分的流量模数 $K_i = A_i C_i \sqrt{R_i}$，取其和，乘以已知水力坡度的平方根，便可得到明渠复式断面所通过的流量。

【例 8-8】 某明渠复式断面如图 8-14 所示，已知渠道底坡 $i = 0.00064$，$n_1 = 0.025$，$n_2 = n_3 = 0.040$，$m_1 = 1.0$，$m_2 = m_3 = 2.0$，其他尺寸如图所示，求该复式断面渠道的流量。

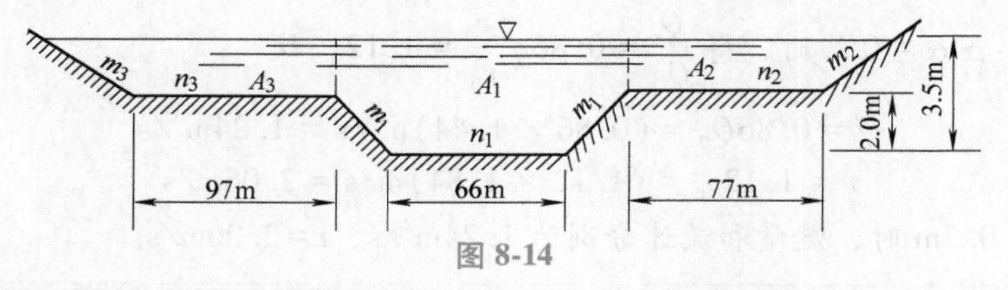

图 8-14

【解】 将此复式断面划分成三部分，其面积分别为 A_1、A_2、A_3。

$$A_1 = \left\{\frac{1}{2}[(66 + 2 \times 2.0 \times 1.0) + 66] \times 2 + (66 + 2 \times 2.0 \times 1.0)(3.5 - 2.0)\right\} \mathrm{m}^2$$
$$= 241\mathrm{m}^2$$

$$A_2 = \left[77 \times 1.5 + \frac{1}{2} \times 1.5 \times (1.5 \times 2.0)\right] \mathrm{m}^2 = 117.75\mathrm{m}^2$$

$$A_3 = \left[97 \times 1.5 + \frac{1}{2} \times 1.5 \times (1.5 \times 2.0)\right] \mathrm{m}^2 = 147.75\mathrm{m}^2$$

$$\chi_1 = (66 + 2 \times 2\sqrt{2})\mathrm{m} = 71.7\mathrm{m}$$

$$\chi_2 = (77 + \sqrt{1.5^2 + 3^2})\mathrm{m} = 80.35\mathrm{m}$$

$$\chi_3 = (97 + \sqrt{1.5^2 + 3^2})\mathrm{m} = 100.35\mathrm{m}$$

由式（8-21）得通过该复式断面的总流量为

$$Q = Q_1 + Q_2 + Q_3 = (K_1 + K_2 + K_3)\sqrt{i} = \left(A_1 \frac{1}{n_1} R_1^{\frac{2}{3}} + A_2 \frac{1}{n_2} R_2^{\frac{2}{3}} + A_3 \frac{1}{n_3} R_3^{\frac{2}{3}}\right)\sqrt{i}$$

$$Q=\left\{\left[241\times\frac{1}{0.025}\times\left(\frac{241}{71.7}\right)^{\frac{2}{3}}+117.75\times\frac{1}{0.040}\times\left(\frac{117.75}{80.35}\right)^{\frac{2}{3}}+147.75\times\frac{1}{0.040}\times\left(\frac{147.75}{100.35}\right)^{\frac{2}{3}}\right]\times(0.00064)^{\frac{1}{2}}\right\}\text{m}^3/\text{s}$$

$$=[(21613.5+3797+4781)\times0.0253]\text{m}^3/\text{s}=763.83\text{m}^3/\text{s}$$

通过该复式断面的总流量为 $763.83\text{m}^3/\text{s}$。

思考题

8-1 形成明渠均匀流的条件有哪些？为什么明渠均匀流必然是等速流、等深流？

8-2 在明渠均匀流中，水力坡度 J、水面坡度 J_p 和渠底坡度 i 为何能彼此相等？

8-3 试从能量的观点分析，在 $i=0$ 和 $i<0$ 的棱柱形渠道中不能产生均匀流，而在 $i>0$ 的棱柱形长直渠道中的流动总趋向于均匀流。

8-4 有两条梯形断面长直渠道，已知流量 $Q_1=Q_2$，边坡系数 $m_1=m_2$，有下列3种情况：

①粗糙系数 $n_1>n_2$，其他条件均相同；②底宽 $b_1>b_2$，其他条件均相同；③底坡 $i_1>i_2$，其他条件均相同。试问在各种情况下，这两条渠道中的均匀流水深哪个大？哪个小？为什么？

8-5 什么叫作正常水深？它与渠底坡度、粗糙系数、流量之间有何关系？

8-6 何谓水力最优断面？何谓最经济断面？对于矩形和梯形断面渠道，水力最优断面的条件是什么？

8-7 有三条矩形断面的长直渠道，其过水断面面积 A、粗糙系数 n 及渠底坡度 i 均相同，但底宽 b 和均匀流水深 h_0 各不相同。已知：$b_1=5\text{m}$，$h_{01}=2\text{m}$；$b_2=2\text{m}$，$h_{02}=5\text{m}$；$b_3=4\text{m}$，$h_{03}=2.5\text{m}$。试比较这三条渠道流量的大小。

8-8 工程上为什么要提出允许流速的要求？

8-9 为什么无压圆管均匀流流量最大和流速最大时并非是满管流？

习题

8-1 一梯形土渠，按均匀流设计。已知水深 h 为1.2m，底宽 b 为2.4m，边坡系数 m 为1.5，粗糙系数 n 为0.025，底坡 i 为0.0016。求流速 v 和流量 Q。

8-2 有一段顺直的大型土渠，平日管理养护一般，粗糙系数 $n=0.025$，渠道的底坡 $i=0.0004$，过水断面为梯形，底宽 $b=4\text{m}$，边坡系数 $m=2$，问当水深 $h=2\text{m}$ 时该渠道能通过多少流量？

8-3 已知流量 $Q=4.7\text{m}^3/\text{s}$，粗糙系数 $n=0.025$，渠底坡度 $i=0.001$，试按水力最优断面条件设计浆砌块石渠道矩形断面尺寸。

8-4 有一坚实的长直土渠，已知通过的流量 $Q=10\text{m}^3/\text{s}$，底宽 $b=5\text{m}$，边坡系数 $m=1$，粗糙系数 $n=0.020$，底坡 $i=0.0004$，试用试算法求正常水深 h_0。

8-5 已知流量 $Q=35\text{m}^3/\text{s}$，边坡系数 $m=1.5$，粗糙系数 $n=0.020$，土壤的最大允许（不冲）流速 $v=0.80\text{m/s}$，渠底坡度 $i=0.0001$，试求设计土渠断面尺寸。

8-6 一梯形渠道，流量 Q 为 $10\text{m}^3/\text{s}$，渠底坡度 i 为1/3000，边坡系数 m 为1，表面用浆砌块石衬砌，水泥砂浆勾缝，粗糙系数 n 取0.025，已拟定宽深比 b/h 为5。求渠道的断面尺寸。

8-7 一梯形土质灌溉渠，按均匀流设计。根据渠道等级和土质情况选定底坡 i 为0.001，边坡系数 m 为1.5，粗糙系数 n 为0.025，渠道设计流量 Q 为 $4.2\text{m}^3/\text{s}$，选定水深 h 为0.95m，试设计渠道底宽 b。

8-8 一引水渡槽，断面为矩形，槽宽 $b=1.5\text{m}$，槽长 $l=116.5\text{m}$，进口处槽底高程为52.06m，槽身壁面为净水泥抹面，粗糙系数 $n=0.011$，渠中水流做均匀流动。要求当通过设计流量 $Q=7.65\text{m}^3/\text{s}$ 时，槽中

水深 $h=1.7\mathrm{m}$，求渡槽底坡 i 及出口处槽底高程。

8-9 某渠道横断面如图 8-15 所示。若渠底坡度 $i=0.0004$，流量 $Q=0.55\mathrm{m^3/s}$，中心处水深 $h=0.9\mathrm{m}$，求谢才系数 C。

8-10 有一情况良好的土渠，已知流量 $Q=30\mathrm{m^3/s}$，边坡系数 $m=1.5$，由于航运，要求取水深 $h=2\mathrm{m}$，取防冲流速 $v=0.8\mathrm{m/s}$，渠道的粗糙系数 $n=0.025$，试求：渠道底宽 b 及渠底坡度 i。

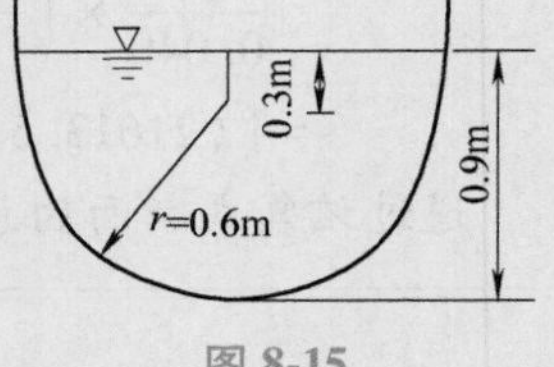

图 8-15

8-11 欲开挖一梯形断面土渠，已知流量 Q 为 $10\mathrm{m^3/s}$，边坡系数 m 为 1.5，粗糙系数 n 为 0.02，为防止冲刷的最大允许流速 v 为 $1.0\mathrm{m/s}$。

（1）按水力最优断面条件设计断面尺寸。

（2）问渠道的底坡 i 为多少？

8-12 在直径为 d 的无压管道中，若水深为 h，充满角为 θ，如图 8-10 所示。试证明过水断面 A 及充满度 $\alpha=h/d$ 的计算公式分别为 $A=\dfrac{d^2}{8}(\theta-\sin\theta)$ 和 $\alpha=\sin^2\dfrac{\theta}{4}$。

8-13 混凝土排水管，管径 $d=0.8\mathrm{m}$，粗糙系数 $n=0.017$，渠底坡度 $i=0.015$，问当管中充满度 $\alpha=h/d$ 从 0.3 增加到 0.6 时，通过管中的流量增加多少？

8-14 已知一钢筋混凝土圆形管道的污水流量 Q 为 $0.2\mathrm{m^3/s}$，管底坡度 i 为 0.005，粗糙系数 n 为 0.014，试确定此管道的直径 d。

8-15 有一钢筋混凝土圆形排水管。已知管径 d 为 1.0m，管底坡度 i 为 0.002，粗糙系数 n 为 0.014，试验算该无压管道通水能力 Q 的大小。

8-16 某天然河道的河床断面形状及尺寸如图 8-16 所示，边滩部分水深为 1.2m，主河槽部分水深为 6m，若水流近似为均匀流，河底坡度 i 为 0.0004，边滩处粗糙系数 n_1 为 0.04，主河槽处粗糙系数 n_2 为 0.03，试确定所通过的流量 Q。

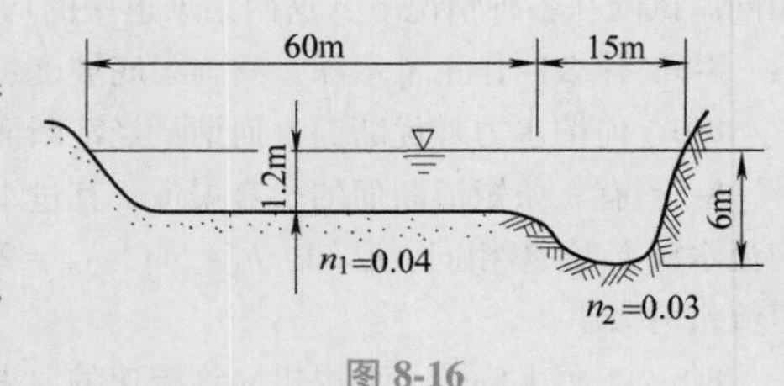

图 8-16

第9章

明渠恒定非均匀流

明渠水流的流速、水深等水力要素沿程变化的流动，称为明渠非均匀流。人工渠道和天然河道中的水流多为明渠非均匀流。

在实际工程中所遇到的很多问题都属于非均匀流问题。例如，为了开发水利资源，常在河道上修建拦河坝，于是在坝的上、下游形成非均匀流。这时就需要计算出各断面的水深，绘制出水面曲线，从而估算出淹没损失的大小和居民搬迁的范围。明渠非均匀流根据水流过水断面的面积和流速沿程变化的程度，可分为渐变流动和急变流动。本章主要讨论渐变流动，也讨论一些急变流动，如水跃、水跌等水力现象。

9.1 概述

9.1.1 明渠非均匀流的形成

人工渠道或天然河道中的均匀流，由于渠道底坡的变化、过水断面的几何形状或尺寸的变化、壁面粗糙程度的变化，或在渠道中修建人工构筑物，都将会形成明渠非均匀流动。如对于铁路、公路和给水排水等工程，常在河渠上架桥（见图9-1）、设涵（见图9-2）、筑坝（见图9-3）、建闸（见图9-4）等。这些构筑物的兴建，破坏了河渠均匀流形成的条件，造成了流速、水深的沿程变化，从而产生了非均匀流动。

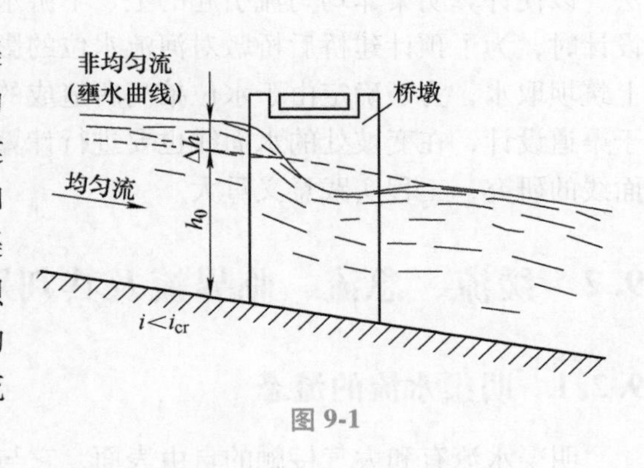

图 9-1

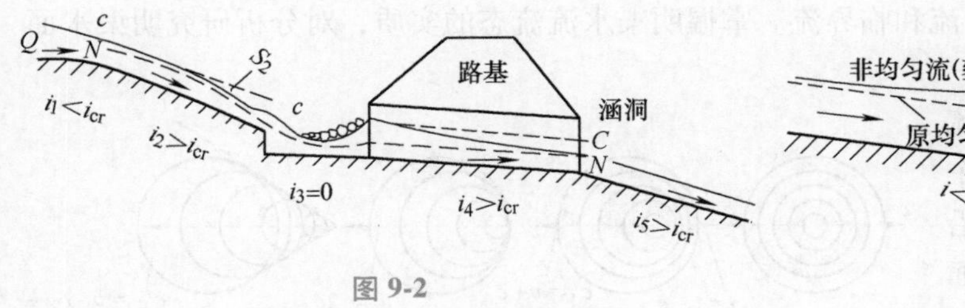

图 9-2

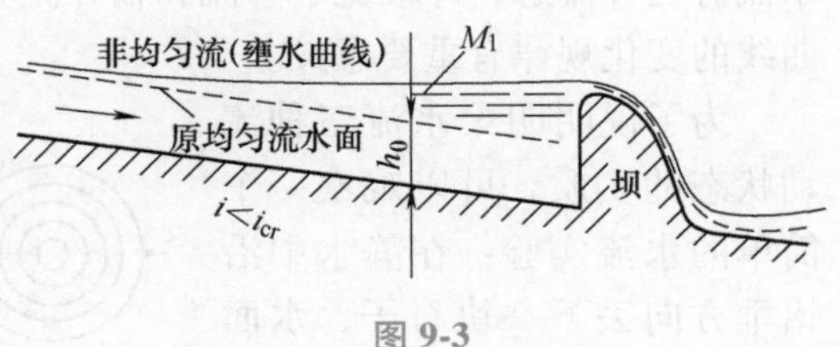

图 9-3

9.1.2 明渠非均匀流的特征

明渠非均匀流，水流重力在流动方向上的分力与阻力不平衡，流速和水深沿程发生改

变，水面线一般为曲线（称为水面曲线）。其流线已不再是相互平行的直线，同一条流线上各点的流速、大小和方向各不相同，明渠的底坡线、水面线、总水头线彼此互不平行，即 $i \neq J \neq J_p$，如图 9-5 所示。

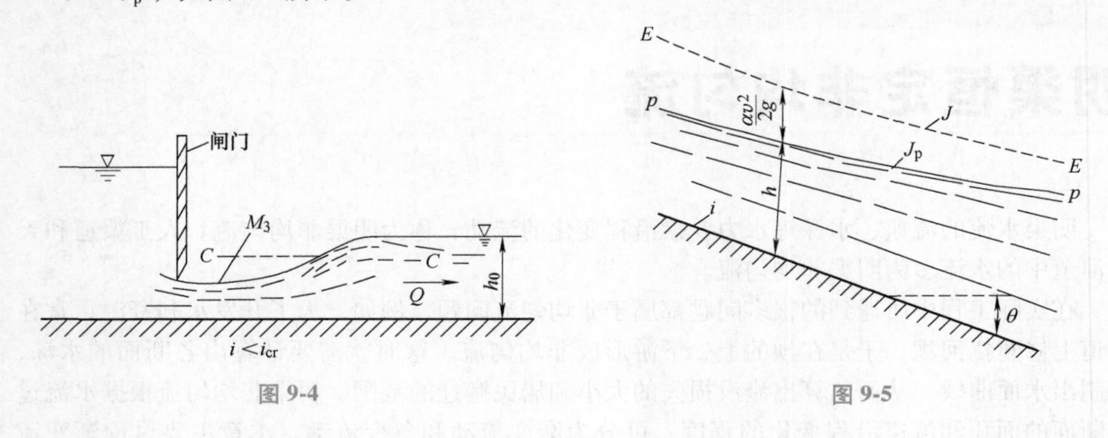

图 9-4　　　　图 9-5

9.1.3　明渠非均匀流的主要研究问题

在明渠非均匀流中，若流线是接近相互平行的直线或者说流线之间的夹角很小，流线的曲率半径很大，则这种水流称为明渠非均匀渐变流。反之，则为明渠非均匀急变流。在明渠非均匀流水力计算中，主要研究明渠非均匀渐变流中水面曲线沿流变化的规律及其计算方法，以便计算明渠非均匀流引起的上、下游水位的变化幅度及影响范围。例如，在桥梁勘测设计时，为了预计建桥后桥墩对河流水位的影响，便需要计算出桥址附近的水位标高；在河上筑坝取水，为了确定由于水位抬高所造成的水库淹没范围，也要进行水面曲线的计算；对于渠道设计，在变坡处的水面线也要进行计算，从而确定该处的渠道深度。因此，对明渠水面线的研究，工程实践意义重大。

9.2　缓流、急流、临界流及其判别

9.2.1　明渠水流的流态

明渠水流有和大气接触的自由表面，它与有压流不同，具有独特的水流流态。一般明渠水流有三种流态，即缓流、急流和临界流。掌握明渠水流流态的实质，对分析研究明渠水面曲线的变化规律有重要意义。

为了说明明渠水流三种流动状态的实质，可以观察一个简单的水流实验：在静水中沿铅垂方向丢下一块石子，水面将产生一个微小波动，这个波动以石子的落点为中心，以一定的波速 c 向四周传播，水面

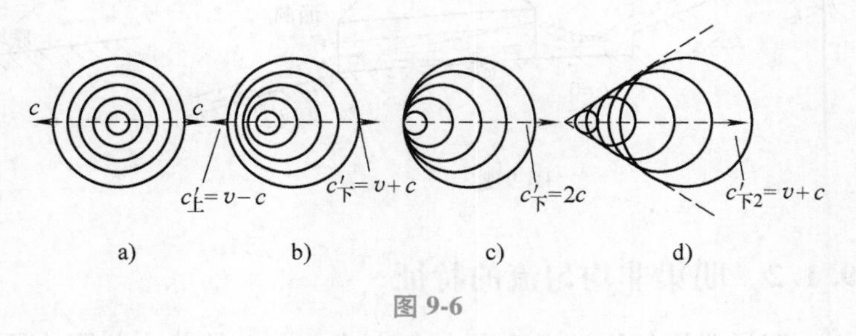

图 9-6

上产生的波形是以投入点为中心的一系列同心圆。如图 9-6a 所示。这种在静水中传播的微波波速 c 称为相对波速，根据水流的能量方程与连续性方程，可导出微波波度 c。

设有一任意形状的平底棱柱形渠道，如图 9-7a、b 所示。渠内水流处于静止状态，水深为 h，水面宽度为 B，过流断面面积为 A。当薄板由位置 N 以一定的速度向左移至位置 N' 时，在板的左侧激起一个微波，波高为 Δh，并以波速 c 向左传播。如果没有摩擦力的影响，那么微波将保持它的形状传到无穷远处。实际上由于摩擦力的存在，在传播过程中波高将逐渐减小，最后消失在有限的范围内。观察微波的传播过程，微波所到之处将带动渠内水体一起运动。这时，各空间点的水流速度对于固定在地球上的坐标系来讲，都将随时间而变化，为非恒定流动。为了简化问题的处理，我们通过把坐标系取在微波上，以此动坐标来观察渠中未受扰动的水流运动，如图 9-7c 所示。这时，观察到的波形是固定不动的，而渠中过水断面 1—1 处的水体则相对地以速度 c 自左向右运动，过水断面 2—2 处的水体则以 v_2 向右运动。这时，渠内水流是不随时间而改变的恒定流，而水深则沿流程改变，为非均匀流动。这样，可把非恒定流的问题转化为恒定流的问题处理。

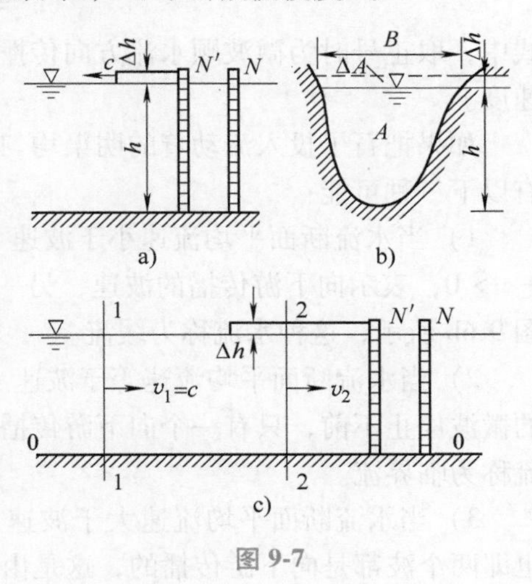

图 9-7

以渠底为基准面，如图 9-7c 所示，取相距很近的过水断面 1—1 和 2—2 建立能量方程与连续性方程，有

$$cA = v_2(A + \Delta A)$$

$$h + \frac{\alpha_1 c^2}{2g} = h + \Delta h + \frac{\alpha_2 v_2^2}{2g}$$

联解上两式，并令 $\alpha_1 = \alpha_2 = 1.0$，得

$$h + \frac{c^2}{2g} = h + \Delta h + \frac{c^2}{2g}\left(\frac{A}{A + \Delta A}\right)^2$$

将 $\Delta A \approx B\Delta h$ 代入上式，分子、分母均除以 B^2，经整理后可得静水中的相对波速为

$$c = \pm\sqrt{\frac{2g\left(\dfrac{A}{B} + \Delta h\right)^2}{\dfrac{2A}{B} + \Delta h}} = \pm\sqrt{\frac{2g\,(\bar{h} + \Delta h)^2}{2\bar{h} + \Delta h}}$$

式中，$\bar{h}$ 为断面平均水深（$\bar{h} = \dfrac{A}{B}$）。

因微波波高 $\Delta h \ll \bar{h}$，故上式可简化为

$$c = \pm\sqrt{g\bar{h}} \tag{9-1}$$

对于矩形断面来讲，$A = Bh$，则

$$c = \pm\sqrt{gh}$$

在实际渠道中，如果水体不是处于静止状态而是具有速度 v 时，微波的绝对速度为

$$c' = v \pm c = v \pm \sqrt{gh}$$

式中，取正号时为微波顺水流方向传播的绝对速度，取负号时为微波逆水流方向传播的绝对速度。

如果把石子投入流动着的明渠均匀流中，引起的波形将随着水流向上、下游移动。此时有以下三种可能：

1）当水流断面平均流速小于波速（$v<c$）时，绝对波速 c' 有两个值，其中一个为 $c'_{下} = v + c > 0$，表示向下游传播的波速，另一个为 $c'_{上} = v - c < 0$，表示向上游传播的波速。波形如图 9-6b 所示，这种水流称为缓流。

2）当水流断面平均流速等于波速（$v = c$）时，绝对波速 $c'_{上} = v - c = 0$，即向上游传播的微波停止不前，只有一个向下游传播的绝对速度 $c'_{下} = v + c = 2c$，如图 9-6c 所示，这种水流称为临界流。

3）当水流断面平均流速大于波速（$v > c$）时，则绝对波速 c' 有两个值，均大于 0，也即两个波都是向下游传播的，这是由于水流速度大于波速，把波冲向下游的缘故。其绝对波速分别为 $c'_{下1} = v - c > 0$，$c'_{下2} = v + c > 0$，如图 9-6d 所示，这种水流称为急流。

因此，通过比较水流的断面平均流速 v 和微波相对应波速 c 的大小，就可以判别明渠水流属于哪一种流态，即：① $v<\sqrt{gh}$ 时，明渠水流为缓流；② $v=\sqrt{gh}$ 时，明渠水流为临界流；③ $v>\sqrt{gh}$ 时，明渠水流为急流。

上述分析说明了外界对水流的扰动有时能传至上游而有时则不能的原因。实际上，设置于水流中的各种建筑物可以看作是对水流的连续不断的扰动，假设在明渠水流中有一块巨石或其他障碍物，便可观察到缓流或急流的水流现象。如果石块前的水位壅高能逆流上传到较远的地方，渠中水流就是缓流；如果水面仅在石块附近隆起，石块干扰的影响不能向上游传播，渠中水流就是急流。

9.2.2 流态判别数——弗劳德数

当 $v = c$ 时，绝对波速 $c' = 0$，渠中水流为缓流、急流的分界状态，称为临界流，这时的流速称为临界流速 v_{cr}。对于临界流来说，断面平均流速恰好等于微波相对波速，即

$$v = c = \sqrt{gh}$$

上式可改写为

$$\frac{v}{\sqrt{gh}} = \frac{c}{\sqrt{gh}} = 1$$

$v/\sqrt{gh}$ 是一个量纲一的量，称为弗劳德（Froude）数，用符号 Fr 表示。即

$$Fr = \frac{v}{\sqrt{gh}} \tag{9-2}$$

显然，对临界流来说弗劳德数恰好等于 1。因此，可以用弗劳德数来判别明渠水流的流态，即：

①当 $Fr<1$ 时，水流为缓流；②当 $Fr=1$ 时，水流为临界流；③当 $Fr>1$ 时，水流为急流。

弗劳德数在水力学中是一个极其重要的判别数，它反映了惯性力与重力的比值。当 $Fr=1$ 时，惯性力作用与重力作用相等，水流为临界流；当 $Fr>1$ 时，惯性力作用大于重力作用，惯性力对水流起主导作用，水流为急流；当 $Fr<1$ 时，惯性力作用小于重力作用，重力对水流起主导作用，水流为缓流。为了加深理解它的物理意义，可把它的形式改写为

$$Fr=\frac{v}{\sqrt{g\bar{h}}}=\sqrt{2\times\frac{\frac{v^2}{2g}}{\bar{h}}}$$

由上式可以看出，弗劳德数是表示过水断面单位重量液体平均动能与平均势能之比的两倍的 1/2 次方，随着这个比值大小的不同，反映了水流流态的不同。当水流的平均势能等于平均动能的两倍时，弗劳德数 $Fr=1$，水流是临界流。弗劳德数越大，意味着水流的平均动能所占的比例越大，在实际工程中常用弗劳德数来判别明渠水流的流态。

9.3　断面单位能量和临界水深

9.3.1　断面单位能量

如图 9-8 所示，对于明渠非均匀渐变流，某断面单位重量液体对基准面 0—0 所具有的总机械能 E 为

$$E=z_0+h+\frac{\alpha v^2}{2g}$$

式中，z_0 为过水断面最低点到基准面 0—0 的铅垂距离；h 为过水断面的最大水深。

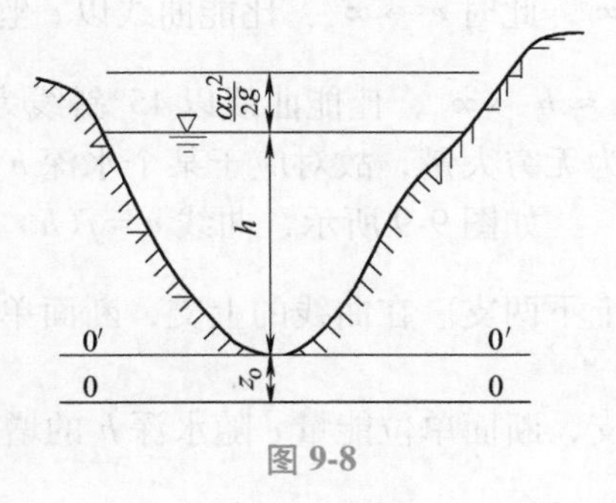

图 9-8

如果把基准面选在渠底这一特殊位置，则单位重量液体相对于新基准面 0′—0′ 所具有的机械能 e 称为断面单位能量或断面比能。

$$e=h+\frac{\alpha v^2}{2g} \tag{9-3}$$

与单位重量液体的机械能 E 有所不同，断面单位能量 e 是以通过各自断面最低点的基准面来计算的，其值沿程可能增加$\left(即\ \frac{\mathrm{d}e}{\mathrm{d}s}>0\right)$，也可能沿程减小$\left(即\ \frac{\mathrm{d}e}{\mathrm{d}s}<0\right)$，只有在均匀流中，水深 h 和流速 v 沿程不变时，断面单位能量才会沿程不变，即 $\frac{\mathrm{d}e}{\mathrm{d}s}=0$。而单位重量液体的机械能 E 是各断面水流对于同一基准面的机械能，其值沿程总是减小的，即 $\frac{\mathrm{d}E}{\mathrm{d}s}<0$。

对于棱柱形渠道，流量一定时，式（9-3）也可写为

$$e=h+\frac{\alpha Q^2}{2gA^2} \tag{9-4}$$

式（9-4）表明，当流量 Q 和渠道断面的形状及尺寸一定时，断面比能仅仅是水深的连续函数，即 $e=f(h)$ 。按照此函数可以绘出断面单位能量 e 随水深 h 变化的关系曲线，该曲线称为比能曲线，如图 9-9 所示。

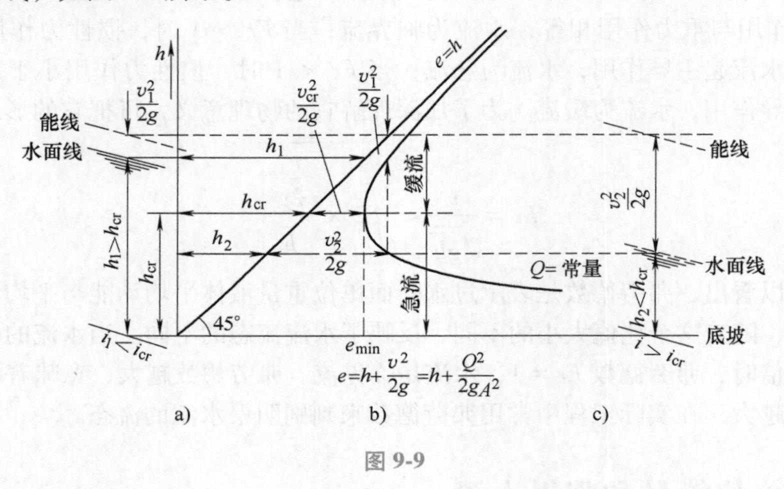

图 9-9

从式（9-4）看出，在断面形状、尺寸和流量一定时，当 $h\to 0$ 时，$A\to 0$，则 $\frac{\alpha Q^2}{2gA^2}\to\infty$，此时 $e\to\infty$ ，比能曲线以 e 坐标轴为渐近线；当 $h\to\infty$ 时，$A\to\infty$，则 $\frac{\alpha Q^2}{2gA^2}\to 0$，此时 $e\approx h\to\infty$ ，比能曲线以45°斜线为渐近线。函数 $e=f(h)$ 是连续的，在它的连续区间两端均为无穷大量，故对应于某个水深 h ，比能函数必有一极小值。

如图 9-9 所示，曲线 $e=f(h)$ 具有两条渐近线和一个极小值，函数的极小值将曲线分成上下两支。在曲线的上支，断面单位能量 e 随水深 h 的增加而增加，即 $\frac{\mathrm{d}e}{\mathrm{d}s}>0$；在曲线的下支，断面单位能量 e 随水深 h 的增加而减少，即 $\frac{\mathrm{d}e}{\mathrm{d}s}<0$；在分界点，断面单位能量 e 最小，即 $\frac{\mathrm{d}e}{\mathrm{d}h}=0$。当 $e=e_{\min}$ 时，$h_1=h_2=h_{cr}$ ，h_{cr} 称为临界水深。显然，上支，$h>h_{cr}$ ，$v<v_{cr}$ ，为缓流；下支，$h<h_{cr}$ ，$v>v_{cr}$ ，为急流；极值点，$h=h_{cr}$ ，$v=v_{cr}$ ，为临界流。

9.3.2 临界水深

在渠道断面形状、尺寸和流量一定的条件下，相应于断面比能最小的水深称为临界水深。临界水深 h_{cr} 的计算公式可根据上述定义，将式（9-4）对水深 h 求导数取极值得到。

$$\frac{\mathrm{d}e}{\mathrm{d}h}=\frac{\mathrm{d}}{\mathrm{d}h}\left(h+\frac{\alpha Q^2}{2gA^2}\right)=1-\frac{\alpha Q^2}{gA^3}\frac{\mathrm{d}A}{\mathrm{d}h}$$

式中，$\frac{\mathrm{d}A}{\mathrm{d}h}$ 是表示过水断面 A 由于水深 h 的变化所引起的变化率，恰好等于水面宽度 B，如图 9-10 所示。由于 $\frac{\mathrm{d}A}{\mathrm{d}h}=B$，代入上式得

$$\frac{\mathrm{d}e}{\mathrm{d}h}=1-\frac{\alpha Q^2 B}{gA^3} \tag{9-5}$$

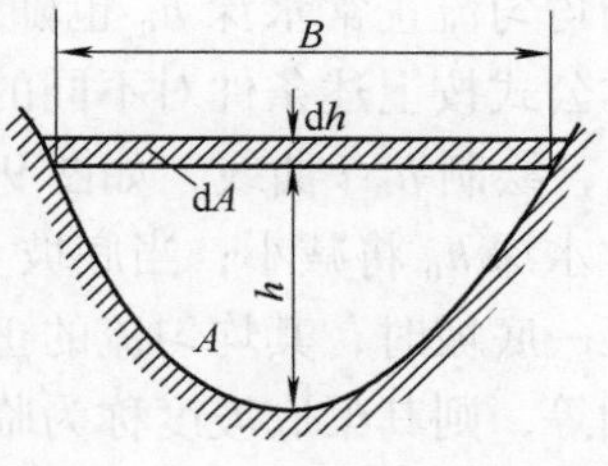

令 $\frac{\mathrm{d}e}{\mathrm{d}h}=0$，以求 $e=e_{\min}$ 时的水深 h_{cr}，则得

$$\frac{\mathrm{d}e}{\mathrm{d}h}=1-\frac{\alpha Q^2 B_{\mathrm{cr}}}{gA_{\mathrm{cr}}^3}=0$$

或

$$\frac{\alpha Q^2}{g}=\frac{A_{\mathrm{cr}}^3}{B_{\mathrm{cr}}} \tag{9-6}$$

图 9-10

式（9-6）是求临界水深的普遍式，式中等号左端是已知值，右端是关于临界水深 h_{cr} 的高次隐函数式，直接求解 h_{cr} 比较困难，所以对于任意形状断面临界水深的计算常采用试算法或作图法。采用试算法求解时，先假设水深 h，求出对应的 $\frac{A^3}{B}$，如果等于已知数 $\frac{\alpha Q^2}{g}$，则假定的 h 即为所要求的临界水深 h_{cr}，否则另设 h 值重新计算，直至两者相等为止。如果经多次试算后仍未获得满意的结果，则可以 $\frac{A^3}{B}$ 为横坐标，以 h 为纵坐标绘出 $h-\frac{A^3}{B}$ 关系曲线，如图 9-11 所示，在曲线图上找出横坐标为 $\frac{\alpha Q^2}{g}$ 的点，其对应的纵坐标即为所要求的临界水深 h_{cr} 值。

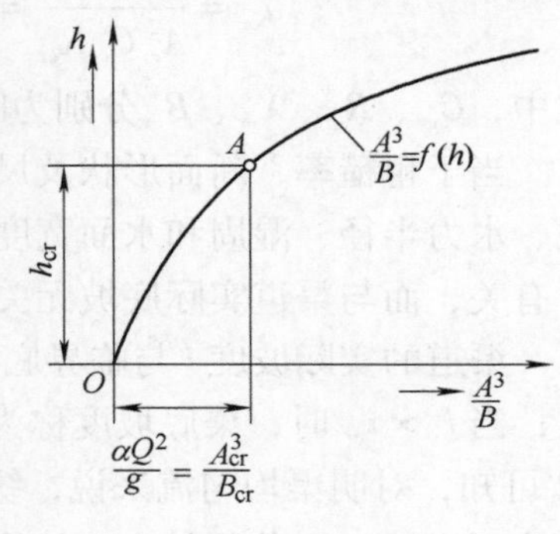

图 9-11

当渠道断面为矩形时，由于 $A=bh$，$b=B$，代入式（9-6）得

$$\frac{\alpha Q^2}{g}=\frac{(bh_{\mathrm{cr}})^3}{b}=b^2h_{\mathrm{cr}}^3$$

$$h_{\mathrm{cr}}=\sqrt[3]{\frac{\alpha Q^2}{gb^2}}=\sqrt[3]{\frac{\alpha q^2}{g}} \tag{9-7}$$

式中，b 为矩形断面宽度；q 为单宽流量，$q=\frac{Q}{b}$。

由于 $q=v_{\mathrm{cr}}h_{\mathrm{cr}}$，代入式（9-7）经整理可得

$$h_{\mathrm{cr}}=\frac{\alpha v_{\mathrm{cr}}^2}{g}=2\times\frac{\alpha v_{\mathrm{cr}}^2}{2g} \tag{9-8}$$

式（9-8）表明，当矩形断面渠道中出现临界流时，临界水深为流速水头的两倍。若将式（9-8）代入式（9-3），则可得矩形断面渠道临界水深与临界流时断面比能的关系为

$$e=h_{\mathrm{cr}}+\frac{\alpha v_{\mathrm{cr}}^2}{2g}=\frac{3}{2}h_{\mathrm{cr}} \tag{9-9}$$

9.3.3 临界坡度

由明渠均匀流的基本公式 $Q=AC\sqrt{Ri}$ 可知，正常水深 h_0 与流量、断面形状及尺寸、底坡和糙率有关。当流量、断面形状及尺寸和渠道粗糙程度一定时，如果改变明渠底坡，相应

的均匀流正常水深 h_0 也随之变化。应用明渠均匀流的基本公式按上述条件对不同的底坡 i 计算出相应的正常水深 h_0，绘制 h_0-i 曲线，如图 9-12 所示，当底坡 i 增大时，正常水深 h_0 将减小；当底坡 i 减小时，h_0 将增大。如果变至某一底坡时，其均匀流的正常水深 h_0 恰好与临界水深 h_{cr} 相等，则其渠底坡度称为临界坡度 i_{cr}。临界坡度 i_{cr} 的计算公式可从均匀流的基本公式 $Q = A_{cr}C_{cr}\sqrt{R_{cr}i_{cr}}$ 及临界水深的普遍式 $\frac{\alpha Q^2}{g} = \frac{A_{cr}^3}{B_{cr}}$ 联立求解求得

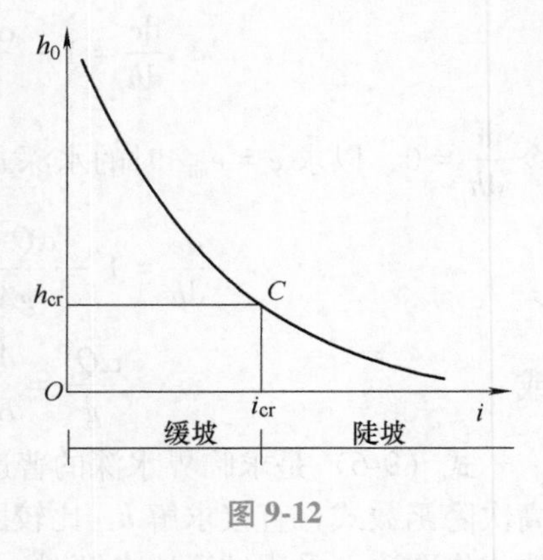

图 9-12

$$i_{cr} = \frac{Q^2}{A_{cr}^2 C_{cr}^2 R_{cr}} = \frac{g}{\alpha C_{cr}^2}\frac{\chi_{cr}}{B_{cr}} \tag{9-10}$$

式中，C_{cr}、R_{cr}、χ_{cr}、B_{cr} 分别为临界水深对应的谢才系数、水力半径、湿周和水面宽度。

当于粗糙率、断面形状及尺寸一定时，临界水深随流量变化而变化，从而相应的谢才系数、水力半径、湿周和水面宽度也不同。因此，临界坡度只和流量、粗糙率、断面形状及尺寸有关，而与渠道实际底坡无关。

渠道的实际坡度 i 与临界底坡 i_{cr} 相比较有三种可能情况：当 $i < i_{cr}$ 时，渠底坡度称为缓坡；当 $i > i_{cr}$ 时，渠底坡度称为急坡或陡坡；当 $i = i_{cr}$ 时，渠底坡度称为临界坡度。由图 9-12 可知，对明渠均匀流来说，缓坡上水流一定为缓流，$h_0 > h_{cr}$；急坡或陡坡上水流一定为急流，$h_0 < h_{cr}$；临界坡上水流则为临界流，$h_0 = h_{cr}$。所以在明渠均匀流的情况下，用底坡的类型就可以判别水流的状态，即在缓坡上水流为缓流，在陡坡上水流为急流，在临界坡上水流为临界流。但一定要强调，这种判别只能适用于均匀流的情况，在非均匀流时，就不一定了。还必须指出，临界坡度、缓坡和急坡的概念都是对于某一已知渠道通过某一流量而言的，对于某一渠道，底坡已经一定，当流量变化时，相应的 h_{cr} 或 i_{cr} 都会变化，从而对该渠道的缓坡或急坡之称也可能随之改变。

【例 9-1】 底宽 $b = 5\text{m}$ 的矩形渠道，通过流量 $Q = 40\text{m}^3/\text{s}$。均匀流时，正常水深 $h_0 = 2\text{m}$，粗糙率 $n = 0.025$。试分别用 h_{cr} 和 i_{cr} 判别该渠道的底坡类型。

【解】 (1) 用 h_{cr} 判别

$$h_{cr} = \sqrt[3]{\frac{\alpha Q^2}{gb^2}} = \sqrt[3]{\frac{40^2}{9.8 \times 5^2}}\text{m} = 1.87\text{m}$$

因为 $h_0 = 2\text{m} > h_{cr} = 1.87\text{m}$，故此渠道底坡为缓坡。

(2) 用 i_{cr} 判别

$$A_{cr} = h_{cr}b = (1.87 \times 5)\text{m}^2 = 9.35\text{m}^2$$

$$\chi_{cr} = b + 2h_{cr} = (5 + 2 \times 1.87)\text{m} = 8.74\text{m}$$

$$R_{cr} = \frac{A_{cr}}{\chi_{cr}} = \frac{9.35}{8.74}\text{m} = 1.07\text{m}$$

$$C_{cr} = \frac{1}{n}R_{cr}^{\frac{1}{6}} = \frac{1}{0.025} \times 1.07^{\frac{1}{6}}\text{m}^{\frac{1}{2}}/\text{s} = 40.45\text{m}^{\frac{1}{2}}/\text{s}$$

代入式（9-10）

$$i_{cr} = \frac{g\chi_{cr}}{\alpha C_{cr}^2 B_{cr}} = \frac{9.8 \times 8.74}{1 \times 40.45^2 \times 5} = 0.0104$$

再由已知的 Q、n、b 和 h_0 求 i：

$$A = bh_0 = (5 \times 2)\,\mathrm{m}^2 = 10\mathrm{m}^2$$

$$\chi = b + 2h_0 = (5 + 2 \times 2)\,\mathrm{m} = 9\mathrm{m}$$

$$R = \frac{A}{\chi} = \frac{10}{9}\mathrm{m} = 1.11\mathrm{m}$$

$$i = \left(\frac{nQ}{AR^{\frac{2}{3}}}\right)^2 = \left(\frac{0.025 \times 40}{10 \times 1.11^{\frac{2}{3}}}\right)^2 = 0.00869$$

因为 $i = 0.00869 < i_{cr} = 0.0104$，故此渠道底坡为缓坡。

【例 9-2】　长直的矩形断面渠道，底宽 $b=1\mathrm{m}$，糙率 $n=0.014$，底坡 $i=0.0004$，某流量下渠内均匀流正常水深 $h_0=0.6\mathrm{m}$。试分别用 h_{cr}、v_{cr}、Fr 及 i_{cr} 来判别渠中水流的流动状态。

【解】　（1）用临界水深判别

$$R = \frac{A}{\chi} = \frac{bh_0}{b + 2h_0} = \frac{1 \times 0.6}{1 + 2 \times 0.6}\mathrm{m} = 0.273\mathrm{m}$$

$$C = \frac{1}{n}R^{\frac{1}{6}} = \left(\frac{1}{0.014} \times 0.273^{\frac{1}{6}}\right)\mathrm{m}^{\frac{1}{2}}/\mathrm{s} = 57.5\mathrm{m}^{\frac{1}{2}}/\mathrm{s}$$

断面平均流速　$v = C\sqrt{Ri} = (57.5 \times \sqrt{0.273 \times 0.0004})\,\mathrm{m/s} = 0.6\mathrm{m/s}$

单宽流量　$q = vh_0 = (0.6 \times 0.6)\,\mathrm{m}^3/(\mathrm{s}\cdot\mathrm{m}) = 0.36\mathrm{m}^3/(\mathrm{s}\cdot\mathrm{m})$

临界水深　$h_{cr} = \sqrt[3]{\frac{\alpha q^2}{g}} = \sqrt[3]{\frac{1.0 \times 0.36^2}{9.8}}\mathrm{m} = 0.24\mathrm{m}$

可见 $h_0=0.6\mathrm{m} > h_{cr}=0.24\mathrm{m}$，此均匀水流为缓流。

（2）用临界流速判别

$$v_{cr} = \frac{Q}{bh_{cr}} = \frac{q}{h_{cr}} = \frac{0.36}{0.24}\mathrm{m/s} = 1.5\mathrm{m/s}$$

可见 $v = 0.6\mathrm{m/s} < v_{cr} = 1.5\mathrm{m/s}$，此均匀水流为缓流。

（3）用弗劳德数来判别

$$Fr = \sqrt{\frac{\alpha v^2}{g\bar{h}}} = \sqrt{\frac{1.0 \times 0.6^2}{9.8 \times 0.6}} = 0.247$$

可见 $Fr = 0.247 < Fr = 1$，此均匀水流为缓流。

（4）用临界底坡判别

$$B_{cr} = b = 1\mathrm{m}$$

$$\chi_{cr} = b + 2h_{cr} = 1.48\mathrm{m}$$

$$R_{cr} = \frac{A_{cr}}{\chi_{cr}} = \frac{bh_{cr}}{\chi_{cr}} = 0.16\mathrm{m}$$

$$C_{cr} = \frac{1}{n}R_{cr}^{\frac{1}{6}} = 52.7\mathrm{m}^{\frac{1}{2}}/\mathrm{s}$$

临界坡度
$$i_{cr}=\frac{g\chi_{cr}}{\alpha C_{cr}^2 B_{cr}}=\frac{9.8\times 1.48}{1.0\times 52.7^2\times 1}=0.0052$$

可见 $i=0.0004<i_{cr}=0.0052$，此均匀水流为缓流。

9.4 水跃和水跌

9.4.1 水跃

1. 水跃现象

水跃是水流从急流过渡到缓流时水面突然跃起的局部水力现象。如图 9-13 所示。它可以在溢洪道下、泄水闸下、水跌下（见图 9-2）形成，也可以在平坡渠道中闸门下出流（见图 9-4）时形成。

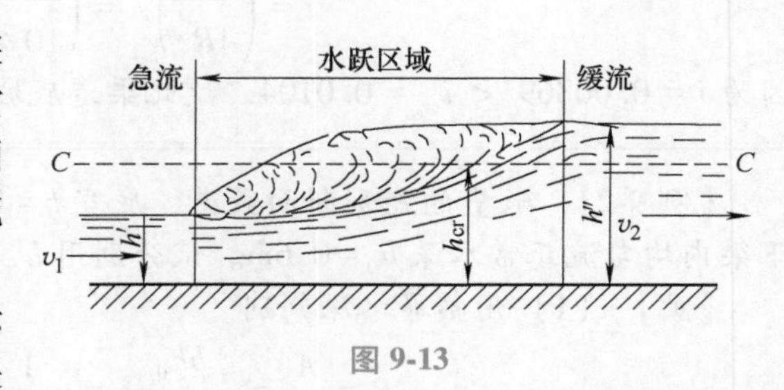

图 9-13

水跃是明渠急变流。在水跃区水流实际上包括上下两部分：下部是底部主流区，是一个水深越来越大的扩散体，在某一位置穿越临界水深 h_{cr}；上部是一个不断旋转着的水体，称为表面旋滚区，其中掺有大量气泡。表面旋滚区内的质点在和下部主流接触处不断地被主流带走，同时又从主流得到补充，这两部分的水质点和动量不断地交换，流速大小及其分布不断变化。图 9-14 所示为水跃段流速的演变过程。

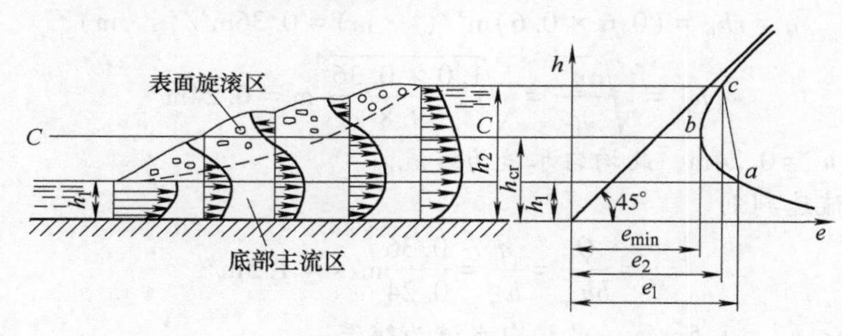

图 9-14

由于水跃过程中水体剧烈旋转、掺气混合，可以达到保护下游河床免受冲刷的目的。

2. 水跃基本方程

由于水跃的能量损失很大，不可忽略高度湍动，使得水流内部摩擦加剧，因而损失了大量的机械能，因此，在水利工程中常利用水跃消能。但这些能量无法应用前面介绍的能量方程求出。现用动量方程推导恒定流平底（$i=0$）棱柱形明渠中的水跃基本方程。

在推导过程中，做如下假设：

1）水跃段长度不大，渠床的摩擦阻力较小，可以忽略不计；

2）跃前与跃后两个过水断面均为渐变流断面，因而断面上动水压力可按静水压力公式计算；

3）跃前与跃后两个过水断面上的动量校正系数相等，即 $\beta_1=\beta_2=\beta$。

图9-15所示为一段平底的棱柱形渠道，渠道上通过的流量为Q，设h'和h''分别为水跃前与水跃后的水深，v_1和v_2分别为对应此两断面的断面平均流速。

取包括跃前水深和跃后水深的1—1、2—2断面上的水体为控制体，取沿流向并平行于渠底的坐标轴为x，对水流水平方向x轴列总流动量方程。

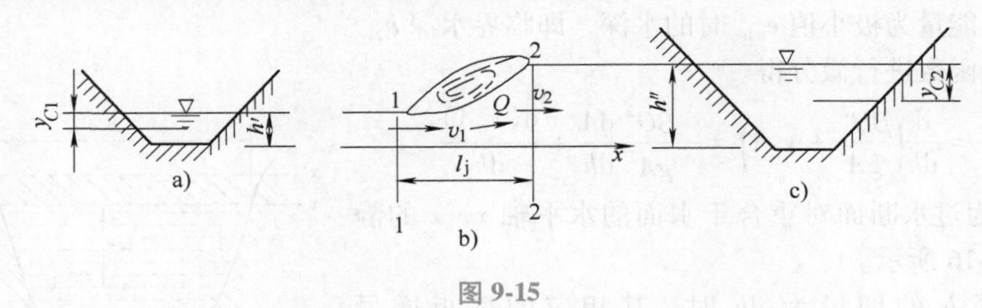

图9-15

作用在控制体上的外力有：两个断面上动水压力P_1、P_2，渠底及侧壁约束力N、摩擦阻力T及重力G。其中G、N均垂直于流向x轴，投影为零，而按假设条件，$T=0$。所以外力在x轴投影之和为

$$\sum F_x = P_1 - P_2 = \rho g y_{C1} A_1 - \rho g y_{C2} A_2$$

式中，y_{C1}、y_{C2}分别为跃前断面1—1及跃后断面2—2形心处的水深。

x方向的动量增量为

$$\beta\rho Q(v_{2x} - v_{1x}) = \beta\rho Q(v_2 - v_1)$$

按恒定总流动量方程$\sum F = \beta\rho Q(v_2 - v_1)$，可写成

$$\rho g(y_{C1}A_1 - y_{C2}A_2) = \beta\rho Q(v_2 - v_1) \tag{9-11}$$

或

$$\beta\rho Q v_1 + \rho g y_{C1} A_1 = \beta\rho Q v_2 + \rho g y_{C2} A_2$$

用$v_1 = \dfrac{Q}{A_1}$和$v_2 = \dfrac{Q}{A_2}$代入式（9-11），并整理得

$$\frac{\beta Q^2}{gA_1} + y_{C1}A_1 = \frac{\beta Q^2}{gA_2} + y_{C2}A_2 \tag{9-12}$$

式（9-12）即为平底棱柱形明渠的水跃基本方程。它表明：单位时间流入跃前断面的动量与该断面动水总压力之和等于流出跃后断面的动量与该断面动水总压力之和。

对于渠道断面形状和尺寸已给定，通过一定流量时，$\dfrac{\beta Q^2}{gA} + yA$是水深$h$的函数，称为水跃函数，用$\theta(h)$表示，于是式（9-12）可简写为

$$\theta(h') = \theta(h'') \tag{9-13}$$

式（9-13）表明：平底明渠中，水跃前后两断面水跃函数值相等。水跃的跃前水深h'和跃后水深h''称为一对共轭水深。应用式（9-12）可由已知共轭水深中的一个水深求出另一个水深。

3. 水跃函数特性

水跃函数$\theta(h)$是水深的连续函数，当渠道断面形状和尺寸给定，通过流量一定时，由水跃函数$\theta(h) = \dfrac{\beta Q^2}{gA} + y_C A$可知：当$h\to 0$，$A\to 0$时，则$\theta(h) = \left(\dfrac{\beta Q^2}{gA} + y_C A\right) \to \infty$；当$h\to$

∞，$A \to \infty$ 时，则 $\theta(h)=\left(\dfrac{\beta Q^2}{gA}+y_C A\right)\to\infty$。

由此可见，水跃函数 $\theta(h)$ 的图形和断面单位能量 $e=f(h)$ 的曲线图形类似，具有上、下两支，且在某一水深时，$\theta(h)$ 有其最小值 $\theta(h)_{\min}$。可以证明，$\theta(h)_{\min}$ 对应的水深恰好也是断面单位能量为极小值 $e_{\min}$ 时的水深，即临界水深 h_{cr}。

对水跃函数进行微分得

$$\frac{d\theta(h)}{dh}=\frac{d}{dh}\left(\frac{\beta Q^2}{gA}+y_C A\right)=-\frac{\beta Q^2}{gA^2}\frac{dA}{dh}+\frac{d(y_C A)}{dh}$$

式中，$y_C A$ 为过水断面对重合于水面的水平轴 $x—x$ 的静矩，如图 9-16 所示。

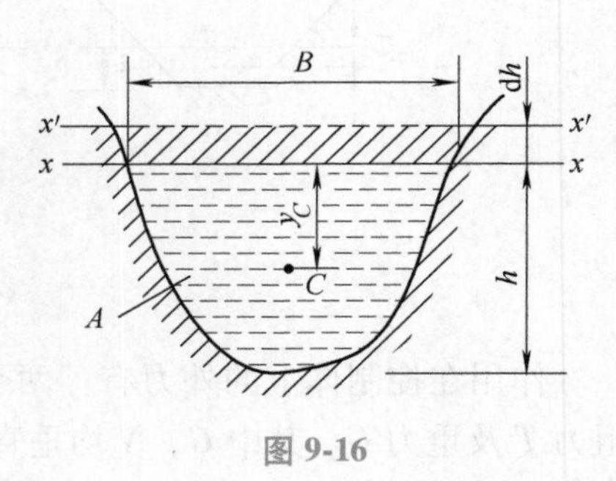

图 9-16

当水深 h 的增量为 dh 时，其相应的静矩增量 $d(y_C A)$ 等于两个静矩（一个是对 $x'—x'$ 轴，另一个是对 $x—x$ 轴）的差。

即

$$d(y_C A)=\left[A(y_C+dh)+dA\frac{dh}{2}\right]-y_C A=A dh+dA\frac{dh}{2}$$

略去二阶微量，则有 $d(y_C A)=A dh$，得 $\dfrac{d(y_C A)}{dh}=A$，以此代入上式得

$$\frac{d\theta(h)}{dh}=-\frac{\beta Q^2}{gA^2}B+A=A\left(1-\frac{\beta Q^2 B}{gA^3}\right)$$

令 $\dfrac{d\theta(h)}{dh}=0$，可得 $1-\dfrac{\beta Q^2 B}{gA^3}=0$，即

$$\frac{\beta Q^2}{g}=\frac{A^3}{B} \tag{9-14}$$

当近似地认为 $\beta=\alpha$ 时，式（9-14）与式（9-6）相同，说明相应于水跃函数最小的水深恰好等于相同情况下水流的临界水深 h_{cr}，即 $\theta(h)=\theta_{\min}$ 时，$h=h_{cr}$。为了便于比较，现将 $\theta(h)$ 曲线与 $e=f(h)$ 曲线绘在一个图上，如图 9-17 所示，水跃函数 $\theta(h)$ 曲线被 h_{cr} 分为上、下两支，曲线上支 $\dfrac{d\theta(h)}{dh}>0$，表明是缓流；曲线下支 $\dfrac{d\theta(h)}{dh}<0$，表明是急流。在 $\theta(h)$-h 曲线上，对任意一个 $\theta(h)$ 值，可确定一对共轭水深 h' 和 h''。如图 9-17 中直线 AB 交 $\theta(h)$ 曲线于 A、B 两点，可得出对应此 $\theta(h)$ 的一对共轭水深 h'和 h''，AB 间直线长度即为水跃高度 $a=h''-h'$。如果从 A、B 两点分别作直线 CA_1 和 DB_1 平行于断面单位能量 e 轴，则 $CA_1-DB_1=e'-e''$，这就是平坡渠道上水跃的能量损失。

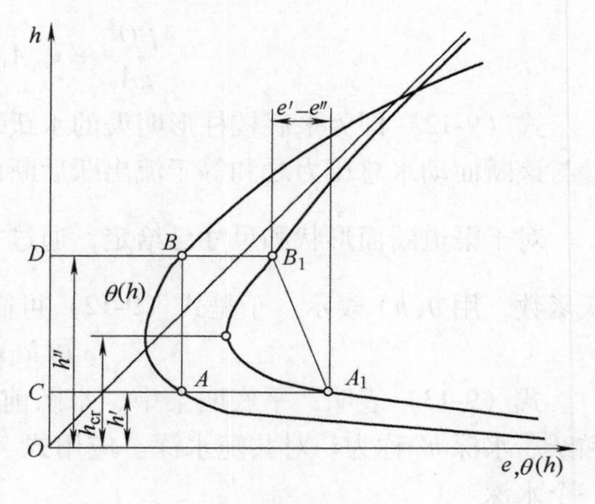

图 9-17

4. 共轭水深计算

已知流量、明渠断面形状和尺寸以及共轭水深中的一个水深，可求另一个共轭水深。对于任意形状断面的明渠，可以采用试算法或试算-图解法求解。

试算法是利用水跃方程（9-12）来求解共轭水深。因为等式的一边 h'（或 h''）是已知的，而另一边则是 h''（或 h'）的函数。先假设一个欲求的共轭水深代入水跃方程中，如所假设的水深能满足水跃方程，则该水深即为所求的共轭水深。否则，必须重新假设直至水跃方程得到满足为止。试算法可得较高的精确度，但计算比较麻烦。

试算-图解法是利用水跃函数曲线来直接求解共轭水深。点绘 $\theta(h)$-h 曲线，如图 9-18 所示。已知 h' 求 h''，从纵坐标等于 h' 的点 a 处作水平线，交 $\theta(h)$-h 曲线于 b 点，自 b 点作垂线，交曲线于 c 点，c 点的纵坐标即为所求的 h''；如已知 h'' 求 h'，则逆箭头方向求之。

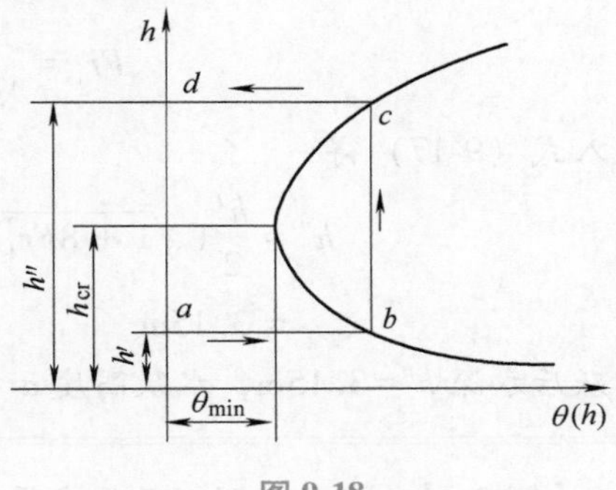

图 9-18

对于矩形断面的棱柱形渠道，可以直接解得 h'（或 h''）。因为有 $A = bh$，$y_C = \dfrac{h}{2}$，$q = \dfrac{Q}{b}$，$h_{cr}^3 = \dfrac{\alpha q^2}{g}$ 等关系式，采用 $\beta = \alpha$，并代入式（9-12），得

$$\frac{\alpha b^2 q^2}{gbh'} + \frac{h'}{2}bh' = \frac{\alpha b^2 q^2}{gbh''} + \frac{h''}{2}bh''$$

$$2h''h_{cr}^3 + h'^3h'' = 2h'h_{cr}^3 + h''^3h'$$

$$h'h''(h'^2 - h''^2) = 2h_{cr}^3(h' - h'')$$

$$h'h''(h' + h'') = 2h_{cr}^3$$

即

$$h'^2h'' + h'h''^2 - 2h_{cr}^3 = 0 \tag{9-15}$$

运用一元二次方程的求解公式，可分别得到水跃前、后的共轭水深为

$$\left.\begin{aligned} h' &= \frac{h''}{2}\left[\sqrt{1 + 8\left(\frac{h_{cr}}{h''}\right)^3} - 1\right] \\ h'' &= \frac{h'}{2}\left[\sqrt{1 + 8\left(\frac{h_{cr}}{h'}\right)^3} - 1\right] \end{aligned}\right\} \tag{9-16}$$

式中，$\left(\dfrac{h_{cr}}{h''}\right)^3 = \dfrac{\alpha q^2}{g}\dfrac{1}{h''^3} = \dfrac{\alpha v_2^2}{gh''} = Fr_2^2$；$\left(\dfrac{h_{cr}}{h'}\right)^3 = \dfrac{\alpha q^2}{g}\dfrac{1}{h'^3} = \dfrac{\alpha v_1^2}{gh'} = Fr_1^2$，代入式（9-16），得

$$\left.\begin{aligned} h' &= \frac{h''}{2}\left(\sqrt{1 + 8Fr_2^2} - 1\right) \\ h'' &= \frac{h'}{2}\left(\sqrt{1 + 8Fr_1^2} - 1\right) \end{aligned}\right\} \tag{9-17}$$

式中，Fr_1、Fr_2 分别为跃前断面和跃后断面的弗劳德数。

由于 $\left(\dfrac{h''}{h'}\right)^3 = \dfrac{Fr_1^2}{Fr_2^2}$，代入式（9-17），经整理可得

$$Fr_2^2 = \frac{8Fr_1^2}{\left(\sqrt{1 + 8Fr_1^2} - 1\right)^3}$$

【例 9-3】 有一矩形断面渠道，单宽流量 $q=8\text{m}^3/(\text{s}\cdot\text{m})$，当渠道中发生水跃时，测得跃前水深 $h'=1.0\text{m}$，求跃后水深 h''。

【解】 跃前断面平均流速

$$v_1=\frac{q}{h'}=\frac{8}{1.0}\text{m/s}=8\text{m/s}$$

跃前断面弗劳德数

$$Fr_1=\sqrt{\frac{v_1^2}{gh'}}=\sqrt{\frac{8^2}{9.8\times 1}}=2.556$$

代入式（9-17）得

$$h''=\frac{h'}{2}(\sqrt{1+8Fr_1^2}-1)=\left[\frac{1.0}{2}(\sqrt{1+8\times 6.53}-1)\right]\text{m}=3.15\text{m}$$

即跃后水深 $h''=3.15\text{m}$，水跃高度 $a=(3.15-1.0)\text{m}=2.15\text{m}$

【例 9-4】 有一梯形断面平底渠道，底宽 $b=2.0\text{m}$，边坡系数 $m=1.5$，通过渠道的流量 $Q=10\text{m}^3/\text{s}$。当渠中发生水跃时，跃前水深 $h'=0.65\text{m}$，求跃后水深 h''。

【解】 通过绘制水跃函数 $\theta(h)$-h 曲线求跃后水深 h''。

$$\theta(h)=\frac{\beta Q^2}{gA}+h_C A$$

$$A=(b+mh)h=(2.0+1.5h)h$$

$$h_C=\frac{h(3b+2mh)}{6(b+mh)}=\frac{h(6.0+3h)}{6(2.0+1.5h)}$$

列表计算 $\theta(h)$，见表 9-1，并绘制 $\theta(h)$-h 曲线于图 9-19。由已知的 $h'=0.65\text{m}$，从图上可查得对应的 $h''=1.55\text{m}$。

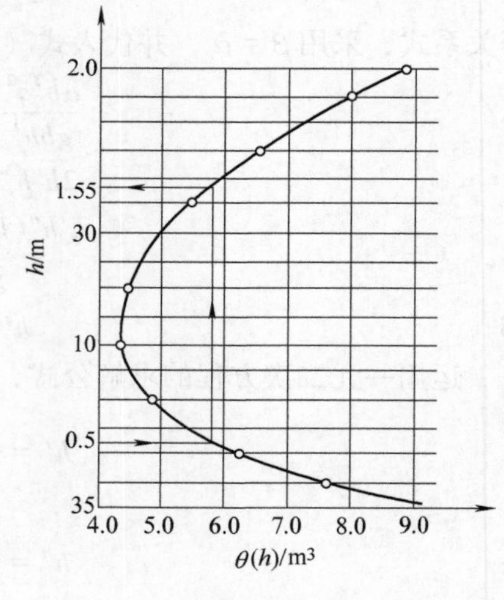

图 9-19

表 9-1 $\theta(h)$-h 曲线关系

h/m	A/m²	h_C/m	$h_C A$/m³	$Q^2/(gA)$/m³	$\theta(h)$/m³
0.50	1.38	0.23	0.314	7.39	7.71
0.60	1.74	0.27	0.468	5.86	6.33
0.80	2.56	0.35	0.896	3.98	4.88
1.00	3.50	0.43	1.505	2.91	4.42
1.20	4.56	0.505	2.304	2.34	4.54
1.50	6.38	0.62	3.94	1.60	5.54
1.70	7.73	0.69	5.34	1.32	6.66
2.00	10.00	0.80	8.0	1.02	9.02

5. 水跃的能量损失

水跃现象不仅改变了明渠水流的运动状态，也造成了水流内部结构的剧烈变化，如水流的掺气、旋滚。这种变化的结果是大量的能量损失。

一般认为，在水跃段水流的时均流速与时均压强的变化很大，特别是在其上下两区（即旋滚区和主流区）的交界处，流速梯度很大，脉动混掺激烈，液体质点不断交换位置，这是引起水跃能量损失的主要原因。此外，流速分布在水跃段和跃后段的不断变化，主流区的迅速扩张，以及为维持表面漩涡，均会引起不同程度的能量损失。

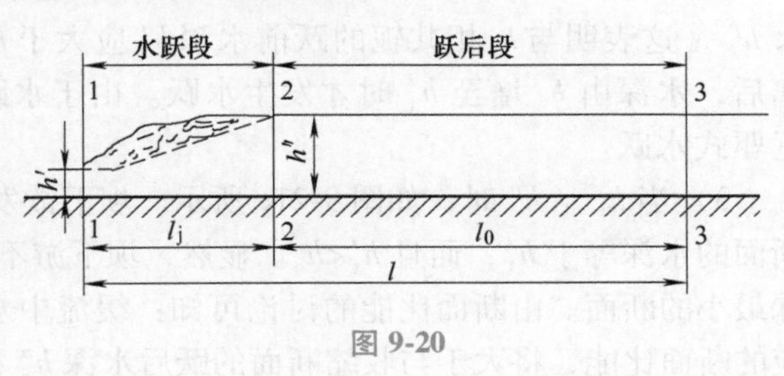

图 9-20

研究表明，水跃造成的绝大部分能量损失集中于水跃段，如图 9-20 所示，即集中在断面 1—1 至断面 2—2 之间的水跃段，少部分能量损失发生在跃后段。因此，通常以水跃段的能量损失近似代替水跃的能量损失。对平底矩形断面渠道，如单位重量液体在水跃中的水头损失为 h_w，则单位重量液体在水跃中的能量损失

$$h_w = E_1 - E_2 = \left(h' + \frac{\alpha_1 v_1^2}{2g}\right) - \left(h'' + \frac{\alpha_2 v_2^2}{2g}\right) = e_1 - e_2 \tag{9-18}$$

式中，近似取 $\alpha_1 = \alpha_2 = 1.0$，由式（9-15）得

$$h'h''(h' + h'') = 2h_{cr}^3 = 2\frac{q^2}{g}$$

则

$$\frac{\alpha_1 v_1^2}{2g} = \frac{q^2}{2gh'^2} = \frac{1}{4}\frac{h''}{h'}(h' + h'')$$

$$\frac{\alpha_2 v_2^2}{2g} = \frac{q^2}{2gh''^2} = \frac{1}{4}\frac{h'}{h''}(h' + h'')$$

将以上两式代入式（9-18），经化简得水跃的水头损失为

$$h_w = \frac{(h'' - h')^3}{4h'h''} \tag{9-19}$$

式（9-19）为平底矩形断面明渠水跃的能量损失计算公式。可见，在给定流量下，跃前跃后水深相差越大，水跃中的能量损失也就越大。

6. 水跃发生的位置

以溢流坝为例来说明水跃的位置与形式，如图 9-21 所示。设下游为缓坡棱柱形渠道，并认为下游水深 h_t 大致不变，即下游渠道近似为均匀流。水跃的位置与坝趾收缩断面水深 h_c 的共轭水深 h_c'' 和下游水深 h_t 的相对大小有关。可能出现以下三种情况：

1）当 $h_t = h_c''$ 时，如图 9-21a 所示。因为 h_t 恰好等于 h_c 的共轭水深 h_c''，故水跃直接在收缩断面处发生，称为临界式水跃。临界式水跃是不稳定的，只要下游水深 h_t 稍有变化，水跃位置就会改变。

2）当 $h_t < h_c''$ 时，如图 9-21b 所示。收缩水深 h_c 与下游实有水深 h_t 不满足水跃的共轭条件，故水跃不能在收缩断面处产生。由水跃函数关系曲线可知，当流量一定，跃前水深越小，则所要求的跃后水深越大；反之，跃后水深越小，则其跃前水深越大。既然 h_t

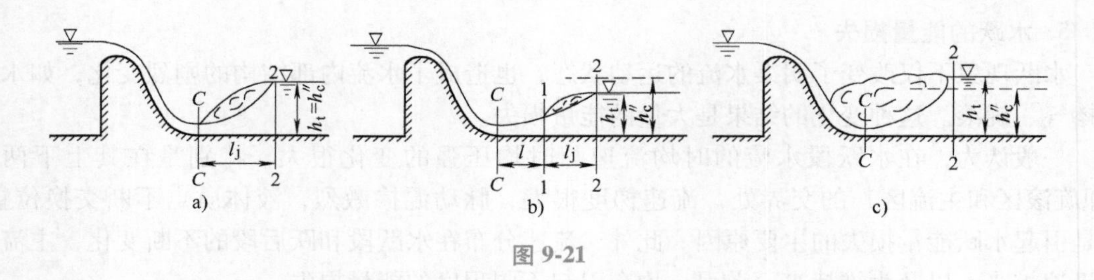

图 9-21

$< h''_c$，这表明与 h_t 相共轭的跃前水深 h'_t 应大于 h_c。所以，水流从收缩断面起经过一段距离后，水深由 h_c 增至 h'_t 时才发生水跃。由于水跃发生在收缩断面的下游，这种水跃称为远驱式水跃。

3）当 $h_t > h''_c$ 时，如图 9-21c 所示。坝下欲发生水跃，必须发生在这样一个断面处，该断面的水深等于 h'_t，而且 $h'_t<h_c$。显然，坝下游不存在这样的断面，因为收缩断面已经是水深最小的断面。由断面比能的讨论可知：缓流中水深越大，断面比能越大。所以，与 h_t 相应的断面比能，将大于与收缩断面的跃后水深 h''_c 相应的断面比能。由于下游的实有比能大，表面旋滚将涌向上游，并淹没收缩断面，这种水跃称为淹没式水跃。

以上所述溢流坝下游水跃位置与形式的判别方法，对闸孔或其他形式的泄水构筑物也同样适用。对于渠道变坡处发生水跃的水面连接形式也有类似的三种情况，如图 9-22 所示。

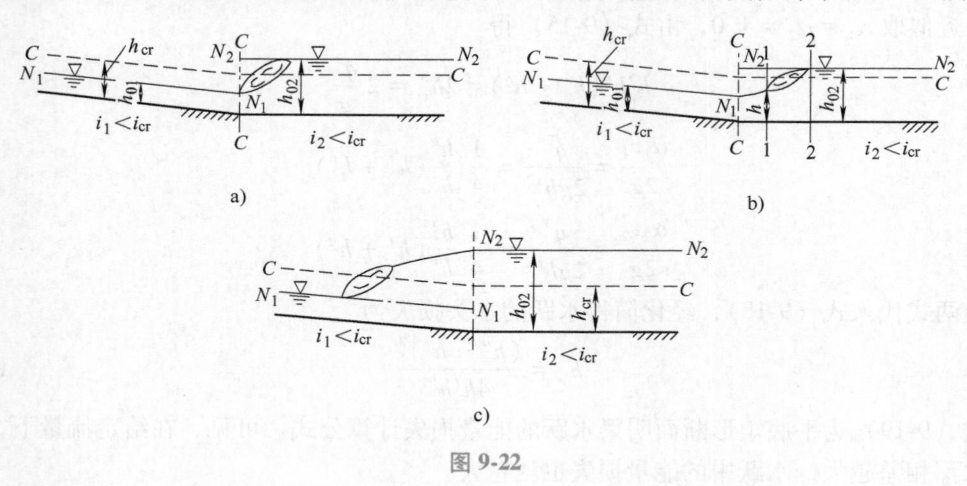

图 9-22

7. 水跃长度

在完全水跃的水跃段中，水流湍动强烈，底部流速很大。因此，除非河、渠的底部为十分坚固的岩石，否则一般均需设置护坦加以保护。此外，在跃后段的一部分范围内也需铺设海漫以免底部冲刷破坏。由于水跃长度决定泄水建筑物下游防护加固的距离，故水跃长度的确定具有重要的工程实际意义。因此，水跃长度 l 应理解为水跃段长度 l_j 和跃后段长度 l_0（见图 9-20）之和，即 $l = l_j + l_0$。由于水跃运动非常复杂，目前水跃长度的计算仍只是采用经验公式。现介绍三个平底矩形断面明渠的水跃长度的经验公式：

1）美国垦务局公式

$$l_j = 6.1h'' \tag{9-20}$$

2）欧勒佛托斯基公式

$$l_j = 6.9(h'' - h') \tag{9-21}$$

3）陈椿庭公式

$$l_j = 9.4(Fr_1 - 1)h' \tag{9-22}$$

式中，Fr_1 为跃前断面的弗劳德数。

对于平底梯形断面明渠水跃长度公式为

$$l_j = 5h''\left(1 + 4\sqrt{\frac{B_2 - B_1}{B_1}}\right) \tag{9-23}$$

式中，B_1、B_2 分别为跃前、跃后断面的水面宽度。

关于跃后段长度 l_0，可用下式计算：

$$l_0 = (2.5 \sim 3.0)l_j \tag{9-24}$$

【例 9-5】 在矩形断面河道修建泄水建筑物，单宽流量 $q = 10\text{m}^3/(\text{s}\cdot\text{m})$，下游渠道产生水跃，跃前水深 $h' = 0.6\text{m}$，试求：

(1) 跃后水深 h''；

(2) 水跃段长度 l_j；

(3) 水跃水头损失 h_w。

【解】 (1) 跃后水深 h''。

$$Fr_1 = \sqrt{\frac{q^2}{gh'^3}} = \sqrt{\frac{10^2}{9.8 \times 0.6^3}} = 6.873$$

$$h'' = \frac{h'}{2}\left(\sqrt{1 + 8Fr_1^2} - 1\right) = \left[\frac{0.6}{2} \times \left(\sqrt{1 + 8 \times 47.24} - 1\right)\right]\text{m} = 5.54\text{m}$$

(2) 水跃段长度 l_j。

1）按 $l_j = 6.1h''$ 计算： $l_j = (6.1 \times 5.54)\text{m} = 33.79\text{m}$

2）按 $l_j = 6.9(h'' - h')$ 计算：$l_j = [6.9 \times (5.54 - 0.6)]\text{m} = 34.09\text{m}$

3）按 $l_j = 9.4(Fr_1 - 1)h'$ 计算：$l_j = [9.4 \times (6.873 - 1) \times 0.6]\text{m} = 33.13\text{m}$

可见，l_j 值的计算结果比较接近。

(3) 水跃水头损失 h_w

$$h_w = \frac{(h'' - h')^3}{4h'h''} = \frac{(5.54 - 0.6)^3}{4 \times 0.6 \times 5.54}\text{m} = 9.07\text{m}$$

9.4.2 水跌

在水流状态为缓流的明渠中，如果明渠底坡突然改变成陡坡或明渠断面突然扩大，将引起水面急剧降落，水流通过临界水深 h_{cr} 断面后转变为急流。这种从缓流向急流过渡的局部水力现象称为水跌。这种现象常见于渠道底坡由缓坡突然变为陡坡（见图 9-23a）或缓坡渠道末端有跌坎（见图 9-23b），或水流自水库进入陡坡渠道及坝顶溢流处（见图 9-23c）。

现以平坡明渠末端为跌坎的水流为例，根据断面单位能量随水深的变化规律，说明为什么一定发生水跌现象。

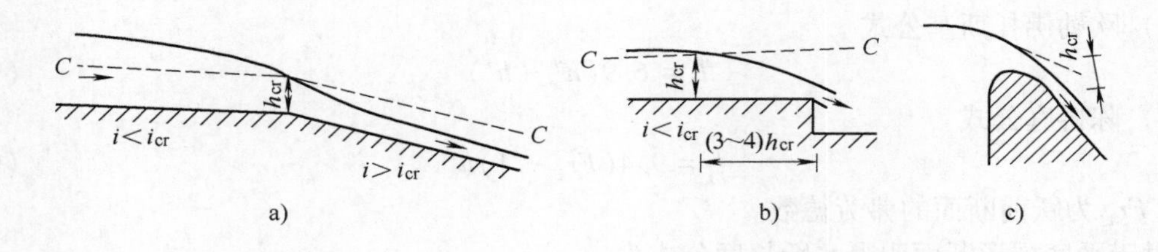

图 9-23

如图 9-24 所示，平底明渠的缓流，在 A 处有一跌坎，明渠对水流的阻力在此突然消失，水流以重力为主，自由跌落，力图将水流的势能转变成动能，从而使水面急剧下降，水面从临界水深线之上降落到临界水深线之下。那么，坎上水深为多少呢？取 0—0 为基准面，水流单位机械能 E 等于断面单位能量 e，由 e-h 关系曲线可知，缓流状态下水深减小时，断面单位能量减小，当跌坎上水面降落时，水流断面单位能量将沿 e-h 曲线从 b 向 c 减小。在重力作用下，坎上水面最低只能降至 c 点，即水流断面单位能量为最小的临界情况。如果降至 c 点以下，则为急流状态，渠中水流的能量反而有个增大的过程，显然这是不可能的。这样，跌坎上水流总水头此时达到最小值，即达到了已知流量从跌坎下泄时具备最小能量的状态。所以水流通过跌坎发生水跌时，跌坎断面处的水深为该已知流量下的临界水深 h_{cr}。

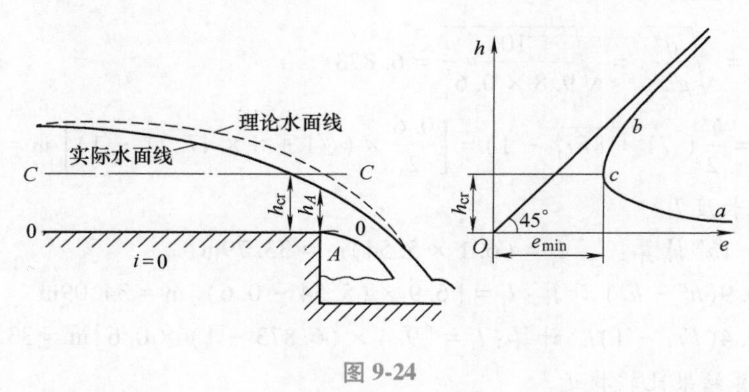

图 9-24

以上是根据渐变流条件分析的结果，其坎上的理论水面线如图 9-24 中虚线所示。实际上，坎端附近，水面急剧下降，流线显著弯曲，流动已不是渐变流，水流为急变流。实验表明，实际坎端断面水深 h_A 小于临界水深 h_{cr}，$h_A = 0.7h_{cr}$。临界水深 h_{cr} 发生在上游距坎端 $(3\sim4)h_{cr}$ 的位置，但一般的水面分析和计算，仍取坎端断面水深为临界水深 h_{cr} 作为控制水深，其实际水面线如图 9-24 中的实线所示。

以上分析了跌坎处的水跌，在来流为缓流的明渠中，如底坡突然变陡，致使下游底坡上的水流为急流，那么临界水深 h_{cr} 将发生在底坡突变的断面处，如图 9-23a 所示，情况与跌坎类似。

因此明渠中当边界条件发生突然变化，水流由缓流过渡到急流时将产生水跌。缓流以临界水深通过突变的断面过渡到急流，是水跌现象的特征。这种能够促成临界水深的突变断面常常作为控制断面。

9.5 明渠非均匀渐变流的基本微分方程

在工程实际中，明渠非均匀流的水力计算问题主要是探求水深的沿程变化，即确定水面曲线。水面曲线的计算，首先要求建立描述水深沿程变化规律的微分方程并以此方程为基础对水面曲线的形式做定性分析。

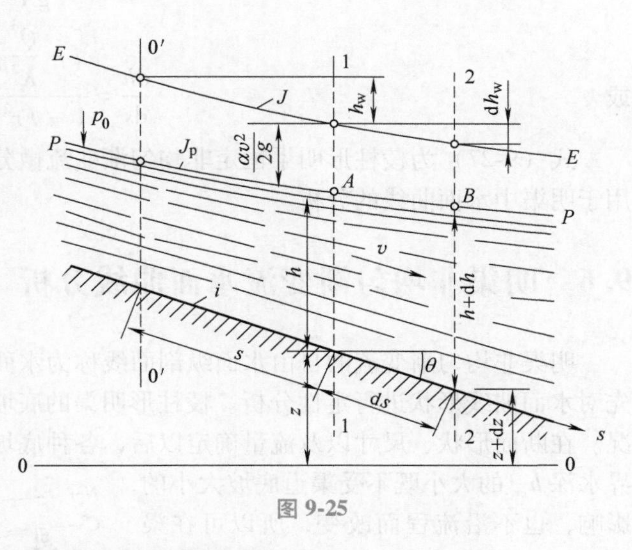

图 9-25

如图 9-25 所示，在底坡为 i 的棱柱形明渠恒定非均匀渐变流中，其通过的流量为 Q，现选取 0—0 为基准面，沿水流方向任取一微元流段 ds，设上游断面 1—1 的水深为 h，断面平均流速为 v，坡底高程为 z；下游断面 2—2 的水深为 h+dh；断面平均流速为 v+dv，坡底高程为 z+dz。由于是渐变流，可对微元流段建立伯努利方程，即

$$z + h + \frac{\alpha v^2}{2g} = (z + \mathrm{d}z) + (h + \mathrm{d}h) + \frac{\alpha (v + \mathrm{d}v)^2}{2g} + \mathrm{d}h_w$$

式中，$\mathrm{d}h_w$ 为所取两断面间的水头损失，$\mathrm{d}h_w = \mathrm{d}h_f + \mathrm{d}h_j$，因为水流是渐变流，局部水头损失 h_j 可忽略不计，即 $\mathrm{d}h_w \approx \mathrm{d}h_f$。

将上式展开并略去二阶微量，得

$$\mathrm{d}z + \mathrm{d}h + \mathrm{d}\left(\frac{\alpha v^2}{2g}\right) + \mathrm{d}h_f = 0$$

将上式各项除以 ds 后，则得

$$\frac{\mathrm{d}z}{\mathrm{d}s} + \frac{\mathrm{d}h}{\mathrm{d}s} + \frac{\mathrm{d}}{\mathrm{d}s}\left(\frac{\alpha v^2}{2g}\right) + \frac{\mathrm{d}h_f}{\mathrm{d}s} = 0 \tag{9-25}$$

为了分析渐变流水面曲线的变化，需要给出水深沿流程变化的微分方程，为此，可以从式（9-25）入手进行讨论：

1）$\frac{\mathrm{d}z}{\mathrm{d}s} = -i$，$i$ 为渠底坡度，$i = \sin\theta = \frac{z_1 - z_2}{\mathrm{d}s} = -\frac{\mathrm{d}z}{\mathrm{d}s}$。

2）$\frac{\mathrm{d}}{\mathrm{d}s}\left(\frac{\alpha v^2}{2g}\right) = \frac{\mathrm{d}}{\mathrm{d}s}\left(\frac{\alpha Q^2}{2gA^2}\right) = -\frac{\alpha Q^2}{gA^3}\frac{\mathrm{d}A}{\mathrm{d}s} = -\frac{\alpha Q^2}{gA^3}\left(\frac{\partial A}{\partial h}\frac{\mathrm{d}h}{\mathrm{d}s} + \frac{\partial A}{\partial s}\right) = -\frac{\alpha Q^2}{gA^3}\frac{\mathrm{d}h}{\mathrm{d}s}B$

式中，$\frac{\partial A}{\partial h} = B$，对于棱柱形渠道 $A = f(h)$，$\frac{\partial A}{\partial s} = 0$。

3）$\frac{\mathrm{d}h_f}{\mathrm{d}s} \approx J = \frac{Q^2}{K^2} = \frac{Q^2}{A^2C^2R}$，在此处做了一个近似处理，用均匀流的水头损失来计算微元流段内的非均匀渐变流的水头损失。

将以上各项代入式（9-25），整理后得

$$\frac{\mathrm{d}h}{\mathrm{d}s}=\frac{i-J}{1-\frac{\alpha Q^2}{gA^3}B} \tag{9-26}$$

或

$$\frac{\mathrm{d}h}{\mathrm{d}s}=\frac{i-\frac{Q^2}{K^2}}{1-Fr^2} \tag{9-27}$$

式（9-27）为棱柱形明渠恒定非均匀渐变流微分方程，它表示水深沿程变化的规律，可用于明渠中水面曲线的分析。

9.6 明渠非均匀渐变流水面曲线分析

明渠非均匀渐变流的自由水面纵剖面线称为水面曲线。在进行水面曲线计算以前，必须先对水面曲线形状进行定性分析。棱柱形明渠的底坡可能存在 $i>0$、$i<0$ 和 $i=0$ 的三种情况。在断面形状、尺寸以及流量确定以后，各种底坡的渠道都有相应的临界水深 h_{cr}，且临界水深 h_{cr} 的大小既不受渠道底坡大小的影响，也不沿流程而改变，所以可在渠道中绘出一条表征各断面临界水深的 $C—C$ 线，而且 $C—C$ 线与渠道底坡线平行。对于 $i>0$ 的棱柱形顺坡渠道，还有均匀流时的正常水深存在，均匀流的正常水深线以 $N—N$ 线表示，$N—N$ 线也与渠道底坡平行。由于渠道底坡不同，以及临界水深线与均匀流正常水深线的相互位置和关系不同，可把棱柱形明渠水流划分为 12 个流动区域，如图 9-26 所示，因此，对应的水面曲线型式也就有 12 种。

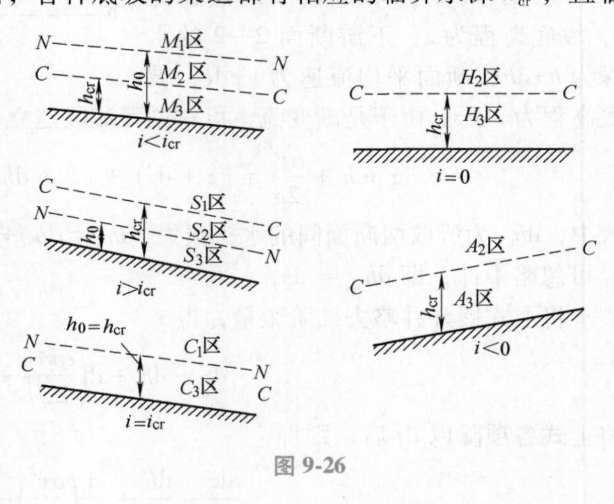

图 9-26

对于每个不同底坡的渠道，最上面一个流区，水深既大于均匀流正常水深 h_0，又大于临界水深 h_{cr}，称为 1 区，水面处在 1 区的水流均为缓流，故 1 区又称为缓流区。

水深介于均匀流正常水深 h_0 和 h_{cr} 之间的区域，称为 2 区，而水面处在 2 区的水流有缓流也有急流。

位于最下面的流区，其水深既小于均匀流正常水深 h_0，同时又小于临界水深 h_{cr}，称为 3 区，水面处在 3 区的水流都是急流，故 3 区又称为急流区。

为便于水面曲线的区别和命名，把不同底坡的渠道分别标注 M（缓坡）、S（陡坡）、C（临界坡）、H（平坡）、A（逆坡）等标记，如图 9-26 所示。12 种水面曲线的形状可根据式（9-27）进行分析。总的来讲，对于 $\frac{\mathrm{d}h}{\mathrm{d}s}>0$，表示水深沿流程增加，称为壅水曲线；对于 $\frac{\mathrm{d}h}{\mathrm{d}s}<0$，表示水深沿流程减小，称为降水曲线。

9.6.1　顺坡渠道（$i>0$）的水面曲线

在充分长的棱柱形顺坡渠道中，无论发生均匀流还是发生非均匀流，恒定的流量是不变的，非均匀流只是水深和流速沿程变化，因此，式（9-27）中的流量可以用均匀流时的流量公式 $Q=K_0\sqrt{i}$ 代替，在顺坡渠道中，当 b、m、n、i 给定，对于一定的流量，可求出相应的 h_0 和 K_0。于是式（9-27）可写成以下形式：

$$\frac{\mathrm{d}h}{\mathrm{d}s}=i\frac{1-\left(\frac{K_0}{K}\right)^2}{1-Fr^2} \tag{9-28}$$

棱柱形顺坡渠道分为缓坡、陡坡和临界坡三种情况，故需分别对三种底坡上不同型式水面曲线进行分析。

1. 缓坡渠道（$i<i_{cr}$）

缓坡上，$h_0>h_{cr}$，即 N—N 线在 C—C 线之上，如图 9-26 所示，缓坡上有三个区域，其相应的水面曲线分别为 M_1 型、M_2 型、M_3 型。

（1）M_1 区（$h>h_0>h_{cr}$）　由于水深 $h>h_0$，故 $K>K_0$，$\frac{K_0}{K}<1$，则式（9-28）的分子 $1-\left(\frac{K_0}{K}\right)^2>0$，为"+"值；又因为 $h>h_{cr}$，水流为缓流，故 $Fr<1$，则式（9-28）分母 $1-Fr^2>0$，为"+"值，而正坡渠道 $i>0$，所以 $\frac{\mathrm{d}h}{\mathrm{d}s}>0$。这说明水深沿程增加，水面曲线为壅水曲线，如图 9-27 所示。

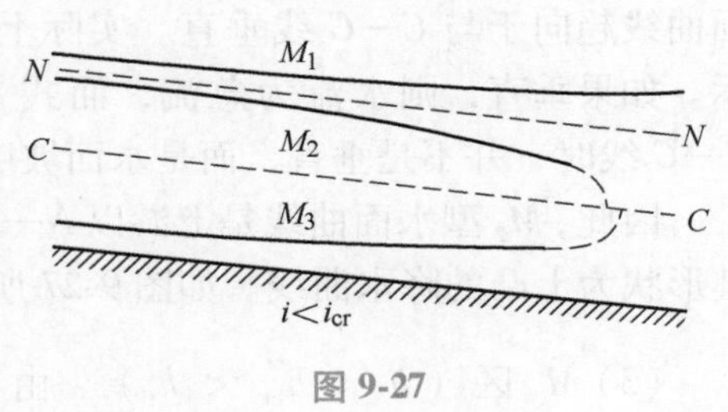

图 9-27

M_1 型水面曲线两端的趋势：渠道上游以均匀流水深 h_0 为界限，当 $h\to h_0$ 时，$K\to K_0$，$\left[1-\left(\frac{K_0}{K}\right)^2\right]\to 0$；又因 $h>h_{cr}$，$Fr<1$，$(1-Fr^2)>0$，所以 $\frac{\mathrm{d}h}{\mathrm{d}s}\to 0$。这说明上游以均匀流水深线 N—N 为渐近线。在理论上，M_1 型水面曲线上端与正常水深线在无穷远处重合，但在实践中，可假定在有限距离内与正常水深线相重合，一般认为在 $h=(1.01\sim1.05)h_0$ 处重合。当渠道的下游水深 $h\to\infty$ 时，$K\to\infty$，$\left(\frac{K_0}{K}\right)^2\to 0$，$\left[1-\left(\frac{K_0}{K}\right)^2\right]\to 1$；又因 $h\to\infty$，$v\to 0$，$Fr=\frac{v}{\sqrt{gh}}\to 0$，$(1-Fr^2)\to 1$，所以 $\frac{\mathrm{d}h}{\mathrm{d}s}\to i$。这说明下游以水平线为渐近线。如图 9-28 所示。

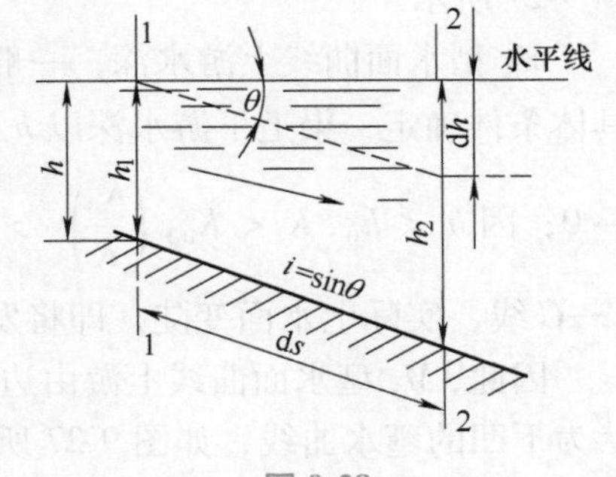

图 9-28

因此，M_1 型水面曲线是上、下游分别以正常水深线和水平线为渐近线，水深沿程增加的一条下凹形的壅水曲线，如图 9-27 所示。

（2）M_2 区（$h_0 > h > h_{cr}$） 由于 $h < h_0, K < K_0, \frac{K_0}{K} > 1, \left[1 - \left(\frac{K_0}{K}\right)^2\right] < 0$，式（9-28）分子小于0，为"−"值；又因 $h > h_{cr}$，水流为缓流，$Fr < 1, (1 - Fr^2) > 0$，式（9-28）分母为"+"值；而正坡渠道，$i > 0$，所以 $\frac{dh}{ds} < 0$。这说明水深沿程减小，水面曲线为降水曲线，如图9-27所示。

M_2 型水面线上游水深以最大水深 h_0 为界限，当 $h \to h_0$ 时，$K \to K_0$，$\frac{K_0}{K} \to 1$，$\left[1 - \left(\frac{K_0}{K}\right)^2\right] \to 0$，因 $h > h_{cr}$，为缓流，$Fr < 1, (1 - Fr^2) > 0$，所以 $\frac{dh}{ds} \to 0$。这说明 M_2 型水面线上游以 $N—N$ 为渐近线。在理论上，M_2 型水面曲线上端与正常水深线在无穷远处重合，但在实践中，可假定在有限距离内与正常水深线相重合，一般认为在 $h = (0.95 \sim 0.99) h_0$ 处重合。渠道下游以最小水深 h_{cr} 为界限，$h \to h_{cr}$，$h < h_0$，$K < K_0$，$\left(\frac{K_0}{K}\right)^2 > 1$，$\left[1 - \left(\frac{K_0}{K}\right)^2\right] < 0$；又因 $h \to h_{cr}$ 时，$Fr \to 1, (1 - Fr^2) \to 0$，所以 $\frac{dh}{ds} \to -\infty$。这说明 M_2 型水面曲线趋向于与 $C—C$ 线垂直。实际上水面线不会垂直于 $C—C$ 线，故图9-27中以虚线表示。如果垂直，则水流为急流，而式（9-28）的应用前提是渐变流，所以水面线在趋向 $C—C$ 线时，并不是垂直，而是水面坡度变陡，以光滑曲线过渡为急流，出现水跌现象。

因此，M_2 型水面曲线是上游以 $N—N$ 线为渐近线，下游与 $C—C$ 线垂直，水深沿程减小，其形状为上凸的降水曲线。如图9-27所示。

（3）M_3 区（$h < h_{cr} < h_0$） 由于 $h < h_0, K < K_0, \left(\frac{K_0}{K}\right)^2 > 1$，式（9-28）分子 $\left[1 - \left(\frac{K_0}{K}\right)^2\right] < 0$，为"−"值；又因 $h < h_{cr}$，水流为急流，$Fr > 1$，式（9-28）分母 $(1 - Fr^2) < 0$，为"−"值，故 $\frac{dh}{ds} > 0$。这说明 M_3 型水面曲线为水深沿程增加的壅水曲线，如图9-27所示。

M_3 型水面曲线上游水深，一般受水工构筑物的控制，如受闸门开启度的控制，可根据具体条件确定；渠道下游水深以 h_{cr} 为界，当 $h \to h_{cr}$ 时，$Fr \to 1$，式（9-28）分母 $(1 - Fr^2) \to 0$；因 $h < h_0, K < K_0, \left(\frac{K_0}{K}\right)^2 > 1, \left[1 - \left(\frac{K_0}{K}\right)^2\right] < 0$，故 $\frac{dh}{ds} \to +\infty$。这说明水面垂直于 $C—C$ 线，实际上水面变陡，即将发生水跌现象，故图9-27中以虚线表示。

因此，M_3 型水面曲线上游由边界条件确定，下游与 $C—C$ 线垂直，水深沿程增加，其形状为下凹的壅水曲线，如图9-27所示。

2. 陡坡渠道（$i > i_{cr}$）

在陡坡上，$h_0 < h_{cr}$，$N—N$ 线在 $C—C$ 线之下，分为三个区域，如图9-26所示。其相应的水面曲线为 S_1 型、S_2 型、S_3 型。采用类似于上述的分析方法可得：S_1 型和 S_3 型为水深沿程

增加，形状上凸的壅水曲线。其中 S_1 型水面线的上游在理论上垂直于 $C—C$ 线，下游以水平线为渐近线；S_3 型水面曲线上游水深由边界条件确定，下游以 $N—N$ 线为渐近线。S_2 型为水深沿程减小，形状下凹的降水曲线，其水面线的上游，在理论上与 $C—C$ 线垂直，下游以 $N—N$ 线为渐近线，如图 9-29 所示。

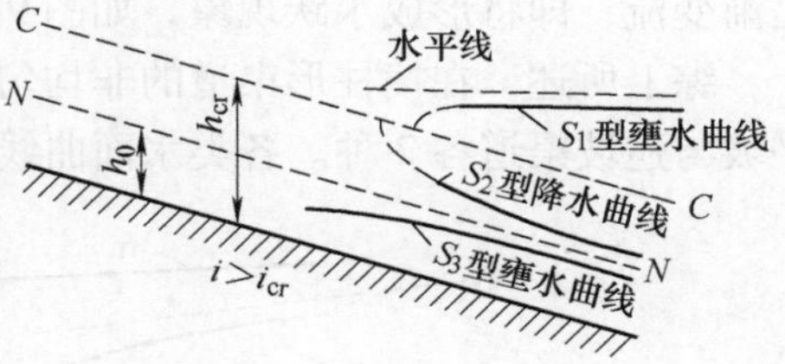

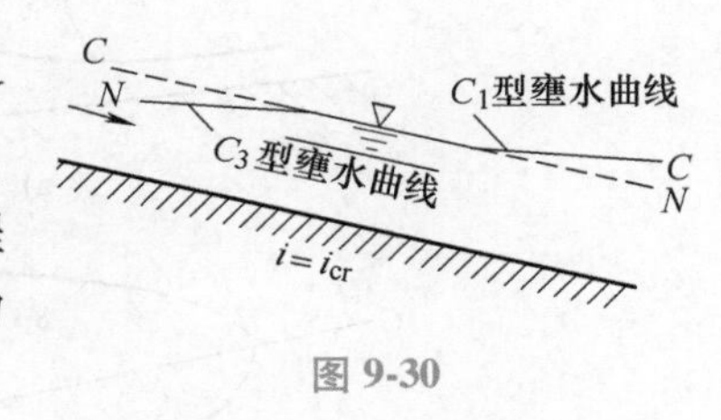

图 9-29

3. 临界坡渠道（$i=i_{cr}$）

由于 $i=i_{cr}$，$h_0=h_{cr}$，$N—N$ 线与 $C—C$ 线重合，故临界坡上分为两个区域，不存在 2 区，其相应的水面曲线为 C_1 型和 C_3 型。经分析，C_1 型和 C_3 型水面曲线均为水深沿程增加的壅水曲线，且在接近 $N—N$ 线或 $C—C$ 线时都近乎为水平线（证明从略），如图 9-30 所示。

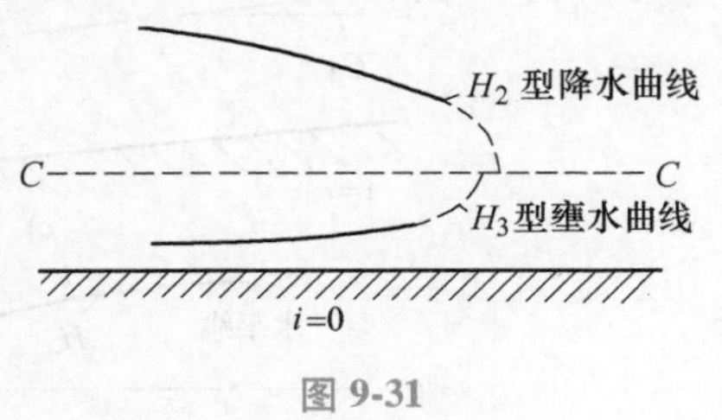

图 9-30

9.6.2　平坡渠道（$i=0$）

由于平坡渠道上不可能发生均匀流，即不存在正常水深 $N—N$ 线，但仍有临界水深 h_{cr}，存在 $C—C$ 线。所以平坡上只有两个区域，不存在 1 区，其相应的水面曲线为 H_2 型和 H_3 型。

H_2 型水面曲线水深沿程减小，水面曲线为降水曲线。在渠道上游，其水面与底坡平行，水面线以水平线为渐近线。在渠道下游，以最小水深 h_{cr} 为界限，其水面线与 $C—C$ 线垂直，实际上，局部水面曲线很陡，已不再是渐变流，即将形成水跃现象，如图 9-31 所示。

H_3 型水面曲线水深沿程增加，水面曲线为壅水曲线。在渠道上游，其水深受水工构筑物的控制。在渠道下游，以最大水深 h_{cr} 为界限，其水面曲线与 $C—C$ 线垂直，实际上，局部水面曲线很陡，已不再是渐变流，即将形成水跃现象，如图 9-31 所示。

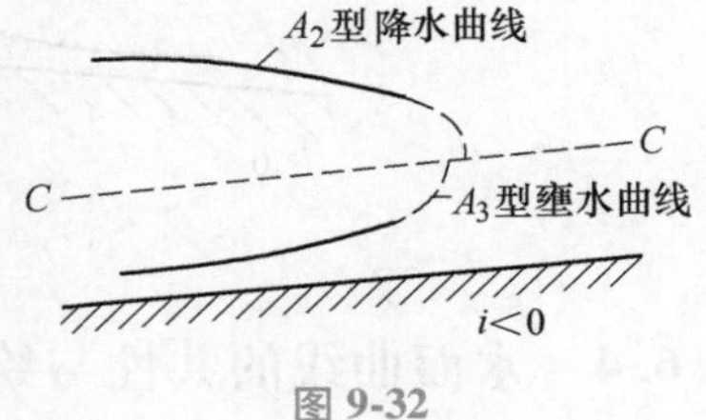

图 9-31

9.6.3　逆坡渠道（$i<0$）

逆坡渠道中也不可能产生均匀流，也无正常水深 $N—N$ 线，但仍有临界水深 h_{cr}，即有 $C—C$ 线存在，故逆坡渠道上只有两个区域，不存在 1 区，其相应的水面曲线为 A_2 型和 A_3 型。

A_2 型水面曲线水深沿程减小，水面曲线为降水曲线。在渠道上游，其水深的增加与底坡的减少相等，即上游水面线趋于水平。在渠道下游，以最小水深 h_{cr} 为界限，其水面线与 $C—C$ 线垂直，实际上，局部水面曲线很陡，已不再是渐变流，即将出现水跃现象。如图 9-32 所示。

图 9-32

A_3 型水面曲线水深沿程增加，水面曲线为壅水曲线。在渠道上游，其水深受水工构筑物的控制。在渠道下游，以最大水深 h_{cr} 为界限，其水面曲线与 $C—C$ 线垂直，实际上，局部水面曲线很陡，已不再是渐变流，即将形成水跃现象，如图 9-32 所示。

综上所述，在棱柱形渠道的非均匀渐变流中，共有 12 种水面曲线，其中顺坡渠道 8 种，平坡与逆坡渠道各 2 种。各类水面曲线的型式及工程实例如图 9-33 所示。

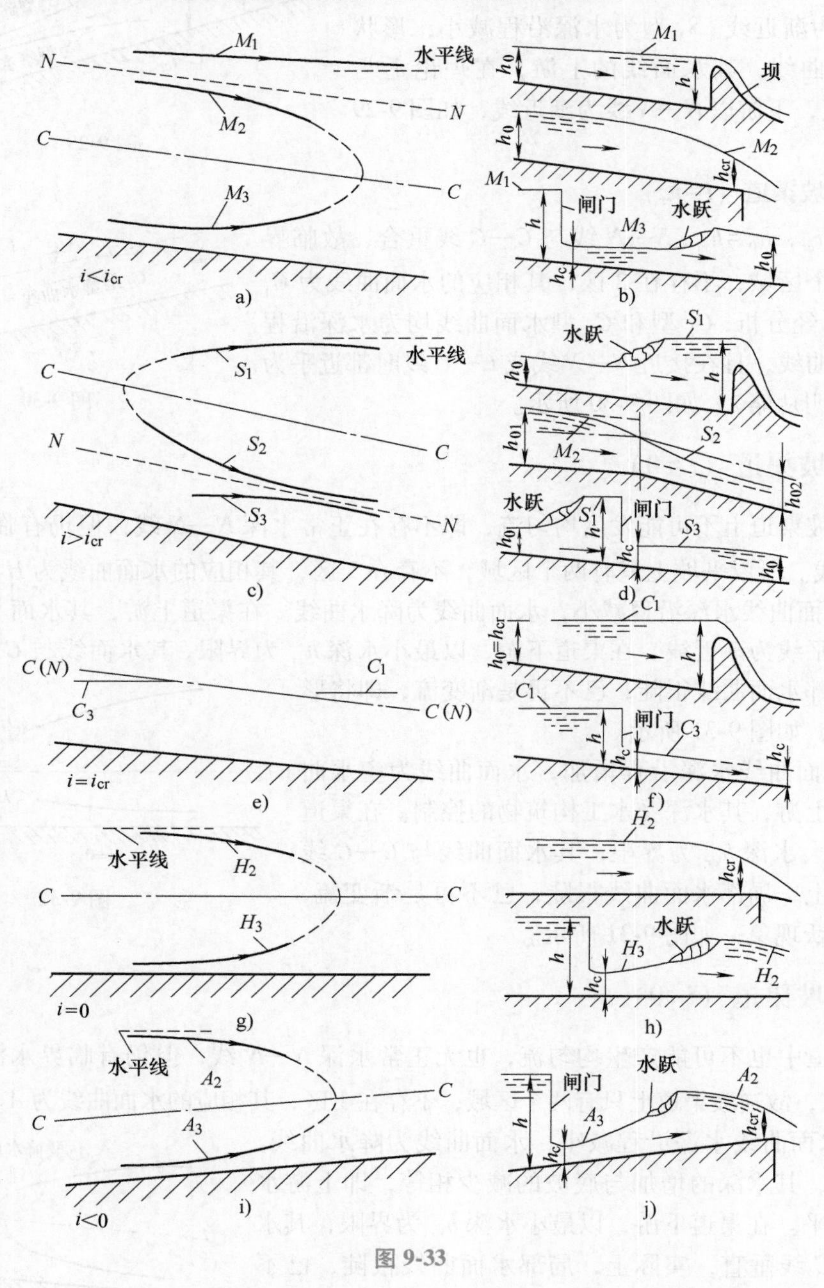

图 9-33

9.6.4 水面曲线的共性与绘制步骤

1. 水面曲线的共性

1）所有的 1 型和 3 型水面曲线都是水深沿程增加的壅水曲线，而所有的 2 型水面曲线

都是水深沿程减小的降水曲线。

2）除C_1型和C_3型水面曲线外，其余的水面曲线在水深趋近正常水深时，以$N—N$线为渐近线；在水深趋近临界水深时，水面曲线垂直穿过$C—C$线，或发生水跌或发生水跃；当水深趋近于无穷大时，水面曲线以水平线为渐近线。

3）式（9-26）或式（9-27）在每一区域内的解都是唯一的，因此每一区域内水面曲线也是唯一确定的，即只有相应的一条水面曲线。

4）已知流量下的正常水深$N—N$线和临界水深$C—C$线，不是渠道中的实际水面线，而是为得出分析结果引入的两条辅助线，它们将流动空间分成不同的区域。

2. 水面曲线的绘制步骤

1）找出干扰断面位置。如渠底转折处或渠底突升、突降处，渠道断面尺寸变化或粗糙系数改变处，有水工构筑物处以及河渠进、出口等，限于小底坡的情况，干扰断面可取铅垂方向断面。

2）根据渠道底坡类型，画参考水深$N—N$线和$C—C$线。

3）找出控制断面和控制水深。有以下几种情况：①当渠道很长时，非均匀流影响不到的地方，水流形成均匀流，水深保持正常水深h_0，水面线从上方或下方渐近$N—N$线。②水流由缓流过渡到急流时，水面曲线以水跌方式平滑地通过h_{cr}，h_{cr}的位置一般在坡度由缓变陡的交界处或渠道末端跌坎上；水流由急流过渡到缓流时，则以水跃方式通过临界水深h_{cr}，水跃的位置应满足跃前、跃后水深的共轭关系。③由于急流情况下的干扰波只能向下游传播，因此急流状态的M_3、S_2、S_3、C_3、H_3以及A_3型水面曲线的控制水深必在上游；缓流情况下的干扰波影响可以往上游传播，因此缓流状态的M_1、M_2、S_1、C_1、H_2及A_2型水面曲线的控制水深必在下游。④闸、坝上游的挡水高程或闸、坝下游收缩断面的水深可分别作为缓流下游的控制水深和急流上游的控制水深。

4）确定水面曲线的变化趋势。一般来说，对水流起阻碍作用的，如底坡变缓、粗糙系数增大、有挡水构筑物等障碍时，均匀流破坏，其上游形成壅水曲线；对水流起加速作用的，如底坡变陡、粗糙系数减小，或有跌坎等存在时，均匀流也会破坏，其上游形成降水曲线。

5）根据以上步骤确定水面曲线所在区域，按水面曲线的唯一性确定相应的线型并绘制具体水面曲线。

【例9-6】 一棱柱形渠道底宽b为10m，边坡系数m为1.5，n为0.022，i为0.0009，当通过流量Q为$45m^3/s$时，渠道末端水深h为3.4m。试判别渠中水面曲线属于哪种类型。

【解】（1）计算正常水深h_0。因为

$$Q = AC\sqrt{Ri} = \frac{1}{n}A^{\frac{5}{3}}\chi^{-\frac{2}{3}}i^{\frac{1}{2}}$$

$$\frac{Qn}{\sqrt{i}} = A^{\frac{5}{3}}\chi^{-\frac{2}{3}}$$

$$A = (b + mh_0)h_0 = (10 + 1.5h_0)h_0$$

$$\chi = b + 2\sqrt{1 + m^2}h_0 = 10 + 2\sqrt{1 + 1.5^2}h_0$$

$$\frac{45 \times 0.022}{\sqrt{0.0009}} = [(10 + 1.5h_0)h_0]^{\frac{5}{3}} \times (10 + 3.61h_0)^{-\frac{2}{3}}$$

经试算解得正常水深 $h_0 = 1.96\text{m}$。

（2）计算临界水深 h_{cr}。由

$$\frac{\alpha Q^2}{g} = \frac{A_{cr}^2}{B_{cr}} = \frac{[(10 + 1.5h_{cr})h_{cr}]^3}{10 + 2 \times 1.5h_{cr}}$$

得

$$\frac{1 \times 45^2}{9.8} = \frac{[(10 + 1.5h_{cr})h_{cr}]^3}{10 + 3h_{cr}}$$

经试算解得临界水深 $h_{cr} = 1.2\text{m}$。

因为 $h_0 = 1.96\text{m} > h_{cr} = 1.2\text{m}$，故渠道属缓坡渠道，又因渠末水深 $h = 3.4\text{m} > h_0 > h_{cr}$，所以水面曲线属于 M_1 型壅水曲线。

【例 9-7】 某灌溉渠道为棱柱形顺坡明渠，因地形变化而用两种底坡连接。已知 $i_1 < i_2 < i_{cr}$，试定性分析渠道中可能出现的水面曲线类型。（各渠段为充分长。）

【解】 由于顺坡渠道，且 $i_1 < i_2 < i_{cr}$，所以有 $h_{01} > h_{02} > h_{cr}$。定性绘出 N_1—N_1 线、N_2—N_2 线和 C—C 线（C—C 线至底坡之间的距离 h_{cr} 与底坡无关）。因渠道充分长，故 i_1 渠道上游和 i_2 渠道下游可以有均匀流段存在。其水面线在 i_1 底坡上由 N_1—N_1（均匀流）开始，通过 M_2 降水曲线，到两个底坡交界处与 N_2—N_2 相连。相应的水深，在 i_1 底坡上从 h_{01} 下降到两个底坡交界处恰好等于 h_{02}，如图 9-34 实线所示。

不妨讨论一下图 9-34 中虚线①②是否可能发生。虚线①在 $i_2 < i_{cr}$ 的 1 区发生降水曲线，这是不可能的。因为在 12 种水面曲线中，凡是 1 区和 3 区的水面曲线都是水深沿程增加的壅水曲线。虚线②在 i_1 上发生 M_2 降水曲线，水深从 h_{01} 一直降到 h_{cr}，这在 i_1 上似乎可能，但在 i_2 上水深势必要由交界处的 h_{cr} 上升到 h_{02}，这是不可能的。因为在 12 种水面曲线中，凡是 2 区的水面曲线都是水深沿程减小的降水曲线。

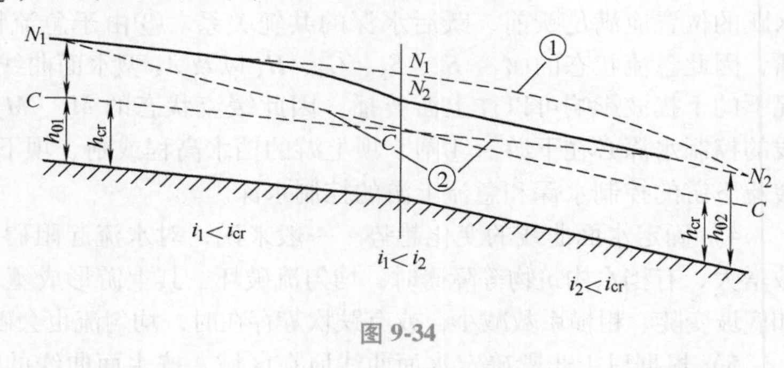

图 9-34

【例 9-8】 某水库的溢洪道由平坡 i_1 和陡坡 i_2 两段棱柱形渠道组成，如图 9-35 所示。当进口闸门开启高度 $e < h_{cr}$ 时，试分析溢洪道中可能出现的水面曲线类型。

【解】 首先定性绘出正常水深线 N—N（注意平坡上无 N—N 线）和临界水深线 C—C。以闸后收缩断面 c 为控制断面（图中以小方框表示），当闸门开启高度 $e < h_{cr}$ 时，闸下出流呈急流状态。闸后的水面曲线有如图 9-35 所示的①②③三种可能。分析如下：

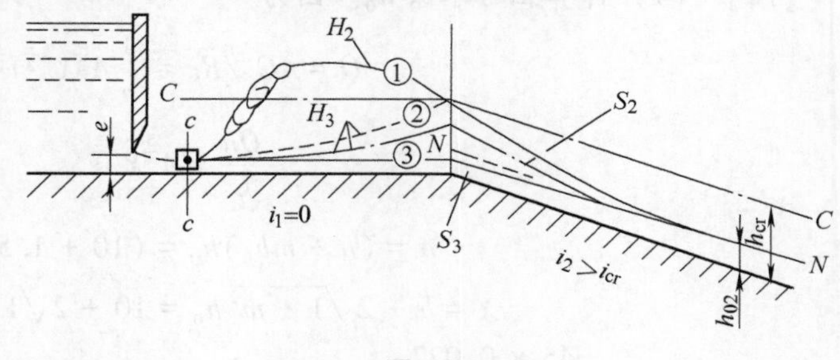

图 9-35

(1) 如平坡渠段较长，因属于急流的 H_3 型水面曲线最远只能上升到 $C—C$ 线，而不能超过 $C—C$ 线，因此当渠段较长时，水流必通过水跃由急流过渡到缓流，水跃后水深 $h > h_{cr}$ 为缓流，再形成 H_2 型降水曲线，在平坡渠段末端降至 $h = h_{cr}$（与 $C—C$ 线相交），并在陡坡上形成 S_2 型降水曲线，下游以 $N—N$ 线为渐近线。如图 9-35 中①所示。

(2) 若平坡渠段较短，H_3 型水面曲线水面刚上升到（或未达到）$C—C$ 线，水流已达到平坡渠段末端（即陡坡渠道首端）。此时水流在陡坡渠道首端水深 $h > h_{02}$（h_{02} 为 i_2 上的正常水深）且 $h \leqslant h_{cr}$，在陡坡段形成 S_2 型降水曲线，下游以 $N—N$ 线为渐近线，如图 9-35 中②所示。

(3) 若平坡渠段很短，其 H_3 型水面曲线上升至平坡渠段末端时水深小于陡坡上正常水深 h_{02}，则陡坡上形成 S_3 型壅水曲线，下游水面仍以 $N—N$ 线为渐近线，如图 9-35 中③所示。

9.7　明渠非均匀渐变流水面曲线的计算

渠道水面曲线计算的目的在于确定断面位置和水深 h 的关系。一般在进行计算之前，要对水面曲线进行定性分析，判别水面曲线类型，然后从控制断面开始计算。

9.7.1　棱柱形明渠水面曲线计算

棱柱形明渠水面曲线的计算方法大致有数值积分法、分段求和法、水力指数法等。本节仅介绍常用的分段求和法。该方法是将整个流程划分若干个流段，并以有限差分代替基本方程中的微分，最终计算出各断面的水深和相应的距离。

设有一明渠恒定非均匀渐变流，如图 9-36 所示。取某流段 Δl 的两过水断面建立伯努利方程。得

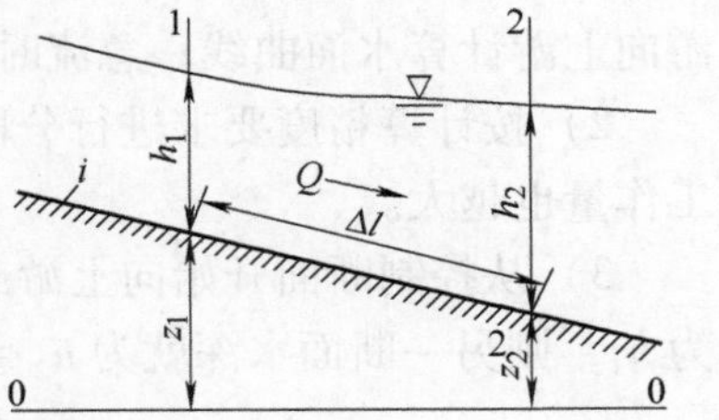

$$z_1 + h_1 + \frac{\alpha_1 v_1^2}{2g} = z_2 + h_2 + \frac{\alpha_2 v_2^2}{2g} + \Delta h_w$$

或

$$\left(h_2 + \frac{\alpha_2 v_2^2}{2g}\right) - \left(h_1 + \frac{\alpha_1 v_1^2}{2g}\right) = (z_1 - z_2) - \Delta h_w$$

$$e_2 - e_1 = (z_1 - z_2) - \Delta h_w$$

图 9-36

令 $\Delta e = e_2 - e_1$，得

$$\Delta e = (z_1 - z_2) - \Delta h_w \tag{9-29}$$

由于渐变流可以近似地按均匀流公式计算，因此，渐变流水头损失仅考虑沿程水头损失，即 $\Delta h_w \approx \Delta h_f$。根据明渠均匀流基本公式 $Q = AC\sqrt{RJ} = K\sqrt{J}$，得

$$\frac{\Delta h_f}{\Delta l} = \overline{J} = \frac{Q^2}{\overline{K}^2} = \frac{\overline{v}^2}{\overline{C}^2 \overline{R}} \tag{9-30}$$

式中，$\overline{v}$、$\overline{C}$ 及 $\overline{R}$ 表示在所给流段内各水力要素的平均值，即

$$\overline{v} = \frac{v_1 + v_2}{2}$$

$$\overline{C} = \frac{C_1 + C_2}{2}$$

$$\overline{R} = \frac{R_1 + R_2}{2}$$

从图 9-36 中可知

$$z_1 - z_2 = i\Delta l$$

$$\Delta h_w \approx \Delta h_f = \overline{J}\Delta l$$

将上述各式代入式（9-29）中，经整理得

$$\Delta e = (i - \overline{J})\Delta l$$

$$\frac{\Delta e}{\Delta l} = i - \overline{J}$$

$$\Delta l = \frac{\Delta e}{i - \overline{J}} \tag{9-31}$$

式中，e 为断面单位能量，$\Delta e = e_2 - e_1 = \left(h_2 + \frac{\alpha_2 v_2^2}{2g}\right) - \left(h_1 + \frac{\alpha_1 v_1^2}{2g}\right)$；$\overline{J}$ 为水流在 Δl 段内的平均水力坡度，$\overline{J} = \frac{\overline{v}^2}{\overline{C}^2\overline{R}}$；$i$ 为渠底坡度；Δl 为分段长度，两个计算断面间的距离。

式（9-31）即为分段计算水面曲线的有限差式，称为分段求和法公式。利用式（9-31）可以逐步计算出非均匀流明渠中各个断面的水深及它们相隔的距离，从而整个流程 $l = \sum \Delta l$ 上的水面曲线便可定量确定与绘出。

分段求和法计算水面曲线的步骤如下：

1）分析判断水面曲线类型，确定控制断面位置及水深。缓流时控制断面在下游，从下游向上游计算水面曲线；急流时控制断面在上游，从上游向下游计算水面曲线。

2）按计算精度要求进行分段，选用适当的 Δh 值。Δh 值越小，计算精度越高，但计算工作量也越大。

3）从控制断面开始向上游或下游方向算得另一计算断面水深。若取已知控制断面水深为 h_1，则另一断面水深就为 $h_2 = h_1 \pm \Delta h$。

4）计算 h_1 和 h_2 断面的 Δe 及 $\overline{J}$，利用式（9-31）计算出此两断面的距离 Δl_1。

5）重复上述3）和4）两步骤，即定出 $h_3 = h_2 \pm \Delta h$，计算出相对应的 Δe、$\overline{J}$ 及 Δl，当选择的计算断面水深近似等于水面曲线另一端界限条件所决定的水深时，则计算完毕。水面曲线的全长为各个分段长度的总和，即

$$l = \Delta l_1 + \Delta l_2 + \cdots + \Delta l_n$$

【例 9-9】 如图 9-37 所示。在矩形断面陡坡渠道中，通过流量 $Q = 3.5\text{m}^3/\text{s}$，长 $l = 10\text{m}$，断面宽 $b = 2\text{m}$，粗糙系数 $n = 0.020$，渠底坡度 $i = 0.30$，要求按分段求和法计算并绘出急流渠道的水面曲线。

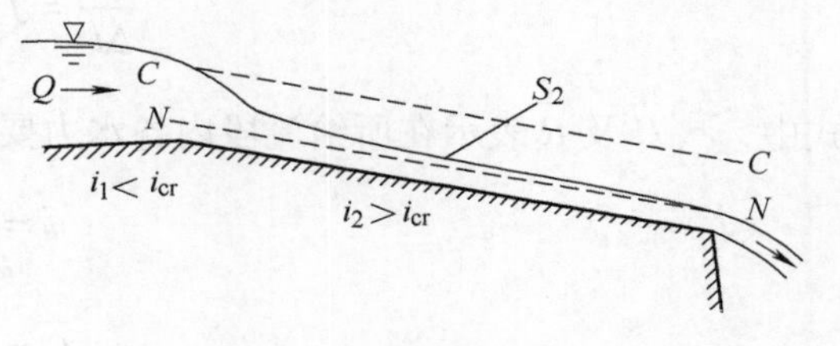

图 9-37

【解】（1）确定水面曲线类型。

临界水深 $h_{cr}=\sqrt[3]{\dfrac{\alpha Q^2}{gb^2}}=\sqrt[3]{\dfrac{1\times 3.5^2}{9.8\times 2^2}}\text{m}=0.68\text{m}$

正常水深 h_0 可按均匀流基本公式计算，即

$$Q=A_0C_0\sqrt{Ri}=A_0\left(\frac{1}{n}R_0^{\frac{1}{6}}\right)\sqrt{R_0 i}=\frac{A_0^{\frac{5}{3}}}{n}\cdot\frac{i^{\frac{1}{2}}}{\chi^{\frac{2}{3}}}$$

$$=\frac{b^{\frac{5}{3}}i^{\frac{1}{2}}}{n}\cdot\frac{h_0^{\frac{5}{3}}}{(b+2h_0)^{\frac{2}{3}}}=\frac{2^{\frac{5}{3}}(0.3)^{\frac{1}{2}}}{0.02}\cdot\frac{h_0^{\frac{5}{3}}}{(2+2h_0)^{\frac{2}{3}}}$$

将流量 $Q=3.5\text{m}^3/\text{s}$ 代入，算得 $h_0=0.21\text{m}$。

根据以上计算结果，可在图中标出 $C—C$ 线和 $N—N$ 线，如图 9-37 所示。水流在急流渠道进口处的水深为 h_{cr}，出口处的水深大于 h_0，水流处于 S_2 区（即 $h_{cr}>h>h_0$），为 S_2 型降水曲线。

（2）划分计算流段。分为 4 个流段。

（3）逐段计算。第一流段。从起始断面 $h_1=h_{cr}$ 开始计算，即 $h_1=h_{cr}=0.68\text{m}$，则有

$$v_1=v_{cr}=\frac{Q}{bh_{cr}}=\frac{3.5}{2\times 0.68}\text{m/s}=2.58\text{m/s}$$

流速水头 $\dfrac{\alpha v_1^2}{2g}=\dfrac{1\times 2.58^2}{2\times 9.80}\text{m}=0.34\text{m}$

湿周 $\chi_1=b+2h_1=(2+2\times 0.68)\text{m}=3.36\text{m}$

过水断面 $A_1=bh_1=(2\times 0.68)\text{m}=1.36\text{m}^2$

水力半径 $R_1=\dfrac{A_1}{\chi_1}=\dfrac{1.36}{3.36}\text{m}=0.405\text{m}$

谢才系数 $C_1=\dfrac{1}{n}R^{\frac{1}{6}}=\left[\dfrac{1}{0.020}(0.405)^{\frac{1}{6}}\right]\text{m}^{\frac{1}{2}}/\text{s}=43.5\text{m}^{\frac{1}{2}}/\text{s}$

设第二个断面的水深 $h_2=0.42\text{m}$（因为是 S_2 型曲线，其深度逐渐减小，但最小水深不能小于 $h_0=0.21\text{m}$），由计算可得 $A_2=0.84\text{m}^2$；$v_2=4.16\text{m/s}$；$\dfrac{\alpha v_2^2}{2g}=0.88\text{m}$；$\chi_2=2.84\text{m}$；$R_2=0.296\text{m}$；$C_2=40.8\text{m}^{\frac{1}{2}}/\text{s}$。

两断面间水力要素的平均值为

$$\bar{v}=(v_1+v_2)/2=[(2.58+4.16)/2]\text{m/s}=3.37\text{m/s}$$

$$\bar{C}=(C_1+C_2)/2=[(43.5+40.8)/2]\text{m}^{\frac{1}{2}}/\text{s}=42.15\text{m}^{\frac{1}{2}}/\text{s}$$

$$\bar{R}=(R_1+R_2)/2=[(0.405+0.296)/2]\text{m}=0.350\text{m}$$

$$\bar{J}=v^2/C^2R=3.37^2/(42.15^2\times 0.350)=0.018$$

两断面间的距离按式（9-31）计算得

$$\Delta l_{1-2}=\frac{\Delta e}{i-\bar{J}}=\frac{e_2-e_1}{i-\bar{J}}$$

$$= \frac{(0.42 + 0.88) - (0.68 + 0.34)}{0.30 - 0.018}\text{m}$$

$$= \frac{0.281}{0.282}\text{m} \approx 1.0\text{m}$$

以此类推，按上述方法计算第3、4段。本题因渠道较短，仅分四段计算，其结果绘于图9-37中，其计算过程见表9-2。

表9-2 例9-9计算表（分段求和法计算棱柱形明渠水面曲线）

断面	h /m	A /m^2	v /(m/s)	$\bar{v}$ /(m/s)	$\frac{\alpha v^2}{2g}$ /m	$e=h+\frac{\alpha v^2}{2g}$ /m	Δe /m	χ /m	R /m	$\bar{R}$ /m	C /(m$^{\frac{1}{2}}$/s)	$\bar{C}$ /(m$^{\frac{1}{2}}$/s)	$\bar{J}=\frac{\bar{v}^2}{\bar{C}^2\bar{R}}$	$i-\bar{J}$	$\Delta l=\frac{\Delta e}{i-\bar{J}}$ /m	$l=\sum\Delta l$ /m
1	0.68	1.36	2.58		0.34	1.02		3.36	0.405		43.0					
				3.37			0.28			0.350		41.90	0.018	0.282	1.00	1.00
2	0.42	0.84	4.16		0.88	1.30		2.84	0.296		40.8					
				5.00			0.74			0.264		40.00	0.059	0.241	3.07	4.07
3	0.30	0.60	5.84		1.74	2.04		2.60	0.231		39.2					
				6.42			0.71			0.216		38.70	0.128	0.172	4.12	8.19
4	0.25	0.50	7.00		2.50	2.75		2.50	0.200		38.2					
				7.15			0.21			0.197		38.10	0.178	0.122	1.72	9.91≈10
5	0.24	0.48	7.30		2.72	2.96		2.48	0.194		38.0					相对误差：$\left\|\frac{9.91-10}{10}\right\|\times 100\% = 0.9\%$

9.7.2 非棱柱形明渠水面曲线计算

非棱柱形渠道的断面形状和尺寸是沿程变化的，过水断面面积 A 不仅取决于水深 h，而且与距离 s 有关，即 $A = A(h, s)$。

非棱柱形明渠水面曲线的计算仍应用式（9-31）。因 A 是 h 和 s 的函数，所以仅假设 h_2（或 h_1）不能求得过水断面 A_2（或 A_1）及其相应的 v_2（或 v_1），因此，无法计算 Δl。为此，必须同时假设 Δl 和 h_2（或 h_1），用试算法逐段求解。

计算步骤如下：

1）先将明渠分成若干计算流段，段长为 Δl。

2）由已知的控制断面水深 h_1（或 h_2）求出该断面的 $\frac{\alpha_1 v_1^2}{2g}$（或 $\frac{\alpha_2 v_2^2}{2g}$）及水力坡度 $J_1 = \frac{v_1^2}{C_1^2 R_1}$（或 $J_2 = \frac{v_2^2}{C_2^2 R_2}$）。

3）由控制断面向下游（或上游）取给定的 Δl，便可定出断面2（或断面1）的形状和尺寸。再假设 h_2（或 h_1），由 h_2（或 h_1）值便可算得 A_2 和 v_2（或 A_1 和 v_1），因而可求得 $\frac{\alpha_2 v_2^2}{2g}$

（或$\frac{\alpha_1 v_1^2}{2g}$）及$J_2$(或$J_1$)，再由$J_1$和$J_2$求$\bar{J}$(也可用$\bar{v}$、$\bar{C}$及$\bar{R}$求得，即$\bar{J}=\frac{\bar{v}^2}{\bar{C}^2\bar{R}}$)。将$e_1=h_1+\frac{\alpha_1 v_1^2}{2g}$，$e_2=h_2+\frac{\alpha_2 v_2^2}{2g}$，$\bar{J}$及$i$各值代入式（9-31），算出$\Delta l$。如算出的$\Delta l$值与给定的$\Delta l$值相等（或很接近），则所设的$h_2$(或$h_1$）即为所求。否则重新设$h_2$(或$h_1$）值，再算$\Delta l$，直至计算值与给定值相等（或很接近）为止。

4）将上面算好的断面作为已知断面，再向下游（或上游）取Δl得另一断面，并设水深h_2(或h_1）重复以上试算过程，直到所有断面的水深均求出为止。为了保证计算精度，所取的Δl不能太长。

【例9-10】 某混凝土溢洪道的中间一段为变底宽矩形断面渠道，如图9-38所示。底宽由$b=35$m减至25m，渠底坡度$i=0.15$，渠道长$l=40$m，已知上游断面水深为$h_1=2.7$m，当泄流量$Q=825\text{m}^3/\text{s}$时，试计算该渠道的水面线。

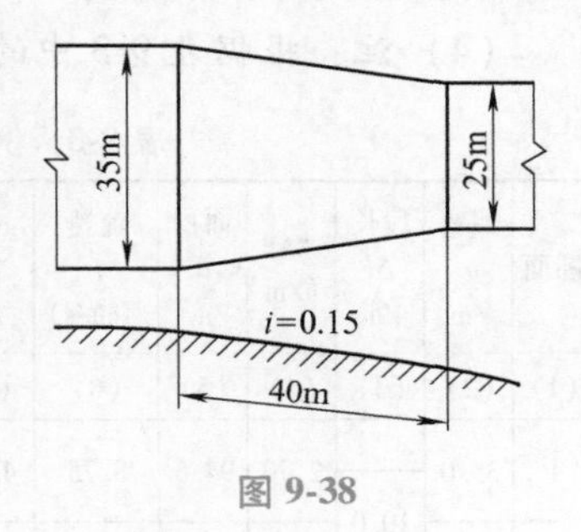

图9-38

【解】 取粗糙系数$n=0.014$，将渠道长40m分为4个计算流段，每段长$\Delta l=10$m，然后逐段计算。现以第一流段为例说明如下：

（1）由上游断面水深$h_1=2.7$m，求得

$$A_1=h_1 b=(2.7\times 35)\text{m}^2=94.5\text{m}^2$$

$$v_1=\frac{Q}{A_1}=\frac{825}{94.5}\text{m/s}=8.75\text{m/s}$$

$$\frac{\alpha_1 v_1^2}{2g}=\frac{1.1\times(8.75)^2}{19.6}\text{m}=4.3\text{m}$$

$$e_1=h_1+\frac{\alpha_1 v_1^2}{2g}=(2.7+4.3)\text{m}=7.0\text{m}$$

$$\chi_1=b+2h_1=(35+2\times 2.7)\text{m}=40.4\text{m}$$

$$R_1=\frac{A_1}{\chi_1}=\frac{94.5}{40.4}\text{m}=2.34\text{m}$$

$$C_1=\frac{1}{n}R_1^{\frac{1}{6}}=\left(\frac{1}{0.014}\times 2.34^{\frac{1}{6}}\right)\text{m}^{\frac{1}{2}}/\text{s}=82.5\text{m}^{\frac{1}{2}}/\text{s}$$

（2）$\Delta l=10$m，在距起始断面10m处，可算得该处槽宽为$b=32.5$m。然后假设水深$h_2=2.45$m，求得相应的$A_2=79.5\text{m}^2$，于是得$v_2=10.38$m/s；$\frac{\alpha_2 v_2^2}{2g}=6.04$m；$e_2=h_2+\frac{\alpha_2 v_2^2}{2g}=(2.45+6.04)\text{m}=8.49$m；$\chi_2=37.4$m；$R_2=2.12$m；$C_2=81.0\text{m}^{\frac{1}{2}}/\text{s}$。计算各平均值如下：

$$\bar{v}=\frac{1}{2}(v_1+v_2)=\left[\frac{1}{2}(8.75+10.38)\right]\text{m/s}=9.56\text{m/s}$$

$$\bar{R}=\frac{1}{2}(R_1+R_2)=\left[\frac{1}{2}(2.34+2.12)\right]\text{m}=2.23\text{m}$$

$$\overline{C}=\frac{1}{2}(C_1+C_2)=\left[\frac{1}{2}(82.5+81)\right]\mathrm{m}^{\frac{1}{2}}/\mathrm{s}=81.75\mathrm{m}^{\frac{1}{2}}/\mathrm{s}$$

$$\overline{J}=\frac{\overline{v}^2}{\overline{C}^2\overline{R}}=\frac{9.56^2}{81.75^2\times 2.23}=0.00615$$

（3）将上面的计算值代入式（9-31），得第1流段长

$$\Delta l_1=\frac{e_2-e_1}{i-\overline{J}}=\frac{8.49-7.0}{0.15-0.00615}\mathrm{m}=10.28\mathrm{m}$$

计算的 $\Delta l_1=10.28\mathrm{m}$ 与给定的 $\Delta l=10\mathrm{m}$ 相接近，其相对误差小于3%，故假设的 $h_2=2.45\mathrm{m}$ 即为所求。

其他各段计算方法同上，现将计算结果列于表9-3。

（4）注：根据表9-3中的（3）、（4）两项即可绘制水面曲线。

表9-3 例9-10计算表（试算法求非棱柱形明渠水面曲线）

断面	底宽 b /m	段长 Δl /m	水深 h/m	面积 A /m²	流速 v /(m/s)	$\frac{\alpha v^2}{2g}$ /m	湿周 χ /m	水力半径 R /m	C /($m^{\frac{1}{2}}$/s)	$\overline{v}$ /(m/s)	$\overline{R}$ /m	$\overline{C}$ /($m^{\frac{1}{2}}$/s)	$\overline{J}$	$i-\overline{J}$	e /m	Δe /m	Δl /m
(1)	(2)	(3)	(4)	(5)	(6)	(7)	(8)	(9)	(10)	(11)	(12)	(13)	(14)	(15)	(16)	(17)	(18)
1	35.0		2.70	94.5	8.75	4.30	40.4	2.34	82.5						7.00		
		10.0								9.56	2.23	81.75	0.00615	0.144		1.48	10.28
2	32.5		2.45	79.50	10.38	6.035	37.4	2.12	81.0						8.48		
		10.0								10.98	2.089	80.75	0.00885	0.1411		1.40	9.94
3	30.0		2.38	71.4	11.58	7.50	34.76	2.059	80.5						9.88		
		10.0								12.09	1.884	78.00	0.0127	0.1373		1.38	10.03
4	27.5		2.38	65.45	12.60	8.88	32.26	1.71	75.5						11.26		
		10.0								13.04	1.88	78.00	0.0150	0.1350		1.39	10.29
5	25.0		2.45	61.25	13.47	10.17	29.90	2.048	80.5						12.63		

思考题

9-1 明渠非均匀流有哪些特点？产生明渠非均匀流的原因是什么？

9-2 明渠水流有哪三种状态？各有何特点？判别标准是什么？

9-3 断面比能 e 与单位重量液体的总能量 E 有何区别？为什么要引入这一概念？

9-4 何谓临界水深 h_{cr}？有何实际意义？如何计算 h_{cr}？

9-5 弗劳德数 Fr 有什么物理意义？为什么可以用它来判别明渠水流的状态？

9-6 缓坡、陡坡、临界坡是如何定义的？怎样判别渠道坡度的缓陡？

9-7 无论是明渠均匀流还是明渠非均匀流，缓坡渠道只能产生缓流，陡坡渠道只能产生急流，对吗？为什么？

9-8 在粗糙系数 n 沿程不变的棱柱形的宽矩形断面渠道中，当底坡 i 一定时，临界底坡 i_{cr} 随流量怎样变化？

9-9 判别在下列各种说法，哪些正确，哪些错误。

（1）缓坡上的均匀流是缓流；　　（2）缓坡上的均匀流是急流；

(3) 缓坡上的非均匀流是缓流；　(4) 缓坡上的非均匀流是急流；

(5) 陡坡上的均匀流是缓流；　(6) 陡坡上的均匀流是急流；

(7) 陡坡上的非均匀流是缓流；　(8) 陡坡上的非均匀流是急流；

(9) 临界坡上的均匀流是缓流；　(10) 临界坡上的均匀流是急流；

(11) 临界坡上的均匀流是临界流；　(12) 临界坡上的非均匀流是缓流；

(13) 临界坡上的非均匀流是急流；　(14) 平坡上的非均匀流是缓流；

(15) 平坡上的非均匀流是急流。

9-10　试证明 $e_{\min}$ 和 $\theta(h)_{\min}$ 都对应临界水深 h_{cr}。

9-11　如果长水槽中流量不变，试问水槽底坡如何改变才会形成临界式水跃、淹没式水跃和远驱式水跃？

9-12　在同一个底坡渠道上，为什么渐变流水面曲线不可能从一个流区穿越 $C—C$ 线进入另一个流区？怎样理解水面曲线的唯一性？

9-13　试定性绘制下列渠道在变坡点上、下游处的水面曲线。

(1) $i_1 > i_{cr}$, $i_2 < i_{cr}$；　(2) $i_1 < i_{cr}$, $i_2 > i_{cr}$；

(3) $i_1 > i_{cr}$, $i_2 > i_{cr}$, $i_1 < i_2$；　(4) $i_1 < i_{cr}$, $i_2 < i_{cr}$, $i_1 > i_2$；

(5) $i_1 > i_{cr}$, $i_2 = i_{cr}$；　(6) $i_1 = i_{cr}$, $i_2 < i_{cr}$；

(7) $i_1 < i_{cr}$, $i_2 = 0$；　(8) $i_1 = 0$, $i_2 > i_{cr}$；

(9) $i_1 > i_{cr}$, $i_2 < 0$　(10) $i_1 < 0$, $i_2 > i_{cr}$。

9-14　明渠非均匀渐变流水面曲线定性分析的意义何在？

9-15　陈述分段求和法计算水面曲线的步骤。

习　题

9-1　某矩形断面明渠均匀流，水面宽度 $B=9.8$m，在某一断面产生一个干扰波，经 1min 后到达上游 $s_1=300$m 处，到达下游 $s_2=400$m 处，试求：

(1) 水流的过水断面面积 A；

(2) 水流的流速 v；

(3) 通过渠中的流量 Q；

(4) 静水中波速 c；

(5) 判断该水流是缓流还是急流。

9-2　有一矩形渠道，宽 $b=5$m，通过流量 $Q=17.25\text{m}^3/\text{s}$，动能修正系数 $\alpha=1.0$，试求临界水深 h_{cr}。

9-3　一梯形土渠，底宽 $b=12$m，边坡系数 $m=1.5$，粗糙系数 $n=0.025$，动能修正系数 $\alpha=1.1$，通过的流量 $Q=18\text{m}^3/\text{s}$，求临界水深 h_{cr} 和临界坡度 i_{cr}。

9-4　一梯形断面渠道的底宽为 b，边坡系数为 m，通过的流量为 Q，试推导其临界水深 h_{cr} 的表达式。

9-5　有一矩形渠道，宽 $b=5$m，粗糙系数 $n=0.015$，底坡 $i=0.003$，动能修正系数 $\alpha=1.0$，通过的流量 $Q=10\text{m}^3/\text{s}$，试求该渠道的临界底坡，并判别渠道是缓坡还是陡坡。

9-6　某梯形断面渠道，底宽 $b=45$m，边坡系数 $m=2.0$，粗糙系数 $n=0.025$，底坡 $i=0.333/1000$，动能修正系数 $\alpha=1.0$，通过的流量 $Q=500\text{m}^3/\text{s}$，试判别在均匀流情况下的水流状态。

9-7　有一无压圆形断面的钢筋混凝土隧洞。已知直径 $d=2$m，流量 $Q=3.14\text{m}^3/\text{s}$，正常水深 $h_0=1.5$m，试用水深法判别其流动是急流还是缓流。

9-8　证明：当断面比能 e 及渠道断面形式、尺寸 (b, m) 一定时，最大流量相应的水深是临界水深 h_{cr}。

9-9 试证：在矩形断面渠道中最小断面比能 $e_{\min} = \dfrac{3}{2}h_{cr}$，其中 h_{cr} 为渠道的临界水深。

9-10 有一水跃产生于矩形断面棱柱形水平槽中，已知单宽流量 $q = 0.351\text{m}^3/(\text{s}\cdot\text{m})$，跃前水深 $h' = 0.0528\text{m}$，求跃后水深 h''。

9-11 在一棱柱形矩形断面平坡渠道中发生水跃，测得跃前水深 $h' = 0.2\text{m}$，跃后水深 $h'' = 1.4\text{m}$，求渠道的单宽流量 q。

9-12 在棱柱形矩形断面平坡渠道中发生一水跃，已知跃前断面 $Fr_1^2 = \dfrac{\alpha v^2}{gh} = 3$，问跃后水深 h'' 是跃前水深 h' 的几倍？

9-13 某棱柱形矩形断面平坡渠道中发生一水跃，已知渠宽 $b = 0.3\text{m}$，通过的流量 $Q = 0.6\text{m}^3/\text{s}$，跃前水深 $h' = 0.3\text{m}$，试求跃后水深 h''、水跃的长度 l_y 及水跃的水头损失 h_w。

9-14 有两条底宽 b 为 2m 的矩形断面渠道相接，水流在上、下游的条件如图 9-39 所示，当通过流量 $Q = 8.2\text{m}^3/\text{s}$ 时，上游渠道的正常水深 $h_{01} = 1\text{m}$，下游渠道 $h_{02} = 2\text{m}$，若 α 取为 1.0，试判明水跃的形式。

9-15 一水跃产生于陡槽下游的矩形断面的水平扩散段中，已知流量 $Q = 20\text{m}^3/\text{s}$，底宽 $b_1 = 4\text{m}$，边墙与水流方向夹角 $\theta = 5°$，跃前水深 $h' = 0.5\text{m}$，试求水跃长度 l_y 及跃后水深 h''。

9-16 一棱柱形矩形断面渠道，渠宽 $b = 8\text{m}$，粗糙系数 n 为 0.025，底坡 $i = 0.00075$，当通过流量 $Q = 50\text{m}^3/\text{s}$ 时，渠末断面水深 $h_2 = 5.5\text{m}$，试问上游水深 $h_1 = 4.2\text{m}$ 的断面距渠末断面的距离为多少？

9-17 如图 9-40 所示，在矩形平底渠道上，装有控制闸门，闸孔通过流量为 $12.7\text{m}^3/\text{s}$，收缩断面水深 h_c 为 0.5m，渠宽 b 为 3.5m，粗糙系数 n 为 0.012，平底渠道后面接一陡坡渠道，若要求坡度转折处水深为临界水深 h_{cr}，试问收缩断面至坡度转折处之间的距离为多少？

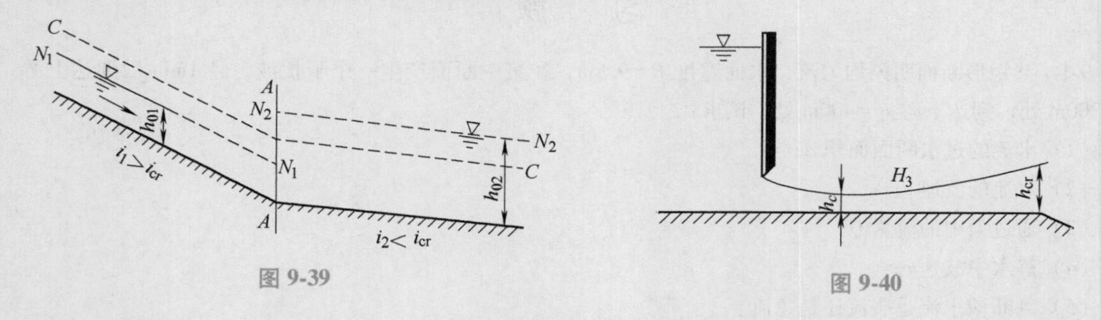

图 9-39

图 9-40

9-18 试定性分析图 9-41 所示，各种条件下的长棱柱形渠道中可能产生的水面曲线，假设流量 Q 和粗糙系数 n 沿程不变。

9-19 如图 9-42 所示，某闸下游有一长度 $s_1 = 37\text{m}$ 的水平段，后接底坡 $i_2 = 0.03$ 的长渠，断面均为矩形，底宽 $b = 10\text{m}$，粗糙系数 $n = 0.025$，通过的流量 $Q = 80\text{m}^3/\text{s}$，收缩断面水深 $h_{c0} = 0.68\text{m}$。试用分段求和法计算并绘制闸后渠道中的水面曲线，并求 $s_1 = 37\text{m}$ 和 $s_2 = 100\text{m}$ 处的水深。

9-20 如图 9-43 所示，有一梯形断面渠道，长度 $s = 500\text{m}$，底宽 $b = 6\text{m}$，边坡系数 $m = 2$，底坡 $i = 0.0016$，粗糙系数 $n = 0.025$，当通过流量 $Q = 10\text{m}^3/\text{s}$ 时，闸前水深 $h_e = 1.5\text{m}$，试按分段求和法计算并绘制水面曲线。

9-21 某棱柱形矩形断面渠道，如图 9-44 所示，宽 $b = 6\text{m}$，粗糙系数 $n = 0.025$，流量 $Q = 14.5\text{m}^3/\text{s}$，渠底坡度 $i = 0.0015$，由于下游建堰后水面抬高，现测得堰前水深 $h = 1.9\text{m}$，求距堰 300m 的上游断面的水深。

9-22 某一土质梯形断面明渠，底宽 $b = 12\text{m}$，底坡 $i = 0.0002$，边坡系数 $m = 1.5$，粗糙系数 $n = 0.025$，渠长 $l = 8\text{km}$，流量 $Q = 47.7\text{m}^3/\text{s}$，渠末水深 $h_2 = 4\text{m}$。试按分段求和法（分成 5 段以上）计算并绘出该渠道

的水面曲线，并要求根据上述计算给出渠首水深 h_1。

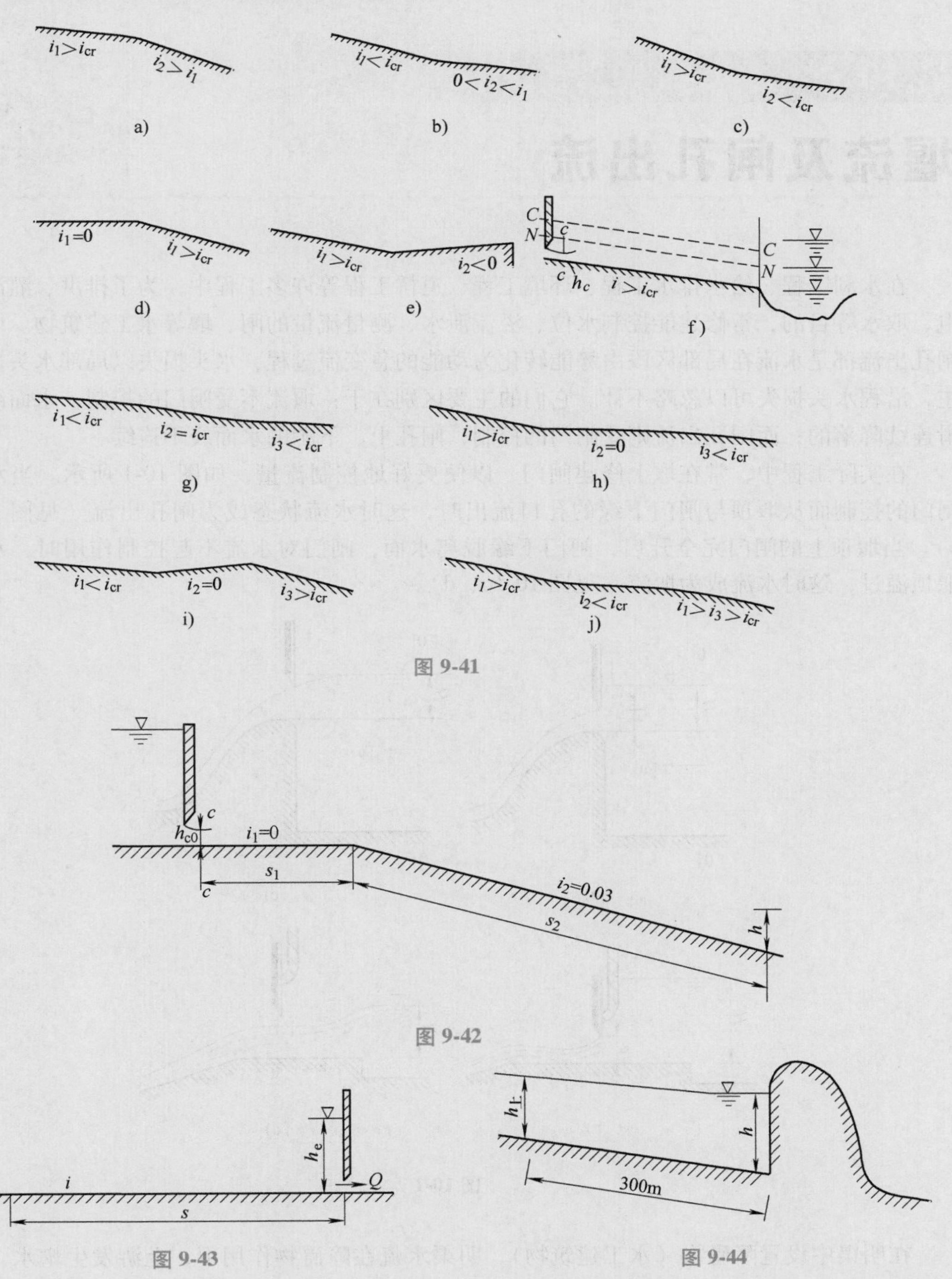

图 9-41

图 9-42

图 9-43

图 9-44

第 10 章 堰流及闸孔出流

在水利工程、给水排水工程、环境工程、道桥工程等许多工程中，为了排洪、灌溉、发电、取水等目的，常修建能控制水位、溢流泄水、测量流量的闸、堰等水工建筑物。堰流和闸孔出流都是水流在局部区段由势能转化为动能的急变流过程，水头损失以局部水头损失为主，沿程水头损失可以忽略不计。它们的主要区别在于：堰流不受闸门的控制，水面线是光滑连续降落的；而闸孔出流则受闸门的控制，闸孔上、下游的水面线不连续。

在实际工程中，常在堰上修建闸门，以便更好地控制流量，如图 10-1 所示。当水流受闸门的控制而从堰顶与闸门下缘的孔口流出时，这时水流状态成为闸孔出流（见图 10-1a、b）。当堰顶上的闸门完全开启，闸门下缘脱离水面，闸门对水流不起控制作用时，水流从堰顶溢过，这时水流成为堰流（见图 10-1c、d）。

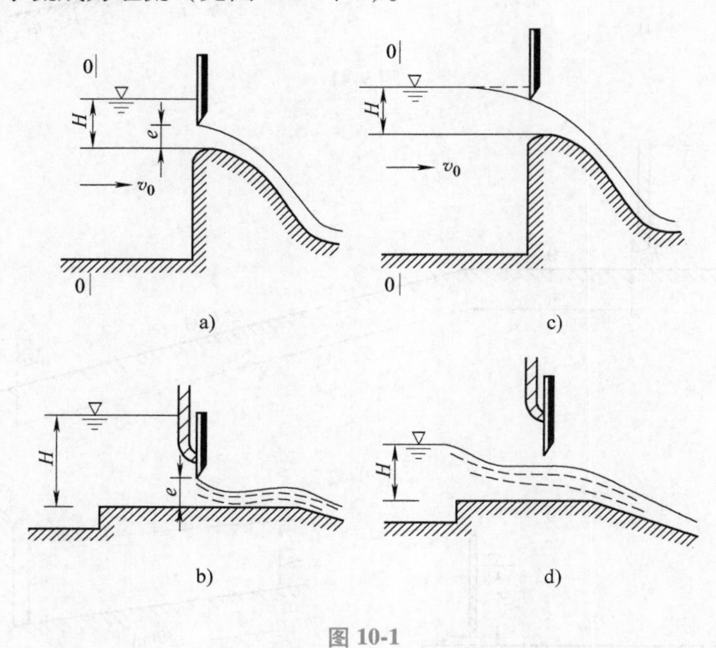

图 10-1

在明渠中设置障碍物（水工建筑物），明渠水流在障碍物作用下，上游发生壅水，水流从障碍物顶部溢过时水面在障碍物上跌落的水流现象也属于堰流。堰流与闸孔出流这两种水流状态的转化，除与闸孔的相对开度 e/H 有关外，还与闸底坎及闸门的型式有关。通常情况下，堰流与闸孔出流的判别依据如下：

底坎为宽顶堰时，如 $e/H>0.65$，则为堰流；如 $e/H\leqslant 0.65$，则为闸孔出流。底坎为曲

线型实用堰时，如 $e/H>0.75$，则为堰流；如 $e/H\leqslant0.75$，则为闸孔出流。

堰流及闸孔出流在工程中应用十分广泛，了解其水流状态、过水能力等水力特性，在工程设计、运行管理中有重要意义。本章主要应用水力学基础原理，在恒定流条件下，讨论堰流和闸孔出流的水力特性及其有关的水力计算方法。

10.1　堰流定义和分类

在水利工程中，根据不同的建筑材料及使用要求，堰的断面又有各种形式。例如，高度较大的溢流坝常用混凝土筑成曲线形；低堰常用石料砌成折线形；而实验室内的量水堰，一般用钢板或塑料板做成很薄的堰壁。显然，堰的断面形式不同，其能量损失及过水能力也不相同。

如图 10-2 所示，表征堰流的特征量有：堰宽 b，即堰的过水宽度；堰前水头 H，即堰上游水位高于堰顶的最大高度；堰壁厚度 δ 及其剖面形状；下游水深 h_t 及下游水位高出堰顶的高度 Δ；堰上游坎高 h_p 及下游坎高 h'_p；上下游水位差 z；行近流速 v_0 等。

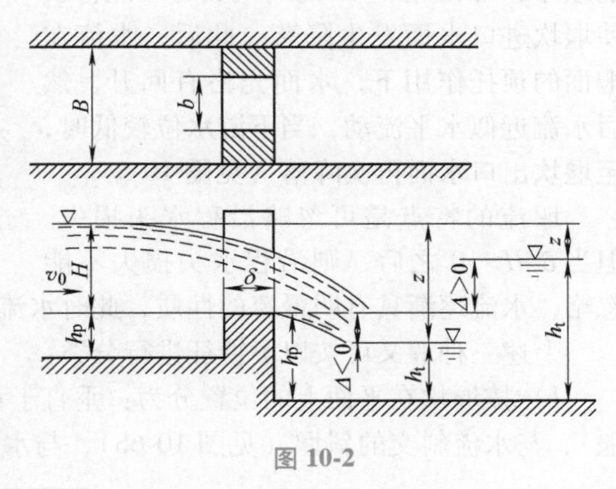

图 10-2

根据堰流的水力特点，首先可用 δ/H 的大小来进行如下分类：

（1）薄壁堰　$\delta/H<0.67$，当水流越过堰顶时，因惯性作用使堰顶水舌底部上弯。实验表明，水舌上弯后又回落到堰顶高程时，距上游堰壁面约 $0.67H$。因此薄壁堰（$\delta/H<0.67$）的特点是堰顶水舌的下缘与堰顶只为线接触。水舌形状不受堰壁厚度 δ 影响（见图 10-3）。在实际应用中，薄壁堰的堰顶常做成锐缘形，故也称为锐缘堰。

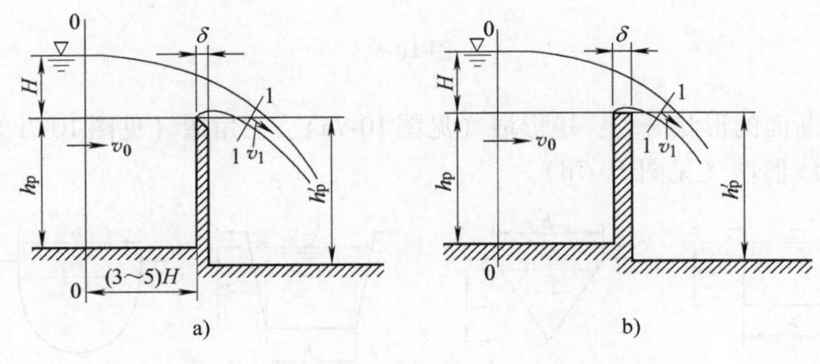

图 10-3

（2）实用堰　$0.67\leqslant\delta/H<2.5$，堰顶厚度 δ 大于薄壁堰，水流受到堰顶的约束和顶托作用。但在实用堰中，这种影响不大，过堰水流主要还是在重力作用下的自由跌落（见图 10-4）。实用堰根据其剖面形状不同，又有曲线形实用堰和折线形实用堰两种。

（3）宽顶堰　$2.5\leqslant\delta/H<10$，堰顶厚度 δ 较大，对水流特性有显著影响。进入堰顶的水

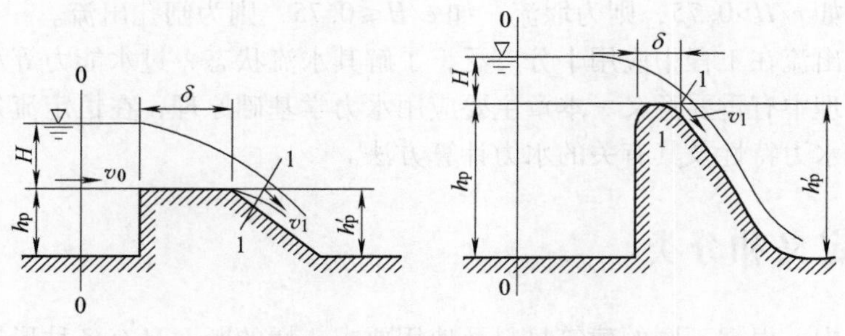

图 10-4

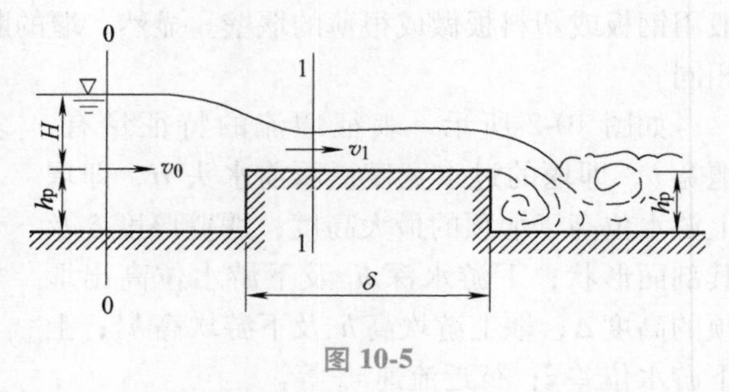

图 10-5

流受到堰的垂向约束，水流动能加大，势能减小，加之堰进口处的局部水头损失，使堰坎进口水面发生降落。此后，水流在堰面的顶托作用下，水面先略有回升，然后水流近似水平流动，当下游水位较低时，至堰坎出口水面再次降落（见图 10-5）。

堰流的特点是可忽略沿程水头损失。但当 $\delta/H>10$ 之后，则沿程水头损失不能忽略，水流逐渐具有明渠流的性质，此时水流已不属于堰流，需按明渠流理论进行计算。

上述三种堰又可按以下特征进行分类：

1）按堰坎在平面上的位置分为：垂直于水流轴线方向的正堰（见图 10-6a）（或称为直堰），与水流斜交的斜堰（见图 10-6b），与水流相平行的侧堰（见图 10-6c）。

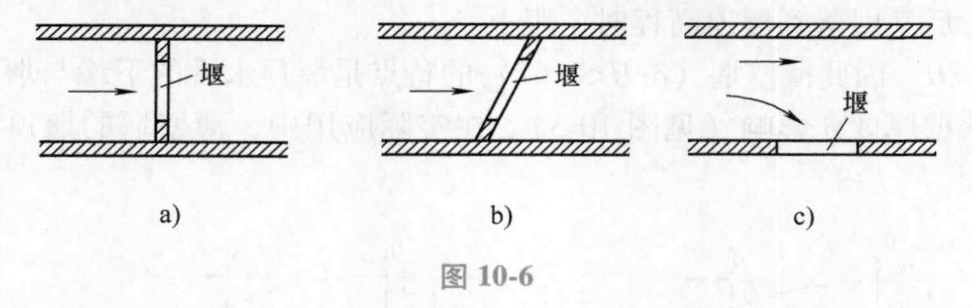

图 10-6

2）按堰口断面的形状分为：矩形堰（见图 10-7a）、三角堰（见图 10-7b）、梯形堰（见图 10-7c）及曲线形堰（见图 10-7d）。

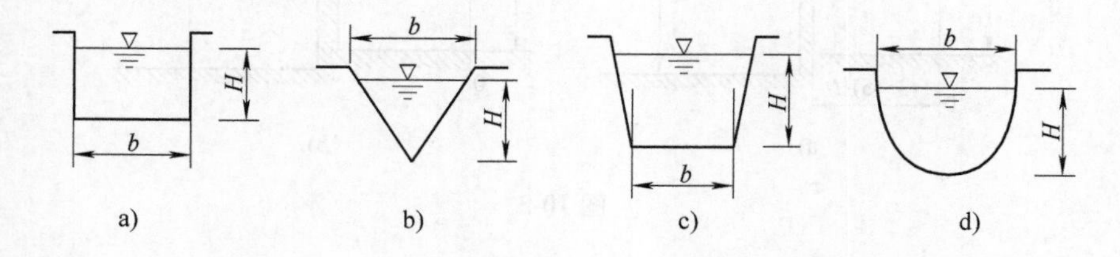

图 10-7

3）按水流行近堰体的条件分为：无侧收缩堰和有侧收缩堰。当矩形堰宽度 b 等于引水渠宽度 B 时为无侧收缩堰（见图 10-8a），否则为有侧收缩堰（见图 10-8b）。

4）按下游出流是否影响泄流能力而分为：非淹没堰和淹没堰。堰流与下游水位的衔接关系是一个重要的因素。当下游水深足够小，不影响堰流性质（如堰的过水能力）时称为自由式堰流（见图 10-9a）；当下游水深足够大时，下游水位影响堰流性质，称为淹没式堰流（见图 10-9b）。

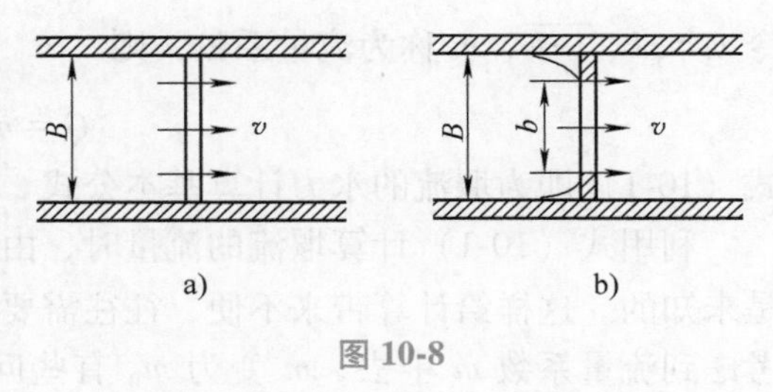

图 10-8

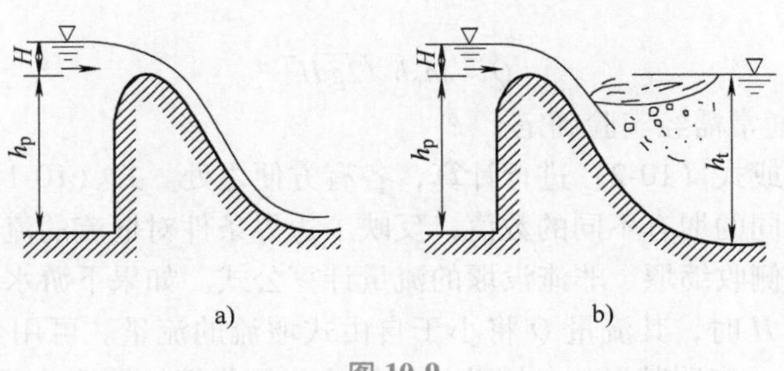

图 10-9

研究堰流实际上就是研究流经堰的流量 Q 与堰流其他特征量的关系，从而解决工程中提出的相关水力学问题。

10.2　堰流基本公式

薄壁堰、实用堰和宽顶堰的水流特点是有差别的，由于 δ/H 的量变引起一定程度的质变。这种差别是堰流边界条件不同引起的。同时，它们也有共性，即都是可不计沿程水头损失的明渠缓流的溢流。这种共性决定了三种堰流具有同一结构形式的基本公式，而差异表现在某些系数数值的不同上。

现在以宽顶堰为例，应用能量方程推求堰流计算的基本公式，如图 10-5 所示，设宽顶堰为无侧向收缩的自由堰流，以水平堰顶为基准面，对堰前断面 0—0 及堰顶收缩断面 1—1 列伯努利方程

$$H+\frac{\alpha_0 v_0^2}{2g}=h_1+\frac{\alpha_1 v_1^2}{2g}+\zeta\frac{v_1^2}{2g}$$

令 $H_0=H+\dfrac{\alpha_0 v_0^2}{2g}$，$\varphi=\dfrac{1}{\sqrt{\alpha_1+\zeta}}$，则上式可整理为

$$v_1=\varphi\sqrt{2g(H_0-h_1)}$$

这是一个以 h_1 为未知数的流速公式，很显然，要设法知道 h_1 后才能得到堰流的流量公式。为此，在形式上将 h_1 与 H_0 建立关系。设 $k=h_1/H_0$，则上式可以写为

$$v_1=\varphi\sqrt{1-k}\sqrt{2gH_0}$$

由连续性方程，得

$$Q=v_1A_1=v_1bh_1=\varphi bk\sqrt{1-k}\sqrt{2g}H_0^{\frac{3}{2}}$$

令 $m=\varphi k\sqrt{1-k}$，m 称为流量系数，则

$$Q = mb\sqrt{2g}H_0^{\frac{3}{2}} \tag{10-1}$$

式（10-1）即为堰流的水力计算基本公式。

利用式（10-1）计算堰流的流量时，由于 H_0 中含有行近流速 v_0，在流量未知时，v_0 也是未知的。这样给计算带来不便，往往需要试算。如果将堰上游行近流速水头［$\alpha_0 v_0^2/(2g)$］考虑到流量系数 m 中去，m 变为 m_0 有些问题的计算会变得更方便一些，则式（10-1）可写成

$$Q = m_0 b\sqrt{2g}H^{\frac{3}{2}} \tag{10-2}$$

式中的流量系数 m_0 通常需经实验确定。

采用式（10-1）或式（10-2）进行计算，各有方便之处。式（10-1）及式（10-2）中的堰流流量系数，对不同的堰有不同的数值，反映了边界条件对堰流的流量的影响。

上述介绍的是无侧收缩堰、非淹没堰的流量计算公式。如果下游水位和侧向收缩影响堰流特性，在相同水头 H 时，其流量 Q 将小于自由式堰流的流量。可用分别小于 1.0 的侧收缩系数 ε 和淹没系数 σ 表明其影响。因此，淹没式和侧收缩的堰流公式可表示为

$$Q = \varepsilon\sigma mb\sqrt{2g}H_0^{\frac{3}{2}} \tag{10-3}$$

或

$$Q = \varepsilon\sigma m_0 b\sqrt{2g}H^{\frac{3}{2}} \tag{10-4}$$

对边界条件比较简单的堰，人们在长期的实践中，通过科学实验积累了丰富的资料，制订了一些尚能满足一般工程设计要求的经验公式，我们在下面将分别对不同的堰型介绍有代表性的公式。至于边界条件复杂的堰的流量系数，必须通过模型实验予以测定。

10.3 薄壁堰流

薄壁堰（$\delta/H<0.67$）按堰口断面形状不同，可分为矩形薄壁堰、三角形薄壁堰和梯形薄壁堰。三角形薄壁堰常用于量测较小的流量，矩形薄壁堰和梯形薄壁堰常用于量测较大的流量。

10.3.1 矩形薄壁堰

无侧收缩、自由式、水舌下通风的矩形薄壁正堰，如图 10-10 所示。由于它的溢流情况稳定，在实用上主要作为一种测量流量的设备。图中的水面线及水舌下缘曲线是根据巴赞（Bazin）的实测数据用水头 H 作为参数绘制的。由图 10-10 可见，当 $\delta/H<0.67$ 时，堰顶的厚薄不影响堰流性质，这正是薄壁堰的特点。

由于薄壁堰主要作为测量流量的工具，故流量计算公式用式（10-2）较方便，即

$$Q = m_0 b\sqrt{2g}H^{\frac{3}{2}}$$

在堰板上游大于 $3H$ 的地方，测出水头 H。关于流量系数 m_0，可采用下列经验公式计算：

1）德国人雷布克（Rehbock）于 1912 年得流量系数 m_0 的经验公式为

$$m_0 = 0.403 + 0.053\frac{H}{h_P} + \frac{0.0007}{H} \tag{10-5}$$

式中，H、h_p以 m 计。其中的第二项表述了行近流速的影响，当 H/h_p 较小时，该影响可以忽略。第三项表述了表面张力的影响，当水头 H 较大时，表面张力的影响可以忽略（从表面看来，这一项的量纲是不和谐的，实际计算时只取其数值即可）。实验证明，式（10-5）在 $0.10\text{m}<h_p<1.0\text{m}$，$0.024\text{m}<H<0.6\text{m}$，且 $H/h_p<1$ 的条件下，误差在 5‰以内。

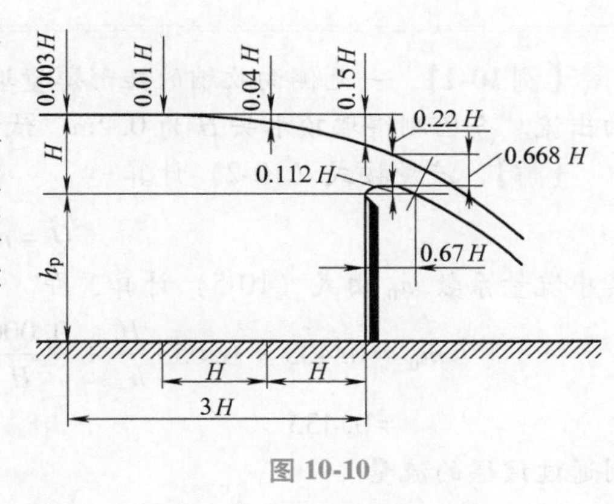

图 10-10

2）法国人巴赞于 1889 年得到经验公式为

$$m_0=\left(0.405+\frac{0.0027}{H}\right)\left[1+0.55\left(\frac{H}{H+h_p}\right)^2\right] \tag{10-6}$$

其中方括弧项表述了行近流速的影响。其应用范围为 $0.2\text{m}<b<2\text{m}$，$0.24\text{m}<h_p<1.13\text{m}$，$0.05\text{m}<H<1.24\text{m}$。在初步设计中，可取 $m_0=0.420$。

当 $b<B$ 时，即堰宽小于引水渠道宽度，堰流发生侧向收缩。这样，在相同 b、h_p和 H 的条件下，其流量比完全堰要小些。考虑到这一影响，巴赞经验公式中的流量系数 m_0 由 m_c 来代替，即

$$Q=m_c b\sqrt{2g}H^{1.5} \tag{10-7}$$

$$m_c=\left(0.405+\frac{0.0027}{H}-0.03\frac{B-b}{B}\right)\left[1+0.55\left(\frac{b}{B}\right)^2\left(\frac{H}{H+h_p}\right)^2\right] \tag{10-8}$$

式中，H 以 m 计。

当堰下游水位高于某一数值时，会影响到堰流的水力特性，如果具备下列两个条件时，便形成淹没出流（或称潜堰），如图 10-11 所示。薄壁堰的淹没出流的条件是：堰下游水位要高于堰顶标高，并在下游形成淹没式水跃（见图 10-11），即 $z/h'_p<0.7$（z 为堰上、下游水位差；h'_p为下游堰高）。矩形薄壁堰淹没出流的流量公式为

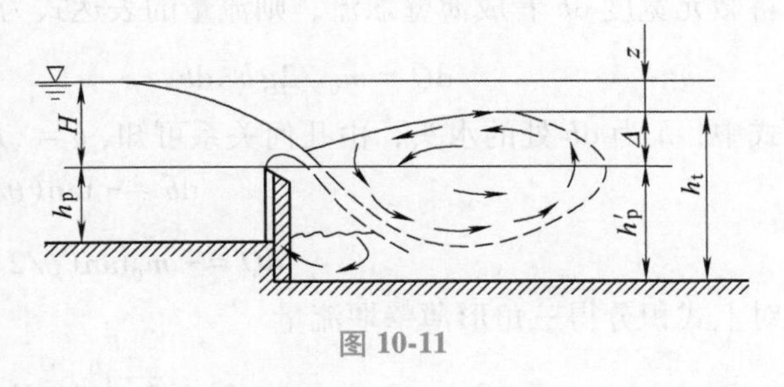

图 10-11

$$Q=\sigma m_0 b\sqrt{2g}H^{1.5} \tag{10-9}$$

其中淹没系数 σ 可按下式计算：

$$\sigma=1.05\left(1+0.2\frac{\Delta}{h'_p}\right)\sqrt[3]{\frac{z}{H}} \tag{10-10}$$

式中，H 为堰上水头（m）；z 为堰上、下游水位差（m）；Δ 为下游水位超过堰顶的高度（m）；h'_p为下游堰高（m）。

实验证明，薄壁堰淹没出流时，下游水位的波动会对堰流水力特性造成影响，使得堰流不够稳定，所以应尽量避免在淹没条件下工作。若用矩形薄壁堰作为测量流量的设备时，应采用无侧收缩自由出流，此时水流最稳定，测量精度最高。

【例10-1】 一无侧向收缩的矩形薄壁堰，堰宽 b 为0.5m，上游堰高 h_p 为0.4m，堰为自由出流。今已测得堰顶水头 H 为0.2m。试求通过的流量。

【解】 流量按式（10-2）计算

$$Q = m_0 b\sqrt{2g}H^{\frac{3}{2}}$$

其中流量系数 m_0 由式（10-5）计算，即

$$m_0 = 0.403 + 0.053\frac{H}{h_p} + \frac{0.0007}{H} = 0.403 + 0.053 \times \frac{0.2}{0.4} + \frac{0.0007}{0.2}$$

$$= 0.433$$

则通过该堰的流量

$$Q = 0.433 \times 0.5\text{m} \times \sqrt{2 \times 9.8\text{m/s}^2} \times (0.2\text{m})^{\frac{3}{2}} = 0.0857\text{m}^3/\text{s}$$

10.3.2 三角形薄壁堰

用矩形薄壁堰量测流量时，当流量较小（如 $Q<0.1\text{m}^3/\text{s}$），堰上水头很小，量测水头的相对误差增大。为使小流量仍能保持较大的堰上水头，一般改用三角形薄壁堰。三角形薄壁堰可在小流量下得到较大堰顶水头，从而提高量测精度。三角形薄壁堰如图10-12所示。

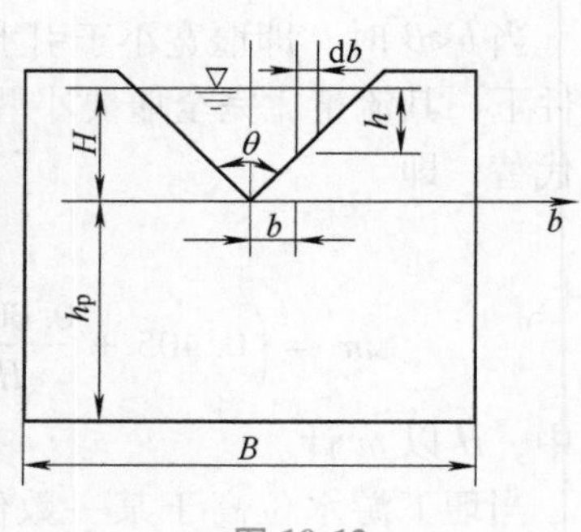

图 10-12

三角形薄壁堰流可看成由若干不同微元矩形堰的叠加。设三角形堰堰顶的夹角为 θ，自顶点算起的堰上水头为 H，将微元宽度 db 看成薄壁堰流，则流量的表达式为

$$dQ = m_0\sqrt{2g}h^{\frac{3}{2}}db$$

式中，h 为 db 处的水头，由几何关系可知，$b=(H-h)\tan(\theta/2)$，则

$$db = -\tan(\theta/2)dh$$

$$dQ = -m_0\tan(\theta/2)\sqrt{2g}h^{\frac{3}{2}}dh$$

对上式积分得三角形薄壁堰流量

$$Q = -2m_0\tan(\theta/2)\sqrt{2g}\int_H^0 h^{\frac{3}{2}}dh = \frac{4}{5}m_0\tan(\theta/2)\sqrt{2g}H^{\frac{5}{2}}$$

令 $C=\frac{4}{5}m_0\tan\frac{\theta}{2}\sqrt{2g}$，则薄壁堰自由出流的流量公式可写为

$$Q = CH^{2.5} \tag{10-11}$$

式中，C 是与 θ 和 H 有关的系数，可由实验确定。

在实际应用中，三角堰常为等腰直角三角形。根据实验资料，当 $H=0.05\sim0.25\text{m}$ 时，$\theta=90°$，$m_0=0.395$，$C=1.4$，则流量公式为

$$Q = 1.4H^{2.5} \tag{10-12}$$

式中，H 以m计，流量 Q 以 m^3/s 计。

式（10-12）适用于 $H=0.05\sim0.25\text{m}$，$h_p\geqslant 2H$，$B\geqslant(3\sim4)H$ 范围，当 $Q<0.1\text{m}^3/\text{s}$ 时，

具有足够高的精度。

当 $H=0.25\sim0.55\text{m}$，$\theta=90°$时，可用下述经验公式计算：

$$Q = 1.343H^{2.47} \tag{10-13}$$

式（10-13）也可取代式（10-12），计算更为精确，式中符号及单位均与式（10-12）相同。

【例 10-2】 计量三角形薄壁堰的顶角 θ 为 90°，堰上水头 $H=0.10\text{m}$，试求通过此堰的流量。若流量增加一倍，堰上水头变化如何？

【解】 直角三角形薄壁堰的流量计算式为

$$Q = 1.4H^{2.5}$$

代入数据得

$$Q_1 = 1.4H^{2.5} = (1.4 \times 0.1^{2.5})\text{m}^3/\text{s} = 0.0044\text{m}^3/\text{s}$$

$$Q_2 = (2 \times 0.0044)\text{m}^3/\text{s} = 0.0088\text{m}^3/\text{s} = 1.4H_2^{2.5}$$

解得

$$H_2 = 0.13\text{m}$$

10.3.3 梯形薄壁堰

当流量大于三角堰的量程，用三角堰或无侧收缩矩形堰测流均不适宜时，可采用梯形堰。梯形薄壁堰如图 10-13 所示。

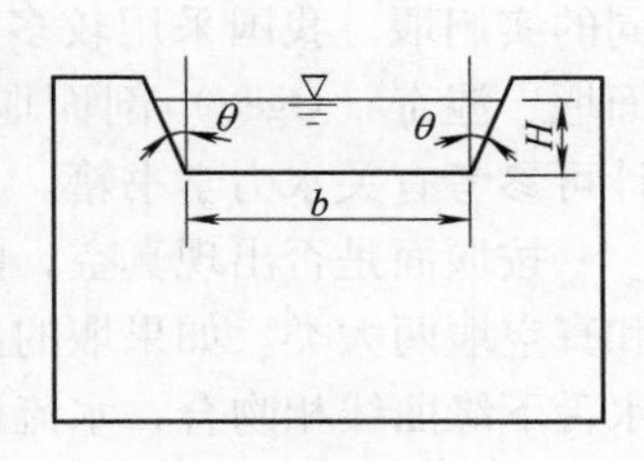

图 10-13

梯形薄壁堰的流量是中间矩形堰的流量和两侧合成的三角堰的流量之和，即

$$Q = m_0 b\sqrt{2g}H^{\frac{3}{2}} + CH^{\frac{5}{2}}$$

$$= \left(m_0 + \frac{CH}{b\sqrt{2g}}\right) b\sqrt{2g}H^{\frac{3}{2}}$$

令 $m_t = m_0 + \dfrac{CH}{b\sqrt{2g}}$，得

$$Q = m_t b\sqrt{2g}H^{\frac{3}{2}} \tag{10-14}$$

1897 年意大利人西波利地（Cipoletti）研究得出：当 $\tan\theta=0.25$，即 $\theta=14°$时，m_t 不随 H 及 b 而变化，且流量系数 m_t 约为 0.42，则

$$Q = 0.42b\sqrt{2g}\,H^{1.5} = 1.86bH^{1.5} \tag{10-15}$$

式中，b 及 H 以 m 计；Q 的单位是 m^3/s。

$\theta=14°$的梯形堰又称西波利地堰。

在应用上述公式计算薄壁堰自由出流的流量时，应确保薄壁堰四周为大气压。一般在使用薄壁堰测量流量时，应在水舌下面设置通气管使之与大气相通，否则会因水舌下面的空气被水流带走而出现真空，使水舌上下摆动，形成不稳定的水流，影响测流精度。

10.4 实用堰流

实用堰（$0.67\leqslant\delta/H<2.5$）是水利工程中用来挡水同时又能泄水的水工建筑物，在市政与环

境工程中的给水与污废水处理厂的溢流设备也是实用堰的例子。根据堰的使用和结构本身稳定性要求，其顺流方向的堰体剖面可设计成曲线形（见图 10-14a、b）或折线形（见图 10-14c）。

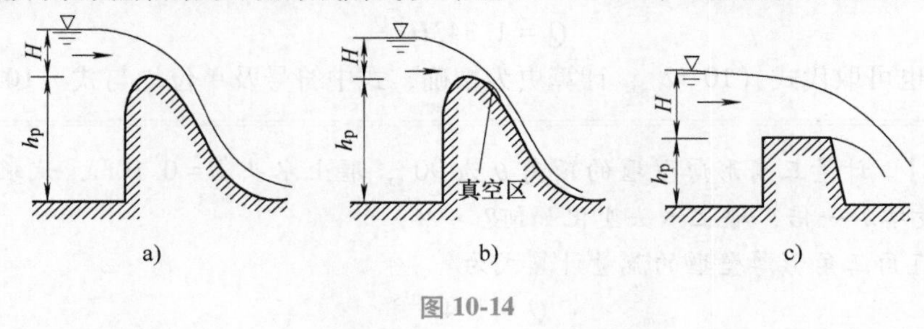

图 10-14

曲线形实用堰是按照矩形薄壁堰自由出流时水舌下缘曲线的形状设计的。比较合理的剖面形状过水能力大，堰面不出现过大的负压，而且经济、稳定。曲线形实用堰的剖面如图 10-15 所示，由四部分组成：①上游的直线段 AB；②堰顶曲线段 BC；③坡度为 $m_\alpha = \cot\alpha$ 的下游直线段 CD；④堰面与下游河道连接的反弧段 DE。

堰顶曲线段 BC 对于水流特性的影响最大，是设计曲线形实用堰剖面形状的关键。不同的剖面形状代表不同的实用堰。我国采用较多的是克-奥剖面堰、WES 剖面堰、渥奇（Ogee）剖面堰。有关这些堰型的剖面设计可参考有关水力学书籍。

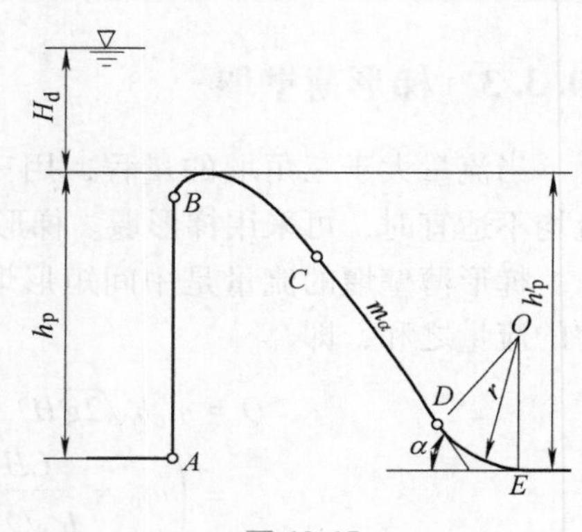

图 10-15

按堰面是否出现真空，曲线形实用堰分为非真空堰和真空堰两大类。如果堰的剖面曲线基本上与薄壁堰的水舌下缘曲线相吻合，水流作用在堰面上的压强近似为大气压强，称为非真空堰（见图 10-14a）。若堰的剖面曲线低于薄壁堰的水舌下缘曲线，溢流水舌脱离堰面，脱离处的空气被水流带走而形成真空区，这种堰称为真空堰（见图 10-14b）。真空堰由于堰面上真空区的存在，与管嘴的水力性质相似，增加了堰的过水能力，即增大了流量系数。但是，由于真空区的存在，水流不稳定，从而可能引起堰的振动，若真空值过大，则在堰面可能发生空蚀现象，使堰面过早地破损。

折线形实用堰多用作低堰，当材料（堆石、木材等）不便加工成曲线时，其剖面形状多为梯形，如图 10-14c 所示。

实用堰流的基本公式仍为式（10-1），即

$$Q = mb\sqrt{2g}H_0^{\frac{3}{2}}$$

对于实用堰的流量系数 m，主要取决于堰顶的几何形状及上游的作用水头。其具体数值应由模型实验决定。对于曲线形实用堰，$m = 0.43 \sim 0.50$；对于折线形实用堰，$m = 0.35 \sim 0.43$。具体计算时，可根据不同的情况查阅有关水力计算手册。

对于有侧收缩和淹没的堰流，在上式的基础上分别乘以侧收缩系数 ε 和淹没系数 σ，即

$$Q = \varepsilon mb\sqrt{2g}H_0^{\frac{3}{2}} \quad （自由式） \tag{10-16}$$

$$Q = \sigma mb\sqrt{2g}H_0^{\frac{3}{2}} \quad （淹没式） \tag{10-17}$$

实用堰的淹没条件也是下游水面高出堰顶和堰下形成淹没式水跃。当实用堰形成淹没出流时，其淹没系数 σ 与堰的相对淹没深度 Δ/H（其中 Δ 为堰的下游水位高出堰顶的高度）有关，淹没系数 σ 可由表 10-1 确定。

表 10-1　实用堰淹没系数 σ

Δ/H	0.05	0.20	0.30	0.40	0.50	0.60	0.70	0.80	0.90	0.95	0.975	0.995	1.00
σ	0.997	0.985	0.972	0.957	0.935	0.906	0.856	0.776	0.621	0.470	0.319	0.100	0

对于有侧收缩堰，侧收缩系数 ε 可按奥菲采洛夫（H. C. O）公式计算

$$\varepsilon = 1 - 0.2[\zeta_K + (n-1)\zeta_0]\frac{H_0}{nb_0} \tag{10-18}$$

式中，ζ_K 为边墩形状系数；ζ_0 为闸墩形状系数；n 为实用堰顶的闸孔数；b_0 为每孔净宽。

ζ_K、ζ_0 可按边墩和闸墩的头部形状由表 10-2 和表 10-3 查得。式（10-18）的适用条件是：$H_0/b_0 \leqslant 1.0$（当 $H_0/b_0 > 1.0$ 时按 1.0 计）；$B \geqslant b + (n-1)d$，式中，B 为堰上游引渠宽度，$b = nb_0$ 为实用堰净宽，d 为闸墩宽度。

表 10-2　闸墩形状系数 ζ_0 值

闸墩头部平面形状	Δ/H_0 $\leqslant 0.75$	Δ/H_0 $=0.80$	Δ/H_0 $=0.85$	Δ/H_0 $=0.90$	Δ/H_0 $=0.95$	附注
矩形	0.80	0.86	0.92	0.98	1.00	1）Δ 为下游水面高出堰顶的高度 2）闸墩头、尾形状相同 3）顶端与上游壁面齐平
尖角形 $\theta=90°$	0.45	0.51	0.57	0.63	0.69	
半圆形 $r=d/2$	0.45	0.51	0.57	0.63	0.69	
流线型（1.21d，$r=1.71d$）	0.25	0.32	0.39	0.46	0.53	

表 10-3　边墩形状系数 ζ_K 值

边墩平面形状	ζ_K
直角形	1.00
斜角形（45°）	0.70
圆弧形	0.70

10.5 宽顶堰流

当（$2.5 \leqslant \delta/H < 10$），且堰顶水平时，水流在堰进口处形成水面跌落，堰顶上产生一段流线近似平行堰顶的渐变流动，这种堰流即为宽顶堰流。宽顶堰流是实际工程中极为常见的水流现象，底坎（$h_p > 0$）将引起水流在垂向收缩，形成宽顶堰水流。对于工程中一些无底坎流动（$h_p = 0$）的情况，例如流经桥墩之间、隧洞或涵洞等的水流，由于侧向收缩的影响，也会形成进口水面的跌落，产生宽顶堰的水流状态，这种流动情况称为无坎宽顶堰流。

在各种形式的宽顶堰中，当进口前沿较宽时，常设有闸墩及边墩，会产生侧向收缩。另外，若上游水头一定，下游水位高至某一程度时，宽顶堰流会由自由出流变为淹没出流。侧收缩和淹没出流都会使堰的过水能力减小。

在工程中，堰口形状一般为矩形，本节首先分析自由出流且无侧收缩的宽顶堰，然后对淹没及侧收缩等因素对堰流的影响进行分析。

10.5.1 自由式无侧收缩宽顶堰

宽顶堰上的水流现象是很复杂的。当 $2.5 \leqslant \delta/H < 4$ 时，无侧收缩、非淹没宽顶堰在堰顶只有一次跌落，在堰坎末端偏上游处的水深为临界水深 h_{cr}，如图 10-16a 所示。当 $4 \leqslant \delta/H < 10$ 时，堰顶水面有两次跌落，如图 10-16b 所示。其主要特点是：水流在堰首由于堰坎的垂向约束，过流断面减小，流速增大，势能减小，水面最大跌落处形成收缩断面 $C—C$，水深 $h_c = (0.8 \sim 0.92) h_{cr}$；而后，由于堰顶阻力，使水面形成壅水曲线，逐渐接近堰顶断面的临界水深 h_{cr}，如果下游水位较低，在堰坎末端再次出现跌落。宽顶堰流流量的基本公式仍为式（10-1），即

$$Q = mb\sqrt{2g}H_0^{\frac{3}{2}}$$

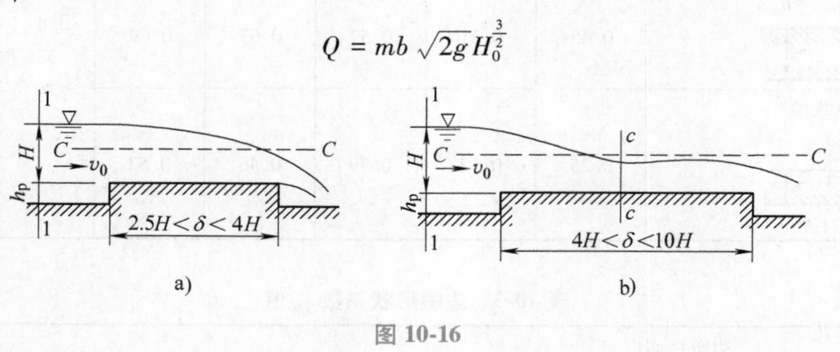

图 10-16

宽顶堰流量系数 m 与堰口形式和堰的相对高度 h_p/H 有关，可采用下列经验公式计算：

对直角锐缘进口（见图 10-17a）

$$m = 0.32 + 0.01\frac{3 - \dfrac{h_p}{H}}{0.46 + 0.75\dfrac{h_p}{H}} \tag{10-19}$$

对堰顶进口为圆角（见图 10-17b，当 $r/H \geqslant 0.2$，r 为圆进口圆弧半径）

$$m = 0.36 + 0.01 \frac{3 - \frac{h_p}{H}}{1.2 + 1.5\frac{h_p}{H}} \tag{10-20}$$

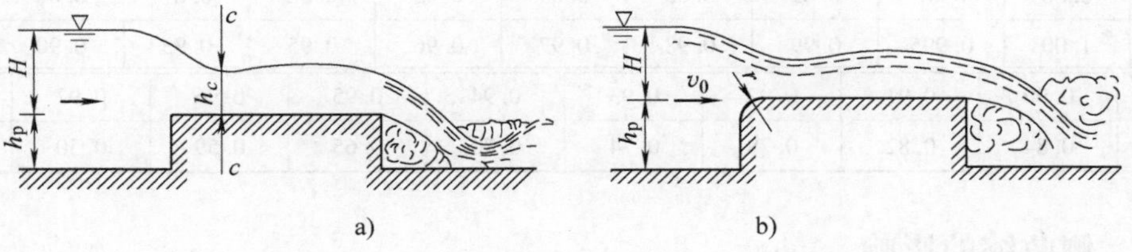

a)　　b)

图 10-17

式（10-19）和式（10-20）适用于 $0 \leq h_p/H \leq 3$ 的情况。当 $h_p/H > 3.0$ 时，堰高所引起的垂向收缩达到最大，m 值将不再随 h_p/H 而变化，故用 $h_p/H = 3.0$ 代入计算。宽顶堰流量系数的最小值为 0.32（直角锐缘进口）和 0.36（圆进口）便由此而得。宽顶堰流量系数的最大值为 0.385，证明从略。

10.5.2　淹没条件和淹没出流

自由式宽顶堰堰顶上的水深 h_c 小于临界水深 h_{cr}，即堰顶上的水流为急流。当下游水位低于坎高时，$\Delta<0$，下游水流不会影响堰顶上水流的性质。因此 $\Delta>0$ 是下游水位影响堰顶上水流的必要条件，即 $\Delta>0$ 是形成淹没出流的必要条件。至于形成淹没出流的充分条件，是堰顶水流因下游水位影响而由急流转变为缓流。但是，堰下游水流情况复杂，通过实验研究，可以认为宽顶堰淹没出流的判别条件是

$$\Delta > 0.8H_0 \tag{10-21}$$

当满足淹没条件时，其宽顶堰淹没出流的主要特点如图 10-18 所示，堰顶上水深以 h_2 表示。从图 10-18 中可见，堰下游水位高于堰顶上水位，即 $\Delta>h_2$，这是因为堰出口后渠道的过水断面大于堰顶上的过水断面，使渠道中的流速小于堰顶上的流速，动能沿程减小，位能沿程增加，水面呈壅高现象，如图 10-18 中的 z'（称为动能恢复）。其次堰顶上的水深 h_2 不是自由式的 h_c，而是受下游水位影响决定的水深 $h_2=\Delta-z'$，这是淹没式宽顶堰与自由式宽顶堰相区别的特点。

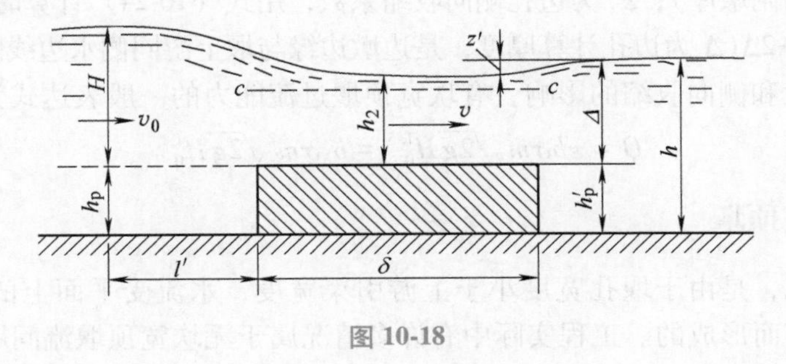

图 10-18

宽顶堰淹没出流的公式为

$$Q = \sigma mb\sqrt{2g}H_0^{\frac{3}{2}} \tag{10-22}$$

宽顶堰的淹没系数 σ 随 Δ/H_0 的增大而减小，其实验结果见表10-4。

表10-4 宽顶堰淹没系数 σ

Δ/H	0.80	0.81	0.82	0.83	0.84	0.85	0.86	0.87	0.88	0.89
σ	1.00	0.995	0.99	0.98	0.97	0.96	0.95	0.93	0.90	0.87

Δ/H	0.90	0.91	0.92	0.93	0.94	0.95	0.96	0.97	0.98
σ	0.84	0.82	0.78	0.74	0.70	0.65	0.59	0.50	0.40

10.5.3 侧收缩的影响

如果堰前引水渠道宽度 B 大于堰宽 b，则水流流进堰顶后，在侧壁发生分离，使堰流的过水断面宽度小于堰宽，同时也增加了局部水头损失。用侧收缩系数 ε 考虑上述影响，则自由式宽顶堰的流量公式为

$$Q = \varepsilon bm\sqrt{2g}H_0^{\frac{3}{2}} = b_c m\sqrt{2g}H_0^{\frac{3}{2}} \tag{10-23}$$

式中，b_c 称为收缩堰宽，$b_c=\varepsilon b$。

侧收缩系数 ε 由下面的经验公式计算：

$$\varepsilon = 1 - \frac{a}{\sqrt[3]{0.2+\frac{p}{H}}}\sqrt[4]{\frac{b}{B}}\left(1-\frac{b}{B}\right) \tag{10-24}$$

式中，a 为考虑墩头及堰顶入口的形状系数，当闸墩（或边墩）头部为矩形时，堰顶为直角入口时，$a=0.19$，当闸墩（或边墩）头部为圆弧形，堰顶入口为直角或圆弧形时，$a=0.10$；b 为溢流孔净宽度；B 为上游引渠宽度；其余符号如图10-18所示。

对于单孔宽顶堰（无闸墩），式（10-24）中的 b 采用两个边墩间的宽度，B 可采用堰上游的水面宽度。

对于多孔宽顶堰（有边墩及闸墩），侧收缩系数应当取边孔及中孔的加权平均值，即

$$\overline{\varepsilon} = \frac{(n-1)\varepsilon_1 + \varepsilon_2}{n} \tag{10-25}$$

式中，n 为孔数；ε_1 为中孔侧向收缩系数，按式（10-24）计算时，可取 $b=b'$（b'为单孔净宽），$B=b'+d$（d 为闸墩厚）；ε_2 为边孔侧向收缩系数，用式（10-24）计算时，可取 $b=b'$（b'为边孔净宽），$B=b'+2\Delta$（Δ 为边孔计算厚度，是边墩边缘与堰上游同侧水边线间的距离）。

考虑下游淹没和侧向收缩的影响，有坎宽顶堰过流能力的一般表达式为

$$Q = \varepsilon b\sigma m\sqrt{2g}H_0^{1.5} = b_c\sigma m\sqrt{2g}H_0^{1.5} \tag{10-26}$$

10.5.4 无坎宽顶堰

无坎宽顶堰流，是由于堰孔宽度小于上游引渠宽度，水流受平面上的束窄产生侧向收缩，引起水面跌落而形成的。工程实际中有许多情况属于无坎宽顶堰流问题。如水流经过平底引水闸、桥、涵、跌水、陡槽进口等的流动。无坎宽顶堰虽然没有底坎的阻碍作用，但因受到侧壁束窄而引起水面跌落，其流动现象与有坎宽顶堰相似，其流量计算公式与有坎宽顶

堰相同。但侧向收缩系数一般不单独考虑，而是把它包含在流量系数中一并考虑，即 $m'=m\varepsilon$，m'为包括侧向收缩影响的流量系数，见表 10-5。

表 10-5　无坎宽顶堰流量系数 m'

$\cot\theta$ / $\beta=b/B$	0	0.5	1.0	2.0	3.0
0.0	0.320	0.343	0.350	0.353	0.350
0.1	0.322	0.344	0.351	0.354	0.351
0.2	0.324	0.346	0.352	0.355	0.352
0.3	0.327	0.348	0.354	0.357	0.354
0.4	0.330	0.350	0.356	0.358	0.356
0.5	0.334	0.352	0.358	0.360	0.358
0.6	0.340	0.356	0.361	0.363	0.361
0.7	0.346	0.360	0.364	0.366	0.364
0.8	0.355	0.365	0.369	0.370	0.369
0.9	0.367	0.373	0.375	0.376	0.375
1.0	0.385	0.385	0.385	0.385	0.385

r/b / $\beta=b/B$	0.00	0.05	0.10	0.20	0.30	0.40	≥0.50
0.0	0.320	0.335	0.342	0.349	0.354	0.357	0.360
0.1	0.322	0.337	0.344	0.350	0.355	0.358	0.361
0.2	0.324	0.338	0.345	0.351	0.356	0.359	0.362
0.3	0.327	0.340	0.347	0.353	0.357	0.360	0.363
0.4	0.330	0.343	0.349	0.355	0.359	0.362	0.364
0.5	0.334	0.346	0.352	0.357	0.361	0.363	0.366
0.6	0.340	0.350	0.354	0.360	0.363	0.365	0.368
0.7	0.346	0.355	0.359	0.363	0.366	0.368	0.370
0.8	0.355	0.362	0.365	0.368	0.371	0.372	0.373
0.9	0.367	0.371	0.373	0.375	0.376	0.377	0.378
1.0	0.385	0.385	0.385	0.385	0.385	0.85	0.385

翼墙形式示意图	直角形翼墙（$\cot\theta=0$）	八字形翼墙（$\cot\theta>0$）	圆弧

当下游水位 h_t 大于 $1.3h_{cr}$（h_{cr}为临界水深）或 $0.8H_0$ 时，按淹没出流考虑，淹没系数 σ 仍可由表 10-4 选用。

无坎宽顶堰流的一般表达式为

$$Q=\sigma m' b\sqrt{2g}H_0^{\frac{3}{2}} \tag{10-27}$$

对于多孔的情况，流量系数应当取边孔及中孔的加权平均值，即

$$\overline{m'}=\frac{(n-1)\,m_1'+m_2'}{n} \tag{10-28}$$

式中，n 为孔数；m_1'为中孔流量系数，由表 10-5 选用；m_2'为边孔流量系数，由表 10-5 选用。

【例 10-3】 求流经直角进口无侧收缩宽顶堰的流量 Q。已知堰顶水头 $H=0.85\text{m}$，坎高 $h_p=h'_p=0.50\text{m}$，堰下游水深 $h_t=1.12\text{m}$，堰宽 $b=1.28\text{m}$。

【解】 (1) 首先判明此堰是自由式还是淹没式。

$$\Delta = h_t - h'_p = (1.12 - 0.5)\text{m} = 0.62\text{m} > 0$$

故满足淹没出流的必要条件。但

$$0.8H_0 = 0.8 \times 0.85\text{m} = 0.68\text{m} > 0.62\text{m}$$

即 $0.8H_0>\Delta$，则不满足淹没出流的充分条件，故属于无侧收缩宽顶堰自由出流。

(2) 计算流量系数 m。

$$\frac{h_p}{H} = \frac{0.50}{0.85} = 0.588$$

$$m = 0.32 + 0.01\frac{3 - \dfrac{h_p}{H}}{0.46 + 0.75\dfrac{h_p}{H}} = 0.347$$

(3) 由于

$$H_0 = H + \frac{\alpha Q^2}{2g[b(H+h_p)]^2}$$

故 $Q = mb\sqrt{2g}H_0^{\frac{3}{2}} = mb\sqrt{2g}\left[H + \dfrac{\alpha Q^2}{2gb^2(H+h_p)^2}\right]^{\frac{3}{2}}$

在计算中常用迭代法解此高次方程。第一次近似值 $Q_{(1)}$ 可用 $H_0 \approx H$ 计算，即

$$Q_{(1)} = mb\sqrt{2g}H^{1.5} = (0.347 \times 1.28 \times 4.43 \times 0.85^{1.5})\text{m}^3/\text{s} = 1.54\text{m}^3/\text{s}$$

$$v_{0(1)} = \frac{Q_{(1)}}{b(H+h_p)} = \frac{1.54}{1.28 \times (0.85 + 0.5)}\text{m/s} = 8.91\text{m/s}$$

$$\frac{v_{0(1)}^2}{2g} = \frac{0.891^2}{19.6}\text{m} = 0.0405\text{m}$$

由此结果看出，在计算 v_0 时，用两位有效数值即可。

$$H_{0(2)} = H + \frac{v_{0(1)}^2}{2g} = (0.85 + 0.04)\text{m} = 0.89\text{m}$$

再以 $H_{0(2)} = 0.89\text{m}$ 代替 $H_0 \approx H = 0.85\text{m}$ 求第二次近似值 $Q_{(2)}$，即

$$Q_{(2)} = mb\sqrt{2g}H_{0(2)}^{1.5} = (1.97 \times 0.89^{1.5})\text{m}^3/\text{s} = 1.65\text{m}^3/\text{s}$$

$$v_{0(2)} = \frac{Q_{(2)}}{1.73} = \frac{1.65}{1.73}\text{m/s} = 0.95\text{m/s}$$

$$H_{0(3)} = (0.85 + 0.046)\text{m} = 0.896\text{m}$$

再以 $H_{0(3)}$ 求第三次近似值 $Q_{(3)}$，即

$$Q_{(3)} = mb\sqrt{2g}H_{0(3)}^{1.5} = (1.97 \times 0.896^{1.5})\text{m}^3/\text{s} = 1.67\text{m}^3/\text{s}$$

现 $\left|\dfrac{Q_{(3)} - Q_{(2)}}{Q_{(3)}}\right| = \dfrac{0.02}{1.67} \approx 0.01$

若此计算误差小于要求的误差，则 $Q \approx Q_{(3)} = 1.67\text{m}^3/\text{s}$。当计算误差要求为 ε 时，要一直计算到

$$\left|\frac{Q_{(n)}-Q_{(n-1)}}{Q_{(n)}}\right|<\varepsilon$$

为止，则 $Q\approx Q_{(n)}$。

（4）校核堰上游是否为缓流。取

$$v_0=\frac{Q_{(3)}}{1.73}=\frac{1.67}{1.73}\text{m/s}=0.97\text{m/s}$$

计算弗劳德数 Fr：

$$Fr=\frac{v_0^2}{\sqrt{g(H+h_{\rm p})}}=\frac{0.97}{\sqrt{9.8\times1.35}}=0.27<1$$

故上游水流确为缓流。

10.6　闸孔出流

闸门主要用来控制和调节下游河、渠的流量及上游水库的水位和泄水量。工程实际中，闸门的底坎一般为宽顶堰（包括无坎宽顶堰）或实用堰。闸门的形式主要有平板闸门和弧形闸门两种。当闸门开启（或部分开启）后，根据相对开度 e/H 的不同，过闸水流受到闸门控制的，是闸孔出流，不受闸门控制的则是堰流。

闸门的过水能力受闸门形式、闸前水头和下游水位等因素的影响。

水流自闸孔流出（见图 10-19），在闸门下游约 $(0.5\sim1.0)e$（e 为闸门开度）处形成水深最小的收缩断面 c—c，其收缩水深 $h_c<e$。

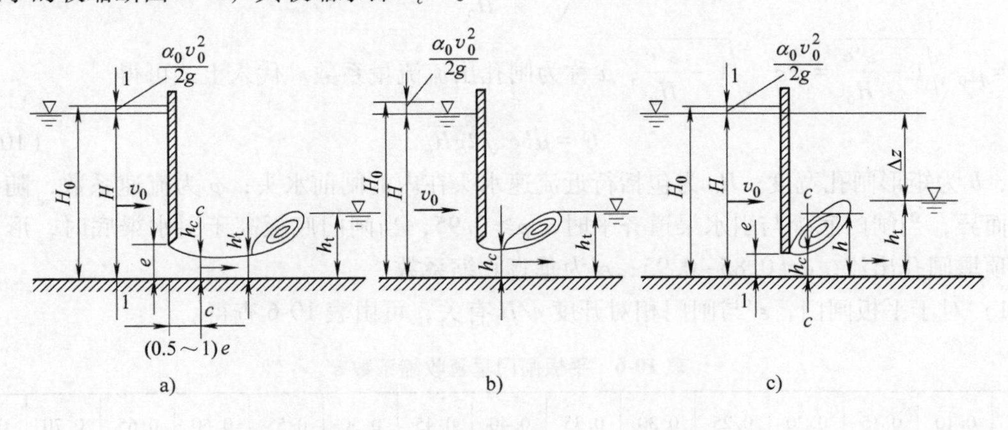

图 10-19

收缩断面的水深 h_c 一般小于下游渠道中的临界水深 $h_{\rm cr}$，水流为急流状态。闸门下游水深 $h_{\rm t}$ 一般大于临界水深 $h_{\rm cr}$，即水深 $h>h_{\rm cr}$ 时，水流状态为缓流。水流从急流转变为缓流的流段中，要发生水跃，水跃位置随下游水深 $h_{\rm t}$ 而变。闸孔出流受水跃位置的影响可分为自由出流和淹没出流两种。

设收缩断面水深 h_c 的跃后水深为 h_c''，当 $h_{\rm t}\leqslant h_c''$，由第 9 章可知，闸后产生远趋式水跃（见图 10-19a）或临界式水跃（见图 10-19b）。此时，下游水深 $h_{\rm t}$ 的大小不影响闸孔出流，称为闸孔自由出流。

若 $h_t>h_c''$，则产生淹没式水跃（见图 10-19c）。此时，水跃旋滚覆盖了收缩断面，使得 h_c 增加，有效水头减小，过水能力降低，称为闸孔淹没出流。闸孔淹没出流的流量随下游水深 h_t 的增大而减小。

10.6.1 闸孔自由出流

在图 10-19a 所示的断面 1—1 及以收缩断面 $c—c$ 应用伯努利方程，可得

$$H+\frac{\alpha_0 v_0^2}{2g}=h_c+\frac{\alpha_c v_c^2}{2g}+\zeta\frac{v_c^2}{2g}$$

令 $H_0=H+\frac{\alpha_0 v_0^2}{2g}$，$\varphi=\frac{1}{\sqrt{\alpha_c+\zeta}}$，上式可整理为

$$v_c=\varphi\sqrt{2g(H_0-h_c)}$$

因为 $Q=v_cA_c=v_cbh_c$

所以

$$Q=\varphi bh_c\sqrt{2g(H_0-h_c)}$$

令 $\varepsilon'=A_c/A$，ε' 称为垂直收缩系数。收缩断面水深用 $h_c=e\varepsilon'$ 表示，再取 $\mu_0=\varepsilon'\varphi$ 为闸孔出流的基本流量系数，可得

$$Q=\mu_0 A\sqrt{2g(H_0-h_c)}=\mu_0 be\sqrt{2g(H_0-\varepsilon' e)} \tag{10-29}$$

为了便于实际应用，可将式（10-29）化为更简单的形式，即

$$Q=\mu_0 be\sqrt{1-\frac{\varepsilon' e}{H_0}}\times\sqrt{2gH_0}$$

令 $\mu=\mu_0\sqrt{1-\frac{\varepsilon' e}{H_0}}=\varphi\varepsilon'\sqrt{1-\frac{\varepsilon' e}{H_0}}$，$\mu$ 称为闸孔出流流量系数。代入上式可得

$$Q=\mu be\sqrt{2gH_0} \tag{10-30}$$

式中，b 为矩形闸孔宽度；H_0 为包括行近流速水头在内的闸前水头；φ 为流速系数，随闸门形式而异，当闸门底板与引水渠道齐平时，$\varphi\geqslant 0.95$，当闸门底板高于引水渠底时，形成有坎宽顶堰闸孔出流，$\varphi=0.85\sim0.95$；ε'为垂直收缩系数。

1）对于平板闸门，ε'与闸门相对开度 e/H 有关，可由表 10-6 查得。

表 10-6 平板闸门垂直收缩系数 ε'

e/H	0.10	0.15	0.20	0.25	0.30	0.35	0.40	0.45	0.50	0.55	0.60	0.65	0.70	0.75
ε'	0.615	0.618	0.620	0.622	0.625	0.628	0.630	0.638	0.645	0.650	0.660	0.675	0.690	0.705

流量系数 μ 可以按南京水利科学研究所的经验公式计算

$$\mu=0.60-0.176\frac{e}{H} \tag{10-31}$$

2）对于弧形闸门，垂直收缩系数 ε'主要与闸门下缘切线与水平方向夹角 α 的大小有关，可由表 10-7 查得。

表 10-7　弧形闸门垂直收缩系数 ε'

α	35°	40°	45°	50°	55°	60°	65°	70°	75°	80°	85°	90°
ε'	0.789	0.766	0.742	0.720	0.698	0.678	0.662	0.646	0.635	0.627	0.622	0.620

表 10-7 中的 α 值按下式计算：

$$\cos\alpha = \frac{c - e}{R} \tag{10-32}$$

式中的符号如图 10-20 所示。

流量系数 μ 可由下面的经验公式计算

$$\mu = \left(0.97 - 0.81\frac{\alpha}{180°}\right) - \left(0.56 - 0.81\frac{\alpha}{180°}\right)\frac{e}{H} \tag{10-33}$$

式（10-33）的适用范围是 $25° < \alpha \leqslant 90°$，$0 < \frac{e}{H} < 0.65$。

10.6.2　闸孔淹没出流

当下游水深 h_t 大于收缩断面水深 h_c 的共轭水深 h_c'' 时，如图 10-21 所示，闸孔为淹没出流。闸孔淹没出流时，收缩断面水深增大为 h，且 $h > h_c$，

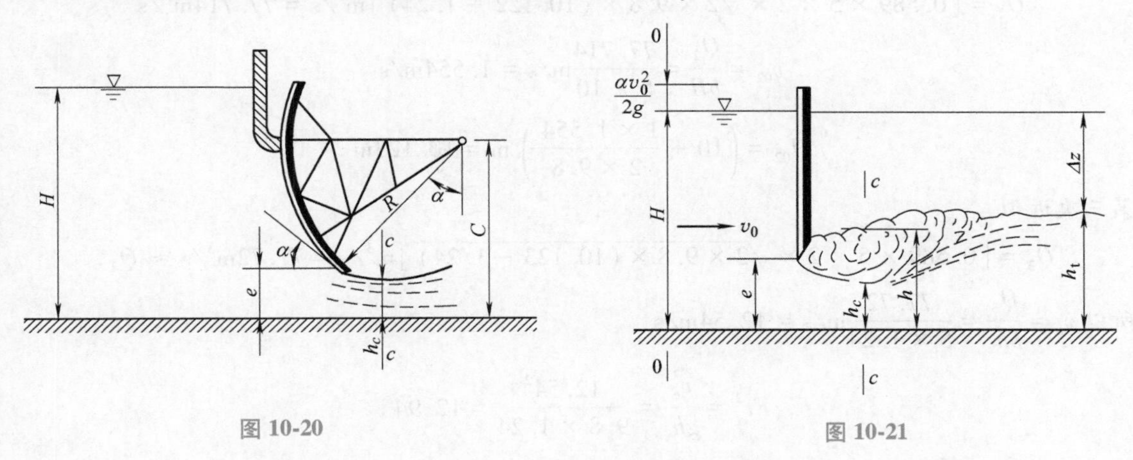

图 10-20

图 10-21

实际的作用水头减小为 $(H_0 - h)$。所以，闸孔淹没出流的流量小于自由出流的流量。但由于 h 位于旋滚区不易测量，故在实际计算中，在式（10-30）右端乘上淹没系数 σ_s，从而求得闸孔淹没出流的流量，即

$$Q = \sigma_s \mu b e\sqrt{2gH_0} \tag{10-34}$$

关于闸孔淹没出流的淹没系数 σ_s，由实验资料得

$$\sigma_s = 0.95\sqrt{\frac{\ln(h/h_t)}{\ln(h/h_c'')}} \tag{10-35}$$

式中，H 为闸前水头（m）；h_c'' 为 h_c 的完全水跃的共轭水深（m）；h_t 为下游水深。

【例 10-4】　设在平底矩形断面渠道上修建平板闸门，已知渠宽 $b = 5\text{m}$，闸前水深 $H = 10\text{m}$，下游水深 $h_t = 6\text{m}$。试求闸门开度 $e = 2\text{m}$ 时通过的流量。

【解】 (1) 判别堰流还是闸孔出流。因 $e/H=\dfrac{2}{10}=0.2<0.65$，属闸孔出流。查表10-6，得 $\varepsilon'=0.62$，取 $\varphi=0.95$，得

$$\mu_0=\varepsilon'\varphi=0.62\times0.95=0.589$$

(2) 判别出流条件。$h_c=\varepsilon'e=0.62\times2\text{m}=1.24\text{m}$，因流量未知，所以不知道 v_0、v_c。先假定为自由出流，因 H_0 未知，需用试算法。先略去行进流速水头，取 $H_0=H$，应用式（10-29）计算流量 Q，即

$$Q_1=\mu_0be\sqrt{2g(H_0-\varepsilon'e)}=\left[0.589\times5\times2\times\sqrt{2\times9.8\times(10-1.24)}\right]\text{m}^3/\text{s}=77.178\text{m}^3/\text{s}$$

进一步计算

$$v_{01}=\frac{Q_1}{bH}=\frac{77.178}{5\times10}\text{m/s}=1.544\text{m/s}$$

$$H_{01}=H+\frac{\alpha_0v_{01}^2}{2g}=\left(10+\frac{1\times1.544^2}{2\times9.8}\right)\text{m}=10.122\text{m}$$

第二次近似

$$Q_2=\left[0.589\times5\times2\times\sqrt{2\times9.8\times(10.122-1.24)}\right]\text{m}^3/\text{s}=77.714\text{m}^3/\text{s}$$

$$v_{02}=\frac{Q_2}{bH}=\frac{77.714}{5\times10}\text{m/s}=1.554\text{m/s}$$

$$H_{02}=\left(10+\frac{1\times1.554^2}{2\times9.8}\right)\text{m}=10.123\text{m}$$

第三次近似

$$Q_3=\left[0.589\times5\times2\times\sqrt{2\times9.8\times(10.123-1.24)}\right]\text{m}^3/\text{s}=77.72\text{m}^3/\text{s}\approx Q_2$$

所以 $v_c=\dfrac{Q_3}{bh_c}=\dfrac{77.72}{5\times1.24}\text{m/s}=12.54\text{m/s}$

$$Fr_c^2=\frac{v_c^2}{gh_c}=\frac{12.54^2}{9.8\times1.24}=12.94$$

$$h_c''=\frac{h_c}{2}\left(\sqrt{1+8Fr_c^2}-1\right)=\left[\frac{1.24}{2}\times\left(\sqrt{1+8\times12.94}-1\right)\right]\text{m}=5.72\text{m}$$

因为 $h_c''=5.72\text{m}<h_t=6\text{m}$，故为闸孔淹没出流。

(3) 计算过闸流量。由式（10-35）计算淹没系数

$$\sigma_s=0.95\sqrt{\frac{\ln(H/h_t)}{\ln(H/h_c'')}}=0.95\times\sqrt{\frac{\ln(10/6)}{\ln(10/5.72)}}=0.908$$

应用式（10-34）计算流量 Q，即

$$\begin{aligned}Q_1^1&=\sigma_s\mu_0be\sqrt{2gH_0}\\&=(0.908\times0.589\times5\times2\times\sqrt{2\times9.8\times10})\text{m}^3/\text{s}\\&=74.87\text{m}^3/\text{s}\end{aligned}$$

行进流速

$$v_0 = \frac{Q_1^1}{bH} = \frac{74.87}{5 \times 10}\text{m/s} = 1.497\text{m/s}$$

$$v_c = \frac{Q_1^1}{bh_c} = \frac{74.87}{5 \times 1.24}\text{m/s} = 12.076\text{m/s}$$

$$Fr_c^2 = \frac{v_c^2}{gh_c} = \frac{12.076^2}{9.8 \times 1.24} = 12.00$$

$$h_c'' = \frac{h_c}{2}(\sqrt{1 + 8Fr_c^2} - 1) = \left[\frac{1.24}{2} \times (\sqrt{1 + 8 \times 12.00} - 1)\right]\text{m} = 5.47\text{m}$$

因为 $h_c'' = 5.47\text{m} < h_t = 6\text{m}$，所以仍为淹没出流。进一步计算

$$\sigma_s = 0.95\sqrt{\frac{\ln(H/h_t)}{\ln(H/h_c'')}} = 0.95 \times \sqrt{\frac{\ln(10/6)}{\ln(10/5.47)}} = 0.874$$

$$H_0^1 = H + \frac{\alpha_0 v_0^2}{2g} = \left(10 + \frac{1 \times 1.497^2}{2 \times 9.8}\right)\text{m} = 10.11\text{m}$$

$$\begin{aligned} Q_1^2 &= \sigma_s \mu_0 be\sqrt{2gH_0^1} \\ &= (0.874 \times 0.589 \times 5 \times 2 \times \sqrt{2 \times 9.8 \times 10.11})\text{m}^3/\text{s} \\ &= 72.47\text{m}^3/\text{s} \end{aligned}$$

同理，可进一步计算

$$v_0^1 = \frac{Q_1^2}{bH} = 1.449\text{m/s}$$

$$H_0^2 = \left(10 + \frac{1 \times 1.449^2}{2 \times 9.8}\right)\text{m} = 10.107\text{m} \approx 10.11\text{m}$$

因为 $H_0^2 = 10.11\text{m} = H_0^1$，所以闸孔淹没出流的流量 $Q=72.47\text{m}^3/\text{s}$。

思考题

10-1　堰流与闸孔出流是如何划分的？两者水力计算有何异同点？

10-2　符合（　　）条件的堰流是宽顶堰流。

(a) $\delta/H<0.67$　(b) $0.67\leqslant\delta/H<2.5$　(c) $2.5\leqslant\delta/H<10$　(d) $\delta/H\geqslant10$

10-3　自由式宽顶堰的堰顶水深 h_1 满足（　　），h_K为临界水深。

(a) $h_1<h_K$　(b) $h_1>h_K$　(c) $h_1=h_K$　(d) 不一定

10-4　明渠流与堰流的主要区别是什么？

10-5　什么是自由式堰流？什么是淹没式堰流？淹没标准是什么？

10-6　试用能量方程推导堰流基本公式 $Q = m_0 b\sqrt{2g}H^{\frac{3}{2}}$。

10-7　简述薄壁堰的特点。

10-8　堰流与闸孔出流各有什么特点？如何判别堰流与闸孔出流？

10-9　常用的闸门形式有哪几种？闸门底坎有哪几种？

10-10 闸孔出流与下游水流如何衔接？其条件是什么？

10-11 什么是闸孔出流的垂向收缩系数 ε'？如何确定？

10-12 当闸孔出流为淹没出流时，出流流量应如何确定？

习　题

10-1 在一矩形断面的水槽末端设矩形薄壁堰（见图 10-22），水槽宽 $B=2.0\text{m}$，堰宽 $b=1.2\text{m}$，堰高 $h_p=h'_p=0.50\text{m}$，试求水头 $H=0.25\text{m}$ 时，薄壁堰自由出流的流量 Q。

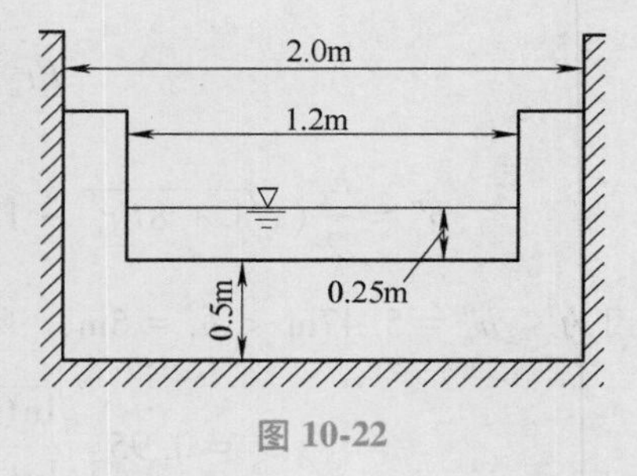

图 10-22

10-2 一直角进口无侧收缩宽顶堰（见图 10-23），堰宽 $b=4.0\text{m}$，堰高 $h_p=h'_p=0.60\text{m}$，水头 $H=1.20\text{m}$，堰下游水深 $h_t=0.8\text{m}$，试求通过的流量 Q。

10-3 如习题 10-2 中下游水深 $h_t=1.7\text{m}$（见图 10-24），试求通过的流量 Q。

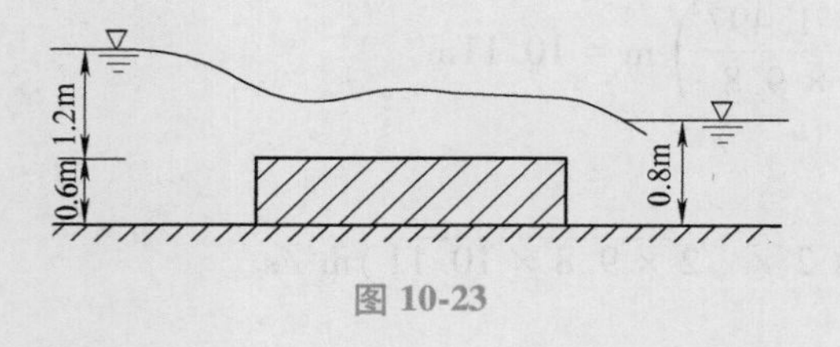

图 10-23

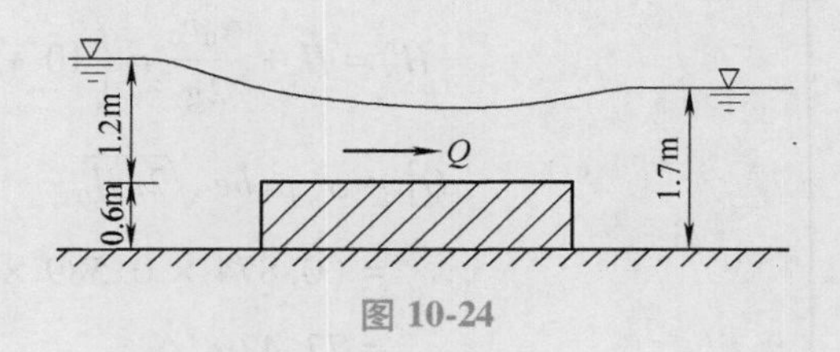

图 10-24

10-4 一圆角进口无侧收缩宽顶堰（见图 10-25），流量 $Q=12\text{m}^3/\text{s}$，堰宽 $b=1.8\text{m}$，堰高 $h_p=h'_p=0.80\text{m}$，下游水深 $h_t=1.73\text{m}$，试求堰顶水头 H。

10-5 设一平板闸门下的自由出流（见图 10-26）。闸宽 $b=10\text{m}$，闸前水头 $H=8\text{m}$，闸门开度 $e=2\text{m}$，试求闸孔泄流量（取闸孔流速系数 $\varphi=0.97$）。

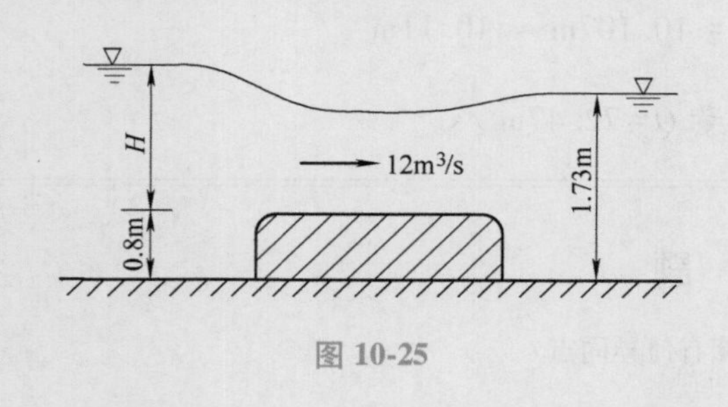

图 10-25

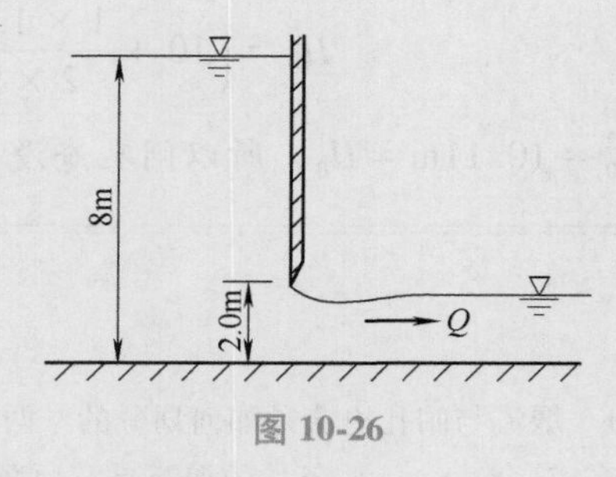

图 10-26

10-6 无侧收缩矩形薄壁堰如图 10-27 所示，堰宽 $b=0.6\text{m}$，堰上水头 $H=0.30\text{m}$，堰高 $h_p=0.50\text{m}$，不计淹没影响，试求堰的泄流量 Q。

10-7 有一铅垂三角形薄壁堰（见图 10-28），夹角 $\theta=90°$，通过流量 $Q=0.05\text{m}^3/\text{s}$，求堰上水头 H。

10-8 有一圆角进口无侧收缩宽顶堰（见图 10-29），堰顶水头 $H=0.85\text{m}$，堰高 $h_p=h'_p=0.50\text{m}$，堰宽 $b=1.28\text{m}$，下游水深 $h_t=1.12\text{m}$，试求通过的流量 Q。若下游水深 $h_t=1.30\text{m}$，求通过的流量 Q。

10-9 一无坎宽顶堰，已知流量 $Q=6.99\text{m}^3/\text{s}$，堰上水头 $H=1.80\text{m}$，堰高 $h_p=h'_p=0.50\text{m}$，上游渠宽 $B=3.0\text{m}$，边墩头部为圆弧形（见图 10-30），下游水深 $h_t=1.0\text{m}$，试求堰顶宽度 b。

10-10 一无坎宽顶堰如图 10-31 所示。已知流量 $Q=8.04\text{m}^3/\text{s}$，上游渠宽 $B=3.0\text{m}$，堰宽 $b=2.0\text{m}$，边墩端部为圆弧形，下游水深 $h_t=1.0\text{m}$，试求堰上水头 H。

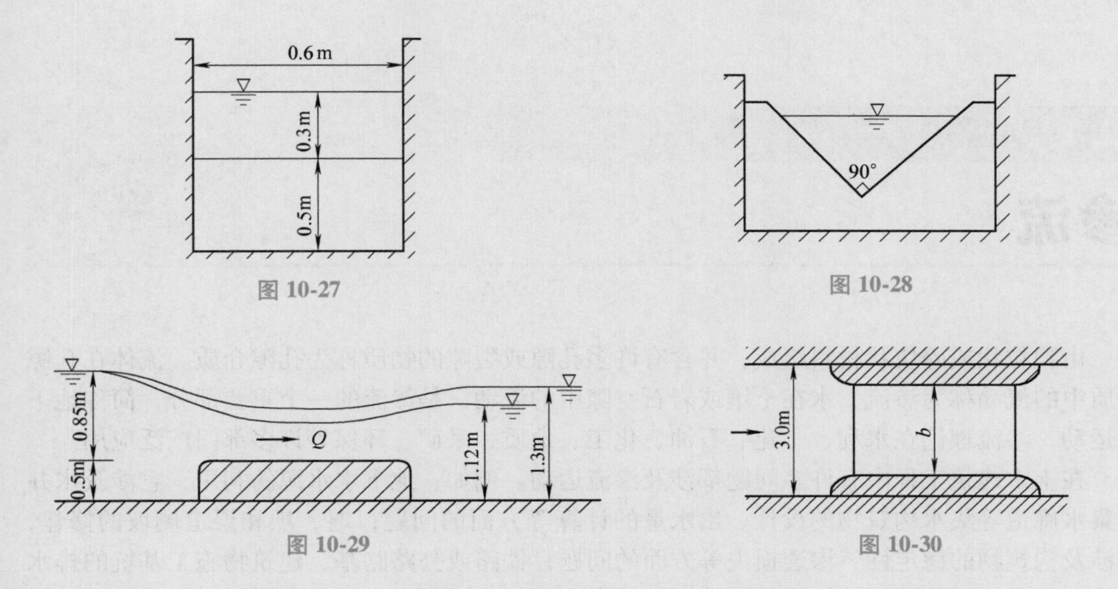

图 10-27　　图 10-28

图 10-29　　图 10-30

10-11　某矩形河渠中建造曲线形实用堰溢流坝（见图 10-32），坝高 $h_p=6.0\text{m}$，溢流宽度 $b=60.0\text{m}$，通过的流量 $Q=480.0\text{m}^3/\text{s}$，坝的流量系数 $m=0.45$，流速系数 $\varphi=0.95$，试计算收缩断面水深 h_c。

图 10-31　　图 10-32

第 11 章

渗流

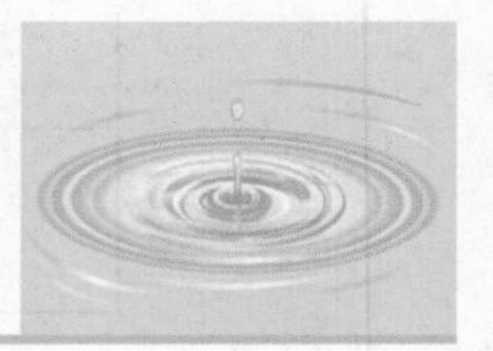

由颗粒状或碎块状材料组成，并含有许多孔隙或裂隙的物质称为孔隙介质。流体在孔隙介质中的流动称为渗流。水在土壤或岩石空隙中的流动，是渗流的一个重要部分，简称地下水运动。渗流理论在水利、土建、石油、化工、地质、采矿、环保等许多部门广泛应用。

在土木建筑工程中有许多问题都涉及渗流运动。例如：地下水水源的利用，它涉及水井和集水廊道等集水构筑物的设计、出水量的计算等方面的问题；堰、坝和渠道侧坡的修建，它涉及构筑物的稳定性、渗透损失等方面的问题；铁路或公路路基、建筑物施工基坑的排水水量和水位降落等方面的问题等。因此，学习本章内容对解决上述工程实际问题有着重要的意义。

11.1 概述

11.1.1 水在土壤中的存在状态

土壤空隙中的地下水可处于各种不同的状态，可以分为气态水、附着水、薄膜水、毛细水和重力水。

以水蒸气的形式散逸于土壤空隙中的水称为气态水；由于分子力的作用而聚集于土壤颗粒周围，其厚度小于最小分子层厚度的水称为附着水；厚度在分子作用半径以内的水层称为薄膜水；由于表面张力作用而聚集于土壤颗粒周围的水称为毛细水；当孔隙介质中含水量甚大，受重力作用而运动的水称为重力水。地下水动力学研究的主要对象是重力水的运动。

11.1.2 土壤的渗流特性与分类

渗流运动的特性与孔隙介质的粒径、级配、均匀性排列情况以及孔隙的大小、形状及孔隙系数等因素密切相关。

土壤分为均质土壤和非均质土壤。均质土壤是指各点处同一方向透水性能相同的土壤；其余的为非均质土壤。按土壤同一点处各个方向透水性能是否相同，又可以将土壤分为各向同性土壤和各向异性土壤。各向同性土壤是指同一点处各个方向透水性能相同的土壤，如沙土；其余的为各向异性土壤，如黄土、沉积岩等。严格地讲，只有等直径圆球颗粒规则排列的土壤才是均质各向同性的土壤。而实际上土壤的情况非常复杂，为了使问题简化，在能够满足工程精度要求的情况下，常假定研究的土壤是均质和各向同性的，本章主要研究均质各向同性土壤中的重力水的恒定流。

11.1.3 渗流模型

实际土壤的颗粒、形状和大小的差别较大，颗粒间孔隙的形状、大小和分布也极不规则，因此实际渗流运动相当复杂。无论是从理论分析还是实验手段均难以确定某一具体位置的实际渗流速度，从工程应用的角度来说也没有必要。工程上引用统计方法，以平均值描述渗流运动，即用理想化的渗流模型来简化实际渗流。

渗流模型不考虑渗流路径的迂回曲折，只考虑主要流向，且忽略土壤颗粒的存在，而假设渗流是充满整个孔隙介质的连续水流。其实质是将未充满全部空间的渗流看成连续空间的连续介质运动。

引入渗流模型后，前面所学的水力学概念和方法，如过水断面、流线、流束、断面平均流速等均可以应用到渗流运动的研究之中。

渗流模型中某一微小过水断面的渗流流速定义为

$$u = \frac{\Delta Q}{\Delta A} \tag{11-1}$$

式中，u 为渗流模型定义的流速；ΔQ 为通过微小过水断面的渗流流量；ΔA 为由颗粒骨架和孔隙组成的微小过水断面面积，它比实际过水面面积要大。

实际渗流是发生在 ΔA 面积内的孔隙中的，所以实际渗流的流速比渗流模型的流速大，与孔隙率大小有关。实际渗流流速可表示为

$$u_0 = \frac{\Delta Q}{\Delta A'} = \frac{u}{n} \tag{11-2}$$

式中，u_0 为颗粒孔隙中实际的渗流流速；$\Delta A'$为孔隙面积；n 为土壤孔隙率，$n = \frac{\Delta A'}{\Delta A}$，各种土壤的孔隙率见表 11-1。

表 11-1 土壤的孔隙率

土壤种类	黏土	粉砂	中粗混合砂	均匀砂
孔隙率	0.45~0.55	0.40~0.50	0.35~0.40	0.30~0.40
土壤种类	细、中混合沙	砾石	砾石和砂	砂岩
孔隙率	0.30~0.35	0.30~0.40	0.20~0.35	0.10~0.20

一般不加说明，渗流流速是指模型中的渗流流速。为了使假想的渗流模型在水力特征方面和真实渗流相一致，渗流模型必须满足下列条件：

1）通过渗流模型的流量与实际渗流流量相等。

2）对于某一确定的作用面，从渗流模型得出的动水压力与实际渗流的动水压力相等。

3）渗流模型得出的水头损失与实际渗流的水头损失相等。

根据渗流模型的概念，渗流和一般水流运动一样，也可分为恒定渗流和非恒定渗流、均匀渗流和非均匀渗流、渐变渗流和急变渗流、有压渗流和无压渗流。

渗流的流速往往很小，通常不超过几毫米每秒，因而其动能可以忽略不计。因此，在通常情况下，渗流总水头 H 就等于位置水头 z 和压强水头 $\frac{p}{\rho g}$ 之和，也就是测压管水头，即

$$H = z + \frac{p}{\rho g} + \frac{u^2}{2g} = z + \frac{p}{\rho g} \tag{11-3}$$

由此推论，渗流的总水头线与测压管水头线（或浸润线）重合，并且只能沿程下降。

11.2 渗流基本定律

11.2.1 达西定律

为解决生产实践中渗流的基本问题，早在1852—1855年法国工程师达西通过实验研究，总结出渗流水头损失与渗流流速、流量之间的基本关系式，即达西定律。

达西实验装置如图11-1所示，一上端开口的直立圆筒，内装颗粒均匀的砂土，上部由进水管 A 供水，并用溢流管 B 以保持水位恒定，渗透过砂体的水通过底部滤水网 C 流入容器 D，并由此测定渗流流量。筒侧壁装有两个间距为 l 的测压管，用以测量1—1断面和2—2断面上的渗透压强。由于达西实验中的渗流流速很小，流速水头可以忽略，因此1—1断面和2—2断面的测压管水头差 ΔH 就是渗流在 l 长度的水头损失 h_w，其水力坡度 J 为

$$J = \frac{h_w}{l} = \frac{h_1 - h_2}{l} \tag{11-4}$$

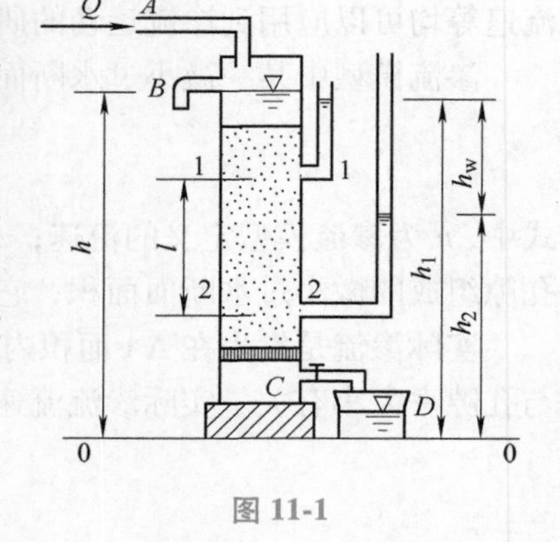

图11-1

实验表明，对于不同直径的圆筒和不同类型的土壤，通过的渗流量 Q 均与圆筒的横断面面积 A 及水头损失 h_w 成正比，与两断面间的距离 l 成反比，并与土壤的渗透性质有关，于是渗流量 Q 为

$$Q = kA\frac{h_w}{l} = kAJ \tag{11-5}$$

或

$$v = kJ \tag{11-6}$$

式中，k 为土壤的渗流系数，反映土壤的透水性质的比例系数，具有流速的量纲；v 为渗流的断面平均流速。

式（11-6）即为达西公式，它表明，在均质孔隙介质中，渗流流速与水力坡度成正比，并与土壤渗流系数有关。

达西实验中的渗流为均匀渗流，各点的运动状态相同，任意空间点处的渗流流速 u（点流速）等于断面平均流速 v，由于水力坡度 $J = -\frac{dH}{ds}$，所以达西定律又可表示为

$$u = v = kJ = -k\frac{dH}{ds} \tag{11-7}$$

$$Q = kAJ = -kA\frac{dH}{ds} \tag{11-8}$$

11.2.2 达西定律的适用范围

达西实验是用均匀砂土在均匀渗流条件下进行的。经后人的大量实验研究，认为可以推

广到黏土、细缝岩石等其他土壤，但进一步研究表明，在某些情况下，渗流并不符合达西定律，达西定律有一定的适用范围。

渗流与管流、明渠水流一样，也有层流和湍流之分。由达西公式（11-6）可知

$$h_{w} = \frac{l}{k}v \tag{11-9}$$

式（11-9）表明，渗流的水头损失与平均流速的一次方成正比，具有线性规律，显然达西定律只适用于层流。对于透水性能好，渗流量大，渗流流速较大的渗流，可能发生湍流，其流态可以用雷诺数判别。即

$$Re = \frac{vd}{\nu} \tag{11-10}$$

式中，v为渗流断面平均流速（cm/s）；d为骨架或土壤的特征粒径，通常采用d_{10}，即筛分时占10%的重量的土粒所通过的筛孔直径（cm）；ν为水的运动黏度（cm^2/s）。

由于实际土壤孔隙的大小、形状、方向、分布等情况十分复杂，而且变化范围较大，各种孔隙内渗流流态的转变也不是同时发生的，从整体来看，由服从达西定律的层流渗流转变为湍流渗流是逐渐的，没有一个明显的界限。实验表明，线性渗流（层流）雷诺数的变化范围为1~10。

在考虑土壤孔隙率影响的情况下，巴甫洛夫斯基给出了渗流雷诺数的表达式为

$$Re = \frac{1}{0.75n + 0.23}\frac{vd}{\nu} \tag{11-11}$$

式中，n为土壤的孔隙率；d为土壤的有效粒径，可用d_{10}代替；v为渗流断面平均流速；ν为水的运动黏度。

根据实验数据，当式（11-11）中Re为7 ~ 9时为线性渗流，达西定律适用。

工程上所遇到的较多渗流问题都属于层流，但是卵石、砾石等大颗粒土壤中的渗流有可能出现湍流，属于非线性渗流。

1901年福希海梅提出渗流水力坡度的一般表达为

$$J = au + bu^2 \tag{11-12}$$

式中，J为渗流的水力坡度；u为渗流流速；a、b为待定系数，由实验测定。

由式（11-12）可知，当$b=0$时，即为线性渗流定律，当渗流进入湍流阻力平方区时，$a=0$，即水头损失与流速的二次方成正比；若a和b都不等于零，则为一般的非线性渗流定律。一些实验结果表明，渗流湍流开始于Re为60 ~ 150［按式（11-10）计算］，达西定律在Re大于10时已不适用了。因此Re为10 ~ 150的层流区，也是有bu^2项的出现。有人认为这可能是渗流在弯曲通道中水流质点惯性力的影响所致。

11.2.3 渗流系数

渗流系数是反映土的渗流特性的一个综合指标，其数值大小对于渗流计算结果影响很大。因影响渗流系数的因素很多，如土壤颗粒形状、大小、结构、孔隙率、不均匀系数及水温等，要精确确定其数值比较困难，工程上一般采用以下方法来确定。

（1）经验公式法　这一方法是根据土壤颗粒的大小、形状、结构、孔隙率和温度等参数所组成的经验公式来计算渗流系数k值。这类公式很多，各有其局限性，都只能做粗略

估算。

（2）实验室测定法　在天然土壤中取土样，利用图11-1所示的达西实验装置，测定水头损失 h_w 与渗流量 Q，用式（11-5）来计算 k 值。此法简便易测，但由于被测定的土样只是天然土壤中的一小块，而且取样和运送时还可能破坏原土壤的结构，因此取土样时应尽量保持原土壤的结构，并取足够数量的具有代表性的土样进行测定，才能得到较为可靠的 k 值。

（3）现场测定法　在现场利用钻井或原有井做抽水或灌水试验，测出流量 Q 和水头 H 值，然后应用井的有关公式计算出渗流系数值。此法虽不如实验室测定法简便易行，但在测定过程中可使土壤结构保持原状，测得的 k 值更接近真实值，是测定 k 值的最有效方法。由于此法规模大，所需人力物力较多，一般只在重要工程中应用。

渗流系数 k 的量纲为 LT^{-1}，常用 m/d 或 cm/s 为单位，一般在进行渗流近似计算时，可采用表11-2中的 k 值。

表11-2　土壤的渗流系数值

土壤名称	渗流系数 k	
	/(m/d)	/(cm/s)
黏土	<0.005	$<6\times10^{-6}$
亚黏土	0.005~0.1	$6\times10^{-6}\sim1\times10^{-4}$
轻亚黏土	0.1~0.5	$1\times10^{-4}\sim6\times10^{-4}$
黄土	0.25~0.5	$3\times10^{-4}\sim6\times10^{-4}$
粉砂	0.5~1.0	$6\times10^{-4}\sim1\times10^{-3}$
细砂	1.0~5.0	$1\times10^{-3}\sim6\times10^{-3}$
中砂	5.0~20.0	$6\times10^{-3}\sim2\times10^{-2}$
均质中砂	35~50	$4\times10^{-2}\sim6\times10^{-2}$
粗砂	20~50	$2\times10^{-2}\sim6\times10^{-2}$
均质粗砂	60~75	$7\times10^{-2}\sim8\times10^{-2}$
圆砾	50~100	$6\times10^{-2}\sim1\times10^{-1}$
卵石	100~500	$1\times10^{-1}\sim6\times10^{-1}$
无填充物卵石	500~1000	$6\times10^{-1}\sim1\times10$
稍有裂隙岩石	20~60	$2\times10^{-2}\sim7\times10^{-2}$
裂隙多的岩石	>60	$>7\times10^{-2}$

11.3　恒定均匀渗流和非均匀渐变渗流

采用渗流模型后，可用研究明渠水流的方法将渗流分成均匀流和非均匀流。渗流的各水力要素（如流速、压强）沿流程不变则称为均匀渗流，反之称为非均匀渗流。非均匀渗流中，若流线近于平行直线则称为非均匀渐变渗流，反之称为非均匀急变渗流。由于渗流服从达西定律，使渗流的均匀流和非均匀流具有与明渠水流不同的特点。

11.3.1 均匀渗流

如图 11-2 所示，在正坡（$i>0$）不透水基底上形成无压均匀渗流。因均匀水深 h_0 沿流程不变，浸润线是一条直线且平行不透水基底，水力坡度 $J=-\frac{\mathrm{d}H}{\mathrm{d}s}=i=$ 常数。根据达西公式（11-6），断面平均流速 v 为

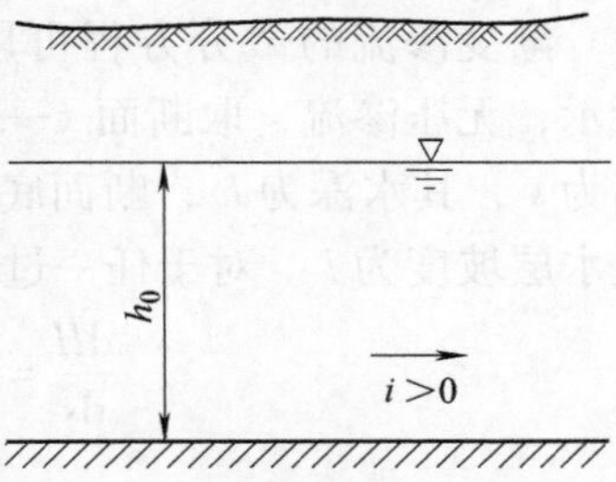

$$v=ki \tag{11-13}$$

通过过水断面 A_0 的流量为

$$Q=kiA_0 \tag{11-14}$$

图 11-2

对于矩形断面，$A_0=bh_0$，故单宽渗流量 q 为

$$q=kh_0 i \tag{11-15}$$

式中，h_0 为均匀渗流水深（m 或 cm）；k 为土壤的渗透系数（m/d 或 cm/s）；i 为不透水基底坡度。

在均匀渗流中，由于断面上的压强为静压分布，即服从 $\left(z+\frac{p}{\rho g}\right)=$ 常数，则断面内任一点的测压管坡度也是相同的，即均匀渗流区域中任一点的测压管坡度都是相同的。根据达西定律 $u=kJ$，则均匀渗流区域中任一点的渗流流速 u 都是相等的。

11.3.2 非均匀渐变渗流

图 11-3 所示为非均匀渐变渗流，任取两断面 1—1 和断面 2—2，在渐变渗流断面上压强分布近似服从静水压强的分布规律，因此断面上各点的测压管水头皆为 H；沿底部流线相距 $\mathrm{d}s$ 的断面 2—2 上各点的测压管水头为 $H+\mathrm{d}H$。由于渐变渗流流线几乎为平行的直线，可以认为断面 1—1 与断面 2—2 之间，沿一切流线的距离均近似为 $\mathrm{d}s$。当 $\mathrm{d}s$ 趋近于零时，则得断面 1—1，从而任一过水断面上各点的测压管坡度

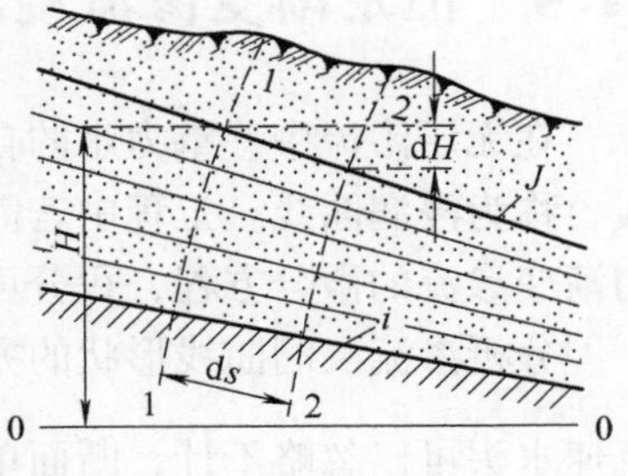

图 11-3

$$J=-\frac{\mathrm{d}H}{\mathrm{d}s}=\text{常数}$$

根据达西定律，过水断面上各点的渗流流速 u 都相等，断面平均流速 v 就等于点流速 u，即

$$v=u=kJ \tag{11-16}$$

式（11-16）称为裘皮幼公式，是 1857 年由法国学者裘皮幼推导出来的。虽然它与达西公式具有相同的表达形式，但在含义上却有所不同：达西公式适用于均匀渗流，裘皮幼公式适用于渐变渗流；在均匀渗流中，渗流区内任意点的渗流速度 u 都相等，且等于断面平均流速 v；在渐变渗流中，只是同一过水断面上的各点渗流速度 u 相等，并等于该断面平均流速 v，不同过水断面上的流速并不相等，这是因为不同断面的 J 不同。两者的共同之处为在过水断面上各点的渗流流速都与断面平均流速相等。

11.3.3 渐变渗流的基本微分方程

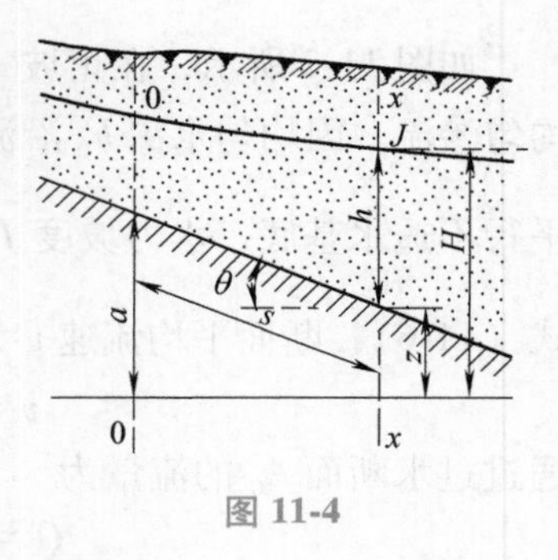

图 11-4

渐变渗流的微分方程可用裘皮幼公式来推导。如图 11-4 所示，无压渗流，取断面 $x—x$，距起始断面 0—0 沿底坡的距离为 s，其水深为 h，断面底部至基准面的铅垂高度为 z，不透水层坡度为 i。对于任一过水断面 $H=z+h$，则

$$\frac{\mathrm{d}H}{\mathrm{d}s}=\frac{\mathrm{d}z}{\mathrm{d}s}+\frac{\mathrm{d}h}{\mathrm{d}s}$$

与明渠流相似，定其底坡 $i=-\frac{\mathrm{d}z}{\mathrm{d}s}$，故

$$J=-\frac{\mathrm{d}H}{\mathrm{d}s}=i-\frac{\mathrm{d}h}{\mathrm{d}s}$$

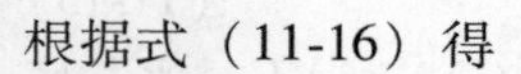

根据式（11-16）得

$$v=kJ=k\left(i-\frac{\mathrm{d}h}{\mathrm{d}s}\right) \tag{11-17}$$

或

$$Q=Av=Ak\left(i-\frac{\mathrm{d}h}{\mathrm{d}s}\right) \tag{11-18}$$

这就是适用于各种底坡的恒定非均匀渐变渗流的基本微分方程，也是分析和计算非均匀渐变渗流水面线（浸润曲线）的理论依据。

11.4 恒定渐变渗流浸润曲线的分析与计算

在无压渗流中，重力水的自由表面称为浸润面。在顺着流动方向的纵剖面上它是一条曲线，称为浸润曲线。工程中若需要解决浸润曲线的问题，可以从裘皮幼公式出发，建立非均匀渐变渗流的微分方程，积分可得浸润曲线。

分析渗流浸润曲线形状的方法与分析明渠水面曲线形状的方法相似。所不同的是渗流的流速水头可以忽略不计，断面单位能量 $e=h+\frac{\alpha v^2}{2g}\approx h$，断面单位能量曲线变成直线，不存在极小值，或者说，其极小值为零，因此渗流中不存在临界水深、临界底坡、缓坡、急坡、缓流、急流、临界流等概念，在不透水层坡度上仅有顺坡、平坡、逆坡三种底坡。实际水深仅和均匀渗流正常水深做比较。

在顺坡上可以发生均匀渗流，其正常水深为 h_0，渗流水深 h 的变化范围有两种情况，即 $h>h_0$ 和 $h<h_0$。对于平坡和逆坡，不可能发生均匀渗流，不存在 h_0，渗流水深的变化范围只有 $0<h<\infty$ 一种情况。因此渗流的浸润曲线共有四种类型。其中顺坡上两种，平坡和逆坡上各一种。下面分别对三种不同的坡度进行讨论。

11.4.1 顺坡（$i>0$）的浸润曲线

顺坡中可以发生均匀渗流，其水深 h_0 沿程不变，则有

$$Q=kA_0J=kA_0i \tag{11-19}$$

式中，A_0 为相应于正常水深 h_0 的过水断面面积；i 为不透水层底坡。

将式（11-19）中的渗流量用式（11-18）代替可得

$$kA_0 i = kA\left(i - \frac{dh}{ds}\right)$$

即

$$\frac{dh}{ds} = i\left(1 - \frac{A_0}{A}\right)$$

设渗流区的过水断面是宽度为 b 的宽矩形，$A = bh$，$A_0 = bh_0$，并令 $\eta = \frac{h}{h_0}$，则上式可写为

$$\frac{dh}{ds} = i\left(1 - \frac{1}{\eta}\right) \tag{11-20}$$

这就是顺坡渗流浸润曲线的微分方程，顺坡上正常水深的 $N—N$ 线将渗流区分为两个区。$N—N$ 线以上，水深 $h > h_0$，称为 P_1 区；$N—N$ 线以下，水深 $h < h_0$，称为 P_2 区。如图 11-5 所示。

P_1 区 $h > h_0$，即 $\eta > 1$，由式（11-20）可见 $\frac{dh}{ds} > 0$，浸润曲线为壅水曲线，称为 P_1 型曲线。曲线上游，$h \to h_0$ 时，$\eta \to 1$，则 $\frac{dh}{ds} \to 0$，故上游以正常水深 $N—N$ 线为渐近线。曲线下游，$h \to \infty$ 时，$\eta \to \infty$，则 $\frac{dh}{ds} \to i$，故下游以水平直线为渐近线。曲线如图 11-5 所示。

P_2 区 $h < h_0$，即 $\eta < 1$，由式（11-20）可见 $\frac{dh}{ds} < 0$，浸润曲线为降水曲线，称为 P_2 型曲线。曲线上游，$h \to h_0$ 时，$\eta \to 1$，则 $\frac{dh}{ds} \to 0$，故上游仍以正常水深 $N—N$ 线为渐近线。曲线下游，$h \to 0$ 时，$\eta \to 0$，则 $\frac{dh}{ds} \to -\infty$，故下游与渠底呈正交趋势。曲线如图 11-5 所示。

由于 $\eta = \frac{h}{h_0}$，则 $dh = h_0 d\eta$，为了计算浸润曲线，可将式（11-20）变形为

$$\frac{i ds}{h_0} = d\eta + \frac{d\eta}{\eta - 1}$$

在图 11-6 中，将上式从断面 1—1 到断面 2—2 进行积分，得

$$\frac{i}{h_0}\int_0^l dl = \int_{\eta_1}^{\eta_2}\left(1 + \frac{1}{\eta - 1}\right) d\eta$$

$$\frac{il}{h_0} = \eta_2 - \eta_1 + \ln\frac{\eta_2 - 1}{\eta_1 - 1} = \eta_2 - \eta_1 + 2.3\lg\frac{\eta_2 - 1}{\eta_1 - 1} \tag{11-21}$$

式中，

$$\eta_1 = \frac{h_1}{h_0}, \eta_2 = \frac{h_2}{h_0}$$

式（11-21）即为顺坡渗流的浸润曲线方程，可用于绘制顺坡渗流的浸润曲线和水力计算。

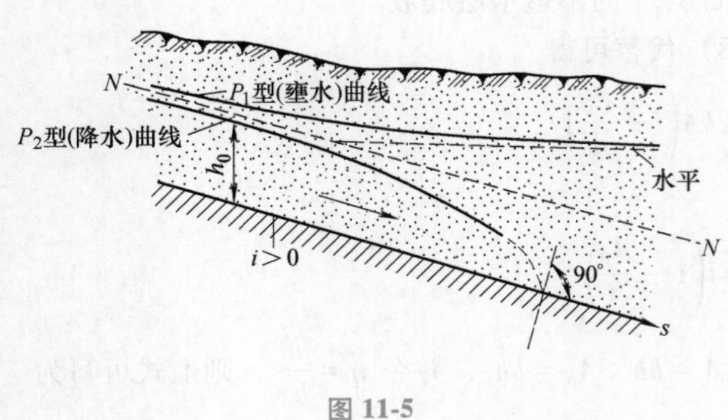

图 11-5

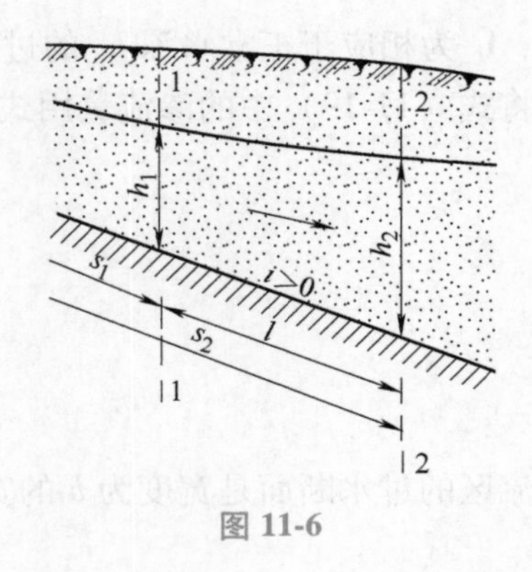

图 11-6

11.4.2 平坡（$i=0$）的浸润曲线

将 $i=0, A=bh$ 代入式（11-18），经整理得

$$\frac{\mathrm{d}h}{\mathrm{d}s}=-\frac{Q}{kbh}=-\frac{q}{kh} \tag{11-22}$$

式中，$q=Q/b$，即单宽渗流流量。

因为 $\frac{\mathrm{d}h}{\mathrm{d}s}=-\frac{q}{kh}<0$，所以浸润曲线只能是降水曲线，称为 H 型曲线，如图 11-7 所示。曲线上游，取决于边界条件，极限情况下，$h\to\infty$，$\frac{\mathrm{d}h}{\mathrm{d}s}\to 0$，以水平线为渐近线。曲线下游，$h\to 0$，$\frac{\mathrm{d}h}{\mathrm{d}s}\to-\infty$，浸润曲线与底坡呈正交趋势。

为计算浸润曲线，可将式（11-22）变形为

$$\frac{q}{k}\mathrm{d}s=-h\mathrm{d}h$$

在图 11-7 中，把上式从断面 1—1 到断面 2—2 进行积分，得

$$\int_0^l \frac{q}{k}\mathrm{d}s=\int_{h_1}^{h_2}(-h)\,\mathrm{d}h$$

$$\frac{2ql}{k}=h_1^2-h_2^2 \tag{11-23}$$

式（11-23）即为平坡渗流的浸润曲线方程，可用于绘制平坡渗流的浸润曲线和水力计算。

11.4.3 逆坡（$i<0$）的浸润曲线

由式（11-18），其中 $A=bh$，经整理可得

$$\frac{\mathrm{d}h}{\mathrm{d}s}=i-\frac{Q}{kbh}<0$$

因此浸润曲线只能是降水曲线，称为 A 型曲线，如图 11-8 所示。曲线上游，取决于边

界条件，极限情况下，$h\to\infty$，$\frac{dh}{ds}\to i$，以水平线为渐近线。曲线下游，$h\to 0$，$\frac{dh}{ds}\to -\infty$，浸润曲线与底坡呈正交趋势。

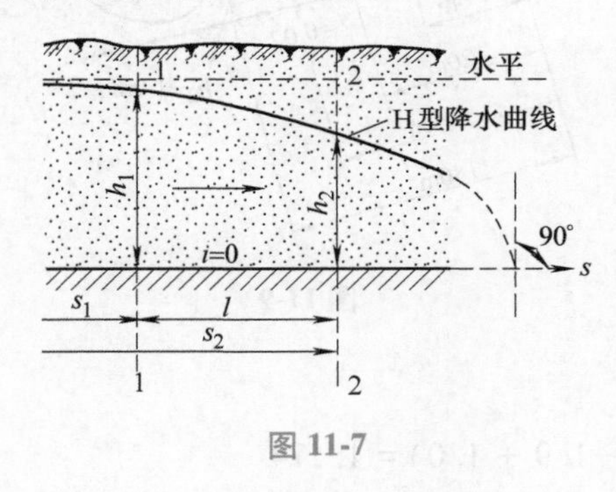

图 11-7

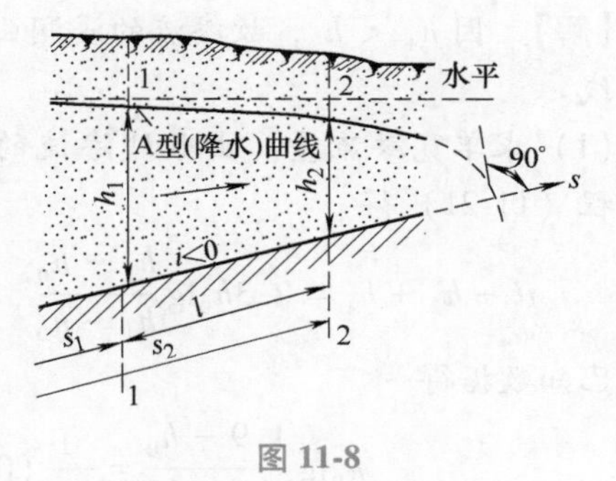

图 11-8

为计算浸润曲线，虚拟一个底坡为 i'（$i'>0$）的等宽均匀渗流，且 $i=-i'$，其流量与底坡为 i 的逆坡渐变渗流流量相等，则

$$Q=kJA=ki'A_0'=ki'h_0'b$$

式中，h_0' 为虚拟均匀渗流的正常水深；A_0' 为虚拟均匀渗流正常水深时的过水断面面积。由式（11-18）可得

$$\frac{dh}{ds}=i-\frac{Q}{kbh}=i-\frac{ki'h_0'b}{kbh}=i-\frac{h_0'i'}{h}=i'\left(\frac{i}{i'}-\frac{h_0'}{h}\right)=-i'\left(1+\frac{h_0'}{h}\right)$$

令 $\eta'=\frac{h}{h_0'}$，则有 $dh=h_0'd\eta'$，得

$$\frac{h_0'd\eta'}{ds}=-i'\left(1+\frac{1}{\eta'}\right)$$

即

$$\frac{i'}{h_0'}ds=-\frac{d\eta'}{1+\frac{1}{\eta'}}=-\frac{\eta'd\eta'}{1+\eta}$$

积分

$$\int_0^l\frac{i'}{h_0'}ds=\int_{\eta_1'}^{\eta_2'}\left(-\frac{\eta'}{1+\eta'}\right)d\eta'$$

得

$$\frac{i'}{h_0'}l=\eta_1'-\eta_2'+\ln\left(\frac{1+\eta_2'}{1+\eta_1'}\right)$$

或

$$\frac{i'}{h_0'}l=\eta_1'-\eta_2'+2.3\lg\frac{1+\eta_2'}{1+\eta_1'} \tag{11-24}$$

式中，

$$\eta_1'=\frac{h_1}{h_0'},\ \eta_2'=\frac{h_2}{h_0'}$$

式（11-24）即为逆坡渗流的浸润曲线方程，可用于绘制逆坡渗流的浸润曲线和水力计算。

【例 11-1】 一渠道位于河道上方，渠水沿一透水的土层下渗入河道，如图 11-9 所示。其不透水层底坡 $i=0.02$，土壤渗流系数 $k=0.005\text{cm/s}$，渠道与河道之间的距离 $l=180\text{m}$，

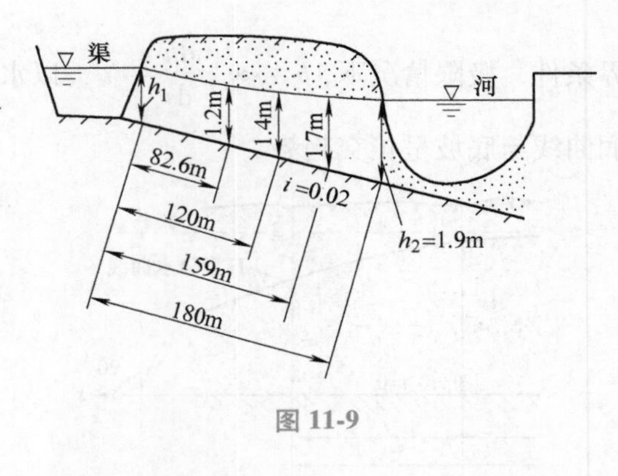

图 11-9

渠水在渠岸处的深度 $h_1=1.0\text{m}$，渗流在河岸出流处的深度 $h_2=1.9\text{m}$。假想为平面渗流，试求单位渠长的渗流流量并作浸润曲线。

【解】 因 $h_1<h_2$，故渗流的浸润曲线为壅水曲线。

（1）求单宽渗流量。由顺坡渗流的浸润曲线方程（11-21）得

$$il-h_2+h_1=2.3h_0\lg\frac{h_2-h_0}{h_1-h_0}$$

代入已知数据得

$$h_0\lg\frac{1.9-h_0}{1.0-h_0}=\frac{1}{2.3}(0.02\times180-1.9+1.0)=1.174$$

采用试算法得 $h_0=0.945\text{m}$，则单宽流量为

$$q=kih_0=(0.005\times0.02\times0.945\times100)\text{cm}^3/(\text{s}\cdot\text{cm})=0.00945\text{cm}^3/(\text{s}\cdot\text{cm})$$

（2）计算浸润曲线。由顺坡渗流的浸润曲线方程（11-21）得

$$l=\frac{h_0}{i}\left(\eta_2-\eta_1+2.3\lg\frac{\eta_2-1}{\eta_1-1}\right)$$

其中 $\dfrac{h_0}{i}=\dfrac{0.945}{0.02}\text{m}=47.25\text{m}$；$\eta_1=\dfrac{h_1}{h_0}=\dfrac{1}{0.945}=1.058$；$\eta_2=\dfrac{h_2}{0.945}$，则

$$l=47.25\left(\frac{h_2}{0.945}-1.058+2.3\lg\frac{\dfrac{h_2}{0.945}-1}{1.058-1}\right)$$

浸润曲线上游水深 $h_1=1.0\text{m}$，下游水深 $h_2=1.9\text{m}$，依次给出 $1.0\text{m}<h_2<1.9\text{m}$ 的几个渐增值，分别算出各个 h_2 处距上游的距离 l，从渠岸往下游算至河岸为止。即分别假设 $h_2=1.2\text{m}$，1.4m，1.7m，1.9m 各值，代入上式求得相应的 l 为 82.6m，120m，159m，180m。用光滑的曲线连接这些坐标点即可绘出浸润曲线，如图 11-9 所示。

11.5 井和集水廊道的水力计算

井和集水廊道是在给水工程中用以采集地下水的建筑物，应用广泛。从这些建筑物中抽水，会使附近的天然地下水位降落，也起着施工排水的作用。

11.5.1 集水廊道

如图 11-10 所示，有一集水廊道，横断面为矩形，廊道底位于水平不透水层上，即底坡 $i=0$，现由式（11-18）可得

$$Q=bhk\left(0-\frac{\text{d}h}{\text{d}s}\right)$$

设 q 为集水廊道从一侧渗入的单宽流量，上式可写成

$$q = -kh\frac{\mathrm{d}h}{\mathrm{d}s}$$

由于在 zOx 坐标系中，x 坐标与流向相反，如图 11-10 所示，故 $\frac{\mathrm{d}h}{\mathrm{d}s} = -\frac{\mathrm{d}z}{\mathrm{d}x}$，因此得渐变渗流的基本微分方程为

$$q = kz\frac{\mathrm{d}z}{\mathrm{d}x}$$

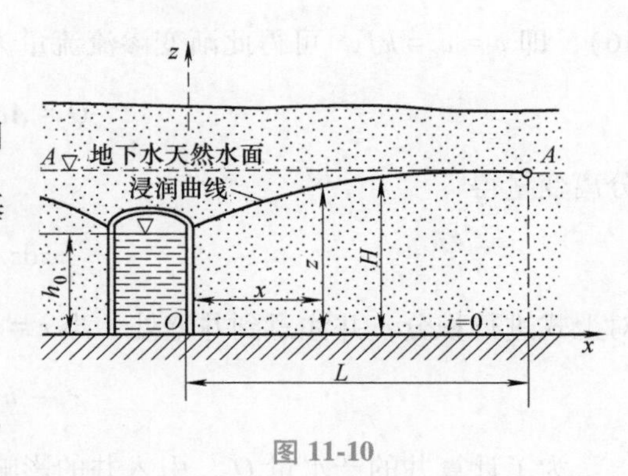

图 11-10

将该式分离变量并积分，代入边界条件：$x=0$ 时，$z=h_0$，得集水廊道浸润曲线方程为

$$z^2 - h_0^2 = \frac{2q}{k}x \tag{11-25}$$

可见，浸润曲线是抛物型曲线，当 x 越大时，地下水位的降落就越小。在 $x = L$ 处，地下水位降落趋近于零，z 等于含水层厚度 H。$x \geqslant L$ 的地区天然地下水位不受影响，L 称为集水廊道的影响范围。将 $x = L$，$z = H$ 这一边界条件代入式（11-25）中可得集水廊道从一侧流入的单位长度的渗流量（或称产水量）为

$$q = \frac{k(H^2 - h_0^2)}{2L} \tag{11-26}$$

若引入浸润曲线的平均坡度 $\bar{J} = \frac{H - h_0}{L}$ 这一概念，则式（11-26）可改写为

$$q = \frac{k}{2}(H + h_0)\bar{J} \tag{11-27}$$

式（11-27）可用来初步估算 q。$\bar{J}$ 可根据以下数值选取：对于粗砂及卵石，$\bar{J}$ 为 0.003~0.005，砂土为 0.005~0.015，亚砂土为 0.03，亚黏土为 0.05~0.10，黏土为 0.15。

11.5.2 潜水井（无压井）

具有自由水面的地下水称为潜水或无压地下水。潜水井用来吸取无压地下水。井的断面通常为圆形，水由透水的井壁进入井中。潜水井分为完整井和非完整井两类，井底达到不透水层的井称为完整井，如图 11-11 所示。井底未达到不透水层的称为非完整井。

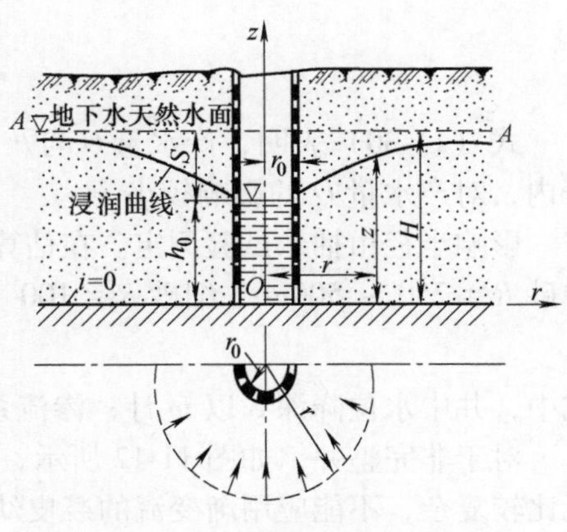

图 11-11

设井底位于水平的不透水层上，含水层的厚度为 H，未抽水前地下水的天然水面为水平面 $A—A$。从井中抽水后，井中和四周附近地下水位降低，在含水层中形成了以井为中心沿半径方向的渐变渗流，其自由水面称为浸润曲面。浸润曲面的形状为轴对称漏斗形。

在离井中心 r 处渗流的浸润面上的点的标高为 z，而过水断面为一圆柱面，其面积为 $A = 2\pi rz$，圆柱过水断面上各点的测压管水头都是 z，其水力坡度 $J = -\frac{\mathrm{d}H}{\mathrm{d}s} = \frac{\mathrm{d}z}{\mathrm{d}r}$。应用式（11-

16)，即 $v = u = kJ$，可得此渐变渗流流量为

$$Q = Av = 2\pi rzk\frac{\mathrm{d}z}{\mathrm{d}r}$$

分离变量得

$$z\mathrm{d}z = \frac{Q}{2\pi k}\frac{\mathrm{d}r}{r}$$

对上式进行积分，并注意到井壁处，当 $r = r_0$ 时，$z = h_0$，则可求得潜水井的浸润曲线方程为

$$z^2 - h_0^2 = \frac{Q}{\pi k}\ln\frac{r}{r_0} \tag{11-28}$$

为了计算井的产水量 Q，引入井的影响半径 R 的概念：在浸润漏斗上，有半径 $r = R$ 的一个圆，在 R 范围以外，浸润漏斗的下降 $H - z$ 趋于零，即天然地下水不受影响，距离 R 称为井的影响半径。将 $r = R$ 时，$z = H$ 这一边界条件代入式（11-28）中可得

$$Q = 1.366\frac{k(H^2 - h_0^2)}{\lg\frac{R}{r_0}} \tag{11-29}$$

式（11-29）即为潜水完整井的产水量公式，称为裘皮幼产水量公式。

在一定产水量 Q 时，地下水面的相应最大降落深度 $S = H - h_0$，称为水位降深。从而有

$$H^2 - h_0^2 = (H + h_0)(H - h_0) = 2H\left(1 - \frac{S}{2H}\right)S$$

代入式（11-29）得

$$Q = 2.732\frac{kHS}{\lg\frac{R}{r_0}}\left(1 - \frac{S}{2H}\right)$$

当 $\frac{S}{2H} \ll 1$ 时，上式可简化为

$$Q = 2.732\frac{kHS}{\lg\frac{R}{r_0}} \tag{11-30}$$

式（11-30）表明，产水量 Q 与 k、H 及 S 成正比，而影响半径 R 和井的半径 r_0 在对数符号内，对产水量 Q 的影响较小。

影响半径由抽水试验测定。在估算时，可根据经验数据选取，粗砂 $R = 700 \sim 1000\text{m}$；中砂 $R = 250 \sim 500\text{m}$；细砂 $R = 100 \sim 200\text{m}$。要求不高时，也可以用经验公式计算，即

$$R = 3000S\sqrt{k} \tag{11-31}$$

式中，井中水位降深 S 以 m 计；渗流系数 k 以 m/s 计，影响半径 R 以 m 计。

对于非完整井，如图 11-12 所示，其产水量不仅来自井壁四周，而且来自井底，渗流情况比较复杂，不能应用渐变流的裘皮幼公式来进行分析。目前多采用经验公式来确定其产水量，较为常用的公式是

$$Q = 1.36k\frac{H' - t^2}{\lg\frac{R}{r_0}}\left[1 + 7\sqrt{\frac{r_0}{2H'}}\cos\left(\frac{\pi H'}{2H}\right)\right] \tag{11-32}$$

式中，H 为原地下水面到井底的深度；t 为井中的水深；其余符号含义同前。

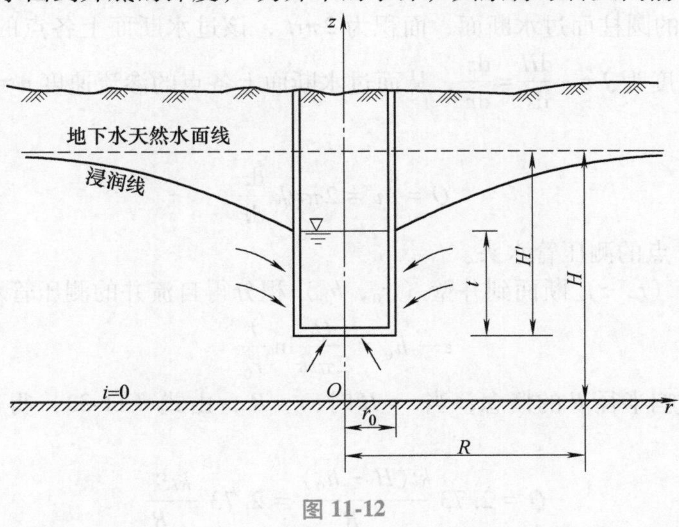

图 11-12

【例 11-2】 某潜水完整井的含水层厚度 H 为 8m，其渗流系数 k 为 0.0015m/s，井的半径 r_0 为 0.5m，抽水时井中水深 h_0 为 5m，试估算井的产水量。

【解】 井中水位降深 $S = H - h_0 = (8-5)\text{m} = 3\text{m}$，由式（11-31）得

$$R = 3000S\sqrt{k} = \left(3000 \times 3 \times \sqrt{0.0015}\right)\text{m} = 350\text{m}$$

由式（11-29）得

$$Q = \frac{1.366k(H^2 - h_0^2)}{\lg \dfrac{R}{r_0}} = \frac{1.366 \times 0.0015 \times (64-25)}{\lg 700}\text{m}^3/\text{s} = 0.028\text{m}^3/\text{s}$$

11.5.3 自流井（承压井）

如含水层位于两不透水层之间，其中渗流所受的压强大于大气压。这样的含水层称为承压含水层。凿井穿过位于上面的不透水层（覆盖层），从含水层中取水，这样的井称为自流井或承压井。若井底直达下部不透水层（底层）的表面，则为完整自流井，如图 11-13 所示。

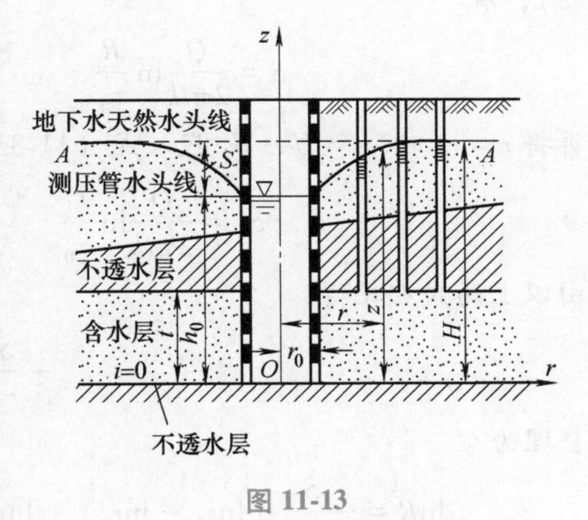

图 11-13

这里仅考虑这一问题的最简单情况，即底层与覆盖层均为水平，两层间的距离 t 为一定，且井为完整井。凿井穿过覆盖在含水层上的不透水层时，地下水位将升到高度 H（图 11-13 中的 A—A 平面）。若从井中抽水，井中水深由 H 降至 h_0，在井外的测压管水头线将下降形成轴对称的漏斗形降落曲面。

承压井渗流的过水断面为一系列高度为 t 的圆柱面，各径向剖面的渗流情况相同，除井

周附近的区域外，测压管水头线的曲率很小，恒定抽水时，可作为恒定渐变渗流分析。

对于半径为 r 的圆柱面过水断面，面积为 $2\pi rt$，该过水断面上各点的测压管水头为 z，于是各点的水力坡度为 $J=-\frac{dH}{ds}=\frac{dz}{dr}$，从而过水断面上各点的渗流速度 $u=v=kJ$，故得平坡渗流微分方程为

$$Q=Av=2\pi rtk\frac{dz}{dr}$$

式中，z 为相应于 r 点的测压管水头。

分离变量，从（r，z）断面到井壁（r_0，h_0）积分得自流井的测压管水头曲线方程为

$$z-h_0=\frac{Q}{2\pi tk}\ln\frac{r}{r_0} \tag{11-33}$$

若同样引入影响半径 R 的概念，当 $z=H$ 时，$r=R$，由式（11-33）得自流完整井的产水量公式为

$$Q=2.73\frac{kt(H-h_0)}{\lg\frac{R}{r_0}}=2.73\frac{ktS}{\lg\frac{R}{r_0}} \tag{11-34}$$

或

$$S=\frac{Q\lg\frac{R}{r_0}}{2.73kt} \tag{11-35}$$

式中，R 为影响半径；S 为井中水位降深。

【例 11-3】 已知承压含水层的厚度 t 为 6m，现打一完整井，井的直径 d 为 200mm，在离井中心 15m 处钻一观测孔。如图 11-14 所示。当井抽水至稳定水位时，井中水位降深 S 为 3m，而观测孔中水位降深 S_1 为 1m，试求该井的影响半径 R。

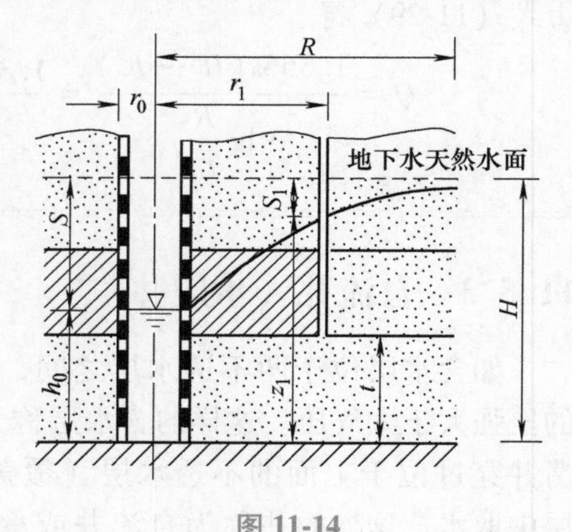

图 11-14

【解】 将 $z-h=H-h_0=S$，$r=R$ 代入式（11-33），有

$$S=\frac{Q}{2\pi tk}\ln\frac{R}{r_0}$$

再将 $r=r_1$ 时，$z=H-S_1$ 代入式（11-33），有

$$S-S_1=\frac{Q}{2\pi tk}\ln\frac{r_1}{r_0}$$

由以上两式相比得

$$\frac{S}{S-S_1}=\frac{\ln R-\ln r_0}{\ln r_1-\ln r_0}$$

整理为

$$\ln R=\frac{S}{S-S_1}(\ln r_1-\ln r_0)+\ln r_0=\frac{3}{3-1}(\ln 15-\ln 0.1)+\ln 0.1=5.2134$$

$$R=184\text{m}$$

11.5.4 大口井与基坑排水

大口井是集取浅层地下水的一种井，井径较大，大致为2~10m或更大些。大口井一般是非完整井，井底产水量是总水量的一个重要组成部分。

由于大口井与基坑排水时的性质近似，其计算方法基本相同。

设有一大口井，井壁四周为不透水层，井底为半球形，紧接下方深度为无穷大的含水层。供水全部是由井底的渗流提供的。如图11-15所示。

由于半球底大口井的渗流流线是径向的，所以过水断面是与井底同心的半球面，则

$$Q = Av = 2\pi r^2 k \frac{dz}{dr}$$

分离变量积分

$$Q\int_{r_0}^{r} \frac{dr}{r^2} = 2\pi k \int_{H-S}^{z} dz$$

当 $r = R$ 时，$z = H$，且 $R \gg r_0$，故得

$$Q = 2\pi k r_0 S \tag{11-36}$$

式（11-36）就是半球底大口井的产水量公式。

对于平底的大口井，其过水断面近似为椭圆，流线是双曲线，如图11-16所示。其产水量公式为

$$Q = 4kr_0 S \tag{11-37}$$

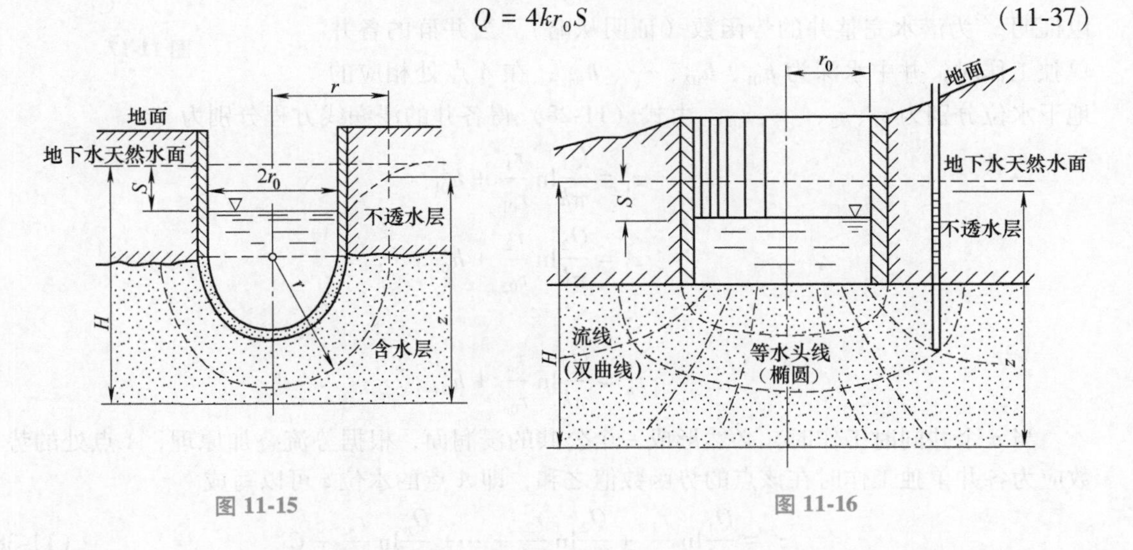

图11-15　　图11-16

式（11-36）和式（11-37）两计算结果相差甚大。当含水层的厚度比井的半径大8~10倍时，采用式（11-36）较好。

【例11-4】 在一干河床上开挖一基坑，其深度为4m，现地下水位在地面下2m，土壤的渗流系数为0.001m/s，基坑的直径为10m，试求应从基坑抽排的水量。

【解】 为施工方便，地下水位必须降落到基坑底面，即地下水位降深S为

$$S = 4\text{m} - 2\text{m} = 2\text{m}$$

由式（11-37）得

$$Q = 4kr_0S = (4 \times 0.001 \times 5 \times 2)\mathrm{m^3/s} = 0.04\mathrm{m^3/s}$$

故应从基坑抽排的水量为 $0.04\mathrm{m^3/s}$。

11.6 井群的水力计算

井群是指多个井同时工作，井与井之间的距离小于一个井的影响半径的多个井的组合，抽水时，各井之间相互影响，渗流区地下水流比较复杂，其浸润面的形状也十分复杂，解决这一问题的方法是利用势流叠加原理。

11.6.1 潜水完整井井群

如图 11-17 所示，在水平不透水层上有 n 个潜水完整井，在井群的影响范围内取一点 A，各井的半径、出水量以及到 A 点的水平距离分别为 r_{01}、r_{02}、…、r_{0n}，Q_1、Q_2、…、Q_n，r_1、r_2、…、r_n。

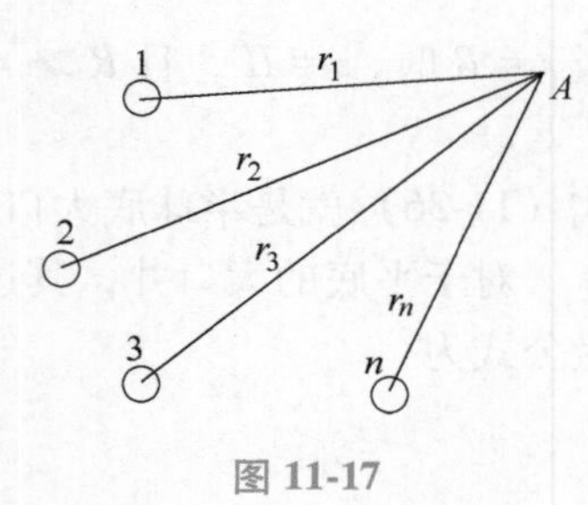

图 11-17

由于渗流可以看作是有势流，所以有流速势函数存在，可以证明 z^2 为潜水完整井的势函数（证明从略）。当井群的各井单独工作时，井中水深为 h_{01}、h_{02}、…、h_{0n}，在 A 点处相应的地下水位分别为 z_1、z_2、…、z_n。由式（11-28）得各井的浸润线方程分别为

$$z_1^2 = \frac{Q_1}{\pi k}\ln\frac{r_1}{r_{01}} + h_{01}^2$$

$$z_2^2 = \frac{Q_2}{\pi k}\ln\frac{r_2}{r_{02}} + h_{02}^2$$

$$\vdots$$

$$z_n^2 = \frac{Q_n}{\pi k}\ln\frac{r_n}{r_{0n}} + h_{0n}^2$$

当 n 个井同时工作时，必然形成一个公共的浸润面，根据势流叠加原理，A 点处的势函数应为各井单独工作时在该点的势函数值之和，即 A 点的水位 z 可以写成

$$z^2 = \frac{Q_1}{\pi k}\ln\frac{r_1}{r_{01}} + \frac{Q_2}{\pi k}\ln\frac{r_2}{r_{02}} + \cdots + \frac{Q_n}{\pi k}\ln\frac{r_n}{r_{0n}} + C \tag{11-38}$$

式中，C 为某一常数，需由边界条件确定。

若各井产水量相同，即 $Q_1 = Q_2 = \cdots = Q_n = \dfrac{Q_0}{n}$，其中 Q_0 为井群的总出水量。设井群的影响半径为 R，若 A 点在影响半径上，因 A 点离各井很远，可近似认为 $r_1 = r_2 = \cdots = r_n = R$，此时 A 点的水位 $z = H$。将这些关系代入式（11-38）得

$$C = H^2 - \frac{Q_0}{\pi k}\left[\ln R - \frac{1}{n}\ln(r_{01}r_{02}\cdots r_{0n})\right]$$

将 C 值代入式（11-38）得

$$z^2=H^2-0.732\frac{Q_0}{k}\left[\lg R-\frac{1}{n}\lg(r_1r_2\cdots r_n)\right] \tag{11-39}$$

式（11-39）即为潜水完整井井群的浸润线方程，可用来确定潜水完整井井群中某点 A 的水位 z 值。

井群的总出水量为

$$Q_0=\frac{1.366k(H^2-z^2)}{\lg R-\frac{1}{n}\lg(r_1r_2\cdots r_n)} \tag{11-40}$$

式中，Q_0 为井群总产水量（m^3/s）；n 为井群井的数目；R 为井群的影响半径（m）；H 为含水层的厚度（m）；z 为井群抽水时，含水层浸润面上某点 A 的水位（m）；r_1、r_2、…、r_n 为某点 A 至各井的距离（m）。

井群的影响半径 R，可由抽水试验测定或按如下经验公式估算：

$$R=575S\sqrt{kH} \tag{11-41}$$

式中，S 为井群中心的水位降深（m）；H 为含水层厚度（m）；k 为渗流系数（m/s）。

若各井的产水量不相等，则井群的浸润线方程为

$$z^2=H^2-\frac{0.732}{k}\left(Q_1\lg\frac{R}{r_1}+Q_2\lg\frac{R}{r_2}+\cdots+Q_n\lg\frac{R}{r_n}\right) \tag{11-42}$$

式中，Q_1，Q_2，…，Q_n 为各井的出水量；其余符号的含义同式（11-40）。

11.6.2 自流完整井井群

对于含水层厚度为 t 的自流完整井井群，采用上述分析潜水完整井井群的方法，按照势流叠加原理，同样可以求得井群的浸润面方程为

$$z=H-\frac{0.366Q_0}{kt}\left[\lg R-\frac{1}{n}\lg(r_1r_2\cdots r_n)\right] \tag{11-43}$$

井群总产水量为

$$Q_0=2.732\frac{kt(H-z)}{\lg R-\frac{1}{n}\lg(r_1r_2\cdots r_n)} \tag{11-44}$$

对于水位降深 S 的求解，同样由式（11-33）知，第 i 个单自流井测压管水头方程为

$$z_i-h_{0i}=\frac{Q_i}{2\pi kt}\ln\frac{r_i}{r_{0i}}$$

当 $z=H$ 时，$r=R$，代入上式，得

$$H-h_{0i}=\frac{Q_i}{2\pi kt}\ln\frac{R}{r_{0i}}$$

将以上两式相减可得各井单独抽水时，A 点相应的水位降深为

$$S_i=H-z_i=\frac{Q_i}{2\pi kt}\ln\frac{R}{r_i}$$

当井群各井同时抽水时，总产水量 $Q_0=nQ_i$，A 点的水位降深为

$$S = H - z = \sum_{i=1}^{n} S_i = \sum_{i=1}^{n} \frac{Q_i}{2\pi kt} \ln \frac{R}{r_i} = \frac{Q_0}{2\pi kt} \left[\ln R - \frac{1}{n} \ln (r_1 r_2 \cdots r_n) \right] \tag{11-45}$$

式（11-45）说明自流井井群同时均匀抽水时，A 点水位降深等于各井单独抽水时 A 点的水位降深的总和。

【例 11-5】 在一圆形基坑周围布置 6 眼管井组成井群降水，如图 11-18 所示。各井距基坑中心的距离 r 为 30m，各井的半径 r_0 为 0.1m，含水层的厚度 H 为 8m，渗流系数 k 为 0.001m/s，井群的影响半径 R 为 500m，当各井同时抽水，每个井的出水量 Q 为 3.33L/s，求基坑中心的地下水位降深。

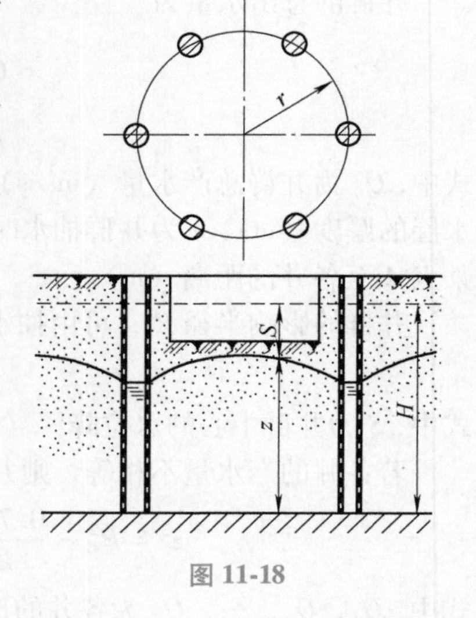

图 11-18

【解】 已知 $r_1 = r_2 = \cdots = r_n = 30\text{m}$

$$Q_0 = nQ = 6 \times 3.33\text{L/s} = 20\text{L/s} = 0.02\text{m}^3/\text{s}$$

由式（11-39）得

$$z^2 = H^2 - 0.732 \frac{Q_0}{k} \left(\lg R - \frac{1}{6} \lg r^6 \right)$$

$$= 64\text{m}^2 - \left[0.732 \times \frac{0.02}{0.001} (\lg 500 - \lg 30) \right] \text{m}^2$$

$$= 46.2\text{m}^2$$

$$z = \sqrt{46.2}\,\text{m} = 6.8\text{m}$$

因此，基坑中心地下水位降深 $S = H - z = (8 - 6.8)\text{m} = 1.2\text{m}$

11.7 用流网法求解渗流问题

前面讨论的渗流都是恒定渐变渗流，可用裘皮幼公式求解。但在恒定急变渗流中，流线明显弯曲或扩张收缩，就不能用裘皮幼公式将三元问题简化为一元来处理。

服从达西定律的渗流具有流速势 $\varphi = -kH$，是势流。对于不可压缩流体的平面渗流，当边界条件简单时，可用解析法解拉普拉斯方程；当边界条件复杂时，可用图解法和试验法求解。本节介绍图解法的流网法。

流网是在渗流区域内由一组流线和一组等势线所组成，而流线和等势线都是以直角相交。实际上，流网的网格都画成近似的正方形（往往是曲边的正方形），即每一个网格，它相邻流线的距离和相邻等势线的距离都近似相等，即 $\Delta b = \Delta l$，而交角则必是直角，如图 11-19 所示。

11.7.1 平面有压渗流流网的绘制

图 11-19 所示为一透水地基中渗流流网图，其绘制步骤大体如下：

1）首先根据渗流的边界条件，确定边界流线及边界等势线。如图中的上游透水边界 AB

是一条等势线，因各点测压管水头值（$H = z + \dfrac{p}{\rho g}$）相等，即流速势相等。下游透水边界 CD 同样也是一条等势线。构筑物的地下轮廓线，即图中 B-1-2-3-4-5-6-7-8-C 为一条流线，而渗流区域的底部边界 EF 为另一条边界流线。

2）流网的特性是一组正交的方格网。初步绘制流网时可先按边界线的趋势大致画出流线或等势线。等势线和流线都应是光滑的曲线，不能有突然转折。

3）一般初绘的流网总是不能完全符合要求，为了检验流网是否画得正确，可在流网中绘出网格的对角线，如图 11-19 所示，若每一网格的对角线正交和相等且形成互相垂直的正方形网格，则所绘流网是正确的。但由于边界形状不规则，在边界突变的局部地方不可避免地要出现三角形或五角形等不规则的形状，这是因为无法无限细分流网所造成的，但这不会影响整个流网的应用。

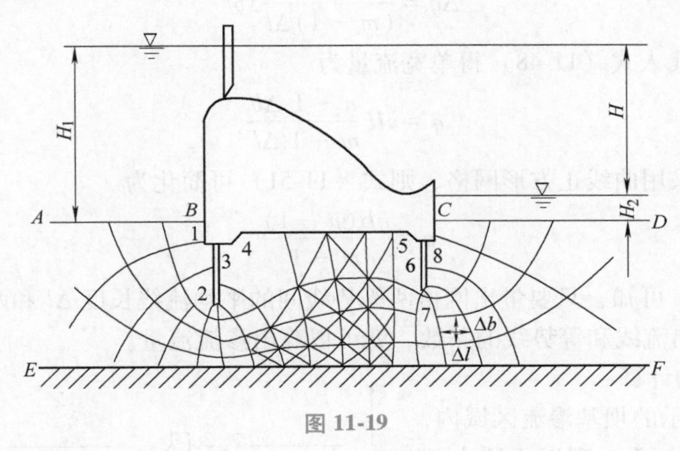

图 11-19

4）流网的形状只与渗流区的边界条件有关，而与上下游水位无关；当土体为均质且各向同性时，也与土壤的渗流系数无关。对流网的局部修改会涉及整个流网，必须细心绘制，经多次反复，才能达到足够精度。

11.7.2 利用流网进行渗流计算

1. 渗流流速的计算

如图 11-19 所示，若需计算渗流区中某一网格内的渗流流速，可以从图中量出该网格的流线长 Δl，然后通过计算，得出渗流在该网格内的水头差 ΔH。由流网的性质可知，任意两条等势线间的水头差均相等。若流网中的等势线条数为 m（包括边界等势线在内），上下游水位差为 H，则任意两条等势线间的水头差为

$$\Delta H = \frac{H}{m-1} \tag{11-46}$$

渗流区任一流网网格内的平均水力坡度为

$$J = \frac{\Delta H}{\Delta l} = \frac{H}{(m-1)\Delta l}$$

所求网格处的渗流流速为

$$u = kJ = k\frac{\Delta H}{\Delta l} = \frac{kH}{(m-1)\Delta l} \tag{11-47}$$

2. 渗流流量的计算

由流网的性质可知，任意两条流线之间所通过的渗流量 Δq 相等。若全部流线（包括边界流线在内）的数目为 n，那么通过整个坝基的单宽流量为

$$q = (n-1)\Delta q \tag{11-48}$$

为了求出任意两条流线间渗流流量 Δq，可先选择任意一个网格，求出该网格的渗流流速 u，再由图中量出该网格的宽度 Δb，即两相邻流线间的间距，如图 11-19 所示。则

$$\Delta q = u\Delta b \tag{11-49}$$

将式（11-47）代入式（11-49）得

$$\Delta q = \frac{kH}{(m-1)\Delta l}\Delta b \tag{11-50}$$

再将式（11-50）代入式（11-48）得单宽流量为

$$q = kH\frac{n-1}{m-1}\frac{\Delta b}{\Delta l} \tag{11-51}$$

当 $\Delta b = \Delta l$ 时，即采用曲线正方形网格，则式（11-51）可简化为

$$q = \frac{kH(n-1)}{m-1} \tag{11-52}$$

由式（11-51）可知，只要量出网格两等势线间的平均流线长度 Δl 和两流线间的平均过水宽度 Δb，并数出流线和等势线的条数，就可以算出渗流流量。

3. 渗透压强的计算

如图 11-20 所示的坝基渗流区域内，任意选取一直角坐标系，现以不透水基底作为坐标的横轴。若需计算渗流区内任意点 N 的动水压强，按照定义在 N 点处渗流的总水头为

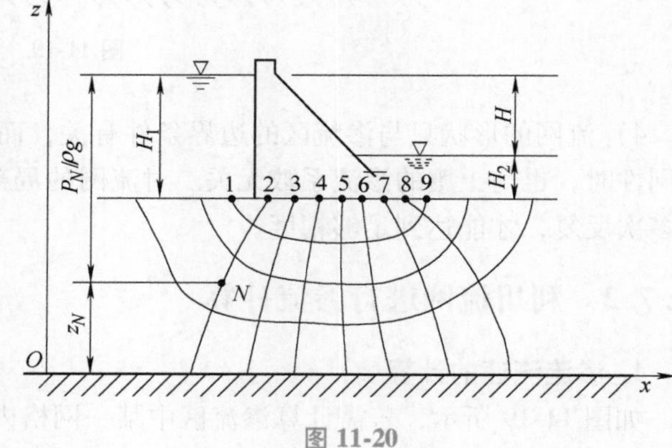

图 11-20

$$H_N = z_N + \frac{p_N}{\rho g}$$

称 p_N 为 N 点的渗透压强（或动水压强），以液柱高度表示为

$$\frac{p_N}{\rho g} = H_N - z_N \tag{11-53}$$

上游河床（入渗边界）为一条等势线，也即等水头线，在该边界上各点水头为

$$H = z_1 + \frac{p_1}{\rho g} = z_1 + H_1$$

假定从上游河床入渗的水流达到 N 点所损失的水头为 h_f，那么 N 点的总水头应等于入渗边界上的总水头减去这段流程的水头损失，即

$$H_N = (z_1 + H_1) - h_f \tag{11-54}$$

将式（11-54）代入式（11-53）可得

$$\frac{p_N}{\rho g} = (z_1 + H_1) - h_f - z_N$$

或

$$\frac{p_N}{\rho g} = h_N - h_f \tag{11-55}$$

式中，$h_N = (z_1 + H_1) - z_N$，表示 N 点在上游液面下的深度。式（11-55）的物理意义是非常明显的，它说明渗流区内任意点 N 的渗透压强，等于从上游液面算起的该点静水压强再减去由入渗点至该点的水头损失。

图 11-20 中 1 点~9 点在上游液面下的深度均相等，即

$$h_1 = h_2 = h_3 = \cdots = h_9 = H_1$$

但从入渗边界至各点间的水头损失是不相等的。若任意两等势线间的水头损失为 ΔH，则

$$\Delta H = \frac{H}{m-1}$$

其中，m 为等势线条数，很明显，2 点至 9 点水头损失分别为

$$h_{f2} = \Delta H,\ h_{f3} = 2\Delta H,\ h_{f4} = 3\Delta H,\ \cdots,\ h_{f9} = 8\Delta H$$

各点的压强水头分别为

$$\frac{p_1}{\rho g} = H_1$$

$$\frac{p_2}{\rho g} = H_1 - \Delta H$$

$$\frac{p_3}{\rho g} = H_1 - 2\Delta H$$

$$\vdots$$

$$\frac{p_9}{\rho g} = H_1 - 8\Delta H = H_2$$

或用通式表示为

$$\frac{p_i}{\rho g} = h_i = H_1 - \frac{i-1}{m-1}H \tag{11-56}$$

式中，H_1、H_2 为上、下游水头（m）；H 为上、下游水头差（m）；h_i 为从上游算起的第 i 条等势线（等水头线）上的渗流水头（m）；$\frac{p_i}{\rho g}$ 为第 i 条等势线（等水头线）上某点的压强水头（m）；m 为等势线（等水头线）条数；i 为从上游算起的第 i 条等势线（等水头线）序数。

在实用上最重要的是需要算出坝的基层上所作用的渗透压力，因为渗透压力是一个向上作用的浮托力，它对坝的稳定是一个不利的因素。渗透压力越大，对坝的浮力也越大，也就是坝的稳定性越差。

为了得到坝底的渗透压强分布图，最方便的是算出各等势线与坝底的交点 1~9 等处的渗透压强。设等势线（等水头线）和坝基础轮廓线相交的点的渗流水头或坝基础轮廓线上的某些转折点的渗流水头高度（渗流动水压强）为 h，若上、下游的水头基准线到坝基础轮廓线的垂直距离为 y，则作用在坝基础轮廓线上的渗透压强为

$$p = \rho g(h + y) \tag{11-57}$$

式中，ρ 为水的密度。

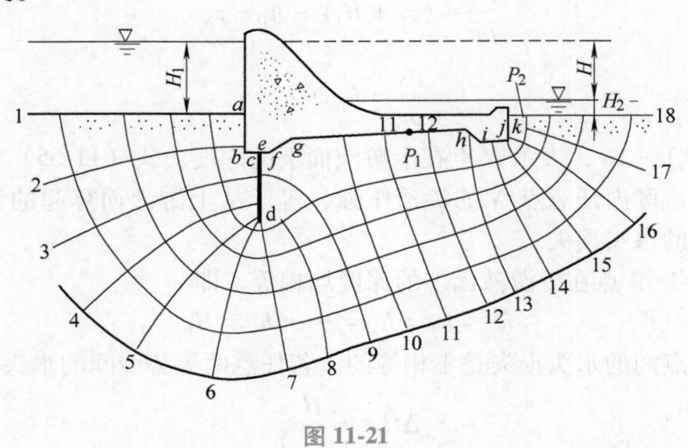

图 11-21

【例 11-6】 某溢流堰的基础轮廓和已绘出的流网如图 11-21 所示。$H_1 = 25\text{m}$，$H_2 = 5\text{m}$，渗流系数 $k = 5\times10^{-5}\text{m/s}$。求：(1) 图中 P_1 点的渗透压强；(2) 图中 P_2 点的逸出流速；(3) 单宽渗流量。

【解】 已绘出的流线条数 $n=6$；等水头线条数 $m=18$；水头差 $H=H_1-H_2=25\text{m}-5\text{m}=20\text{m}$

(1) 求 P_1 点的渗透压强。P_1 点处于第 11 条与第 12 条等水头线的中间，由式 (11-56) 计算，其水头为

$$h = H_1 - \frac{i-1}{m-1}H = 25\text{m} - \left(\frac{11.5-1}{18-1}\times 20\right)\text{m} = 12.65\text{m}$$

已测知 P_1 点 $y=7.5\text{m}$。由式 (11-57) 得 P_1 点的渗透压强为

$$p = \rho g(h+y) = [9.81\times(12.65+7.5)]\text{kN/m}^2 = 197.67\text{kN/m}^2$$

(2) 求 P_2 点的逸出流速。由式 (11-47) 计算，其中 Δl 由流网图量得，$\Delta l = 3.0\text{m}$，则 P_2 点的逸出流速为

$$u = \frac{kH}{(m-1)\Delta l} = \frac{5\times10^{-5}\times 20}{(18-1)\times 3.0}\text{m/s} = 1.96\times10^{-5}\text{m/s}$$

(3) 求单宽渗流量。由式 (11-52) 计算得

$$q = \frac{kH(n-1)}{m-1} = \frac{5\times10^{-5}\times 20\times(6-1)}{18-1}\text{m}^3/(\text{s}\cdot\text{m}) = 2.94\times10^{-4}\text{m}^3/(\text{s}\cdot\text{m})$$

思 考 题

11-1 何为渗流模型？为什么要引入这一概念？

11-2 渗流流速指的是什么流速？它与真实流速有什么区别？

11-3 试比较达西定律与裘皮幼公式的异同点及应用条件。

11-4 何谓渗流系数？它的物理意义是什么？怎样确定渗流系数值？

11-5 为什么渐变渗流的浸润曲线只有 4 条？

11-6 在推导潜水完整井时引入了哪些假设？

11-7 影响完整井渗流流量的主要因素有哪些？

11-8 浸润曲线是流线还是等势线？为什么？

11-9 在什么条件下流网成曲边正方形？怎样解释流网中出现三角形和五边形等情况？它对渗流计算有无影响？

11-10 何谓渗流动水压强？何谓坝基础轮廓线上的渗透压强？

11-11 试回答下列问题：

（1）两水闸的地下轮廓线相同，渗流系数也相同，但作用水头不同，流网是否相同？为什么？

（2）两水闸的地下轮廓线相同，作用水头也相同，但渗流系数不同，流网是否相同？为什么？

（3）两水闸的作用水头相同，渗流系数也相同，但地下轮廓线的形状不同，流网是否相同？为什么？

习　题

11-1 在实验室中，根据达西定律测定某土壤的渗流系数时，将土样装在直径 $D = 20\text{cm}$ 的圆筒中，在 40cm 的水头差作用下，经过一昼夜后测得渗流水量为 15L，两测压管的距离为 30cm，试求土壤的渗流系数 k。

11-2 一圆柱形滤水器，如图 11-22 所示。已知直径 $d = 1.2\text{m}$，滤层高 1.2m，渗流系数 $k = 0.0001\text{m/s}$，求 $H = 0.6\text{m}$ 时的渗流流量 Q。

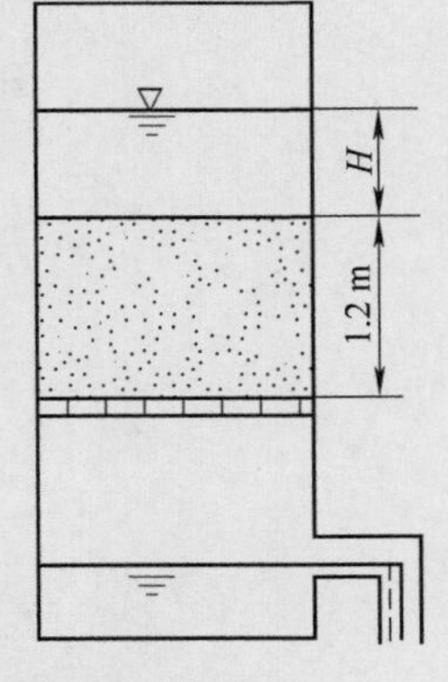

图 11-22

11-3 已知渐变渗流某过水断面处的浸润曲线坡度为 0.005，渗流系数为 0.00004m/s，求过水断面上任一点的渗流速度及断面平均渗流速度。

11-4 如图 11-23 所示，在 $i = 0$ 的不透水层上的土壤，其渗流系数 $k = 0.001\text{cm/s}$，今在水流方向上打两个钻孔 1 和 2，测得钻孔 1 中水深 $h_1 = 10\text{m}$，钻孔 2 中水深 $h_2 = 8\text{m}$，两钻孔之间的距离 $s = 1000\text{m}$，试求：

（1）单宽渗流流量 q；

（2）钻孔 1 左右 500m 处 A、B 点的地下水深 h_A 和 h_B。

11-5 某铁路路堑需降低地下水位，在路堑侧边埋设渗沟（集水廊道），由钻探知含水层厚度 H 为 3m。渗沟中水深 h 为 0.3m，含水层的渗流系数 k 为 0.0025cm/s，平均水力坡度 $J = 0.02$，试计算流入长度为 1000m 的渗沟的单侧流量。

11-6 某工地以潜水为给水水源，钻探测知含水层为砂夹卵石层，含水层厚度 $H = 6\text{m}$，渗流系数 $k = 0.0012\text{m/s}$，现打一完整井，井的半径 $r_0 = 0.15\text{m}$，影响半径 $R = 300\text{m}$，求井中水位降深 $S = 3\text{m}$ 时的产水量。

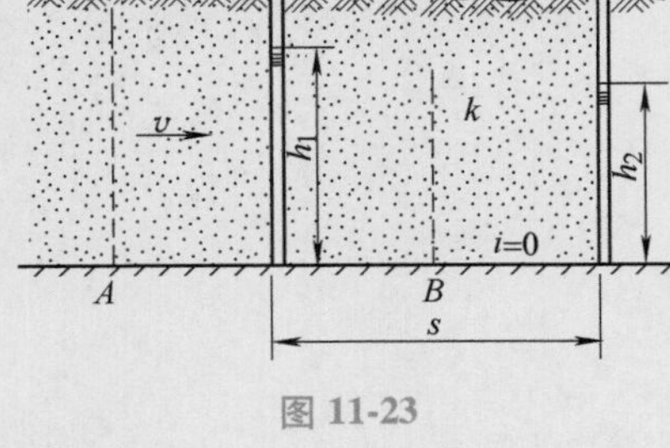

图 11-23

11-7 潜水完整井的不透水层为平底，井半径 $r_0 = 10\text{cm}$，含水层厚度 8m，影响半径 500m，测得渗流系数 $k = 0.001\text{cm/s}$。求井中水位降落值为 6m 时的出水量。

11-8 承压完整井半径 $r_0 = 0.1\text{m}$，含水层厚度 $t = 5\text{m}$，在离井中心 10m 处钻一观测孔。未抽水前，测得地下水深 $H = 12\text{m}$。当抽水量为 10L/s 时井中水位降落值为 2m，而观测孔中水位降深为 1m，求含水层渗流系数 k 及影响半径 R。

11-9 直径为 3m 的非完整大口井，含水层渗流系数 k 为 12m/d，含水层深度很大。抽水稳定后水位降深 $S = 3\text{m}$，试分别计算半球底大口井和平底大口井的产水量。

11-10 采用如图 11-24 所示相距为 20m 远的两个潜水完整井来降低地下水位，已知含水层厚度 H 为 12m，土壤为中砂，渗流系数 k 为 0.01cm/s，其影响半径 R 为 500m，两井的半径 r_0 均为 0.1m，如果使 a 点水位降低至 $h_a = 7\text{m}$，b 点水位降低至 $h_b = 6\text{m}$，试求两井的抽水量 Q_1 及 Q_2。

11-11 有一潜水完整井井群由6个井组成，井的布置如图11-25所示，已知 a 为50m，b 为20m，井群的总流量 Q_0 为3L/s，各井抽水流量相同，井的半径 r_0 均为0.2m，蓄水层厚度 H 为12m，土为粗砂，渗流系数 k 为0.01cm/s，影响半径 R 为700m，试计算井中心点 G 处的地下水面降低了多少。

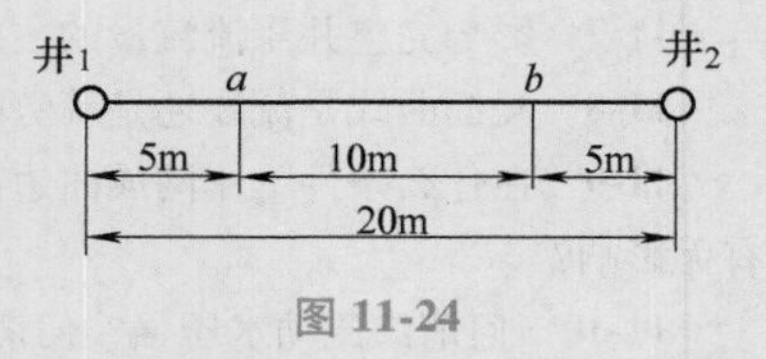

图 11-24

11-12 有一水闸，如图11-26所示，闸前水深 H_1 为12m，闸后水深 H_2 为2m，闸基渗流流网已绘出如图所示。闸底板顶面高程 ∇_1 为100m，底面高程 ∇_3 为99.0m，底板前端齿墙脚底高程 ∇_2 为98.5m，板桩底高程 ∇_4 为96m，已知渗流系数 k 为 10^{-3}cm/s，试求闸底板底部各处渗透压强及闸基的渗流流量。

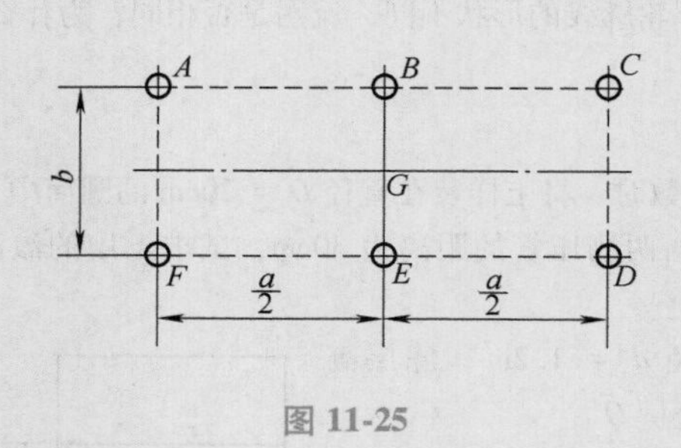

图 11-25

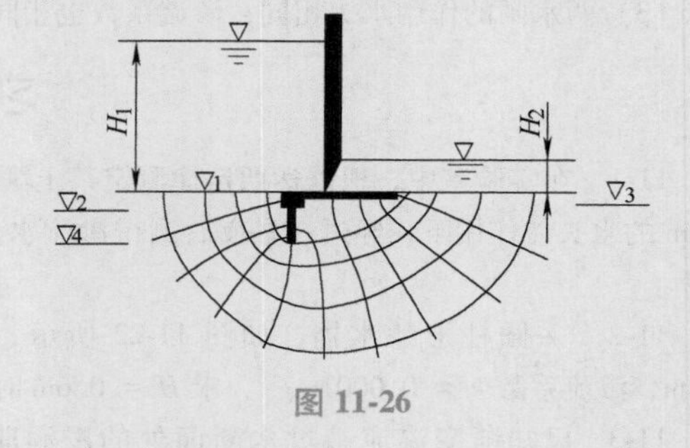

图 11-26

习题答案（部分）

第1章 绪 论

1-1 714kg/m^3

1-2 $2\times10^6\text{N/m}^2$，$2\times10^7\text{N/m}^2$

1-3 9.8N/m^2

1-4 $\mu=0.105\text{Pa}\cdot\text{s}$

1-5 $\mu_1=0.833\text{Pa}\cdot\text{s}$，$\mu_2=0.417\text{Pa}\cdot\text{s}$

1-6 $\mu=0.952\text{Pa}\cdot\text{s}$

1-7 $M=39.5\text{N}\cdot\text{m}$

1-8 $\Delta V=0.2\text{m}^3$

1-9 $\mu=0.0721\text{Pa}\cdot\text{s}$

第2章 水静力学

2-1 （1）$p_0=14.70\text{kPa}$；（2）$p_0=11.03\text{kPa}$

2-2 $\nabla_3=14\text{cm}$

2-3 （1）$p_1=19.7\text{kPa}$，$p_1/\gamma=2\text{m}$；（2）166.6kPa；（3）$p_v=29.5\text{kPa}$

2-4 $H=1.14\text{m}$

2-5 $p_0=-4.9\text{kN/m}^2$，$h_v=0.5\text{m}$

2-6 $P=352.8\text{kN}$，$F_N=274.4\text{kN}$

2-7 $p=37704\text{N/m}^2$，$P=29597.6\text{N}$

2-8 $p_0=264796\text{Pa}$

2-9 （1）$P=-2462\text{N}$；（2）$P=3977\text{N}$

2-10 略

2-11 （1）39.2kN，$\theta=45°$，距B点0.88m；（2）$T=30.99\text{kN}$

2-12 （1）$P=88.2\text{kN}$；（2）距底1.5m

2-13 （1）9.8kN，水平向右，距A点0.67m；（2）41.58kN，$\theta=45°$，距C点0.71m；（3）49kN

2-14 $P=23.453\text{kN}$，$\theta=19.92°$

2-15 $P_x=29.23\text{kN}$，$P_z=2.56\text{kN}$

2-16 略

2-17 $z<1.1074\text{m}$

2-18 $P=45.54\text{kN}$，总压力与水平方向的夹角 $\varphi=14°28'$

2-19 $P_x=353\text{kN}$，$P_z=46.18\text{kN}$， 方向向下

2-20 $H=3\text{m}$

2-21 $\delta=1.0\text{cm}$

2-22 $F=25.87\text{kN}$

第3章 液体运动学

3-1 $a_x=k^2x$，$a_y=k^2y$，$a_z=0$

3-2 $xy=6$，$\boldsymbol{u}=18\boldsymbol{i}-12\boldsymbol{j}$，$\boldsymbol{a}=108\boldsymbol{i}+72\boldsymbol{j}$

3-3 $a_x=3\text{m/s}^2$，$a_y=3\text{m/s}^2$，$a_z=0$

3-4 $x=\dfrac{1}{t}\left(y-\dfrac{1}{2}y^2\right)$

3-5 （1）$\dfrac{2}{q}y^3-\dfrac{4}{3}y^2+2y-x^2=0$；（2）$x=y-\dfrac{y^2}{2}$

3-6 （1）恒定流；（2）有线变形运动，有角变形运动；（3）无旋流；（4）$x^2+y^2=c^2$

3-7 （1）满足；（2）不满足；（3）满足；（4）满足

3-8 $\boldsymbol{u}=6\boldsymbol{i}+6y\boldsymbol{j}-7t\boldsymbol{k}$；$\dfrac{\partial \boldsymbol{u}}{\partial t}=-7\boldsymbol{k}$；$(\boldsymbol{u}\cdot\nabla)\boldsymbol{u}=36x\boldsymbol{i}+36y\boldsymbol{j}$；$\boldsymbol{a}=36x\boldsymbol{i}+36y\boldsymbol{j}-7\boldsymbol{k}$

3-9 $a_x=-58\text{m/s}^2$，$a_y=-10\text{m/s}^2$，$a_z=0$

3-10 (1) $\varepsilon_{xy}=-\dfrac{u_{\max}y}{r_0^2}$，$\varepsilon_{xz}=-\dfrac{u_{\max}z}{r_0^2}$，$\varepsilon_{yz}=0$；(2) $\omega_x=0$，$\omega_y=-\dfrac{u_{\max}z}{r_0^2}$，$\omega_z=\dfrac{u_{\max}y}{r_0^2}$；(3) 有势流；(4) $v=\dfrac{u_{\max}}{2}$

3-11 $\varepsilon_{xx}=4$，$\varepsilon_{yy}=4$，$\varepsilon_{zz}=0$；$\varepsilon_{xy}=\dfrac{3}{2}$，$\varepsilon_{xz}=0$，$\varepsilon_{yz}=0$；$\omega_x=0$，$\omega_y=0$，$\omega_z=-\dfrac{7}{2}$

3-12 （1）速度环量为0；（2）该流动为有势流。

第4章 水动力学基础

4-1 （1）$Q=9\times\dfrac{15}{2}\pi\text{cm}^3/\text{s}$；（2）$v=7.5\text{cm/s}$

4-2 0；2.625m；2.625m

4-3 （1）由 A 到 B；（2）1.8m；（3）10.75L/s

4-4 1.26m；3.26m

4-5 $12.15\text{m}^3/\text{s}$

4-6 56.55kN/m^2

4-7 （1）$0.175\text{m}^3/\text{s}$；（2）−5m，−6.5m，0

4-8 $\left(1+\dfrac{h}{H}\right)^{0.25}$

4-9 24.9m；18.38kN · m/s

4-10　5.92m

4-11　（1）31.3L/s；（2）0.964

4-12　（1）61.58L/s；（2）不变

4-13　（1）8.85m/s

4-14　1.477m

4-15　98.35kN，方向水平向右

4-16　$R_x = 4.065\text{kN}(\rightarrow)$；$R_y = 3.49\text{kN}(\uparrow)$

4-17　383.5kN，方向水平向右

4-18　（1）$\dfrac{Q_2}{Q_1} = \dfrac{1}{2}(1 - \cos\alpha)$；$\dfrac{Q_3}{Q_1} = \dfrac{1}{2}(1 + \cos\alpha)$；（2）$R = \rho\beta_1 v_1 Q_1 \sin\alpha$

4-19　1.017kN，方向向左

4-22　（1）存在，$\varphi = -2axy$

4-23　（1）存在，$\varphi = \dfrac{1}{2}(x^2 + y^2) - 4xy$；（2）存在，$\psi = 2(x^2 - y^2) + xy$

4-24　（1）$u_x = ax$，$u_y = -ay$；（2）$\psi = axy$

4-25　$2a$

4-30　$p_{yy} = -1.934\text{N/m}^2$，$\tau_{xz} = 0.216\text{N/m}^2$

第5章　流动阻力和水头损失

5-1　0.410L/s

5-2　$Re_1/Re_2 = 2$

5-3　湍流

5-4　3435，湍流；17.85，层流

5-5　湍流，$Q<0.16\text{L/s}$

5-6　$6.27\text{cm}^3/\text{s}$

5-7　（1）$\tau_0 = 3.92\text{N/m}^2$；（2）$h_f = 0.8\text{m}$

5-8　（1）110.25N/m^2，73.58N/m^2；（2）147N/m^2，98N/m^2

5-9　$0.707r_0$ 处

5-10　（1）层流；（2）$\lambda = 0.038$；（3）$h_f = 15\text{mm}$；（4）18mm

5-11　（1）$Q_{max} = 10\text{L/s}$；（2）$Q_{min} = 135\text{L/s}$

5-12　（1）$\lambda_1 = 0.0309$，$\lambda_1 = 0.031$

（2）$\lambda_2 = 0.0209$，$\lambda_2 = 0.021$

（3）$\lambda_3 = 0.0196$，$\lambda_3 = 0.02$

5-13　$d \approx 150\text{mm}$

5-14　（1）$\lambda = 0.0216$；（2）$\Delta = 0.32\text{mm}$

5-15　39.08米水柱，53.97米水柱，107.94米水柱

5-16　$h_f = 0.148\text{m}$

5-17　（1）91.4%；（2）4.1m

5-18 $\frac{Q_2-Q_1}{Q_1}=15.5\%$

5-20 $\Delta h=158\text{mmHg}$

5-21 (1) $v=\frac{v_1+v_2}{2}$；(2) $\frac{1}{2}$

5-22 $Q=25.4\text{L/s}$

5-23 (1) $h_{\text{be90°}}:2h_{\text{be45°}}:h_{\text{be90°}}=8.33:5.3:1$；
(1) $l_{1\text{e}}=10\text{m}$，$l_{2\text{e}}=6.36\text{m}$，$l_{3\text{e}}=1.2\text{m}$

5-24 $Q=27.2\text{L/s}$

5-25 $\lambda=0.027$，$\zeta=0.778$

第6章 量纲分析与相似原理

6-2 $Q=\varphi\left(\frac{d}{H},\ Re,\ We\right)\frac{\pi d^2}{4}\sqrt{2gH}$

6-4 $\Delta p=F_1\left(Re,\ \frac{l}{d},\ \frac{\Delta}{d}\right)\rho v^2$，$h_\text{f}=F_2\left(Re,\ \frac{\Delta}{d}\right)\frac{l}{d}\frac{v^2}{2g}$

6-6 $Q_\text{p}=322\text{m}^3/\text{s}$，$H_\text{p}=3.0\text{m}$，$(v_\text{c})_\text{p}=15\text{m/s}$

6-7 $\lambda_l=26$，$\lambda_v=5.1$，$\lambda_Q=3447$，$\lambda_t=5.1$

6-8 $F_\text{p}=2500\text{N}$，$N_\text{p}=17.7\text{kW}$

6-9 $l_\text{m}=5\text{m}$，$Q_\text{m}=3.343\times10^{-5}\text{m}^3/\text{s}$

6-10 $t_\text{p}=100\text{d}$

6-11 $Q_\text{m}=0.0949\text{m}^3/\text{s}$，$F_\text{p}=400\times10^3\text{N}$

6-12 $\lambda_l=25$，$n_\text{m}=0.0082$ 有机玻璃，$l_\text{m}=8\text{m}$，$b_\text{m}=0.6\text{m}$，$i_\text{m}=1/10$

6-13 $t_\text{p}=5\text{d}=120\text{h}$

6-14 $\Delta_\text{m}=1\text{mm}$ 模型风道采用胶合板，$l_\text{m}=4\text{m}$，$b_\text{m}=h_\text{m}=0.1\text{m}$，$Q_\text{m}=0.15\text{m}^3/\text{s}$

6-15 $v_\text{m}=5\text{m/s}$，$Q_\text{m}=13.253\times10^{-4}\text{m}^3/\text{s}$，$Re=74777>2000$，湍流

第7章 孔口、管嘴出流和有压管路

7-1 $\varepsilon=0.64$，$\mu=0.62$，$\varphi=0.97$，$\zeta_0=0.07$

7-2 (1) $Q=1.22/\text{s}$；(2) $Q_n=1.615\text{l/s}$；(3) 1.5m

7-3 (1) $h_1=1.07\text{m}$，$h_2=1.43\text{m}$；(2) $Q=3.56\text{L/s}$

7-5 $t=394\text{s}$

7-6 $H=0.1\text{m}$

7-7 $t=690\text{s}$

7-8 $t=4lD^{\frac{3}{2}}/3\mu A\sqrt{2g}$

7-9 $t=159\text{s}$

7-10 $b=0.829\text{m}$，在工程实际中常选接近或稍大于该值的标准涵管尺寸。

7-11 $t=333\text{s}$

7-13 （1）$Q=0.313\text{m}^3/\text{s}$，$z=11.1\text{m}$

7-14 $Q=2.5\text{L/s}$，$h=0.188\text{m}$

7-15 $\Delta H=0.57\text{m}$

7-16 （1）$D=225\text{mm}$；（2）$p_A=3.67\text{N/cm}^2$

7-17 采用 $D=300\text{mm}$，$H=0.63\text{m}$

7-18 $Q=48.4\text{L/s}$

7-19 （1）$d=100\text{mm}$；（2）4.31m

7-20 $h=44.7\text{mm}$

7-21 $Q_1=45\text{L/s}$，$Q_2=21.5\text{L/s}$

7-22 10.2m

7-23 $Q_1=29.12\text{L/s}$，$Q_2=50.88\text{L/s}$，$h_{fAB}=19.2\text{m}$

7-24 $Q_1=102.7\text{L/s}$，$Q_2=57.31\text{L/s}$，$Q_3=90\text{L/s}$

7-25 $Q_1=57.4\text{L/s}$，$Q_2=Q_3=42.6\text{L/s}$，$h_{fAB}=9.18\text{m}$

7-26 $Q_2/Q_1=1.26$

7-27 $H=36.24\text{m}$

7-28 $Q_1=12\text{L/s}$，$Q_2=3\text{L/s}$，$H=10.54\text{m}$

7-29 $H=32.57\text{m}$

7-30 0.2m，0.15m，0.1m

7-31 $Q_1=16.91\times10^{-3}\text{m}^3/\text{s}$，$Q_2=6.91\times10^{-3}\text{m}^3/\text{s}$，$Q_3=9.09\times10^{-3}\text{m}^3/\text{s}$

7-32 $Q_1=4.46\text{L/s}$，$Q_2=2.41\text{L/s}$，$Q_3=0.631\text{L/s}$

7-33 （1）$Q=60.25\text{L/s}$；（2）$\zeta=256$

7-34 $Q_{CD}=3.9\text{L/s}$，$Q_{BC}=28.9\text{L/s}$，$Q_{BD}=16.11\text{L/s}$，$H=40.5\text{m}$

第 8 章　明渠恒定均匀流

8-1 $v=1.32\text{m/s}$；$Q=6.65\text{m}^3/\text{s}$

8-2 $Q=14.7\text{m}^3/\text{s}$

8-3 $h_0=1.5\text{m}$；$b=3\text{m}$

8-4 $h_0=1.48\text{m}$

8-5 $h_0=2.76\text{m}$；$b=11.72\text{m}$

8-6 $b=7.28\text{m}$；$h=1.46\text{m}$

8-7 $b=3.17\text{m}$

8-8 $i=0.0026$；$z=51.76\text{m}$

8-9 $C=48.74\text{m}^{\frac{1}{2}}/\text{s}$

8-10 $b=15.75\text{m}$；$i=0.00021$

8-11 （1）$h=2.18\text{m}$，$b=1.32\text{m}$；（2）$i=0.00036$

8-13 $\Delta Q=0.6\text{m}^3/\text{s}$

8-14 $d=0.478\text{m}$，采用 $d=500\text{mm}$（充满度 $\alpha=0.75$）

8-15 $Q=0.907\text{m}^3/\text{s}$

8-16 $Q=178.2\text{m}^3/\text{s}$

第9章 明渠恒定非均匀流

9-1 (1) $A=34.05\text{m}^2$; (2) $v=0.84\text{m/s}$; (3) $Q=28.6\text{m}^3/\text{s}$; (4) $c=5.84\text{m/s}$; (5) 缓流

9-2 $h_{cr}=1.07\text{m}$

9-3 $h_{cr}=0.614\text{m}$; $i_{cr}=0.00698$

9-4 $\dfrac{(bh_{cr}+mh_{cr}^2)^3}{b+2mh_{cr}}=\dfrac{\alpha Q^2}{g}$

9-5 $i_{cr}=0.00344>i$, 缓坡

9-6 $h_{cr}=2.30\text{m}$, $h_0=4.85\text{m}$, 缓流

9-7 缓流

9-10 $h''=0.665\text{m}$

9-11 $q=1.48\text{m}^3/(\text{s}\cdot\text{m})$

9-12 2

9-13 $h''=1.51\text{m}$; $l_y=8.9\text{m}$, $h_w=0.98\text{m}$

9-14 $h'=1\text{m}$, $h''=1.42\text{m}$, 淹没式水跃

9-15 $l_y=14.30\text{m}$; $h''=2.71\text{m}$

9-16 $\sum\Delta l=3497.9\text{m}$

9-17 $\sum\Delta l=138\text{m}$

9-19 $s_1=37\text{m}$ 处水深 $h=1.01\text{m}$; $s_2=100\text{m}$ 处水深 $h=1.18\text{m}$

9-20 $s=500\text{m}$ 处水深 $h=1\text{m}$

9-21 $h_{上}=1.72\text{m}$

9-22 M_1 型曲线; $h_1=3.28\text{m}$

第10章 堰流及闸孔出流

10-1 $0.274\text{m}^3/\text{s}$

10-2 $9\text{m}^3/\text{s}$

10-3 $7\text{m}^3/\text{s}$

10-4 2.52m

10-5 $140.38\text{m}^3/\text{s}$

10-6 $0.195\text{m}^3/\text{s}$

10-7 0.264m

10-8 $1.815\text{m}^3/\text{s}$, $1.482\text{m}^3/\text{s}$

10-9 1.994m

10-10 1.717m

10-11 0.68m

第11章 渗流

11-1 $k=4.16\times10^{-4}\text{cm/s}$

11-2 $Q=5.655\times10^{-5}\text{m/s}$

11-3 $v=u=2\times10^{-7}\text{m/s}$

11-4 （1）$q=1.8\times10^{-7}\text{m}^2/\text{s}$；（2）$h_A=10.86\text{m}$，$h_B=9.06\text{m}$

11-5 $Q=0.825\text{L/s}$

11-6 $Q=0.0134\text{m}^3/\text{s}$

11-7 $Q=0.2216\text{L/s}$

11-8 $k=0.001465\text{m/s}$，$R=1000\text{m}$

11-9 （半球底大口井）$Q=339\text{m}^3/\text{d}$，（平底大口井）$Q=216\text{m}^3/\text{d}$

11-10 $Q_1=2.09\times10^{-3}\text{m}^3/\text{s}$，$Q_2=5.8\times10^{-3}\text{m}^3/\text{s}$

11-11 $S=1.53\text{m}$；

11-12

计算点	1	2	3	4	5	6
h_N/m	12	13.5	16.0	13.0	13.0	12.0
h_f/m	0	1.0	4.0	6.0	9.0	10.0
$\frac{p}{r}$/m	12	12.5	12.0	7.0	4.0	2.0

$Q=4\times10^{-5}\text{m}^3/\text{s}$

参 考 文 献

［1］丁祖荣. 流体力学：上册［M］. 3 版. 北京：高等教育出版社，2018.

［2］丁祖荣. 流体力学：中册［M］. 3 版. 北京：高等教育出版社，2018.

［3］丁祖荣. 流体力学：下册［M］. 3 版. 北京：高等教育出版社，2018.

［4］刘鹤年，刘京. 流体力学［M］. 3 版. 北京：中国建筑工业出版社，2016.

［5］四川大学水力学与山区河流开发保护国家重点实验室. 水力学：上册［M］. 5 版. 北京：高等教育出版社，2016.

［6］四川大学水力学与山区河流开发保护国家重点实验室. 水力学：下册［M］. 5 版. 北京：高等教育出版社，2016.

［7］尹小玲，于布. 水力学［M］. 3 版. 广州：华南理工大学出版社，2014.

［8］陈卓如. 工程流体力学［M］. 3 版. 北京：高等教育出版社，2013.

［9］禹华谦. 工程流体力学（水力学）［M］. 3 版. 成都：西南交通大学出版社，2013.

［10］黄儒钦. 水力学教程［M］. 4 版. 成都：西南交通大学出版社，2013.

［11］肖明葵. 水力学［M］. 3 版. 重庆：重庆大学出版社，2012.

［12］吕宏兴，裴国霞，杨玲霞. 水力学［M］. 2 版. 北京：中国农业出版社，2011.

［13］章梓雄，董曾南. 粘性流体力学［M］. 2 版. 北京：清华大学出版社，2011.

［14］孔珑. 流体力学：上册［M］. 3 版. 北京：高等教育出版社，2011.

［15］孔珑. 流体力学：下册［M］. 3 版. 北京：高等教育出版社，2011.

［16］闻德荪. 工程流体力学（水力学）：上册［M］. 3 版. 北京：高等教育出版社，2010.

［17］闻德荪. 工程流体力学（水力学）：下册［M］. 3 版. 北京：高等教育出版社，2010.

［18］许荫椿. 水力学（工程流体力学）［M］. 南京：河海大学出版社，2009.

［19］蔡增基，龙天渝. 流体力学泵与风机［M］. 5 版. 北京：中国建筑工业出版社，2009.

［20］李玉柱，苑明顺. 流体力学［M］. 2 版. 北京：高等教育出版社，2008.

［21］张维佳. 水力学［M］. 北京：中国建筑工业出版社，2008.

［22］张小兵. 水力学［M］. 北京：中国水利水电出版社，2004.

［23］金建华，王烽. 水力学［M］. 长沙：湖南大学出版社，2004.

［24］莫乃榕. 水力学简明教程［M］. 武汉：华中科技大学出版社，2003.

［25］李家星，赵振兴. 水力学：上册［M］. 2 版. 南京：河海大学出版社，2001.

［26］李家星，赵振兴. 水力学：下册［M］. 2 版. 南京：河海大学出版社，2001.

［27］李炜，徐孝平. 水力学［M］. 武汉：武汉水利电力大学出版社，2000.

［28］柯葵，朱立明，李嵘. 水力学［M］. 上海：同济大学出版社，2000.

［29］魏亚东，闻德荪，等. 工程流体力学［M］. 北京：中国建筑工业出版社，1989.

［30］西南交通大学水力学教研室. 水力学［M］. 3 版. 北京：高等教育出版社，1984.

［31］大连工学院水力学教研室. 水力学解题指导及习题集［M］. 2 版. 北京：高等教育出版社，1984.

［32］清华大学水力学教研组. 水力学：上册［M］. 北京：人民教育出版社，1982.

［33］清华大学水力学教研组. 水力学：下册［M］. 北京：人民教育出版社，1982.

［34］天津大学水力学及水文学教研室. 水力学：上册.［M］. 北京：人民教育出版社，1980.